复杂艰险山区
铁路（公路）工程勘察设计
论文选集

朱　颖　许佑顶　主编

Fuza Jianxian Shanqu
Tielu （Gonglu） Gongcheng Kancha Sheji
Lunwen Xuanji

人民交通出版社
China Communications Press

内 容 提 要

本书系中铁二院建院60周年复杂艰险山区铁路(公路)工程勘察设计优秀论文的选编,共编录论文60篇,其中包括选线与总体设计、枢纽与站场、工程地质、路基工程、桥梁工程和隧道工程等内容。论文内容涵盖设计创新、工程实践、理论探索、试验研究,观点或新颖独特,或系统深刻,具有广泛的代表性。

本书可供从事铁路(公路)工程勘察设计的技术人员使用和借鉴,也可供教学和研究人员参考。

图书在版编目(CIP)数据

复杂艰险山区铁路(公路)工程勘察设计论文选集/朱颖,许佑顶主编. --北京:人民交通出版社,2012.9
ISBN 978-7-114-10074-1

I.①复… II.①朱… ②许… III.①山区铁路—铁路工程—勘测—文集 ②山区铁路—铁路工程—设计—文集 ③山区道路—道路工程—勘测—文集 ④山区道路—道路工程—设计—文集 IV.①U239.9—53 ②U212—53 ③U421—53 ④U412—53

中国版本图书馆CIP数据核字(2012)第213550号

书　　名: 复杂艰险山区铁路(公路)工程勘察设计论文选集
著 作 者: 朱　颖　许佑顶
责任编辑: 付宇斌
出版发行: 人民交通出版社
地　　址: (100011)北京市朝阳区安定门外外馆斜街3号
网　　址: http://www.ccpress.com.cn
销售电话: (010)85285659
总 经 销: 人民交通出版社发行部
经　　销: 各地新华书店
印　　刷: 北京市密东印刷有限公司
开　　本: 880×1230　1/16
印　　张: 28.75
字　　数: 730千
版　　次: 2012年9月　第1版
印　　次: 2012年9月　第1次印刷
书　　号: ISBN 978-7-114-10074-1
定　　价: 85.00元

编委会名单

序

2012年,中铁二院迎来了建院60周年华诞。

60年来,二院人艰苦奋斗,锐意进取,开拓创新,经营领域与业务范围不断拓宽,技术实力不断增强,已成为建筑行业集科研、设计、咨询、工程总承包为一体的国有大型工程集团,是中国陆地交通勘察设计的领军企业。

60年来,中铁二院在陆地交通多个领域树立了技术的领先或比较优势,特别是在复杂艰险山区铁路(公路)工程勘察设计方面,积淀形成了一批核心技术和专有技术,在业内有口皆碑。中铁二院曾设计完成了新中国第一条铁路——成渝铁路,新中国第一条山区电气化铁路——宝成铁路;设计的成昆铁路,其所穿越地区被国外专家称为“筑路禁区”,工程艰巨程度为世界铁路建设史上罕见,被联合国誉为人类征服自然的三大杰作之一;设计的南昆铁路是继成昆线之后我国地质最复杂、最艰难的一条长大干线铁路,也是我国第一条一次性建成的电气化铁路。“在复杂地质、险峻山区修建成昆铁路新技术”和“复杂地质艰险山区修建大能力南昆铁路干线成套技术”分别荣获国家科技进步最高奖。近十年来,中铁二院先后完成了内昆铁路、渝怀铁路、粤赣高速公路、襄渝铁路增建二线、武广高速铁路等一批典型山区铁路(公路)的勘察设计。目前,正在开展西成、成贵、长昆、云贵、成兰等复杂艰险山区铁路以及国道217线甘孜段、四川南大梁高速公路等艰险山区公路的勘察设计。

值此中铁二院建院60周年之际,公司开展了建院60周年复杂艰险山区铁路(公路)工程勘察设计论文征集活动。本论文选集是从征文中精选编辑而成,内容涉及选线与总体设计、枢纽与站场、工程地质、路基工程、桥梁工程、隧道工程等方面,主要由中铁二院从事山区铁路(公路)工程勘察设计的工程技术人员撰写,是中铁二院复杂艰险山区铁路(公路)工程勘察设计的一个缩影,也反映了当前我国复杂艰险山区铁路(公路)工程勘察设计的技术水平和最新发展趋势。

本论文集的出版,是中铁二院复杂艰险山区铁路(公路)工程勘察设计技术成果的一次集中展示,必将有益于我国复杂艰险山区铁路(公路)工程勘察设计技术的进一步研究与发展。

谨以此为序。

中铁二院工程集团有限责任公司党委书记、董事长

2012年07月18日

编者寄语

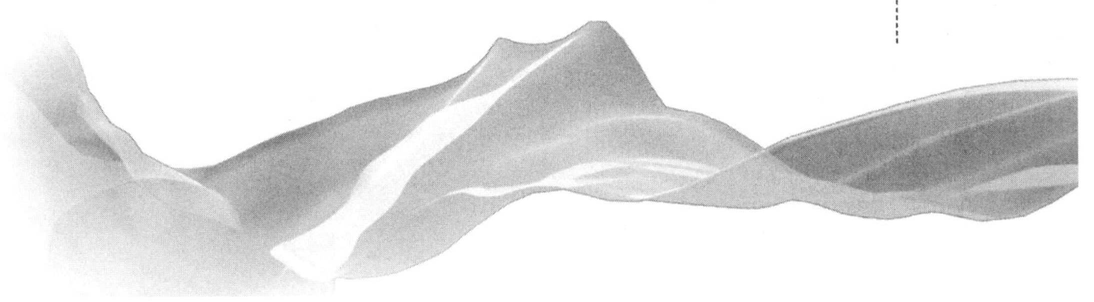

多年以来，中铁二院紧紧围绕复杂艰险山区铁路(公路)工程勘察设计的热点、难点问题，持续开展技术创新，先后完成了一批国家、部、省重大科技攻关项目，取得了丰硕的科技创新成果，获得了多项国家、部、省级科技进步奖和工程优秀勘察设计奖，对我国复杂艰险山区的铁路(公路)工程建设事业的持续发展，特别是为保证和提高重点工程建设的水平和质量做出了重要贡献。

今年是中铁二院建院60周年，为回顾、总结中铁二院在复杂艰险山区铁路(公路)的工程勘察设计所取得的成果，传承经验，集团公司特别开展了建院60周年复杂艰险山区铁路(公路)工程勘察设计优秀论文征集活动。

本次活动，共收到论文241篇，择优选出其中的60篇结集出版。其中，关于选线与总体设计的论文10篇、枢纽与站场的论文8篇、工程地质的论文8篇、路基工程的论文8篇、桥梁工程的论文11篇、隧道工程的论文8篇以及其他方面7篇。论文作者均为长期从事复杂艰险山区铁路(公路)工程勘察、设计、研究与管理的人员，论文内容涵盖理论探索、设计创新、工程实践、试验研究，观点或新颖独特，或系统深刻，具有广泛的代表性，是中铁二院复杂艰险山区铁路(公路)工程勘察设计技术发展与进步的一个缩影。

论文选集内容丰富、技术性强，它的出版，旨在为专业技术人员提供一次交流、借鉴和学习的机会。值此纪念中铁二院建院60周年之际，也是奉献给关心、支持二院发展的各级领导、各兄弟单位的一份礼物！

本次论文征集活动得到了公司广大职工的积极响应和支持，投稿踊跃，但限于本论文选集的篇幅，在初步审核的基础上，特邀专家进行了评审，并考虑论文的代表性，最终确定录用了60篇论文。其中，部分论文已公开发表过，本次收录时作了修改或补充。在此，特向积极投稿的广大作者表示感谢，同时也衷心感谢各位评审专家的辛勤劳动！

由于时间仓促、水平有限，难免存在错误和不适之处，恳请各级领导和同行专家给予批评指正。

2012年7月

目 录

选线与总体设计

枢纽与站场

工程地质

路基工程

桥梁工程

隧道工程

其　他

选线与总体设计

高烈度地震山区铁路综合选线与总体设计

朱　颖[1]　魏永幸[2]

（1.中铁二院工程集团有限责任公司公司办；
2.中铁二院工程集团有限责任公司技术中心）

摘　要　“5·12”汶川地震突出的地震及地震次生地质灾害，给高烈度地震山区铁路选线敲响了警钟，提出了新的挑战；基于“5·12”汶川地震震害调查分析，开展高烈度地震山区铁路选线与总体设计研究，具有现实和理论意义。基于“5·12”汶川地震震害现场调查，研究分析了地震及地震次生地质灾害对铁路的影响，提出必须重视具有“生命线”意义铁路工程规划与选线、基于预防地震次生地质灾害的综合选线、地震近场效应及近场区工程选线与工程选型的高烈度地震山区铁路综合选线与总体设计三大原则；结合成兰等铁路选线与工程设计实践，总结提出了高烈度地震山区铁路综合选线原则意见16条与总体设计原则意见9条。

关键词　高烈度地震山区；铁路工程；综合选线；总体设计

Research on Principle for Integrated Route Selection and Overall Design of Railway in High-intensity Earthquake Mountain Area

Zhu Ying[1]　Wei Yongxing[2]

(1. Administration Office of CREEC; 2. Technology Center of CREEC)

Abstract　The prominent earthquake disaster and post-earthquake geological disaster due to “5·12” Wenchuan earthquake have sounded the alarm and put forward a new challenge for railway route selection in high-intensity earthquake mountain area; based on on-site survey and analysis of “5·12” Wenchuan Earthquake disaster, the research on route selection principle and overall design of railway in high intensity earthquake mountain area is of practical and theoretical significance. Based on on-site survey of “5·12” Wenchuan Earthquake disaster, after studying and analyzing the impact of earthquake and post-earthquake geological disaster on railway, three principles for integrated route selection of railway in high intensity earthquake mountain area have been put forward, that is to emphasize the planning and route selection of the railway engineering with “lifeline” significance, the integrated route selection based on the prevention of post-earthquake geological disaster and the route selection and engineering type selection of projects with near-field earthquake effect and in near-field area. Combined with the route selection and engineering design practice of ChengLan Railway, the principles for integrated route selection and overall design principle of railway in high intensity earthquake mountain area have been put forward.

Key words　high intensity earthquake mountain area; railway engineering; integrated route selection; overall design

---

作者简介：朱颖（1963—　），男，教授级高级工程师，中铁二院工程集团有限责任公司总经理。

1 引言

2008年5月12日14时28分，四川汶川发生里氏8.0级大地震。本次汶川地震发生在地质环境脆弱的龙门山山区，地震引起大量的崩坍滑坡等次生地质灾害，使地震近场区的铁路、公路工程（"5·12"汶川地震近场区的主要铁路、公路工程见图1）受到不同程度的损坏[1-3]。基于现场震害调查及分析，本文研究分析了地震及地震次生地质灾害对铁路的影响，提出高烈度地震山区铁路综合选线与总体设计三大原则；结合成兰等铁路选线和工程设计实践，总结提出了高烈度地震山区铁路综合选线原则意见16条与总体设计原则意见9条。

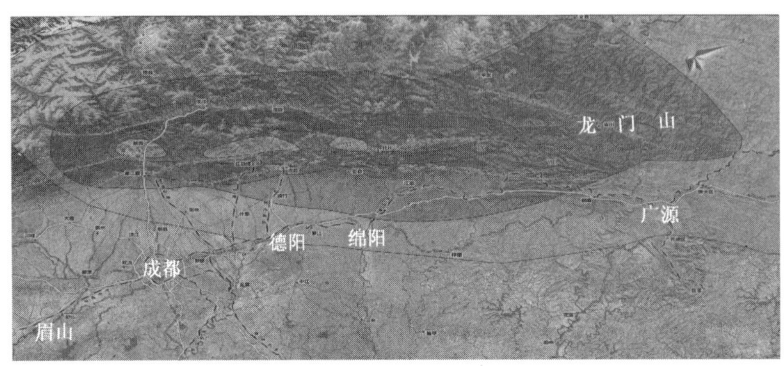

图1 "5·12"汶川地震近场区的主要铁路、公路工程示意图

2 汶川地震对铁路的影响

本次地震，近场区广岳铁路广济至岳家山段（地震烈度Ⅸ～Ⅺ度）、宝成铁路上寺至后坝段（地震烈度Ⅶ～Ⅷ度）、成灌铁路都江堰境内段（地震烈度Ⅶ～Ⅷ）受损严重，特别是通过龙门山山前断裂的广岳铁路，尤为严重。铁路工程突出、典型震害及其特征如下：

2.1 桥梁工程[4-5]

(1)近场区的桥梁出现纵向、横向移位，甚至落梁

受地震影响，近场区的广岳、成灌、德天、宝成等铁路，不同程度出现桥梁纵向、横向移位病害，其中以广岳铁路最为严重，如图2、图3所示。靠近龙门山山前断裂的广岳铁路化肥厂中桥出现落梁，如图4所示。

图2 桥梁纵向移位

图3 桥梁横向移位

图4 广岳铁路化肥厂中桥出现落梁

(2)近场区高度较高的桥墩出现破坏

近场区高度较高的桥墩出现破坏，桥墩破坏主要表现为：①桥墩弯曲受压引起混凝土开裂与剥落（图5），其中，矩形墩尤为严重。②桥墩受剪切，出现沿水平施工缝的剪切破坏，广岳铁路较高桥梁的桥墩几乎全被剪断，有很明显的水平贯通裂缝，多位于墩的下部1/6～1/3部位，个别墩有2～3道裂缝，裂缝大多在施工缝或其附近部位，如图6所示。

图5　桥墩开裂与剥落

图6　桥墩沿施工缝的剪切破坏

(3)桥梁支座损坏严重

受地震作用梁体发生纵横向移位,造成支座帽栓弯曲、被拔出,或被剪断,支座脱离梁体、支承垫石被拉裂,支座上、下板移位,甚至支座倾覆。如图7～图12所示。

图7　锚固螺栓弯曲

图8　支座受拉脱空

图9　支座移位及倾覆

图10　支座上、下摆错移

图11　垫石被破坏

图12　梁体横移、支座帽栓剪断

2.2　路基工程[6-9]

(1)傍山路基遭受崩塌落石袭击而损毁

破碎山体或存在不利构造面的陡岩,在地震作用下出现以局部岩块与母岩分离为基本特征的崩塌,该现象十分普遍和突出,其后果也十分严重。本次汶川地震,多条铁路多段傍山路基遭受崩塌落石袭击而损毁,位于震中附近的省道映秀至卧龙线映秀至耿达段、国道213线映秀至汶川段因地震引起的崩塌而几乎全部损毁。宝成铁路109隧道,地震引起南口端崩塌岩石约2万m^3,砸毁20余米长的棚洞,中部被约10万m^3落石覆压,并将嘉陵江拦腰截断,形成堰塞湖;因塌方造成21043次货物列车脱线,油罐车起火燃烧,致宝成线中断行车283小时。6月8日2:40分,达成线金堂—道观音间K302+800处突发岩崩,落石砸断钢轨,并与运行的40074次货物列车相撞。图13为宝成铁路区金龟岩大桥右侧200m高处陡岩在地震时发生坍塌,落石砸坏桥台。图14为广岳铁路上道的体积近100m^3的落石。

图13 宝成铁路金龟岩大桥右侧200m高处陡岩坍塌

图14 广岳铁路上道的体积近100m^3的落石

(2)松散土体在地震作用下产生坍塌或滑坡

土坡,特别是松散的土坡,在地震作用下则容易出现滑坡。图15为广岳铁路一处滑坡。滑坡堵塞河道,形成堰塞湖,继而影响上游地段路基工程。

(3)地震烈度Ⅷ度及以上地区填方路基普遍出现下沉

现场调查表明,在地震烈度Ⅷ度及以上地区,填方路基普遍出现下沉,路基下沉最大达1m左右,在桥台附近,由于桥路差异变形,路基下沉现象明显、直观。据成都铁路局统计资料,宝成铁路路基因地震灾害引起路堤下沉地段共39处(段),长49.5km,如广元至广汉280km范围内,多数路堤均有不同程度下沉,桥台后路堤普遍下沉较大,下沉量一般30~300mm,最大下沉500mm。图16为宝成铁路清江2号大桥成都端桥台锥体下沉情况。图17为广岳铁路某桥台台后填土下沉情况。

图15 广岳铁路某滑坡

图16 宝成铁路清江2号大桥成都端锥体下沉

(4)部分位于陡坡地段的挡土墙出现破坏

广岳铁路发生坍塌的几处路肩墙均为低矮衡重式路肩墙,除了穿心店车站外,均位于半填半挖的陡坡路基地段,表现为挡墙墙身失稳连同基础一起坠入陡崖。路肩溜坍一般也发生在陡坡路基地段,表现为轨枕以外的浅挖路堑或原地面溜坍后道碴散落,轨枕悬空,如图18所示。

2.3 隧道工程[10]

(1)隧道洞口边仰坡坍滑或崩塌

汶川地震中,隧道工程震害相对较少,但隧道洞口边仰坡坍滑或崩塌较多。图19为广岳铁路某隧道进口段落石上道。

图 17　广岳铁路某桥台台后填土下沉

图 18　局部挡土墙破坏

(2)位于断层附近的隧道局部开裂

汶川地震中，位于断层带的个别隧道出现开裂等病害。图 20 为宝成铁路朝阳隧道受地震作用出现开裂情况。

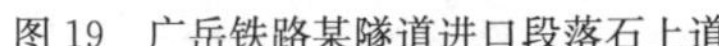
图 19　广岳铁路某隧道进口段落石上道

图 20　宝成铁路朝阳隧道受地震作用出现开裂

汶川地震铁路工程震害现象表明：近场高烈度区，特别是断裂带、不良地质区段工程震害突出，傍山路基及隧道洞口段遭受崩坍落石袭击，傍山线路潜在地震堰塞湖的威胁。这些突出灾害，对铁路构成巨大威胁且难以采用工程加以克服，需要在铁路规划和选线阶段加以解决。

3　汶川地震对高烈度地震山区铁路选线与设计的启示

本次汶川地震具有以下特点：

(1)震级高，震源浅，破坏性强。震级为里氏 8.0 级，震源距地表 14km。地表变形剧烈，在映秀—北川主断裂(龙门山中央断裂)，最大的地表垂直和水平位移达 4～6m。沿主断裂，强烈的地表变形，无坚不摧，破坏性极强。

(2)地表破裂延伸长，地震震害重灾区范围大。汶川地震主断裂为龙门山断裂带之映秀—北川断裂，主震由映秀至北川，历时约 100s，断裂延长约 300km。地表破裂延伸长，造成本次地震烈度大于Ⅺ度的极重灾区面积达 680km^2，区内房屋几乎完全倒塌，且出现大规模崩塌、滑坡现象；地震烈度Ⅷ度以上区域总面积约 7200km^2，区内房屋倒塌或破坏，崩塌、滑坡现象普遍。

(3)汶川地震发生在地质环境脆弱的龙门山，地震诱发的次生地质灾害问题十分突出。据不完全统计，汶川地震造成崩坍滑坡 18000 处。崩坍滑坡掩埋村庄、城镇，直接造成人员伤亡；崩坍滑坡造成 35 个堰塞湖，部分堰塞湖造成村庄、道路被淹没；崩坍滑坡造成道路被掩埋，难以及时清除，峡谷地段，无法迂回，致使救援受阻，给救援工作带来极大困难。受降雨影响，部分滑坡会转化为泥石流，部分地震震裂的山体会形成新的滑坡，引起水土流失，严重破坏生态环境。地震引起的崩坍、滑坡以及由此衍生的堰塞湖、泥石流等次生地质灾害，还将在较长一段时间内影响灾区生态环境的恢复，给灾区恢复重建带来巨大的困难。

"5·12"汶川地震突出的地震及地震次生地质灾害,给高烈度地震山区铁路工程选线与设计敲响了警钟,提出了新的挑战。基于减轻地震及地震次生灾害对铁路的影响,我们认为在高烈度地震山区铁路规划、选线及设计中必须重视以下三个问题,遵守三大原则:

3.1 必须重视具有"生命线"意义铁路工程规划与选线

本次地震,四川境内9条铁路、7条高速公路、16条国(省)道、2754条农村公路不同程度受损,其中通往重灾区的道路受到严重破坏,当救灾人员、救灾物资源源不断快速流向灾区时,却因通往重灾区的道路全部损毁,外面的人员、物资进不去,里面的伤员、信息出不来,给救援工作增加了极大的难度。对于高烈度地震山区,如何做好"生命线"工程的规划与选线,需要反思和研究。

3.2 必须重视基于预防地震次生地质灾害的综合选线

"5·12"汶川地震诱发大量崩坍、滑坡、泥石流等次生地质灾害,对道路工程造成巨大破坏,同时对灾后恢复重建也影响巨大。高地震烈度山区道路工程规划设计,必须重视基于预防和减轻地震诱发崩坍、滑坡等次生地质灾害的综合选线和总体设计,绕避潜在地震诱发大型次生地质灾害的地段。

3.3 必须重视地震近场效应及近场区工程选线与工程选型[11]

在地震近场区,尤其是断裂带附近,地表出现强烈的隆起、沉陷、断裂、移位等变形,桥梁、路基工程震害十分突出,通过断裂带的隧道也有损坏。对于高地震烈度山区道路工程,应重视地震近场效应,做好近场区工程的规划与设计,选择有利于防灾减灾的工程形式通过。

4 高烈度地震山区铁路综合选线原则意见16条

规划建设的成都至兰州铁路,位于著名的"南北向地震构造带"的中段,穿越"5·12"汶川地震发震断裂带——龙门山断裂带。龙门山地质构造强烈,大型活动性断裂密集,影响范围广(宽度近60km),属典型的高烈度地震频发及波及区。"5·12"汶川地震,破坏和改造了龙门山断裂带的地质环境,特别是诱发了大量的地质灾害,给通过该地区的成都至兰州铁路的选线和工程设计带来巨大的挑战。结合成兰铁路选线,中铁二院主持开展了《成兰铁路地震次生地质灾害特征及分布规律研究》、《成兰铁路高烈度地震山区铁路综合选线关键技术研究》等课题研究。基于前述高烈度地震山区铁路综合选线与总体设计三大原则,在相关研究成果的基础上,总结提出高烈度地震山区铁路综合选线原则意见16条[12]。

(1)高烈度地震山区铁路选线,应综合考虑地质、地震因素,重视活断层、不良地质等特殊场地的地震放大效应、近场区的地震近场效应,线路应绕避大型不良地质发育地段,绕避地震及地震次生震害严重地段;必须通过时,应以简单易修复的工程形式通过。

(2)对于活断层,线路应绕避,无法绕避时应选择活动性相对较弱的安全岛通过,或在断层宽度较窄处以大角度通过。

活动断裂,在地震作用下容易产生破裂,地震及地震次生地质灾害往往沿活动断裂呈带状分布。因此,铁路选线首先应绕避活动断裂,无法绕避时则应选择活动性相对较弱的"安全岛"通过,或在断层宽度较窄处以大角度通过,尽量降低地震及地震地质灾害对铁路的影响。

(3)铁路重大、复杂工程应尽量躲开绕避断裂束,线路不宜在断裂束,特别是断裂密集处、交汇处及活动断裂的端点、拐角处,设置大中桥、高桥、隧道、高填深挖等难以修复的大型建筑物。

活动断裂的一些特殊构造部位是强震发生的处所,如不同方向的活动断裂的交汇部位,活动断裂的拐弯段,活动断裂的端点等都是强震发生的可能部位,其中以不同方向的活动断裂的交汇部位发震的概率最高。因此,应尽量避开这些地段。同时在此段内不宜修建重大的或难于修复的建筑物,如隧道、大桥和高桥等,最好是以易于抢修的低填浅挖路基通过。

(4)对于宽大的活动断裂带,线路应在查清区域性活动断裂结构和稳定性差异的基础上,选择相对稳定的部位通过,重点工程必须置于"安全岛"内。

活动断裂带内不同构造部位具有不同的活动性，应在查清区域性活动断裂结构和稳定性差异的基础上，选择相对稳定的部位通过，重点工程必须置于“安全岛”内，降低地震对重点工程的影响。

(5)线路不应在活断层主动盘迂回展线，工程应尽可能布置于构造被动盘。

受发震断裂主动盘效应影响，断裂主动盘地震效应大于被动盘，断裂主动盘地震灾害重于被动盘，地震地质灾害密度也远远大于被动盘，断裂主动盘水平应力大于被动盘。而地震构造被动盘相对稳定，震动、位移相对较小，不仅可减小对工程的破坏性，而且，还可大大降低因地震引起的山体崩塌、滑坡、泥石流等地震次生灾害对铁路工程的危害性。因此，线路应避免在断裂主动盘迂回展线，降低地震及地震地质灾害对铁路的影响，线路与活动断裂平行时应将线路置于构造被动盘，减小地震及次生灾害对铁路的破坏。

(6)线路应绕避潜在地震诱发次生地质灾害的地段，尽量选择在工程地质条件相对良好、地形开阔平坦或缓坡地段。

地震地质灾害主要为崩塌、滑坡、泥石流等重力不良地质现象。地形陡峻，形成临空面是形成重力不良地质现象的必要条件。线路选择在工程地质条件良好、地形开阔平坦或缓坡地段，可预防地震地质灾害对铁路的破坏。

(7)线路应选择在非液化土层或液化土层范围较窄的地段通过。

饱和砂与饱和粉土在地震时可能产生液化现象，而使其承载力大幅度降低，甚至完全消失，如通海、昭通、海城及唐山地震，都有许多实例说明这一点。所以应尽量选择在非液化地段或液化层埋藏较深及最窄地段通过，并且不应将液化层直接作为建筑物的持力层。

(8)线路应避免短隧道群，洞口位置的选择应贯彻“早进晚出”的原则，洞口宜接长明洞。

隧道洞口是崩塌落石多发地段，在地震力的作用下极易发生斜坡重力地质灾害，而且一旦因地质灾害造成隧道内列车出轨、翻车事故，抢险救灾困难极大，极易形成灾害链。线路应避免短隧道群，洞口位置的选择应贯彻“早进晚出”的原则，应采取“无仰坡进洞”，洞口宜接长明洞。

(9)峡谷地段，线路应尽量避免以傍山明线方式通过。

地震地质灾害具有沿沟谷呈线状分布的特点，顺河傍山地段，在地震力作用下极易诱发崩塌、滑坡、泥石流等地震地质灾害。为避免地震次生地质灾害对铁路的破坏，峡谷地段，线路应避免以傍山明线方式通过，线路内移以隧道通过。

(10)河谷地段应选择合理线路高程，避免地震形成堰塞湖衍生洪水灾害对铁路的破坏。

在河谷地段应研究地震诱发大型古(老)滑坡复活和产生大型滑坡的可能性，预测大型滑坡堵塞河流形成堰塞湖的可能性。评估堰塞湖造成上游水位上涨和堰塞湖溃决衍生洪水灾害对铁路的系统破坏，选择合理线路高程，避免堰塞湖衍生洪水灾害对铁路工程的系统破坏。

(11)线路应绕避潜在产生大型滑坡、崩滑的顺层地段。

在地震力的作用下，顺层地段极易大范围发生顺层滑坡、崩滑，而反倾地段大多发生浅表崩塌、岩屑流，相对破坏性较弱。因此，线路应尽量走反倾坡。

(12)线路通过泥石流发育区时，应选择合理平面位置和高程，从有利部位以合理工程类型通过，避免地震诱发泥石流灾害对铁路的破坏。

地震形成大量松散堆积物，为泥石流的发生提供了丰富的松散固体物质，在强降雨的作用下极有可能形成泥石流。线路应选择合理平面位置和高程，从泥石流有利部位以合理工程类型通过，避免地震形成泥石流灾害对铁路的破坏。

(13)线路应绕避潜在不稳定斜坡、松散的山坡堆积层，以及可能发生大规模滑坡、崩塌的不稳定悬崖深谷、高耸孤立山丘等易发生地震次生地质灾害地段。

山坡严重变形、不稳定的悬崖深谷地段自然边坡稳定性差，在地震力的作用下极易失稳，发生滑坡、崩塌、泥石流等重力不良地质灾害。易塌陷的地下坑洞在地震力的作用下极易发生震陷。高耸孤立的山丘对地震波有放大作用。这些地段均为易发生地震次生地质灾害地段，线路应绕避。

(14)隧道洞口应避开崩塌、滑坡、错落等不良地质发育地段和单薄的山脊、孤立山头等不利地段,洞口宜选择在坡面顺直,岩体完整地段。

隧道洞口一旦因地质灾害造成隧道内列车出轨、翻车事故,抢险救灾困难极大,极易形成灾害链。所以隧道洞口应避开崩塌、滑坡、错落等不良地质发育地段和单薄的山脊、孤立山头等抗震不利地段,洞口宜选择在坡面顺直,岩体完整地段。

(15)以隧道穿越动性断裂时,从有利于救援角度,应选择合理位置通过,双线铁路宜分修。

活动断裂不宜处于长大隧道洞身段,以免救援困难,不得已以隧道穿越活动性断裂时应考虑调整线位使其处于洞口附近以利于破坏后的修复及救援。

(16)特殊结构、高墩、大跨桥梁不得跨越活动性断裂。

地震地表破裂大多沿着活动断裂发生。地表破裂产生位错可造成桥梁断裂、落梁等重大灾害。特殊结构、高墩、大跨桥梁修复困难,因此,特殊结构、高墩、大跨桥梁不得跨越活动性断裂。

5 高烈度地震山区铁路总体设计原则9条

高烈度地震山区铁路勘察设计,除做好铁路综合选线外,还必须做好工程选型,做好工程总体设计。结合成兰等高烈度地震山区铁路设计,归纳总结高烈度地震山区铁路总体设计原则意见9条。

(1)破碎地层深挖方地段,优先选择隧道通过。

隧道是一种对抗震较为有利的构筑物,对于破碎地层深挖方地段,应优先选用隧道通过。

(2)穿越活动断裂带,应选择易于修复的工程形式通过。

线路穿越活动断裂带,应选择易于修复的工程形式通过,应优先选择路基通过,若需设置桥梁跨越的,须设置低矮、简支结构桥梁。

(3)位于堰塞湖下游的铁路桥梁,应采用一跨或大跨方案跨越主河槽。

位于堰塞湖下游的铁路桥梁,一般不宜在主河槽内设置桥墩,若必须设置桥墩,则应在其上游增设防护工程,对桥墩进行横向冲击力检算,确保发生泥石流时桥梁的安全。

(4)路基支挡应选用抗震性能较好的轻型支挡结构。

从地震震害情况来看,高大的重力式挡土墙抗震性能较差,而轻型支挡结构如加筋土挡土墙、锚杆挡土墙、桩间挡土墙、桩板墙或桩锚结构等抗震性能较好。因此,在高烈度地区宜采用上述轻型支挡结构。高烈度地区宜采用锚杆(索)框架梁护坡,不宜采用喷锚网护坡。

(5)桥台后高路堤应优先选用加筋路堤。

汶川大地震中铁路桥台路堤破坏严重,而加筋路堤抗震性能良好,桥台后高路堤应优先选用加筋路堤,竖向间隔0.6m满铺一层高强度水平土工格栅加筋。

(6)石质路堑开挖应采用光面爆破、预裂爆破等控制爆破技术。

常规的爆破开挖方法(大爆破施工)由于冲击和震动作用,使路堑边坡岩体破碎、松动,稳定性降低,对抗震非常不利;由于岩体结构松动,地震时容易产生崩塌将石等严重震害。采用光面爆破、预裂爆破等控制爆破技术能够很好地解决上述问题。

(7)加强隧道洞口段落石防护。

隧道洞口段,应采取加强落石防护的措施,有条件时尽量接长明洞,并做好防落石措施。桥隧相连地段,如果有条件,隧道尽量延长,并遮盖桥台,避免危岩落石对线路可能造成的损害。

(8)隧道穿越活动断裂带时应预留变形条件。

隧道穿越活动断裂带时,除对衬砌进行相应加强外,还应采取改变衬砌洞形,加大断面净空,加密设置变形缝,使之具有一定的错位适应能力及补强空间。

6 结语

基于"5·12"汶川地震震害调查与分析,研究分析了地震及地震次生地质灾害对铁路的影响,提出必须重视具有"生命线"意义铁路工程规划与选线、基于预防地震次生地质灾害的综合选线、地震近场效应及近场区工程选线与工程选型的高烈度地震山区铁路综合选线与总体设计三大原则；结合成兰等铁路选线与工程勘察设计实践，总结提出了高烈度地震山区铁路综合选线原则 16 条以及总体设计原则意见 9 条。成兰铁路即将开工建设，上述高烈度地震山区铁路综合选线原则及总体设计原则，还需在工程实践中进一步总结和完善。

参考文献

[1] 中铁二院工程集团有限责任公司. 汶川地震工程震害调查及铁路工程抗震设计标准研究[R]. 成都：中铁二院工程集团有限责任公司.

[2] 中铁二院工程集团有限责任公司，四川省地震局工程地震研究院. 2008 年 5 月 12 日四川汶川 8.0 级地震震害特征及其对铁路交通的影响[R]. 成都.

[3] 朱颖，魏永幸. 汶川大地震道路工程震害特征及工程抗震设计思考[J]. 铁路工程学报，2008 增刊.

[4] 陈克坚，袁明. 汶川地震后对铁路桥梁抗震设计有关问题的思考[J]. 铁路工程学报，2008 增刊.

[5] 戴胜勇. 宝成线清江 7 号大桥地震抢险保通及思考[J]. 铁路工程学报，2008 增刊.

[6] 李建国，褚宇光，杜玉柱. 汶川地震铁路路基工程震害调查与分析[J]. 铁路工程学报，2008 增刊.

[7] 张奕斌，侯小军. 宝成铁路 109 隧道抢险综合施工及管理技术[J]. 铁路工程学报，2008 增刊.

[8] 苏华武，王兴宁. 铁路地震地质灾害成因分析及防止对策研究[J]. 铁路工程学报，2008 增刊.

[9] 苏磊，杜世回. 对宝成铁路遭受汶川地震破坏情况的分析与思考[J]. 铁路工程学报，2008 增刊.

[10] 甘目飞. 隧道工程在汶川地震中的震害调查及病害浅析[J]. 铁路工程学报，2008 增刊.

[11] 魏永幸. 汶川地震近场高烈度区路基工程典型震害及思考[J]. 铁路工程学报，2008 增刊.

[12] 朱颖，魏永幸，钟新. 高烈度地震山区铁路综合选线及总体设计研究汶川大地震工程震害调查分析与研究[J]. 北京：科学出版社，2009 年 4 月.

复杂山区铁路隧道方案选择原则研究

许佑顶

(中铁二院工程集团有限责任公司公司办)

摘　要　复杂山区铁路隧道方案选择是否科学合理，不仅直接决定线路方案的取舍，而且对铁路建设工期、安全、投资以及将来运营都将产生巨大影响，因此，研究复杂山区铁路隧道方案选择原则具有重要的工程意义。针对地质复杂山区铁路隧道向密度更高、长度更长、断面更大趋势发展的情况，系统分析了不同地形条件、地质条件和环境条件对隧道方案选择的影响，提出隧道方案选择应考虑的主要因素和基本原则。本文对指导铁路线路方案选择具有重要指导作用。

关键词　隧道；线路；选线；原则

Research on Alternative Selection Principle of Railway Tunnel in Complex Mountain Area

Xu Youding

(Administration Office of CREEC)

Abstract　The scientificity and rationality of alternative selection of railway tunnel not only directly decide the route alternative, but also have great influence on construction period, safety, investment and future operation of railway. Thus the research on alternative selection principle of railway tunnel in complex mountain area is of important engineering significance. In view of the developing trend to higher density, longer length and larger section of railway tunnel in complex mountain area, this paper systematically analyzes the impact of different topographic, geological and environmental conditions on tunnel alternative selection, puts forward the main considered factors and basic principles in tunnel alternative selection and has significant guidance to railway route alternative selection.

Key words　tunnel; route; route selection; principle

1　引言

我国铁路已建成通车的最长铁路隧道为石太线太行山隧道(长度达 27.8km)，正在施工的最长铁路隧道为兰青二线关角隧道(长度达 32.6km)。随着我国大规模铁路建设全面展开，特别是在西部复杂困难山区修建高标准铁路的不断增多，使得铁路桥隧占线路的比例越来越高，隧道所占比例大多在50％以上。与其同时，铁路隧道向密度更高、长度更长、断面更大三个方面发展，根据目前多条地质复杂山区铁路勘测设计及施工的经验教训可以看出，铁路隧道方案选择是否科学合理，不仅直接决定线路方案的取舍，而且对铁路建设工期、安全、投资以及将来运营都将产生巨大影响。因此为确保又好又快建设铁路，不断提高铁路隧道勘测设计水平，科学合理选择铁路隧道方案至关重要。本文结合目前复杂地质山区铁路勘测设计及施工中出现的问题，提出个人一些粗浅的认识，以供同仁参考。

作者简介：许佑顶(1964—　)，男，教授级高级工程师，中铁二院工程集团有限责任公司副总经理、总工程师。

2 特长隧道优先选址

随着我国长大铁路隧道修建技术的不断提高，隧道施工机械性能的不断完善，十多公里甚或是几十公里的特长隧道在西部山区铁路建设中也是比较常见的，而特长隧道无论从工程造价、修建难度、环境影响、风险及工期控制等各个方面来说对全线的线路方案都影响较大；其次，特长隧道由于其自身长度比较长，往往达到或超过了设置车站的区间长度要求，其进、出口大多和车站相连，常需要在交通条件较好、人文经济相对较发达的开阔地带进洞或出洞。因此，对于特长隧道，尤其是地形地质条件复杂山区的特长隧道选线工作，应首先遵照重大工程优先选址的基本原则，进行详细的地质勘察和方案比选工作，以确定最优线路方案。

3 隧道方案选择与风险控制

隧道由于其自身工程的特殊性，存在安全、环境、质量、投资、工期以及第三方等风险，如若在勘察设计及施工、管理过程中不引起重视就有可能发生各种安全事故，如宜万线野山关隧道透水事故（3 人死亡，7 人下落不明）、高阳寨隧道洞口岩崩事故（死 35 人、伤 1 人）、都汶高速公路董家山隧道瓦斯爆炸事故（死 42 人、伤 11 人）等都是血淋淋的教训。因此，在各个阶段隧道方案的选择过程中，应将风险控制意识贯穿于整个选线过程中，尤其是对于一些具有突发性和灾难性的风险应予以规避或降低。

4 地形条件与隧道方案选择

隧道方案选择时应利用有利地形条件，避开不利地段。

4.1 越岭隧道方案选择

越岭线路所经地段，一般山峦起伏，地形陡峻，地质复杂，自然条件变化较大。一个大型的分水岭，往往有不少垭口，可供越岭线路和隧道穿越。而每个垭口的地质条件、地形陡缓以及两侧沟谷的分布情况，都与隧道位置的选择关系密切。因此，选择铁路越岭隧道位置时，应进行大面积的方案研究，对可能穿越的垭口，要以不同的限坡，不同的进出口高程做出各种越岭隧道方案，进行同等的调查研究。并要充分注意到较长的隧道方案，特别要注意特长隧道是否具有“长隧短打”条件，精心做好比选；定线时，坚持从上往下定线的原则，以降低高程，减小工程量。

越岭隧道位置，一般应选在垭口两侧沟谷高程相差不大，平面位置比较顺直，沟谷纵坡较缓、地形开阔的地方。方案比选中，除考虑主体工程外，也需考虑辅助工程的设置和分散弃碴的条件，以增加施工的工作面，缩短工期，降低造价。

4.2 河谷线隧道方案选择

河谷地段受地质构造和水流冲刷等影响，往往河道弯曲、沟谷发育，两岸多台地和陡峭的山坡，并常伴有崩塌、错落、岩堆、滑坡、冲刷等不良地质现象，地形和地质情况均较复杂。特别是高标准铁路的平面位置受线形限制，线路位置选择余地不大，是采用隧道还是采用其他工程通过，应认真做好比选工作。

沿河傍山地段当线路采用隧道通过时，隧道位置宜往里靠，修长一些，外侧洞壁要有足够厚度，避免出现洞壁过薄、偏压过大；由于线路过于外移，往往会出现短隧道群，且桥隧及支挡建筑物相连，虽做了不少工程，但坍塌落石的威胁仍难以彻底清除，常给运营留下后患，威胁行车安全。因此，高标准铁路以隧道通过时，线路应往里靠，应尽量减少短隧道群的出现，这样一方面可以减少或避免安全隐患，一方面可以减少高速列车运行时空气微压波的频繁变化，提高列车运行的舒适度。

5 地质条件与隧道方案选择

在西南山区，地形陡峻、地质复杂多具有“三高”（高地热、高地应力、高地震烈度）、“四活跃”（活跃的新构造运动、活跃的地热水环境、活跃的外动力地质条件、活跃的岸坡浅表生改造过程）的特征，高地热与高温热水、活动断裂、破坏性地震及其诱发地质灾害等工程地质问题十分突出，从我公司设计的襄渝、昆明至河口线玉溪至蒙自段、大理至瑞丽、丽江至香格里拉等铁路来看，应加强基于地质条件选择的隧道方案研究。

5.1 应尽可能选择在地质条件好的地段

(1)隧道位置应尽可能选择在地质构造简单，节理裂隙不发育，岩性较好，稳定的地层中通过。

岩层软弱结构面、断裂、褶皱、扭曲带，往往由于节理裂隙发育，破碎严重，地下水活动方便，岩层强度低，容易产生坍方、岩块滑移和很大的不均匀围岩压力，对隧道施工极为不利，应注意避免，必须通过时，应使隧道的通过长度减少到最小。

(2)隧道穿越两种岩性迥然不同的岩层接触带时，应避免平行和接近平行，应尽可能垂直或接近垂直方向穿越接触带。

(3)当隧道通过单斜构造时，隧道中线以垂直岩层走向穿越最为有利。当隧道中线与非水平岩层走向一致或斜交角很小时，应力求将隧道置于岩性较好、强度较高的层内。如岩层倾角较大，又有粘着力较差的软弱夹层时，应注意有产生顺层滑动的可能。

(4)当隧道通过褶曲构造时，隧道位置宜选择在褶曲构造一翼或背斜褶皱中轴处通过较为有利。应避免将隧道置于向斜轴部通过。

5.2 应绕避严重的不良地质地段

(1)在岩溶地区，隧道应避免穿越大溶洞和暗河。如洞身周围有溶洞存在而不能绕过时，应根据岩性和构造特征，要求隧道与溶洞之间(包括顶板、底板和侧面)保持一定的安全岩壁厚度，应尽量使隧道处于岩溶管道的垂直循环带内同时线路设计高程应尽量提高。对于位于岩溶地区隧道，除根据具体地质情况加强超前地质预报防控突水涌泥外，对高风险隧道在线路选线上应结合可能的设计预案选择隧道位置(如考虑排水洞条件等)。一般当灰岩稳定性好且强度较高时，岩壁厚度不应小于一倍洞径。

(2)隧道穿过含煤、页岩地层、石膏地层或穿过含盐地层时，应避开富煤区、瓦斯或硫酸根含量较丰富的地段；当不能避开时，应使其通过的长度最短。

(3)隧道穿越地热区域时，应通过综合勘探方法找出相对低温带，并应尽量提高线路设计高程以减小隧道埋深，避免热害。

6 环境条件与隧道方案选择

环境条件对隧道方案的选择十分重要，应引起足够的重视，要充分体现铁路建设“以人为本、可持续发展”的建设理念。

6.1 环境保护区隧道方案选择

山区铁路选线常会受到较多的风景名胜区、自然保护区等的限制，隧道方案不应在保护区内选择，在无法避免时，也应避开保护区的核心区和缓冲区，将隧道洞口设于实验区内并做好洞口工程的处理及隧道弃碴场位置的选择，使之与保护区协调。同时要根据隧道所处的地质条件和保护区的性质，确定隧道工程对保护区的影响程度。

6.2 环境敏感区隧道方案选择

隧道所处的位置虽不是受法律保护的风景名胜区、自然保护区，但对浅埋隧道和岩溶地区隧道的建设也会对地表产生不同程度的影响，因此要对隧道穿越的地表进行详细的调查，了解隧道上方建筑物及居住的居民情况，隧道应避免在有大型居民居住区或大型水库的下方通过，同时根据隧道埋深及岩溶发育程度分析测算隧道建设对地表居民生活、生产的影响程度，隧道采用的工程措施等应纳入方案比选，对影响巨大的隧道方案应进行位置或高程的调整，以避免或减少对环境敏感地区的影响。

7 隧道线形及洞口位置选择

(1)铁路隧道宜设在直线上。受地形、地质等条件限制时，可设在曲线上，但曲线宜设在洞口附近，并应采用较大的曲线半径。

(2)隧道洞口位置应根据地形、工程地质及水文地质情况，着重考虑隧道仰坡、边坡的稳定，保证施工及运营的安全，并结合洞口有关工程及施工条件，综合研究比选确定。应遵循隧道“早进晚出”和“无仰坡”进洞原则，相邻隧道洞口间距小于 30m 时，宜采用明洞连接，以提高列车运营的安全性和舒适性。

(3)洞口不宜设在地质不良、排水困难的沟谷低洼处或不稳定的悬岩陡壁下，并尽量避开滑坡、崩坍、岩堆和泥石流等地段。当不能避开时，应采用有效措施，保证安全施工和正常运营。

土质洞口(包括堆积层和松软破碎的岩层)要注意山坡的稳定性；岩石洞口要注意岩层产状、软弱结构面，节理裂隙情况和风化破碎程度；位于陡壁悬崖下的洞口，要注意山坡岩石的稳定性。

(4)隧道线路应力求与地形等高线垂直或近似垂直进洞。傍山隧道洞口线路，应避免与地形等高线较长区段平行。如不能满足上述要求时，应以大角度斜交进洞为宜。

(5)缓坡、浅埋地段洞口位置选择时，宜结合洞外路堑地质情况、填挖方情况、弃碴场地及运距、排水条件以及施工工期等综合比较，合理确定洞口位置。

(6)隧道穿越悬崖陡壁时，一般不要开挖原山坡，如坡面及陡壁稳定可贴壁进洞。如坡面有落石、掉块情况时，应酌情延伸洞口接长明洞，将洞口置于可能受坍落影响范围以外。

(7)当洞口位于山麓堆积层、松散破碎带或植被良好的松软地层，以及有顺层滑动可能的洞口，不应采取刷坡清方，以免破坏山体稳定，招致坍方、滑坡病害。必要时宜接长明洞，确保施工和运营安全。

(8)黄土隧道洞口应避免设在冲沟，陷穴附近，防止洞口坡面产生冲蚀、泥流或坍陷等病害。

(9)对于倾斜岩层、层理、片理结合很差或存在软弱结构面(夹层)时，宜提前进洞。以免挖方斩断岩脚过多，引起顺层滑动或坍方危害。

(10)当洞口线路横跨水沟时，一般应设置桥涵排水，留有足够的泄水面积，并满足净高排洪的需要。当下挖设置有困难时，根据具体情况，可考虑改沟引导或延长洞口修筑明洞作渡槽引渡。

(11)上下线隧道立交、洞口相邻时要考虑上线隧道施工时出碴对下线隧道洞口施工的影响，必须时可适当延长下线隧道洞口，以减少干扰。

(12)当桥隧紧密相连，确定隧道洞口位置时，要考虑桥台挖基对洞口建筑物的影响，注意保持适当的安全距离。如桥台必须伸入洞内时，应考虑洞门和桥台的整体关系以及相互间的施工干扰。

(13)对特长隧道的洞口位置选择应结合施工方法综合考虑，如采用 TBM 法施工，则应具有较好的交通条件和外部电源条件。

(14)隧道洞口邻近居民点时，除考虑施工爆破对人身安全、房屋设施被破坏的影响外，位于城镇、厂矿附近的洞口，还应考虑与城市、厂矿规划的配合。

8 结语

目前高标准山区铁路隧道所占比例高，投资大，且隧道工程又是典型岩土工程、隐蔽工程多受地质因素的影响大，施工风险比较高，建设难度非常大，倘若我们提高了铁路隧道绕避不良地质条件的能力，做好了隧道方案的选线设计，就为铁路的顺利建设开好头，起好步，创造了一个良好的施工条件和运营安全环境，这无疑对合理控制工程投资，保证施工工期，确保运输安全，又好又快地建设和谐铁路，具有极为重要的作用。

参 考 文 献

[1] 铁建设[2005]140 号. 新建时速 200～250 公里客运专线铁路设计暂行规定(上、下)[S]. 北京：中国铁道出版社，2005.

[2] 铁建设[2009]172 号. 铁路边坡防护排水工程设计补充规定[S]. 北京：中国铁道出版社，2009.

渝利线岩溶地区选线技术总结

何小勇　裴志远　毕　强

(中铁二院工程集团有限责任公司土建二院)

摘　要　本文根据渝利线四座岩溶隧道的选线实践,认真分析和归纳了渝利线岩溶地区隧道存在的各种风险,并找出控制性风险,在选线总体设计中坚持地质选线、环保选线原则,尽量规避和减小各种风险,系统性提出了在此类地区选线设计中具体可操作的指导性原则。并成功应用此原则指导线路选线,在源头上将风险进行有效逐步控制,将渝利线控制性风险的等级降低至中低度。

关键词　岩溶地区;控制性风险;选线设计;指导性原则

Technology Summary of Route Selection in Karst Area of Chongqing-Lichuan Railway

He Xiaoyong　Pei Zhiyuan　Bi Qiang

(Second Civil and Construction Design and Research Institute of CREEC)

Abstract　Taking four karst tunnels in Chongqing-Lichuan Railway as the route selection practice, this paper seriously analyzes and sums up all kinds of risks that exist in tunnels in karst area of Chongqing-Lichuan Railway and finds out the control risks. In overall design of route selection, the principles of route selection concept with geological condition and environmental protection shall be adhered to and all kinds of risks shall be avoided and reduced as far as possible. An instructive principle with maneuverability for the route selection in this kind of region is put forward systematically, and it has been used successfully in the route selection and the risks are controlled effectively in source and the grade of control risks of Chongqing-Lichuan Railway has been reduced to medium-low degree.

Key words　karst area; control risk; route selection design; instructive principle

1　引言

重庆至利川铁路是规划建设的沪—汉—渝—蓉客运通道的重要组成部分。线路地处我国中、西部地区的接合部,线路长度264.406km。渝利铁路沿线途经了丘陵区、低山区、中山区、中山溶蚀残丘区。工程地质条件复杂,线路穿越四段灰岩地层,岩溶裂隙高压水易引起施工过程中突水、突泥,危及施工人员及生产设备安全。沿线地形起伏大,桥隧相连,线路还需跨越长江一次,全线桥隧总长约211.1km,桥隧比重79.2%。

渝利线全线共有排花洞、尖峰顶、方斗山和余家4座可溶岩隧道。线路以排花洞隧道、尖峰顶隧道、方斗山隧道、余家隧道通过明月峡背斜、苟家场背斜、方斗山背斜、齐耀山背斜。所遇三叠系中下统、二叠系岩性为灰岩、白云质灰岩等可溶岩,多分布于背斜轴部附近,张性构造裂隙较发育,地表落水洞、溶蚀洼地、漏斗沿层面或纵张裂隙呈串珠状发育,丰沛的降水通过这些垂直岩溶通道和溶隙大量补给地下水。线路穿越可溶岩地层,隧道在施工中将面临突水、突泥及环境破坏等风险。

作者简介:何小勇(1967—　),男,高级工程师。

2 渝利线岩溶隧道工程地质及环境影响分析

渝利线线路穿越四段灰岩地层，岩溶裂隙高压水易引起施工过程中突水、突泥，危及施工人员安全。渝利线全线共有排花洞、尖峰顶、方斗山和余家等四座可溶岩隧道。笔者对以上四段线路所经地区的隧道工程地质和环境影响进行了详细的分析归纳总结，见表1。

渝利线岩溶隧道工程地质和环境影响调查表（初步设计阶段） 表1

隧道名称	排花洞隧道	尖峰顶隧道	方斗山隧道	余 家 隧 道
地质构造	隧道穿越明月峡背斜南段。背斜轴部地层为T_2l、T_1j的可溶岩地层，岩溶发育强烈，地貌多为低洼槽谷和溶蚀洼地	隧道穿越荀家场背斜。轴部地层为T_2l、T_1j可溶岩，两翼地层为砂泥岩非可溶岩。背斜轴部张性裂隙极为发育	隧道穿越方斗山背斜。背斜核部岩溶发育、背斜中部发育一断裂，同时各种构造节理、风化裂隙和层理发育	主体构造为齐耀山背斜，褶皱为主，岩溶发育在背斜核部，地层产状东翼陡，局部直立、倒转；西翼缓
与地下水位关系判识	位于岩溶水垂直循环带	位于岩溶水水平循环带及深部裂隙带	处于岩溶水垂直循环带或垂直—水平交替循环带	处于岩溶水垂直循环带
地下水位及水压	地下水潜水位高于隧道，最大水压约1.95MPa	地下水位在340～500m，高于隧道高程259.9～313.6m，最大水压2.4MPa	地下水潜水位高于隧道，最大静止水压力为3.1MPa	地下水潜水位高于隧道，最大静止水压力为1.22MPa
最大涌水量Q(m^3/天)	预计隧道最大涌水量6.3万m^3/d，暴雨后水量数倍增长	预计隧道最大涌水量4.2万m^3/d，暴雨后水量数倍增长	最大涌水量18.9万m^3/d	最大涌水量3.8万m^3/d。遇到岩溶管道水，涌水量成倍增加
岩溶发育特征	地表岩溶形态为溶蚀洼地、岩溶漏斗、岩溶槽谷，地下岩溶形态为地下暗河、溶洞	荀家场背斜蓄水构造。地表可见大型溶洞、洼地、落水洞、漏斗等地貌，地下暗河发育	岩溶沿层面裂隙发育其岩溶形态有：溶洞、落水洞、溶蚀洼地、地下暗河等	岩溶沿层面裂隙、构造裂隙发育，岩溶呈串珠状分布，岩溶洼地、漏斗、落水洞等
环境影响	影响范围内人口共计8900人。耕地面积：农田约3700亩，旱地约7200亩；水塘36口约30万m^3蓄水量。该镇范围内人口比较集中的雷波、长湾、中槽沟等地方共修建了18个深水提灌站解决饮用水及灌溉用水。隧道离排花洞风景区860m	DK109+295～DK112+548段通过地层为灰岩地层，DK111+800左200处有岩溶泉，主要用于该地村民的灌溉及生活用水。DK110+850左侧826m处有一金星水泥厂，DK111+850处左侧980m有一石坝湾水库，该水库常年积水面积为0.31km^2，总库容为29.32万m^3，灌溉面积为400亩	山上有2个大的岩溶泉，主要用于白布滩电站及农业灌溉。线路的左侧有江山水库，积水面积约为0.34km^2，库容为14.3万m^3；另外一处冉家槽水库积水面积为0.52km^2，库容为15万m^3，老官坝水库为最大，常年积水，面积为0.9平方公里，库容52万m^3	山上地表有零星泉眼，规模较小，有泉水流出，水量不大。影响范围内有村民约3800人，牲畜约7500头，农田3900亩，旱地约7000亩。 隧道附近有星斗山国家自然保护区

由工程地质条件和环境影响分析结果，笔者继而总结归纳了四座岩溶隧道可能出现的各类风险并根据各类风险频次绘制了排列图（表2和图1）。

渝利线岩溶隧道风险调查分析表(初步设计阶段) 表2

序号	工程地质及环境影响分析汇总	可能引起主要风险
1	四座岩溶隧道均穿越背斜构造,背斜核部为二叠系、三叠系的可溶岩,背斜翼部为砂泥岩的非可溶岩,背斜核部岩溶强烈发育,断裂存在,同时各种构造节理、风化裂隙和层理发育	突水(泥)风险
2	四座岩溶隧道均为背斜蓄水构造。地表可见大型溶洞、洼地、落水洞、漏斗等地貌,岩溶呈串珠状分布,地下暗河发育	突水(泥)风险
3	四座岩溶隧道地下水水位均高于隧道,最大静止水压力为1.22~3.1MPa,水压力极高	突水(泥)风险工期投资风险地表失水(第三方损失)风险
4	四座岩溶隧道推算最大涌水量3.8万~18.9万 m^3/d,遇到暴雨或岩溶管道水,涌水量还将成倍增加,涌水量极大	突水(泥)风险工期投资风险地表失水(第三方损失)风险
5	排花洞、齐耀山隧道位于岩溶水垂直循环带,方斗山隧道位于垂直—水平交替循环带,尖峰顶隧道位于岩溶水水平循环带及深部裂隙带; 在垂直循环带内隧道所遇岩溶形式以垂直发育的溶洞、溶缝、岩溶管道为主;而在水平循环带内,可能遇到以水平发育的溶洞、岩溶管道形式为主,并有可能遇到暗河	突水(泥)风险地表失水(第三方损失)风险
6	四座隧道不同程度地穿过须家河组或吴家坪组含煤地层,可能产生瓦斯危害。重庆市在开采二叠系煤层的部分矿井,在长兴组或茅口组灰岩中曾经突然遭遇岩溶孔隙内贮集的瓦斯气体而引发事故	瓦斯风险工期投资风险
7	隧道穿越盐溶角砾岩夹石膏,珍珠冲组泥岩、页岩,具膨胀性,节理发育,岩体破碎,隧道通过这些软质岩或软弱夹层,可导致冒顶、塌方、偏帮、坍塌等	塌方风险
8	四座岩溶隧道地表均分布水田、旱地、水塘、水库等,地表居民点分布密集,共计数万居民在利用岩溶水作为生活和农业生产用水,同时尖峰顶隧道地表还有水泥厂、榨菜厂、养猪场,采用岩溶水作生产用水,如地表发生失水,将严重影响附近居民的生产生活,存在严重的环保问题	地表失水(第三方损失)风险
9	隧道开挖可能揭穿暗河、溶洞,需对部分段落进行注浆及其他岩溶治理措施,会减慢施工进度,且几个岩溶隧道都为全线的主要工期控制点,工期紧张	工期投资风险

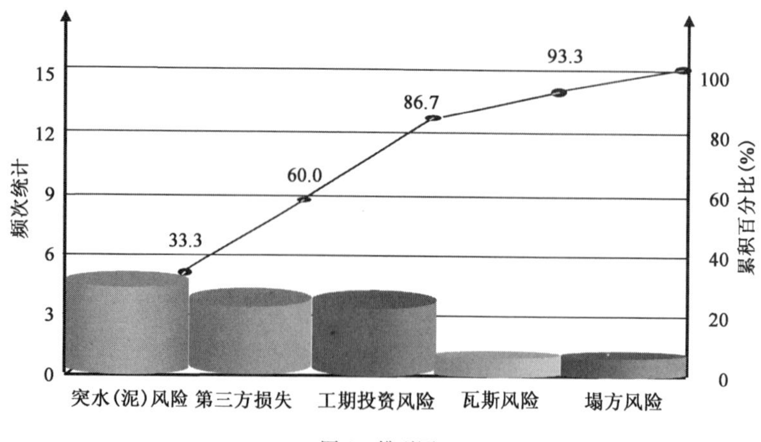

图1 排列图

根据图1可以分析出,渝利线岩溶隧道风险中的岩溶突水(泥)风险、第三方损失和工期投资风险出现频次比例最高,三者占据了全部频次的86.7%。由以上分析可见本研究最终解决的实际问题是在选线总体设计中有效降低岩溶突水(泥)风险、第三方损失和工期投资风险。

3 线路选线优化过程分析

通过对渝利线及相关类似项目的实践经验与技术总结深入研究和科学分析，笔者总结和归纳了岩溶地区线路选线设计的特点及方法，并加以总结归纳，创造性地提出了在此类地区选线设计的指导性原则(图 2)，并在线路方案优化中加以实际应用。

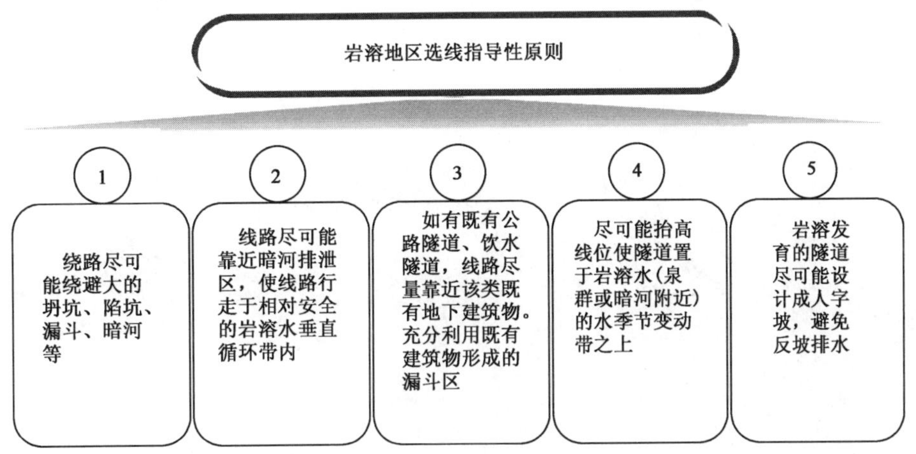

图 2 指导性原则

实施一：优化线路平面方案，线路方案绕避地表大型不良地质

根据指导原则①在施工图阶段各个隧道线路平面均尽可能绕避了重大的不良地质，达到了线路平面方案的最优。如在施工图阶段，经过详细地质调查和线路方案优化后方斗山隧道就绕避了莲花洞、岩风洞和碓窝梁等 3 处大暗河(图 3)。

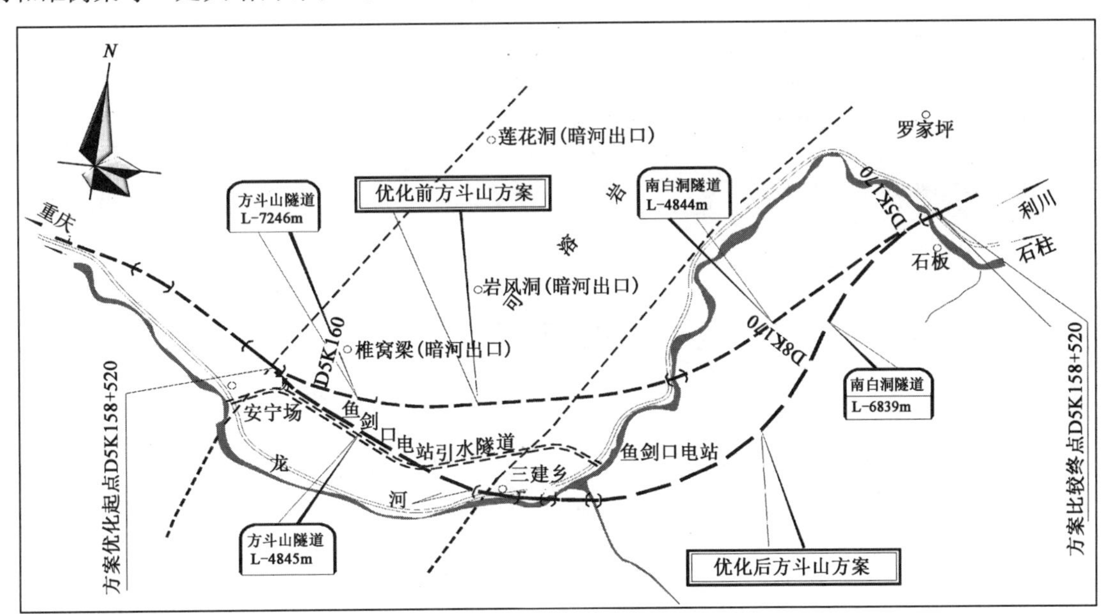

图 3 方斗山线路方案示意图

实施二：优化线路平面方案，线路方案尽量靠近暗河排泄区

根据指导原则②在施工图阶段线路方案均尽可能靠近岩溶排水基准面，使线路行走于相对安全的岩溶水垂直循环带内。如在施工图阶段，经过线路方案优化后，排花洞隧道线路平面尽可能地靠近了暗河排泄区御临河(图 4)，方斗山隧道线路平面尽可能靠近了暗河排泄区龙河(图 3)。

实施三：优化线路平面方案，线路方案尽量靠近既有地下建筑物

根据指导原则③在施工图阶段线路方案均尽量靠近该类既有建筑物，充分利用既有建筑物形成的漏斗区。如在施工图阶段，经过线路方案优化后，方斗山隧道尽量靠近了已建成的鱼剑口水电站的引水

隧道,余家隧道尽量靠近了在建沪蓉西高速公路齐耀山隧道(图5),充分利用已建成和在建既有公路隧道、引水隧道等资料,为线路设计提供科学参考依据。

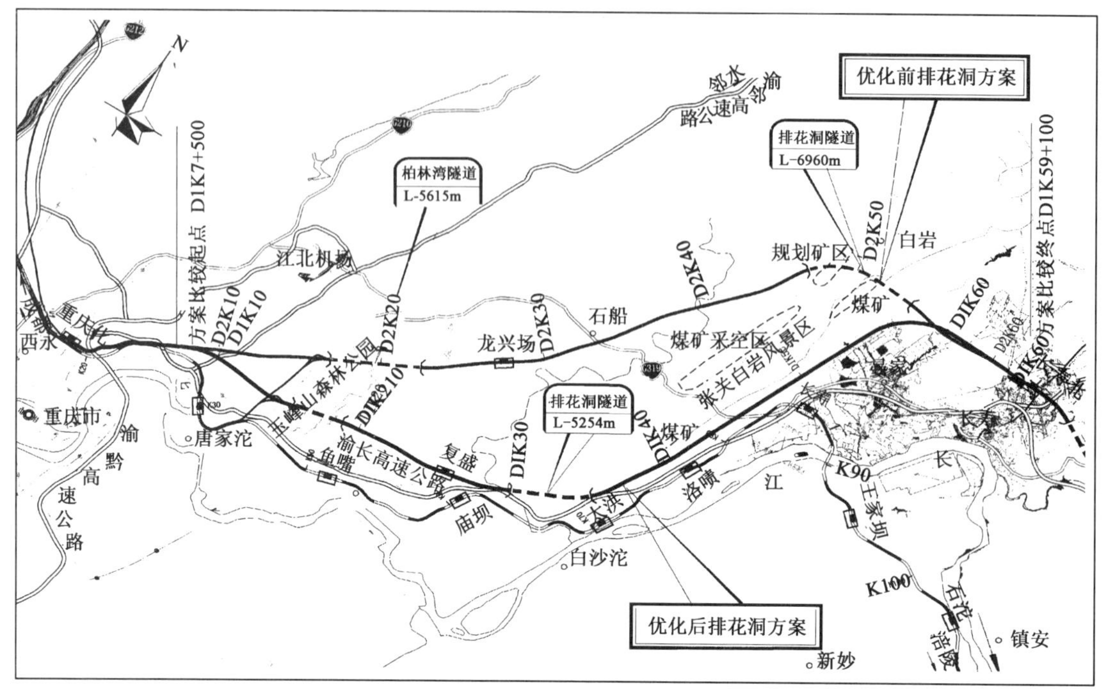

图4 排花洞隧道线路方案优化示意图

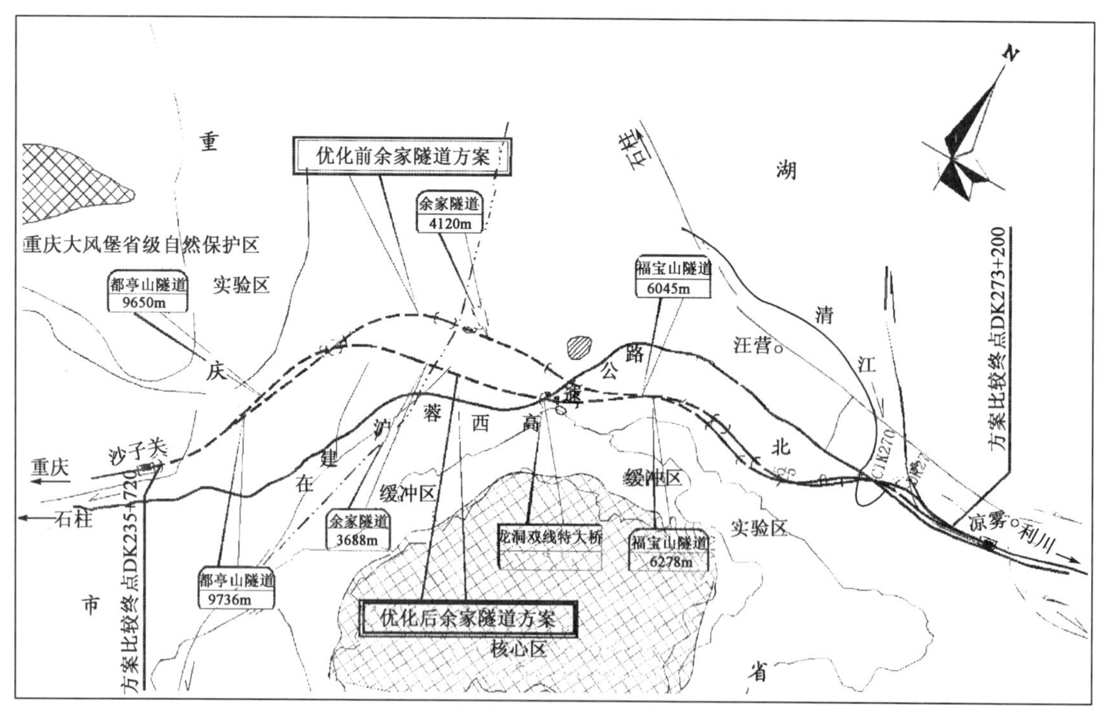

图5 余家隧道线路方案优化示意图

实施四:优化线路纵断面,线路方案尽量拔高并设计成人字坡

根据指导原则④和⑤在施工图阶段线路方案在越岭地段尽可能抬高线位使隧道置于岩溶水(泉群或暗河附近)的水季节变动带之上。如在施工图阶段,经过线路方案优化后,方斗山隧道从初步设计的280m到施工图中的最高300m(图6)。尖峰顶隧道从初步设计的280m到施工图中的最高335m。尖峰顶隧道初步设计阶段的单面坡度优化设计为人字坡;余家隧道由小人字坡优化设计为大人字坡(图7)。

实施五:线路平纵断面组合优化,实现平纵断面设计匹配

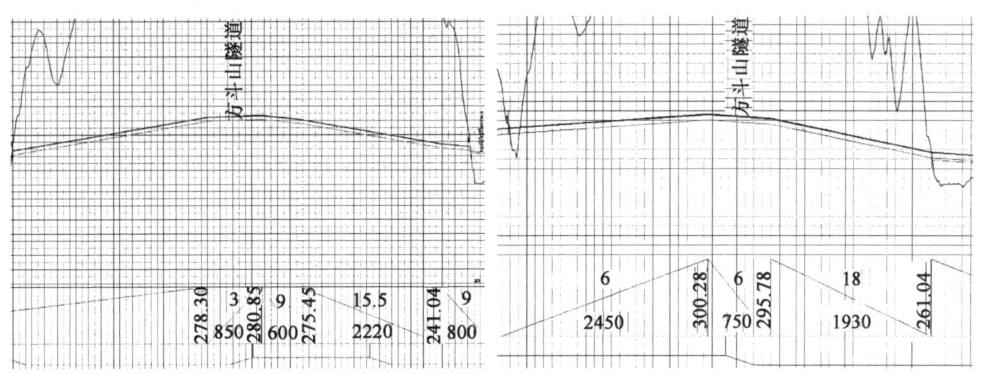

图 6　方斗山隧道纵断面优化示意图

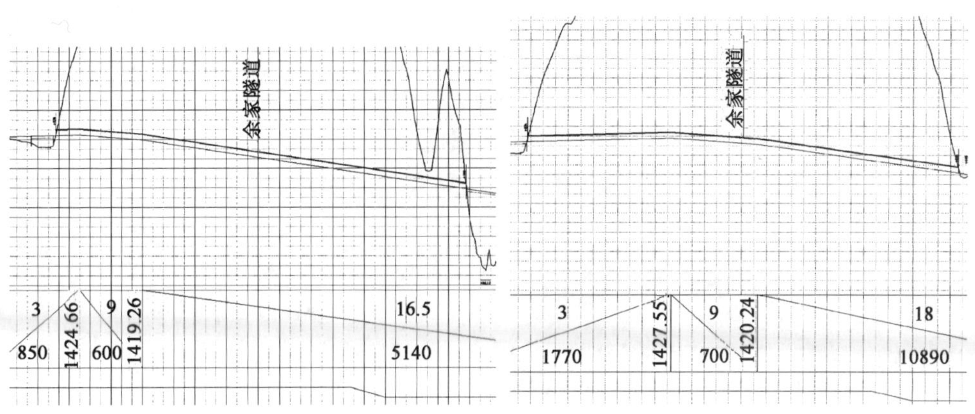

图 7　余家隧道纵断面优化示意图

根据指导性原则及设计的实际情况，充分利用技术标准，大量实施了平纵断面组合优化设计，实现从平面和纵断面二维设计平纵联动的三维设计思路的转变，达到了平纵断面设计匹配的目标。如在施工图阶段，通过平纵组合优化设计，尖峰顶隧道就成功实现长隧分修成两个短隧道，线路高程拔高，线路纵断面设计成人字坡(图 8 和图 9)。

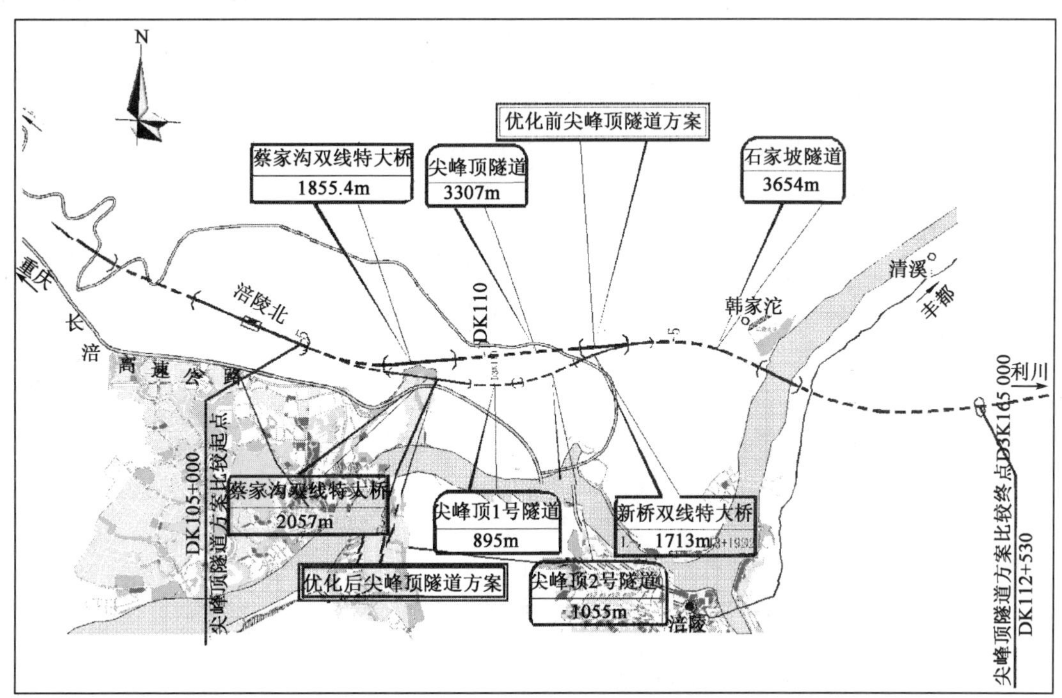

图 8　尖峰顶隧道线路方案优化示意图

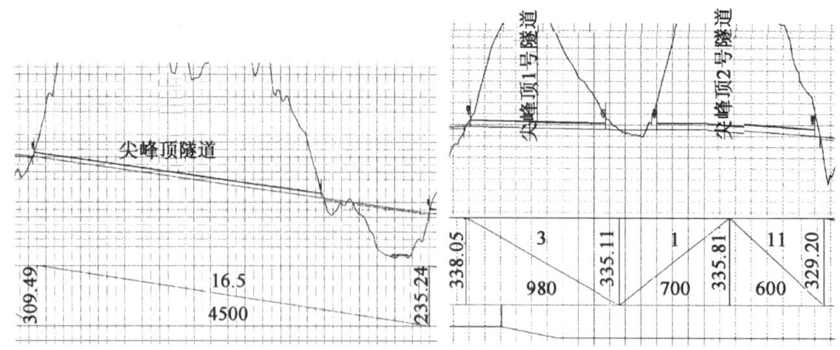

图 9　尖峰顶隧道纵断面优化示意图

4　结语

笔者成功应用可操作性的选线设计指导性原则优化了渝利线岩溶隧道线路方案，在总体源头上将风险进行有效逐步控制，将突水(泥)风险、地表失水(第三方损失)风险、工期投资风险的等级降低至中低度。各级技术领导、专家及上级部门对本渝利线所做的大范围地质环保选线及平纵面优化、风险处理后所取得的效果给予了充分肯定。渝利线岩溶地区线路方案优化通过设计过程中的横、纵向两个循环(图 10 和图 11)。

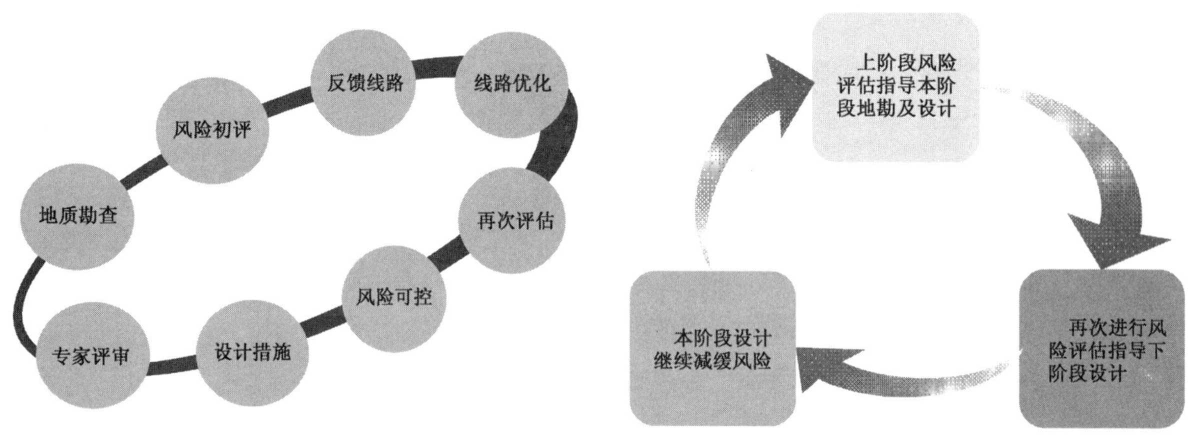

图 10　横向循环图

图 11　纵向循环图

通过横、纵向的两个循环，使渝利线岩溶地区线路方案在每一个阶段都组织了专家评审，使优化贯彻于各个设计阶段，最终实现了方案的最大优化，经风险评估后各风险变化趋势如图 12 所示。

渝利线岩溶地区选线是为我集团公司建立与铁路隧道风险评估管理相适应的铁路选线风险评估管理暂行规定的积极有意义的初次探索，探寻出的具有可操作性的在此类地区选线设计的指导性原则，为类似项目开展综合选线设计和研究提供了良好的借鉴和参考。

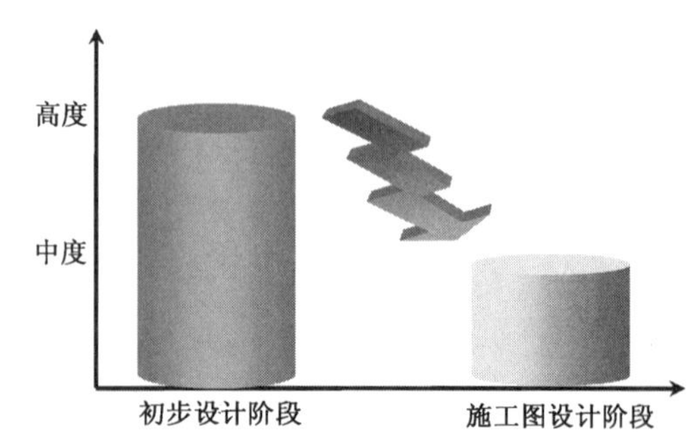

图 12　风险变化趋势图

参考文献

[1] 韩毅，李隽蓬. 铁路工程地质[M]. 北京：中国铁道出版社，1988.

[2] 铁道部第一勘测设计院. 铁路工程设计技术手册(线路)[M]. 北京：中国铁道出版社，1994.

[3] 詹振炎. 铁路选线设计的现代理论和方法[M]. 北京：中国铁道出版社，2001.

[4] 郭娣，许模. 西南地区紧密背斜岩溶地下水赋存与运移特征[J]. 地质学报，2009(3)：66-70.

市域铁路规划设计总体思路

张志勤

（中铁二院工程集团有限责任公司土建二院）

摘　要　作为对大都市发展起着引导作用的市域铁路，在线路走向、车站分布、平纵断面、运输组织模式等规划设计方面，应以坚持与城市规划发展相协调，坚持以人为本、方便旅客出行，坚持与城市区域其他交通方式相衔接，坚持景观、环保设计，坚持满足列车开行快速性、舒适性要求的原则为总体设计思路。尽量实现“人性化、捷运化、信息化、生态化、零换乘”的交通发展目标，真正使市域铁路系统起到促进城市城乡统筹发展、带动沿线经济社会进步、加强周边卫星城镇与中心城联系的目的。

关键词　市域铁路；规划设计；总体思路

General Idea of Urban Railway Planning and Design

Zhang Zhiqin

(Second Civil and Construction Design and Research Institute of CREEC)

Abstract　The planning and design of urban railway that plays a lead role in the development of metropolis shall stick to an general design idea that shall harmonize with the urban planning and development in planning and design of alignment, station layout, plan and profile, and transport organization pattern, be people first, be convenient for passenger′s travel, be able to connect with other means of transportation in the urban area, adopt landscape and environmental protection design, and meet the requirement of running rapidity and comfort of the train to try to realize traffic development target of “Humanity, rapid transport, informationization, ecologicalization, zero transfer” and make really the urban railway system promote the urban and rural development, drive the progress of economy and society along the line and strengthen the connection between circumjacent satellite town and central city.

Key words　urban railway; planning and design; general idea

1　引言

中国的城市化正处于高速发展的进程中，20 世纪末我国的城市化水平达到 31%，目前城市化水平约为 44%，根据趋势外推法，2020 年将达到 50%，主要都市圈以及都市带将高达 60%，城市化过程有两种基本形式，一种就是在原有城市的边缘摊大饼式扩展，另一种是发展新城或者在原有的半城市化地区有选择地发展卫星城市。城市以第一种形式发展到一定规模时，会产生一些阻碍城市进一步发展的因素，诸如自然环境、建设技术、地域结构等，城市规模越大限制性因素越强，形成一种外部不经济、规模不效益的门槛。追求可持续发展迫使许多大城市采取多中心、分散化的总体布局模式，从趋势上看，必然在城市周围区域发展卫星城镇。

周边城镇与中心城市之间强烈的经济联系需要靠高速的通勤和完善的交通运输体系来完成，周边城镇依赖于这种交通的便利连接才能顺利承担中心城市的某些功能。未来城市将形成以轨道交通为主

作者简介：张志勤（1964—　），女，教授级高级工程师，中铁二院工程集团有限责任公司土建二院副总工程师。

注：本文已刊登于《高速铁路技术》2011 年第 3 期。

干,常规公交为主体,支线公交为支撑,出租车为补充的立体、多元交通体系。其中市域旅客出行主要考虑由市域铁路与城市地铁进行换乘,满足市域交通走廊主通道功能,统筹城乡。

2 综合轨道交通模式和功能定位

轨道交通在能量消耗、环境污染、事故损失、道路占用等方面有着其他交通方式不可比拟的优点,分层次规划建设可有效地减少对城市交通的压力。根据不同服务对象、服务水平、客运量、建设规模和管理方式等,综合轨道交通模式大致可以分为城际铁路客运专线、市域铁路、城市轨道交通三个层次。

2.1 城际铁路客运专线

城际铁路客运专线是连接大都市之间的轨道交通,主要服务于省会城市和主要大中城市之间的中长途客流,一般这种客流的出行距离较长,属于点到点的运输方式。城际列车对城市内部客流的影响只局限在个别枢纽站,这种"点"的影响明显区别于城市轨道交通"带形"的影响。一般采用双线,达到大运量、高速度的目标,平均旅行速度一般为200~300km/h左右,如国内的京津城际、沪宁城际等。

2.2 城市轨道交通

城市轨道交通是城市公共交通的重要组成部分,服务于城市内部的主要交通走廊,是城市内部交通的独立专用轨道、独立运行的客运系统。系统采用全封闭方式运行,相对于城市道路交通系统而言,列车运行速度高,系统运量大,运行密度高,服务水平和提供的舒适度较高。同时,由于这种系统是城市的骨干线路,是道路交通方式不能替代的。其线路走向穿过城市中心和交通密集区域,系统的建设条件受到土地利用以及环境等条件的限制,线路敷设方式往往采取地下或高架的形式,造成系统建设的投资较高,系统设备复杂,管理水平要求较高。因此,从代价上考虑,建设这种系统的目标应该是城市中心大运量的骨干线路,高峰小时单向断面客流量一般不小于1.5万人次。

2.3 市域铁路

市域铁路不同于城际铁路客运专线和城市轨道交通线路,它是介于两种轨道交通之间的一种,是联系城市边缘以及边缘组团的轨道交通系统,适用于城市区域内重大经济区之间中长距离的客运交通。市域铁路将城市市区以外的多个点或组团与城市边缘的交通接口连接起来,具有内聚外联的功能。内聚功能是指与城市轨道交通线网通过车站衔接,使卫星城市居民能便捷地换乘城市轨道交通到达市区各方向;外联功能是指市域铁路以枢纽大型客站为依托,与干线铁路网相连,集疏客站客流和沿线客流,使卫星城市居民可不必到市区换乘即可直接到达其他城市,是地铁和轻轨系统的有力补充。

3 市域铁路规划设计总体思路

针对市域铁路的功能定位,在市域铁路的规划设计中,应坚持以人为本,方便旅客出行的原则;坚持与城市规划发展相协调的原则;坚持与城市区域其他交通方式相衔接的原则;坚持景观、环保设计原则。同时设计还应满足列车开行快速性、舒适性的要求。

3.1 线路走向

一般新建干线铁路线路走向方案比选需要综合考虑路网布局、经济据点、矿产分布和工程大小等,而市域铁路线路走向选择不同于干线铁路,应注重吸引客流,应尽可能沿城市发展经济带,将城镇有机地连接起来,使线位和站址选择与城市总体规划、城市轨道交通及城市公交协调配合。确定线路走向方案时,不能只考虑工程大小和投资多少,应进行综合效益比较,即对每个方案的吸引客流人数、运输收入、运营费用、工程投资、利润等进行综合比选,采用投资效益较好的方案。

(1)尽量通过城市现状及规划发展经济带,以带动地方经济发展,满足居民出行需求,提高铁路运输效益。如成都至都江堰铁路在郫县境内线路所考虑的沿317国道、成灌高速公路和沙西线三个走向比选中,由于成灌高速公路和沙西线分别位于犀浦组团和郫县组团规划区南、北侧的边缘,而两个组团的城镇规划发展方向主要以317国道为主轴往两侧发展,因此,采用沿317国道线路走向,有利于吸引客流,减少旅客出行距离。

(2)尽量沿已有的城市交通走廊,以减少对城市规划建设的影响及征地拆迁工程。

市域铁路是市域客运交通系统的骨干,要想发挥它应有的功能,就必须有很大的客流量,其吸引能力取决于沿线居民的出行强度和出行方便程度。但要想达到方便旅客出行目的,线位需靠近城市居民居住集中区域,线路通过势必会对现状城市建设产生影响,为解决两者之间的矛盾,线路应尽量利用城市现有的公路交通走廊。如成都至都江堰铁路沿 317 国道绿化带而行,既方便了沿线居民出行,又最大限度地减少了对城市规划建设的影响。但与道路并行时,应综合考虑房屋拆迁、便于车站站外交通组织及对公路行车安全影响等因素,选择确定合适的距离。与道路交叉时,一般采用上跨方式。

(3)尽量与城市轨道交通线网规划紧密衔接,实现旅客"零换乘",和各种交通方式间的"无缝接驳"。

(4)尽量绕避不良地质、风景名胜、自然保护区及军事设施等重点建筑区域。

3.2 车站分布

(1)影响车站分布的主要因素

①沿线城镇分布及发展规划。

②客流需求。

③旅行速度。

④线路通过能力。

⑤车站站址选择要求。

(2)车站分布的主要原则

①多设车站。为满足客流需求,提高市场竞争力,尽量在沿线城镇均设置车站,同时,在同一城区不同的商住密集区也可考虑增设车站,以方便旅客出行。如成灌线通过郫县城区,由于该城市沿线路方向呈带状规划发展,因而在新、老城区均设置了车站。

②根据列车开行方案,市域铁路一般需开行大站直达列车和站站停列车。大站直达列车需要越行站站停列车,车站设置需满足大站直达列车越行要求。

③根据旅行速度和旅行时间要求合理确定站间距离。

④对于车站选址应考虑以下主要因素:

a. 接轨于城市铁路枢纽内的客运站。

b. 尽量靠近城镇交通方便或客流集散点设置。

c. 应考虑与城市其他交通方式有机衔接。

d. 满足新建车站和市政配套设施用地要求及地形地质条件。

3.3 站区综合交通衔接

市域铁路车站与其他交通方式的衔接与协调,是保证足够客流的重要因素之一,也是城市公共交通线网优化的主要内容之一。它能减少旅客出行过程中的等待时间,缩短人们出行时间,提高公共交通服务质量,并保证客运交通的高效率,也能更好地促进市域铁路与其他交通方式的协调发展。市域铁路站区综合交通衔接规划包括与城际铁路客运专线、城市轨道交通及与城市常规公路交通的换乘规划。

(1)与城际铁路客运专线的换乘方式

在综合轨道交通规划方案中,市域铁路与城际铁路之间可考虑组织跨线运营,直接通过城际铁路客运专线与全国铁路网连接;也可利用枢纽大型客运站,修建专用换乘通道,旅客不必离开站房即可实现与城际铁路客运专线的换乘。

(2)与轨道交通的换乘方式

市域铁路与城市轨道交通车站间的换乘方式可以分为站台与站台之间换乘、站厅与站厅之间换乘、通道换乘等。

①对于市域铁路无配线的车站,在条件许可的情况下,应优先考虑与城市轨道交通车站采用同站台换乘,该换乘方式能真正体现零换乘、无缝衔接的先进设计理念,是最佳的换乘方式。如成都至都江堰

铁路在犀浦站与成都市地铁2号线同站台换乘，使沿线的旅客通过地铁2号线与地铁线网衔接，方便地到达市区各个方向(图1)。

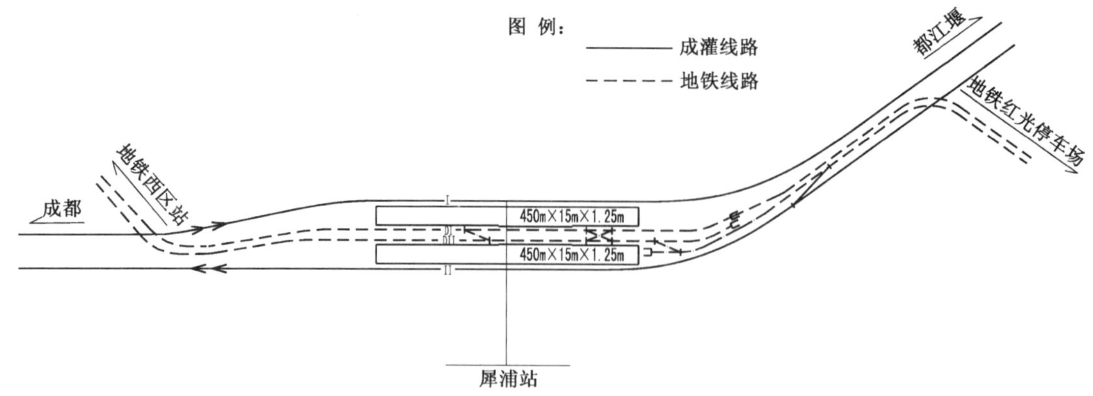

图1 市域铁路与城市轨道交通车站同站点换乘实例图

②对于一般车站而言，与城市轨道交通车站考虑站厅或通道换乘。轨道交通车站尽可能设置于市域铁路车场下方，客流换乘通过通道或站厅进行，不必进出站房。

③与城市常规交通的换乘方式

由于在服务水平、服务范围、建设投资、交通可达性等几个方面与城市常规公交的区别，市域铁路不能替代城市常规公共交通。市域铁路客运地位的实现需要与地面常规交通系统有效配合，其与地面各类客运交通方式衔接的合理性，则对整个城市交通网络的正常运转及营运起决定作用。一般而言，与常规公交衔接考虑场站分离方式。对于枢纽站及中型客运站，应根据预测客流量及客流构成，分析车站客流集散主要交通方式，以及各交通方式比例构成，合理布局站前广场上的公共汽车、出租车、长途汽车站，公交车站尽可能靠近站房设置；并考虑尽量为旅客提供良好的换乘空间和设施，通过对站区综合规划设计，合理组织换乘客流和集散人流的空间转移，达到系统衔接的整体化。对于小型中间站，应结合车站周边道路分布及站区交通需求，合理布局站区非机动车和机动车停车场，设置出租车停靠带和公交车停车港，做到人、车分流，满足“人性化”的设计标准。

3.4 线路敷设方式

一般而言，市域线路敷设方式有高架、地下和地面三种方式，应综合考虑不同敷设方式对土地的利用，对交通路网、城市规划建设及环境的影响等因素，结合工程投资进行综合分析比较，针对不同城市环境条件下选择不同的线路敷设方式。由于市域铁路一般位于城市发展经济带上，为减少对城市规划建设的影响，节约土地，少占农田，线路多采用高架方式。

3.5 运输组织模式

(1)市域列车开行方案

根据市域铁路客流特征，为便于旅客出行，一般开行站站停列车和大站直达列车。站站停列车基本上在沿线车站均要停靠，列车运行速度相对较低，但车辆编组小、列车开行密度高，公交化服务于沿线居民出行。大站直达列车运行速度高，旅客旅行时间短，可满足中长距离直达客流节省时间的要求。

(2)轨道运输一体化

为充分发挥市域铁路“内聚外联”的功能，缩短旅客出行时间，设计应考虑市域铁路与其他轨道交通方式实现一体化的运输组织模式。市域铁路与干线铁路可通过组织跨线运营实现运输一体化，达到方便旅客出行的目标。由于市域铁路与城市轨道交通在技术标准、管理体制及运营方式上存在一定的差异，为使旅客能便捷换乘，可考虑采用一卡通乘车等，为城市轨道交通实现一体化创造条件。

3.6 线路平面设计要点

市域铁路线路平面设计时，除根据不同速度目标值、地形及工程条件由大至小合理选择曲线半径外，由于市域铁路具有车站设置较密，一般需组织开行站站停列车和大站直达列车的特点，因此，线路平面曲线半径和缓和曲线长度的配置，需根据列车通过曲线最高速度（大站直达车）和最低速度值（站站停列车），综合考虑满足旅客舒适度要求的欠、过超高允许值及超高时变率等因素，合理设置曲线超高，计算缓和曲线长度，避免因缓和曲线长度影响行车速度和旅客舒适度的现象。

3.7 景观及环保设计

市域铁路一般位于城市现状及规划发展区域，铁路外形美观对城市形象影响较大，铁路运营噪声、振动不可避免地会给城市居民生活带来一定影响。因此，在市域铁路的规划设计中一定要重视景观设计和环保设计，在各种构筑物设计满足结构强度、变形安全的基础上，采用景观设计理念指导结构型式、建筑造型设计，采用设置声屏障，轨道减振垫板等降噪减振措施有效降低铁路对城市居民生活的影响。力求建成景观协调、舒适便捷、具有特色的现代化铁路。

4 结语

随着我国城市化进程的高速发展，市域铁路作为一种新兴的运输方式，对大城市组团或大都市圈发展起着引导作用。为充分发挥市域铁路的功能，在对其规划设计时，应考虑市域铁路与城市轨道交通的相互衔接关系，尽量做到无缝衔接，实现"人性化、捷运化、信息化、生态化、零换乘"的交通发展目标。真正使市域铁路系统起到促进城市城乡统筹发展、带动沿线经济社会进步、加强周边卫星城镇与中心城联系的目的。

参 考 文 献

[1] 中铁二院工程集团有限公司. 成都至都江堰铁路主要车站站区交通衔接概念设计[R]成都：中铁二院工程集团有限公司，2008.

[2] 中铁二院工程集团有限公司. 成都市城乡统筹市域铁路网规划研究[R]成都：中铁二院工程集团有限公司，2008.

[3] 中铁二院工程集团有限公司. 成都至都江堰铁路初步设计总说明[R]成都：中铁二院工程集团有限公司，2008.

山区高速铁路最大坡度使用分析

何学刚
(中铁二院工程集团有限责任公司技术中心)

摘　要　本文通过国内外高速铁路最大坡度使用情况以及我国目前动车组性能的对比分析,探讨了最大坡度与运行时间、动车组能耗、工程风险、工程投资的关系,同时建议:随着我国高速动车组性能的不断提高,在经过充分的理论研究和实验检验后,适时完整修改相关条款,并容许部分地段突破最大坡度30‰的限制,以适应我国地域差异巨大的特点。

关键词　高速铁路;最大坡度;工程;分析

Analysis of Maximum Slope Application on Mountainous High-speed Railway in West China

He Xuegang
(Technology Center of CREEC)

Abstract　Though comparative analysis of the maximum slope application on high-speed railway both at home and abroad as well as the performance of the present-day motor train unit in China, this paper discusses the relationship between maximum slope and running time on it, energy consumption of motor train unit, engineering risk and engineering investment and proposes that: with the performance improvement of our high-speed motor train units, and based on thorough study and practice, some clauses in our design code should be modified accordingly, and the restriction on 30‰ maximum slope should be removed according to the concrete condition.

Key words　high-speed railway; maximum slope; engineering; analysis

1　引言

高速铁路动车组与牵引机车最大区别是功率大、轴重轻,牵引和制动性能优良,能更好地适应大坡度运行,使平面、纵断面设计能更加自由。这为我国西部高速铁路的线路设计增加了灵活性,较大的坡度可以更好适应地形和绕避不良地质,从而达到降低各种潜在工程风险,节省工程投资的目的。我国前几年建成和在建高速铁路或客运专线均集中在中东部的平原、丘陵地区,最大坡度采用了一般地段12‰,局部20‰的坡度系列,近年来的西部地区高速铁路在预可行性研究(方案竞选)阶段也沿用了20‰最大坡度。铁道部鉴定中心在审查这些项目时指出"如果在西部艰险山区不采用大坡度,哪里还能用大坡度呢"?并在鉴定意见中明确最大坡度采用25‰,才逐步将几个项目的最大坡度由20‰提高至25‰。

2　国外高速铁路最大坡度采用情况

日本:1964年运营的东海道新干线15‰,延长不足2.5km的区间小于18‰,延长1km的区间小于20‰,1972～1992年运营的其他新干线也沿用上述标准;1997年运营的长野新干线中高崎至轻井泽属

作者简介:何学刚(1965—　),男,教授级高级工程师,中铁二院工程集团有限责任公司专业工程师。
注:本文已刊登于《高速铁路技术》2011年第3期。

山区地形，采用30‰连续20km长大坡度，这是长野新干线的明显特点。再后来的九州新干线个别地段采用了38‰的最大坡度。

法国：1981年运营的TGV东南线采用了35‰的最大坡度，有一段采用了39‰的最大坡度；1989年运营大西洋线和1993年运营北方线采用了25‰的最大坡度；2001年运营的地中海线采用35‰的最大坡度。

德国：1991～1998年建成的250km/h客货共线铁路汉诺威至威尔茨堡、曼海姆至斯图加特、柏林至汉诺威采用12.5‰最大坡度；2000年运营的泛欧高速铁路(300km/h客专)采用35‰的最大坡度，2002年运营的科隆至法兰克福(330km/h客专)采用40‰最大坡度。

其他国家或地区：澳大利亚悉尼至墨尔本(350km/h客专)研究采用35‰最大坡度，个别达50‰；韩国首尔至釜山(350km/h客专，运营300km/h)采用25‰最大坡度；中国台湾的台北至高雄(350km/h客专，运营300km/h)采用35‰的最大坡度。

从国外高速铁路发展轨迹看，早期修建的高速铁路最大坡度选取都较小，随着机车牵引功率增大、轴重降低、起动和制动性能的提高，最大坡度的选用也随着发生变化，总的趋势是往大坡度方向发展，尤其是容许部分路段采用大于35‰的最大坡度，充分体现自然条件、列车性能、线路平纵面设计三者的协调匹配。大坡度的使用能更好地适应地形，节省工程投资，根据德国科隆至法兰克福铁路建设经验，最大坡度从25‰提高到40‰两方案相比较节省投资约15%，即使按照2002年最终的总投资额计算，仍然节省投资在10%以上。坡度增大可能使运营时的能耗和费用增加，但与节省的工程投资相比是微不足道的。

3 中国大陆高速铁路最大坡度使用

我国《高速铁路设计规范(试行)》(TB 10621—2009)规定“区间正线的最大坡度不宜大于20‰，困难条件下，经技术经济比较，不应大于30‰”。

从我国《高速铁路设计规范(试行)》(TB 10621—2009)条文说明看，上述规定主要参考京沪高速铁路、京津城际铁路、武广客运专线、郑西客运专线、沈大客运专线、沈哈客运专线、京石、石郑客运专线等东部平原、丘陵地区高速铁路或客运专线制定的相关标准，而我国是一个自然条件十分复杂的多山国度，东西部地形地质条件迥异，将适用于东部地区的标准套用于西部艰险山区有违科学规律。与国外最大坡度的对比可以看出，中国高速铁路最大坡度规定值已比国外普遍偏小，加上规范的执行者或设计者进一步打折，使我国高速铁路最大坡度绝大部分在25‰以下，其中多数在20‰以下，30‰的最大坡度基本不用。

4 中国西部高速铁路最大坡度选择分析

4.1 从目前我国动车组列车牵引和制动性能分析

目前我国300km/h以上的“和谐号”系列动车组有CRH3-300、CRH3-350、CRH3-380A，性能最优的是CRH3-380A，现在仅以CRH3-300、CRH3-350为例进行分析。

(1)正常工况下动车组列车牵引和制动性能分析

CRH3-300、CRH3-350动车组起动坡度分别为52.6‰、68.6‰，表明在大坡道起动能力非常强见表1。

动车组列车动能闯坡、制动性能分析表 表1

坡度方案	CRH3-300(速度单位：km/h，距离单位：km)					CRH3-350(速度单位：km/h，距离单位：km)				
	初速度	牵引		动力制动		初速度	牵引		动力制动	
		均衡速度	均衡距离	末速度	制动距离		均衡速度	均衡距离	末速度	制动距离
20‰	300	218	79.8	0	31.3	350	239	63.8	0	22.5
25‰	300	194	50.6	0	47.4	350	216	53.2	0	30.0
30‰	300	171	50.2	0	105.1	350	195	38.3	0	45.9
35‰	300	153	35.2	—	—	350	176	34.5	0	107.8

从表1可知,CRH3-300、CRH3-350型动车组均能在20‰、25‰、30‰、35‰不同坡度上最终保持匀速运行,速度降低至239~153km/h,但由最高速度减速到均衡速度的长度在34km以上,表明动车组对大坡度适应性很强,只有在很长的坡度上才会产生较大的速度损失,当坡段长度较小时,速度损失很小。

从表2可知,若动车组下坡时施加全部电制动力,CRH3-300、CRH3-350型动车组分别保持运行速度控制在300km/h、350km/h,则线路坡度可达39‰、40‰;若不施加任何制动力时,即动车组自动溜车,保持动车组运行速度控制在300km/h 、350km/h,线路坡度可达19‰、21‰。可见,我国动车组下坡制动性能良好,局部短坡采用大坡度,列车无需限速运行。

下坡制动参数表 表2

车型	下坡时无电制动力		下坡时施加全电制动力		
	下坡最大限制速度(km/h)	最大坡度(‰)	下坡最大限制速度(km/h)	电制动力(kN)	最大坡度(‰)
CRH3-300	300	19	300	95.0	39
CRH3-350	350	21	350	92.9	40

(2)故障工况下动车组列车牵引性能分析

起动坡度:300km/h(CRH3)、350km/h动车组动力损失1/4,起动坡度分别为39.2‰、51.1‰;动力损失1/2,起动坡度分别为26‰、33.6‰。

从表3可知,我国动车组列车具有较强的闯坡性能,完全能适应最大坡度30‰的长大坡段运营。在25‰长大坡道上部分动力损失后列车能够安全运行至前方车站。说明我国动车组具备克服大坡度的动力条件。

动车组部分动力损失后列车牵引性能分析表 表3

坡度方案(‰)	300km/h(CRH3)					350km/h动车组				
	初速度(km/h)	均衡速度(km/h)		均衡距离(km)		初速度(km/h)	均衡速度(km/h)		均衡距离(km)	
		损失1/4	损失1/2	损失1/4	损失1/2		损失1/4	损失1/2	损失1/4	损失1/2
20	300	178	129	77.1	78.2	350	197	150	55.1	38.4
25	300	165	60	43.8	62.9	350	174	130	47.4	36.7
30	300	150	0	24.1	23.7	350	155	90	36.3	53.7
35	300	121	0	22.8	17.5	350	145	0	24.4	28.9

4.2 从节省时间效果和能耗对比分析

以比较有代表性的西安至成都客专越秦岭段研究结果(动车组CRH3,初始速度0)为例加以说明,如表4所示。

西成客专西安北至汉中不同最大坡度方案牵引计算数据 表4

项目	线路长度(km)	实设最长坡段(km)	上行			下行		
			运行时分(min)	最低速度(km/h)	能耗(kWh/列)	运行时分(min)	最低速度(km/h)	能耗(kWh/列)
20‰方案	255.121	39.55	51.3	249	11584	52.5	244	11905
25‰方案	253.075	33.35	51.7	242	11658	52.6	219	11992
30‰方案	248.553	23.707	52.3	239	11752	53.1	207	12034

从列车最低运行速度来看,坡度越大列车最低运行速度越低,各方案最低速度介于207~244km/h(下行)之间;从列车运行时间来看,30‰方案比25‰方案列车运行时间长0.6分钟,25‰方案比20‰方案列车运行时分长0.4分钟;从列车牵引能耗来看,30‰方案比25‰方案增加能耗0.3%、25‰方案比20‰方案增加能耗0.7%。

根据西安至成都客运专线可行性研究报告研究结果,在相同距离区段内,动车组以不同坡度克服相同高程的能耗基本相当，即在克服相同高程的前提下，动车组能耗与线路高程差直接相关，与采用的最大坡度值关系不大。在某些情况下，甚至会因采用小最大坡度而不得不大量展线，因运营长度增加而使能耗和运行时间增加。

所以，20‰～30‰限制坡度无论从列车运行时间还是能耗看都相差甚微，不足以成为影响限制坡度方案的控制因素。

4.3　从降低工程风险分析

局部大坡度的使用能有效降低路基边坡高度，使平纵面设计更自由、更易绕避不良地质，从而降低工程风险。如在跨“V”型河谷地段可以降低桥高；在越岭地段可缩短隧道长度；在峡谷地段可尽快上至大台阶面或高原面；尤其在岩溶发育地区、地下水发育地区、高瓦斯地区、高地应力地区、高地热地区，可以将线路尽可能拔高，减少隧道埋深，甚至漏气从而缩短隧道长度，或将隧道在小坡度时的单面坡设计成人字坡，小人字坡设计成大人字坡，最大限度降低工程风险。

对于高速铁路或客运专线需优先采用上跨低标准的客货共线铁路、公路、人行通道、油气管线时，更能体现局部使用大坡度时的优越性。

4.4　从节省工程投资分析

大坡度的使用能更好地适应地形，减少展线、缩短线路建设长度和列车运行时间，并降低桥高、缩短隧道长度、缩短建设工期，从而节省工程投资。根据西南艰险山区的西安至成都客运专线、长沙至昆明客运专线、成都至贵阳客运专线、郑州至万州铁路等项目的预可行性方案研究平均统计结果，设计行车速度 350km/h 客运专线的最大纵坡从 15‰提高到 20‰可节省投资约为 5%；从 20‰提高到 25‰节省投资约 2.5%；从 20‰提高到 30‰节省投资约 3.5%。随着坡度的增大，每增加相同单位坡度节省投资的效果在递减。我国《高速铁路设计规范》(试行)(TB 10621—2009)规定，设计行车速度 350km/h 时，最小坡段长度为 2000m，且不宜连续采用，因而使用大坡度在节省工程投资方面不如国外明显。但设计行车速度 300km/h 及以下时要求最小坡段长度缩短至 1200m，节省投资的效果就非常明显。例如，玉溪至磨憨铁路经过系统选线研究，最大坡度从 20‰提高到 23‰，线路长度从 508km 缩短到 504km，缩短了 4km，桥隧减少 22km，最长隧道从 27km 缩短到 17km，工期从 5 年缩短到 4 年，投资从 464 亿元降低到 433 亿元，减少 31 亿元，节省投资比例达 7%。所以，无论从控制风险、还是缩短工期、节省投资等方面看效果都是非常好的。

总之，只有将平面和纵断面同时进行系统设计，才能得出科学客观的方案比较数据，不能只在纵断面上调坡。如果西部山区高速铁路要同东部高速铁路进行标准或速度竞赛就已误入歧途，大部分西部高速铁路必须抓住“艰险山区”的特点；认为采用小坡度是节能，是低碳经济，就可能舍本逐末、缘木求鱼，只有适应自然环境、大幅度降低工程风险、缩短线路长度、减小工程量才是真正的低碳经济。对于采用大于 20‰的最大坡度噤若寒蝉，必然是墨守成规、设计保守、浪费投资，且不利于降低工程风险。非常可喜的是拟建的成都至贵阳客运专线个别地段采用了 30‰的最大坡度，这种全新的设计理念无疑是一种进步。

5　结语

我国动车组下坡制动性能良好，局部短坡采用大坡度，列车无需限速运行；并且具有较强的闯坡性能，具备克服大坡度的动力条件，完全能适应最大坡度 30‰的长大坡段运营；同时，在采用不大于 30‰纵坡时，由 350km/h 减速到均衡速度的长度在 38km 以上，表明动车组对大坡度适应性很强，只有在很长的坡度上才会产生较大的速度损失，当坡段长度较小时，速度损失很小。采用不同的最大坡度对运行时间和能耗影响很小，能耗与克服高程的差值有关，与采用的坡度值关系不大。所以，经技术经济比较后，容许部分路段采用大坡度是非常合理的，是降低工程风险和减少工程造价的有效措施。

为了充分体现高速动车组与自然环境、线路平纵面设计三者的协调融合，随着我国高速动车组性能的不断提高，在经过充分的理论研究和实验检验后，适时完善修改设计规范相关条款，并容许部分地段突破最大坡度 30‰的限制，以适应我国地域差异巨大的特点。

参考文献

[1] 钱立新.世界高速铁路技术[M].北京:中国铁道出版社,2003.

[2] 王鳞书.德国科隆—法兰克福高速铁路新线工程[M].北京:铁道部科学技术信息研究所,2004.

[3] 铁道部科学研究院.国内外高速铁路的发展和技术标准[M].北京:中国铁道出版社,2004.

[4] TB 10621—2009 高速铁路设计规范(试行)[S].

[5] 朱颖.复杂山区铁路选线原则研究[C]//复杂山区铁路选线原则研究,北京:中国铁道出版社,2010:3-7.

[6] 张志勤,宋元胜.城际铁路最大坡度研究[J].高速铁路技术,2011(1):8-11.

艰险山区高速铁路客运专线相邻车站两端平、纵断面设计探讨

郑亚飞

（中铁二院工程集团有限责任公司土建一院）

摘 要 艰险山区地形地质条件复杂，交通条件差，车站分布不均衡，一般车站均存在通过列车和停站列车两种运输模式，二者速差较大，而艰险山区受地形、地质条件和城市规划等影响，车站两端一般紧邻曲线和大坡度，过大速度差不利于曲线超高设置，甚至需降低通过列车速度。为此，有必要对车站两端的曲线半径，缓和曲线长度、曲线距车站距离及纵断面参数与工程代价等进行综合比选研究，使设计方案达到经济、舒适、安全的目的。

关键词 高速铁路；车站两端；平纵断面设计

Discussion on Plan and Profile of Both Ends of Adjacent Stations on Passenger Dedicated Line in Dangerous Mountainous Area

Zheng Yafei

(First Civil and Construction Design and Research Institute of CREEC)

Abstract As the topography and geology condition in the dangerous mountainous area is complicated, the traffic condition is poor and the stations are distributed unevenly. Two transport modes of nonstop train and stop train exist in the general station, the speed difference between two modes is great. As the mountainous area is affected by topography and geology condition and urban planning, generally, both ends of station is next to curve and great gradient, the excessive speed difference is disadvantageous to setting of curve superelevation, even it is necessary to reduce the speed of nonstop train. Therefore, it is necessary to do a comprehensive comparison study on radius of curve, length of transition curve, distance of curve to station, profile parameters and engineering cost to make design scheme economical, comfortable and safe.

Key words high-speed railway; both ends of station; profile design

1 引言

本文结合长昆客专贵州、云南段车站相邻两端平纵断面设计及超高设置情况进行分析研究。

2 相邻车站两端的平曲线和纵断面设计情况（不含枢纽）

相邻车站两端平、纵断面技术参数见表1。

作者简介：郑亚飞（1972— ），男，高级工程师。

相邻车站两端平、纵断面技术参数表

表1

站名	曲线半径(m)		缓和曲线长(m)		圆曲线尾距车站中心距(km)		设计坡度(‰)下行方向	
	东端	西端	东端	西端	东端	西端	东端	西端
玉屏东	9000	10000	490	470	2.4	1.8	−3	10.1
三穗	12000	9000	370	530	4.3	1.6	−13.8	6
凯里南	10000	9000	470	530	5.7	2.7	20.3	18.2
贵定北	8000	10000	530	470	1.9	1.8	−18	7.5
平坝南	12000	9540	370	500	1.9	2.7	4	5.9
安顺西	10000	10000	470	470	1.6	1.9	−11.9	8.9
关岭	12000	7000	370	590	1.7	1.8	25	7.5
普安	10000	9000	470	530	2.1	3.5	−13.1	20
盘县	7000	9000	670	530	3.9	5.4	21.4	3.1
富源北	9000	12000	530	370	1.9	2.2	−8	21.5
曲靖北	8000	7000	570	670	2.3	4.0	−11	20.66
嵩明	10000	9000	470	530	3.3	12	−4.5	23.1

注:东端进站、西端出站为下行方向,东端出站、西端进站为上行方向。

3 通过相邻车站两端曲线的计算速度

本线设计速度为250km/h,基础预留进一步提速条件,为此,曲线超高按250km/h与350km/h组合设置,通过相邻车站两端曲线的计算速度见表2。

相邻车站两端曲线的计算速度表

表2

站名	东端曲线				西端曲线			
	250km/h停站最低速度(km/h)		350km/h直通车速度(km/h)		250km/h停站最低速度(km/h)		350km/h直通车速度(km/h)	
	下行	上行	下行	上行	下行	上行	下行	上行
玉屏东	75	110	345	340	100	80	330	340
三穗	125	135	280	330	80	85	300	345
凯里南	250	185	330	335	110	85	330	320
贵定北	85	90	310	330	90	80	330	340
平坝南	60	110	320	345	110	85	320	330
安顺西	85	90	325	315	90	90	325	305
关岭	180	140	315	320	80	170	295	245
普安	85	110	300	330	110	85	300	345
盘县	170	175	245	335	170	210	330	315
富源北	85	85	310	335	100	100	300	345
曲靖北	75	110	330	330	128	85	330	325
嵩明	75	135	320	345	225	245	325	345

从表2可以看出,通过列车和停站列车的速差较大,速差大于200km/h的占73%,最大达270km,经统计分析,停站列车通过车站前后曲线的速度与设计坡度,曲线距车站距离密切相关。

4 通过相邻车站两端曲线的超高设置研究

4.1 曲线超高设置的有关规定

(1)《高速铁路设计规范(试行)》(TB 10621—2009)有关规定

①最大设计超高值采用175mm。

②欠、过超高允许值见表3。

欠、过超高允许值 表3

舒适度条件	优　秀	良　好	一　般
欠过超高允许值	40	60	90
欠过超高之和允许值	100	140	180
设计超高与欠过超高之和允许值	210	235	265

③缓和曲线超高顺坡率不大于0.3‰，不小于0.25‰。

(2)铁集成[2009]86号《关于新建客运专线超高设定的指导意见》的有关规定

①未被平衡超高的欠超高一般不应大于40mm，困难条件下不大于60mm；过超高应不大于70mm。

②进出站旅客列车通过曲线的过超高设置要求见表4。

进出站旅客列车通过曲线的过超高设置表 表4

进出站速度(km/h)	过超高(mm)		进出站速度(km/h)	过超高(mm)	
	一　般	困　难		一　般	困　难
$v\leqslant160$	90	110	$200<v\leqslant250$	60	80
$160<v\leqslant200$	70	90	$250<v\leqslant300$	60	70

注：原则上先用足进出站列车的困难条件，再使用通过列车的困难条件。

③正线超高顺坡率一般情况下不大于$\frac{1}{10}v_{max}$，困难条件下不大于$\frac{1}{9}v_{max}$，且超高顺坡率和欠超高不得同时采用困难条件，优先使用欠超高困难条件。

4.2　曲线超高设置

(1)东端曲线见表5。

东端曲线超高设置表 表5

车站	车站东端下行线超高检算(mm)						车站东端上行线超高检算(mm)					
	实设超高	过超高	欠超高	h_q+h_g	$h+h_q+h_g$	超高顺坡率(‰)	实设超高	过超高	欠超高	h_q+h_g	$h+h_q+h_g$	超高顺坡率(‰)
玉屏东	115	108	41	149	264	0.235	110	94	42	136	246	0.224
三穗	60	45	17	62	122	0.162	80	62	27	89	169	0.216
凯里南	110	36	19	55	165	0.234	110	70	22	92	202	0.234
贵定北	105	94	37	131	236	0.198	110	98	51	149	259	0.208
平坝南	80	76	21	97	177	0.216	90	78	27	105	195	0.243
安顺西	100	91	25	116	216	0.213	90	80	27	107	197	0.191
关岭	80	48	18	66	146	0.216	70	51	31	82	152	0.189
普安	80	71	26	97	177	0.170	100	86	29	115	215	0.213
盘县	80	31	21	52	132	0.119	125	73	64	137	262	0.187
富源北	95	86	31	117	212	0.179	110	101	37	138	248	0.208
曲靖北	110	102	51	153	263	0.193	110	92	51	143	253	0.193
嵩明	90	83	31	114	204	0.191	110	88	30	118	228	0.234

(2)西端曲线见表6。

西端曲线超高设置表 表6

车站	车站西端下行线超高检算(mm)						车站西端上行线超高检算(mm)					
	实设超高	过超高	欠超高	h_q+h_g	$h+h_q+h_g$	超高顺坡率(‰)	实设超高	过超高	欠超高	h_q+h_g	$h+h_q+h_g$	超高顺坡率(‰)
玉屏东	110	98	19	117	227	0.234	110	102	26	128	238	0.234
三穗	80	72	38	110	190	0.151	110	101	46	147	257	0.208
凯里南	110	94	33	127	237	0.208	100	91	34	125	225	0.189
贵定北	105	95	24	119	224	0.223	100	92	36	128	228	0.213
平坝南	90	75	37	112	202	0.180	100	91	35	126	226	0.200
安顺西	100	90	25	115	215	0.213	80	70	30	100	180	0.170
关岭	100	89	47	136	236	0.169	80	31	21	52	132	0.136
普安	80	64	38	102	182	0.151	110	101	46	147	257	0.208
盘县	105	67	38	105	210	0.198	100	42	30	72	172	0.189
富源北	70	60	19	79	149	0.189	80	70	37	107	187	0.216
曲靖北	105	77	79	156	261	0.157	95	83	83	166	261	0.142
嵩明	110	44	28	72	182	0.208	120	41	36	77	197	0.226

4.3 超高舒适性评价

通过曲线超高设置表看出,超高设置均能满足规范值的要求。

(1)欠超高大于60mm的有2处,大于40mm的有8处,优良率达95.8%,分析原因主要是本线设计初期始终贯彻曲线两端尽量采用较大的曲线半径。

(2)过超高大于90mm的有17处,小于60mm的有8处,优良率达47.9%,困难率达35.4%。

(3)欠、过超高值均大于60mm的有盘县车站东端上行曲线和曲靖北车站两端曲线,分析原因主要是曲线半径较小(均采用7000m),同时为了保证欠过超高值之和不大于180mm。

(4)所有曲线的超高顺坡率均小于0.25‰,主要是因为缓和曲线根据《高速铁路设计规范(试行)》的规定设置较长。

5 结语

通过分析,得出结论如下:

(1)停站列车通过车站相邻两端曲线的最低速度与车站两端的设计坡度关系较大,凸型纵坡最有利。如:关岭车站东端曲线距车站中心仅1.7km,因坡度为25‰的凸型纵坡,停站列车上、下行速度分别达到140km/h、180km/h;曲靖北站西端曲线距车站中心距离达4km,因坡度为21.5‰的凹型纵坡,停站列车上、下行速度分别仅为85km/h、128km/h。

(2)采用凹型坡,原则上应尽量采用较小的坡度,且曲线距车站中心距控制在4km以上,如:三穗站东端曲线,曲线距车站4.3km,坡度为13.8‰的凹型纵坡,停站列车上、下行速度分别为135km/h、125km/h。

(3)相邻车站两端的曲线半径应尽量大,原则上应采用9000m及以上曲线半径,当设计坡度不利,且曲线距车站距离较近时更应引起重视。如:盘县车站东端上行曲线和曲靖北站西端曲线距车站中心距离分别达3.9km、4.0km,因曲线半径为7000m,且设计坡度分别为21.4‰、20.66‰的凹型纵坡,使得其欠、过超高值均大于60mm以上。

(4)缓和曲线长度在满足超高时变率的条件下,应尽量缩短其长度,以利于设计变坡点的选择、增大曲线半径和避免超高顺坡率过小的问题。

(5)建议在初步设计阶段,对相邻车站两端曲线的缓和曲线长度逐个计算确定,以达到经济、舒适、安全的目的。

(6)注意避免曲线靠近车站、凹型纵坡和最小曲线半径等几种不利情况重叠。

参 考 文 献

[1] 中铁二院工程集团有限责任公司.新建铁路沪昆客运专线长沙至昆明段(玉屏至昆明)初步设计总说明书[R].成都.2009.

[2] TB 10621—2009 高速铁路设计规范(试行)[S].

[3] 铁集成[2009]86 号,关于新建客运专线超高设定的指导意见[S].

对中老铁路主要选线原则的探讨

杨举明　陈文豪

(中铁二院工程集团有限责任公司土建一院)

摘　要　中老铁路是中国"走出去"战略的重要体现,本文结合中老铁路选线实践,在国内山区铁路主要选线原则的基础上,简要总结了中老铁路与国内山区铁路不同的选线原则,供类似工程项目勘察设计时参考。

关键词　中老铁路;选线原则;地质选线

Discussion on Main Principles for Route Selection of China-Laos Railway

Yang Juming　Chen Wenhao

(First Civil and Construction Design and Research Institute of CREEC)

Abstract　The China-Laos railway is of great significance for China's "going out" strategy. Based on main principles for mountainous railway in China and combined with the practice of route selection of China-Laos railway, a brief summary is made on different route selection principles between China-Laos railway and mountainous railway in China for reference in the survey and design of similar project.

Key words　China-Laos railway; route selection principle; geological route selection

1　引言

中老铁路是泛亚铁路(昆明—新加坡)中通道的重要组成部分,是我国通往东南亚的桥梁和纽带。线路由中国边境磨憨进入老挝境内,经老挝北部的琅南塔省、乌多姆赛省、琅勃拉邦省、万象省后至老挝首都万象市,新建正线长度418km。中老铁路的建设,是中国"走出去"战略的重要体现,对填补老挝沿线铁路空白,促进中国与东盟各国间的政治、经贸及文化交流具有重要的意义。中老铁路示意图见图1[1]。

图1　中老铁路示意图

作者简介:杨举明(1982—　),男,工程师。

通过中老铁路现场历时近 6 个月的勘测设计一体化工作，本文结合中老铁路选线实践，在国内山区铁路主要选线原则的基础上，简要总结了中老铁路与国内山区铁路不同的选线原则，供类似工程项目勘察设计时参考。

2 中老铁路主要选线原则探讨

2.1 与国内山区铁路相同(似)的选线原则

(1)规避工程风险的地质选线[2-7]

中老铁路沿线 80%为山地和高原，地形起伏较大，地形条件困难。区域地质构造活动强烈，数条规模巨大的断裂或板块缝合线从区内通过，为地震多发区；区域岩体破碎，降雨量十分丰富，现代风化堆积作用强烈，沿线广泛分布滑坡、崩塌、岩溶、矿区及采空区、放射性、有害气体、泥石流、顺层等不良地质，地质条件极为复杂。

①可溶岩。本线可溶岩分布范围较广，主要位于琅勃拉邦和万荣附近。线路尽量避开岩溶强烈发育地区，走行于非可溶岩地层，在无法绕避的可溶岩地区，线路应尽量靠近岩溶水排泄区或尽量抬高线路设计高程，使线路走行在岩溶水水平循环带之上，见图 2。

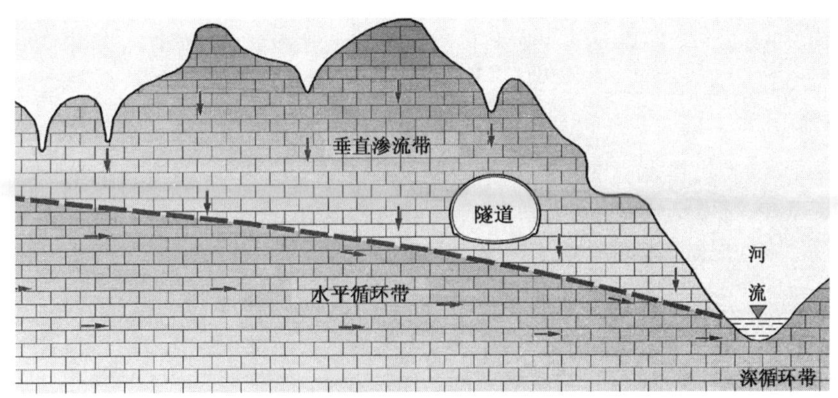

图 2 岩溶发育区线路选线示意图

a. 琅勃拉邦附近岩溶区地质选线

结合地质地形条件，城市现状及规划、琅勃拉邦站位情况，研究了城市西侧站位、机场西端站位、机场南侧站位、新 13 号公路旁站位四大方案，见图 3。

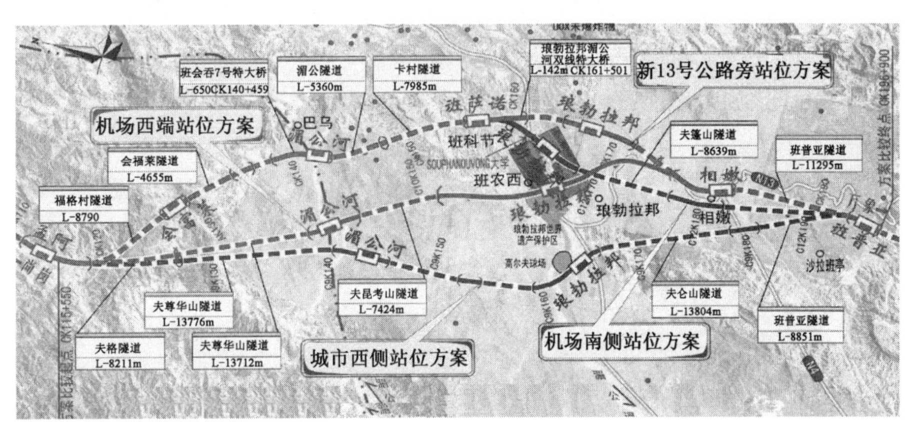

图 3 琅勃拉邦站位及孟阿至班普亚段线路走向方案示意图

其中，城市西侧站位方案主要的工程地质问题为隧道岩溶水，严重制约了线路方案的选择。夫仑山隧道全长 13.804km，最大埋深约 845m，轨面设计高程 320～400m，洞身通过岩性为二叠系玄武岩夹砂岩、泥岩、石炭—二叠系灰岩、石炭系泥岩夹页岩、砂岩，受构造影响，岩性纷杂变化较大，层理及节理发育，岩体破碎。该隧道通过可溶岩段长约 5.4km，据野外地质测绘及航判资料，地表岩溶强烈发育，溶洞、溶沟溶槽、溶蚀洼地、落水洞等岩溶形态多见。线路右侧 2～2.6km 玄武岩与灰岩接触带附近出露有岩溶大泉，可见出水点 6 处，均为上升泉，出水点高程为 568～580m 不等，其中 2 处位于坡脚，雨季汇集水量约 1.5～2m^3/s，旱季流量稍小，主要接收大气降水的补给；4 处位于水潭底部，流量不详。该泉水汇集后主要用于发电、农田灌溉及居民生活用水。据分析湄公河(河床高程约 290m)、楠堪河(河床高程约 320m)为该段溶蚀基准面，隧道主要处于水平径流循环带，岩溶水丰富，隧底高程比岩溶大泉出水点低约 180m，隧道开挖势必改变周边的地下水径流条件，形成一人为的地下水排水通道，大量地下水从隧道排走，引起地表泉点水量骤减甚至干涸，造成一系列的环境工程地质问题，同时该区域雨量充沛，地表岩溶强烈发育，雨水通过溶蚀洼地、落水洞直接、迅速补给地下水，雨季施工易产生涌水、突泥现象，严重威胁隧道施工安全。为规避工程风险，按岩溶区地质选线原则，此方案不可取。

机场西端站位方案自琅勃拉邦站后以短隧穿过可岩溶区，且主要处于垂直渗流带内，其余地段以短隧道、路基形式通过玄武岩、砂泥岩、板岩地层，工程地质条件一般。

机场南侧站位方案自琅勃拉邦出站后以长隧道穿越非可岩溶分布区，通过地层岩性主要为玄武岩、砂泥岩及板岩，该段位于板块缝合内，岩体破碎，施工中易产生突泥、坍塌等，威胁隧道施工安全，其余地段以中、短隧道、路基通过玄武岩、砂泥岩、板岩地层，工程地质条件一般。

新 13 号公路旁站位方案沿线岩性主要以板岩和砂页岩为主，通过可溶岩地段较短，且主要处于垂直渗流带内，线路多以短隧道、路基通过，避开了岩溶大面积分布区，工程地质条件较好。

综上所述，就四个方案工程地质条件比较，城市西侧站位最差，研究后放弃。机场南侧站位方案工程地质稍差，其余两方案工程地质条件相当，从城市规划、对琅勃拉邦世界遗产影响、工程投资、经济效益等方面考虑，暂推荐新 13 号公路旁站位方案。

b. 万荣附近岩溶区地质选线

结合地质条件、城市规划、风景名胜区分布及楠松河流向，万荣附近研究了西侧靠山、沿河谷、东侧靠山、东侧绕行四大方案，见图 4。

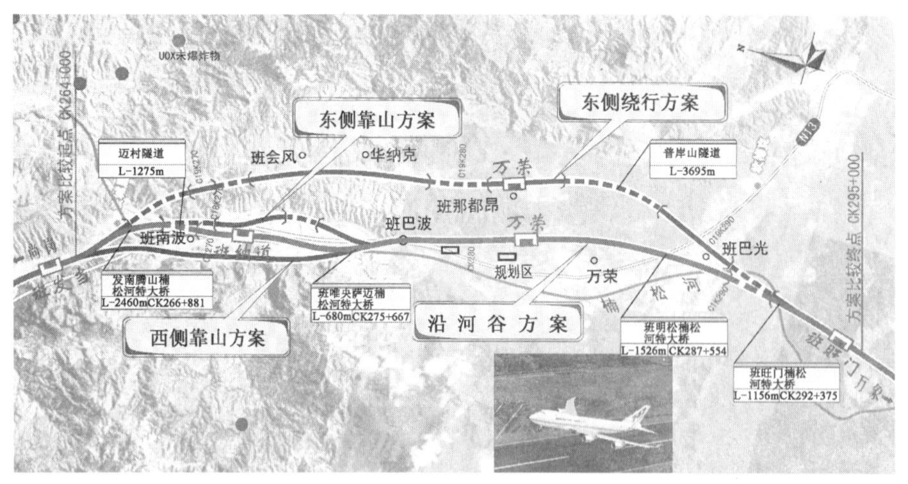

图 4　班发当至万荣段线路走向方案示意图

由于西侧靠山方案行进于岩溶强烈发育区，有危岩落石和岩堆发育，工程及施工安全风险大，且穿过万荣岩溶风景区；而东侧绕行方案线路沿线多为软质岩，围岩稳定性较差，挖方边坡易产生坍滑，工程地质条件较差，且车站远离万荣城区，对两方案研究后予以放弃。进一步比选沿河谷方案和东侧靠山方案。

沿河谷方案线路走行于可溶岩及非可溶岩接触带附近，选线设计应尽量避开可溶岩强烈发育地段，走行于非可溶岩地段。据勘探资料显示，在不可避免可溶岩段，实施钻孔 26 个，勘探深度 18.5～67.1m。其中 16 个孔揭示溶洞，见洞率 61.5%，共揭示溶洞 40 个，其中最大溶洞 12.3m，对桥基影响较大，路基填方基底易产生岩溶塌陷，可能危及铁路运营安全，因此该方案依然存在较大的安全隐患。

东侧靠山方案多以短隧及路堑通过，以软质岩为主，围岩稳定性较差，挖方边坡易产生坍滑，工程地质条件较差，且线位多次与13号公路交叉，拆迁房屋较多，干扰大。两方案各有利弊，暂推荐采用工程相对简单的沿河谷方案，待下一步加深地质工作后，进一步优化方案。

②矿区及采空区。沿线分布有铅锌矿、钾盐矿等众多矿区，线路应绕避采空区，并尽量不压覆矿藏。根据收集资料及现场调查访问，对线路影响较大的采空区主要分布于磨丁至那通间，线路对远鑫铅锌矿业等采空区已进行了绕避，但沿线仍存在的一些规模较小的采空区，主要为私人开办企业，位置和高程难以查明，增加了工程的不确定性和风险性。当线路绕避小采空区较困难或无法绕避时，需进一步进行物探测试及钻探，以查清小采空区分布情况及与线路高程关系，并采取加固处理措施，确保工程安全。

③断裂带。沿线断裂构造发育，线路应不平行于区域性断裂走行，并尽量少穿断层、走行于岩性较好的地区。需要穿越断裂带时，尽量以大角度、简单工程，如路基形式或低桥通过。

④万象平原水网区。线路经过万象平原约100km，其间湄公河的支流众多，水网和沼泽地密布，洪水位普遍偏高，深厚软土地段较多；且本区域处于7度地震区，砂土液化现象较为突出。故本段线路尽量避免走在水网区域，靠山或行走于高台地上，避免通过较长深厚软土和砂土液化地段。

(2)优化车站分布及布置

本次选线遵循"重点车站以点定线"的原则。根据客货运量情况，按照近期尽量少设车站、节省投资、降低运营财务压力的总体思路，综合考虑远期复线区间通过能力情况，合理分布车站。对站间距过近的车站进行了调整，尽量平均分布车站。并结合地质、地形情况，灵活布置车站形式。对远期关闭的车站尽量少设到发线，到发线数量一般设为2～3条，远期复线时可以充分利用，从而减少了远期工程的浪费。

(3)减少长大隧道的工程选线

预可研阶段9km以上隧道共7座，最长隧道为11km。定测阶段，9km以上隧道减少至2座，最长隧道为9.4km。并从地质条件、工程风险、施工组织、工期、工程投资、运营条件等多方面，对全线两座9km以上长隧道进行了专题研究。

(4)绕避环境敏感区和军事区

本项目环境敏感区和军事区分布较多，如琅勃拉邦是世界文化遗产，万荣军事区等，本次选线完全绕避了世界遗产、国家级自然保护区、水源保护区及军事区，并征求了各省主管部门的意见，为下阶段工作创造了有利条件。

(5)合理控制投资

本线工程地质复杂，工程艰巨，为有效节省投资、降低施工风险，进行了大量线路方案比选和平、纵面系统优化设计，以达到合理控制投资的目的。

2.2 与国内山区铁路不同的选线原则

(1)靠近既有交通线的工程选线

老挝是经济欠发达国家。沿线道路等基础设施建设薄弱，尤其是孟阿至琅勃拉邦、琅勃拉邦至卡西部分地段为远离公路的无人区，增加了勘察设计、施工组织的难度。针对老挝交通条件差的实际情况，以靠近既有交通线的工程选线作为选线原则之一，从地质条件、施工组织难度及工程风险、工程数量及投资等方面进行方案综合比选。

选线设计中，为缩短无人区段落长度，降低桥隧比例及施工风险，减小施工组织难度，孟阿县附近研究了经孟阿绕行方案(方案Ⅰ)和不经孟阿取直方案(方案Ⅱ)，见图5。

①工程地质条件

方案Ⅱ桥隧比重大，工程艰巨，沿线工程地质条件差，风险较大，而方案Ⅰ基本沿楠额河河谷走行，工程相对简单，地质条件优于方案Ⅱ。

②带动沿线经济发展方面

方案Ⅰ线路经孟阿县城，有利于孟阿与北至中国昆明，南至老挝首都万象，以及泰国、马来西亚等国的联系。而方案Ⅱ绕开了孟阿县，不利于带动地方经济发展。

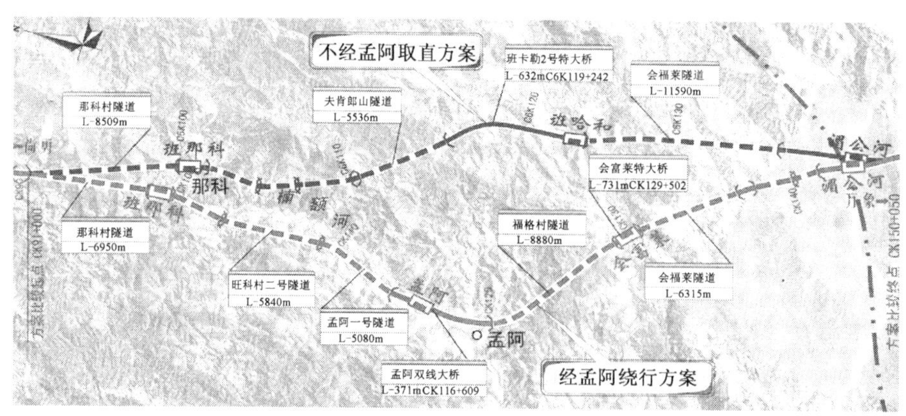

图 5　经孟阿绕行、不经孟阿取直方案示意图

③大临工程及施工工期方面

方案Ⅱ约有 30km 的线路处在无人区，需修建大量的施工便道，同时，由于地形困难，修建施工便道难度较大，另外，会福莱隧道(长 11.59km)处于灰岩地段，辅助坑道条件差，施工工期无法保证。而方案Ⅰ所经大部分地段有既有道路，大临工程数量少，施工组织难度明显小于方案Ⅱ，无控制性工程，可满足施工工期要求。

④线路长度及估算投资

方案Ⅰ线路长度较方案Ⅱ长 3.483km，估算投资增加 18207.96 万元。

综上所述，在投资增加不大的情况下，推荐工程地质条件较好，交通及外电接入条件好，施工组织难度及风险小、能带动地方经济发展的方案Ⅰ。

(2)靠近既有电力线的工程选线

考虑到本线沿线电网结构较薄弱、电力系统较落后的情况，结合沿线地质地形条件、既有电力线、既有道路状况及经济据点分布，选线过程中研究了经磨丁、纳堆方案(方案Ⅰ)和经勐海方案(方案Ⅱ)，见图 6。

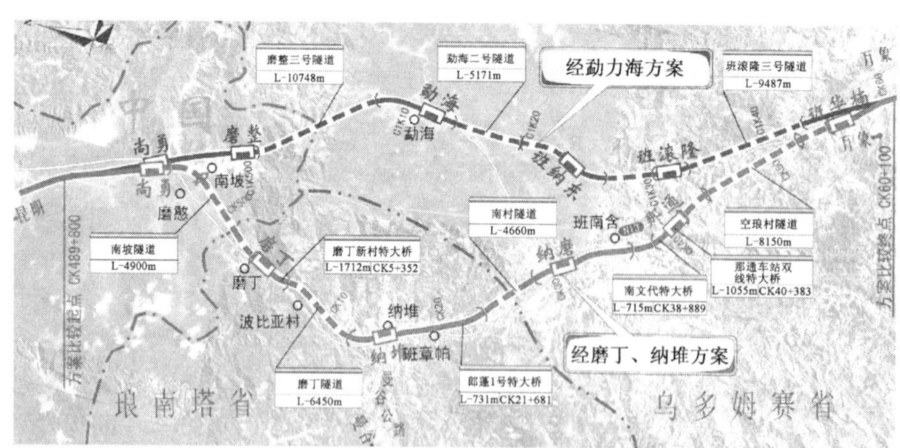

图 6　经磨丁、纳堆和经勐海方案示意图

①工程地质条件

方案Ⅱ磨整三号隧道岩体破碎，且辅助坑道条件较差，不可预见的风险较大，方案Ⅰ沿 13 号公路前行，地质条件略优于方案Ⅱ。

②施工组织难度方面

方案Ⅰ绝大部分位于 13 号公路两侧 0～2km 范围内，既有高压电力线路架设于 13 号公路两侧，外电接入非常方便，施工组织难度小。方案Ⅱ所经地段除勐海附近外，其余地段交通极为不便，需修建大量便道，且外电接入条件差，施工组织难度大。

③吸引客货流及带动沿线经济发展方面

方案Ⅰ所经地段为老挝北端的主要经济带，人口相对较多、经济相对更具活力，其中磨丁为中、老边界老挝的边检站所在地；纳堆是13号公路和昆曼高速的交汇点，为琅南塔省重要的客货流集散地，琅南塔省强烈要求在该处设站。方案Ⅱ所经地段人烟稀少、经济极为落后。因而方案Ⅰ较方案Ⅱ更利于吸引客流和带动沿线经济发展。

④线路长度及估算投资

方案Ⅰ长度较方案Ⅱ长7.581km，估算投资增加25831.6万元。主要是沿线骨干电力网及水电配套设施建设差，极大增加了勘察设计、现场施工期间保障工作、生活用电、用水的难度，对投资规模影响较大。

综上所述，本段线路走向推荐工程地质条件较好，外电接入条件有明显优势，施工组织难度小、能带动地方经济发展的方案Ⅰ。

(3)“非介入式”弄清区域地质问题

老挝基本没有区域地质资料可查，且交通条件差。为核对一个疑似不良地质点，地质、线路等专业人员常常需要花一整天徒步走行于深山老林，沿线毒蛇、野兽、登革热和疟疾等安全风险极大，且存在着未爆炸物等安全隐患。故有必要利用地质遥感技术、航片判识重大不良地质，并将判识结果标注在地形图上指导选线工作，以尽快稳定线路方案，提高勘察设计效率，节约勘察设计成本。

如地质航判一跨湄公河桥位附近存在一巨型滑坡，之后通过适当加深地质工作，对线路方案进行认真研究、比选，果断采用了绕避巨型滑坡的方案，节约了勘察设计的时间和成本。

(4)雨量充沛区水文选线

鉴于老挝雨季时间长，降雨量大，勘察设计应高度重视水文工作，尽量减少路基高边坡、深路堑、降低施工及运营风险，注重路基排水系统设计。老挝铁路经过万象平原约100km，其间湄公河的支流众多，水网和沼泽地密布，洪水位普遍偏高，深厚软土、松软土问题较为突出。本段线路选线应尽量避免走在水网区域，尽量靠山或走行于高台地上，避免桥梁太长和大面积深厚软土问题。

(5)与当地政府形成书面协议

由于文化及语言、外部环境、协调等方面的差异，老挝铁路勘察设计工作中面临不少困难及潜在风险。线路方案稳定后，重大站点及重大走向方案须与当地政府形成书面协议。同时行洪、通航论证，压覆矿藏等问题与国内铁路的操作方法也不尽相同，必要时与当地政府形成书面协议，为下一步工作奠定有理、有据的基础。

(6)高度重视拆迁问题

老挝个别高端私人住宅及部分普通民众房屋，政府拆迁难度极大。勘察设计过程中，当地政府曾几度因普通民房拆迁难度大原因要求改线，影响勘察设计进程。故在老挝铁路勘察设计过程中，应高度重视拆迁问题。

(7)合理预留二线工程条件

为减少近期工程投资，同时避免远期复线工程改建时出现废弃工程，本线按近期单线，预留远期的复线条件设计。车站两端的桥、隧工程，远期复线改建分修时较困难地段，按一次双线施工桥梁墩台和隧道，二线线间距按照5m、10m、15m等多方案比选，尽量少预留远期工程。

3 结语

中老铁路是老挝修建的第一条工程艰险、地质复杂、地形困难的山区铁路。针对中老铁路复杂的地质条件及外部环境，结合沿线交通、电网等基础设施建设薄弱的现状，应坚持规避工程风险的地质选线、坚持环保选线，并同时以靠近既有交通线和既有电力线的工程选线为原则进行勘察设计工作。

参考文献

[1] 中铁二院工程集团有限责任公司. 新建泛亚铁路中通道磨憨/磨丁至万象段可行性研究第一篇总说

明书[R]. 成都:中国中铁二院工程集团有限责任公司,2011.
[2] 中铁二院工程集团有限责任公司. 新建铁路郑州至万州线预可行性研究(方案竞选)[R]. 成都:中铁二院工程集团有限责任公司,2009.
[3] 朱颖. 复杂艰险山区铁路选线与总体设计论文集[M]. 北京:中国铁道出版社,2010.
[4] 何振宁. 区域工程地质与铁路选线[M]. 北京:中国铁道出版社,2004.
[5] 沈斌才,江仕琴. 山区铁路选线[M]. 北京:中国铁道出版社,1987.
[6] 西南交通大学. 铁路选线设计[M]. 北京:中国铁道出版社,1982.
[7] 铁道第二勘察设计院. 铁路工程地质手册[M]. 北京:中国铁道出版社,2002.

沪昆客运专线长沙至昆明段安顺至普安段线路方案研究

郑天池[1] 陈建国[2]

(1. 中铁二院工程集团有限责任公司公司办;
2. 中铁二院工程集团有限责任公司土建一院)

摘 要 沪昆客运专线长沙至昆明段是国家中长期铁路网规划的"四纵四横"客运专线网的重要组成部分。本文主要介绍沪昆客专长昆段地形地质条件最为复杂的安顺至普安段的方案研究,探索艰险困难山区客运专线选线技术。根据山区铁路选线原则及铁路客运专线特点,结合本线的地形、地质条件,经多方案比选,推荐的北盘江光照桥位方案,地质及工程条件相对较好,施工及运营风险可控,是系统较优的方案;总结出复杂艰险山区客运专线选线思路为:在充分掌握消化方案研究范围内地形、地质信息的基础上,结合客运专线的特点,确定对方案有重大影响的因素,并制定相应的选线原则,进行多方案研究,对工程安全性、可实施性、经济性、合理性进行综合比选,确定推荐方案。

关键词 客运专线;方案研究

Study on Route Scheme for Anshun-Pu'an Subsection of Changsha-Kunming Section on HuKun PDL

Zheng Tianchi[1] Chen Jianguo[2]

(1. Administration Office of CREEC;
2. First Civil and Construction Design and Research Institute of CREEC)

Abstract Changsha-Kunming section of HuKun PDL is an important part of "four north-south railways and four west-east railways" PDL network in China's medium-long term railway network planning. This paper mainly introduces the schematic study on Anshun-Pu'an section with the most complex topographic and geologic condition of Changsha-Kunming section on HuKun PDL, seeks after the route selection technology for PDL in difficult mountain area.

According to the railway route selection principle in mountain area and characteristic of PDL and combined with the topographic and geologic condition of this line, after comparison of multiple different schemes, the recommended Guangzhao bridge site scheme in Beipanjiang River with relative better geologic and engineering conditions and controllable construction and operation risk is a better one; the principle of route selection for PDL in complex and difficult mountain area is concluded as follows: on the basis of fully mastering the topographic and geologic information in the range of schematic study and combined with the characteristic of PDL, the factors with significant impact on scheme shall be determined and the corresponding route selection principle shall be made. The comprehensive comparison study of different schemes on engineering safety, actionability, economical efficiency and rationality shall be done to determine the recommended scheme.

Key words PDL; schematic study

作者简介:郑天池(1964—),男,教授级高级工程师,中铁二院工程集团有限责任公司副总工程师。

1 引言

1.1 项目概况

沪昆客运专线是国家中长期铁路网规划的“四纵四横”客运专线网的重要组成部分，其长沙至昆明段东起湖南省省会长沙市，西至云南省省会昆明市，自东向西经过湖南省的湘潭、娄底、怀化，贵州省的凯里、贵阳、安顺，云南省的曲靖等市，全长1167.8km。

1.2 地形地貌

安顺至普安段位于贵州省西部，为侵蚀中低山地貌，地面高程580～1800m，受北盘江及其支流坝陵河、岔河等河流切割，地形起伏剧烈，山高谷深，坡面陡峻，相对高差一般200～800m，局部达1000m，北盘江河谷高程最低为580m。

1.3 地层岩性及不良地质

沿线地层出露较为完全，自前震旦系至第四系地层皆有分布。岩性以灰岩、白云岩类可溶岩为主，相间分布板岩、泥岩、砂岩、页岩及煤系地层，局部地段有玄武岩分布。

本段的不良地质主要有：

(1)岩溶和岩溶水。本段大片分布着三叠系灰岩，仅少部分为二叠系灰岩，岩溶较为发育，常见落水洞、溶蚀洼地、漏斗等岩溶形态，多沿岩层走向和构造线方向呈串珠状发育，形成隐伏溶洞、暗河等。

(2)煤层瓦斯及采空区。本段主要煤系地层为二叠系龙潭组(P_2l)、二叠系梁山组(P_1l)，其中龙潭组含煤丰富，煤层厚度大，变质程度高，有工业价值，是主要可采煤，属高瓦斯煤层，部分层次具有较大危险；而梁山组煤层不稳定或层薄、质劣。根据收集资料及现场调查访问，本段不存在大型采空区，但有规划的煤矿矿区，且在龙潭组煤系地层分布段落存在大量的小煤窑，对工程影响极大。

(3)危岩落石。沿线对线路有影响的危岩落石地段一般长约数十米；危岩体直径多为0.2～1.0m，最大达8m，需进行支、补、嵌、锚、拦、清等综合措施整治。

(4)顺层。共有6段约3152m。

(5)构造破碎带及影响带。本段线路部分段落位于构造破碎带及其影响带内，岩体破碎，稳定性较差，特别是软质岩地段，路堑及隧道洞口施工开挖易引发工程滑坡，隧道洞身围岩易坍方。

本段为沪昆客运专线地形、地质条件最为复杂的区段。

2 主要技术标准

铁路等级：客运专线；

正线数目：双线；

速度目标值：350km/h；

正线线间距：5.0m；

最小曲线半径：7000m；

最大坡度：20‰，部分地段：25‰；

列车类型：电动车组；

到发线有效长度：650m；

列车运行控制方式：自动控制；

运输调度方式：调度集中。

3 线路方案研究

3.1 方案研究思路

本线为客运专线，具有速度目标值高、曲线半径大、线路展线难度大的特点。结合客运专线的特点，根据本段地形、地质条件，在方案研究中首先确定影响本段线路方案的主要因素为北盘江桥位及设计高

程、煤系地层及采空区、岩溶及岩溶水等。据此确定方案研究的思路和原则为:①坚持重大工程优先选址的原则:方案研究中应首先根据地形地质条件、工程情况确定北盘江桥位和桥高。②坚持地质选线原则:对煤系地层及采空区尽量绕避,不能绕避时应尽量减少通过高瓦斯煤层和采空区地段的长度,减少矿产资源的压覆;为减少岩溶水和岩溶对施工和运营的影响,降低涌水、突水、突泥的风险,线路应绕避岩溶极发育区,通过岩溶发育区时,线路应采用较高的设计高程,并尽量靠近河谷,从岩溶水平循环带以上通过。③坚持环保选线的原则:对生态敏感区,线路应尽量绕避,不能绕避的,尽量以对环境最有利的方式通过。④坚持线路基本顺直原则:本段桥隧比重超过80%,每公里造价超过12000万元,为控制工程投资,在控制风险、保证安全的前提下,应尽量拉直线路。⑤坚持系统优化、综合最优原则:困难山区修建高速铁路采用高桥长隧将不可避免,线路平、纵断面设计应考虑重大工程的施工条件及施工组织的要求,使各项工程布局相对合理、风险可控、便于实施,并具有较好的经济性。

3.2 方案研究

(1)北盘江桥位选择

①方案情况

根据上述研究思路,首先选择控制工程北盘江桥的桥位及桥高。针对北盘江桥位,在沿江二十余公里的范围内,结合桥梁桥式及孔跨选择、桥梁两端的隧道工程及地质情况,由北向南,共研究了12个桥位方案,最终确定光照桥位和大坡桥位两个有比较价值的方案进行进一步比选(方案如图1所示,图中阴影部分为二叠系龙潭组煤系地层,下同)。

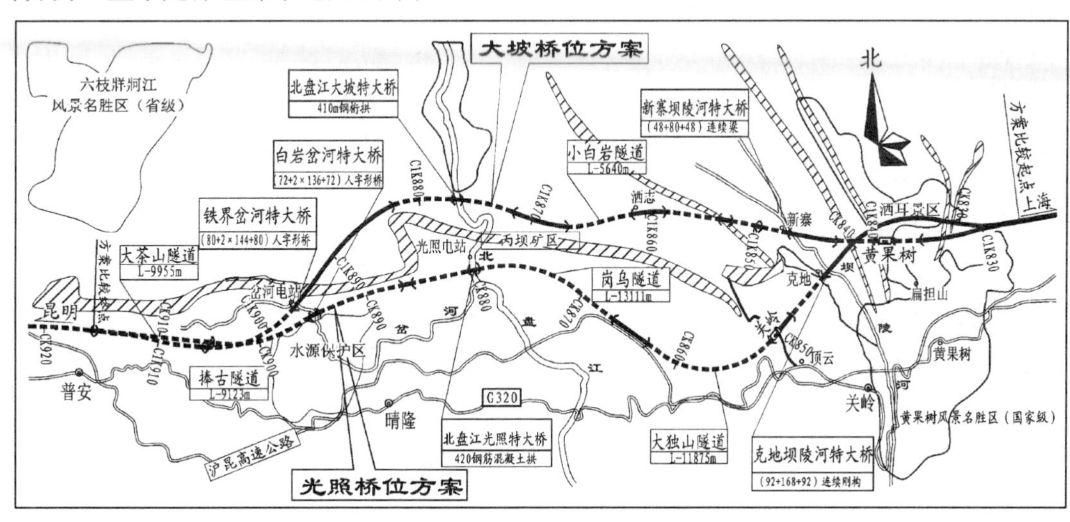

图1 北盘江桥位方案示意图

为尽可能抬高穿越两岸岩溶发育区的线路高程,以减少岩溶危害,根据两方案桥位处为"V"形河谷的地形条件,两方案的北盘江桥均采用了大跨度拱桥(结合我国桥梁设计、施工水平,光照桥位、大坡桥位分别采用420m、410m跨度)。

②方案比选及推荐意见

a. 工程及投资情况

光照桥位方案线路长度较大坡桥位方案长2.84km,桥隧工程长4.02km,投资多约5.8亿;光照桥位方案有2座10km以上隧道,而大坡桥位方案隧道长度均在10km以下。

b. 北盘江桥位条件

光照桥位方案所跨北盘江河段较顺直,两岸地形稍缓,岸坡稳定,地质条件较好,两岸均通公路,交通便利,施工条件较好;而大坡桥位方案桥位处两岸岸坡地势陡峻,陡崖高度大于150m,呈下陡上缓状,河谷深切,交通条件及地形、地质条件相对较差。

c. 工程地质条件

光照桥位方案不良地质有岩溶、滑坡、溜坍、危岩、顺层、顺层偏压、煤层瓦斯及采空区。其中大独山隧道洞身上方约70m顺断层发育一条暗河，该处隧道涌突水可能性大，而其余地段线路位于地下水的垂直循环带内，岩溶水风险较小；顺层共有6段约3152m，顺层偏压隧道共有2处；高瓦斯煤系地层共有4段约1840m，存在小煤窑采空区。

大坡桥位方案不良地质有岩溶、溜坍、危岩、顺层、顺层偏压、煤层瓦斯及采空区。隧道在北盘江特大桥两端穿过岩溶强烈发育的栖霞、茅口组灰岩约26.2km，突涌水风险极大，其中C1K853＋800隧道进口端穿暗河；顺层共6段约1480m；高瓦斯煤系地层共有5段约2560m，存在小煤窑采空区，隧道通过低瓦斯煤系地层长约4km。

综上所述，两方案的工程地质均较复杂，地质条件均较差，但光照桥位方案地质条件好于大坡桥位方案。

d. 推荐意见

虽然光照桥位方案线路长、投资多，但与大坡桥位相比较，其北盘江桥桥位地质、施工条件明显更优，同时受岩溶水、高瓦斯和小煤窑采空区的威胁相对较小。根据重点工程优先选址和地质选线的原则，考虑规避施工和运营风险，推荐采用光照桥位方案，北盘江桥设计高程870m，采用420m拱桥。

为进一步降低岩溶危害，还研究了将光照桥位方案的北盘江桥高程进一步提升至990m、桥梁设计为240m＋792m＋240m悬索桥的方案，该方案虽然可抬高两端隧道设计高程，在一定程度上降低隧道施工及运营风险，但桥梁风险加大，且动车组通过桥梁的速度必须限制在200km/h以下，同时仅桥梁投资就需增加约14亿元。因此，放弃了该方案。

(2)光照桥位取直方案研究

为减少岩溶对隧道工程的影响，在上述研究中，光照桥位方案线路尽量南移靠近北盘江河谷，以避免隧道走行于地下水的水平循环带中，致使线路绕行距离较长。为缩短线路长度，在光照桥位方案的基础上，进一步研究了两个取直方案：穿丙坝矿区取直方案、绕避丙坝矿区取直方案。

①穿丙坝矿区取直方案

丙坝煤矿为规划8000万t的煤矿。穿丙坝矿区取直方案的线路走向如图2所示，图中经关岭方案为3.2中所论证的光照桥位方案。

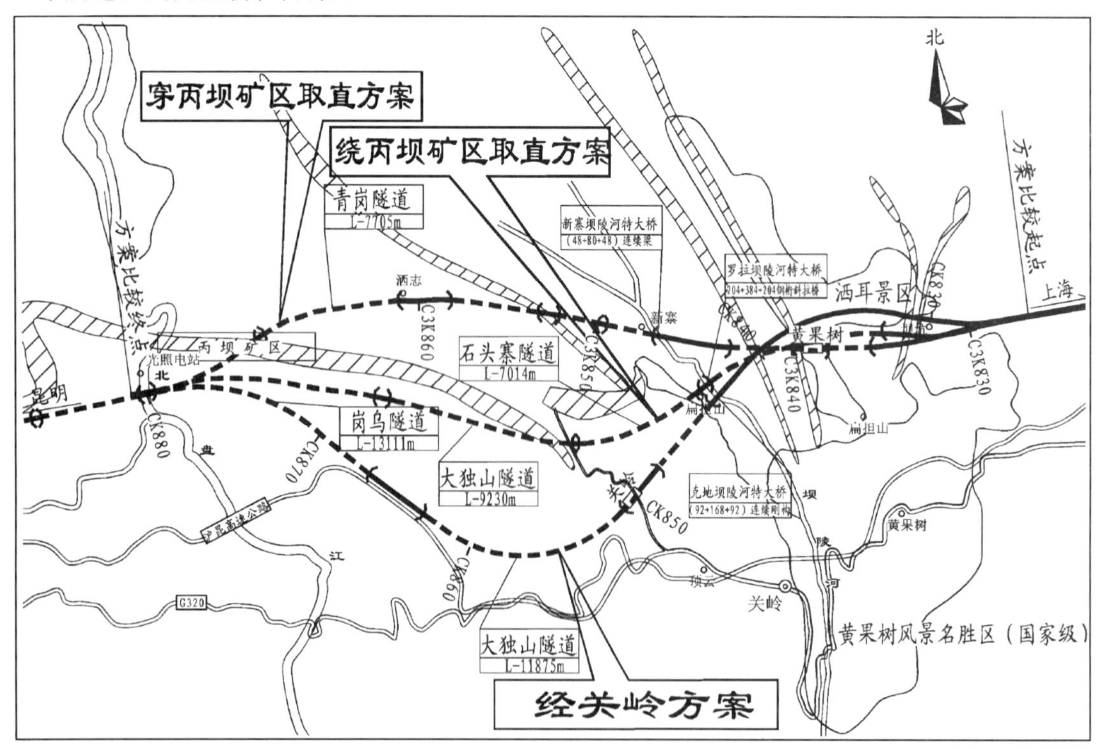

图2 光照桥位取直方案线路走向示意图

穿丙坝矿区取直方案线路长度虽然较经关岭方案短 6.38km，且其最长隧道长度仅7.8km，但存在以下几方面的地质问题：

a. 线路经过 3 处过地下岩溶管道，据推测，隧道位于岩溶水垂直与水平循环带交界位置，施工中遇岩溶突水、突泥的可能性极大。其中 1 处暗河为区域性暗河，暗河管道长达数十公里，流量 420L/s，雨季暴增，补给汇水面积大，隧道极有可能遇该暗河，处理困难。

b. 穿丙坝矿区取直方案比经关岭方案多穿越 2 段长 1.2km 高瓦斯煤层和 1 段长 4.8km 低瓦斯煤层，高瓦斯煤层段落均分布较多的小煤窑，尤其是 C3K875＋000～C3K875＋600 段约以 45°角度斜穿丙坝煤矿，线位附近废弃小煤窑多，开采历史长，采空区多且不易查清，线路以桥、隧、路基通过，隐患极大。

c. 线路穿过规划丙坝矿区，存在压覆大量煤炭资源的问题。

综上所述，穿丙坝取直方案的岩溶水、煤层瓦斯和小煤窑的风险均较高，同时还存在压覆大量矿产资源的问题，可实施性较差。从降低施工、运营风险、保护矿产资源的角度考虑，不宜采用穿丙坝矿区取直方案。

②绕避丙坝矿区取直方案

绕避丙坝矿区取直方案线路走向如图 2 所示。

绕避丙坝矿区取直方案线路长度虽然较经关岭方案短 6.15km，但由于其坝陵河桥需采用主跨为 204m＋384m＋204m 的钢桁斜拉桥，经关岭方案坝陵河桥主跨采用 92m＋168m＋92m 刚构，取直方案仅坝陵河桥投资增加约 4.5 亿，故两方案投资基本相当；同时由于坝陵河钢桁斜拉桥的横向刚度不能满足通行 350km/h 动车组的需要，通过桥梁地段需限速 250km/h；从地质条件方面来说，由于取直方案长隧道（大独山隧道、岗乌隧道）线位远离河谷，隧道位于地下水的水平循环带内的可能性更大，隧道施工及运营风险更高；通过高瓦斯煤层地段较经关岭方案长 600m，通过小煤窑采空区的风险更高。

综上所述，绕避丙坝矿区取直方案存在限速点，隧道施工突涌水、遇小煤窑采空区风险更大，不宜采用。

(3)坡度方案研究

随着我国机车车辆制造水平的不断提升，动车组的性能不断提高，使得在高速铁路建设中采用更大坡度而节省工程投资成为可能。为进一步改善北盘江、坝陵河、岔河等深切河谷的高墩大跨特殊桥梁的工程条件，降低工程风险，节省工程投资，本段还研究了最大坡度为 30‰的方案：原平面线位大坡度方案和北盘江前后取直两个方案。如图 3 所示。

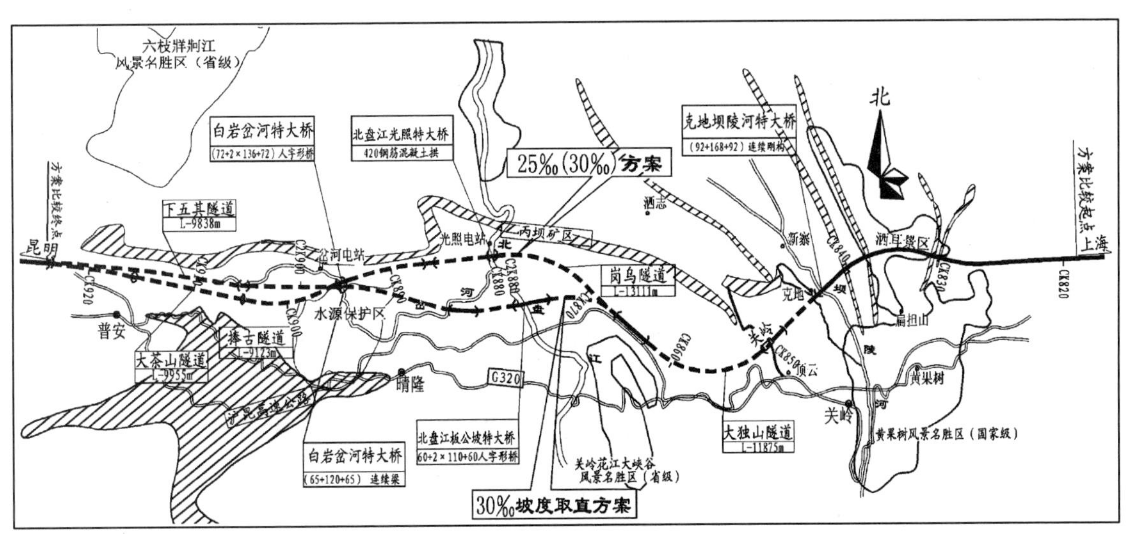

图 3　安顺西至普安坡度方案示意图

30‰方案对特殊桥梁工程改善有限，仅岔河桥略有改善，而隧道工程与 25‰方案基本相当，节约投资不到 5%。

因 30‰方案节约投资和降低工程风险方面并不明显，且坡顶出口运行最高速度由 241km/h 下降至201km/h,速度降低较多,故推荐采用25‰最大坡度方案。

目前上述推荐方案已通过有关部门的审查。

4 结语

(1)沪昆客运专线长昆段安顺至普安段线路方案,根据山区铁路选线原则及铁路客运专线特点,结合本线的地形、地质条件,经多方案比选,推荐的北盘江光照桥位方案,地质及工程条件相对较好,施工及运营风险可控,是系统较优的方案。

(2)通过本段方案研究,总结出复杂艰险山区客运专线选线思路为:在充分掌握消化方案研究范围内地形、地质信息的基础上,结合客运专线的特点,确定对方案有重大影响的因素,并制定相应的选线原则,进行多方案研究,对工程安全性、可实施性、经济性、合理性进行综合比选,确定推荐方案。

参考文献

[1] 新建铁路沪昆客运专线长沙至昆明段可行性研究总说明书(下册 玉屏至昆明)[R].成都:中国中铁二院工程集团有限责任公司,2009.

[2] 铁建设[2007]47号,新建时速300～350公里客运专线铁路设计暂行规定(上、下)[S].

[3] 朱颖.铁路选线理念的创新与实践[J].铁道工程学报.2009(6).

300～350km/h 客运专线平竖曲线重叠设置对舒适度的影响

胡建平

（中铁二院工程集团有限责任公司土建二院）

摘　要　本文从理论上对我国300～350km/h规范中客运专线竖曲线与平曲线重叠设置的规定对行车舒适度的影响进行分析，得出结论，提出建议。通过对最高行车速度300km/h和350km/h的客运专线竖曲线与平曲线重叠设置对舒适度影响的计算分析，得出凸形竖曲线与平曲线重叠设置对行车舒适度影响较大，其影响程度随速度差的增大而显著增大，随平曲线和竖曲线半径的增大而减少，当竖曲线与半径为4500～7000m的平曲线重叠设置时，对舒适度影响明显，建议在设计中尽量避免与其重叠设置；凹形竖曲线与平曲线重叠设置对舒适度基本没有影响。这些结论对客运专线线路设计有一定的指导作用。

关键词　客运专线；竖曲线；平曲线；重叠；舒适度；影响

Analysis on Impacts on Riding Comfort When Overlapping between Vertical Curve and Horizontal Curve on Passenger Dedicated Railway with Speed of 300～350km/h

Hu Jianping

(Second Civil Construction Design and Research Institute of CREEC)

Abstract　By analyzing the impacts on riding comfort when overlapping between vertical curve and horizontal curve on passenger dedicated railway with speed of 300-350km/h in China, Some conclusions have been reached and some suggestions made. Through calculations and analysis on impacts on riding comfort when overlapping between vertical curve and horizontal curve on passenger dedicated railway with running speed of 300km/h and 350km/h respectively, it is found that overlapping between the protruding vertical curve and horizontal curve has major impacts on riding comfort and the degree of impacts will increase as the difference of speed increases while decrease as the radius length of such curves increases. When vertical curve overlaps with the horizontal curve with radius ranging from 4500m to 7000m, there are obvious impacts on the riding comfort. Therefore, it is suggested that we should avoid overlapping in design. However, there is no impact on riding comfort when concaved vertical curve overlapping the horizontal curve. This conclusion has certainly guidance on design of passenger dedicated railway.

Key words　passenger dedicated rail line; vertical curve; horizontal curve; overlapping; riding comfort; impacts

---

作者简介：胡建平（1971—　），男，高级工程师。

1 引言

随着社会进步和人民生活水平的提高，人们对交通工具的需求层次也越来越高，针对客运专线铁路，旅客在追求高速度、高安全的同时，也越来越重视旅行的舒适性。

舒适度是体现客运专线铁路品质的一个重要指标，是贯彻客运专线铁路以人为本设计理念的重要体现。广义舒适度是多种因素综合作用的结果，是一个物理、生理和心理等要素在内的综合指标。物理因素一般指振动、噪声、车内空气温度、湿度、气体压力、气流速度等因素，其中振动舒适性主要包含①舒适性指标；②平稳性指标；③车体横向、垂向加速度指标。车体横向、垂向加速度受线路平纵断面设计的参数影响很大，其中平曲线与竖曲线重叠设置对行车安全性和舒适性有一定的影响。

我国现行客运专线规范《高速铁路设计规范(试行)》(铁建设〔2009〕209号)，对竖曲线与平曲线作了不宜重叠设置的规定，对困难条件下重叠设置的最小平曲线和最小竖曲线半径作了规定，见表1。

竖曲线与平曲线重叠设置的曲线半径最小值 表1

设计最高行车速度(km/h)	350	300
平面最小圆曲线半径(m)	6000	4500
最小竖曲线半径(m)	25000	25000

本文拟对竖曲线与平曲线重叠的情况下，针对不同的速度组合，对行车舒适度的影响作定量分析，提出建议，供在设计过程中参考。

2 没有竖曲线情况下平曲线均衡超高数学模型

$$h=\left(\frac{v}{3.6}\right)^2\cdot\frac{s}{Rg}\times 1000 \tag{1}$$

式中：h——均衡超高(mm)；

v——行车速度(km/h)；

s——两轨头中心线距离，取1.5m；

g——重力加速度，取9.81m/s^2；

R——平曲线半径(m)。

3 竖曲线与平曲线重叠设置均衡超高数学模型

3.1 凸型竖曲线与平曲线重叠设置外轨均衡超高的数学模型

假设列车以v(km/h)的速度运行在平曲线半径为R(m)；凸型竖曲线半径为R_{sh}(m)的线路上；曲线的均衡外轨超高为h(m)；平曲线产生的离心加速度为a_h(m/s^2)；按最不利情况，重力加速度和竖曲线产生的离心加速度近似在一条直线上，但方向相反，受力情况如图1所示。

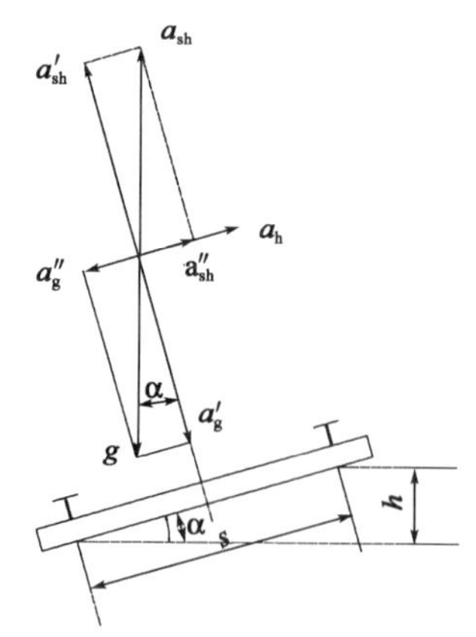

图1 凸型竖曲线与圆曲线重叠力学分析图

由图1可见：由于平曲线产生的离心加速度：$a_h=\left(\frac{v}{3.6}\right)^2\frac{1}{R}$；由于外轨超高，重力产生的向心加速度：

$$a''_g=g\tan\alpha\approx g\sin\alpha=g\frac{h}{s}$$

其中：h为外轨超高，s为轨距；由于凸型竖曲线产生的竖向加速度a_{sh}的平行轨道面分量加速度：

$$a''_{sh}=\left(\frac{v}{3.6}\right)^2\cdot\frac{1}{R_{sh}}\tan\alpha\approx\left(\frac{v}{3.6}\right)^2\cdot\frac{1}{R_{sh}}\cdot\frac{h}{s}$$

根据静力平衡原理：

$$a_h+a''_{sh}=a''_g$$

即：

$$\left(\frac{v}{3.6}\right)^2\cdot\frac{1}{R}+\left(\frac{v}{3.6}\right)^2\cdot\frac{1}{R_{sh}}\cdot\frac{h}{s}=g\cdot\frac{h}{s}$$

$$h_1=h=\left(\frac{v}{3.6}\right)^2\cdot\frac{\frac{s}{R}}{\left[g-\left(\frac{v}{3.6}\right)^2\cdot\frac{1}{R_{sh}}\right]}\times 1000 \tag{2}$$

其中：取 $s=1.5\text{m}$，$g=9.81\text{m/s}^2$，h_1 为凸型竖曲线与平曲线重叠均衡超高(mm)。

3.2 凹型竖曲线与平曲线重叠设置外轨均衡超高的数学模型

受力分析及推导过程与凸形竖曲线与平曲线重叠设置时类似，只是凹形竖曲线产生的竖向加速度与凸形竖曲线产生的竖向加速度方向相反，其数学模型如下：

$$h_2=\left(\frac{v}{3.6}\right)^2\cdot\frac{\frac{s}{R}}{\left[g+\left(\frac{v}{3.6}\right)^2\cdot\frac{1}{R_{sh}}\right]}\times 1000 \tag{3}$$

其中：取 $s=1.5\text{m}$，$g=9.81\text{m/s}^2$，h_2 为凹型竖曲线与平曲线重叠均衡超高(mm)。

4 行车速度(v)、平曲线半径(R)、竖曲线半径(R_{sh})对在竖曲线与平曲线重叠设置时对外轨均衡超高值(h)的影响分析

(1)外轨均衡超高值受行车速度 v 的平方影响，影响值 Δh 随行车速度平方增大而增大。趋势曲线如图 2 和图 3 所示(平曲线半径 $R=7000\text{m}$，竖曲线半径 $R_{sh}=25000\text{m}$)。

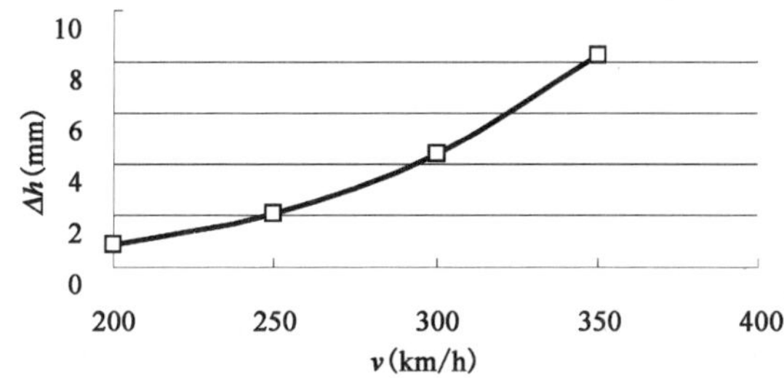

图 2 行车速度—凸形竖曲线对均衡超高的影响图

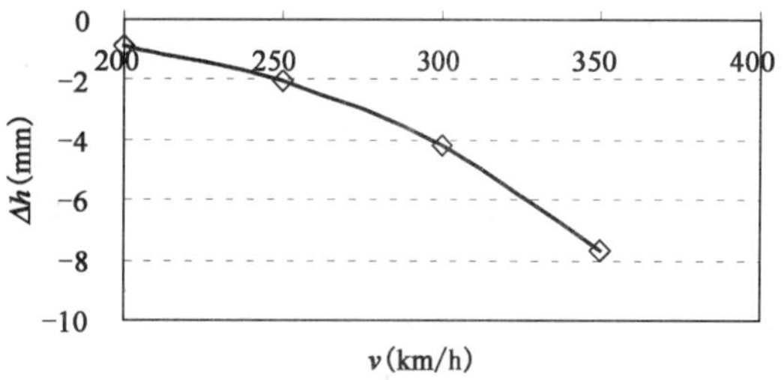

图 3 行车速度—凹形竖曲线对均衡超高的影响图

(2)外轨均衡超高值受平曲线半径 R 倒数的影响，影响值 Δh 随平曲线半径的增大而减少。趋势曲线如图 4 所示(行车速度 $v=350\text{km/h}$，竖曲线半径 $R_{sh}=25000\text{m}$)。

(3)外轨均衡超高值受竖曲线半径 R_{sh} 倒数的影响，影响值 Δh 随竖曲线半径的增大而减少，趋势曲线如图 5 所示(行车速度 $v=350\text{km/h}$，平曲线半径 $R=7000\text{m}$)。

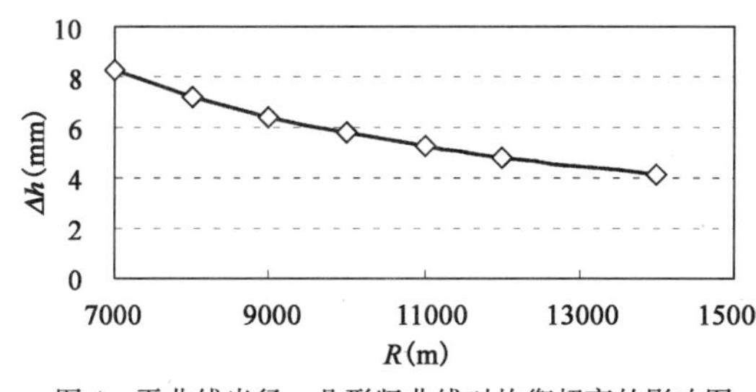

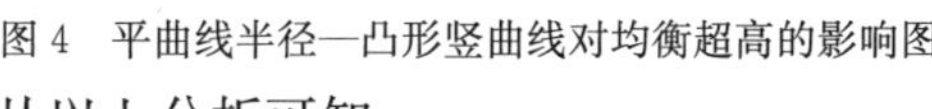

图 4 平曲线半径—凸形竖曲线对均衡超高的影响图

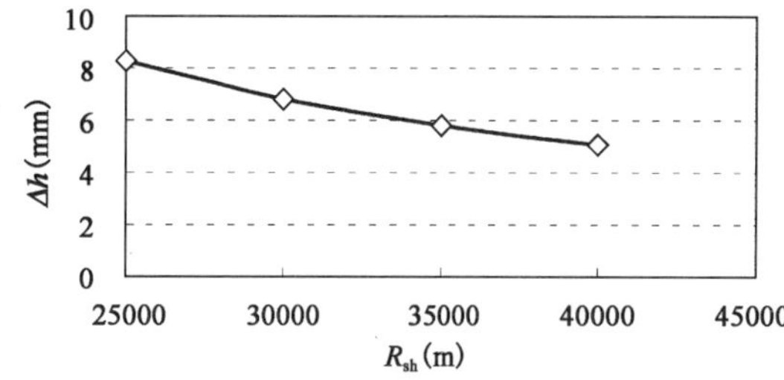

图 5 竖曲线半径—凸形竖曲线对均衡超高的影响图

从以上分析可知：

(1)竖曲线与平曲线重叠设置时对外轨均衡超高影响最大的是行车速度，影响趋势是随行车速度的增大而增大；其次是平曲线半径和竖曲线半径值，影响趋势是随两半径的增大而减少。

(2)凸形竖曲线对外轨均衡超高有增大的作用，即：$h_1>h$；凹形竖曲线对外轨的均衡超高有减少的作用，即：$h_2<h$。

(3)根据我国客运专线高、中混跑的运输组织模式，超高的设置是在综合考虑不同速度的行车条件

下，根据平曲线半径和缓和曲线条件设置超高值，此设置超高值对高速列车而言产生欠超高，对中速列车而言产生过超高，根据以上公式，显然，竖曲线与平曲线重叠设置，增大了欠(凸形竖曲线)或过(凹形竖曲线)超高的值，欠、过超高值的增大对行车安全和行车舒适度会造成一定的影响。根据国家“八、五”科技攻关项目“高速铁路线桥设计参数选择的研究”，当竖曲线半径不小于 9900m，在行车速度不大于 350km/h 的条件下，对行车安全不会造成威胁。我国现行《高速铁路设计规范(试行)》(铁建设〔2009〕209 号)规定的竖曲线半径最小为 25000m，远大于安全值。故本文着重对舒适度的影响作一个比较详细的分析。

5 舒适度评判标准

根据现行客运专线规范《高速铁路设计规范(试行)》(铁建设〔2009〕209 号)，对舒适度的判断标准如下(300～350km/h 客运专线轨道结构一般设计为无砟，故以下标准按无砟轨道判断标准)：

5.1 欠、过超高判断标准(表 2)

欠过超高判断标准表　　表 2

欠、过超高	$[h_g][h_q]$	$[h_g][h_q]$	$[h_g][h_q]$
欠过超高容许值(mm)	40	60	90
舒适度	优秀	良好	一般

5.2 欠、过超高之和判断标准(无砟)(表 3)

欠过超高之和判断标准表　　表 3

欠、过超高之和	$[h_g+h_q]$	$[h_g+h_q]$	$[h_g+h_q]$
欠过超高之和容许值(mm)	100	140	180
舒适度	优秀	良好	一般

5.3 设计超高与欠超高之和判断标准(无砟)(表 4)

设计超高与欠超高之和判断标准表　　表 4

设计、欠超高之和	$[h+h_q]$	$[h+h_q]$	$[h+h_q]$
设计、欠超高容许值之和(mm)	210	235	265
舒适度	优秀	良好	一般

综合舒适度为以上三种舒适度判断标准之最差者。

6 竖曲线与平曲线重叠设置对舒适度的影响

6.1 最高客车行车速度为 350km/h 的客运专线

根据我国客运专线铁路不同速度列车混运的运输模式，最高客车行车速度为 350km/h 的线路，主要考虑三种不同速度混跑的组合：350km/h 和 200km/h；350km/h 和 250km/h；350km/h 和 300km/h。

根据现行客运专线规范《高速铁路设计规范》(试行)》(铁建设〔2009〕209 号)，最高行车速度为 350km/h 客运专线的一般最小曲线半径为 7000m，个别最小半径为 6000m。各半径的设计超高见表 5。

350km/h 设计超高值　　表 5

序　号	半径(m)	设计超高(mm)	序　号	半径(m)	设计超高(mm)
1	6000	175	5	10000	120
2	7000	175	6	11000	105
3	8000	150	7	12000	95
4	9000	135			

下面分别对 350/200(km/h);350/250(km/h);350/300(km/h)的组合进行分析：

考虑最不利的情况，竖曲线半径取 $R_{sh}=25000$m；平曲线半径分别取 6000，7000，8000，9000，10000，11000，12000。分无竖曲线与平曲线重叠设置、凸形竖曲线与平曲线重叠设置、凹形竖曲线与平曲线重叠设置三种情况计算各曲线半径的舒适度。

(1)350/200 模式

从表 6 中可以看出：①凸形竖曲线与平曲线重叠设置时，相对无竖曲线与平曲线重叠设置的情况，平面半径 6000～10000m，舒适度都有所降低，特别是与半径为 6000m 平曲线半径重叠设置时，高中速列车的舒适度分别为一般和差，并恶化了舒适度条件，与 7000m 的平曲线半径重叠设置时，高速列车舒适度降低明显，由良好降为一般；②凹形竖曲线与平曲线重叠设置时，对舒适度影响不大。

350/200(km/h)**竖曲线与平曲线重叠设置舒适度计算值** ($R_{sh}=25000$)　　表 6

平曲线半径(m)	竖曲线	均衡超高(mm)	设计超高(mm)	欠/过超高(mm)	欠过超高舒适度	欠过超高之和舒适度	设计与欠超高之和舒适度	综合评定
6000	无	241/79	175	−66/96	良好/差	一般/一般	优秀/优秀	一般/差
	凸形	251/80		−76/95	良好/差	一般/一般	良好/优秀	一般/差
	凹形	232/78		−57/97	良好/差	一般/一般	良好/优秀	一般/差
7000	无	207/67	175	−32/108	优秀/差	良好/良好	优秀/优秀	良好/差
	凸形	215/68		−38/107	优秀/差	一般/一般	优秀/优秀	一般/差
	凹形	199/67		−24/108	优秀/差	良好/良好	优秀/优秀	良好/差
8000	无	181/59	150	−31/91	优秀/差	良好/良好	优秀/优秀	良好/差
	凸形	188/60		−38/90	优秀/差	良好/良好	优秀/优秀	良好/差
	凹形	174/58		−24/92	优秀/差	良好/良好	优秀/优秀	良好/差
9000	无	161/52	135	−26/83	优秀/一般	优秀/优秀	优秀/优秀	优秀/一般
	凸形	167/53		−32/82	优秀/一般	良好/良好	优秀/优秀	良好/一般
	凹形	155/52		−20/83	优秀/一般	优秀/优秀	优秀/优秀	优秀/一般
10000	无	145/47	120	−25/73	优秀/一般	优秀/优秀	优秀/优秀	优秀/一般
	凸形	150/48		−30/72	优秀/一般	良好/良好	优秀/优秀	良好/一般
	凹形	139/47		−19/73	优秀/一般	优秀/优秀	优秀/优秀	优秀/一般
11000	无	131/43	105	−26/62	优秀/一般	优秀/优秀	优秀/优秀	优秀/一般
	凸形	137/43		−32/62	优秀/一般	优秀/优秀	优秀/优秀	优秀/一般
	凹形	127/42		−22/63	优秀/一般	优秀/优秀	优秀/优秀	优秀/一般

(2)350/250 模式

从表 7 中可以看出：①凸形竖曲线与平曲线重叠设置时，相对无竖曲线与平曲线重叠设置的情况，平面半径为 6000m 和 7000m 时，高、低速列车的舒适度有一定的降低；②凹形竖曲线与平曲线重叠设置时，对舒适度基本没有影响。

(3)350/300 模式

从表 8 中可以看出：①凸形竖曲线与平曲线重叠设置时，相对无竖曲线与平曲线重叠设置的情况，平面半径为 6000m 和 7000m 时，高、低速列车的舒适度降低明显；②凹形竖曲线与平曲线重叠设置时，对舒适度基本没有影响。

350/250(km/h)竖曲线与平曲线重叠设置舒适度计算值(R_{sh}=25000)　　表 7

平曲线半径(m)	竖曲线	均衡超高(mm)	设计超高(mm)	欠/过超高(mm)	欠过超高舒适度	欠过超高之和舒适度	设计超高与欠超高之和舒适度	综合评定
6000	无	241/123	175	−66/52	良好/良好	良好/良好	一般/优秀	一般/良好
	凸形	251/125		−76/50	一般/良好	良好/良好	一般/优秀	一般/良好
	凹形	232/121		−57/54	良好/良好	良好/良好	优秀/优秀	良好/良好
7000	无	207/105	175	−32/70	优秀/一般	良好/良好	优秀/优秀	良好/良好
	凸形	215/107		−40/68	良好/一般	良好/良好	良好/优秀	良好/一般
	凹形	199/103		−24/72	优秀/一般	优秀/优秀	优秀/优秀	优秀/一般
8000	无	181/92	150	−31/58	优秀/良好	优秀/优秀	优秀/优秀	优秀/良好
	凸形	188/94		−38/56	优秀/良好	优秀/优秀	优秀/优秀	优秀/良好
	凹形	174/90		−24/60	优秀/良好	优秀/优秀	优秀/优秀	优秀/良好
9000	无	161/82	135	−26/53	优秀/良好	优秀/优秀	优秀/优秀	优秀/良好
	凸形	167/84		−32/51	优秀/良好	优秀/优秀	优秀/优秀	优秀/良好
	凹形	155/80		−20/55	优秀/良好	优秀/优秀	优秀/优秀	优秀/良好
10000	无	145/74	120	−25/46	优秀/良好	优秀/优秀	优秀/优秀	优秀/良好
	凸形	150/75		−30/45	优秀/良好	优秀/优秀	优秀/优秀	优秀/良好
	凹形	139/72		−19/48	优秀/良好	优秀/优秀	优秀/优秀	优秀/良好
11000	无	131/67	105	−26/38	优秀/优秀	优秀/优秀	优秀/优秀	优秀/优秀
	凸形	137/68		−32/37	优秀/优秀	优秀/优秀	优秀/优秀	优秀/优秀
	凹形	127/66		−22/39	优秀/优秀	优秀/优秀	优秀/优秀	优秀/优秀

350/300(km/h)竖曲线与平曲线重叠设置舒适度计算值(R_{sh}=25000)　　表 8

平曲线半径(m)	竖曲线	均衡超高(mm)	设计超高(mm)	欠/过超高(mm)	欠过超高舒适度	欠过超高之和舒适度	设计与欠超高之和舒适度	综合评定
6000	无	241/177	175	−66/−2	一般/优秀	优秀/优秀	一般/优秀	一般/优秀
	凸形	251/182		−76/−7	一般/优秀	优秀/优秀	一般/优秀	一般/优秀
	凹形	232/172		−57/3	良好/优秀	优秀/优秀	良好/优秀	良好/优秀
7000	无	207/152	175	−32/23	优秀/优秀	优秀/优秀	优秀/优秀	优秀/优秀
	凸形	215/156		−40/19	良好/优秀	优秀/优秀	良好/良好	良好/良好
	凹形	199/148		−24/27	优秀/优秀	优秀/优秀	优秀/优秀	优秀/优秀
8000	无	181/133	150	−36/12	优秀/优秀	优秀/优秀	优秀/优秀	优秀/优秀
	凸形	188/137		−43/8	良好/优秀	优秀/优秀	优秀/优秀	良好/优秀
	凹形	174/129		−29/16	优秀/优秀	优秀/优秀	优秀/优秀	优秀/优秀
9000	无	161/118	135	−36/7	优秀/优秀	优秀/优秀	优秀/优秀	优秀/优秀
	凸形	167/121		−42/4	良好/优秀	优秀/优秀	优秀/优秀	良好/优秀
	凹形	155/115		−30/10	优秀/优秀	优秀/优秀	优秀/优秀	优秀/优秀
10000	无	145/106	120	−35/4	优秀/优秀	优秀/优秀	优秀/优秀	优秀/优秀
	凸形	150/109		−40/1	良好/优秀	优秀/优秀	优秀/优秀	良好/优秀
	凹形	139/103		−29/7	优秀/优秀	优秀/优秀	优秀/优秀	优秀/优秀
11000	无	131/97	105	−36/−2	优秀/优秀	优秀/优秀	优秀/优秀	优秀/优秀
	凸形	137/99		−42/−4	良好/优秀	优秀/优秀	优秀/优秀	良好/优秀
	凹形	127/94		−32/1	优秀/优秀	优秀/优秀	优秀/优秀	优秀/优秀

6.2 最高客车行车速度为 300km/h 的客运专线

主要考虑两种不同速度混跑的组合:300/200(km/h);300/250(km/h)。

根据规范《高速铁路设计规范》(试行)》(铁建设[2009]209 号),最高行车速度为 300km/h 客运专线的一般最小曲线半径是 5000m,个别 4500m,各半径的设计超高见表 9。

300km/h 设计超高值 表 9

序号	R(m)	设计超高 h(mm)	序号	R(m)	设计超高 h(mm)
1	4500	175	6	8000	100
2	5000	160	7	9000	90
3	5500	145	8	10000	80
4	6000	135	9	11000	70
5	7000	115	10	12000	65

考虑最不利的情况,竖曲线半径取 $R_{sh}=25000$m;平曲线半径分别取 4500m,5000m,5500m,6000m,7000m,8000m。分无竖曲线与平曲线重叠设置、凸形竖曲线与平曲线重叠设置、凹形竖曲线与平曲线重叠设置三种情况计算各曲线半径的舒适度。

(1)300/200 模式

从表 10 中可以看出:无论凸形竖曲线还是凹形竖曲线与平曲线重叠设置,对舒适度基本没有影响;

300/200(km/h)竖曲线与平曲线重叠设置舒适度计算值($R_{sh}=25000$) 表 10

平曲线半径(m)	竖曲线	均衡超高(mm)	设计超高(mm)	欠/过超高(mm)	欠过超高舒适度	欠过超高之和舒适度	设计与欠超高之和舒适度	综合评定
4500	无	236/105	175	−61/70	一般/一般	良好/良好	一般/优秀	一般/一般
	凸形	243/106		−68/69	一般/一般	良好/良好	一般/优秀	一般/一般
	凹形	229/104		−54/71	良好/一般	良好/良好	良好/优秀	良好/一般
5000	无	212/94	160	−52/66	良好/一般	良好/良好	良好/优秀	良好/一般
	凸形	219/96		−59/64	良好/一般	良好/良好	良好/优秀	良好/一般
	凹形	207/93		−47/67	良好/一般	良好/良好	优秀/优秀	良好/一般
5500	无	193/86	145	−48/59	良好/良好	良好/良好	优秀/优秀	良好/良好
	凸形	199/87		−54/58	良好/良好	良好/良好	优秀/优秀	良好/良好
	凹形	188/85		−43/60	良好/良好	良好/优秀	优秀/优秀	良好/良好
6000	无	177/79	135	−42/56	良好/良好	优秀/优秀	优秀/优秀	良好/良好
	凸形	182/80		−47/55	良好/良好	良好/良好	优秀/优秀	良好/良好
	凹形	172/78		−37/57	优秀/良好	优秀/优秀	优秀/优秀	优秀/良好
7000	无	152/67	115	−37/48	优秀/良好	优秀/优秀	优秀/优秀	优秀/良好
	凸形	156/68		−41/47	良好/良好	优秀/优秀	优秀/优秀	良好/良好
	凹形	148/67		−33/48	优秀/良好	优秀/优秀	优秀/优秀	优秀/良好
8000	无	133/59	100	−33/42	优秀/良好	优秀/优秀	优秀/优秀	优秀/良好
	凸形	137/60		−37/40	优秀/优秀	优秀/优秀	优秀/优秀	优秀/优秀
	凹形	129/58		−29/42	优秀/良好	优秀/优秀	优秀/优秀	优秀/良好

(2)300/250 模式

从表 11 中可以看出:无论是凸还是凹形竖曲线与平曲线重叠设置,对舒适度基本没有影响。

300/250(km/h)竖曲线与平曲线重叠设置舒适度计算值(R_{sh}=25000)　表11

平曲线半径(m)	竖曲线	均衡超高(mm)	设计超高(mm)	欠/过超高(mm)	欠过超高舒适度	欠过超高之和舒适度	设计与欠超高之和舒适度	综合评定
4500	无	236/164	175	−61/11	一般/优秀	优秀/优秀	一般/优秀	一般/优秀
	凸形	243/167		−68/8	一般/优秀	优秀/优秀	一般/优秀	一般/优秀
	凹形	229/161		−54/14	良好/优秀	优秀/优秀	良好/优秀	良好/优秀
5000	无	212/148	160	−52/13	良好/优秀	优秀/优秀	良好/优秀	良好/优秀
	凸形	219/150		−59/10	良好/优秀	优秀/优秀	良好/优秀	良好/优秀
	凹形	207/145		−47/15	良好/优秀	优秀/优秀	优秀/优秀	良好/优秀
5500	无	193/134	145	−48/11	良好/优秀	优秀/优秀	优秀/优秀	良好/优秀
	凸形	199/137		−54/8	良好/优秀	优秀/优秀	优秀/优秀	良好/优秀
	凹形	188/131		−43/14	良好/优秀	优秀/优秀	优秀/优秀	良好/优秀
6000	无	177/123	135	−42/12	良好/优秀	优秀/优秀	优秀/优秀	良好/优秀
	凸形	182/125		−47/8	良好/优秀	优秀/优秀	优秀/优秀	良好/优秀
	凹形	172/121		−37/14	优秀/优秀	优秀/优秀	优秀/优秀	优秀/优秀
7000	无	152/105	115	−37/10	优秀/优秀	优秀/优秀	优秀/优秀	优秀/优秀
	凸形	156/107		−41/8	良好/优秀	优秀/优秀	优秀/优秀	良好/优秀
	凹形	148/103		−33/12	优秀/优秀	优秀/优秀	优秀/优秀	优秀/优秀
8000	无	133/92	100	−33/8	优秀/优秀	优秀/优秀	优秀/优秀	优秀/优秀
	凸形	137/94		−37/6	优秀/优秀	优秀/优秀	优秀/优秀	优秀/优秀
	凹形	129/90		−29/10	优秀/优秀	优秀/优秀	优秀/优秀	优秀/优秀

7　结语

(1)凸形竖曲线与平曲线重叠设置时对行车舒适度有影响,影响程度与高、中速列车的速度差有明显关系,速度差越大,影响程度越大;与平曲线半径的大小有关系,平曲线半径越大,影响程度越小;与竖曲线半径的大小有关系,竖曲线半径越大,影响越小。

(2)凹形竖曲线与平曲线重叠设置对行车舒适度基本没有影响。

(3)350/200:凸形竖曲线与平曲线重叠设置时,相对无竖曲线与平曲线重叠设置的情况,平面半径6000～10000m舒适度都有所降低,特别是与半径为6000m平曲线半径重叠设置时,高中速列车的舒适度分别为一般和差,并恶化了舒适度条件,与7000m的平曲线半径重叠设置时,高速列车舒适度降低明显,由良好降为一般;建议:凸形竖曲线尽量不要和半径为7000～10000m平曲线重叠设置,特别要避免与半径为6000～7000m的平曲线重叠设置。

(4)350/250、350/300:凸形竖曲线与平曲线重叠设置时,相对无竖曲线与平曲线重叠设置的情况,平面半径为6000m和7000m时,高、低速列车的舒适度有一定的降低;建议凸形竖曲线尽量不要与半径为6000～7000m平曲线重叠设置。

(5)300/200、300/250:无论凸形竖曲线还是凹形竖曲线与平曲线重叠设置,对舒适度基本没有影响。

综上所述,当高速列车速度为350km/h时,要尽量避免凸型竖曲线和平曲线重叠设置,特别是要避免和6000～7000m半径的平曲线重叠设置(经计算,当竖曲线半径取为30000m时,对上述结论没有影响)。

参考文献

[1] 张曙光.京沪高速铁路系统优化研究[M].北京:中国铁道出版社,2009.

[2] 张曙光.高速铁路设计方法研究[M].北京:中国铁道出版社,2009.

[3] 高速铁路线桥设计参数选择的研究[J]:铁道部科学研究院铁道建筑研究所,1995(2).

[4] TB 10621—2009 高速铁路设计规范(试行)[S].

[5] 铁建设〔2005〕140 号,新建时速 200～250 公里客运专线铁路设计暂行规定(上、下)[S].

玉蒙铁路曲江峡谷选线研究

王　倡

(中铁二院工程集团有限责任公司昆明公司)

摘　要　在地质条件极为复杂的西南峡谷地区，采用综合手段，优选出较好的线路方案。玉溪至蒙自铁路必经的曲江峡谷地段，处于8度地震区，有名的峨山—曲江断裂带从附近经过，工程地质条件极其复杂，峡谷呈V字形，岸坡陡峻，滑坡、岩堆、崩塌、错落、危岩落石等密布峡谷两岸，给跨越峡谷的线路方案选择造成很大困难。经多次现场踏勘调查，在翔实的地质资料基础上，进行了多个桥址和多个线路方案研究比选，最终选定了技术可行、经济合理的线路方案。

关键词　复杂地质峡谷地区；选线

Study on Route Selection in Qujiang Canyon Area on Yuxi-Mengzi Railway

Wang Chang

(Kunming Survey, Design and Research Institute Co. Ltd of CREEC)

Abstract　The preferable route scheme is selected with comprehensive means in the Southwest canyon area with extremely complex geological condition. Qujiang Canyon where YuMeng Railway must pass is located in 8-degree earthquake zone where famous E′shan-Qujjiang fault zone passes nearby. In this area, the geological conditions are extremely complex. The canyon is V-shape and its bank slope is very steep. Landslide, talus, collapse and overhanging rock and rockfall are distributed densely on both sides of canyon, which makes it very difficult to select the route scheme across the canyon. Based repeated on-site survey and detailed geological information, the route scheme that is feasible in technology and reasonable in economy is selected finally after comparison on multiple bridge site schemes and multiple route schemes.

Key words　canyon area with complex geology; route selection

1　引言

1.1　自然地理

玉蒙铁路属泛亚铁路东线的一段，位于云南省滇东南地区，北起昆玉线玉溪南站，经通海、建水、个旧等县(市)到达红河州蒙自县，线路全长141.5km。

该段线路需从通海盆地(高程约1800m)紧坡下至曲江盆地(高程约1300m)，横穿曲江峡谷，线路长度20余公里，造成横跨曲江的大桥需采用高墩(最大墩高近百米)大跨的形式跨越。曲江是南盘江的一级支流，其峡谷河段由平坦地段60～20m宽逐渐变窄为20～10m宽的“V”形峡谷，处于8度地震区，有名的峨山一曲江断裂带从附近经过，工程地质条件极其复杂，给跨越峡谷的线路方案选择造成很大困难。

作者简介：王倡(1966—　)，男，高级工程师，中铁二院工程集团有限责任公司昆明公司副总工程师。

1.2　线路主要技术标准

铁路等级：国铁Ⅰ级；

正线数目：单线；

路段旅客列车设计行车速度：v_{max} = 120km/h；

限制坡度：12‰，双机 24‰；

最小曲线半径：一般：1200m，特殊困难：800m；

牵引种类：电力牵引，货机 SS_{3b}型、客机 SS_{7C}型；

牵引质量：2000t；

到发线有效长度：650m，预留 850m；

闭塞类型：站间自动闭塞。

1.3　选线面临的主要问题

一是在地质条件极为复杂的曲江峡谷选择地质条件相对较好的桥位；二是在保障高烈度地震区重大工程——曲江大桥安全的前提下，综合比选确定桥两端的线路方案，适当控制处于 8 度地震区的桥（墩）高度。

针对选线研究中的难点问题，确定了“线路方案服从桥位选址，桥位服从地质选址”的原则，先选定桥址位置，然后进行桥址两端线路方案的比选连接。

2　桥址方案比选

2.1　桥址区地质概况

桥址范围位于川滇菱形断块的东南端，地质构造复杂，新构造运动强烈，是我国大陆现今地壳构造运动最为强烈的地区，以活动断裂规模大，地震活动频繁，震级大为主要特征。由此造成曲江峡谷岸坡陡峻，由于受多期地震、地质构造运动及多条断层交叉的影响，岩体极为破碎，工程地质条件十分复杂。自峡谷入口处大兴石拱桥至下游峡谷大拐弯处（大龙滩村下游附近）约 3km 范围内，峡谷左岸几乎连续分布不同规模、不同厚度的滑坡群与岩堆，右岸又断续存在岩堆、危岩落石、错落等不良地质体。峡谷区研究范围内对桥位选址影响较大的区域性断裂分布有 4 条，其中一级断裂 2 条（F9、F10），二级断裂 2 条（F12-5、F12-6）。如图 1 所示。

鉴于峡谷区为严重不良地质地段，在桥址选址研究中，主要采用收集区域地质资料、工程地质遥感卫片解译判释等进行宏观区域地质研究，通过现场调绘、物探结合控制性勘探、委托专业机构中国地震局地壳应力研究所完成《活动断裂鉴定报告》与《近场区地震安全性评价报告》等手段，进一步探明桥址区微观工程地质条件，为曲江大桥选址提供翔实、可靠的基础资料。

2.2　桥址比选布置

为确保曲江大桥安全，根据查明的峡谷区工程地质条件，在峡谷入口至下游峡谷大拐弯处约 3km 范围内，除定测 DK 桥址外，又布置了 7 个可能的桥址方案（图 1），从工程地质条件、区域稳定性、工程处治难度、施工条件等方面进行综合比选论证，最终推荐采用条件相对较好的 5 号桥址，提请专家组评审并获通过。

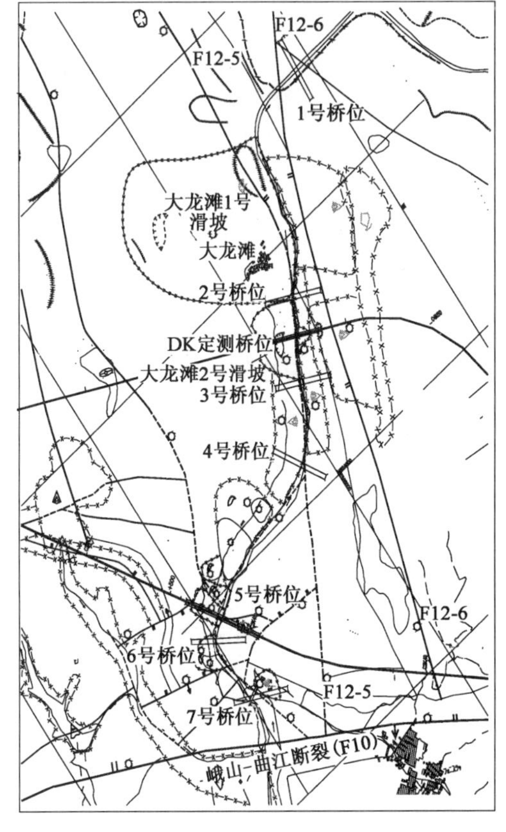

图 1　曲江大桥桥位选址示意图

2.3 桥址方案比选

曲江大桥各桥址工程地质比较见表 1。

曲江大桥各桥址工程地质条件比较表 表 1

序号	桥址方案	相对 DK 桥址位置	工程地质条件	工程地质条件评价
1	DK 桥址	0m	桥址两岸地形陡峻,左岸主墩处于②号巨型滑坡体中(滑体厚度 30 余米),右岸主墩位于③号坍滑体中,还受发育④号岩堆及危岩落石影响。工程处治难度大,抗滑支挡结构可靠度差,大桥的稳定性存在严重的安全隐患	差
2	1 号桥址	下游 1300m	桥址地处下游大龙滩村附近"V"形峡谷部位,两岸石灰岩裸露,岩体完整性好,岸坡稳定	好
3	2 号桥址	下游 170m	桥址两岸地形陡峻,线路从左岸①号与②号两个巨型滑坡间较为狭窄的小山脊经过,仍然处于滑坡影响范围内;右岸有危岩落石。与 DK 桥位比较无实质性改善	差
4	3 号桥址	上游 210m	桥址两岸地形陡峻,线路从左岸②号滑坡右侧边缘较厚的①号岩堆体经过,右岸有危岩落石及③、④号岩堆体,岸坡稳定性差。与 DK 桥位比较无实质性改善	差
5	4 号桥址	上游 800m	桥址两岸地形陡峻,线路从左岸较厚的①号岩堆体经过。经控制性钻探揭示,桥基持力层处于断层挤压破碎带中,并位于②号与⑤号断层交汇部位。与 DK 桥位比较无实质性改善	差
6	5 号桥址	上游 1250m	桥址左岸地形平缓,主墩位于⑥号滑坡体中,钻探揭示滑体厚 9～16m,滑面平缓。右岸地形较陡,半坡上有一个厚 5～15m 的小型错落体。两岸受断层影响相对较弱,桥基持力层的岩体完整性较好,钻孔柱状岩芯节长 0.5～1m 左右,采取率达 90%以上。工程地质条件总体上较 DK 桥址有较大改善	较好
7	6 号桥址	上游 1450m	桥址左岸主墩位于两个滑坡体间凸起约 30m 宽山梁上,岸坡陡峻,稳定性差。控制钻探揭示左岸处于断层挤压破碎带中,钻孔岩芯呈碎石、角砾土状。与 DK 桥位相比改善不大	较差
8	7 号桥址	上游 1820m	桥址线路与右侧峨山—曲江区域性活动大断裂(F10)平行,两者相距 180～230m,地基岩体破碎,区域稳定性差。桥址右岸经过厚 5～20m 的岩堆体前缘,并平行等高线长距离地沿较陡的斜坡通过,工程开挖可能引起斜坡失稳	差

2.4 桥址方案比选结论

从表 1 可以看出:

(1)DK 桥址及 2、3、4 号桥址:位于 F12-5 和 F12-6 两断层间的强烈挤压破碎带中,不良地质发育,岸坡稳定性差,工程地质条件不良,工程处治难度大,抗滑支挡结构可靠度差,曲江大桥主墩的稳定性存在较大安全隐患。

(2)1 号桥址:地处"V"形峡谷,基岩裸露,岸坡稳定,工程地质条件最好。但线路较 DK 线增长 1.75km,柿花树站至曲江站之间的站间距过大(达 15.25km),不能满足通过能力要求,同时,柿花树隧道增长 800m,曲江车站需进隧道;两岸地形陡峻,场地狭窄,交通不便,桥隧工程施工难度大,隧道弃渣十分困难。

(3)5 号桥址:左岸地形平缓开阔,滑坡规模、厚度相对较小,滑面平缓,工程处理相对较易;右岸错落体规模亦较小,可以进行工程处理;桥基持力层的岩体完整性较其他方案好,工程地质条件总体较好,施工条件也较其他方案有利。

(4)6、7 号桥址:虽脱离了 F12-5 和 F12-6 两断层的强烈挤压,但距峨山—曲江主活动断裂(F10)较近,且由于受一系列次级断层的影响,仍然发育了不同类型的不良地质体。据钻孔揭示,6 号桥位左岸均处于断层破碎带之中,钻孔岩芯破碎。7 号桥位右岸经过岩堆体前缘,并平行等高线长距离地沿较陡的横向斜坡上通过,工程开挖可能引起斜坡失稳。两方案工程地质条件均较差。

综上所述,从多方面综合评价,权衡利弊,5 号桥址优于其他桥址,推荐采用 5 号桥址方案。

3 线路方案比选

3.1 线路方案布置

(1)设计原则

①线路服从桥位工程地质选址的原则

鉴于线路必经的曲江峡谷岸坡陡峻,地质条件十分复杂,桥址选择十分困难。因此,在选定较好的 5 号桥位的基础上,进行两端接线综合比较。

②技术条件可行可靠的原则

桥址区处于高烈度地震区,为确保安全,桥位确定后,对不同桥式(连续钢桁梁与简支钢桁梁)、不同跨度(主跨 96m 与 128m)进行方案比选研究。

③方便施工的原则

桥址处于峡谷区,施工场地狭窄,作为重点控制性工程应因地制宜,综合考虑,方便施工。

④实用经济的原则

确保安全的前提下,尽量节省工程投资。

(2)线路方案布置及综合技术经济比选

根据曲江峡谷地形及工程地质条件,结合工程特点,在选定地质条件相对较好的 5 号桥址前提下,在初设方案(DK 方案)基础上,综合考虑曲江大桥墩高、两端工程及线形、技术经济及实施难易等,布置了 3 个线路方案(C1K、C2K、C3K)的综合比选研究(图 2)。各方案主要工程数量及投资见表 2,主要优缺点比较见表 3。

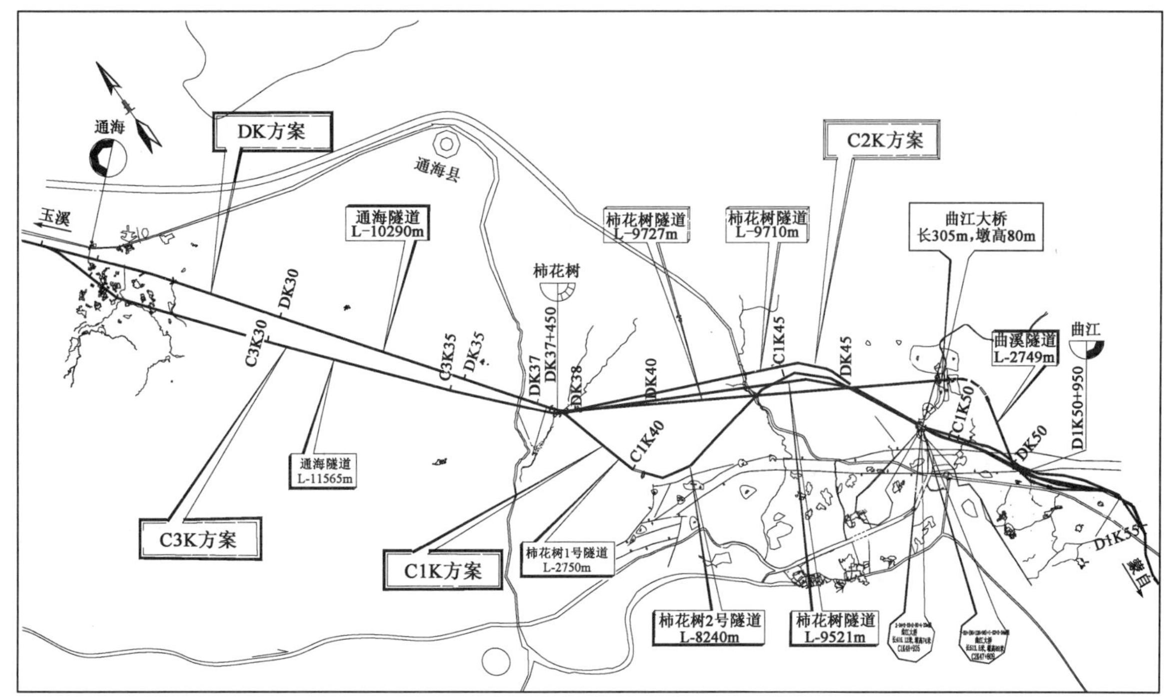

图 2　曲江峡谷线路方案示意图

曲江峡谷线路方案工程量与投资比较表 表 2

序　号	项　　目		单　　位	定测线(DK)	比较线(C1K)	比较线(C2K)	比较线(C3K)
1	建筑长度		km	30.12	30.74	29.57	29.48
2	路基	土方(填/挖)	10^4m^3	9.344/23.391	20.732/29.307	31.69042.382	27.57/21.29
		石方(填/挖)	10^4m^3	1.65/2.7448	1.65/3.5978	1.65/5.4827	3.6/1.09
	不良地质处治	钢筋	10^4m^3	7.9856	1.7381	1.4484	1.32
3	站场	土方(填/挖)	10^4m^3	53.83/66.28	54.64/69.54	52.94/70.91	127.45/
		石方(填/挖)	10^4m^3	—	—	—	—
4	加固及防护圬工		10^4m^3	21.4532	17.4436	17.7154	14.58
5	桥涵	曲江大桥	延长米/座	305.30/1	416.12/1	513.50/1	416.12/1
			主跨布置	96m	2×80m	(96+128+96)m	2×80m
			最大墩高	80m	74m	89m	74m
		大中桥	延长米/座	708.5/3	642.27/4	754.89/3	642.27/4
		框架桥	延长米/座	30.52/1	30.52/1	30.52/1	30.52/1
		涵洞	横长米/座	1174.08/35	1485.03/49	1542.36/51	1381.66/38
6	隧道	$L<1km$	延长米/座	—	815/1	525/1	795/1
		$1km\leqslant L<3km$	延长米/座	2749/1	2750/1	—	—
		$L\geqslant 6km$	延长米/座	20017/2	18530/2	20000/2	21450/2
7	桥隧总长		m	23810.32	23183.91	21823.91	23333.91
8	桥隧总长占线路长		%	79.05	75.42	73.80	79.15
9	用地		亩	694.2	869.2	884.9	839
10	主要工程投资		万元	100089.48	102627.23	101337.36	107167.26
	投资较 DK 方案增减		万元	0	+2538	+1248	+7078

曲江峡谷线路方案主要优缺点比较表 表 3

方　　案	主 要 优 点	主 要 缺 点
DK	①通海隧道、柿花树隧道位于直线上 ②曲江大桥最短(305m),最大墩高 80m ③投资最少	曲江大桥左岸位于深厚古滑坡体中,右岸有岩堆及危岩落石,工程整治困难,可靠度差,桥梁结构存在严重安全隐患
C1K	①柿花树隧道分为两个短曲线隧道,施工条件有改善 ②桥隧总长比 DK 短 626m ③曲江大桥主跨 2×80m,最大墩高 74m	①柿花树 1 号隧道出口、2 号隧道进口段靠近峨山—曲江断裂带(F9、F10),区域稳定性差 ②线形较差,线路较长 ③投资较 DK 多 2538 万元,较 C2K 多 1290 万元
C2K	①线路较顺直 ②投资较 C1K、C3K 分别少 1290 万元、5830 万元	曲江大桥主跨 96m+128m+96m,桥墩较高,最大墩高 89m
C3K	①线路过通海站后就开始紧坡下,减少了高程损失 ②曲江大桥主跨 2×80m,最大墩高 74m	①通海隧道进口段漫坡进洞,有 600m 位于第四系粉细砂及软土层中,地下水位浅,施工难度大 ②隧道进口前有 360m 路堑排水困难 ③工期多 6 个月; ④投资较 DK 多 7078 万元,较 C2K 多 5830 万元

3.2 线路方案比选结论

分析表 2 和表 3 可知:

DK 方案虽然投资少,曲江大桥最短,但曲江大桥左岸位于厚度达 33m 的古滑坡体中,右岸有危岩落石,整治工程难度大且运营期间桥梁结构仍存在严重的安全隐患。

C1K 方案虽柿花树隧道展线分为两个短隧，有利施工，曲江大桥主跨小（2×80m），最大墩高较低（74m），但柿花树 1 号隧道出口和柿花树 2 号隧道进口一段靠近峨山—曲江断裂带（F9、F10），地质条件较差，柿花树站至曲江大桥间线形扭曲，运营条件差。

C2K 方案线路较为顺直，对以后的运营有利，曲江大桥采用 96m＋128m＋96m 的较大跨度，能减少一个处于滑坡体内桥墩，经检算技术上可行，投资较 C1K、C3K 方案少。

C3K 方案通海隧道进口段漫坡进洞，隧道有 600m 位于第四系粉细砂、砂砾石层、淤泥质黏土及粉质黏土之中，地下水丰富，水位浅，工程地质条件差，隧道施工困难，工期难以满足全线总工期的要求，投资最大。

经综合比较，推荐采用 C2K 方案，得到专家认可。

4 结语

在地质条件极为复杂的西南山区选线，应遵循“线路服从重大工程地质选址”的原则，对于控制线路方案的桥、隧等重大控制工程选址，应以地质先行，采用综合勘察手段，在查明工程地质条件的基础上合理选定，然后再进行线路方案的综合技术经济比选。对于特别重大、足以控制线路方案的重点工程选址，必要时进行超越勘察设计阶段的加深地质工作，将方案比选工作做深做细做透，确保选址安全、可行，这样才能切实地稳定线路方案，减少不必要的重复工作，少走弯路，缩短设计周期，为下阶段施工、运营创造有利条件。

参考文献

[1] GB 50090—2006 铁路线路设计规范[S].

[2] 中铁二院工程集团有限责任公司. 曲江大桥工程地质专题研究报告[R]. 成都. 中铁二院工程集团有限责任公司.

枢纽与站场

西南铁路站场建设规划设计与思考

杨　健[1]　罗江成[2]　张家发[2]　袁光明[2]
(1. 中铁二院工程集团有限责任公司技术中心;
2. 中铁二院工程集团有限责任公司土建二院)

摘　要　本文从较宏观的角度,对西南铁路大型站场设施的设计特点进行分析总结,并引证工程实例,并对我国铁路枢纽及站场规划设计中存在的问题提出思考,供同行借鉴、参考,拓展设计思路。

关键词　铁路;站场;设计;思考

Planning Design and Reflections on Construction of Station and Yard of Southwest Railway

Yang Jian[1]　Luo Jiangcheng[2]　Zhang Jiafa[2]　Yuan Guangming[2]
(1. Technology Center of CREEC;
2. Second Civil Construction Design and Research Institute of CREEC)

Abstract　This paper analyzes and summarizes the design features of the large railway station and yard facilities in southwest regions from a macroscopic view, cites some cases as proof, proposes some problems in planning and designing of the railway terminal and station and yard for further discussion, which provide reference to the colleagues expanding their design concept.

Key words　railway; station and yard; design; reflection

1　引言

西南(本文特指川、渝、藏、滇、黔、桂)铁路建设始于1906年法国殖民者修建的滇越米轨铁路,至建国前仅修建了湘桂铁路。新中国成立后,西南铁路建设以1952年成渝铁路建成为标志,至20世纪90年代前,陆续修建了宝成、川黔、贵昆、黔桂、成昆、襄渝、南防等铁路。受限于国家经济水平,西南铁路站场设施建设遵循“先通后备、逐步配套”原则进行建设,在20世纪80～90年代铁路“大会战”中“西南无战事”,站场设施能力和装备水平与发达地区差距非常明显。

从20世纪90年代中期开始,随着国家“西部大开发”战略的实施,西南铁路建设进入“填补空白、点线协调、提速扩能”的“会战式”快速发展阶段,除既有线电气化、增建第二线外,新建了南昆、达成、广大、渝怀、达万、内昆等填补空白的铁路,铁路网得以扩展和强化;重新定位了成都、重庆、贵阳、昆明、南宁、柳州等枢纽和一大批铁路重要地区;陆续新建了以成遂渝、成绵乐、沪昆、成渝等为代表的快速铁路;铁路站场建设达到前所未有的强度,建设了一大批特大型快速客运站、大型编组站和货运中心,并加快西南国境站建设,扩展国内铁路网。可以说,西南铁路站场建设从过去相对发达地区“望其项背”发展到“并驾齐驱、部分超前”的阶段。

铁路大型站场设施是铁路运输的关键设施,是庞大的系统工程,牵一发而动全身,占地巨大(辄以平方千米计),制约因素众多,建设周期长、投资巨大,需要系统解决选址、站型、规模、引入线及疏解、站场总平(纵)面设计等一系列关键技术,对规划设计和建设都提出了极高的要求。本文拟对西南大型客运站、编组站、货运中心、国境口岸站的规划设计作初步回顾与总结。

作者简介:杨健(1965—　),男,教授级高级工程师,中铁二院工程集团有限责任公司专业工程师。

2 前瞻规划各枢纽总布置图

铁路枢纽(地区)是铁路网络的主要节点,是铁路绝大部分大型场站设施的聚集区域,是各类列车的“诞生地”,对铁路运输起着决定性作用。铁路建设遵循规划先行的原则,枢纽(地区)总布置图规划(以下简称总图规划)属于具有指导性的概念规划文件,有效期20年,核心是求解运输需求、引入线规划和总体格局、站段定位和选址、建设时序等纲领性问题,指导后续建设项目。由于时效长,总图规划在实施阶段须根据城市发展、铁路技术政策调整等情况进行更新。

西南地区传统的铁路枢纽均位于省会、自治区首府及较大城市,即成都、重庆、贵阳、昆明、南宁、柳州6大枢纽,在相当长时期内,其普遍具有衔接线路少、布局单一、辐射范围小、车站少的特点,综合能力和运营效率普遍较低。

“九五”以来,根据铁路网扩展规划和远景展望,西南地区路网结构将发生重大变化,各枢纽和地区开展了新一轮总图规划。在此阶段,全面贯彻“以人为本、服务运输、着眼发展”的理念,因地制宜地综合运用“客货分线”、“客内货外”、“共廊走行”、“多点发车”、“立体疏解”、“整合集中”、“成龙配套”等设计理念,各枢纽由过去简单的线型、交叉型格局扩展为“环形+放射”的线、网结合的复合格局,适应了新线引入和运输需要,体现了高度的前瞻性和可操作性,以成都、重庆枢纽为典型代表。

成都枢纽(见图1)为“兰昆”、“沪汉蓉”通道的交汇点及川藏、川青铁路的后方基地,全国“六大客运中心”和“七大动车基地”之一。规划远景年衔接干线11条、市域铁路2条。规划为全面实现“客货分线、客内货外”的“双环形放射状”、“四客一编七货”的特大型枢纽,内环规划为客运环线,其上串联以成都、成都东为主,成都南、成都西为辅的“两主两辅”四客站,并辐射出沪汉蓉、西成、成兰、成渝、成雅、成绵乐、成昆快速铁路;外环(北环、东南环)为货车外绕径路,其上规划成都北路网性编组站,并辐射出宝成、成渝、成昆、川藏、成兰、成遂渝铁路;依托外环和各引入线,整合原成都东、成都西、红牌楼、新都、沙河堡、郫县、清白江、天回镇、双流货场,规划西北城厢、北部大弯镇、南新津、东南新兴镇、西彭州等货运中心及东部洪安乡危险品货场。为适应城市南扩、天府新区建设发展的需要,尚在进一步完善总图规划,增强辐射,形成三环放射结构。

图1 成都铁路枢纽总布置示意图

重庆枢纽位于"沪汉蓉通道"、"包柳通道"交汇点，受长江、嘉陵江和南北向中梁山分割，呈伸长型布局。规划远景年将衔接12条干线，规划为"客货分线、客内货外、环形连接、集中解编、集中疏解"的"三客一编七货"的伸长放射型枢纽。客运系统规划成渝、襄渝、成遂渝、渝万、渝黔、渝昆等快速铁路引入，客运站规划形成东侧重庆北卡口、核心区重庆居中、南北向重庆西拦截的"三站并重"的三客站布局；解编系统新建兴隆场路网性编组站，连接成渝、襄渝、渝怀、成遂渝（兰渝）、渝昆、渝黔铁路；货运系统在枢纽外围规划团结村、白市驿、黄磏、唐家沱、鱼嘴、惠民货运中心及伏牛溪危险品货运站。线网覆盖主城区及长江、嘉陵江沿岸城市带，极大地带动城市发展和工业布局。

3 大型客运站规划设计

3.1 西南既有客运站概况

西南地区既有客运站分布于各省会城市，按较完整配套机务、车辆和客车技术整备设施衡量，主要有建成于20世纪50～70年代的成都、重庆、贵阳、南宁、昆明站"五大金刚"，均为普速客运站，长期为西南铁路客运的核心，普遍具有规模小、客运设施简陋、配套的机务车辆设施布局欠合理、交叉干扰大、综合能力低等共同特点。20世纪90年代末期改扩建的昆明站，虽誉为"京广以西布局最合理（机务、车辆设施均衡布局、正线外包）、规模及能力最大、运营设备最完善"的"西南第一客运站"，也仅有到发线10条、旅客站台6座，最高聚集人数仅5000人，不能满足"井喷式"客运需求（图2）。

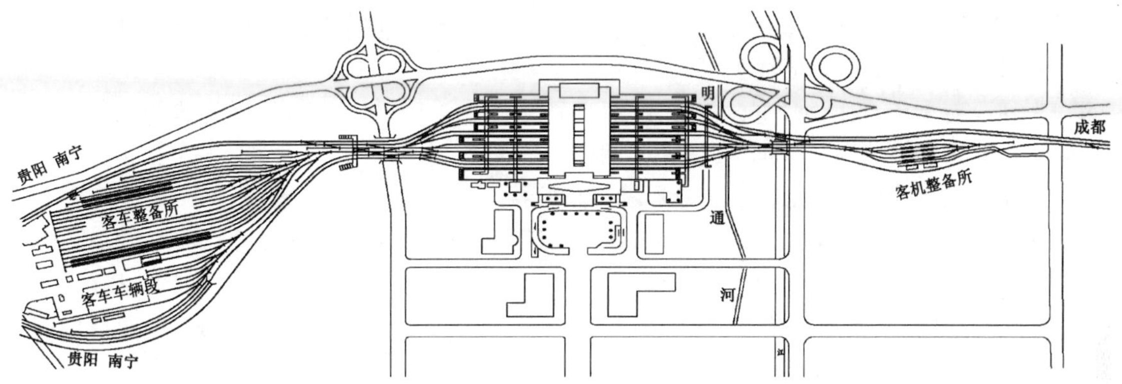

图2 昆明客运站示意图

3.2 大型快速客运站规划建设

西南快速客运站建设是以沪昆、成绵乐、成渝、渝万、西成、成贵、渝利、兰渝、遂渝、云桂、南广、柳南、湘桂、渝黔、成兰、南防、南钦等快速铁路建设为契机进行的，主要有：新建成都东、扩建成都站，新建重庆西、重庆北及扩建重庆站，新建贵阳北站，新建昆明南及南宁东站。其中除成都东站已于2011年7月1日投入运营，其余均将在"十二五"期间建成投产。另有柳州、绵阳、广元、宜宾、曲靖、安顺等地区级快速客运站在建。以成都、重庆最为典型，其特点为：

（1）规划选址主要客运站

铁路客运站是城市的强大客流集散点，其选址必须利于干线网、城际铁路网、轨道交通网、城市公交网"四网合一"，并满足城市规划和综合交通需求，是枢纽客运系统规划的核心。站址选择一般有"原址扩建"、"置换扩建"和"新建"等模式。"原址扩建"、"置换扩建"除考虑铁路本身环境因素外，尚要考虑市政配套、拆迁等社会总成本，成本过大时则应另辟新址。

①成都枢纽主要客运站选址。成都枢纽规划的"两主两辅"四客站总规模为33台60线，应全域覆盖城市。成都为平原地形，没有重大的自然控制因素。基于城市基本在绕城公路内圈发展，铁路内环线基本沿城市二、三环路行经的特点，新客站依托内环铁路选址，以最佳地吸纳老城、辐射新城。

既有成都、成都南、成都西站均位于内环线上，在原址扩建将引起巨量拆迁和区域交通配套，代价极其巨大，仅具适当扩建条件。因此，结合成渝、沪汉蓉、成绵乐等主要快速铁路走向，主要快速客运站最终选址于环线东段的原沙河堡站区,利用原成都东编组站作动车基地。随着对铁路重要性的认识深入和运输需求的增长,城市积极配套规划了地铁、市政道路、拆迁等满足成都站的扩建需要(规模 10 台 18 线),成都站"顺理成章"地成为枢纽主客站之一。

为满足成都、成都东、成都南三客站"多点发车"的需要,内环线上成都南站两端分散设置成昆、成贵跨线联络线,沟通成都站与昆明、贵阳方向间的动车东环径路;设置成渝联络线,沟通重庆—乐山(贵阳)、西昌方向。从而在主轴线上形成引入线路别—跨线联络线方向别疏解群(图 3)。

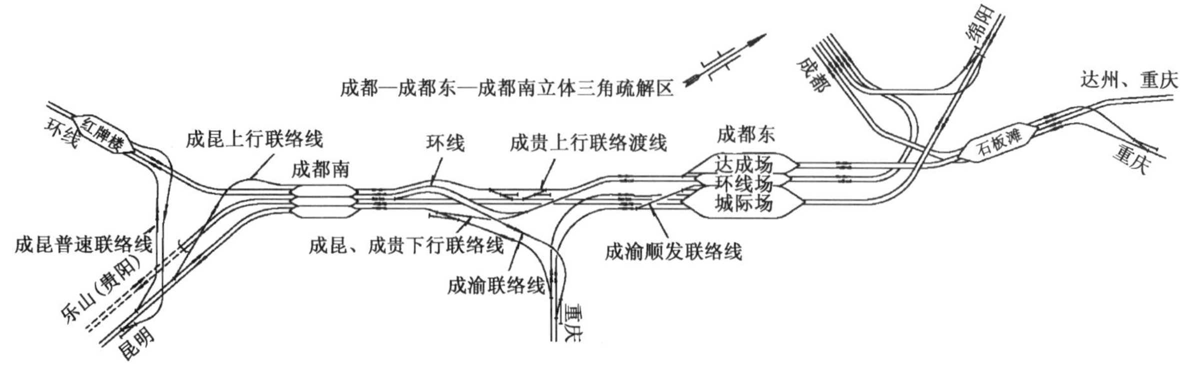

图 3　成都枢纽客运主轴线置示意图

②重庆枢纽主要客运站选址。重庆枢纽受长江、嘉陵江和南北向中梁山分割,呈伸长型放射状布局。客运站规划总规模 36 台 66 线。

重庆枢纽既有重庆(菜园坝)、重庆北客运站。重庆站已位于核心城区,地理优势绝无仅有,应办理具城际特点的客车和市域列车。重庆北站位于枢纽东西向客运主通道上,城市已预留发展条件,故扩建为办理枢纽东西向衔接线路的始发终到及通过客车的特大型客运站。重庆第三客站应于中梁山东侧、城市建成区边缘的南北向客运主通道上选址,在对通道上的多个站位深入研究后,第三客站采用了客运车场,利用原重庆东货运站场址、机辆(动车运用)等设施,利用原重庆西站解编功能转移兴隆场后留下的场址改建的"置换改建"模式。形成了东侧重庆北卡口、核心区重庆居中、南北向重庆西拦截的"三站并重"布局。

(2)科学确定客运站总布置图,并构建城市综合交通

①成都东客运站为一次新建的快速客站,衔接沪汉蓉、成绵乐(西成)、成渝、环线、成贵、成昆等铁路,正线"六进六出",高峰小时旅客发送量 PH(下同)=24000 人,总规模 14 台 26 线、东西广场。针对其客车始发终到多、立折比例高、兼顾停站通过的特点,设计因地制宜采用了引入线线路别的三场(城际、环线、沪汉蓉场)、功能划分五场(东侧城际场再划分为西成始发区、通过区、成渝始发区三功能区,顺接反发站前立折)的分场布置(图 4)。

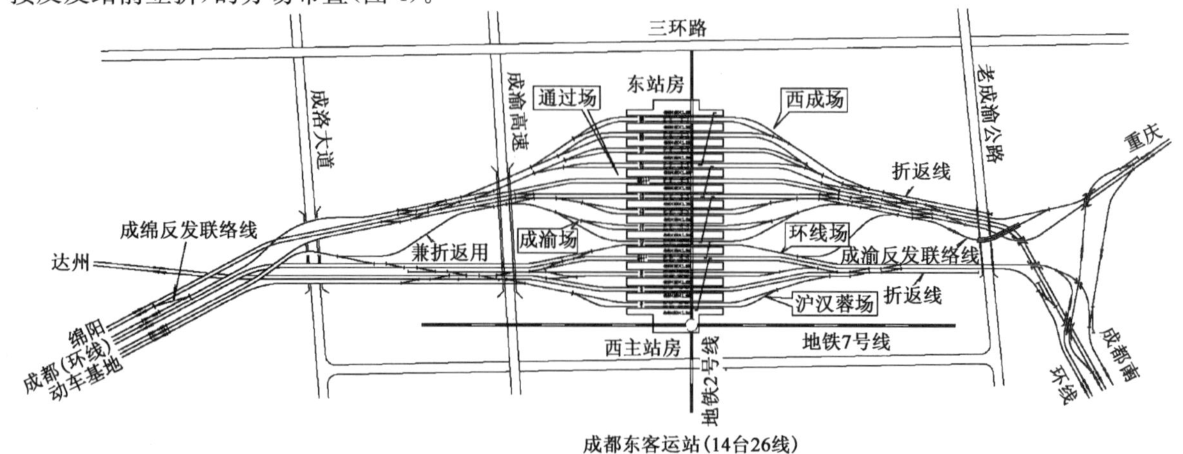

图 4　成都东客运站示意图

成都东站区集成了铁路、地铁、城市公交、社会车辆功能区，采用竖向五层、上进下出流线立体设计，地上二层高架平台延伸为城市跨越铁路的互通立交，地下层纵深发展为公交、出租及地铁车站，实现了竖向立体"零换乘"，成为城市的标志性建筑体。

②重庆北客运站位于枢纽东西客运通道上卡口位置，为既有站改扩建，衔接渝怀、兰渝、渝万、渝利铁路，正线"四进六出"，PH＝15000 人，规模 14 台 26 线，设南北广场。设计采用由北至南依次设高速(兰渝—渝利)、城际(渝万)、普速(渝怀)三场分场设计，渝万场与渝怀场呈"T"形布局，渝利场与渝怀场间在车场东西两端分散设置跨线联络线(图 5)，现在建设中。

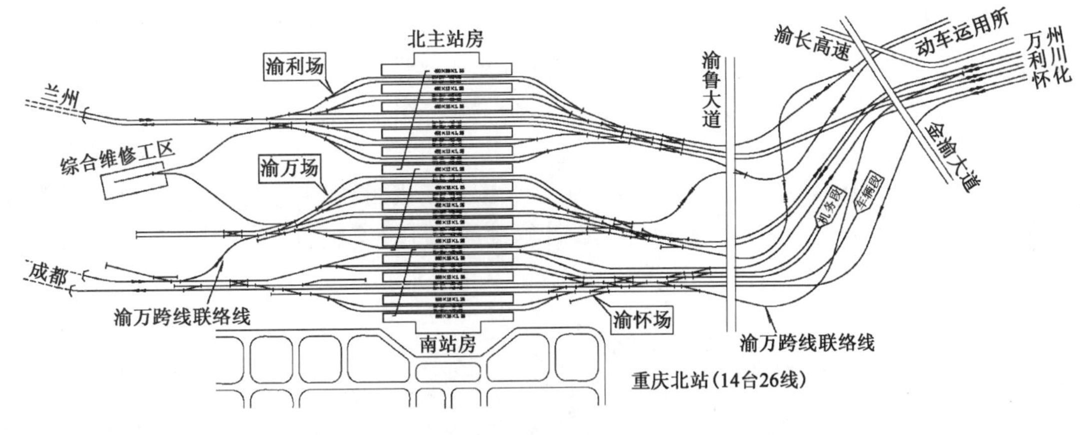

图 5　重庆北客运站示意图

4　编组站规划建设

货物运输是铁路传统的运输主业，是铁路经济、社会效益的最大贡献点。铁路编组站称为"货运列车工厂"，机车交路的起始点，车、机、工、电、辆的集合体，是铁路货物运输最为核心的设备。

4.1　西南既有编组站概况

长期以来，西南铁路编组站一直为成都东、重庆西、贵阳南、昆明东、柳州南、南宁南 6 站，由于连接线路少、复线率低、通过能力小，西南编组站站型基本维持中型的一级、二级式单向站型，驼峰亦为中能力驼峰，综合能力较低，成都东(二级四场)、重庆西(二级三场)、贵阳南(双向右侧行车二级五场)仅属于区域性编组站，昆明东(三级四场)、柳州南(三级三场)、南宁南(一级三场)则属于地方性编组站，且大都为城市建筑物包围，改扩建也基本上属于补丁式补强，综合能力没有实质性提高，与发达地区差距明显。

4.2　新时期编组站建设概况

随着运输需求的增长，西南路网逐步扩充，"十五"开始，西南编组站建设进入"集中化、大型化、信息化"发展阶段，主要体现在：

(1)编组站数量得以扩充

西南编组站现为成都北、兴隆场、贵阳南、柳州南、昆明东、南宁南、六盘水南 7 个，其中成都北、兴隆场、六盘水南为新建编组站。

(2)编组站功能和定位提高

成都北、兴隆场、贵阳南、柳州南根据其地理位置和在路网中的强大作用，具备组织长大交路始发、技术直达列车的路网功能。

(3)站型和综合能力普遍大型化

编组站站型的采用与能力需求和衔接线路密切相关，双向调车系统站型具有最大的通过能力和改编能力，是路网性、区域性编组站的基本图形。

成都北、兴隆场、贵阳南、柳州南、昆明东编组站均规划为纵列式双向三级六场编组站；南宁南改造为混合式双向二级六场编组站，六盘水南为二级三场站型，预留扩建三级四场条件。

4.3 西南主要编组站

西南铁路编组站建设以成都北、兴隆场新建编组站最为典型，代表西南编组站建设已经领先于全国。

(1)成都北编组站

成都北新建编组站位于成都枢纽货运北环线上，取代原成都东编组站(改建为全路七大动车基地之一)，是成都枢纽实现"客内货外"格局的核心工程。

成都北编组站衔接宝成、成渝、达成、成昆及拟建的成兰(川青)、成雅线，为双向三级六场路网性编组站，邻接宝鸡东、兴隆场、昆明东、安康东编组站，并可与郑州北、新丰镇、兰州西、襄樊北、贵阳南、怀化南、柳州南编组站互编技术直达列车，定位为全路16个主要编组站之一。

成都北编组站上行调车系统到、编、发场线路为12、32、14条，下行调车系统到、编、发规模为14、32、12条，设上下行系统间环到(环发)线、"双推单溜点连式三级制动"大能力自动化驼峰，设置机务折返所、整备所，车辆段、站修所、供电段等设施。设计解编能力18000辆/日，居全国先进水平；纵向长达5.9km，占地3422亩(2.28km^2)，总投资20.1亿元，见图6。

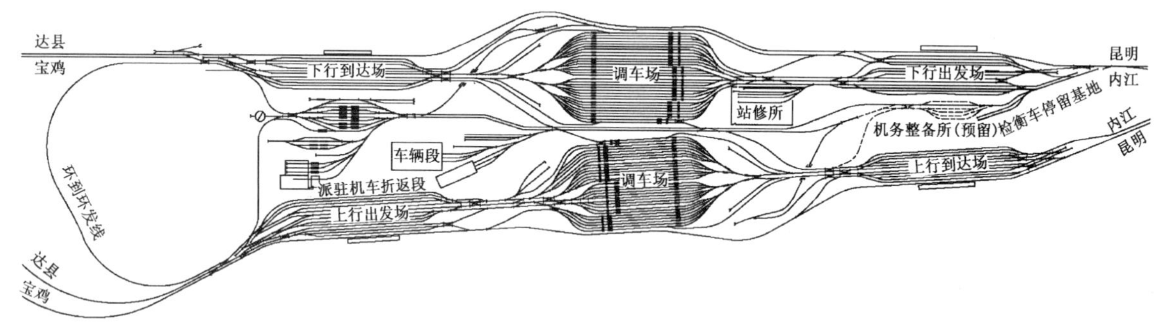

图6 成都北编组站示意图

成都北站建设的重要意义体现在：

①强化了西南路网性编组站的布局，标志着西南路网在全国路网中的作用和意义大大增强。

②打破了特大型编组站分步建设实施(形成最终能力需10～20年)的传统建设模式，一次建成双向三级六场编组站并形成综合能力。

③车站运营管理采用了综合集成自动化(GIPS)系统，行车管理延伸到车务、机务、车辆等所有与行车有关的岗位，实现编组站决策、优化、管理、调度、控制一体化，达到高度综合自动化的目的，代表了新时期我国特大型编组站建设的最高集成技术水平。

④以此为契机，开始了大规模路网和相邻编组站配套建设，促进了西南其他编组站改扩建的进程，标志着西南编组站建设开始进入跨越阶段。

(2)兴隆场编组站

兴隆场编组站选址于重庆枢纽西北部的货运主轴线上，取代原重庆西编组站(改建为重庆西快速客运站的动车运用所)，是重庆枢纽实现"西货内客、客货分线"格局的核心工程。

兴隆场编组站衔接成渝、襄渝、成遂渝(兰渝)、渝黔、渝怀、渝利及拟建的渝昆线，为纵列式双向三级六场路网性编组站，邻接成都东、昆明东、安康东、贵阳南、怀化南、柳州南编组站，并可与郑州北、新丰镇、襄樊北、株洲北编组站互编技术直达列车。

兴隆场编组站上下行调车系统到、编、发场线路为12、42、15条，设"双推单溜点连式三级制动"大能力自动化驼峰，设置机务折返所、整备所，车辆段、站修所、供电段等设施。设计解编能力24000辆/日，居全国前列；纵向长达6.9km，新征用地4359亩(2.28km^2)，总投资29亿元，见图7。

兴隆场相对于成都北，在以下方面又有新的突破和创新：

①编组站规模更大，解编、容车能力更强。重庆为西部最大的工业重镇和原材料、产品集散地，需要更大的解编能力。驼峰采用"双推单溜点连式三级制动"大能力自动化驼峰，并预留四推双溜、调车线42条的条件，最终设计解编能力可达24000辆/日，当之无愧为"亚洲第一编组站"。

②在总布置图上，将上下行系统交换场融进驼峰线路，消除推峰调机回牵折角车列下峰取送作业，优化了折角车流的作业流程，极大地解放了驼峰能力，是对双向编组站基本图形的创新。

③采用新一代编组站综合集成自动化技术，自动化水平更高。

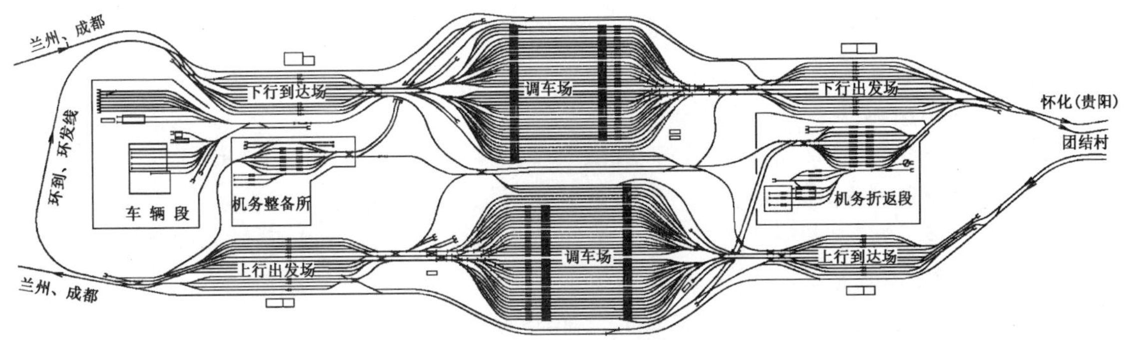

图7　兴隆场编组站示意图

(3)其他编组站建设概况

贵阳南、昆明东、柳州南、南宁南编组站属于既有站原址大规模扩能改造，主要将既有单向混合系统改扩建为双向系统。

贵阳南编组站由既有右侧行车双向混合二级五场站型改扩建为纵列双向三级六场站型，新老车场交织，需频繁倒替。经精心设计、反复协作，实现了新建系统与既有系统的一次作业倒替过渡，为编组站全面铺开建设创造了必备条件，创铁路特大型编组站过渡施工既有作业不中断、能力不减低、无需相邻编组站助力、打乱编组计划的建设纪录，极具特色。

昆明东编组站在既有三级四场混合站型基础上增设上行三级式系统，扩建为双向三级六场站型；柳州南由既有三级三场扩建为双向三级六场站型，受城市建筑控制，新增上行系统因地制宜采用了上下行系统"错台"布置。南宁南编组站由既有一级三场站型扩建为双向二级五场，并增建货车直径线和无改编货车直通场。

5　铁路货运中心建设

传统的铁路货运站仅办理货物的物理装卸、储存、交付功能，按运量分为小型、中型、大型和特大型货运站。普遍特点是分布广(设置到县、城镇)、运量小(中小型占多数)、装卸效率低(机械化水平低)，大大增加车辆周转时间，占用大量通过能力和劳动力，时效性极差。

5.1　铁路货运站内涵的演变

为改变传统铁路货运站分散、小规模、低效率的弊端，结合我国公路建设的发展，铁道部在21世纪初即提出：货运站应结合产业规划，按照"直达化、集中化、专业化、机械化"的原则设置，建设一批具有大运量、稳定货源的"战略装车点"。为加强高附加值货物快速运输，2000年提出重新布局建设铁路集装箱办理站，并成立中铁集装箱运输公司，大力发展铁路集装箱运输及国际联运，首先进行了全路18个集装箱中心站建设。

"十五"后期，铁路货运市场加快向专业化发展，又相继组建中铁快运、中铁特货运输公司，完成铁路局、集装箱运输公司、快运公司、特货运输公司"四马齐驱"的结构重组。在集装箱场站建设中，功能逐步拓展，融进特货(大件、小汽车)、行包以及货运物流化等功能，并提出货运中心(战略装车点)的概念：专业办理铁路集装箱、行邮行包及小汽车、特种货物等运输、装卸和堆存作业的货运站。

随着铁路大宗货物运输的发展和物流化服务的需求，铁路货运中心的概念再扩展到传统大宗散货、整车运输领域，并增加高端的物流(仓储、加工、配送、代理等)功能。目前，货运中心系指专业办理铁路货运、并能提供物流服务的专业性或综合性大(特大)型货运站，涵盖原集装箱办理站、战略装卸点。

5.2 铁路货运中心的功能及特征

铁路货运中心不同于传统的货运站或货场，一般具备以下功能及特征：

(1)规模大型化

货运中心一般应满足半径50～100km范围货物的运输需求，包含整合(拆并)既有货运站。

(2)运输直达化

即具备组织始发或技术直达列车或“五定班列”的功能，货运中心已俨然为小型技术作业站。主要特征为：

①配设必要的到发、调车、存车(备用车)设施。

②装卸线兼到发线，具备接发、整列装卸功能。

③设置完备的仓储、装卸设施，包括装卸场地、装卸机械及各类衡重、维修设施。

④配套设置机务设施(机务整备所或整备线)、车辆检修设施(装卸检修所、站修或边修设施)。

(3)提供全面的物流服务

允许专业或联合物流公司入驻，在仓储、加工、配送、贸易、电子商务等方面提供全方位服务。在中心规划上，需要超前规划物流用地和功能区。

(4)完善的内部及区域公路交通

包括货运中心内渠化的内部交通和站区发达的公路交通。

5.3 西南铁路主要货运中心建设

西南地区铁路货运中心建设是走在全路前列的。目前已建成王家营西、城厢、团结村货运中心，在建的有成都大湾镇、新兴镇、新津，贵阳改貌，昆明桃花村，南宁沙井，重庆白市驿、鱼嘴、唐家沱、王家坝，柳州西鹅等。各铁路地区尚有一大批货运中心(如绵阳、乐山、泸州、桂林西等)拟建。

货运中心的规划难点是物流园区规划。物流无边界，我国物流业发展尚不成熟，因此现阶段对其需求、规模、功能难以完全界定和落地。因此，做到前瞻、适度，既不虚靡、亦不限制，需要很大的决策力度。

(1)团结村货运中心

团结村货运中心为重庆枢纽新建货运中心，为重庆枢纽总图规划的“七货”之一，专业办理集装箱、行包快运、综合货物运输。

车站站址经多方案比选，设于枢纽既有襄渝线上回龙坝站址，枢纽货运主轴双线的北翼，距兴隆场编组站2.5km。规划年运量3000×10^{4}t，占地3700亩。由铁路局、中铁集装箱、中铁快运公司共同经营管理，见图8。

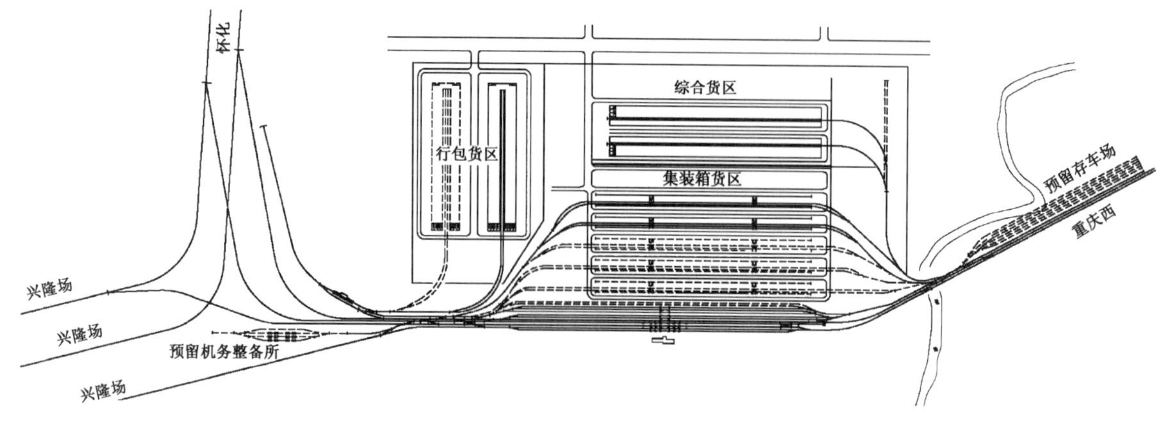

图8 团结村货运中心示意图

货运中心总体布局上由技术作业车场和货运物流区、进出站疏解区构成：

①技术作业车场：规划到发、调车线12条，两端配设机务整备所、存车场。

②货运物流区：规划形成铁路集装箱、行包快运、综合货运三大货运功能区。集装箱功能区采用横列贯通布置，装卸线规划5束10线；北侧规划行包快运区，规划2束4线，尽端式布置；南侧规划综合货运区，2线4货位尽端式布置。

整个货运区域规整、紧凑，外围布置物流设施入住区，配设仓储、配送、贸易、电子商务区。

③进出站疏解区：车站以中梁山以西的货运主轴双线贯通，南端与渝黔及老成渝、老川黔线衔接；北部进出站线设方向别三角形疏解区，并利用磨心坡疏解区衔接枢纽北部的襄渝、兰渝（成遂渝）线，东部通过井口疏解区衔接渝怀、渝利线，构成顺畅的货运径路。

（2）大湾镇货运中心

大湾镇货运中心为成都枢纽规划的“七货”之一，位于货运北环线青白江物流园区，以办理铁路粗杂货物及冷链货物业务为主，为铁路整车、散装、零担货物及特大型企业专用线散装货运运输提供全程物流服务。

大湾镇货运中心依托既有大湾镇站改扩建，距成都北编组站13.5km。园区规划年货运量2700×10^4t，规划占地面积3500亩。

货运中心规划形成铁路综合货运功能区、散货物流园专用线群园区和其他专用线并存的格局，总布置采用正线中穿，铁路货运区、物流园区专用线群采用双横列贯通式布置：

①技术作业车场双线中穿、两侧设横列式到发（调车存车）场布置，兼顾两侧既有专支线及货运物流区作业，规划到发、调车线16条。

②货运物流区。规划形成铁路综合货运及专用线园区两大货运功能区：铁路综合货运区分为成件包装区、笨大及散货区，规划为装卸线4束8线，横列贯通式布置；其东侧专用线散货冷链物流园区紧密依托铁路货运中心，充分利用站区场地，装卸线采用贯通5线斜向布置。装卸区外围布置物流设施入住区，配设仓储、配送、贸易、电子商务区。

③进出站疏解。车站在青白江和成都北方向预留下行货车疏解线引入条件，以疏解本站自编列车与北环线正线行车交叉干扰，形成货运区与到发场并列的格局，见图9。

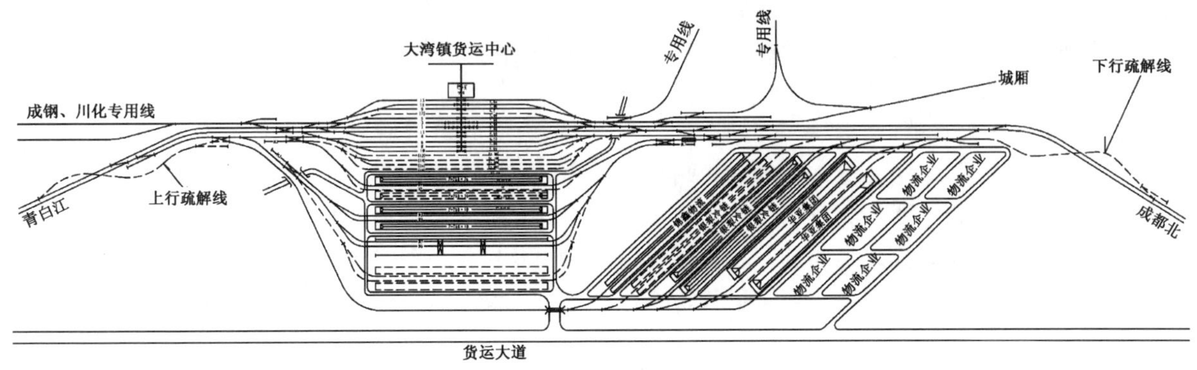

图9　大湾镇货运中心示意图

（3）沙井货运中心

沙井货运中心为南宁枢纽规划的主要货运中心，系整合既有南宁南、南宁、南化等站货运功能及开拓枢纽集装箱、行包、特货（小汽车）运输品种需要而新建的货运中心，并提供物流服务。

货运中心位于城市沙井物流园区，依托枢纽货运直径线上的南宁南编组站直通场设置，距编组站4.6km，规划年货运量4000×10^4t，规划占地面积3500亩。

技术作业共用直通场进行，规划到发、调车线9条，共用编组站机务、车辆及维修设施。

货运区与直通场横列布置，分为特货区、集装箱区、行包快运区、整车货区、散堆装货区，集装箱、行包快运、整车、散堆装货区装卸线采用“纵列＋横列”贯通布置，规划装卸线18条；特货（小汽车）装卸线采用尽端式4线4货位布置。

货运中心两端利用编组站、那罗站进出站疏解区分别沟通南昆、湘桂、南防线，见图10。

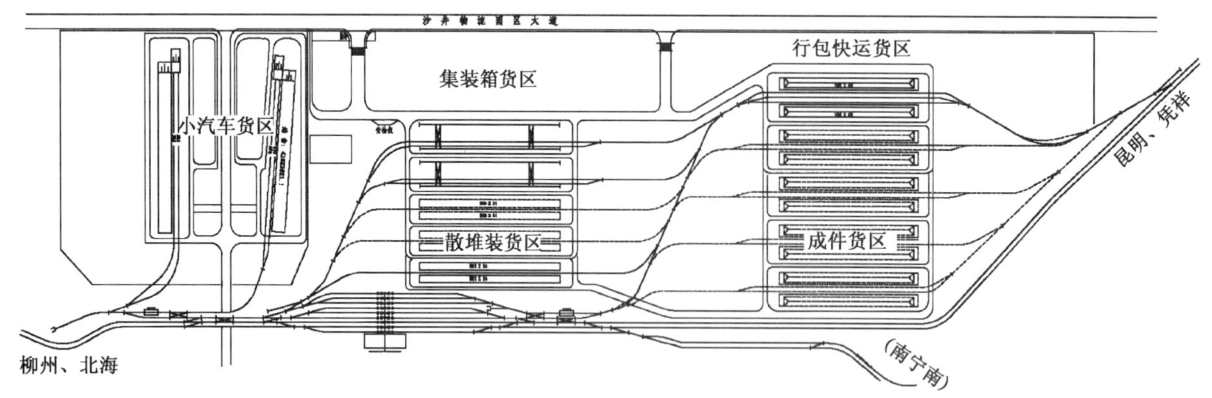

图10　沙井货运中心示意图

6　国境口岸站规划设计

西南既有铁路仅有经河口、凭祥国境站与越南铁路接轨。由于经济发展差距，西南铁路与越南客货运交流极少，规模和装备水平远远不及其他国境站，市场基本被公路运输挤占。

随着我国铁路网拓展、国际贸易加强，西南铁路国境站建设进入发展时期，陆续开展了中缅边境瑞丽、中老边境磨憨、中越边境河口、凭祥国境站的规划设计。在总体布局上，国境站集成了边检、技术作业站、客运站、货运(物流)中心等综合功能，同时结合《国际铁路联运规则》要求，探索新的国际列车"一关三检"交接模式，以磨憨、河口国境站最具代表性。

6.1　河口北国境站

河口北国境站为新建蒙河线上国境站。河口县位于西南边陲中越边境，国家一级口岸，隔南溪河与越南黄连省老街市相望。地区既有滇越米轨铁路设有山腰国境站、河口客站，跨南溪河与越南米轨铁路衔接可至越南河内。新建河口北国境站为配套我国昆明—玉溪—蒙自—河口铁路建设的新建口岸站，该线为规划的泛亚国际通道东线。鉴于目前越南铁路尚为米轨铁路，因此河口北站兼具客运站、技术作业站和国际换装、货运中心功能。

河口北站经多方案地形、地质和规划选址，设于中越边境河口县城以北1km处的槟榔寨。结合地形条件和车站作业量，采用一级二场横列式站型，规划到发线兼边检线7条、调车线6条、牵出线2条；旅客站台2座；机务折返所与到发场纵列布置于尽端；利用昆明端左侧相对平坦处，设年运量200×10^4t综合货运中心；设准米轨换装场与调车场横列，与货运中心纵列布置，准米轨换装场设换装线2组(其中1条可整列换装)、选车线3条，年换装运量140×10^4t，并预留远期准轨延伸越南后换装场设备改建为货运设施条件。

由于现状滇越米轨铁路尚在运营，近期维持国际联检作业在米轨山腰国境站办理、设备利旧，车站老街端设通往山腰、河口站的米轨联络线，以维持国际客货运输径路，预留准轨延伸越南后国际联检作业移至河口北站的条件，车站部分线路设置为准米轨套线线路，见图11。

本站的特点为：站址紧邻国境线；客、货、边检区横列集中布置；近期设施合理地兼顾现状与未来。

6.2　磨憨国境站

磨憨为云南省西双版纳自治州中老边境一级陆路口岸，磨憨国境站为我国昆明—玉溪—景洪—磨憨铁路的终点，该线为泛亚国际通道中线(磨憨—万象—曼谷—新加坡)，跨国境与老挝磨丁相接。老挝目前尚未有准轨铁路，因此磨憨国境站兼具客运站、技术作业站和国际边检、面向南亚的国际物流中心功能，拟建为具生态、民族、国际性的国家级陆路口岸。

磨憨铁路口岸规划进出口货运量近、远期分别为2180×10^4t、3470×10^4t；近、远期客运量100、170万人/年，面向东南亚。

磨憨口岸站位于狭长的山间沟谷，结合地形特点，总体布局上采用口岸功能与货运物流功能分散、纵列布置，规划总面积4700亩($3.13km^2$)。口岸站邻靠国境(距公路口岸约2km)，负责出入境旅客及直通客客货车“一关三检”作业，兼具国内客运功能，横列式布置，规划到发线10条，旅客站台3座；技术作业及货运中心站距口岸站4km，采用一级二场横列、装卸线贯通式布置，设到发线、调车线、装卸线各8、4、6条，设仓库、散装、集装箱作业区。两站机务、车辆设施共用。

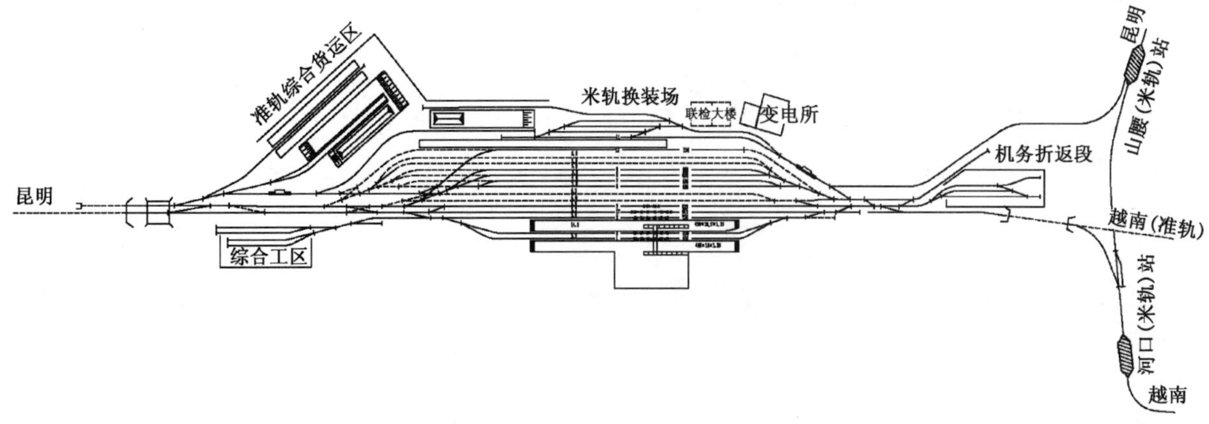

图11　河口北站示意图

物流贸易区的结构采用“两轴四核六组团”的结构形式，依附于铁路装卸区布设，规划运量为1500×10^4t，见图12。

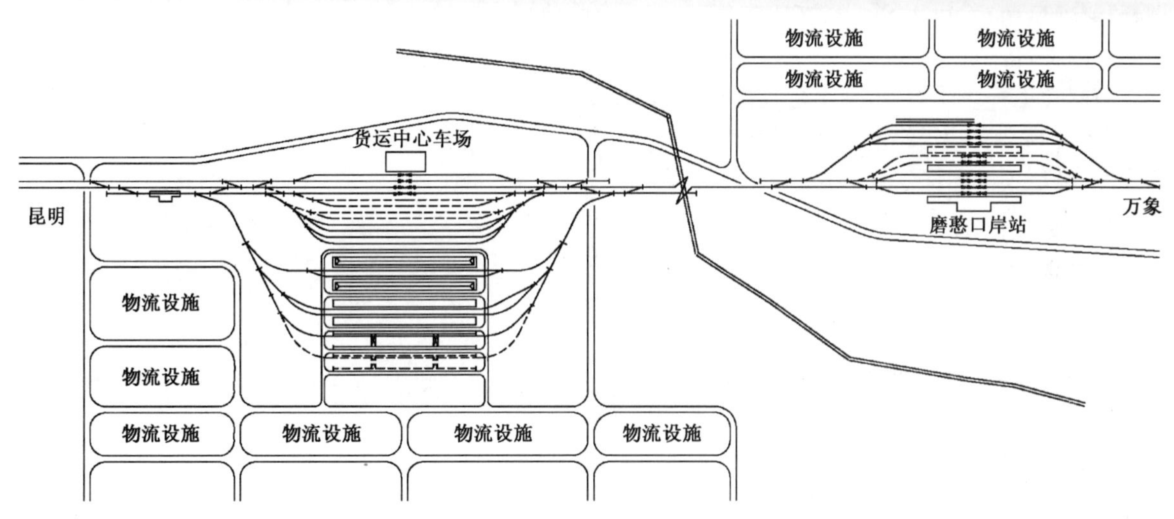

图12　磨憨站示意图

本站的显著特点为：因地制宜将口岸功能和技术作业、货运功能分散、纵列布局，有效拓展了辐射区域。

7　铁路站场规划设计再思考

7.1　维护总图规划的严肃性和权威性

铁路大型场站建设绝大部分集中在枢纽地区，而枢纽建设项目依据总图规划，其定位、选址都将在此阶段初步确定。由于时效长，建设环境多变，目前总图规划多变，往往在具体项目的可研阶段还需补充规划，没有很好起到指导、引领作用，给项目建设周期增加变数，比较被动、尴尬。表现在：

(1)前瞻性不够

这主要是设计部门规划设计的问题，定位、需求不准确。但宏观上总图规划基本属于概念性规划，服从于更高层次的全国铁路网规划，特别是路网引入线，对枢纽规划影响最大。路网规划、运输战略目标的多变必然造成总图规划的不稳定。同时,枢纽总图规划植根于所在城市总体规划,城市总体规划的多变也会造成规划项目无法落地、实施。因此前瞻性是各方共同的难题,需要共同解决。

(2)评审层次低

铁路总图规划评审基本上在行业内部完成,虽在编制过程中征求过地方意见,但远远不够,对地方无约束力,造成铁路、地方经常发生矛盾冲突。建议提高评审层次和范围,联合地方相关部门进行联合审查,并纳入地方法规性的城市总体规划。

(3)后期建设对前期规划调整过多

在总图实施阶段,往往出现后期项目调整、更改总图规划的情况,无形中给规划设计制造了变数。

规划成立的前提是监管。建议将枢纽和地区总图规划放在更高的层面进行评审,并作为一种国家行业规划和地方总体规划的重要组成部分加强维护和监管,不论铁路还是地方建设均应原则服从,为后续建设夯实基础。客观原因引起必需的修编工作也需双方一致同意。

7.2 大型站场建设应适度超前

铁路大型站场建设长期采用"补丁式"分步实施的建设模式,存在建设周期长、项目建名多、预留等于不留(实际上也是规划维护问题)的弊端。铁路大型场站建设困难主要表现在以下方面:

(1)城市建设挤占预留工程

预留工程长期不实施,在商品化的环境下,地方往往屈从于商品开发和追求效益的诱惑,对规划造成干扰,难以维持。

(2)铁路自身掣肘

铁路运营部门作为铁路规划维护的"天然"责任方,也往往存在短视行为,对大型、建设和规划周期长的预留项目用地,往往重视不够乃至自行侵占,造成建设环境引起方案选址的重大变化。这类例证不胜枚举,已不可讳言。

(3)同类工程多阶段、多建名建设,建设周期拉长、增加成本

西南地区大型站场建设基本上随附于相关引入铁路建设而进行配套,甚至同一项目分解为不同建名、分摊投资、不同时序建设。这种模式的弊端是:忽略了枢纽站场设备的整体性和引领性质,加大规划设计、建设管理的难度,造成不必要的过渡、废弃工程,项目始终处于过渡、建设中,长期形不成能力,不能及时发挥作用。

综上,分步实施是一种建设理念,目的是经济合理、逐步发展、量力而行,当然有其科学合理性,但前提是建设环境可控,不宜无限化、程式化。建议对大型站场工程,在定位和需求掌握准确、建设环境复杂的情况下,应因地制宜,适当超前,提前实施预留工程。在建设实施中,应在工程划分、投资及建设管理上进行划断,作为独立的系统项目在相同建设时序期完整,必须预留的工程,应督促地方、运营部门有效控制、监管建设环境。

7.3 规划设计必须因地制宜

铁路大型站场设计,制约因素多,占地巨大,难以一蹴而就,因地制宜永远是铁路站场设计的灵魂,必须合理、全面、科学地界定制约因素的权重,协调好整体和局部、运营与工程的辩证关系,做到论证全面、决策民主、令行禁止。

7.4 切实推行综合交通、多式联运

客观讲,由于行业主管权限的原因,铁路建设在全国范围都存在与其他交通方式联系松散的问题,没有在规划层面上进行不同方式的规划、整合。如水(海)运港口群疏港铁路,一般都是在作为专用线的层面打补丁式建设,设施因不同投资渠道重复设置,仍还维持外围交接、取送模式,无法实现路港直通、门到门直达运输,设备虚靡、效率较低。建议在不同交通方式结合地,进一步加强协作,在规划设计、设施建设、运营管理上实现综合集成、资源共享,构建真正的综合交通和多式联运模式。

7.5 探索西南重载运输

我国重载铁路建设基本分布在以山西、陕西、内蒙等资源大省境内,一般采用建设货运专线、开行单元重载列车疏港下海的运输模式,重载运输在西南地区完全属于空白。西南特别是贵州蕴含诸多特大

型煤田、矿藏,有资源条件和建设环境,是具备开行5000t、万吨单元组合列车的条件的,应进行积极探索和实践。

8 结语

规划设计是工程的灵魂。大型站场设计是铁路综合功能、工程类别和设备的庞大集成体,必须在作好总体规划的前提下,坚持服务区域、综合交通的理念进行规划、选址、建设,运用系统工程的手段,因地制宜开展规划设计。目前,铁路站场建设向次级城市、铁路地区推进,尚有广阔天地、大有作为,要借鉴国内外铁路站场规划设计的成功规划、建设、运营经验,打破路地分家、互不协调、各自发展的欠合理发展模式,把站场建设推向新的高度和深广度,更好地为经济建设发展服务。

由于篇幅所限,难以面面俱到,不免挂一漏万,欢迎探讨和指正。

参考文献

[1] 中华人民共和国行业标准. GB 50091—2006 铁路车站及枢纽设计规范[S]. 北京:中国铁道出版社,2006.
[2] 中华人民共和国行业标准. TB 10621—2009 高速铁路设计规范(试行)[S]. 北京:中国铁道出版社,2009.
[3] 杨健. 铁路站场及枢纽设计理念和方法探讨[J]. 铁道工程学报,2010(6).
[4] 杜绍军. 重庆北站站型研究及两端疏解方案研究[J]. 高速铁路技术,2011(3).
[5] 杨健. 西南铁路大型快速客运站规划设计思考[J]. 高速铁路技术,2011(增刊).

重庆铁路枢纽总图布局研究

罗江成　彭强军　蔡胜全

(中铁二院工程集团有限责任公司土建二院)

摘　要　本文通过分析重庆枢纽现状存在的主要问题,研究规划线路引入后枢纽的客货运输特点,本着"客货分线、客内货外"的原则构建枢纽内客货运输主通道。在此基础上结合重庆城市总体规划、产业布局调整规划,进行枢纽客运系统、解编系统和货运系统布局。

关键词　通道;客运系统;货运系统;解编系统;枢纽布局

Study on Arrangement Plan of Chongqing Rail Hub

Luo Jiangcheng　Peng Qiangjun　Cai Shengquan

(Second Civil Construction Design and Research Institute of CREEC)

Abstract　Through analysis of the present situation and principal problems for Chongqing rail hub, we study its new characteristics on passenger and freight transport channels after linking with of planning lines. The main transportation channels are then constructed by following the principle of "separation of freight and passenger lines, passenger transport inside and freight transport outside". Next, passenger system, the break-up and formation system and the cargo system of Chongqing rail hub are relayouted according to the overall urban planning and the readjustment of industrial distribution.

Key words　Transportation channel; passenger system; cargo system; break-up and formation system; hub layout

1　引言

1.1　重庆枢纽概况

重庆枢纽是西南地区、长江上游重要的铁路枢纽,受长江、嘉陵江和南北向中梁山分割,呈伸长型放射状布局。现状衔接成渝、川黔、襄渝、渝怀、遂渝五条电气化铁路干线,其中襄渝线为双线,其余均为单线。枢纽范围北起磨心坡,南至民福寺,东自庙坝,西至石子山、黄磏,共设有车站 36 个。

重庆枢纽解编系统现为"一主一辅"布局,重庆西站为区域性编组站,单向混合式二级三场站型;重庆南站为辅助编组站,横列式一级二场站型。客运系统为"两站并重"布局,重庆站为尽端式站型,规模 3 台 6 线,最高聚集人数 5000 人;重庆北站为通过式站型,规模 5 台 13 线(含正线 2 条,预留 2 条),最高聚集人数 5000 人。重庆东、梨树湾、重庆南、大渡口、唐家沱、珞璜站为主要货运站,伏牛溪为危险品货运站,其余均为一般中间站,见图 1。

1.2　枢纽存在的主要问题

(1)南北贯通方向缺少客运站,直通客车无论在重庆北站还是重庆站作业,均需折角运行,径路不顺。

(2)随着引入线路的增加和既有线扩能改造,枢纽客货运量大幅增长,客运系统、解编系统能力无法满足运输需要。

作者简介:罗江成(1966—　),男,高级工程师,中铁二院工程集团有限责任公司土建二院副总工程师。

注:本文已刊登于《高速铁路技术》2011 年第 5 期。

(3)部分区间通过能力不足、线路标准低、客货共线运行、交叉干扰大,运输质量不高。

(4)货运系统布局不能适应重庆市产业布局调整规划。

2 重庆枢纽规划衔接线路及客货运量

2.1 规划衔接线路

重庆枢纽渝利、兰渝、成渝客专、遂渝二线、渝怀线重庆至涪陵段增建第二线工程正在实施,近期尚有渝黔、渝万客专拟引入枢纽,并规划预留渝昆(明)、渝长(沙)引入,最终形成衔接12条干线的特大型枢纽。

2.2 客货运量预测

研究年度内,随着兰渝、渝利、渝万客专、成渝客专、渝黔线以及规划的渝昆、渝长线的引入,枢纽客货运量将大幅增长,见表1。

2.3 枢纽客货运输特点

重庆枢纽客货运输总量及流向的特点为:客运除始发终到本枢纽外,主要交流为东西向之间、南北向之间的客流交换。货运总量中通过运量比重约为60%,主要为东西向之间、南北向之间的交流。

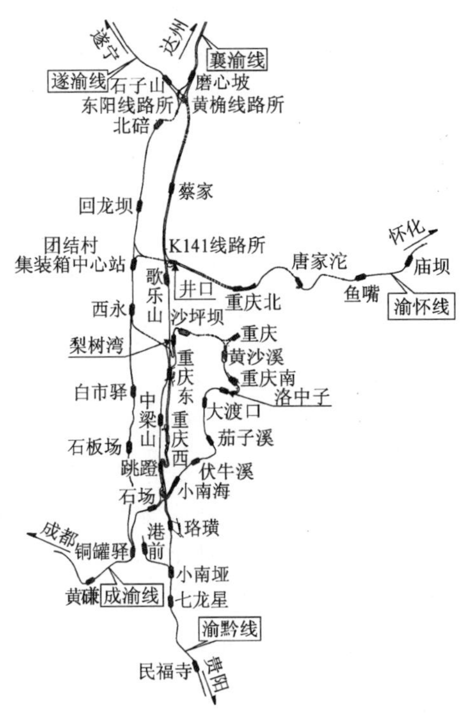

图1 重庆枢纽现状示意图

重庆铁路枢纽货运总量及客车对数表 表1

年度	货运量($\times10^4$t)			客运量(对/日)		
	地方运量	通过运量	合计	始发客车	通过客车	合计
2007	3034	2266	5300	42	9	51
2020	5870	6357	12227	353	63	416
2030	7590	8616	16206	506	91	597
远景	9000	12000	21000	650	150	800

3 枢纽总图布局研究

3.1 总图布局研究思路

着眼于枢纽客货运输特点,立足于通道顺畅、减少交叉干扰、提高运输质量这个前提,结合重庆地形特点、城市现状、发展规划及产业布局调整,本着"客货分线、客内货外、货运整合"的原则布局枢纽客货运输通道,在此基础上对枢纽客运系统、解编系统以及货运系统布局进行系统研究。

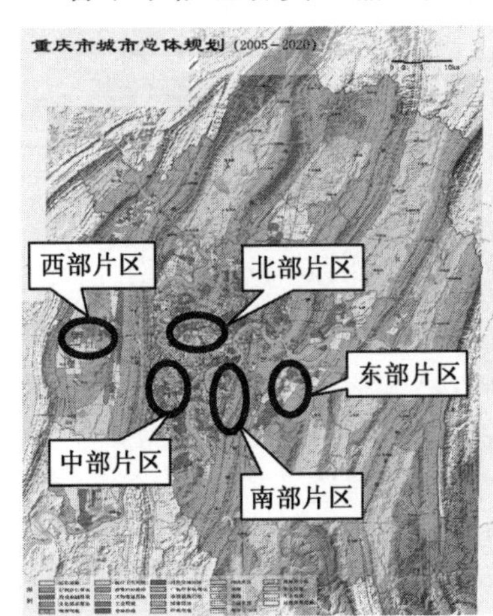

图2 重庆市城市总体规划图

3.2 重庆城市总体规划

重庆主城区规划向"一城五片、多中心组团式"发展。主城规划五大片区,分别为中部片区,人口229万,大力发展以高端服务业为主的第三产业;北部片区,人口245万,规划布局以高新技术、汽车等为主导的产业;南部片区,人口127万,规划承接旧城区转移的部分工业;西部片区,人口149万,规划以科研教育、服务业、物流业、休闲旅游等为主导;东部片区,人口100万,规划为都市区工业拓展的重点区域之一,如图2所示。

3.3 客运系统布局研究

(1)既有客运系统能力适应性研究

根据铁路网中长期调整规划,2020 年重庆枢纽共有 12 条线路引入,客运量将随之大幅增长,预测枢纽远期、远景办理客车总对数为 597、800 对/日。拟建工程完成后,枢纽客站到发线总规模为 30 条,重庆站受站位、站型以及周边密集城市建筑物限制、重庆北站受西端铁路隧道和东端公路立交桥控制,均无进一步扩展条件,因此既有两客站能力不能满足远期后的运输需求。此外,由于重庆站能力仅能满足办理成渝客运专线客车,必然导致其余 11 条干线的客车及跨线车只能在重庆北站办理,近期即会造成大量跨线客车迂回运行,大大降低作业效率,同时也造成客运作业过分集中北部片区,客流集散困难,必将形成新的拥堵,更遑论满足远期后客运需求。

因此,为合理分担枢纽客运作业,提高作业效率、提升服务质量,并预留充分的发展条件以适应枢纽客运量的增长,必须择址新建枢纽第三客站。

(2)影响第三客站站位的因素分析

从枢纽衔接路网格局看,重庆枢纽位于沪汉蓉、包柳等东西、南北向通道的交汇点,客运系统布局需适应枢纽这一特点。从既有客运站分布来看,重庆站位于中心城区,尽端式站型,适宜办理城际客车;重庆北站处于东西方向客运主轴上,办理东西向客车"顺理成章";枢纽缺乏办理南北向客车的客运站,因此第三客站应结合枢纽南北向客运通道择址新建。

从城市总体规划看,根据重庆城市规划布局,其"一城五片"除北部片区以外的四大片区均位于嘉陵江以南。重庆北站位于嘉陵江北岸,若第三客站再选址嘉陵江北,必然导致枢纽客运站分布过度集中,江南 4 大片区大量旅客需跨嘉陵江,增加客流集散难度、增长旅客出行时间、加大旅客出行成本,不利于吸引客流。因此从客运系统合理布局考虑,第三客站宜在嘉陵江以南择址建设。

从规划线路引入方案看,根据引入线特点、线路宏观走向、工程条件以及枢纽格局等因素综合研究,成渝客专合理的线路走向为成都东站引出经内江、从西永附近引入枢纽,结合本线以成渝间城际客流为主的特点,其客运站宜尽量深入市区,重庆站的区位及站型适宜办理城际客车,因此成渝客专推荐接入重庆站。兰渝自西北侧、渝万客专自枢纽东北侧引入,接入重庆北站。渝长线从填补路网空白、合理分配客运站作业量等出发,宜自枢纽南端接入第三客运站。渝宜线大走向为从枢纽西南部引入,引入枢纽方案与枢纽第三客站、南北向客车通道等密切相关,需结合新建渝黔线引入一并研究。因此,第三客站最终的控制因素为近期渝黔线引入枢纽方案。

通过上述研究,第三客站应结合南北向客运通道设置在嘉陵江以南,并最终决定于渝黔线引入方案。

(3)第三客站站位方案研究

①渝黔线引入枢纽方案

从枢纽格局以及贯通枢纽南北向客车通道出发,渝黔线引入枢纽研究了从枢纽地区东部引入的东线方案和从枢纽地区西部引入的西线方案两大走向方案,如图 3 所示。

东线方案,渝黔线经綦江沿渝黔高速公路走廊引入枢纽,客车通道于茶园片区设枢纽第三客运站后经枢纽规划的东南环线贯通重庆北站。西线方案,渝黔线沿既有线走廊引入枢纽,客车通路径直向北贯通南北向客车通道。

东线方案与西线方案相比,除具备可带动枢纽东部、南部片区发展的优点外,缺点众多:南北向客车通道不顺直,运营长度比西线方案长;新重庆站站位偏远,不利于吸引客流;新建线路较西线方案长,工程投资大;与城市规划不符,市政配套工程大;与渝昆线衔接不好,渝昆线新建线路长,工程投资大。

综上,渝黔线推荐采用自枢纽南端接入,在小岚垭站实施客货分线,客线沿中梁山东侧经既有重庆东站、歌乐山与北端接入的襄渝线、兰渝线、遂渝线贯通,构成枢纽南北向客车通道。

②第三客站站位方案

根据渝黔引入方案研究结论,渝黔线客车通道经中梁山东侧、城市建成区边缘,第三客站应在该通道上择址设站。

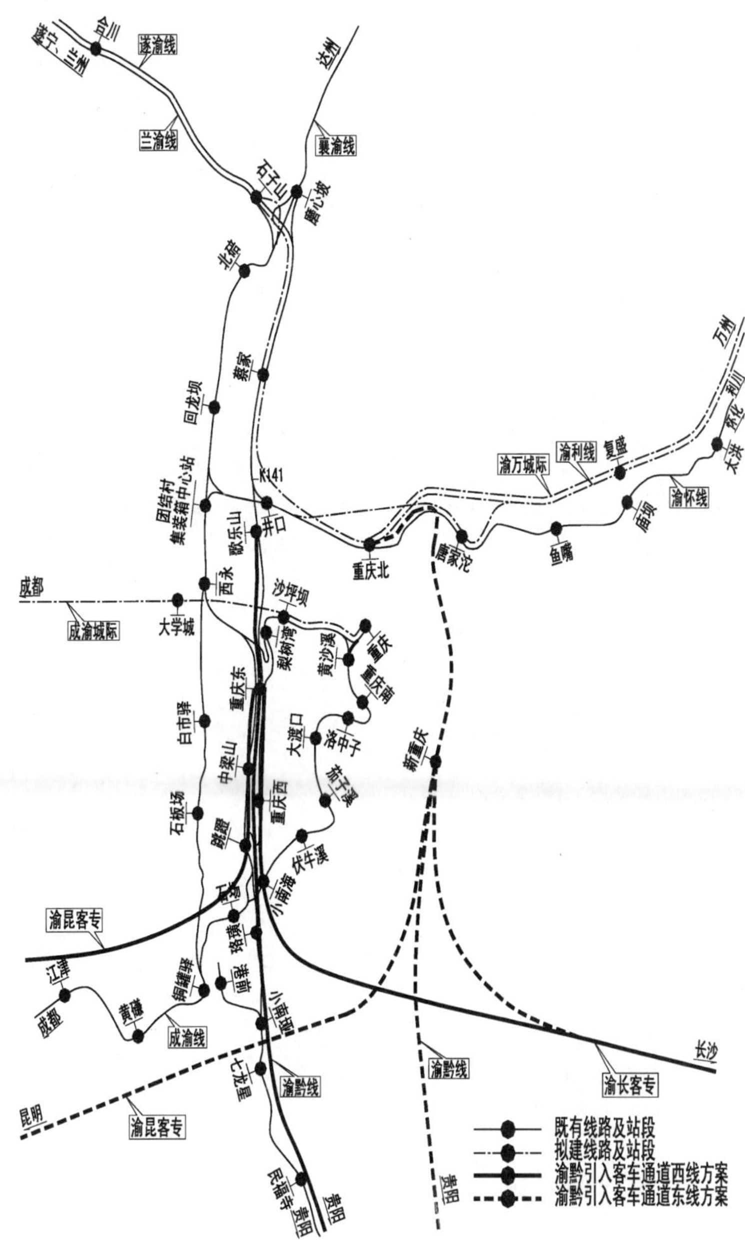

图 3　渝黔引入客车通道方案示意图

第三客站是由客运场和机辆(动车运用)等设施构成的庞大节点,占地巨大。该通道沿线工厂众多、居民小区密集、场地狭窄,设客站将产生大量拆迁工程。为减少对城区的影响,站位方案应充分考虑利用重庆东集装箱办理站外迁团结村站、重庆西编组功能转移兴隆场站后留下的场坪。对该通道可能设站的梨树湾、重庆东、圣马小区、重庆西等站位方案逐一进行研究,从站址区位、与城市规划的衔接、客流集散条件、工程条件、工程投资等方面综合分析,推荐站位适中、便于吸引客流、交通集疏条件好、与城市规划协调性好、易于实施的重庆东站位方案,即客运场利用原重庆东站址,机辆(动车运用)等设施利用重庆西站址。

③客运系统布局综述

第三客站建成后,枢纽形成东西向重庆北站、南北向第三客站以及办理成渝间城际客车为主的重庆站的"三站并重"的三客站格局。东向引入的渝怀、渝利、渝万客专接入重庆北站,西向引入的兰渝、遂渝同时接入重庆北站、第三客站,南端引入的渝黔、渝长以及襄渝、成渝、渝昆接入第三客站,成渝客专接入重庆站。枢纽内在中梁山以东形成磨心坡疏解区经井口至重庆北站往东的东西方向客车通道,磨心坡疏解区经歌乐山至第三客站往南的南北方向客车通道。

3.4 货运系统、解编系统

(1)货运通道布局

①南北向货运通道

南北向货运通道布局主要考虑以下因素:首先是编组站站位;其次是通道顺直、减少客货干扰;第三考虑与重庆产业布局相适应;第四需考虑减少对城市的影响。

重庆枢纽既有解编系统由重庆西编组站、重庆南辅助编组站组成。重庆南站主要担负成渝、渝黔到达重庆南地区车流的解编作业,随着该地区重钢、九龙坡电厂等运输需求大户的外迁,大宗运量、车流随之消失,因此重庆南站解编功能也随之丧失。根据枢纽车流量分析,既有重庆西编组站能力无法满足运输需要,加之无扩建成双向系统的条件,因此需择址另建编组站。结合既有路网布局、地方产业规划以及地形条件,选择襄渝线回龙坝附近新建兴隆场编组站。

编组站外迁至兴隆场后,南北向货车通道存在以下两个走向方案:东线方案,沿既有通道,即利用襄渝线中梁山隧道于中梁山东侧经重庆东往南与渝黔线货车通道贯通;西线方案,经西铜便线走廊于陶家镇附近穿中梁山在跳蹬站与渝黔线货车通道贯通,如图 4 所示。

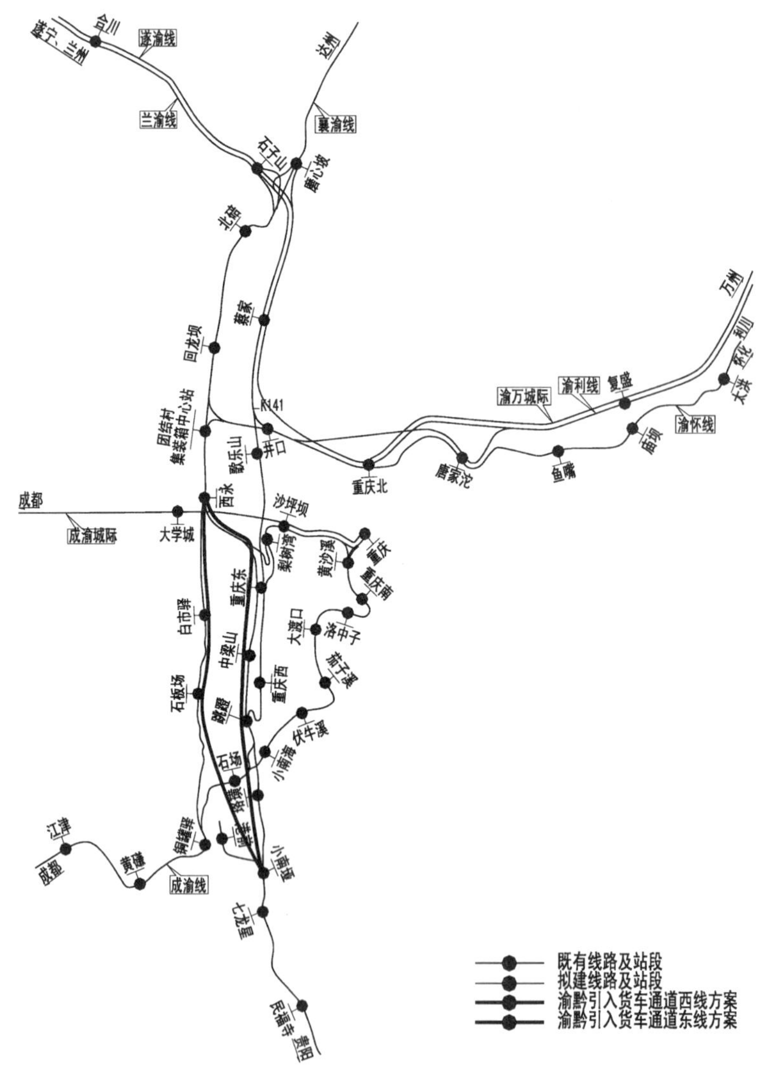

图 4　渝黔引入货车通道示意图

纵观两方案,东线方案与客车通道并行,看似符合"共廊走行"理念,但需经枢纽第三客站,客货干扰大;根据重庆产业布局调整规划,今后渝中半岛片区产业将逐步外迁,其中大部分将迁至中梁山以西,因此东线方案与重庆产业布局规划已不再适应;此外若货车通道布局于中梁山东侧,拆迁大,对城区干扰大，机械地“共廊走行”实不可取。而西线方案可对客货通道实施分线，借助中梁山天然屏障隔绝了对城市的不利影响，密切配合重庆产业布局调整，因此推荐货运通道沿中梁山西侧布局方案。

②东西向货运通道

东西方向货运通道，现状主要依托渝怀线，需穿越重庆北客站。该通道规划的主要思路将该通道实施客货分线，理顺客货列车径路，避免货车对重庆北站的干扰。

自兴隆场编组站出站沿渝怀线增建第二线，在井口站北端实施客货分线，新建外绕重庆北客站的货车线，接入唐家沱站贯通东西向货运通道。

(2)解编系统

枢纽南北向货运通道上原回龙坝站址附近规划兴隆场路网性编组站，废除重庆西、重庆南解编功能，解编系统整合为兴隆场一站式的集中作业布局。北端通过北碚站衔接兰渝、遂渝、襄渝线，南端通过白市驿站衔接老成渝线和新、老渝黔线，通过东西通道的唐家沱站衔接渝怀、渝利线，构成枢纽货运通道的核心，规模按双向三级六场规划，如图 5 所示。

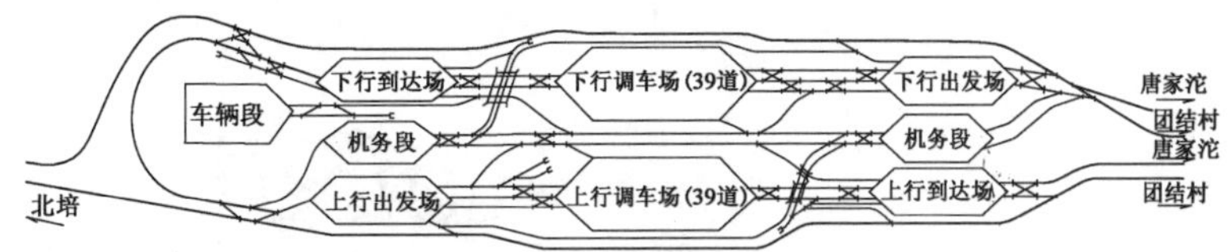

图 5　兴隆场编组站示意图

(3)货运系统

随着枢纽全新货运通道的构建，货运系统也需围绕新的通道进行相应的布局调整。

新建团结村集装箱中心站，废弃重庆东货运站，结合货车通道新建白市驿综合性货场。根据重庆产业布局调整规划，渝中半岛片区加工、物流业将逐步外迁。配合重庆产业转移的实施，对渝中半岛片区、西部片区货运设施进行整合，沿中梁山西侧货运通道布局，结合西彭工业园区规划黄磏以办理长大、散装货物为主的货运站。枢纽北部片区保留唐家沱综合性货运站，规划鱼嘴货运站；枢纽东部结合东南环线规划惠民货运站；枢纽南部保留珞璜货运站。

枢纽最终货运布局为：团结村集装箱中心站，唐家沱、鱼嘴、白市驿、珞璜、黄磏、惠民等 6 个大型货运站，取消重庆东、梨树湾、重庆南、大渡口货运站。

3.5　联络线、疏解线

枢纽北部襄渝、遂渝、兰渝线引入枢纽实施客货分线，在磨心坡设立列车种类别——线路方向别疏解区，如图 6 所示。

为贯通东西方向货运通道以及沟通渝利线至团结村集装箱中心站的货车径路，设立团结村“三角形”方向别疏解区；为贯通南北向、东西向客车径路以及沟通川渝城际网，设立井口“三角形”疏解区，襄渝、兰渝(成遂渝)客运双线按线路别布置，分别引入重庆北、重庆西客运站，如图 7 所示。

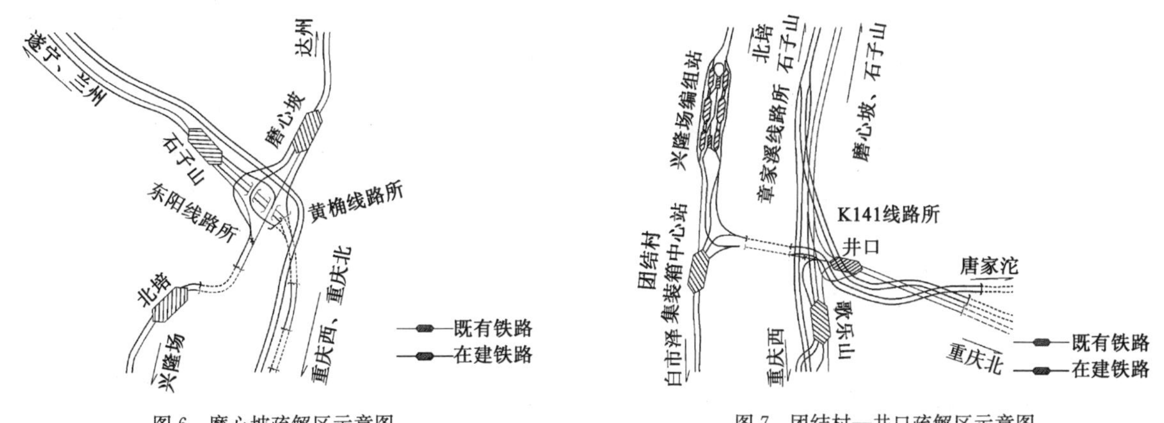

图 6　磨心坡疏解区示意图　　图 7　团结村—井口疏解区示意图

3.6 重庆枢纽总图

经上述研究,重庆枢纽总图总体格局为:衔接 12 条干线铁路的客货分线伸长型辅助环线的放射状“三客一编六货”的特大型枢纽,如图 8 所示。

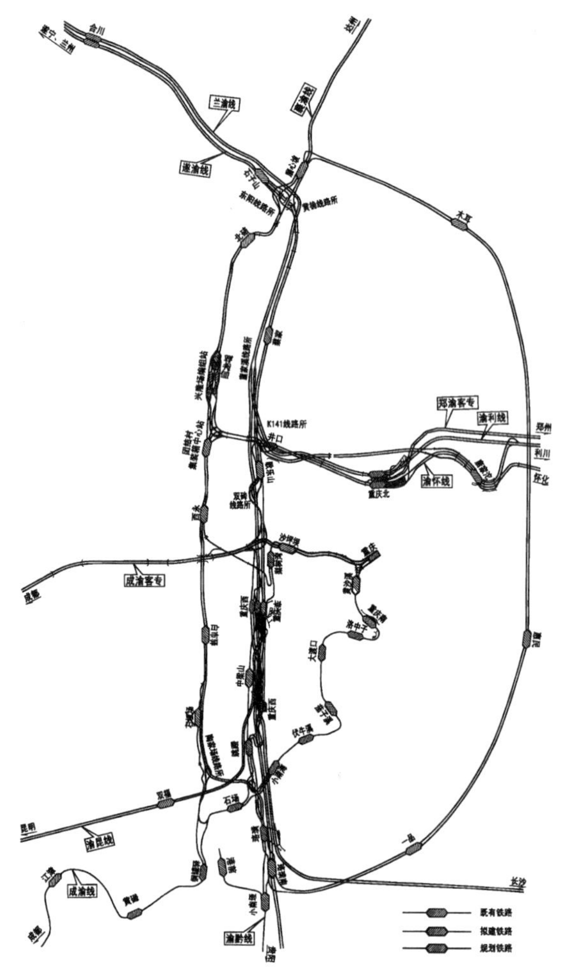

图 8 重庆铁路枢纽总布置示意图

引入线及枢纽内线路布局:枢纽内线路按照“客内货外、客货分线”的原则布局。其中南北方向客、货运输通道分别沿中梁山东、西两侧布局,东西方向客货运输通道沿渝怀线走廊布局,货车通道通过设立外绕重庆北站的货车外绕线彻底避免了对客运站的干扰,从而保证客货通道各自独立、互不干扰。

客运系统:利用既有重庆东站位新建第三客站,形成“三站并重”的三客站格局。重庆北站办理枢纽东西方向客车,新设第三客站办理南北向客车,重庆站办理成渝客运专线客车。

解编系统:新建兴隆场编组站,规模为双向三级六场,既有重庆西编组站改建为第三客站客车技术整备所、动车停车场。

货运系统:新建团结村集装箱中心站,保留唐家沱、路璜货运站,结合南北向货运通道新建白市驿、黄磏综合性货运站,规划鱼嘴、惠民综合性货运站。废弃重庆东货运站,逐步弱化直至最终废除渝中半岛片区重庆南、梨树湾等货运站。

4 结语

重庆枢纽总图方案与重庆直辖市的总体战略规划充分协调,因地制宜地贯彻了“客货分线、客内货外、解编集中、整合货运”的新理念,枢纽内主要线路均实现客货分线,交叉干扰少,客货列车径路顺畅、通道顺直,运输效率高。三个客站分别位于嘉陵江南北及核心城区,布局合理、分工明确、作业均衡,客流集散条件好,与城市发展规划协调性好。兴隆场编组站位置优越,截流条件好,各方向车流顺畅,解编能力强大,满足枢纽远景运输需求。货运系统充分结合重庆产业调整规划布局,货运站分布合理,适应能力强。

目前,该总图正在结合引入线路的建设时序稳步分部实施,必将对衔接路网点线能力协调、保证通道畅通起到十分重要的作用,同时也必将极大地推动重庆城市建设及产业布局调整步伐,促进地方经济发展。

参 考 文 献

[1] 中华人民共和国行业标准. GB 50091—2006 铁路车站及枢纽设计规范[S]. 北京:中国铁道出版社,2006.

[2] 铁道部. 中长期铁路网规划[Z]. 北京,2004.

[3] 中铁二院工程集团有限责任公司. 改建铁路重庆至贵阳线扩能改造工程可行性研究[R]. 成都,2009.

[4] 中铁二院工程集团有限责任公司. 新建铁路成都至重庆客运专线初步设计 [R]. 成都,2009.

[5] 中铁二院工程集团有限责任公司. 新建铁路兰州至重庆线广元至重庆段初步设计[R]. 成都,2008.

成都铁路枢纽客运站布局研究

袁光明[1]　高丰农[2]
(1. 中铁二院工程集团有限责任公司土建二院；
2. 中铁二院工程集团有限责任公司公司办)

摘　要　本文在原有成都铁路枢纽总图规划的基础上，结合成兰、川青、川藏及西成、成贵等铁路引入成都枢纽的条件，对枢纽内铁路客运站的布局进行了新的研究，并提出了“三主一辅”的客站布局方案，即以成都东客站、成都站以及成都南站为主、成都西站为辅的四站格局方案。该研究可为成都铁路枢纽总图规划及成都市的综合交通规划提供进一步的决策参考。

关键词　铁路枢纽；客运站；布局

Layout of Chengdu Railway Terminal Passenger Station

Yuan Guangming[1]　Gao Fengnong[2]
(1. Second Civil Construction Design and Research Institute of CREEC;
2. Administration Office of CREEC)

Abstract　On the basis of original general plan for Chengdu railway terminal and combing with the condition of Chengdu terminal connecting Cheng-Lan line, Sichuan-Qinghai line and Sichuan-Tibet line, the paper makes a new research on the layout of railway passenger station in the terminal and proposes a layout scheme of "three major stations plus one supplement station", in which Chengdu East Railway Station, Chengdu Station and Chengdu South Station shall be given priority to, and Chengdu West Station shall be taken as supplement. The study may give reference to further decision for general plan of Chengdu railway terminal and comprehensive traffic planning for Chengdu city.

Key words　railway terminal; passenger station; layout

1　引言

自铁道部与四川省就加快推进四川省铁路建设签署部省纪要以来，成都市增加了成兰铁路、川青铁路、川藏铁路、西成铁路及成贵铁路等，成都枢纽需综合考虑以上线路引入枢纽客运站点布局，以及规划的客运站的适应情况，对原枢纽总图规划作相应的调整。在部省纪要中规划线路引入条件下，对枢纽内客运站的布局作了进一步研究。

2　成都铁路枢纽车站分布现状

成都枢纽现衔接宝成、成昆、达成、成渝四条铁路干线及成灌支线，形成“8”字环形格局，其中宝成线为双线。枢纽共有车站18个，其中成都北为编组站，成都、成都南为既有客运站，规划中的成都东客站(沙河堡车站)为成都枢纽的主客运站，将承担大部分成绵乐、成渝城际动车以及达成方向客车的始发终到作业，完成枢纽内80%左右的旅客到发量。枢纽范围详见图1。

作者简介：袁光明(1976—　)，男，高级工程师。

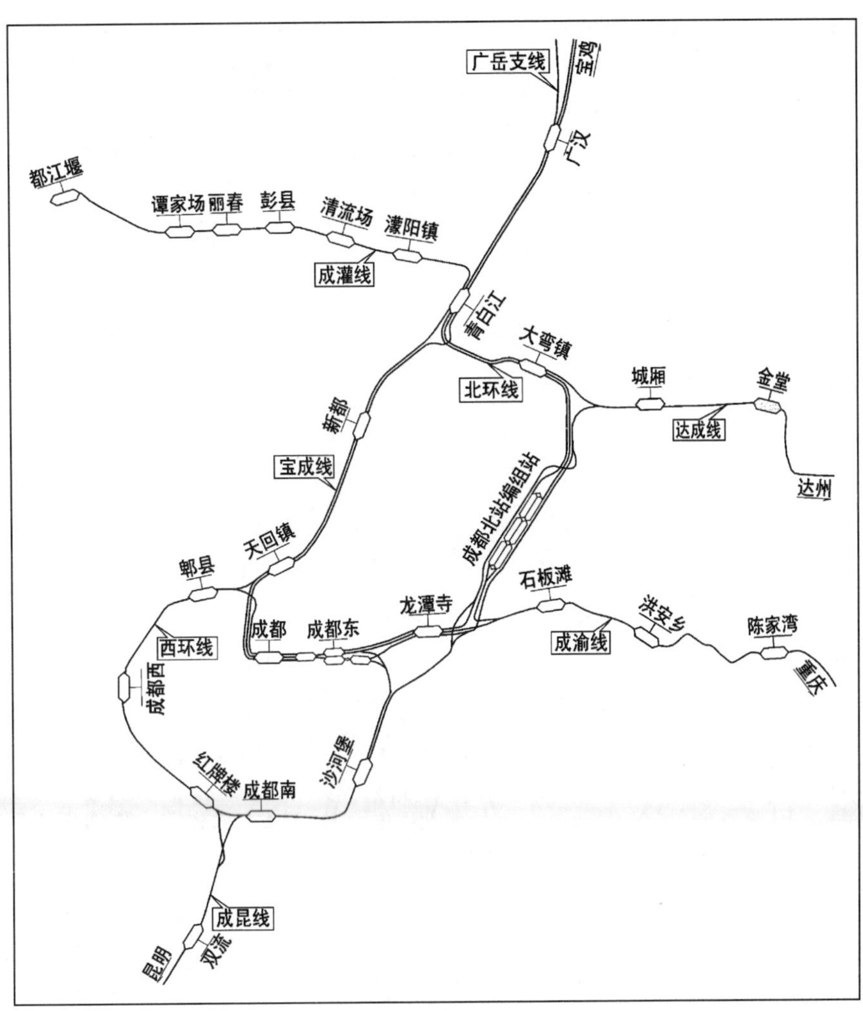

图1 成都枢纽现状示意图

3 枢纽客运站布局再规划

3.1 新线引入条件下枢纽客流特点分析

成都枢纽是全路最早实现客货分线、客内货外运输格局的特大型枢纽，并以其庞大、环形兼放射状布局而著名，作为全路六大客运中心之一，客运组织具有以下特点：

①引入线路众多，除既有4条干线外，尚有在建的成绵乐、成渝、成贵、西成、成雅、成蒲、成都至都江堰（彭州）铁路引入，衔接13个行车方向，其中客运专线（城际）5条。

②客运总需求巨大，远景需运行客车900对/日。客车以动车为主，占总车流的90%；普速车主要运行在既有普速线上。

③以始发终到为主，占总运量90%；通过车以东西、南西方向为主。

3.2 客运站布局研究

成都枢纽的客运功能辐射了周边的城市群，根据枢纽客运需求，在上述12条铁路线引入条件下，紧密结合城市总体规划，遵循"充分利用、合理分工、客内货外、客货分线"的原则，对枢纽远景客运站布局进行了三客站、四客站和两客站三大系列方案研究比选。

（1）方案Ⅰ：成都、成都东客站、成都南三客站布局（图2）

成都南站受人民南路立交桥和地铁1号线结构的双重制约，仅能维持5台11线规模（图3）。因此本次重点研究了加强成都东客站、加强成都站及新建南、北客运站3个系列方案：

①方案Ⅰ-1：加强成都东客站方案

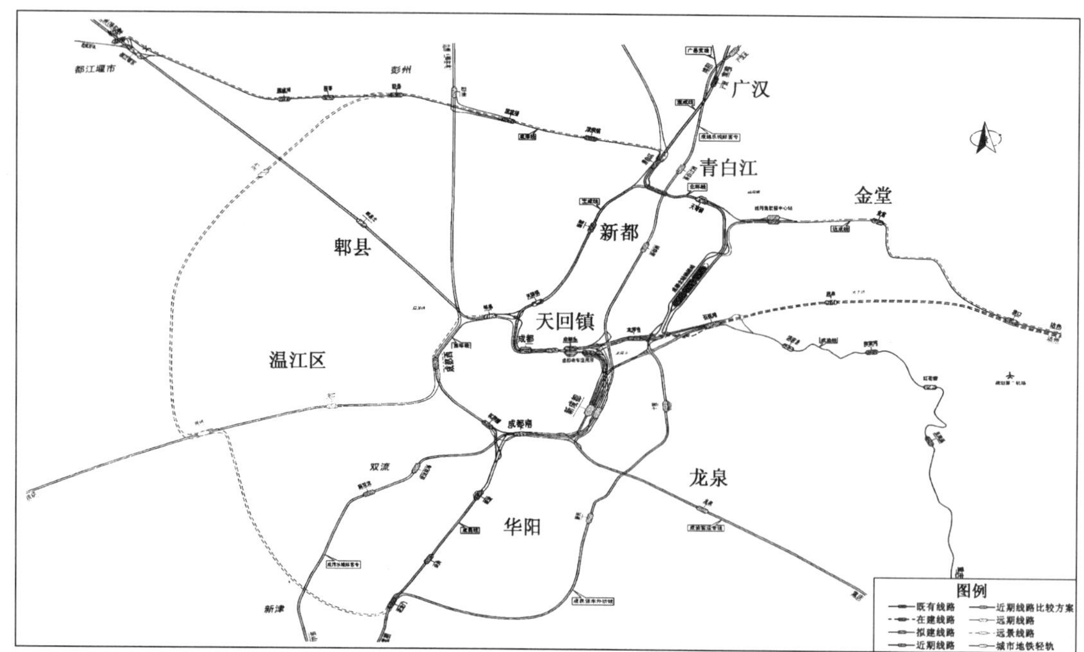

图2 成都枢纽总平面布置图

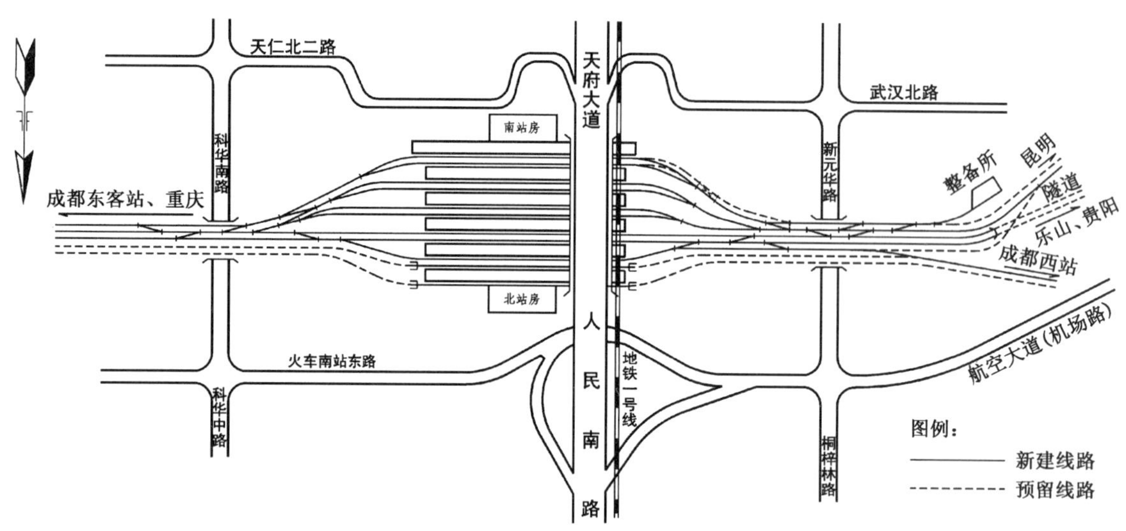

图3 成都南站站场平面布置示意图

动车按集中办理,普速车按方位别办理:成都东客站负责动车始发终到;成都、成都南负责衔接线路普速车始发终到和各类客车通过,形成以成都东客站、成都为主、成都南为辅的“两主一辅”格局。该方案客站分工明确、功能突出、设备集中。成兰、成昆方向部分动车可分别在成都、成都南停站捎流,不影响旅客出行,但绕行较长。

②方案Ⅰ-2:加强成都站方案

为避免成都东客站过分“庞大”,发挥成都站北部卡口作用,成兰方向动车和环线动车计108对的始发作业调整至成都站办理,测算需要规模为14台26线。经研究认为,拆迁巨大,工程代价高,实施困难。故加强成都站方案不可行。

③方案Ⅰ-3:废弃成都南、新建南部客站方案

由于成都南站无再扩建条件,研究了绕城高速公路南侧新建客站卡口南部客流、减压成都东客站并废弃南站的新建南部客站方案。该方案导致城际铁路不能贯通机场,新建和废弃工程巨大,且紧邻绕城高速公路两侧高新技术孵化园及天府软件园,地方政府强烈反对,故研究后予以放弃。

三客站布局初步结论:系列方案中仅远景采用加强成都东客站的“两主一辅”方案(方案Ⅰ-1)基本

可行，政府也表示支持，纳入进一步比选。

(2)方案Ⅱ：远景“三主一辅”四客站方案(图 2)

根据引入线走向、站区综合交通和环境容量，成都东客站合理功能应是负责南北向、东南向城际及达成(沪汉蓉)向动车始发，应维持拟建的 14 台 26 线规模(图 4)，其余车流应由其他客站负担。本次重点研究了增设第四客站、远景形成四客站布局方案。

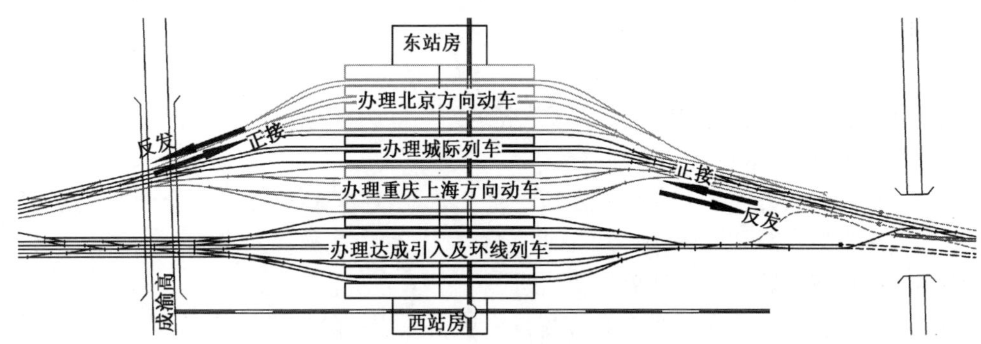

图 4　成都东客站站场平面布置示意图

成都市西部的温江、郫县、崇州等卫星组团，均为铁路客运空白。东外环线建成后西环线能力较富余，可充分利用，研究了将郫县、成都西、红牌楼站分别改建为客运站方案。

①方案Ⅱ-1：郫县站址

郫县站距成都站 8.276km，设客运站对卡口北、西北车流较为有利，南部车流则大大绕长，仅能辅助成都站，不能避免成都东客站再扩建，研究后放弃。

②方案Ⅱ-2：红牌楼站址

红牌楼站距成都南仅 3.665m，两站可视为一体的客运功能区，且车站两侧用地均已商品化，地方强烈反对扩建，同时在工程上、运营上(吸纳西北车流绕长较长)，相比成都西站没有优势，研究后放弃。

③方案Ⅱ-3：成都西站址

成都西站位于枢纽正西侧，与西部卫星组团联系便捷。“IT”大道、武青路经过站区，成温邛高速公路上跨南端，经地铁 4 号线可达中心城区或换乘至成都东客站，交通配套设施完备。成都西站距成都、成都南站分别 17.263km、13.079km，西北向、南向动车接入径路长度与进成都东客站相当，南北径路顺畅，用地条件优越，现为枢纽货运站之一，西北侧有规划控制多年的铁路货运用地 430 亩。改为客运站条件优越，还可为环龙门山旅游铁路客运发挥重大作用，故推荐采用。

综上所述，第四客站成都西站站址最为合理、可行。

(3)方案Ⅲ：成都东客站、成都西“两主”二客站布局方案(图 2)

成都东客站分担南北、东、东南向车流；成都西分担北、西北、西南向车流；既有成都、成都南站弱化为客运中间站。

该布局方案设备集中、方向明确、径路顺畅，但造成既有设施严重闲置，新建和废弃工程均极为巨大，明显不合理，不应采用。

4　方案综合论证及推荐意见

综上研究，远景采用加强成都东客站形成三客站布局方案(方案Ⅰ-1)和扩建形成成都西四客站布局方案(方案Ⅱ-3)具比选价值，其主要工程数量及投资比较见表 1。

方案主要工程投资比较表　　表 1

工程项目	方案名称	
	远景四站方案(方案Ⅱ-3)	远景四站方案(方案Ⅰ-1)
主要工程费(万元)	345233.58	407837.23
差额(万元)	0	+62603.65

①比较范围:成绵乐城际正线、成都—成都东客站联络线、成绵乐—达成场联络线、达成场—成都南联络线、成兰正线、成渝城际正线、成都东客站—成都南东环线、成都—成都东客站区间部分四线、动车走行线。

②投资比较:由于方案Ⅰ-1成都东客站两端疏解线路大量增加和延长,导致方案Ⅰ-1工程投资大大超过方案Ⅱ-3。

③运营条件及服务质量比较:枢纽南北向东西端客车径路几近相等(均为53km)。方案Ⅰ-1动车运行径路标准高,快速、舒适,节时明显,但东轴线过于繁忙,西环线仅限于运行环线客车,明显闲置,同时成都东客站总规模达到38条,为国内"超大规模"客运站。能力模拟表明,高峰时段点线能力协调难度极大,客流高度密集,服务质量也必然下降。

④旅客集疏条件比较:方案Ⅰ-1成都东客站虽有2条地铁线和完善的地面交通,但规模过大、客流过于集中,站区客流密集,容易"滞胀"成为"交通疾症"。方案Ⅱ-3成都西站规划有1条地铁,再配套地面交通,实现客流转换、疏散,城市交通分配更合理。

⑤突发事件应对比较:考虑成都东客站客流暴涨或引入线故障的极端情况,方案Ⅰ-1其他两站规模有限,难以出力;方案Ⅱ-3西站可采用停办环线、旅游车等措施,与成都、成都南共同分流,灵活性和适应性更强。

⑥城市用地、拆迁环境比较:方案Ⅰ-1成都站东客站增加第三场需调整城市综合交通规划,大量新增城市用地和拆迁工程,特别是南部联络线基本从城市建筑"丛林"中开辟通道,难度极大。成都西站可利用既有铁路用地、功能置换建设,新增用地少,拆迁小,易于实施。

综上所述,枢纽客运站布局推荐形成以成都东客站、成都、成都西为主、成都南为辅的"三主一辅"四客站布局方案(方案Ⅱ-3)。

5 结语

成都枢纽客运特点为典型的始发终到枢纽,全路六大客运中心之一,客运绝对需求量大。目前成都东客站已经建成,构成了枢纽快速客运核心,成都站、成都南站也已即将建设,在相当时期内形成"两主一辅"格局。但随着城市的进一步发展,都江堰、南部新城和城北新区建设,各功能区同城化将是必然趋势。规划成都西客运站并结合西部引入线(成蒲、成雅线)适时启动建设,将充分发挥枢纽内环的客运功能,进一步完善、填补客运布局,未雨绸缪是极为必要的。

参 考 文 献

[1] 中铁二院工程集团有限责任公司.沙河堡综合交通枢纽交通衔接概念性设计[R].成都,2006.
[2] 中铁二院工程集团有限责任公司.新建铁路成都至九寨沟线预可行性研究[R].成都,2008.

成都东客站站场设计

袁光明　陈　刚

(中铁二院工程集团有限责任公司土建二院)

摘　要　成都东客站是成都铁路枢纽的主要客运站,该站在 2011 年建成并投入运营,目前为我国西南地区最大客运站。本文归纳总结了站场专业设计人员在车站设计过程中遇到的各类问题、解决思路以及设计体会,探讨了此类大型客运站设计过程中应注意到的主要问题和设计经验。

关键词　成都东客站;大型客运站;设计经验

Design of Station and Yard for Chengdu East Railway Passenger Station

Yuan Guangming　Chen Gang

(Second Civil Construction Design and Research Institute of CREEC)

Abstract　Chengdu east railway passenger station is the main station of Chengdu railway hub, Its been built and put into operation in 2011, It is the biggest railway passenger station in the southwest China. This paper generalizes and summarizes the design problems and solutions during the design processing of station and yard, and discusses the main question and design experience of this kind of railway passenger station's design processing.

Key words　Chengdu east railway passenger station; large passenger station; design experience

1　引言

铁路车站设计过程中,站场专业是车站设计过程中承上启下的核心专业,站场设计过程除了要考虑本专业的各种方案外,还要兼顾协调站后众多专业的设计需求,对于特大型客运站的设计尤其如此。在成都东客站的立项、设计、配合施工到竣工交付这一过程中,站场专业设计人员作为其中的总体性设计专业,既出色地完成了本专业设计任务,又积极地协调各专业设计过程,确保了该项目的顺利完成。

2　成都东客站工程概况

成都是我国西部最重要的铁路客运中心之一,是我国铁路中长期铁路网规划中"沪汉蓉客运专线"与"兰昆通道"的交汇点,新建成都东客站与成都站、成都南站共同发挥枢纽的铁路旅客运输职能,是枢纽内主要客运站,主要办理枢纽内高速和城际动车的始发终到作业。该站于 2008 年 12 月开工建设,2011 年 5 月正式建成投入运营,是我国西部目前建成投入运营的最大的高速客运站。

成都东客站位于成都东郊沙河堡地区,在既有铁路沙河堡站原址新建,站区道路交通路网发达(图 1)[2]。

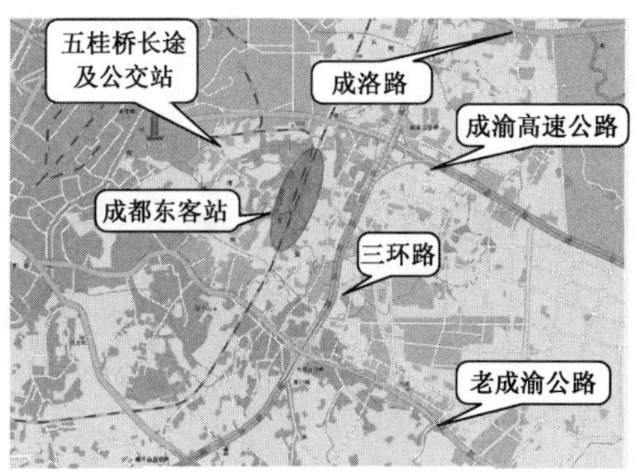

图 1　成都东客站地理位置图

作者简介:袁光明(1976—　),男,高级工程师。

成都东客站建设总规模14台26线，即按26个站台面26条到发线布置，占地约1025亩。该站是成都铁路枢纽城际列车和高速动车组的主要始发终到站，办理北京、重庆、上海方向动车、成绵乐城际、成渝城际、达成、成遂渝始发终到及宝成、达成、成渝、环线通过客运作业。成都市对于成都东客站的建设极为重视，通过调整地铁规划，将地铁2号线、7号线引入成都东客站[3]，除地铁外，成都东客站站区还设置有长途汽车客运站和公交总站，该站现已成为集高速铁路、城市轨道、城市道路交通换乘功能于一体的现代化大型综合交通枢纽。

3 车站站址选择及车场布置方案比选

3.1 车站站址选择

根据车站衔接线路走向和城市规划，综合考虑旅客乘降的便捷、综合交通一体化、立交工程的可实施性、土地的使用、进出成都动车运用所的走行距离以及拆迁的数量，成都东客站站址方案包括以下两个(图2)。

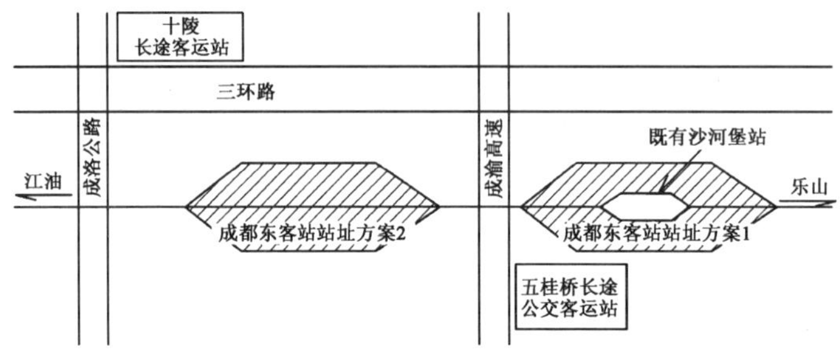

图2 成都东客站站址方案示意图

方案1：成都东客站选址于既有沙河堡站方案。

本方案位于既有沙河堡站址，南北端分别有老成渝线和成渝高速公路纵向通过，东侧约500m为城市三环路；西侧地铁2号线与7号线于站区下方设站通过。

方案2：成都东客站选址于既有沙河堡站西北侧方案

本方案站址位于既有沙河堡站以北1.5km，南北端分别有成渝高速公路和成洛公路纵向通过，东侧约500m为城市三环路；西侧地铁7号线于站区下方设站通过。

经分析，成都东客站选址于既有沙河堡站方案虽然具有动车出入段走行距离稍长1.4km的缺点，但由于其较好的地理位置，与城市规划的沙河堡片区及地铁2、7号线衔接较好，可以很好地方便旅客出行，故最终采用成都东客站选址于既有沙河堡站方案。

在推荐采用成都东客站选址于既有沙河堡站方案基础上，结合成都东客站车场布置方案研究，又补充研究比选了城际车场设于既有沙河堡站东侧和城际车场设于既有沙河堡站西侧方案(图3)。

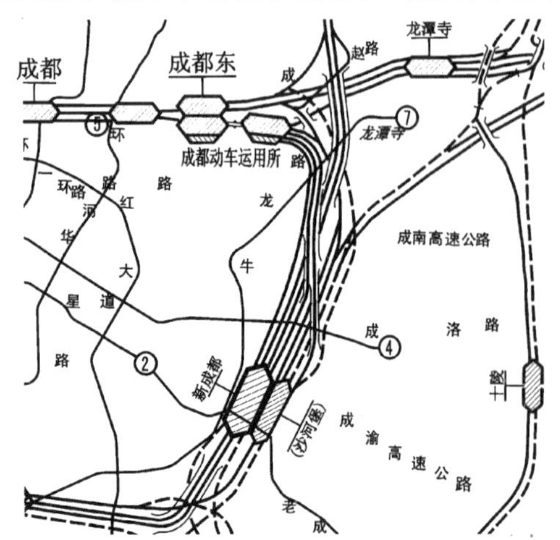

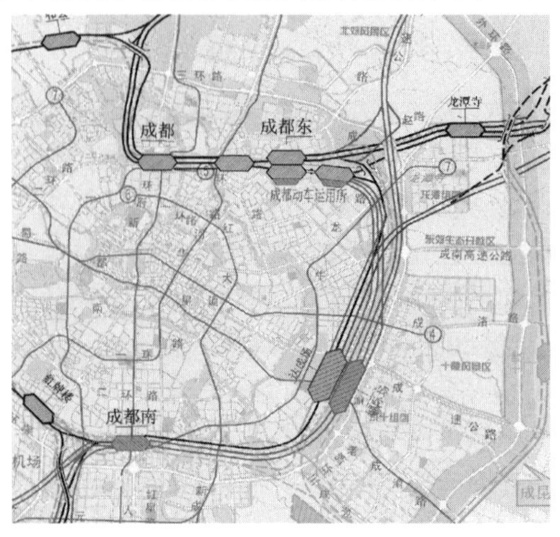

图3 城际车场位置示意图

经比较，城际车场设于既有沙河堡站东侧城际线沿成昆线东侧引入方案，与既有线交叉干扰小，引入线路顺直，且工程投资省。因此，成都东客站站址方案确定为：车站选址于既有沙河堡站，且城际车场设于既有沙河堡站东侧。

3.2 成都东客站车场划分方案

(1)方案构成

车场即为铁路车站中由同一咽喉区连接的办理同一种作业的到发线集合，一般而言根据车站办理作业列车的种类划分可以将到发线划分为对应的各个车场[1]，根据车站衔接线路情况，成都东客站的车场划分方案包括合场方案、二场方案（三个）和三场方案（四个）共 8 大方案。在上述方案研究的基础上，综合车站衔接线路性质、预留工程、地形等因素，最终确定对达成（环线）、城际二场方案和达成（环线）、成绵乐与成渝城际三场布置方案进行深入研究（图 4）。

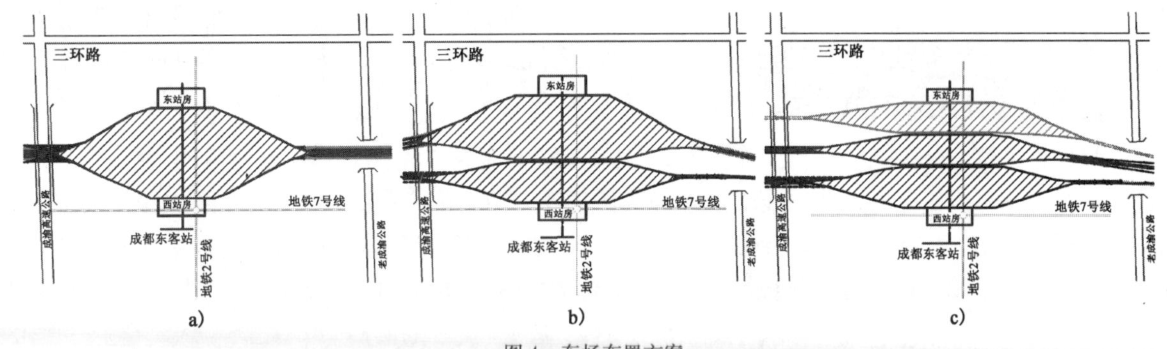

图 4　车场布置方案

a)合场方案；b)二场方案；c)三场方案

(2)合场方案

将达成（环线）、成绵乐与成渝城际合场布置。虽具有各方向联络便捷、线路使用灵活、设备集中等优点，较适合成都东客站折角及变向客车少的特点。

(3)城际、达成二场方案

二场方案中，基本维持达成线及环线不动，利用既有沙河堡车站用地布置达成场，在既有站东侧布置成绵乐城际场并预留成渝城际线路引入条件。

(4)成绵乐、成渝、达成三场方案

三场方案是指达成（环线）、成绵乐与成渝城际各自单独成场的布置方案，该方案由西向东依次为达成场、成绵乐城际场、成渝城际场。

由于成都东客站衔接线路方向和车站股道多，合场方案导致咽喉及站坪长度长，站内跨线交叉干扰较为严重。

二场方案与三场方案在车站的规模、疏解联络线布置等方面相差甚微，主要区别在于成绵乐、成渝两个城际场是否合场设置。就分期建设而言，三场方案由于成渝城际建设滞后，从分期建设角度及从运营管理来看，成渝独立设场较好，近期工程较省；从跨线车交流便捷性看，二场方案便于成渝城际与成绵乐城际的交流，股道运用较灵活，两个城际场合场设置较好；从立折作业条件方面分析，三场方案乐山端较优；从工程投资看，二场方案布置紧凑、占地较省，工程投资较三场方案少。

经综合比较，二场方案优于其余两个方案，因此成都东客站平面站型布置方案推荐成绵乐与成渝城际合场、达成单独设场的二场方案。

4 咽喉区设计及优化

4.1 车站咽喉设计特点

车站绵阳端咽喉衔接线路包括成绵城际正线、达成正线、枢纽环线和动车出入段线，相应的作业种类包括成绵城际动车到发、达成动车到发、达成普速列车到发、环线列车到发、成绵城际动车出入段、达成动车出入段、达成普速车底取送、机车出入段、成绵城际动车站前折返等。为确保到发线使用率,上述各类作业中无先后次序要求的作业尽可能要求能够同时进行。经分析,在达成、城际二场布置方案中,车站绵阳端各类作业中可能同时进行的作业类型组合如下:

①成绵城际动车到发与成绵、成渝城际动车出入段。

②成绵城际动车到发与成乐、成渝动车折返。

③达成列车到发与环线列车到发。

④达成列车到发与达成动车出入段(普速车底取送、机车出入段)。

⑤环线列车到发与达成动车(普速车底取送、机车出入段)出入段。

车站重庆端咽喉衔接线路包括成乐城际正线、成渝城际正线和枢纽环线,相应的作业种类包括成乐城际动车到发、成渝高速动车到发、环线列车到发等。因此城际场股道需要与成乐城际正线和成渝城际正线连通。同绵阳端咽喉一样,上述各类作业中无先后次序要求的作业尽可能要求能够同时进行,具体而言就是成乐城际动车到发、成绵乐正线动车站内折返和成渝高速动车到发要能够同时进行。

4.2 初步设计时咽喉布置方案

基于上述咽喉设计特点和平行作业需求,车站平面设计如图 5 所示。绵阳端咽喉布置方案为:城际场中间紧靠正线两侧各有 3 条到发线直接连通城际正线和动车出入段线,其余到发线直接连通动车出入段线,并通过一组渡线连通城际正线。达成场中间紧靠正线两侧各有 2 条到发线直接连通达成正线和动车出入段线,其余到发线直接连通动车出入段线和东环线,并通过一组渡线连通达成正线,所有股道设计为双进路。

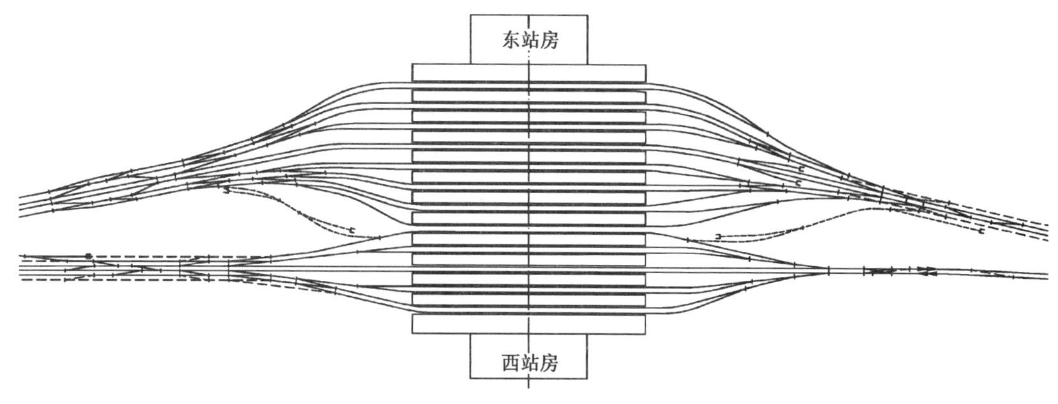

图 5 咽喉设计方案

重庆端咽喉布置方案为:城际场到发线近期全部连通成乐城际正线,远期随着成渝城际的引入,作业分工为成渝城际的到发线连通成渝城际正线,其他到发线同时连通成乐城际正线和成渝城际正线。另外由于成绵乐正线在车站中部设置 12 号交叉渡线一组用于城际列车站中立折作业,因此成绵乐正线在南端咽喉处设置两条安全线确保正线列车的安全到发。

4.3 初步设计修编时咽喉优化方案

一般客运站的到发线使用性质分为固定上下行方向和固定功能分区两种。固定上下行方向是指根据到发线与正线的位置关系,将其分为固定接发上行列车和下行列车两种,主要用于中间站或以通过车为主的客运站,如果此类车站有始发终到动车,其立折作业为通过折返线或正线进行转线后再次始发。固定功能分区是指将根据车站衔接方向将到发线分为对应的几个线束区,每个线束区固定用于某一方向客车的始发和终到作业,主要用于大型的始发终到客运站,此类车站的动车立折作业为正接反发模式,即正常接入终到列车,在同一到发线完成下客、整备、上客作业后,反向发车。

成都东客站为特大型客运站,到发线数量多,为便于旅客到发和换乘,车站到发线采用固定功能分区方式,其中城际场固定划分为办理北京方向动车、办理城际列车、办理重庆上海方向动车三个功能区,达成场固定划分为办理环线列车、办理达成引入列车两个功能分区。

图 5 的咽喉区道岔布置方案在一般中间站或大型车站中，对车站作业和车站能力没有太大的影响，但是对于成都东客站固定到发线功能分区的特大型车站来说，会导致咽喉区成为制约车站能力发挥的瓶颈。特别是成都东客站主要办理城际列车和高速动车的始发和终到作业，动车组除早晚进出动车段外，日常运营过程中发车频率密集，且始发和终到均采用立折的作业方式，上述方案会使立折作业频繁平面切割城际正线，进一步制约车站能力的发挥。

为了解决以上问题，在设计过程中进一步调整优化咽喉区道岔布置方案，绵阳端利用部分动车走行线作为反发线，即在成都东—动车检修所区间中的动车走行线左线上设发车联络线与城际右线相连，从而实现到达列车经城际左线接入车站，出发列车经动车走行线左线和反发联络线反发至城际右线。由于动车走行线左线上跨城际正线，从而避免反向发车作业切割城际正线，因此这种变通的反发作业不会对正线进行平面切割，提高了车站咽喉作业效率。这一咽喉布置方案的优化具有以下优点：

①通过立交方式的正接反发实现了动车组不切割正线立折作业，提高咽喉区通过能力。

②提高了车站到发线使用效率，使车站的整体作业能力得到提升。

③可以固定不同区域股道的使用功能，既便于运营管理，也便于旅客出行过程中对出行方向的识别。

遵循这一优化思路，车站重庆端则在成渝左线上出岔设置联络线，跨过城际正线和成渝右线后接入成渝股道区；成渝方向到达列车通过成渝右线接入车站，出发列车通过联络线跨过成渝右线和城际正线后反发至成渝左线，同样避免了发车作业切割正线。同时通过咽喉道岔连接，北京、重庆（上海）方向列车能够与成绵、成乐方向进行交流。

优化后的车站布置示意图如图 6 所示。

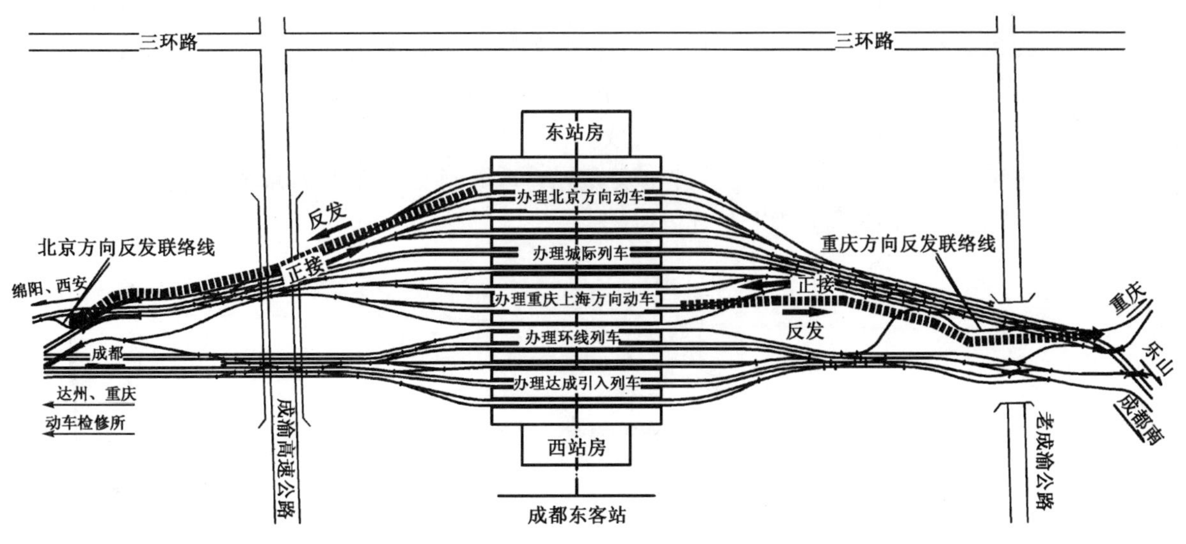

图 6 咽喉设计优化方案

5 与相关专业的设计接口

5.1 与站后专业设计协调

大型客运站车场两侧需要设置电力、接触网、通信和信号等多个专业的管线通道。如果根据专业划分设置不同的管线通道，将导致车场管线通道复杂交错，增加施工、维护难度的同时也造成了工程投资的浪费。为避免上述情况，东客站车场管线布置以强电和弱电分别归类，采用设置综合管沟的方式进行统一考虑，综合管线设置方案如图 7 所示。

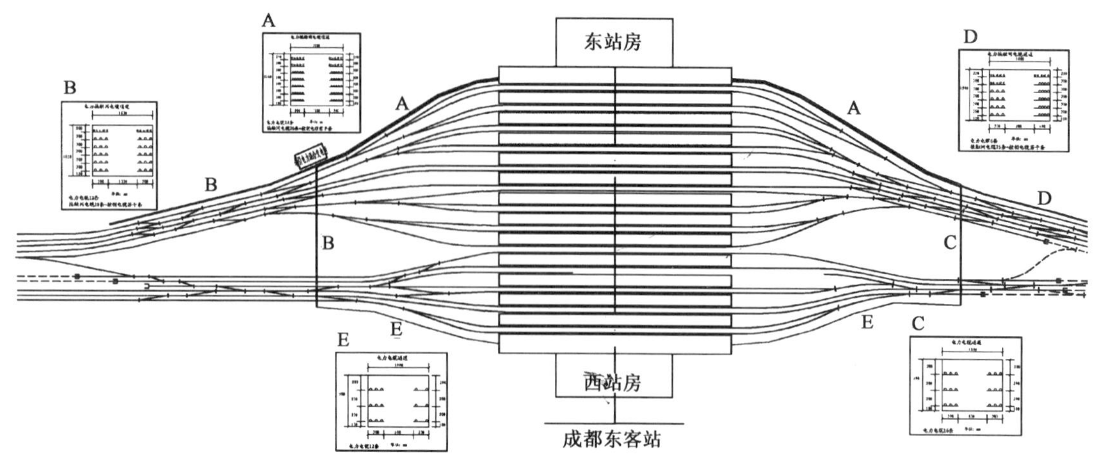

图 7 站场综合管线方案

5.2 与站房建筑衔接

(1)线间距设计方案的确定

车场线间距需要根据站房建筑的线间立柱尺寸、雨篷柱尺寸、线间纵向排水槽尺寸、站台范围宽轨枕尺寸等线间设备的尺寸和铁路限界综合确定。成都东客站宽轨枕长度 2.5m,站房建筑的线间立柱结构最大直径 1.5m,线间最多设置两根纵向宽度 0.4m、壁厚 0.2m 的排水槽,因此全站线间距统一设置为 6.0m。

(2)既有线过渡方案与站房施工方案综合考虑

成都东客站施工过程中,既有的沙河堡站虽然废除,但是既有成昆线仍需正常运营,因此施工时需要设置过渡便线确保成昆线畅通。根据车场布置形式和站房区域基坑开挖需求,拟定的过渡方案为换边施工过渡方案,即首先开挖城际场区域,待城际场区域地下结构封顶,车场轨道铺设后,将既有线拨接到城际场股道,然后废除既有车站,开挖达成场区域。

对于换边施工过渡方案,废除既有车站,将城际场站台区域到发线铺轨后,从车场设计角度来看,将既有成昆线与城际正线接通进行过渡是最佳方案(图 8)。

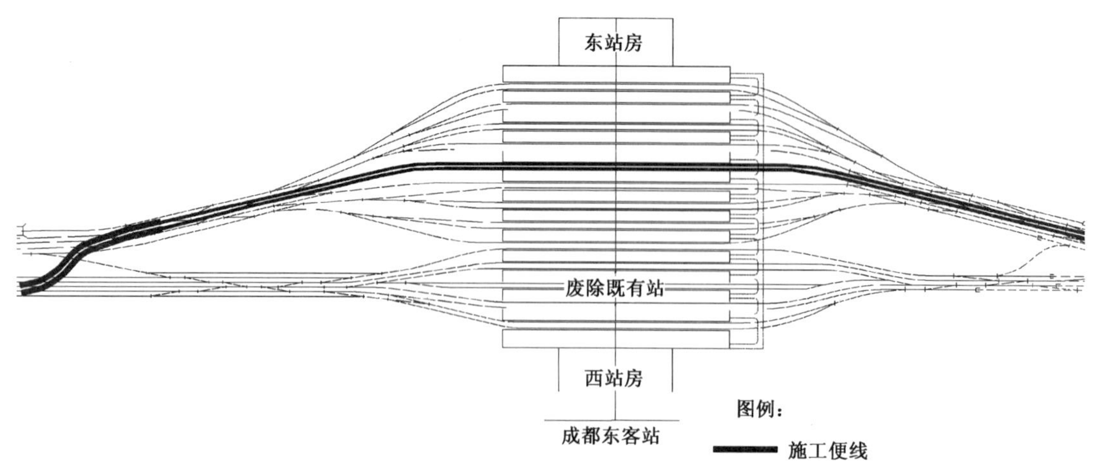

图 8 利用城际正线过渡方案

但是从站房施工角度看,利用城际正线过渡将对其施工过程产生较大的影响,包括施工材料的运送、施工安全、运营安全等。利用城际场东侧最外到发线进行过渡则能将上述影响减小到最低程度(图 9)。

利用城际正线过渡方案对于车场施工和投资最有利，但是会恶化站房施工条件，综合考虑宜采用最外侧到发线过渡方案进行过渡。

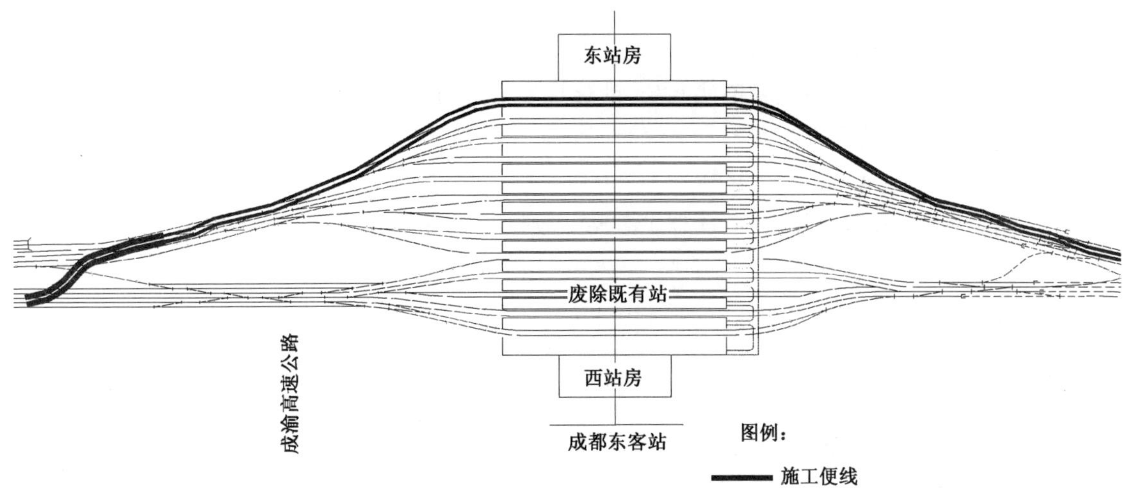

图 9　利用最外侧到发线过渡方案

6　与地铁的协同设计

不同坐标系之间存在的测量误差无法完全消除，这些误差值在地铁区间和城市道路中满足误差许可范围，可以正常衔接。而在站房内部则很有可能超出允许范围，如果车场、站房、站房下面的地铁车站采用不同的坐标系统，则测量误差对施工精度影响很大，甚至可能造成施工事故(图 10)。因此铁路车场站房、地铁、站区道路在车场设计范围内采用同一坐标系开展设计，将测量误差从车场区域转移到区间进行拟合处理。

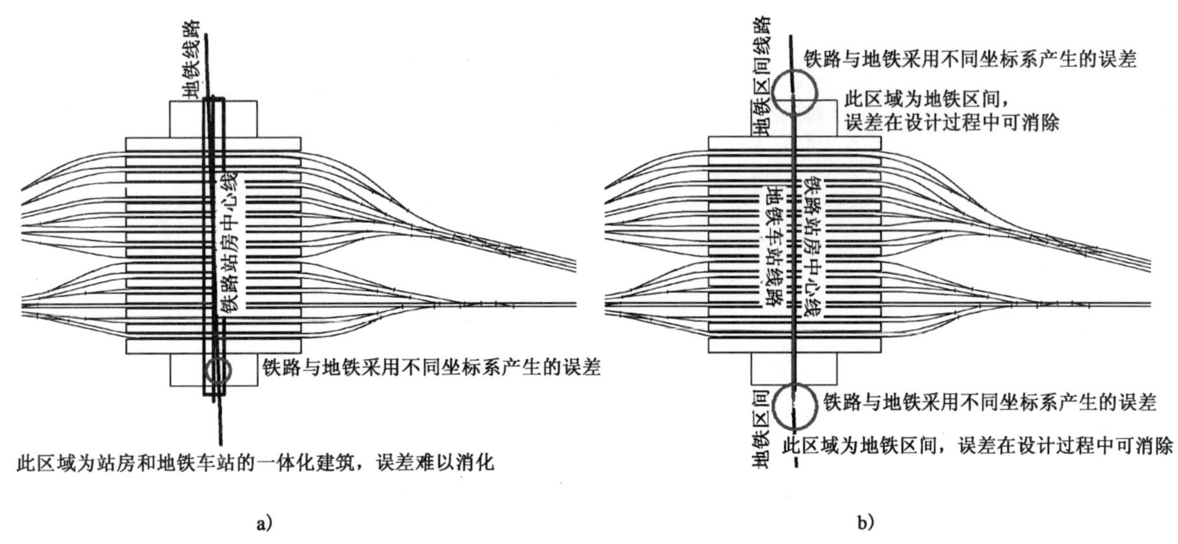

图 10　不同坐标系协同设计示意图

a)铁路与地铁在站场设计区域采用不同坐标系；b)铁路与地铁在站场设计区域采用同一坐标系

7　结语

本文结合成都东客站的设计情况，总结了上文中提到的站场专业设计人员遇到的典型问题、解决思路和设计体会，探讨了此类大型客运站设计过程中应注意到的上述主要问题和设计经验，希望能为以后类似的大型客运站的设计者提供参考。

参考文献

[1] 刘其斌,马桂贞.铁路车站及枢纽[M].北京:中国铁道出版社,2003.
[2] 杨健.西南地区铁路大型快速客运站选址、站场规划设计与思考[J].高速铁路技术,2011.
[3] 杨健.铁路客运站折返方式及图形布置探讨[J].高速铁路技术,2010.
[4] 成都市规划局.成都市城市总体规划[Z].2003.
[5] 中铁二院工程集团有限责任公司.成都东客站初步设计总说明书[R].成都,2009.

大湾货运中心规划设计

李传勇　冯　骥

（中铁二院工程集团有限责任公司土建一院）

摘　要　本文结合成都枢纽货运站点布局及成都市的物流规划，对大湾货运中心的选址、功能定位、功能分区、货位布置及疏解进行了规划研究，并提出分期实施意见。

关键词　货运中心；规划；设计

The Study on Planning and Design of Da-wan Freight Transport Center

Li Chuanyong　Feng Ji

(First Civil Construction Design and Research Institute of CREEC)

Abstract　According to the freight station layout in Chengdu railway hub and logistics planning in the city, a research about Da-wan freight transport center, including the location, function orientation and division, the arrangement of freight lot and untwining was done. In the end, some suggestions for time implementation were proposed.

Key words　freight Transport Center; planning; design

1　引言

大湾货运中心为成都枢纽总图规划中货运系统"七货"之一，位于成都市北部的青白江物流园区，青白江物流园是成都市规划的四大园区之一，与城厢国际集装箱物流园区相邻。

大湾货运中心依托成都枢纽的北环线上的大湾镇车站，北扼宝成铁路及今后成兰、川青铁路进入枢纽之咽喉，东邻达成铁路、成都北编组站，北邻青白江开发区、南接新都—青白江开发区，其在成都铁路枢纽中的地理位置非常优越。

大湾货运中心位于青白江大湾镇，东西两侧临靠北新干线、川陕路（大件路）、成绵高速和成青快速通道等4条南北向公路干道，南北两侧临靠在建的货运大道和唐巴公路、规划中的第二绕城高速公路、都市环城快速通道等4条东西向公路干道，与成都市区的公路交通便捷，并通过周围公路交通可辐射德阳、绵阳、彭州、简阳、资阳、重庆等周边地区。

2　成都市域物流规划

成都市将铁路、空港和多种运输方式衔接，建设以国际物流服务为主，同时办理区域物流、城市物流的四大综合性物流园区。四大物流园区发展方向及功能分工如下（图1）。

2.1　国际航空物流园区

依托成都双流国际机场，园区控制规划面积3500亩（不含机场配套货运设施用地），货物年处理能力为250×10^4t，重点发展航空运输、航空物流、仓储配送，建立货物分拨中心和仓储配送中心。

作者简介：李传勇（1968—　），男，高级工程师，中铁二院土建一院副总工程师。

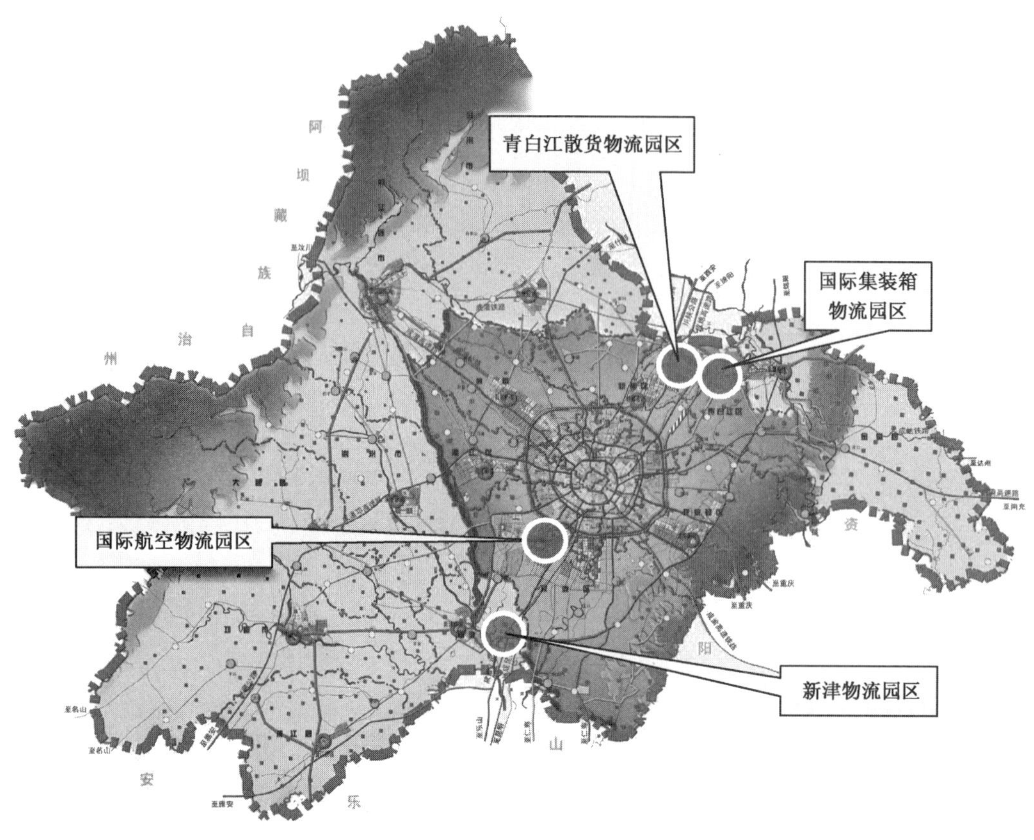

图1　成都市物流园区规划图

2.2　成都国际集装箱物流园区

依托成都铁路集装箱中心站,园区控制规划面积3600亩,为集装箱货物提供多式联运、仓储配送、中转分拨、拆箱拼箱、加工包装、信息服务等全程物流服务。园区集装箱年处理能力为100×10^4TEU标准集装箱。

2.3　成都青白江物流园区

依托成都铁路枢纽的大湾货运站,建设以处理铁路粗杂货物的堆装及冷链货物业务为主的枢纽型物流园区。园区控制规划面积3700亩,为铁路整车货物、散堆货物、零担货物提供公铁联运、中转仓储、分拨配送、加工包装、信息等全程物流服务。园区散堆货物年处理能力为1250×10^4t。

2.4　新津物流园区

依托成昆货车外绕线新津铁路货运中心规划建设,集商贸、城市中转、配送等功能为一体的综合物流园区。规划占地面积3600亩,货物年处理能力为2000×10^4t。

在成都城市物流系统中,大湾镇站铁路货场凭借强大的铁路运输优势和快速便捷的道路交通系统成为重要的物流集散节点,是成都市现代物流系统中的一个重要的物流基地。

3　成都枢纽货运系统规划

3.1　成都枢纽货运系统规划

根据中长期铁路网规划、城市总体规划和成都枢纽总图规划,现有枢纽内各主要货运站的功能布局将逐步调整:原成都东改建为动车运用所,宝成线青白江至成都段规划为成兰、西成的客运通道,西环线作为成灌、成雅城际及枢纽环线的客运通道,成都东、成都南、成都西站等货运功能取消,青白江站货场关闭,新津、彭州站将纳入枢纽,新建新兴镇货运中心,形成以大湾镇站、城厢集装箱中心站、新津、新兴镇为主的“客内货外”环形货运布局,四大货运站吸引范围及功能分工如下(图2)。

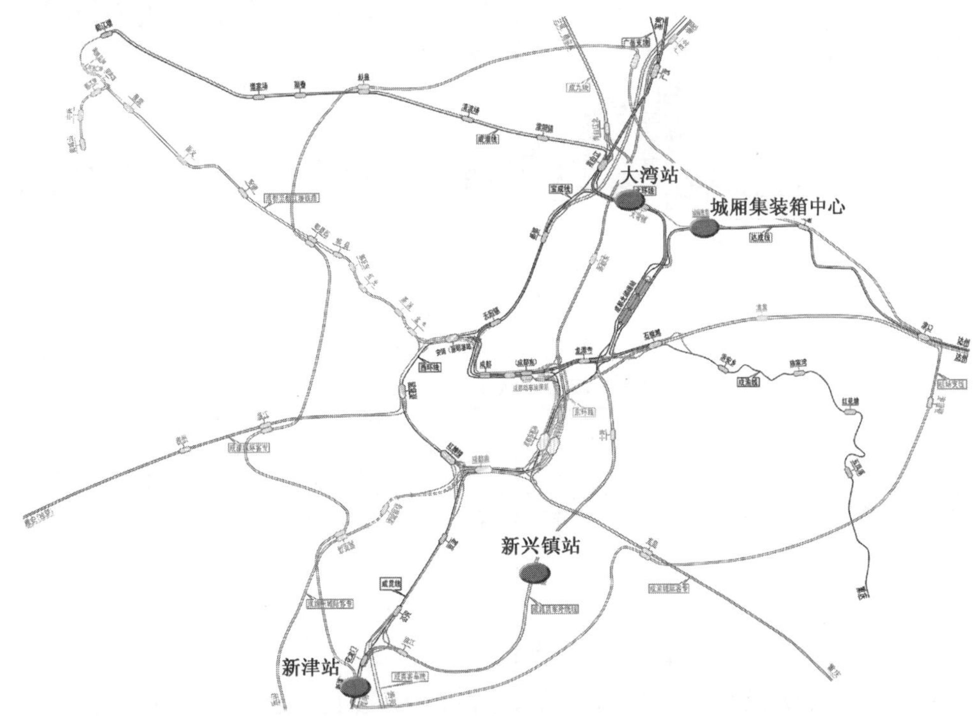

图 2　成都枢纽货运系统规划示意图

大湾镇站：枢纽内最大的综合性货运站，主要承担成都市北部、西部大部分地区、成都东、天回镇专用线整合的转移运量及德阳、绵阳地区部分货物到发。

城厢集装箱中心站：全国 18 个集装箱中心站之一，枢纽内第二大货运站，承担枢纽范围内全部集装箱货物的到发和部分成件包装货物发到作业。

新津站：成昆货车外绕线建成后，将关闭双流—沙河堡沿线车站的货运作业，转移至新津，主要承担成都市南部及大邑、邛崃等西部部分地区货物到发。

新兴镇站：成昆货车外绕后，石板滩及龙潭寺等站货运业务关闭，主要承担成都市东部地区及川东部分地区的货物到发。

3.2　枢纽北部货运中心选址研究

枢纽北部的货运中心的选址应该依托枢纽的货运北环线，宝成线上的青白江车站为北环线的起点和成兰、成灌线的接轨站、枢纽北部客货疏解区，不宜作为货运中心；北环线上的大湾镇车站位于青白江与成都北编组站之间，为枢纽北部的工业站，专用线接轨较多，亦是成都市规划的青白江散货物流园区所在地，对外公路配套完善，运量巨大而稳定。因此枢纽北部货运中心选址于大湾镇车站。

4　大湾货运中心规划设计

4.1　大湾站概况

大弯镇站位于枢纽北环线里程 K8＋486.3 处，是成都北编组站的前方站，距成都北编组站 11.627km，距青白江站 8.484km，距城厢集装箱中心站 5.908km。

车站既有到发线 5 条，有效长 850m，调车线 3 条，牵出线 1 条。车站配有调机 1 台，具有整列到、发及解编能力。站房对侧宝鸡端衔接着攀成钢、川化等工业区专用线，攀成钢专用线内设有企业站，成都北端衔接着成桥厂、二局四处桥梁场专用线，见图 3。

4.2　大湾站货运量预测及行车组织方案

(1)大湾站货运量预测

大湾站预测运量由既有专用线、综合性货场、散货物流园区专用线共三部分组成，其中铁路综合货场运量系整合清白江、天回镇、新都货场运量并考虑辐射区社会经济需求确定。研究年度车站预测的货运量见表1。

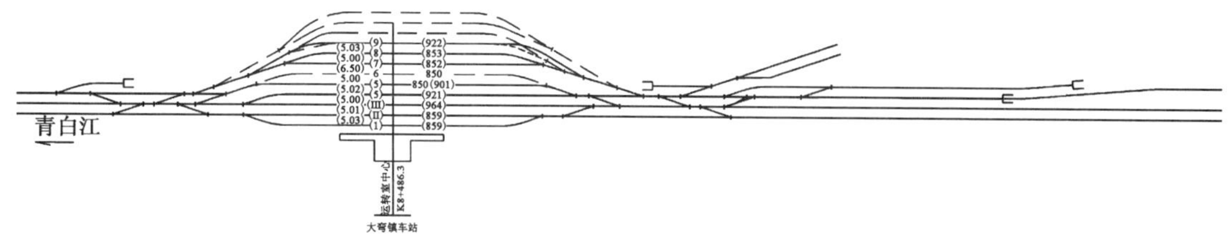

图3 大湾车站现状示意图

大湾车站运量预测表(单位:10^4t) 表1

品　　名	2007年			2020年			2030年		
	发	到	小计	发	到	小计	发	到	小计
大湾站货运总量	159	487	646	1200	1900	3100	1510	2270	3780
铁路货场运量	—	—	—	350	500	850	480	620	1100
既有专用线运量	159	487	646	350	850	1200	430	1000	1430
散货园区专用线运量	—	—	—	500	550	1050	600	650	1250

可以看出,大湾站既有专用线、综合性货场、散货物流园区专用线近期运量分别占总运量的38.7%、27.4%、33.9%,远期占37.8%、29.1%、33.1%。除既有专用线运量继续增长外,近远期新增运量达1900×10^4t、2350×10^4t,分别占总运量的61.3%、62.2%,需新建货运设施承担。

(2)大湾站行车组织方案

很明显,大湾站将是一个典型的装卸车始发地,完全具备始发、技术直达列车的组织条件。对于钢铁、化肥等大宗运量,可开行始发直达列车;还可根据货物品名及到发特点,组织开行以运输食品为主的成都至广州的冷藏"五定班列"、粮食"五定班列"、特货列车等运输新产品,达到高密度、快捷运输的效果,充分满足高附加值货物对时间的严格要求。零星车流可充分利用大湾站编组条件,通过调车方式将零星车流牵至大湾站编发,对集结时间过长,依然不能满足到发条件的,可挂入大湾与成都北间小运转列车,在成都北编组站进行解编作业。

因此,本站近、远期开行始发列车7对、10对,摘挂、小运转列车2对、3对。

4.3 大湾站货运中心方案研究

(1)货运中心选址研究

既有专用线都从站房对侧(即线路左侧)引入,站房对侧为厂矿或土地已售,暂维持现状,视运量增长情况分别自行进行改扩建。站房同侧为物流园区配套的规划用地,同济大道从车站的西端穿越,货运大道从南侧通过,因而货运中心新增运量所需园区(到发、调车加强及综合性货场、散货物流园区专用线)选址于站房对侧即线路的右侧,见图4。

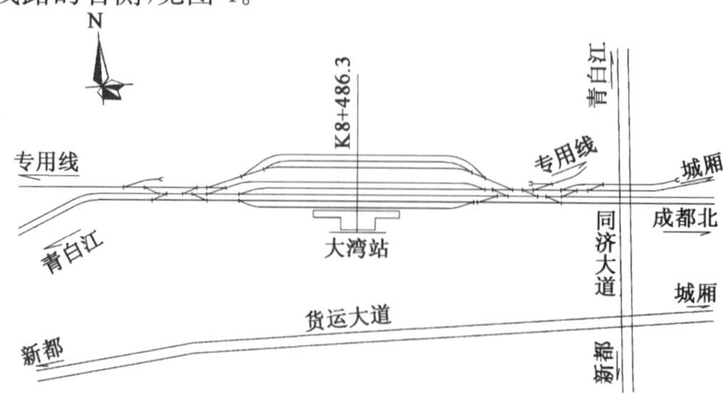

图4 大湾站周边的交通示意图

(2)货运中心功能区的组成

作为具备始发终到功能的货运中心，其技术作业类同于技术作业站，需配设到发、调车及机务、车辆整备设施。

货运中心的装卸作业区，主要由大湾综合性货场及物流园区专用线两大部分组成。

大湾综合性货场：主要为年运量小于 30×10^4t，不具备修建专支线的社会用户服务。根据货物品类，由成件包装、站台货物、散堆装及笨重货物四个功能区组成。

物流园区专用线群：为专业性大宗运量用户服务。由钢材装卸区的长笨货区、冷链仓储区及散堆装货区组成。园区配套不仅仅提供铁路运输、保管、装卸等服务，而且将拓宽物流服务范围和深度，发展现代物流，开展以仓储、库存管理、信息服务、流通加工、配送（机电产品及零配件、化工原材料及产品、蔬菜、生产生活资料等）等功能为主的综合性物流增值服务。

(3)货运中心总布置图研究

货运中心规划形成铁路综合货运功能区、散货物流园专用线群园区和其他专用线并存的格局。根据计算，综合性货场需要的宽度约 500m，物流园区专用线所需宽度约 1000m，因而将综合性货场与物流园区专用线货区横列布置方案不可能，受大湾站站坪长度及规划用地控制二者纵列也不成立，故经过比选最终采用独特的斜“T”形式。因此，结合既有专支线接轨情况，货运中心总体格局采用正线中穿，既有专支线群、铁路货运区、物流园区专用线群采用双横列贯通式布置，新建部分采用技术作业车场与货运功能区大横列、货运功能区的综合货场与物流园区专用线群东西展长斜“T”形并列的布局。

技术作业车场的到发线、调车线及牵出线有效长 850m；货场及物流园区专用线的装卸线均按满足“整列装卸”的贯通式布置，按满足牵引质量 4000t 设计，直线部分装卸线长度不小于 780m。

①大湾镇综合技术作业车场

车场南扩，采用站房换边，正线中穿、两侧设横列式到发（调车存车）场布置，兼顾两侧既有专支线及货运物流区作业，规划到发、调车线共 16 条。车站两端设置牵出线、机务整备线，在各装卸线接轨分叉的锁口位置设置电子轨道衡。

②铁路综合货运区（图 5）

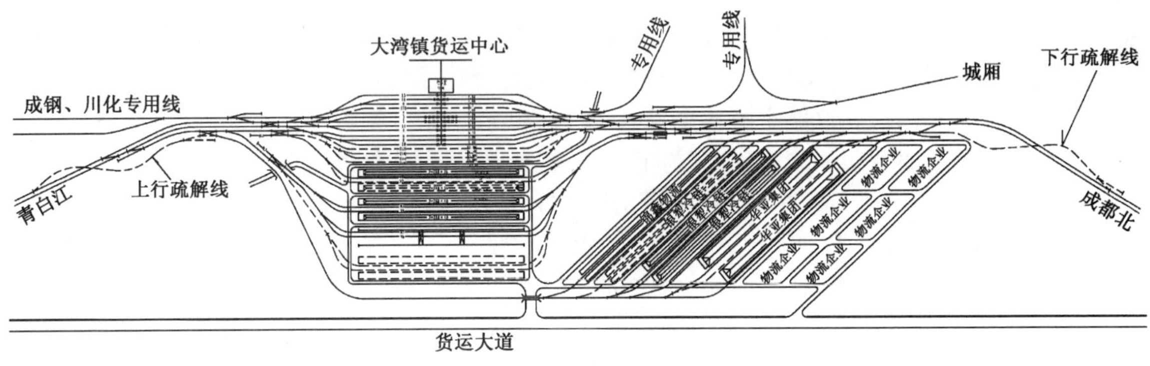

图 5　货运中心总平面布置示意图

根据预测运量，大湾综合货场按 4 束 8 线规划，横列贯通式布置；货运区分为成件包装区、笨大及散货区，其中仓库、站台、长笨及堆场各 2 线；仓库按 36m 的大跨布置、站台宽 36m，均按 2 台夹 2 线布置；笨大区 2 条装卸线，龙门吊跨度按 30m 宽设计；堆场 2 线夹两侧货位布置。

③物流园区专用线群

根据预测运量，物流园区专用线也按 8 线规划，其中钢材 4 线、冷链 3 线、粗杂 1 线。为充分利用站区场地，装卸线采用贯通 8 线斜向布置。装卸区西侧配设仓储、配送、贸易、电子商务区。

物流园区分别由博川物流、银梨冷链和四川物流三家物流企业经营，按照物流要求配置仓储、分货、拣选、包装等物流深加工功能。

博川物流专用线。博川物流运量约为园区总运量的一半，近期设贯通式专用线 3 条，远期预留专用线 1 条。为减少二次搬运引起物流成本上升，初步确定博川物流设置 780m×205m 仓库 2 座，仓库内设置珩吊等起重设备。

银犁冷链专用线。近期设贯通式专用线2条,远期预留专用线1条,按照办理冷藏集装箱的作业流程设计,设18m跨龙门吊。专用线西侧设置冷冻仓库,仓库采用节能效率最好的正方体布置(根据相关研究结论,同样容积的冷库,正方体比长方体节能25%～30%),单个仓库尺寸采用80m×80m,规划仓库总面积57600m²,仓库边设10m宽站台,方便冷藏集装箱的装卸作业,同时可将需汽车转运的货物提前在站台上进行分拣、包装和堆放,从而减少汽车等待时间,提高汽车转运效率 。

锦鑫物流专用线。设贯通式专用线1条,专用线两侧分别设散堆装场地,场地尺寸2m×780m×40m。

(4)两端疏解研究

规划年度内综合性货场与物流园区专用线运量占全站运量的2/3,约2350×10^4t/年,北环正线有大量的货车通过大湾站(约70对)。很明显,如此大的车流交叉将严重制约线路通过能力,为此规划青白江和成都北两方向货车疏解线,以疏解本站自编列车与北环线正线行车交叉干扰,形成货运区与到发场并列的格局。

上行疏解线:为疏解青白江端的下行到达列车与上行出发(通过)列车交叉干扰,下行出发疏解线自上行区间出岔,采用“S”线形上跨北环正线,接入车场上行咽喉区,并满足本站车下行到达与上行出发(通过)的平行作业需要,疏解线长6.15km。

下行疏解线:为成都北端的下行出发列车与上行到达(通过)列车交叉干扰,下行出发疏解线自下行区间出岔,采用“S”线形上跨北环正线,接入车场下行咽喉区,并满足本站车下行出发与上行到达(通过)的平行作业需要,疏解线长8.35km。

4.4 分期实施意见

根据预测运量大湾综合性货场近期实施仓库、站台及笨重的3束6线、预留堆场的1束2线,物流园区专用线近期实施钢铁物流3线、冷链2条、长笨物流1线,预留钢铁物流1线、冷链1线。

通过改建两端区间正线增加咽喉区的平行进路,车站咽喉能力满足需求,两端联络线作为预留。

5 结语

大湾货运中心由1100×10^4t/年的综合性货场与1250×10^4t/年散货物流园区专用线两部分组成,含园区配套用地共4700亩,大湾综合性货场是枢纽四大综合性货场之一,是枢纽内最大的综合性货场,散货物流园区辐射西南地区,联结全国各大城市,以处理铁路粗杂货物的堆装及冷链货物业务为主。技术作业车场正线中穿、两侧设横列式到发(调车存车)场布置,兼顾两侧既有专支线及货运物流区作业,规划到发、调车线共16条。综合性货场与物流园区专用线按满足整列到发的双贯通呈斜“T”形格局,两端咽喉近期改建区间正线增加平行进路、规划立交疏解线,最终实现立交疏解。货运中心西侧紧邻物流园区的配套区,其余的东、北、南三面均有立交的大能力通道与外部货运道路相连。

参考文献

[1] 中华人民共和国行业标准. GB 50091—2006 铁路车站及枢纽设计规范[S]. 北京:中国铁道出版社,2006.

[2] 中华人民共和国行业标准. GB 50091—2006 铁路线路设计规范[S]. 北京:中国铁道出版社,2006.

[3] 中华人民共和国人民行业标准. GBJ 12—87 工业企业标准轨距铁路设计规范[S]. 北京:中国铁道出版社,1987.

[4] 铁建设[2008]58号,铁路货运中心设计暂行规定[S].

[5] 中铁二院工程集团有限责任公司. 新建铁路成都至兰州线初步设计第十一篇站场[R]. 成都,2009.

磨憨铁路口岸站选址方案研究

罗孝平　饶　武

（中铁二院工程集团有限责任公司土建一院）

摘　要　磨憨铁路口岸是中国向东南亚实施全方位开放的前沿窗口，现以泛亚铁路通道建设为契机充分发挥磨憨口岸站对经济发展的功能辐射作用，这是我国铁路实施“走出去”战略的重要举措。本文依托拟建中昆万线(玉溪—万象)可能的走向分别考虑磨憨铁路口岸在东线与西线走向上站址选择方案，分别从工程投资、站址条件、口岸站作业流程等方面对比东线和西线系列站址设置方案中最优的方案。

关键词　磨憨口岸；铁路站址；泛亚铁路通道

Research on Site Selection for MoHan Railway Port

Luo Xiaoping　Rao Wu

(First Civil Construction Design and Research Institute of CREEC)

Abstract　MoHan railway port is the front edge window of China to the Southeast Asia ,Based on the construction of Pan-Asia railway corridors to play the performance of MoHan railway port in promoting economic development. That is the important action for China's strategy of “go out”. This paper consider several programs of railway site selection on east and west respectively base on the probably run of the railway from Yuxi to Wanxiang,and analyzed the programs of railway site selection on east and west respectively from some aspects to confirm the best program on east and west respectively,such as project investment ,operation process and the condition of railway site.

Key words　MoHan railway port;Railway station;Pan-Asia railway corridors

1　引言

磨憨铁路口岸位于云南省最南端，地处云南省与中南半岛的枢纽部位，与老挝磨丁口岸接壤，是中国—东盟自由贸易区最佳结合部，同时是中国向东南亚实施全方位开放的前沿窗口。1992年，国务院批准磨憨为国家级口岸，是我国与东南亚各国客货交流的主要贸易口岸之一。磨憨地处中国与东盟的最佳结合部，中国与东盟全面经济合作的发展形势，为加快磨憨经济、社会的发展和全方位开放注入了强大动力，带来了世纪发展机遇，磨憨跨越式发展的国际环境正在形成。

磨憨铁路口岸站以泛亚铁路通道建设为契机，以口岸站建设为基地，充分发挥磨憨口岸站对经济发展的功能辐射作用，充分利用国内外两种资源、两个市场，以泛亚铁路大通道为动脉促进大开放，形成大发展，实现国民经济的健康、稳定、跨越发展。磨憨铁路口岸站的建设对加强我国西部路网结构和强化泛亚铁路大通道的功能也将起到十分重要的作用。磨憨铁路口岸站地理位置见图1。

作者简介：罗孝平(1980—　)，男，工程师。

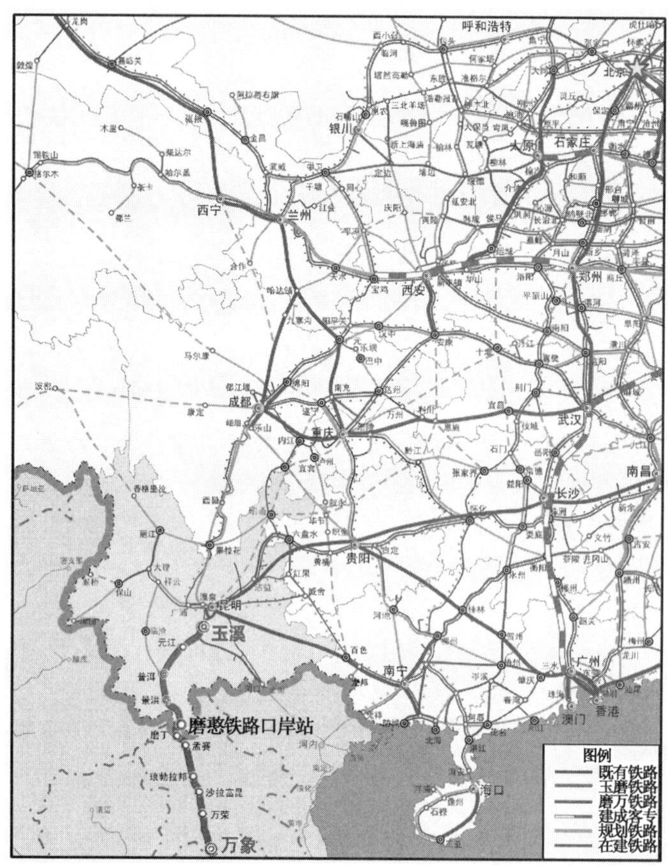

图1 磨憨铁路口岸地理位置

2 磨憨地区交通现状

磨憨口岸是我国通向老挝的唯一国家级陆路口岸及东南亚各国的重要陆路枢纽，是我国云南省及西南地区到东南亚旅游和货运的重要集散地之一。目前磨憨口岸地区只有213国道从区内穿过，213国道是中国的一条由北向南的国道，起点为甘肃兰州，经四川，从云南磨憨口岸出境，与泰国相连，全程2827km。213国道既是磨憨边境贸易区对外联系的主要道路，又是贸易区内部唯一的主要道路，区内其他道路均为尽端式土路，总体上没有形成良好的道路体系。昆曼公路建成以后，贸易区可通过昆曼公路与外界联系，这一情况将得到改善。

磨憨地区目前尚无铁路，拟建的玉溪—磨憨、磨憨—万象铁路。而磨憨口岸站是玉溪—磨憨铁路的终点站，又是磨憨—万象铁路的起点站。

3 磨憨口岸站址研究

鉴于磨憨地区内可建设用地狭长而分散，适于建设口岸站的站址方案有限。因此结合磨憨经济开发区总体规划以及玉磨、磨万铁路在地区内的线路走向确定磨憨铁路口岸站址方案。参考国内既有口岸站站型，本次提出了到发场(含物流中心)与边检场合设、分设的两种口岸站站型方案。

根据昆万铁路预可研以及现场踏勘，昆万铁路引入磨憨(磨丁)地区主要有经我国境内尚岗、尚勇、磨整，在老挝境内勐海设站的东线方案，以及经我国境内尚岗、尚勇、磨憨，在老挝境内纳堆(磨丁)设站的西线方案两个走向方案。线路走向方案示意如图2所示。

3.1 西线方案

根据磨憨地区自然条件，较为宽阔的场地有尚岗、尚勇、南坡、磨憨镇等处，故本方案在地区内可能的口岸站有尚岗、尚勇、南坡、磨憨等站址方案。西线方案口岸站站址示意如图3所示。

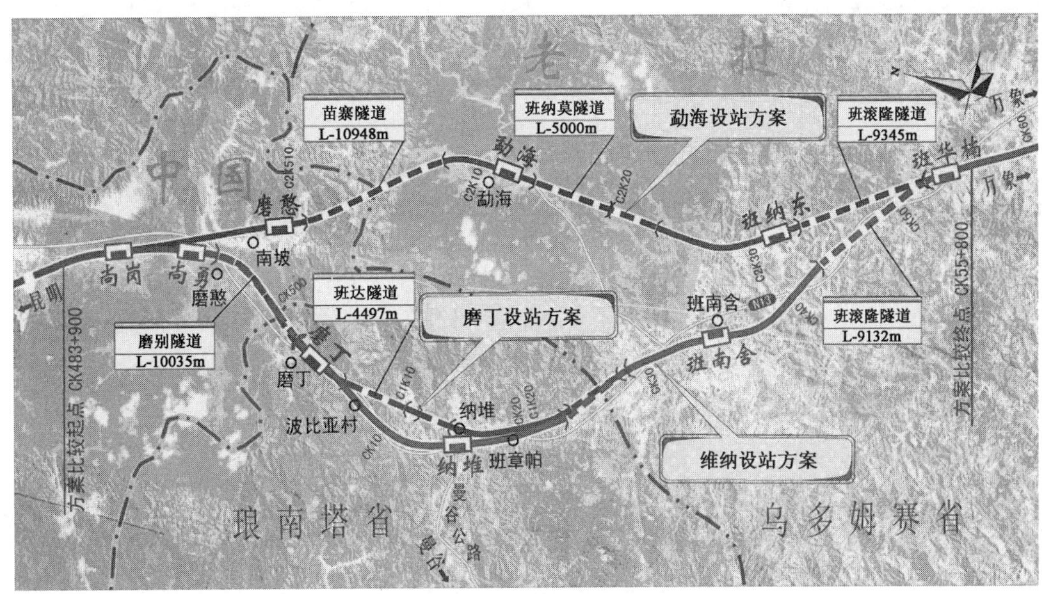

图 2　昆万铁路尚岗至孟赛段方案走向

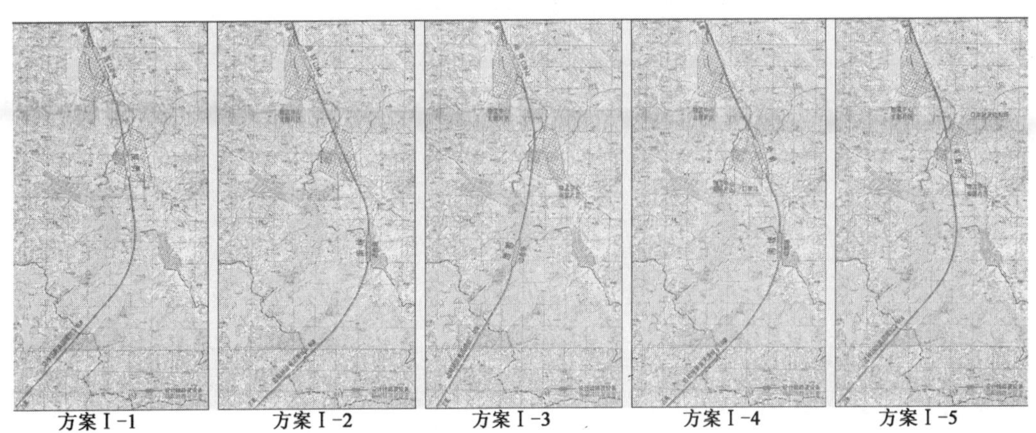

图 3　西线磨憨口岸站站址方案

(1)西线磨憨口岸站站址方案构成与特点

方案Ⅰ-1,口岸站设于尚岗,边检场设于尚勇:出入境列车除边检作业在尚勇边检场办理外,其余全部在尚岗口岸站办理。

方案Ⅰ-2,口岸站设于尚岗,边检场设于南坡:出入境列车除边检作业在南坡边检场办理外,其余全部在尚岗口岸站办理。

方案Ⅰ-3,口岸站设于尚岗,边检场设于磨憨:出入境列车除边检作业在磨憨边检场办理外,其余全部在尚岗口岸站办理。

方案Ⅰ-4,口岸站设于尚勇,边检场设于南坡:出入境列车除边检作业在南坡边检场办理外,其余全部在尚岗口岸站办理。

方案Ⅰ-5,口岸站、边检场合设于尚勇:出入境列车作业全部在尚勇口岸站办理。

(2)站址方案比选

方案Ⅰ-1 边检场设于尚勇、口岸站主要作业区设于尚岗,其配套的物流中心场地狭小,距边境过远,边贸加剧公路口岸交通压力,管理难度大,缺点明显,规划矛盾,放弃该方案。以下分别从工程量和工程投资、站址条件、口岸站作业流程、与物流中心规划配合等方面分别对比其他 4 个方案(见表 1)。

从工程量和工程投资分析:口岸站工程投资以方案Ⅰ-3 最省,方案Ⅰ-5 次之,方案Ⅰ-4 最大。

从站址条件方面分析:尚勇站址邻靠规划的生活服务区,符合城市规划,方便旅客出行,且距离国境较尚岗站址更近，宜优先选用。

从口岸站作业流程分析：到发场与边检场合设或分设均能满足出入境列车的边检、通关作业。分设方案由于边检作业区域相对独立，更有利边防监管。

西线系列方案优缺点分析

表1

方案	优　点	缺　点
方案Ⅰ-2	①边检场与到发场分设站内作业相互干扰少，方便运营管理； ②边检场设于南坡距离国境线较近(5.6km)，方便边防监管； ③与物流中心规划配合较好	①地区客运作业在尚岗办理，距离城市中心约4.5km，旅客出乘不便，与城市规划不相一致； ②线路长度最长，工程投资较大
方案Ⅰ-3	①边检场与到发场分设站内作业相互干扰少，方便运营管理； ②边检场设于磨憨距离国境线最近(3.4km)，方便边防监管； ③线路顺直，长度最短，口岸站工程投资最省	①地区客运作业在尚岗办理，距离城市中心约4.5km，旅客出乘不便，与城市规划不相一致； ②与物流中心规划较差，物流中心南片区(尚勇片区)工程量大，投资大
方案Ⅰ-4	①地区客运作业在尚勇办理，靠近城市中心，方便旅客出行，符合城市规划； ②边检场与到发场分设站内作业相互干扰少，方便运营管理； ③线路长度较短，工程投资最省	①线路经尚勇靠东侧沿山至南坡，与物流中心南片区规划配合差，站区物流、人流交叉干扰严重； ②线路长度较长，工程投资最大； ③南坡设边检场距离国境线较远(7.23km)，不利于边防监管
方案Ⅰ-5	①地区客运作业在尚勇办理，靠近城市中心，方便旅客出行，符合城市规划； ②与物流中心规划配合好，能最大限度地利用土地； ③线路长度较短，口岸站工程投资较省	①线路较长，工程投资较大； ②到发场与边检场合设站内出入境列车边检作业对其他作业有一定影响； ③边检场距离国境线较远(8.98km)，增大了边防监管范围

从与物流中心规划配合方面分析：除方案Ⅰ-4因为满足南坡设边检场的场坪条件，线路在尚勇采用东侧靠山线位，存在线路东侧用地无法充分利用，且物流中心与口岸站站房均设于线路西侧，物流功能区与口岸站客站及生活居住区混合，对居民生活有一定影响，对城市交通影响较大，交通组织和物流作业组织均有一定困难的缺点外，其余方案与物流中心规划配合均较好。

经综合分析比较，本次研究西线走向系列推荐采用方案Ⅰ-5，即口岸站到发场与设边检场合设于尚勇。

3.2 东线方案

根据昆万铁路走向方案在地区内可能的口岸站及边检场有尚岗、尚勇、磨整等站址方案。东线方案口岸站站址示意如图4所示。

(1)东线磨憨口岸站站址方案构成与特点

方案Ⅱ-1，口岸站设于尚岗，边检场设于尚勇：出入境列车除边检作业在尚勇边检场办理外，其余全部在尚岗口岸站办理。

方案Ⅱ-2，口岸站设于尚岗，边检场设于磨整：出入境列车除边检作业在磨整边检场办理外，其余全部在尚岗口岸站办理。

方案Ⅱ-3，口岸站设于尚勇，边检场设于磨整：出入境列车除边检作业在磨整边检场办理外，其余全部在尚勇口岸站办理。

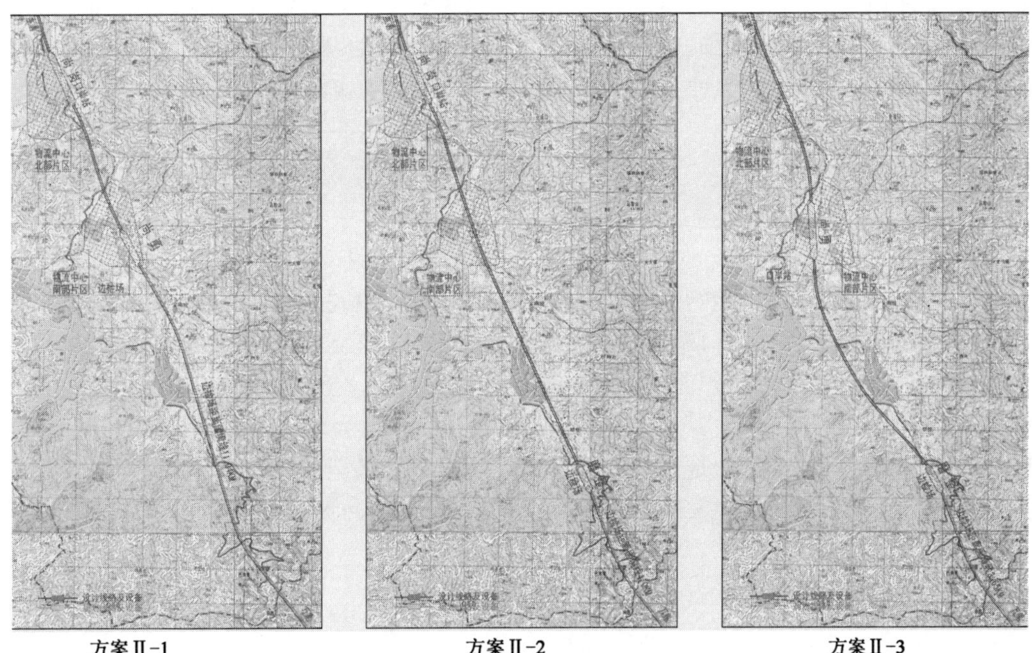

方案Ⅱ-1　　方案Ⅱ-2　　方案Ⅱ-3

图4　东线磨憨口岸站站址方案

(2)站址方案比选

分别从工程量和工程投资、站址条件、口岸站作业流程、与物流中心规划配合等方面分别对比东线的三个方案(表2)。

东线系列方案优缺点分析　　表2

方案	优　　点	缺　　点
方案Ⅱ-1	①线路长度较短，工程投资最省； ②口岸站到发场与边检场分设，边检作业与站内其他作业无干扰，便于运营管理	①地区客运作业在尚岗办理，距离城市中心约4.5km，旅客出乘不便，与城市规划不相一致； ②尚勇边检场距离国境线较远(11.04km)，增大了边防监管范围； ③与物流中心规划配合较差
方案Ⅱ-2	①线路顺直，长度最短； ②口岸站到发场与边检场分设，边检作业与站内其他作业无干扰，便于运营管理； ③磨整边检场距离国境线较近(4.0km)，有利于边防监管	①地区客运作业在尚岗办理，距离城市中心约4.5km，旅客出乘不便，与城市规划不相一致； ②桥隧比重大，工程投资最大； ③与物流中心规划配合较差
方案Ⅱ-3	①到发场设于尚勇符合城市规划，旅客出行方便； ②口岸站到发场与边检场分设，边检作业与站内其他作业无干扰，便于运营管理； ③边检场设于磨整距离国境线最近(3.65km)，有利监管； ④与物流中心规划配合最好	线路长度最长，工程投资较大

在工程量和工程投资上方案Ⅱ-1投资最省，方案Ⅱ-3次之，方案Ⅱ-2桥隧比重大，工程投资最大。方案Ⅱ-1虽然投资最省，但是该方案与城市规划不一致，而且该方案与物流中心配合差不能起到铁路口岸在物流运输中的主干作用。方案Ⅱ-2在三个方案中投资最大，而且与城市规划和物流中心规划不一致，该方案不可取。方案Ⅱ-3在工程量和投资上居于中等，但是该方案与城市和物流中心的规划一致，

而且方便运营管理。

综上所述,从方便运输组织管理、站址条件满足物流中心远期发展、符合城市规划、工程实施难度小、投资省等方面考虑,本次研究东线走向系列推荐采用方案Ⅱ-3,即口岸站采用分设站型,到发场设于尚勇,边检场设于磨整。

4 结语

由于昆万铁路在磨憨地区的走向方案尚未稳定,本次研究分别对上述东、西线方案可能的站址方案进行综合比选。根据昆万铁路可能的走向确定最优的西线方案就是方案Ⅰ-5,即口岸站、边检场合设于尚勇,出入境列车作业全部在尚勇口岸站办理。而最优的东线方案则是方案Ⅱ-3即口岸站设于尚勇,边检场设于磨整,出入境列车除边检作业在磨整边检场办理外,其余全部在尚勇口岸站办理。

磨憨口岸站建设是中国与东南亚各国发展贸易的需要;是我国铁路实施“走出去”战略的重要举措;是改善投资环境、吸引外资的需要;是促进中国—东盟自由贸易区建设,加快云南省国民经济发展的需要;是优化产业结构、推动第三产业发展的需要;是整合物流资源、促进第三方物流发展的需要。

参 考 文 献

[1] 铁道部中长期铁路网规划[OL]. 2008. http://jtyss.ndrc.gov.cn/fzgh/W020090605632915547512.pdf.
[2] 黄正会. 浅谈地方铁路选线中经由点和车站位置选择[J]. 铁道勘察设计,1996.
[3] 毛凝晖. 高速铁路枢纽选址与设施布局方法研究[J]. 和谐交通.
[4] 严峻. 复杂山区贵阳铁路枢纽总图设计及站点布置[J]. 四川建筑,2010.

大宗散货铁路装车线布置的探讨

陈国涛

（中铁二院工程集团有限责任公司交规院）

摘　要　通过对大宗散货铁路装车线的布置形式、优缺点及各布置形式作业时分、作业能力进行了论述，并结合广西投资集团北海煤炭储运配送中心项目配煤堆场铁路专用线实例进行说明，以期为大宗散货铁路装卸线的设计及规划提供借鉴与参考。

关键词　大宗散货；铁路装车线；布置

Discussion on the Layout of Railway Loading Lines for Bulk Cargo

Cheng Guotao

(Communication Planning and Research Institute of CREEC)

Abstract　This paper has a discussion on the layout modes, advantages and disadvantages of the modes, operation time, and operation capacity of the railway loading lines for bulk cargo, and gives a description as the case of the railway special line in Beihai Coal Storage and Distribution Center of Guangxi Investment Group, which provides reference for the design and planning of bulk cargo railway loading lines.

Key words　bulk cargo; railway loading line; layout

1　引言

大宗散货装卸及运输历来是铁路运输的传统业务，最利于发挥铁路长距离、大运量、全天候、环保高效的特点，在矿山、港口、冷链物流基地有广泛的运用。近年来随着国民经济持续快速发展，大量铁路装车站建设进入高速发展时期。大宗散货运输向路港、路企直通联运发展，装车机械广泛采用垂直立体装卸设施（快速定量装车系统），装车站总体上向大型化、专业化、高效流水作业的方向发展。因此，大宗散货运输中的装车站的作业能力是运输的基础和保障，而装车站不同的装车设施和装车线布置形式又对车站作业方式及运输能力起决定作用。因此，对大宗散货铁路装车线的布置形式进行研究具有重要意义。

2　铁路快速定量装车系统简介

传统的铁路大宗散货装车模式为线侧式装载机（铲车）装车，不仅装车效率低、列车在站停留时间长、车辆周转率低，而且准确性差，超轴、欠轴问题多，装卸、维修定员多，并对环境产生极大负面影响，是铁路车站“脏乱差”的根源之一，已经远远不能适应运输需求。因此，铁路大宗散货装车已经广泛采用快速定量装车系统（图1）。

快速定量装车系统是一种用机车牵引（或铁牛牵引）的垂直装车系统。快速定量装车系统主要包括主体支撑结构、缓冲料仓、漏斗型定量仓、鄂式配料闸门、平板闸门、摆动式装车溜槽等设备、液压系统、控制系统、称重系统、自动润滑系统、除尘系统等，具有以下特点：

作者简介：陈国涛（1964—　），女，高级工程师，中铁二院工程集团有限责任公司交规院副总工程师。

(1)采用摆动式装车流量控制闸门,摆动幅度大,可满足于不同的装车车型规格,内部的弧形控制闸门既控制了物料的速度,又减少了对车厢的直接冲击,使物料均匀地装入车内。

(2)缓冲仓上方增加雷达扫描料位仪,可精确地测得缓冲仓的料位。

(3)缓冲仓的外壁增加了振料器,解决了仓壁存料的问题。

(4)缓冲仓配料闸门采用鄂式双口弧形闸门,在物料装车过程中能做到不卡料,关闭灵活,保证了装车的连续性,提高了配料精度。

(5)定量仓与缓冲仓之间增加了排气管路,既减轻了装车溜槽装车时的内压力,又防止了粉尘的外溢。

图1　铁路快速定量装车系统

目前,快速装车系统基本实现动态装车(允许空车列低速运行装车),平均每辆用时在1.0min内,大大提高装车效率和准确性。本文基于大宗散货装卸采用快速装车系统,探讨装车站的布置问题。

3　大宗散货铁路装车线的布置形式

铁路大宗散货装卸站一般负责运输块状、粉状货物,运量较大,大都位于港口、矿区和冷链物流基地,采用快速垂直装车系统,按装车地直达运输组织行车,故一般位于线路尽端,大部分为尽头式布置。结合其作业特性,铁路装车线的基本布置形式主要可以采用直线装车、环线装车两类。

3.1　直线装车式

直线装车式布置的装卸线按直线布置。根据装卸线与到发场布置位置的不同分为:横列折返式直线布置和纵列折返式直线布置。

(1)横列折返式直线布置

横列折返式直线布置就是将装卸线与到发场并列设置,装车线有效长在装车设备前后均满足一个整列车列长,如图2所示。其作业流程为:空车到达到发场→列检、换挂机车→调机推送空车列转入装车线低速通过装车→推送至牵出线(或在装卸线上直接发车)→折角牵引至到发场内→换挂机车、试风→发车。在条件许可时,可由本务机车牵引装车并可直进直出。

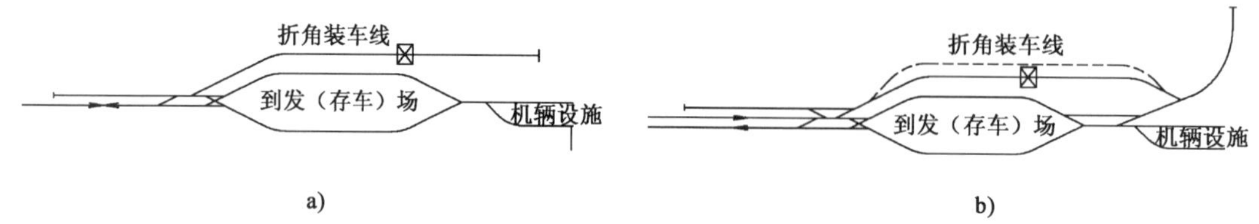

图2　横列折返布置示意图

a)单侧折角横列布置;b)双侧折角横列布置

横列折返式布置根据运量和场地条件,可衍生采用单侧折角横列[图2a)]、双侧折角横列[图2b)]布置。当场地极为困难、装车量不大时,装车装置甚至可直接设置于入口牵出线上。

该布置图形其优点是站场布置紧凑,管理方便;缺点是对场地要求"宽而长",车列转场作业多,装车设施在车列回牵时闲置,利用率较低,特别是装卸量大时列车到发与转场作业交叉干扰严重,车列周转时间较长。适用于场地相对较平坦,陆域纵深又长,装卸量相对较少的情况。

(2)纵列折返式直线布置

纵列折返式直线布置就是将直线装卸线与到发场呈纵向布置。装车线在装车设备前后满足一个整列车列长,如图3所示。作业流程:空车到达到发场→列检、换挂机车→调机推送空车列进入装车线低

速通过装车→回牵重车至到发场内(或在装卸线上直接发车)→换挂机车、试风→发车。

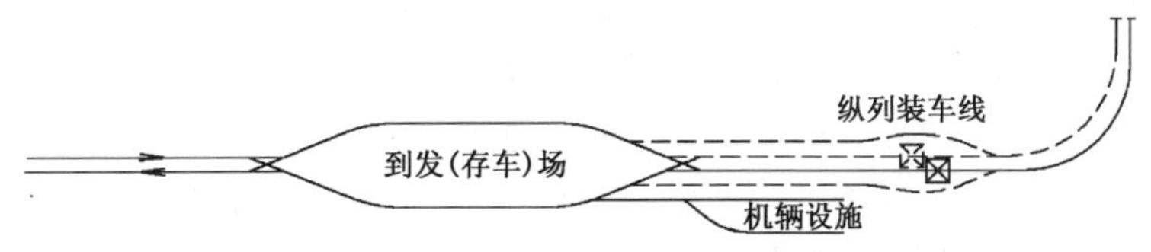

图3 纵列折返布置示意图

其优点是站场功能区划明显,列车到发与转场作业基本无交叉干扰;缺点是站坪较长,管理不便,场地要求"窄而长",转场作业多,同样装车效率在横列式基础上有所提高,但效率仍然较低。纵列式直线布置比较适宜于车站所处地形狭长弯曲的条件下使用。

(3)各自优缺点比较

横、纵列式直线布置图形两相比较,纵列式由于减少了横列式的折角回牵作业,可以直接推进作业,同时减少了牵出转场对接发车的交叉干扰,因此作业时分相对较短,效率较高。

因此,条件具备时,宜优先采用纵列式布置。

3.2 环形装车式

环形装车式布置的装卸线为采用环状布置,是装车线与到发场采用纵列或半纵列布置的一种图形。吸收了直线装车式的优点,并改进占用装车线的一种衍生图形。根据装卸线与到发场布置位置的不同可分为:纵列式环形布置和半纵列式环形布置。

(1)纵列式环形布置

纵列式环形布置就是将环形装卸线与到发场呈纵向设置,"到—装—发"作业为顺列流水作业,环线上装车设施前后保持必要的直线段(一般不小于200m的平坡直线),是效率最高的一种布置。

其作业流程为:空车到达到发场→列检、换挂机车→调机推送空车列进入环形装卸线低速通过装车、推送至到发场内→换挂机车、试风→发车。在条件许可时,可由本务机车牵引装车并可直进直出。

根据地形适应条件,全纵列式环形布置一般可以有以下布置:

①到发合场纵列式布置

集中设置到发(存车)场,环形装车线设于到发场尽端[图4a)]。为快速腾空到发线,其环形装车线分别在装车设备前后各满足一个整列车列长,以利于分区作业。该图形对场地要求较高,需要较宽敞的场坪纵深。

②到、发分场纵列式布置

当车站纵向场地不足时,到达、出发场分散布置于环线两端,两场间设置环形装车设施,装车设施两端可不满足整列长,到达、出发线兼作推送线[图4b)]。该图形相对合场纵列,对场地要求相对较低,但由于推送装车作业占用时间较长,到发场规模要求较大。

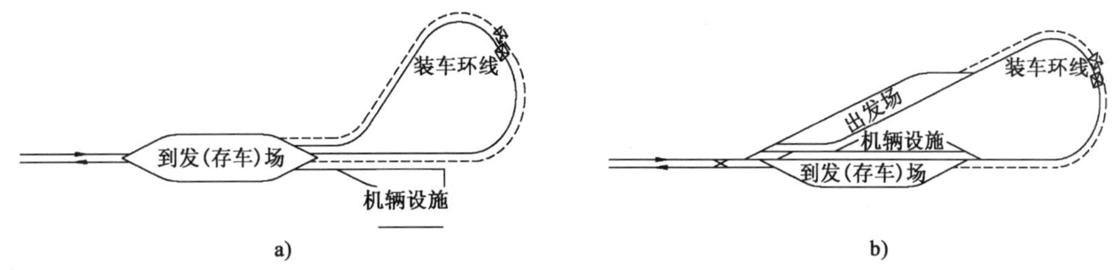

图4 纵列式布置示意图

a)到发合场布置;b)到发分场布置

纵列式环形布置的优点是作业方式简洁流畅,完全"一条龙"流水作业,消除了折角转场,装车效率高、作业能力大,特别是有利于实现本务机车牵引装车,有利于加速车辆周转、可压缩列车在站时间,提高运输效率。缺点是对场地要求高、占用场地大,设备相对分散,管理不便。因此纵列式环形布置适用于装卸量大、地形纵深宽敞的矿山、港口等车站。

(2)混合式环形布置

很明显,车列在车站内最耗时的环节是空重车列转线及低速、匀速装车(一般控制时速0.5～2km/h,视装车设施技术指标确定),一般占总作业时分的30%左右。因此,在地形条件限制不能实现全纵列布置时,可以采用混合式布置,即到发场尽端设置环形装车线,装车设备后段线路与到发场平行横列设置,装车设备前后满足一个整列车列长,并设置必要的平坡直线,如图5所示。

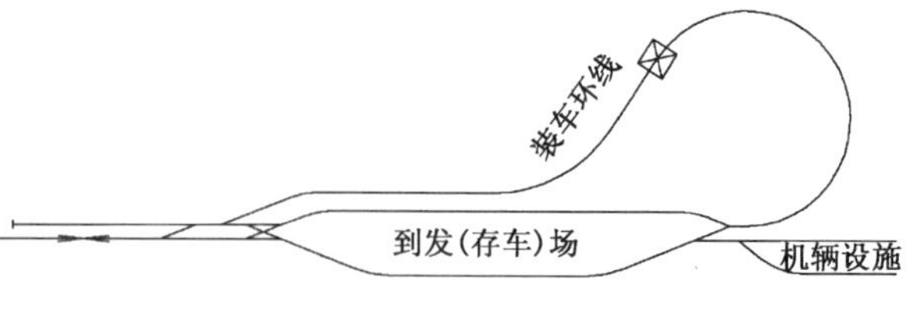

图5 混合式布置示意图

其作业流程为:空车到达→列检、换挂调机→调机推送空车列进入环形装卸线低速装车→推送至牵出线→经牵出线折返牵引至到发场内→换挂机车、试风→发车。在条件许可时,亦可由本务机车牵引装车并可直进直出。

混合式环形布置兼具纵列式主要优点和横列式主要缺点,其优点是作业方式简洁流畅,纵列推送装车效率较高。缺点是要求场地纵深短而宽,重车列回牵到发场耗时较长,列车到发与转场作业存在一定交叉干扰,设备相对分散,管理不便。故混合式环形布置适用于陆域纵深较短,装卸量较大的矿山、港口等车站。

3.3 各布置形式股道作业时分、能力分析及设备规模确定

(1)车列在站作业时分

目前,大宗散货装车站在向“整列到发,整列装卸”的方向发展,对于块状、粉状散货,广泛采用快速定量装车系统进行装车。目前快速定量装车系统已经能够达到动态装车(适应车列0.5 ～2.0km/h匀速运行装车,装车能力5500t/h)。结合装车站布置,各布置形式车站内各项作业参考时分见表1。

各布置形式作业时分表(单位:min) 表1

序号	作业流程	直线		环线	
		横列	纵列	混合	纵列
1	准备进路至空列车进站停车	8	8	8	8
2	列检、换挂调机	36	36	36	36
3	准备空列车由到发线转牵出线(装车线)进路	3	3	3	3
4	调机推送(牵引)空列车由到发线转牵出线(装车线)	8	6	6	6
5	空列车准备由牵出线转装车线进路	3			
6	调机牵引空列车由牵出线转装车线	10			
7	空列车装车	45	45	45	45
8	重列车由装车线转牵出线(到发线)	12	12	12	8
9	重车准备由牵出线转到发线进路	3		3	
10	调机牵引(推送)重列车由牵出线转到发线	10		10	
11	换挂机车	6	6	6	6
12	试风	6	6	6	6
13	准备发车及发车	7	7	7	7
14	总占用时间	157	129	142	125

由表1可以看出,总耗时环形装车线小于直线装车线,其中环形纵列布置总耗时最短,直线横列式布置最长,二者车辆在站停留时间相差32min左右。在“空车转线→装车→重车转线”这一占用装车线的环节,横列式布置需要频繁折角转场准备进路、折角运行及车列起停,时分相差更大,换言之,装车设备虚靡时间相差大,直线纵列、环形纵列具有最高的装车效率。

(2)装车站作业能力匹配

装车站综合能力由到达接车能力、装车能力、发车能力三部分组成。其中装车能力是核心,当这三

种能力匹配时，车站才具有最大综合能力。各能力的定义为：每昼夜作业时间除以每列车需要作业时间，并考虑一定的波动系数。

①装车线作业能力

$$装车线作业能力(列)=\alpha(1-\beta)(1440-T_{固})/I \quad (1)$$

式中：$T_{固}$——装车系统固定作业时间(min)，包括检修、值班员休息等；

I——占用装车线时分(min)，包含换挂调机、准备进路、牵出、推送装车、回牵至到发场等；

α——波动系数；

β——股道空费系数。

②到发线需要能力(规模)

$$到达(出发)线能力(列)=\alpha(1-\beta)(1440-T_{固})/I \quad (2)$$

式中：$T_{固}$——维修天窗、设备检修、作业人员交接班以及吃饭等时间；

I——占用到发线作业时分(min)，包含换挂调机、准备进路、牵出、推送装车、回牵至到发场等；

α——波动系数；

β——股道空费系数。

根据上述公式及表1作业时间，并综合考虑综合维修天窗、设备检修、作业人员交接班以及吃饭等时间(min)，经计算可得各布置形式装车线、到发线及牵出线能力匹配见表2。

各布置形式每条到发线及装车线能力表(单位：列/日)　　表2

布置形式		到发线	装车线	牵出线	到发、装车与牵出最小匹配比例
直线	横列	7	9	17	1.3∶1∶0.65
	纵列	8	10	—	1.3∶1
环形	混合	8	10	33	1.3∶1∶0.4
	纵列	9	12	—	1.4∶1

由表2可见，在整列装卸的条件下，环形装车式的股道能力均要大于直线装车式；同时要想满足正常装车及到发作业，并最大限度地发挥装车系统的最大效率，两种装车方式装卸站均至少要配置2条到发线和1条装车线，横列式布置的还需配置牵出线。

3.4　大宗散货铁路装车线布置的原则

综合上述分析可以看出，环形装车式要优于直线装车式，其具有作业流程顺畅，装车效率及运输效率高等优点，特别是装车量大时，其优势更加明显。因此，为了减少车辆在站停留时分、充分发挥装车设备能力，图形采用原则为：

(1)在地形及用地条件允许时，应优先采用环形装车式布置，其次考虑纵列式直线布置。

(2)在地形及用地受限时，年装车量在800×10^4t以下可采用横列式直线布置。

(3)年装车量在800×10^4t～1500×10^4t时，优先采用环形装车式布置，其次采用纵列式直线布置。

(4)年装车量在1500×10^4t以上时，只能采用环形装车式布置，并根据装车量适时采用双环或多环装车线布置。

(5)有条件时，装车设备前后线路有效长宜满足整列车长，以减少装车作业对到发线的占用，减少对到发场的规模要求。

(6)为避免重车折角转场，有条件时，横列式布置可在装车设备前方线路直接发车。

4　工程实例

广西投资集团北海煤炭储运配送中心项目配煤堆场铁路专用线项目位于广西铁山港西港区。根据广西北海储煤基地规划，一期工程煤炭吞吐能力为1000×10^4t/年，最终规模1500×10^4t/年，铁路近、远期承担为800×10^4t/年、1200×10^4t/年。

根据广西投资集团北海煤炭储运配送中心项目选址、规划铁路位置和用地大小，项目建设规模及年运量等，并结合铁道部“路企直通，整列到发，整列装卸”的政策，本次设计共研究了直线装车式和环形装车式两种方案，各方案具体分述如下：

(1)方案Ⅰ：直线装车方案

由于受港口泊位地形及用地限制，本次设计装卸站仅能按定量装车楼前后半列布置方案研究，在进行半列装卸的条件下，装车线、到发线规模均应在表2的基础上增加。两个子方案分别如下：

方案Ⅰ-1：横列式方案

本方案储运配送中心装卸站设到发场1处，到发线近期8条(含正线及机走线各1条)，远期预留2条；牵出线1条；尽头式装卸线近期4条，远期预留2条；有效长均为850m，需要场地纵深2.45km，具体见图6。

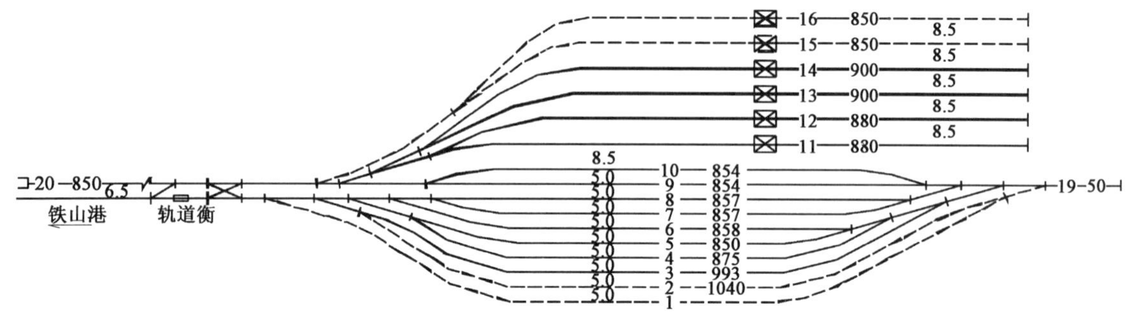

图6 直线横列式半列装卸站布置示意图

方案Ⅰ-2：纵列式方案

本方案储运配送中心装卸站近期设到达场和出发场各1处，到达场设到发线4条，出发场设到发线4条(含正线及机走线各1条)，有效长为850m；两车场之间设450m有效长转场线。尽头式装车线近期3条，远期预留2条，有效长为850m，需要场地纵深3.80km，具体见图7。

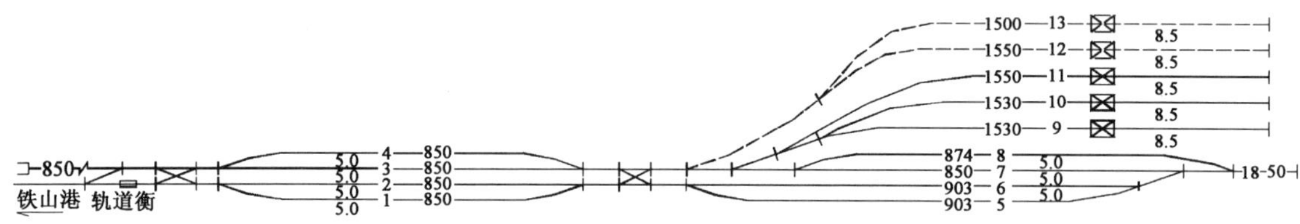

图7 直线纵列式半列装卸站布置示意图

(2)方案Ⅱ：环形装车方案

本次设计考虑装卸站定量装车楼前后按整列布置方案研究，装车线、到发线规模均参照表2计算，考虑储运配送中心远景发展，装卸站近期设环行装卸线1条，远期预留1条。两个子方案分别如下：

方案Ⅱ-1：装卸站到发场设到发线4条(含正线及机走线各1条)，预留牵出线1条，有效长为850m，需要场地纵深2.50km，具体见图8。

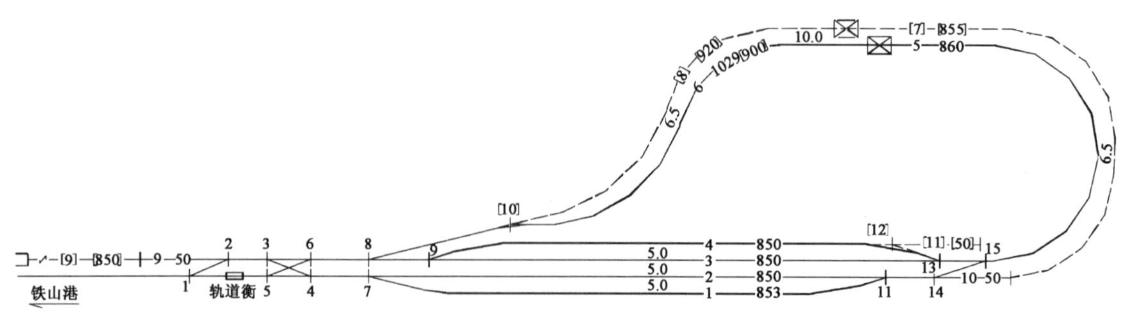

图8 环形混合式整列装卸站布置示意图

方案Ⅱ-2:装卸站到发场设到发线 4 条(含正线及机走线各 1 条),有效长为 850m,需要场地纵深 3.05km,具体见图 9。

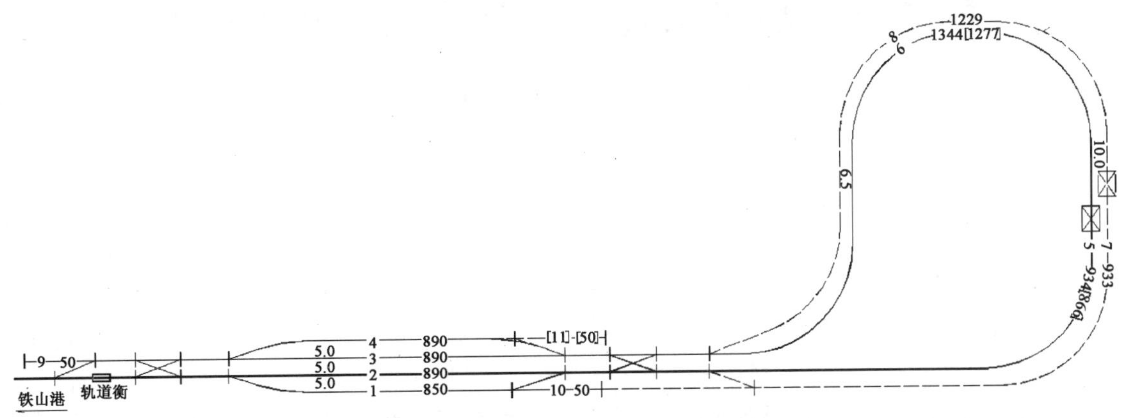

图 9 环形纵列式整列装卸布置示意图

通过综合分析比较,方案Ⅱ环形装车方案具有作业方式简单流畅、装车效率较高、装车作业能力较大及投资少等优点,并结合项目地形及用地,最后推荐了方案Ⅱ-1。

5 结语

铁路大宗散装货物装车站图形的采用,最根本的是运输需求及装车能力,而车站总布置图是根据其作业流程、结合自然条件和工程实际为其配套确定。不同的布置对应了不同的作业方式、效率和运输能力。在工程实践中,没有唯一性,需要因地制宜、多方案比选确定。本文通过对大宗散货铁路装车线布置形式的论述分析,并通过工程实例对其设计特点进行了说明,以期对大宗散装货物铁路装车线的设计有所启迪和帮助。

参 考 文 献

[1] 中华人民共和国行业标准. GB 50091—2006 铁路车站及枢纽设计规范[S]. 北京:中国铁道出版社,2006.

[2] 铁道部. 中长期铁路网规划[Z]. 北京,2004.

[3] 中铁二院工程集团有限责任公司. 新建铁路广西投资集团北海煤炭储运配送中心项目配煤堆场铁路专用线可行性研究[R]. 成都,2010.

[4] 穆进怿,罗毅. 宁东化工基地配煤中心站型布置研究[J]. 铁道标准设计,2008(9).

[5] 车骞. 煤矿铁路装车站的布局方案及适应性分析[J]. 科技资讯,2006.

[6] 杨玉伟. 关于煤矿铁路环线装车站的设计探讨[J]. 铁道货运,2010(03).

[7] 中华人民共和国行业标准. TB 10078—2001 铁路工业站港湾站设计规范[S]. 北京:中国铁道出版社,2002.

铁路进出站线疏解方式及接轨站布置探讨

吴朝荣[1]　杨　健[2]　张家发[3]
(1. 中铁二院工程集团有限责任公司土建一院；
2. 中铁二院工程集团有限责任公司技术中心；
3. 中铁二院工程集团有限责任公司土建二院)

摘　要　铁路进出站线疏解方式的确定关乎运营安全、运输效率和工程投资。本文根据多年设计经验和研究，拟对常用的疏解形式进行较系统的分类、定性分析，并提出多种疏解组合布置形式，总结出相对比较合理的疏解布置，并引证工程实例，供同行借鉴、参考，拓展设计思路。

关键词　铁路；疏解；接轨；探讨

Discussion on Untwining Mode of Access Line and Layout of Junction Station

Wu Chaorong[1]　Yang Jian[2]　Zhang Jiafa[3]
(1. First Civil Construction Design and Research Institute of CREEC；
2. Technology Center of CREE C；
3. Second Civil Construction Design and Research Institute of CREEC)

Abstract　The untwining mode of junction station is significant to operational safety, transport efficiency and investment. Based on years of practice and research, the untwining mode used commonly is systematic classified and qualitative analyzed. Several combination layouts for untwining are then proposed and a relatively reasonable arrangement is concluded. Moreover, its practical application is verified by the engineering examples. Hope it will provide reference for railway colleagues and expand our design thinking.

Key words　railway; untwining; junction; discussion

1　引言

铁路疏解的概念是随着铁路成网而出现的。我国幅员辽阔，在建铁路网规模已居世界第二，铁路网的复杂交织程度独步全球，铁路交叉节点大量涌现。在交叉节点，多条铁路相互交叉、汇合、分歧，本线车、跨线车交织运行，必然相互干扰，为克服交叉对运行安全、区间线路及车站通过能力以及运输质量等的不利影响，需要采取技术措施进行交叉化解，梳理、整顿车流，使运营安全可控、各线运输能力最大化，由此产生了铁路疏解的概念和需求。合理选择适宜的疏解形式，一直是铁路点线能力协调的关键点和设计的重点，对铁路建设和运营极为重要。

2　疏解的目标

我国铁路行车遵循的是前进方向左侧线路行车制。在多条线路相互汇合、分歧的交叉点，同时行车时必然产生列车运行径路的正面冲突(对向敌对交叉)和同向汇合交叉，其中的对向交叉性质最严重，最

作者简介：吴朝荣(1969—　)，男，工程师。

注：本文已刊登于《高速铁路技术》2011年第6期。

易发生运营事故和迫使对向列车停车，历来是运输的最大薄弱环节，对保证运输安全、提高运输效率极为不利，产生极大隐患。

与交叉针锋相对的疏解，其核心功能即是将对向交叉消除（立体疏解）或转变为相对可控的平面隔开待避（平面疏解，利用空间隔断和时间差行车），以消除安全隐患，保证相互交叉的线路主要行车方向同时行车，平面待避几率降到最低，实现能力最大化。

同时，疏解亦非万能，对于同向汇合交叉，只能“先来通过、后到等待”（将同向汇合的“通—通”交叉转变为“到（隔开）—通”等待，俗称排队），绝对的疏解是不存在的。

3 疏解的分类

疏解按工程措施分为平面疏解和立体疏解。

3.1 平面疏解

平面疏解是利用通过线路隔开、信号等设备保证各列车按“到—通”原则利用行车时间差来疏解线路交叉，工程简易。一般分为线路所、闸站和站内平面交叉 3 类。

（1）线路所

线路所为铁路上为增加区间通过能力而设的无配线分界点，一般设在区间线路汇合或分歧处，线路汇合接轨处设置隔开设备（安全线），见图 1。

线路所由于无配线，车流汇合端某方向列车需在交叉点后方区间停车或后方站等待，效率相对较低，适用于地形困难、站间距过小不宜设站的情况，运用最广泛。

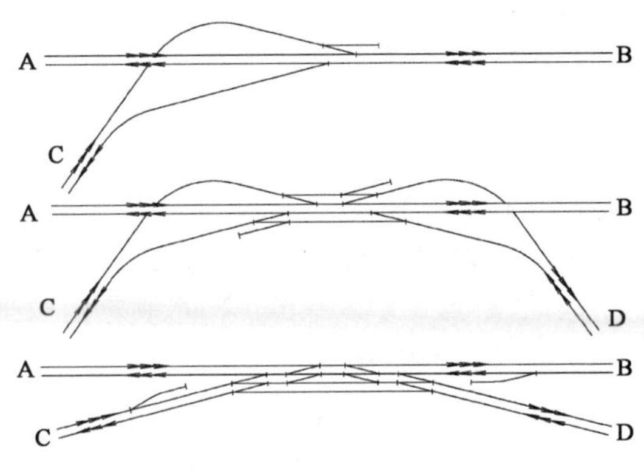

图 1 线路所布置示意图

（2）闸站

闸站是单（双）线与双线铁路交叉，在交叉处设置必要的配线疏解列车运行交叉而设的分界点，配线仅办理次要方向列车的待避作业，仅用于调整其运行时序用，有效长需满足列车到发需要，见图 2。

图 2a）目前较少运用；图 2b）多用于增建二线的情况，如浙赣线与横南线接轨处茶亭闸站；图 2c）在枢纽（地区）特殊困难的接轨处运用较广。

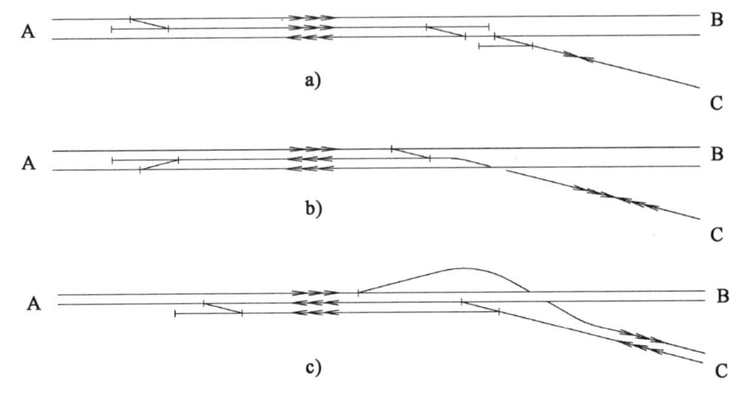

图 2 闸站布置示意图

a）单线接轨“死交叉”待避型布置；b）单线接轨立交待避型布置；c）双线接轨立交疏解型布置

闸站由于设有配线，可减少列车在区间停车几率，比线路所相对更灵活、安全。

（3）站内平面交叉

站内平面交叉是相对于立体交叉而言的，即利用车站到发线完成列车待避、交会功能，把对向交叉变为隔开，同向交叉变为站内待避（图 3）。多用于单线铁路接轨站、单（双）线横列式非对称布置车站等。布置的关键点是将交叉分散车站两端咽喉。

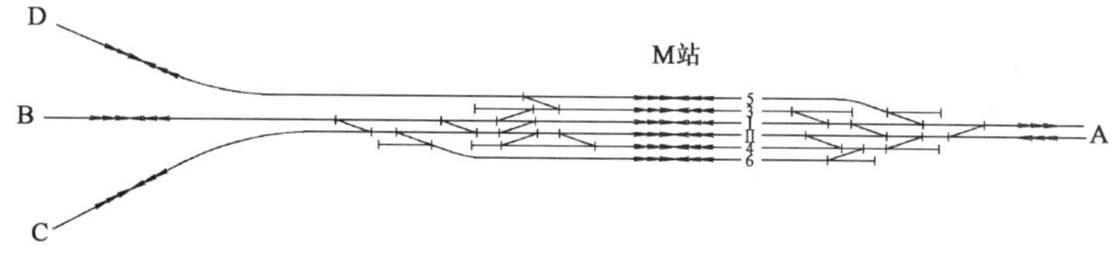

图3　单线接轨为双线布置示意图

3.2　立体疏解

即用修建立交桥的方式在空间上消除敌对的对向“通(到)—通(到)”交叉、同向“发—发”交叉,或保证各主要方向列车各行其道、互不干扰,协调点线能力。一般分为线路别、方向别和列车种类别疏解3类。

(1)方向别疏解

将各线间车流整理为分上下行同向运行,消除上下行列车相互间的对向交叉。是进出站线路疏解最常用的方式,可使车站两端的列车到发互不干扰,车站和区间的通过能力均较大,但交叉线路汇合处均需修建立交桥,引线占地、工程量和工程投资较大。

(2)线路别疏解

列车沿各自引入线运行通过车站,消除各引入线间跨线列车到发交叉。受跨线车流量大小不同,采用的立体疏解形式复杂程度也不同,典型的线路别疏解布置形式。

(3)列车种类别疏解

各引入线按列车种类(货车、普速客车、快速客车)分别通过车站,消除各种类列车间到、发交叉。一般运用在设有单独的客运站和技术作业站的较大枢纽(地区)和客货分线车站内,其具体布置根据线路引入方向与车站位置而定,在车站一端或两端立体疏解实现功能。

(4)各疏解方式的特点

列车种类别疏解严格讲不是独立的疏解方式,仅是运输功能需求上的一种定义,其技术手段最终归结为线路别、方向别疏解。线路别立体疏解可以保证本线车流顺畅通过,但各线间的跨线车流往往仍存在对向交叉,往往需要另行实施方向别疏解,因此适用于两线间行车交流量小的情况。

我国铁路行车遵循左侧线路行车制,各疏解方式最终的目的是达到列车分上下行同向的方向别运行,因此方向别疏解是最基本的疏解方式。

在工程实践中,在线路接轨车站内往往本线车、跨线车、各类性质列车同时存在,因此往往需要综合运用各类疏解,实现主要、较大车流顺畅通过,次要、汇合车流排队运行。

4　接轨站的常用疏解及组合方式

疏解发生在各进出站线路间,生根于接轨站(点),离开站、点则疏解即无意义。接轨站可以是单纯的车流交换接轨站,当然也可以为技术作业站、客运站。下文对接轨站的常用疏解及组合方式进行探讨。

4.1　接轨站布置一般原则

接轨站设计应遵循以下基本原则:

(1)车站接轨原则:一般线路接轨均应在车站接轨。特殊困难情况下,可在区间接轨,但接轨点应设线路所或闸站。

(2)安全运营原则:接轨站敌对进路必须用相互隔开的平面交叉疏解或立体疏解。

(3)主线贯通原则:即各线主要行车方向正线必须顺直、贯通经过车站,满足不停站通过需要;汇合型接轨站以客运量大或客运量相当、总行车量大的线路贯通车站。

(4)平行作业原则:接轨站往往是点线能力协调的控制点,应满足多种作业平行进行的需要,必须保证"到—通"、"发—接"作业平行进行,配线和安全线设置极为重要。

4.2 常见的进出站线接轨及疏解方式

接轨站各线路接轨方式一般可归纳为单线与单线、单线与双线、双线(多线)与双线(多线)接轨,按其进出站疏解线的布置集中程度可分为一站式疏解、三角形疏解、十字形疏解。

(1)一站式疏解

一站式疏解即线路接轨及疏解在某一特定车站完成。其采用的疏解方式与线路几何走向、定位和运输性质密切相关。

①多单线汇合为双线的平面交叉疏解

单线间或单线汇合为双线时,其基本行车方式为正线通过、到发线待避的交会方式,利用空间隔开和时间差行车,即可满足车站及线路通过能力要求。

如图3为3条单线汇合成双线的接轨站平面交叉疏解布置图。由于MA双线列车平图能力为165对(追踪时分8min),3条单线最大平图能力为135对,故而3单线接轨应采用平面交叉疏解,通过咽喉设置合理的平行及隔开进路来满足各线同时"到—通"功能:

图3中,下行方向DA向列车经5道通过时,下行BA、CA向及上行AD向列车可同时到达待避,或上行AB、AC向列车通过等组合功能;同理BA、CA列车通过时亦然。最不利情况为对角车切割下行端咽喉(CA通过+BA、DA同向待避+MA到达)。故平面交叉疏解均能构成每方向列车的"到—通",协调两端区间通过能力。

②单线与双线的接轨疏解

根据接轨的单线行车量,一般有平面交叉接轨、方向别疏解接轨方式,如图4所示。

图4a)为一侧式接轨、平面交叉疏解布置,对向交叉设隔开进路待避,即AC向列车经4或6道通过时,BA向列车接入3道隔开;BA向列车通过时AC向列车待避于3道。此布置工程简易,但列车停站几率较大、运行质量不高,适用于第三方向行车量较小的情况。

图4b)为第三方向线路方向别外包引入车站,将对向交叉疏解为平行作业,安全性、灵活性和运输质量大大改善,最为常用。

图4c)为衍生图形,第三方向于正线间中穿式接轨,为双线越行站、单线会让站组合布置,可同样将对向交叉疏解,在增建第二线的既有线改造中也较为常用。

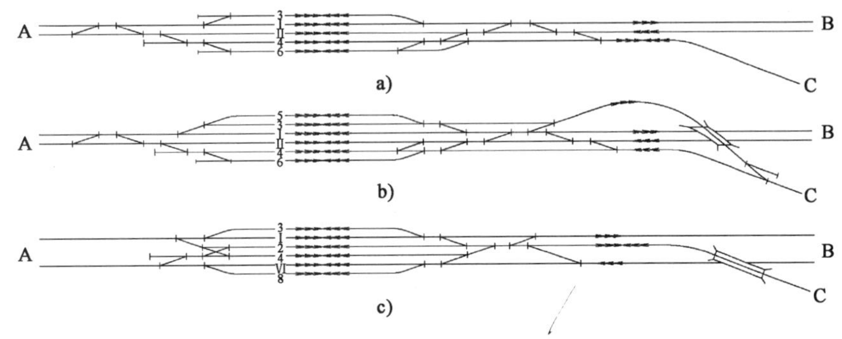

图4 单线与双线接轨布置示意图

a)单双线一侧式接轨布置;b)正线方向别疏解接轨;c)正线中穿、方向别疏解接轨

③双线与双线接轨

双线与双线接轨可以分为正线两进四(多)出、四进四(多)、多进多出3类。

a.正线两进四(多)出。此情况双线接轨最为常见,见图5。

图5a)为线路方向别疏解接轨图形,当两线行车量均较大时4、6道均设安全线,满足AC通过、AB待避需要,困难情况下或车站无越行作业时,一分为二方向可不设配线(3道)、取消4道待避线。

图5b)为方向别疏解接轨衍生图形,正线采用"梅花点"式方向别布置,车站燕尾式布置,适用于单

线接轨站发展为双线接轨站的既有线改造工程。

图 5c)为当受线路走向、地形地物限制等难以实现方向别时，可以采用引入线线路别接轨、入口端方向别疏解的接轨方式。此布置适合于列车种类别疏解需要，在昆明枢纽昆阳站实际运用。

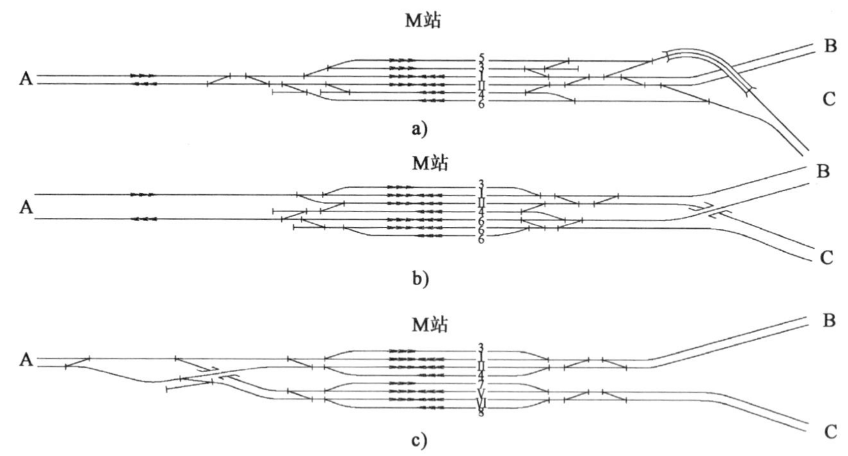

图 5 双线接轨布置示意图

a)正线方向别疏解引入布置；b)正线方向别疏解引入、车站燕尾式布置；c)正线线路别引入、分场式布置

b. 正线四进四出

一般引入线有方向别、线路别两种布置。为疏解跨线车交叉，可采用平面疏解或立体疏解。

正线方向别引入的疏解布置。图 6a)为平面交叉布置，跨线车采用“到—通”的平面交叉疏解(如 AD 通过，CB 同时到达时须在 7 道待避；或 CB 通过时，AD 在 3 道待避)，工程简易。适用于跨线车比例较低的情况。图 6b)由于修建了 AD、BC 跨线立交联络线，构成方向别立体全疏解，可保证上行端 AD、CB 方向及下行端 DA、BC 跨线车同时通过，车站可最大程度满足跨线车不停站同时运行，停站待避几率小，运输质量高、通过能力大，适用于跨线车为客车或跨线车比例较大的情况。

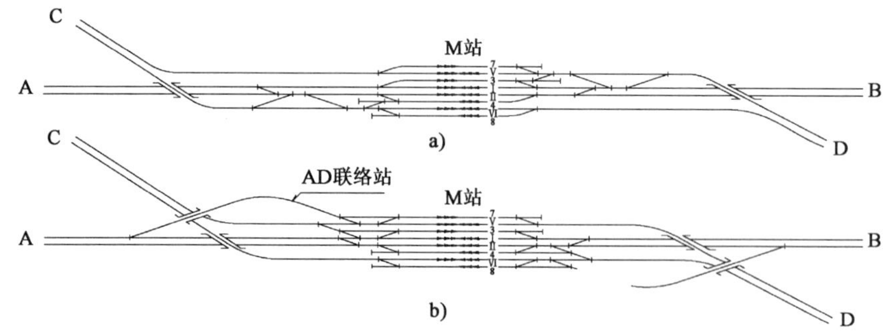

图 6 正线方向别引入疏解布置示意图

a)方向别跨线车平面交叉疏解；b)方向别跨线车立体疏解

正线线路别引入的疏解布置。当两干线正线并行无须相互跨越、方向别布置代价大时，可考虑采用正线线路别布置，跨线车可采用平面疏解、立体疏解相结合的方式，如图 7 所示。

图 7a)为平面交叉疏解布置，如 AD、DA 跨线时，敌对的 BA 车停区间或 CD 分别停 3、5 道(设安全线 L1、L4 隔开)；同理，CB、BC 跨线车通过时，设 L1、L3 隔开 AB、DC 列车。该布置存在信号机外停车待避的情况，存在安全隐患。

图 7b)、c)、d)为跨线车立体疏解布置，设置 AD、CB、DA、BC 疏解联络线，其设置象限结合实际情况因地制宜灵活选择，可以入口疏解、出口疏解或集中疏解。

很明显，线路别平面交叉疏解工程简易，但跨线车进路切割正线，区间内拦停正线列车的几率相对方向别平面交叉疏解更大，缺点较明显，适用于跨线车为货车或比例低情况，不宜推广(车站运营管理中，进站信号机外停车待避的情况应尽量避免）；线路别立体疏解可最大程度保证跨线车同时不停站通过，运输质量高、通过能力大，适合于跨线车为客车或跨线车比例较大的情况，但疏解线复杂，极易形成多层立交工程巨大。设计中需要结合具体情况综合比选确定。

c. 正线多线汇合（三线多方向）

车站衔接四个以上行车方向的多线接轨情况，在多场布置的大型客运站设计中经常出现（后面谈及），纯粹为跨线车相互交换车流的情况一般较少，大多属于经接轨站将混合车流整理为种类别车流（快客、普速、货车），实现列车种类别疏解。一般采用线路别、方向别疏解的组合布置，实现种类别疏解。

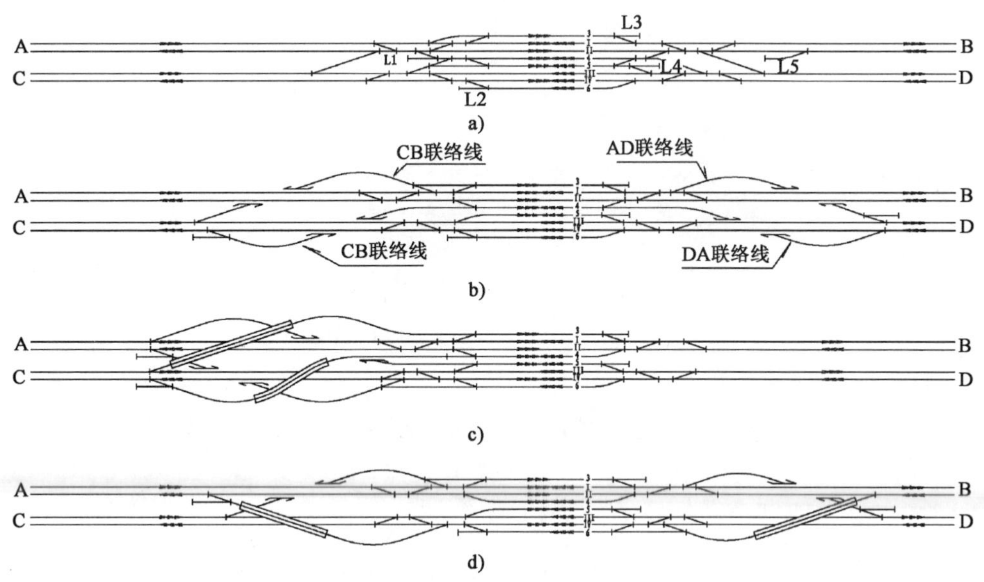

图 7　正线线路别引入疏解布置示意图

a)线路别跨线车平面交叉疏解；b)跨线车集中一线立体疏解；c)跨线车上行端集中立体疏解；d)跨线车两端分散立体疏解

图 8 为三客货共线双线接轨、整理车流为快客、普客和货物列车的种类别的六行车方向接轨站示意图。为简化疏解，综合运用了方向别平面交叉和立体疏解、线路别立体疏解及线路所的组合布置，货车进路对运输质量要求相对较低，故采用方向别平面交叉疏解。

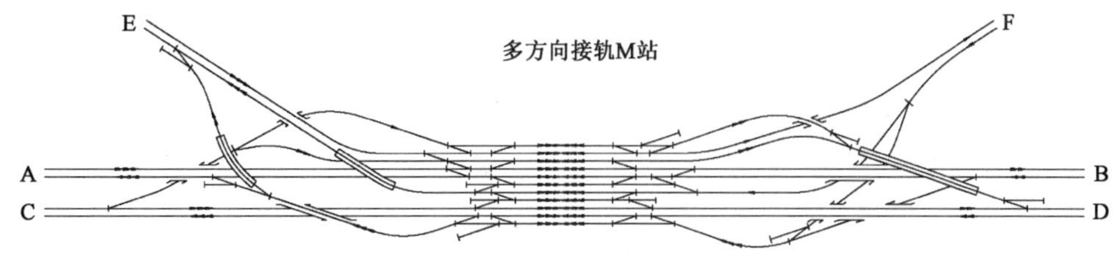

图 8　正线线路别、方向别组合引入疏解布置示意图

可以看出，这种多线集中接轨的疏解极其复杂，车流间交叉等待几率也很大，调度指挥复杂，建设环境要求极高，不宜推广。在实际设计中，普适的原则是在大区域范围寻找合适的接轨点分散接轨，尽量提前“卸包袱”，简化设计。万不得已并经技术经济比较必须采用时，要根据行车方式进行梳理和合并，跨线联络线因地制宜多方案组合比选，尽量分散交叉点、简化疏解布置、减少立交层次和跨线交叉车流相互等待几率。

(2)三角形（T 形）疏解

三角形（T 形）疏解是象形描述，在多线引入的大型枢纽和地区、线路与线路双向接轨时常用，属于组合疏解类。其每一角（节点）均衔接两个方向以上，可为车站或线路所。进出站线间相互关系及跨线方式极灵活，难以穷举，需因地制宜。作为其特例，一站式三角形疏解则运用较广（如图 9 所示），当某折角方向（AC）不需停站时，可设 AC 联络线、闸站式区间接轨（行车量较大可双线线路所接轨）；需要停站时，可设等效立交环线或综合运用。

例 1:王家坝接轨站

王家坝站为渝怀线上会让站。重庆钢铁公司环保搬迁工程配套的工业站须在本站接轨连通重庆、怀化方向。设计中结合渝怀线增建第二线工程,其进出站线研究了西侧新设闸站、中穿接轨的“三角形”疏解;在车站两端中穿接轨的“螺旋”接轨方案。鉴于“螺旋”接轨车流顺畅、交叉少、利于行车安全,虽工程稍大,予以采用并实施,如图 10 所示。

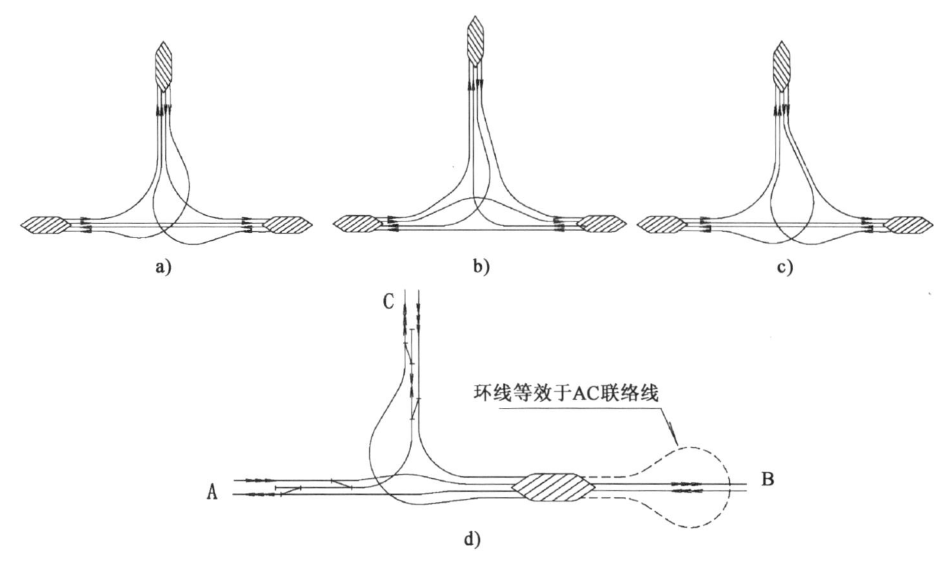

图 9 三角形疏解布置示意图

a)引入线外包方向别;b)引入线错尺方向别;c)外包错尺方向别;d)一站式三角形疏解布置

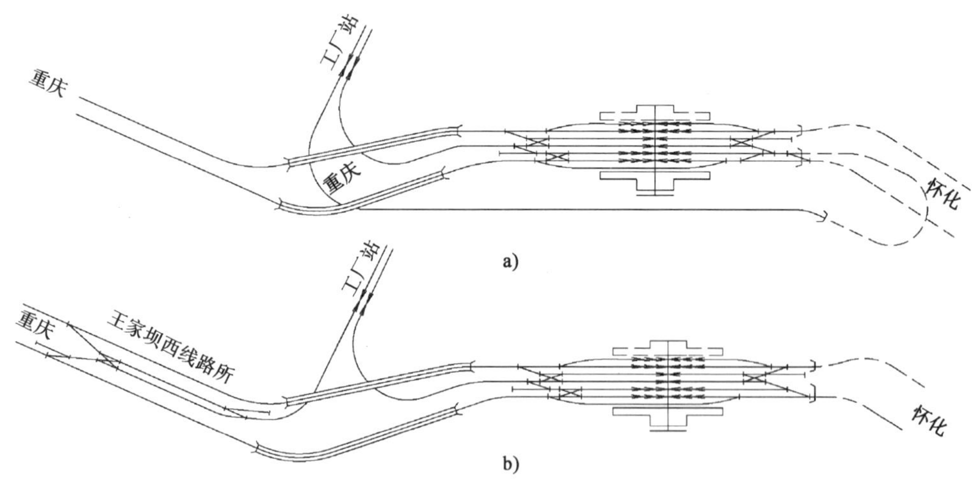

图 10 王家坝站接轨疏解布置示意图

a)王家坝站重钢工厂站“螺旋”接轨示意图(实施);b)王家坝站重钢工厂站“三角形”接轨、设线路所示意图

(3)十字形疏解

在多线引入的大型枢纽和地区,常常出现多线十字交叉,形成复杂的十字形布局。十字形疏解属于组合疏解,综合运用一站式、三角形疏解方式。

例 2:贵阳枢纽北部疏解区

贵阳枢纽北部贵阳东站区域,为沪昆、成贵的高速直径线、高速下线联络线及渝黔线交织的十字交叉区域,南侧贵阳北客运站为四线线路别分场布置。经多方案研究,区域疏解设计采用方向别外包式组合的十字形疏解,如图 11 所示。

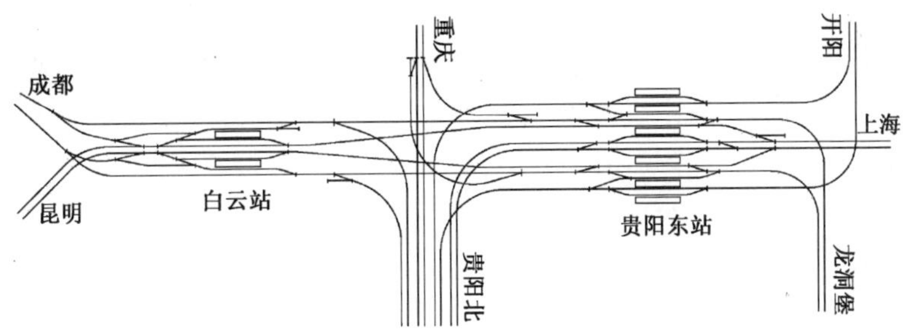

图 11　贵阳东十字形疏解布置示意图

5　客运专线始发站疏解及工程实例

多线引入的客运专线始发站无疑也属于双线接轨站类型，除办理始发终到作业外，也需具备各引入线间列车跨线交换，遵从于前述基本原则和疏解布置特点。

5.1　跨线车的模式

由于客运专线始发站规模巨大，线路技术标准高，其疏解工程更为巨大。因此，为简化疏解布置，按照主要线路跨线、次要线路换乘的原则精简、合并跨线联络线。在实际工程实践中所谓次要线路判别很重要，一般城际、市域铁路或跨线车行车量不足以支撑双线行车量时可视为次要线路。

5.2　多线引入客运站(始发站)总布置图类型及疏解

客运站从其衔接线路布置看，可划为引入线方向别合场式(一场式)、引入线线路别分场式(多场式)两类。衔接方向数是合场和分场图形选择的主要因素，其次是衔接线路性质别(干线快速、城际、牵引普速)。

(1)方向别合场布置及疏解

合场宜同类性质列车共场，如高速＋高速、高速＋城际，适用于两线三方向(T 形)、无跨线车(或较少)的两线四方向(并列两场"＝"形，四方向终止或一线贯通、两线终止的"π"形)的客运站，见图 12。

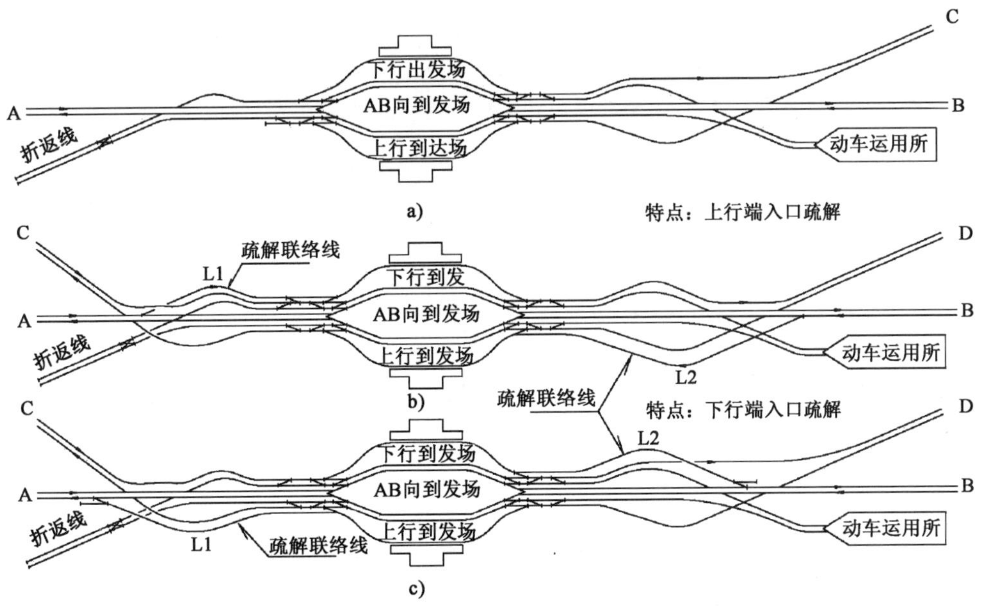

图 12　方向别合场及疏解布置示意图

a)两线三方向方向别合场布置；b)两线四方向方向别合场布置；c)两线五方向方向别合场布置

图 12-a)为两线三方向(T 形)合场布置简图，引入线方向别立交引入，到发线按方向别分束，动车走行线设于同向线束间以减少本站交叉概率。适用于上下行车流均衡、停站通过比例较大、无跨线车或跨线车较少的情况，咽喉布置紧凑、占地较少。

图 12-b)、c)为两线四方向(π 形)合场布置简图，跨线车疏解联络线分别按入口、出口疏解设置。

(2)线路别分场布置

客运站衔接方向较多(三方向及以上)、列车种类杂、跨线车比重较大时,应考虑分场,为减少跨线车对本线车高密度接、发的干扰,最大限度保证本线车发车频率和密度。引入线路采用线路别布置。

按列车种类别分场一般组合为:高速—普速、城际—干线、高速(城际)—高速(城际)间分场及其组合。一般有二场、三场、多场布置。

①两线三方向二场布置

一般为线路别分场的"T"形布置。为满足跨线车作业,其疏解一般有平面、立体疏解和集中和分散2类4种(图13):

a. 尽端集中式方向别疏解:最常见,可简化为咽喉合并为双复线咽喉。

b. 相互独立方向别疏解:跨线车方向别合场,两场基本独立。

c. 出口跨线方向别疏解:可简化为咽喉合并为双复线咽喉。

d. 方向别右侧行车疏解:较特殊,分劈两场部分线路组合成跨线通过场。

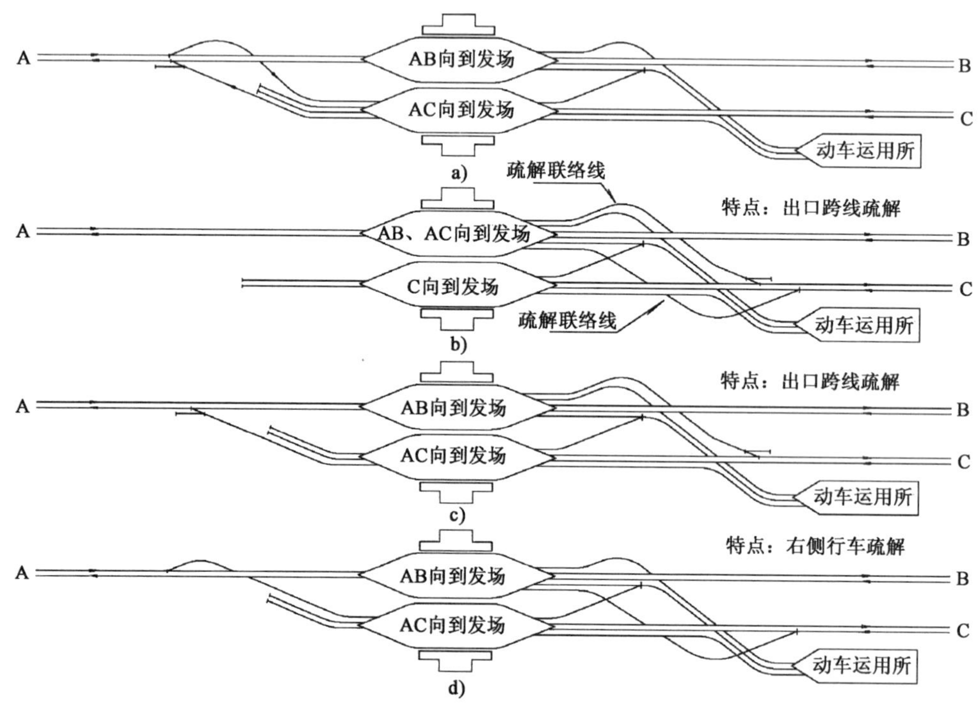

图13 线路别分场及疏解布置示意图

a)AC疏解方式1-1:尽端集中方向别疏解;b)AC疏解方式1-2:相互独立方向别疏解;c)AC疏解方式2-1:分散型方向别疏解;d)AC疏解方式2-2:分散型方向别疏解

具体疏解方式需结合自然条件和建设环境,经技术经济比选确定,也可采用分场布置。一般用于干线—城际分场。

②多线多方向布置

多线多方向多场布置属于组合图形,可分解为前两类。主要运用于多方向衔接且多种类列车的大型、特大型始发站。此类车站宜进行必要的组合合并,综合运用线路别合场、方向别分场布置,并加设联络线、增加接发车进路来提高适应性和灵活性。

(3)两种布置的特点及适用条件

方向别合场布置疏解较简单,咽喉紧凑,工程简易,但线路需固定使用,灵活性较差,咽喉复杂。当咽喉过长时难以与区间最小追踪时分协调,严重制约接发车效率,故车场不宜过大,不适用于较大规模车站。

线路别分场布置普适性强,特别适用于列车性质别分场、衔接方向较多的情况,适用于交叉型("十"字形)、多线引入("="、"三"形)客运站,或城际、干线均强大的客运站,或"T"形、"π"形合场布置规模过

大、咽喉过长而引起管理困难、运营效率低下的情况，但跨线车联络线疏解复杂，必须结合实际情况比选。

在实际工程设计中，需要两种方式组合使用，技术经济比较确定。

5.3 客运站站型及疏解布置实例

例3：昆明南客运站

昆明南客运站为云桂、长昆（沪汉蓉）线新建快速客运站，总规模16台30线。设计采用三场布置，从西至东排列长昆、渝昆昆玉、云桂成昆场。各正线为"＝'＋'T"的三进两出格局：长昆场与渝昆场汇合并构成"T"形，尽端咽喉平面交叉汇合；云桂场为高普共场；环线－昆玉线的跨线联络线为避免复杂的隧道工程采用"反弹琵琶"疏解布置，分劈部分线路形成右侧行车的"第四场"功能，见图14。

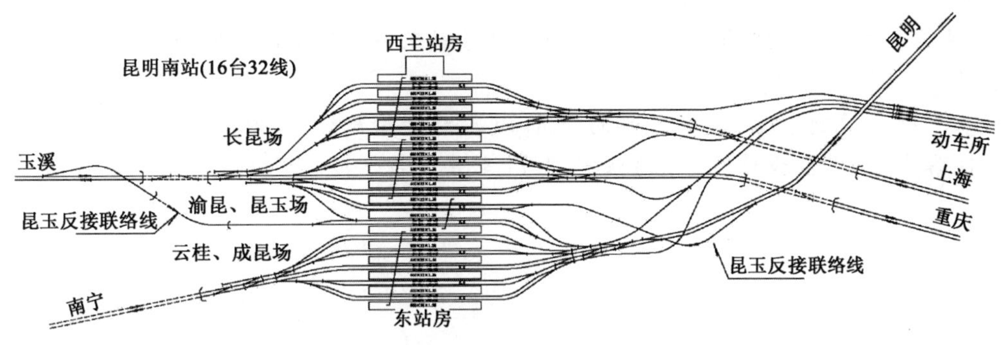

图14　昆明南站布置示意图

例4：成都枢纽内环西南疏解区及成都南站

成都枢纽东内环线为线路别三客线并行，分布成都东、成都南客运站，均采用分场设计，成渝客运专线双接成都东、成都南站，形成"三角形"线路别＋方向别组合疏解，构成枢纽南部调剂跨线车运行方向的节点，见图15。

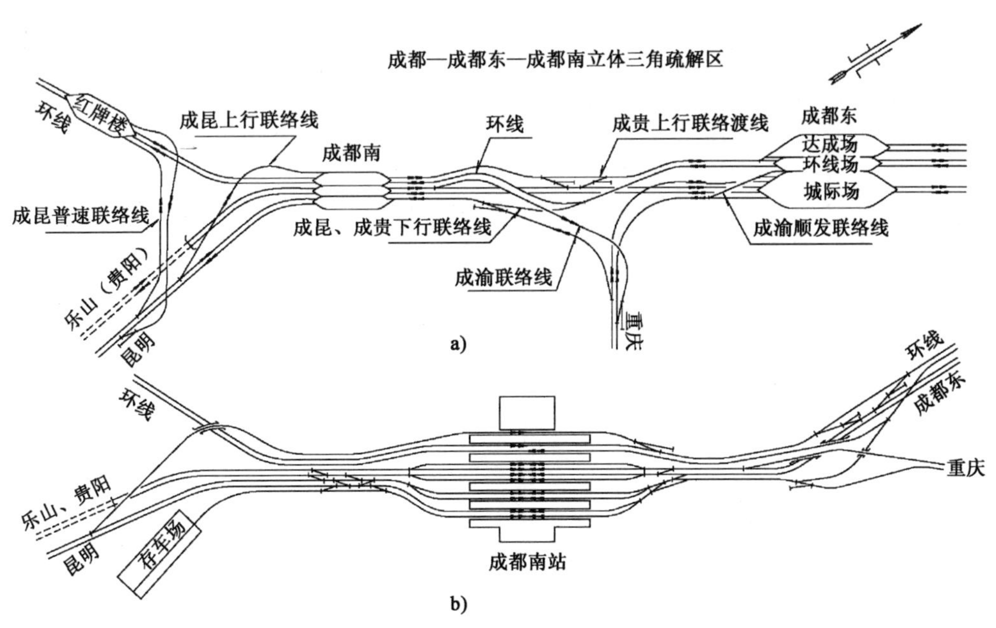

图15　成都南站及三角疏解区布置示意图

a)成都—成都东—成都南立体三角疏解区；b)成都南站布置示意图

6　结语

运营便利与工程节省从来都有一定的对立性。由于接轨站多属于点线能力协调的关键环节，因此选取接轨及疏解方式首先应以运营条件、能力最大化为第一考虑要素。本文列举的各类布置在工程实践中均有工程实例,限于篇幅,难以一一举例,文中所阐述的种种疏解形式仅为通常情况下比较适宜的选择,不同的限制条件下不同的疏解形式有不同的适应性,因此工程设计中要因地制宜,开阔思路、灵活采用,经济技术综合平衡选取,达到良好的运营效果和最优的工程投资的有机结合。

参考文献

[1] 铁路技术管理规程[S]. 2007.

[2] 中华人民共和国行业标准. GB 50091—2006 铁路车站及枢纽设计规范[S]. 北京:中国铁道出版社,2006.

[3] 中华人民共和国行业标准. TB 10621—2009 高速铁路设计规范(试行)[S]. 北京:中国铁道出版社,2009.

[4] 陈应先,李明国. 高速客运站基本图形的分析[J]. 铁道运输与经济,2007(增刊).

[5] 杨健. 铁路站场及枢纽设计理念和方法探讨[J]. 铁道工程学报,2010(6).

工程地质

铁路岩溶隧道工程地质选线研究

曹化平　王　科

（中铁二院工程集团有限责任公司地勘岩土公司）

摘　要　岩溶隧道突水突泥不仅威胁施工安全，而且造成地表水漏失、地面塌陷等不可逆转的环境问题。铁路岩溶隧道地质选线应分析岩溶及岩溶水的发育规律，特别是分析岩溶水的补给、径流、排泄条件，遵循傍山岩溶隧道从岩溶安全带通过，越岭隧道抬高线路高程从岩溶垂直渗流带通过，以明线通过岩溶洼地、槽谷，避开有利于岩溶发育的构造带、可溶岩与非可溶岩接触带、岩溶发育极强烈地区，从岩溶相对不发育地层通过，与暗河相交应于暗河顶板之上大角度通过等选线原则，降低隧道突水突泥风险，控制施工堵水工程投资。

关键词　岩溶；隧道；选线

Study on Engineering Geological Route Selection for Railway Tunnel Engineering in Karst Zone

Cao Huaping　Wang Ke

(Geological Prospecting & Geotechnical Engineering Co. Ltd. of CREEC)

Abstract　Water and mud burst in tunnel in karst zone not only endanger the construction safety, but also cause the irreversible environmental impact such as the surface water leakage, ground collapse, etc. The geological route selection for railway tunnel engineering in karst zone will analyze the development rule of the karst and karst water, especially karst water supply, runoff and discharge conditions; The following principles will be followed: the tunnel in mountain slope will pass through the safe zone of karst, the over mountain tunnel will pass through in the vertical karst seepage flow zone with the raised elevation, the open cut route will be used to pass through karst depression, trough valley; the tectonic zone where karst development is favorable and the contact zone between soluble rock and non-soluble rock will be kept from; in the karst intensively developed area, the route will pass through the zone where the karst is relatively not developed; Furthermore when intersecting with the underground river the route will pass through with a great angle, over the top slab of underground river, in order to decrease the risk of the water and mud burst in tunnel and control the engineering investment for water blockage during the construction.

Key words　karst; tunnel; route selection

1　引言

我国是一个岩溶广泛分布的国家，岩溶发育面积占国土面积的 1/3 以上。岩溶隧道突水突泥是铁路建设中的主要地质灾害之一。隧道突水突泥不仅威胁施工安全，而且吸夺地表水，引起地表水漏失、地面塌陷，造成水源枯竭、生态环境恶化等环境问题。而岩溶隧道施工堵水不仅是施工的难题之一，且

作者简介：曹化平（1971—　），男，高级工程师。

注：本文已刊登于《高速铁路技术》2011 年第 1 期。

大量增加工程投资。研究岩溶及岩溶水发育规律,隧道从岩溶突水突泥风险较小的地带通过,是铁路岩溶隧道选线的基本出发点。

2 岩溶隧道选线原则和实践

根据岩溶的发育规律和岩溶水的垂直分带规律,以降低岩溶突水突泥风险为基本出发点,通过多年的岩溶隧道选线实践,比较系统的总结出岩溶隧道从岩溶安全带、岩溶垂直渗流带内通过等选线原则。

2.1 傍山岩溶隧道应选择从岩溶安全带通过

岩溶斜坡地带存在一个岩溶安全带,即岩溶水最低排泄点与山顶面靠河谷最外侧的洼地、竖井等垂直岩溶形态之间的地带(图 1)。斜坡地段的岩溶水总是以最短的途径向河流等排泄基准面排泄,因而斜坡地段以横向岩溶水为主,岩体内岩溶不很发育,即使因地壳间隙上升,斜坡上可能残存一些悬挂小型干溶洞,对隧道工程不构成大的威胁。安全带内的岩溶水的发育程度相对微弱,是隧道通过的最佳位置。

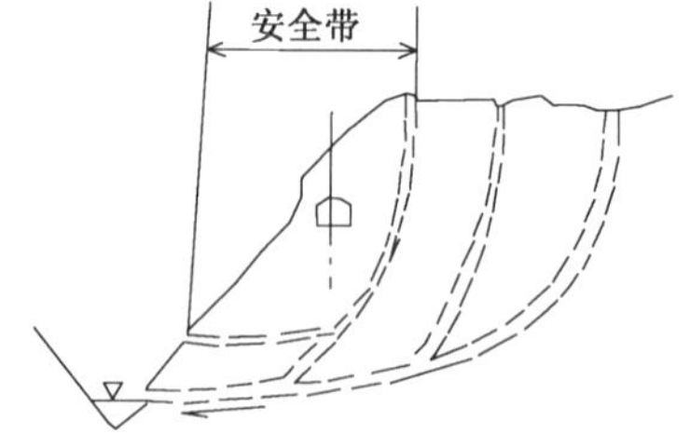

图 1 岩溶安全带示意图

(1)渝怀铁路乌江峡谷傍山岩溶隧道选线

渝怀铁路乌江峡谷段通过可溶岩的隧道 22 座,其中白沙沱 1 号隧道、枳城隧道、武隆隧道、板桃隧道、杉树沱隧道等 5 座隧道在平面上与暗河相交,通过精心的地质选线,有 4 座隧道选择在岩溶安全带通过,揭示溶洞很少,施工非常顺利。只有武隆隧道因距河谷太远、位置偏低,线路与暗河相交,在雨季发生了特大岩溶涌水,这是值得吸取的深刻教训。

(2)渝利铁路重庆北至长寿北排花洞隧道选线

渝利铁路重庆北至长寿北经白岩方案(C_2K),铁路以隧道穿明月山背斜,隧道位于岩溶水深部滞流带,灰岩段最大水压约 3.5MPa。若以排为主,将引起 $C_2K49+200$～$C_2K53+000$ 段 T_2l～P_2 灰岩地层中左、右侧各 2km 范围内地表井、泉枯竭,将直接影响五个村的生活、生产用水,对环境影响较大;若以堵为主,工程费用增加较多,且岩溶突水的风险较大。沿高速公路方案 (C_1K)线路傍御临河左岸穿明月山背斜,隧道位于岩溶水垂直循环带,工程地质条件相对较好。定测阶段,线位进一步外移,提高线路高程,隧道靠近岩溶安全带,降低了岩溶隧道突水的风险,采用"人"坡设计,以利于隧道排水(图 2)。

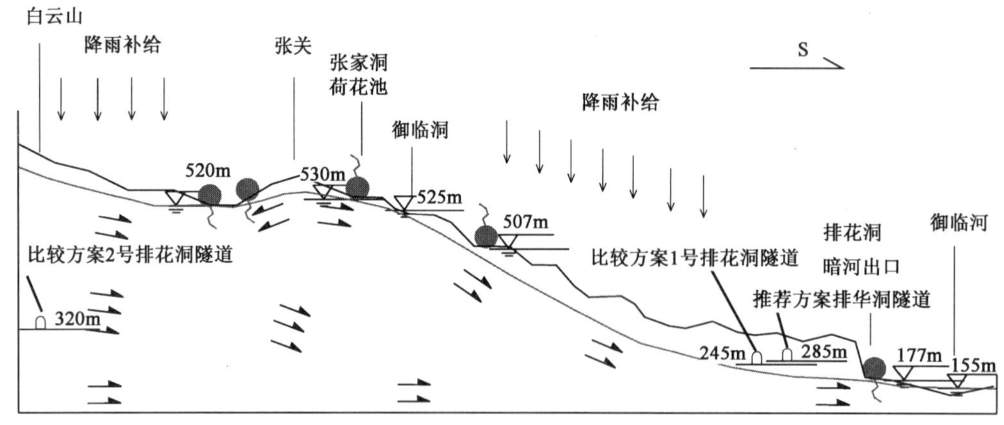

图 2 明月山背斜区岩溶水补给、径流、排泄与隧道关系图

2.2 越岭隧道应抬高线路高程从岩溶垂直渗流带通过

岩溶垂直渗流带相对水平循环带岩溶发育较弱,而且地下水主要为雨季下渗的"过路水",突水突泥可能性大大降低。有条件时应抬高线路高程,岩溶隧道从岩溶垂直渗流带内通过。

渝利铁路丰都至石柱段线路穿越方斗山背斜,控制该段线路方案的主要地质问题是方斗山背斜段的岩溶和岩溶水。北线、中线方案位于岩溶水水平循环带,隧道最大静水压力达 4MPa。地表有较多岩

溶大泉与三个大型水库，施工堵水难度极大，隧道开挖吸夺地表水，将影响两个镇7个村，约16000人的生产生活用水，引起较大的环境问题。靠近龙河方案（南线方案），线路位于岩溶垂直循环带，根据深孔测试，隧道最大静水压力约0.67MPa，岩溶突水的风险大大降低，故采用该方案。

2.3 应尽量抬高线路高程，以明线通过岩溶洼地、槽谷

岩溶洼地、槽谷有利于地表水的汇集，雨季成为地表水的下渗通道，也往往是地下水的循环通道，地下水较发育。隧道即使位于岩溶水的垂直循环带，雨季"过路水"也往往造成隧道突水灾害，有条件时应抬高线路高程以明线通过岩溶洼地、槽谷，避免隧道雨季突水灾害。

渝利铁路沙子关至凉雾段线路穿越由齐耀山背斜组成的齐耀山山脉，控制该段线路方案的主要地质问题是齐耀山背斜段的岩溶和岩溶水。线路通过区域背斜核部的可溶岩地层与北西翼非可溶岩地层构成的隔水边界，组成了一个完整的岩溶水文地质单元。由于凉雾属岩溶洼地，高程较低。线路受坡度限制须尽可能的降低隧道高程。由于排泄条件的差异，背斜两翼的岩溶水排泄点高程相差近200m。低线长隧方案隧道中部位于齐耀山背斜NW翼溶蚀沟槽以下约70m，隧道施工时将揭露岩溶管道及暗河，出现较大的岩溶涌、突水，施工风险较大，同时将造成齐耀山背斜NW翼溶蚀沟槽地下水位下降，地表泉点及暗河被疏干等环境问题。最后通过抬高线路高程，采用高线短隧方案，以路基通过齐耀山背斜NW翼溶蚀沟槽，隧道主要位于垂直循环带内，对溶蚀沟槽范围内的环境影响较小，施工风险小。

2.4 调查分析可溶岩空间分布规律，隧道从岩溶相对不发育地层通过

岩溶的发育主要受地层岩性和地质构造控制。一般可溶岩含量越多，受构造影响越大，岩溶越发育。通过地质调绘分析可溶岩空间分布规律，选择洞身从岩溶相对不发育地层通过，是岩溶隧道选线的原则之一。

黔桂铁路扩能改造工程都匀至龙里段，大取直方案与沿既有线改扩建方案的比选重点是定水坝隧道与罗家山隧道地质条件的比选。罗家山隧道全长6714m（图3），进口段及洞身大部分段落通过可溶岩，出口段小部分通过石英砂岩地层，虽然洞身仅穿越一条断层，但平面上通过三条断层交汇的断层三角带，更主要的是洞顶地表岩溶洼地、漏斗、落水洞、岩溶泉十分发育。隧道施工可能遇到岩溶突水，疏干岩溶水和地表泉水将产生严重的环境地质问题。定水坝隧道全长约8536m（图4），虽然洞顶地表可溶岩溶蚀洼地、漏斗、落水洞、竖井星罗棋布，但洞身通过石英砂岩等碎屑岩类，隧道涌水量小，对环境的破坏也小。因此，采用定水坝隧道取直方案。这是不被地表岩溶发育表象所迷惑，隧道选择从下伏非可溶岩通过的成功实例。

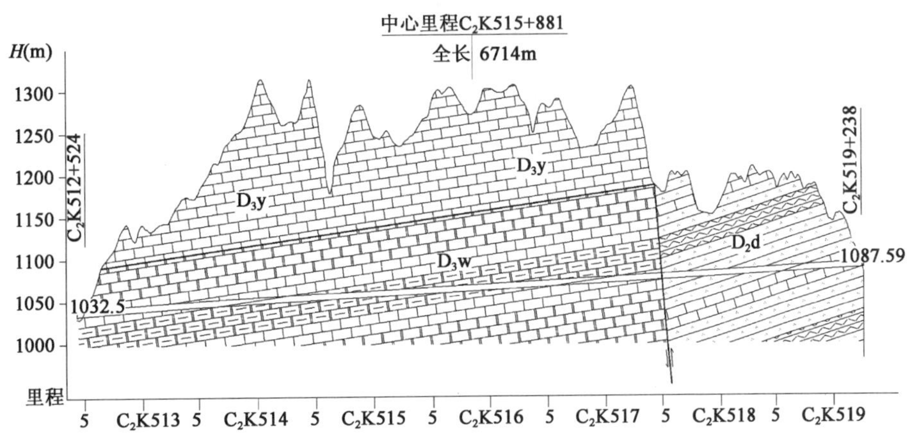

图3 罗家山隧道地质纵断面

2.5 线路应避开有利于岩溶发育的构造带

断层破碎带、褶皱的轴部等构造发育部位，地下水循环强烈，有利于岩溶的发育。这些构造发育部

位往往成为地下水的循环通道或储水构造,线路应避开这些地带,或以大角度通过。

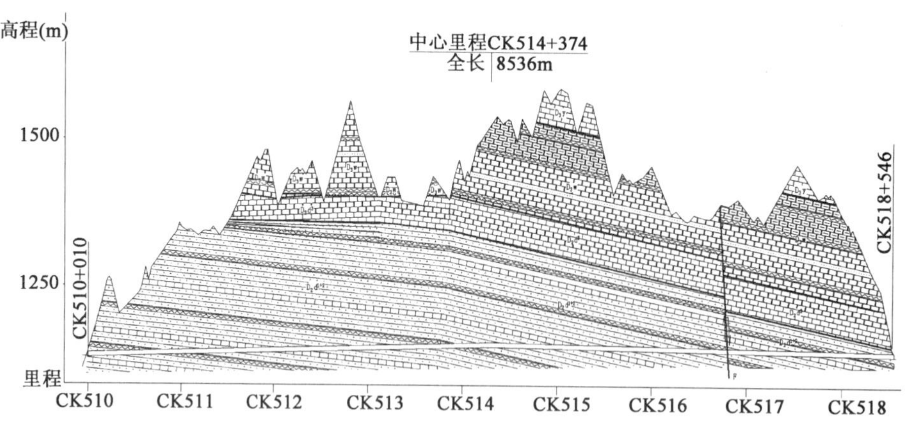

图 4 定水坝隧道地质纵断面

(1)渝怀铁路彭水至龙潭越岭隧道圆梁山隧道选线

渝怀铁路逆乌江而上至彭水后,需翻越乌江与沅江之间的分水岭至龙潭,由于地方经济发展的需要,希望铁路方案尽量向北靠近黔江区。北靠近黔江区的任何方案均要以长隧道穿越圆梁山,因此圆梁山隧道技术方案是否可行,成为靠近黔江区方案是否可行的关键。岩溶专项地质研究表明:毛坝向斜区圆梁山隧道通过地段,即茨竹坝断层与水淹陀断层之间的可溶岩断块中分布三层承压水,隧道存在高压突泥、突水的危害;向斜深部岩溶发育较弱,深部与地表连通性较好、水量和水压均较大的管道型岩溶和岩溶水,主要在横张性断裂和大的可溶岩与非可溶岩界面部位发育。因此,隧道高程选在 800m 以下深部循环带,平面位置绝对避开横张性断裂及断裂交汇点,以大角度直穿压性构造线和主要岩性界面。圆梁山隧道成功选线为靠近黔江区越岭方案的选定起到决定性作用。

(2)武广客运专线大瑶山区红岩至乐昌武江峡谷段地质选线

本段线路在方案竞选阶段有武江左岸短隧(AK)、两跨武江短隧(A_2K)及两跨武江长隧(A_1K)3 个方案(图 5)。

通过遥感判释和现场调查,在基本掌握地质构造与岩溶的发育规律,特别是岩溶水的补给、径流、排泄条件的基础上,确定本区可大致以南北向的武江为界,分为东、西两区。区内的控制性构造——瑶山复背斜、瑶山断裂带为主体的经向构造带主要分布于西区,且自西向东构造影响及岩溶发育程度逐渐减弱;而东区燕山期"诸广山岩体"受构造影响自东向西逐渐减弱。这样,就形成一个以南北流向的武江为轴线,宽 4~8km 的构造相对较为简单的带状区域(下称 H 区)。这个带状区域内,岩性以浅变质砂岩石为主,虽有碳酸盐岩分布,但岩溶不发育,地下水天然排泄条件好,无区域断层与溶蚀槽谷形成的不利组合,地质条件明显优于其两侧地区,有利于越岭隧道通过。

从图 5 可知:A_1K 方案与既有大瑶山隧道(包括京珠高速公路粤北段)均位于 H 区外,受地质构造及岩溶影响较为严重,且 A_1K 方案隧道较既有大瑶山隧道的长度更长,通过斑古坳岩溶发育区的段落也更长,工程地质、水文地质条件相对更差;AK、A_2K 方案均位于 H 区内,受地质构造及岩溶影响较轻,地质条件相对较好,但 A_2K 方案两跨武江,且桥位与武江斜交,又与坪乐支线(老京广线)干扰严重,故从工程地质、水文地质条件比较,以 AK 方案为优。大瑶山区是武广铁路客运专线的控制性工程地段,本段线路方案的确定,是地质选线工作在武广铁路客运专线方案竞选中发挥重要作用的体现,推荐方案已在勘察设计中采纳并得到施工验证。

2.6 避开可溶岩与非可溶岩接触带或大角度通过

可溶岩和非可溶岩的接触带有利于地下水的富集,岩溶水的化学、物理作用特别强烈,是岩溶和岩溶水特别发育的地带,线路方案应避开这些地带,或以大角度通过。

贵广线穿越桂林岩溶地区选线,为降低岩溶地质灾害对铁路工程的危害,尽可能减轻铁路工程对桂林岩溶风景的破坏,同时所选择的线路方案还要具有较小的工程设置,区域内线路走向作了临河短隧道

方案、长隧道方案、18‰长隧道方案三个方案。

沿河短隧道方案通过岩溶发育区长度为 84.45km，其中沿河谷地段线路走行于可溶岩与非可溶岩接触地带，岩溶特别发育，谷地覆盖性岩溶地段多处发生岩溶地面塌陷，孤峰地段漏斗、竖井、落水洞、岩溶泉、消水洞十分发育，该方案将对漓江沿线岩溶风景产生严重破坏，因此，此方案地质条件最差。

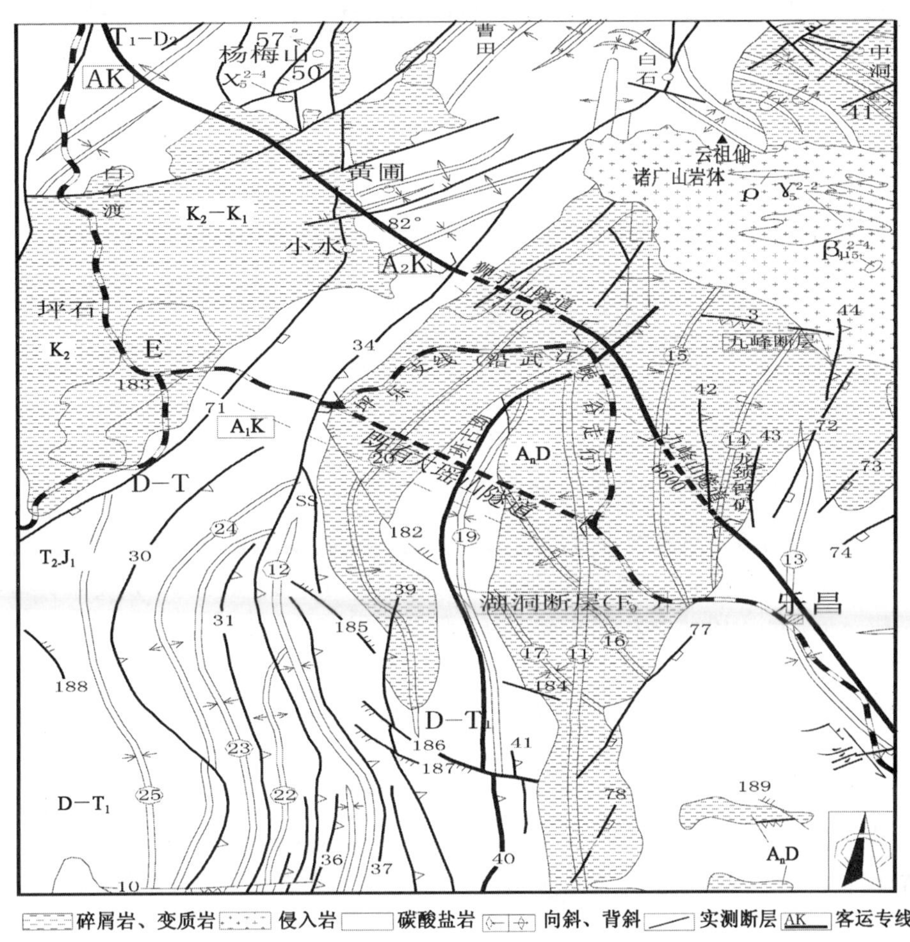

图 5　大瑶山地区地质及线路方案图

长隧道方案及 18‰长隧道方案大部分地段线路基本一致，甚至重合，通过岩溶发育地段长度在 44～60km，其中近一半岩溶中等发育，更主要是线路走向垂直通过岩溶发育区，尽可能减短了岩溶对线路工程的影响。因此，两方案明显优于短隧道方案。而 18‰长隧道方案越岭的长隧道减短至 13km 左右，从施工难度及工程数量上考虑，优先推荐 18‰长隧道方案。

2.7　线路应绕避岩溶发育极强烈地区

大型岩溶洼地、岩溶槽谷中央、地表串珠状漏斗、洼地呈线状排列等岩溶发育极强烈地区，地表水入渗条件好，地下水发育，其地下多存在暗河等岩溶管道系统，无论对铁路勘察、设计、施工和运营都会造成极大的困难。因此，一般以绕避为主，将线路选在岩溶发育相对轻微的地区。

武广客运专线郴州至红岩段岩溶发育区线路长约 50km，线路主要走行于五盖山、骑田岭中低山夹持的溶蚀峰丛、谷地内，溶槽、溶蚀洼地、漏斗、溶洞、暗河等岩溶形态发育，其中，“窝”——溶蚀洼地“星罗棋布”，面积可达数平方千米，以暗河水汇聚形成的溪流建有小水电站。既有铁路南岭隧道，由于在构造夹持地带以浅埋长隧道(一般埋深 29～35m)下穿连溪河、生潮垅为代表的 5 个与暗河连通的大型溶蚀洼地，地表水与地下水存在良好的水力联系，施工期间，雨季最大涌水量达 87000～110000(m^3/d)，发生突水涌泥 24 次。地表出现陷坑 52 处，连溪河河床被陷坑 5 次断裂，河道曾被迫临时改移三次，致使施工严重受阻并危及既有线安全。运营至今，虽历经多次整治，隧道常年仍每日排泄浑水数千至数万 m^3，诱发诸多病害，数次中断行车，造成了严重的涌水、突泥，并形成地下水降落漏斗，大面积降低了地下水位，致使地下水被疏干、表水遭袭夺，造成了难以逆转的环境灾害。

客运专线勘察设计阶段在桥、隧集中地段进行了短隧(AK)、长桥长隧(A_1K)、短桥(A_2K)3个方案的比选。在广泛搜集既有资料及遥感判释的基础上，进行深入细致的地质调查，分析岩溶的发育规律、特别是岩溶水的补给、径流、排泄条件的基础上，划分出隧道通过岩溶发育地段的安全区及危险区，进行了地质选线工作。短桥(A_2K)、长桥长隧(A_1K)方案均以浅埋长隧道于溶蚀峰丛、洼地区的地下水位以下通过，地表分布有极可能与隧道发生较好水力联系的"淹窝"、"枫木窝"、"麻窝"等较大的"碟形"溶蚀洼地，其中，"淹窝"轴长约650m，深约80m，底部分布有7个小水塘，隧道洞身多位于岩溶发育且规模大、延伸远、连通性好——隧道通过危险性最大的岩溶水水平循环带及季节变动带内，长隧反坡段排水困难，在该带内易发生与既有南岭隧道类似的病害，施工及病害处理困难并可能形成严重的难以逆转的环境灾害；短隧(AK)方案线路通过溶蚀"孤峰"、谷地区——隧道通过安全区，且以路基通过为主，辅以低桥跨暗河通道、短隧道穿"孤峰"，隧道远离地表分布的"淹窝"、"枫木窝"、"麻窝"等较大的溶蚀洼地，与其水力联系差，特别是隧道短且多在岩溶相对不发育、岩溶规模小、延伸、连通性较差的岩溶水垂直渗流带内通过，隧道位于地下水水位以上，施工中出现病害的可能性极小且易于处理。在充分进行地质选线的基础上，综合确定短隧(AK)方案为本段线路的推荐方案。

2.8 隧道应于暗河顶板之上大角度与地下暗河相交，并保证安全顶板厚度

隧道与暗河平行走行或下穿暗河极有可能因施工袭夺暗河水，诱发突水灾害。隧道应位于暗河顶板之上大角度与地下暗河相交，并保证安全顶板厚度，防止暗河与隧道连通，诱发突水灾害。

兰渝线桔柑隧道定测阶段调查发现在$D_1K385+950$的祠沟沟口有一泉水，泉水出露灰岩岩坎下部，出水口已被洪积卵砾石土覆盖，泉水点高程946m。距离泉水3km的陈家山滴水坝有一溶蚀洼地(高程在2000～2030m之间)，洼地有水并发现有两处落水洞，根据调查及访问该洼地水通过落水洞补给沟口泉水。

为查明暗河位置，选择合理线路位置，采用电测深、大地电磁等物探方法探测暗河位置。大地电磁物探资料显示，DK方案地下暗河位置距泉水点距离约1400m，地下暗河顶板高程980.6m，该处轨面高程为972m(图6)，受坡度限制，调整高程困难，洞身正好位于暗河之下，隧道施工极有可能吸夺暗河水，诱发突水灾害。

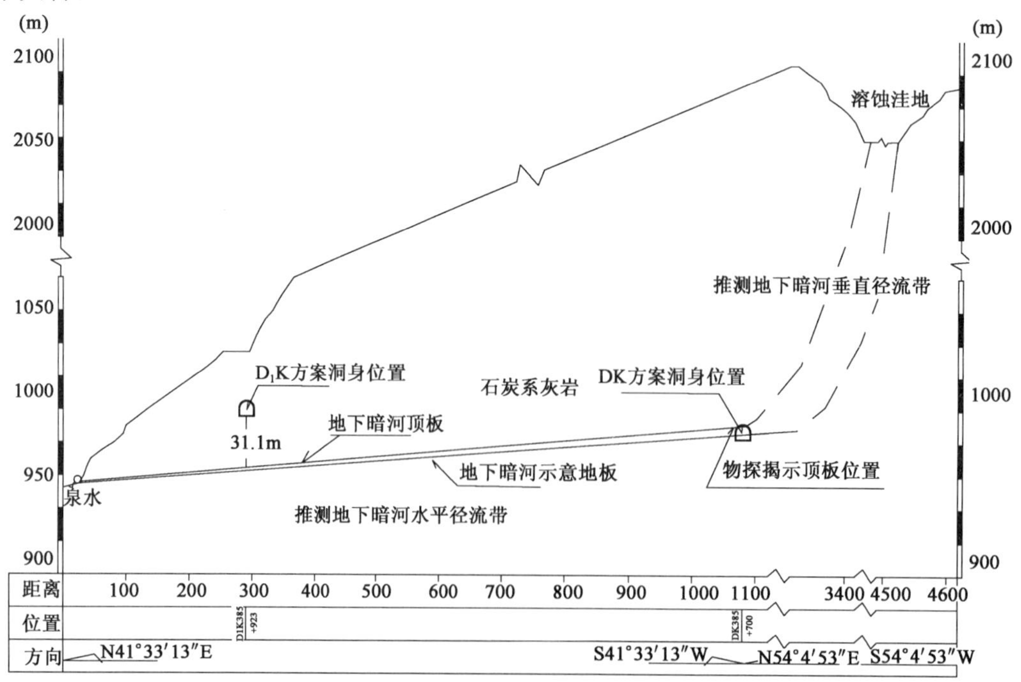

图6 DK、D_1K方案与暗河关系示意图

由图6可见，推测地下岩溶水通道与 D_1K 正洞相交里程 $D_1K385+923$ 附近，该里程隧道路肩高程为985.3 m，该处暗河顶板高程为954.2m，路肩高出岩溶水通道31.1m，隧道位于暗河之上，不会诱发突水灾害，且有足够顶板厚度，故推荐 D_1K 方案。

3 结语

岩溶隧道突水突泥不仅威胁施工安全，而且造成地表水漏失、地面塌陷等不可逆转的环境问题。铁路工程勘察设计阶段应在掌握宏观地质条件的基础上，分析岩溶水的受控因素，采用综合勘探手段查明岩溶及岩溶水的发育规律，特别是分析岩溶水的补给、径流、排泄条件，选择隧道从岩溶水相对不发育地带通过。

参考文献

[1] 曹化平，屈科，蒋良文，等. 西南复杂艰险山区铁路地质选线[C]//复杂艰险山区铁路选线与总体设计论文集. 北京：中国铁道出版社，2010.

[2] 中华人民共和国行业标准. TB 10027—2001 铁路工程不良地质勘察规范[S]. 北京：中国铁道出版社，2001.

[3] 韩康. 河流峡谷地段地质选线方案研究[J]. 铁路工程学报，2008(10). 6-10.

[4] 王茂靖. 贵广铁路通过桂林典型岩溶地区线路方案比选[C]//复杂艰险山区铁路选线与总体设计论文集. 北京：中国铁道出版社，2010.

[5] 周泉. 兰渝线桔柑隧道岩溶调查及应对措施[J]. 资源环境与工程，2009(9). 114-116.

渝怀铁路圆梁山隧道毛坝向斜深埋大型充填溶洞形成机制浅析

蒋良文[1]　易勇进[2]　贾中明[2]
(1. 中铁二院工程集团有限责任公司公司办；
2. 中铁二院工程集团有限责任公司地勘岩土公司)

摘　要　渝怀铁路圆梁山隧道施工开挖揭示，在毛坝向斜核部和东翼洞身附近发育3个罕见的大型深埋充填溶洞。本文通过对3个溶洞发育充填的基本特征及灾害特征的综合分析研究认为，毛坝向斜核部和东翼的层间滑脱和纵张裂隙被横张裂隙所切割，为岩溶水的深部循环提供了较通畅的原始空间与通道，岩溶水在此通道中形成倒虹吸循环，长期溶蚀及溶蚀裂隙流转化为管道流，强烈冲刷与顶板坍塌导致核部与东翼的层间滑脱和纵张裂隙部位发展成为大型溶洞，后因深部径流条件改变而被逐步充填，发育形成现今这种罕见的大型深埋充填溶洞。

关键词　倒虹吸循环；深部径流；深埋充填溶洞；岩溶与岩溶水；纵向张裂隙

Analyses on Formation Mechanism of Maoba Syncline Large Buried-Deep Filling Cave in Yuanliangshan Tunnel on Chongqing-Huaihua Railway

Jiang Liangwen[1]　Yi Yongjin[2]　Jia Zhongming[2]
(1. Administration Office of CREEC;
2. Geological Prospecting & Geotechnical Engineering Co. Ltd. of CREEC)

Abstract　During excavation of Yuanliangshan tunnel, on Chongqing-Huaihua railway, it is found that three rare large buried-deep filling caves are developing in the kernel part of Maoba syncline and near the tunnel of the east wing. According to the comprehensive analysis and research of the basic characteristics of the three karst cave development-filling and the characteristics of the disasters, it is considered that Maoba kernel part slipping off between-layers of the east wing, the longitudinal tension fractures cut by the horizontal tension fractures provide a connectivity of the original space and channel for the deep karst water cycle. The karst water in the channel form the inverted siphon circulation, long-term dissolution and dissolution fracture flow changed into pipeline flow, strong erosion and roof collapse cause kernel part slipping off between-layers of the east wing and the development of the longitudinal tension fractures parts and further form a large karst cave. Because deep runoff conditions change, such cave will be gradually filling, and developing into this rare large buried-deep filling karst cave.

Key words　inverted siphon circulation; deep runoff; buried-deep filling cave; karst and karst water; longitudinal tension fractures

---

作者简介：蒋良文(1965—　)，男，教授级高级工程师，中铁二院工程集团有限责任公司副总工程师。

注：本文已刊登于《铁道工程学报》2007年第4期。

1 引言

重庆至怀化铁路圆梁山深埋特长隧道总长 11.068km。隧道进口位于乌江支流细沙河东岸的瞻家坝，进口里程 DK351＋465、路肩设计高程 549.16m。出口位于沅江支流麻旺河源头的炭厂河西岸，出口里程 DK362＋535、路肩设计高程 503.74m。隧道为预留复线条件、平导超前施工的单线人字坡隧道，人字坡坡顶里程 DK355＋820、路肩设计高程 560.52m。

该隧道穿越乌江与沅江水系分水岭毛坝—圆梁山地区，为中、低山深切河谷地貌，地形相对高差超过 500～800m；区域地质构造上，位于川黔湘鄂褶皱带之秀山穹褶束与黔江凹褶束接合部，为燕山期形成的 NE35°左右的盖层褶皱带，后期遭受了喜马拉雅期 NE18°左右的褶皱改造。褶皱带南段呈 NNE 向，向 N 渐变为 NE 东向，因而总体形貌呈向 NW 凸出的弧形。主要构造为毛坝向斜与桐麻岭背斜及其伴生或次生断裂等。

隧道穿越毛坝紧密向斜的部位为向北西向凸出的地垒式弧形构造段（图 1），其穿越向斜碳酸盐岩段长度约 2.2km，隧道埋深 550～750m，最大埋深约 780m，对应里程 DK353＋035、路肩设计高程 552.16m。向斜地表多为岩溶洼地和槽谷区，岩溶泉、泉群、暗河出露高程多在 850～900m 以上，构成了毛坝向斜岩溶水局部排泄基准面。

勘察阶段根据地质调绘、卫航片解译、深孔钻探与地表常规物探，认为毛坝向斜岩溶发育的总趋势应随深度增加而减弱、以溶孔、溶蚀裂隙为主，隧道选定的平面位置及设计高程范围内岩溶发育相对较弱，不可能发育大型溶洞。然而，隧道施工开挖时，在毛坝向斜核部隧道洞身附近的二叠系吴家坪组（P_2w）和向斜东翼茅口组（P_1m）碳酸盐岩地层中，却揭露了 3 个罕见的深埋大型充填溶洞（图 1）即：

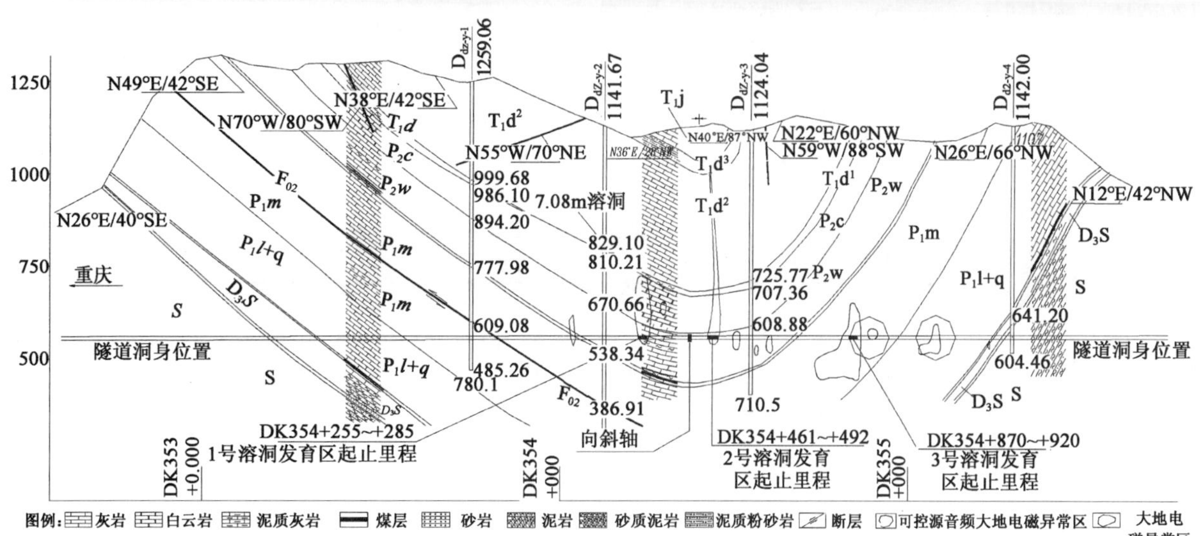

图 1　圆梁山隧道毛坝向斜地质剖面与揭示溶洞所处部位示意图

1 号溶洞：平导 PDK354＋240～＋275 和正洞 DK354＋255～＋285 揭示的充填溶洞，发育于向斜西翼吴家坪组灰岩与硅质灰岩不等互层的地层中、紧邻核部。

2 号溶洞：平导 PDK354＋435～＋495 和正洞 DK354＋461～＋492 揭示的充填溶洞，发育于向斜核部吴家坪组灰岩与硅质灰岩不等互层中。

3 号溶洞：正洞 DK354＋870～＋920 揭露的黏性土爆喷型突出溶洞（即 DK354＋879 溶洞）和平导 PDK354＋870～＋920 揭露的溶洞，发育于向斜东翼茅口组灰岩中。

2 深埋大型充填溶洞所处的岩溶地质环境

2.1 地层岩性与地貌特征

毛坝向斜为一个四周被志留系和泥盆系泥岩为主的地层所包围的、由二叠系及三叠系碳酸盐岩构成的紧密向斜,向斜核部为二叠系栖霞组(P_1q)、茅口组(P_1m)、吴家坪组(P_2w)、长兴组(P_2c)与三叠系大冶组(T_1d)、嘉陵江组(T_1j)的碳酸盐岩为主、局部夹薄层泥(砂)岩(表1)。

圆梁山隧道毛坝向斜地层岩性简表 表1

地层时代					地层柱状图(示意)	岩性描述
界	系	统	组	符号		
新生界	第四系			Q		该堆积物上部为松散状泥砂质砾石层,厚0.5m左右;下部为灰黄色、灰白色砂质黏土,含褐铁矿结核,厚1~10m,属冲洪积。分布毛坝向斜核部夷平面
中生界	三叠系	下统	嘉陵江组	T_1j		灰色薄层至中厚层状灰岩、白云质灰岩,未见顶
			大冶组	T_1d		总厚378m,分三段。上段(T_1d_3):紫红色薄层泥质粉砂岩、砂质泥岩、泥岩夹泥灰岩及灰岩,厚34m。中段(T_1d_2):上部为浅灰色厚层状鲕粒灰岩及生物碎屑灰岩;下部为灰色薄至中厚层状灰岩,厚326m。下段(T_1d_1):灰绿色薄层状泥岩夹泥灰岩,底部以黄绿色水云母黏土岩与下伏地层分界,整合接触,厚17m。该段在走向上分布不稳定,局部变薄至尖灭
古生界	二叠系	上统	长兴组	P_2c		灰、深灰色中至厚层状燧石结核灰岩,局部地段顶部为白云岩化的生物灰岩,厚52m
			吴家坪组	P_2w		上部灰、灰黑色薄至中厚层状灰岩与硅质灰岩不等厚互层;中下部厚5~10m灰黑色薄层含炭泥岩及煤层(厚0.03~0.3m)、铝土质泥岩,含较多黄铁结核,总厚84m
		下统	茅口组	P_1m		浅灰、灰色厚层状灰岩,含少量燧石结核,下部为灰黑色中厚层状沥青质灰岩,含透镜状有机质泥泥岩及燧石结核,厚249m
			栖霞梁山组	P_1l+q		灰、深灰色中厚层状灰岩与灰黑色沥青质泥岩呈不等厚互层,厚183m。底部梁山组厚1.8m,为灰黑色薄层泥岩、铝土质泥岩
	泥盆系	上统	水车坪组	D_3S		灰、黄色中厚层状灰岩,黄绿、紫红色泥岩。底部为厚2.9m灰白色厚层状细粒石英岩状砂岩,总厚40m
	志留系			S		上中部为黄绿色、紫红色薄层状泥岩、砂质泥岩,下部为灰绿色薄至中厚层状粉砂岩与矿质泥岩不等厚互层,底部为黄绿色、黑色粉砂质页岩,约厚1960m

地貌上,向斜两翼高凸、中间低洼呈槽状,两翼的地貌形态具有对称性(图1)。沿众多横张断裂(NW向或NWW-EW向)和沿向斜轴线(NNE或NE向)顺层发育大型岩溶漏斗、洼地和长数千米、十几千米的巨型槽谷,二叠系下统(P_1q+m)碳酸盐岩形成高超过50～100m、长数10km的绝壁,其中西翼侧尤为高陡。两翼厚达约2000m的志留系(S)(砂质)泥岩、粉砂岩和泥盆系水车坪组(D_3S)的泥岩则形成斜坡地貌。

2.2 地质构造

毛坝向斜核部的空间形态呈长舟形状,南北长约65km,东西宽2～3.5km;平面形态呈“S”状;总体

走向为 NE-SSW 向；两端分别向 NE 和 SSW 方向扬起，为燕山期 N35°E 向斜和喜山期 N18°E 向斜的复合产物。向斜南段轴面走向 N 18°E，而向北则转为 N35°E，总体形态呈向北西凸出的弧形（图 1）。毛坝向斜核部碳酸盐岩地层被一系列 NW(NWW)与 EW 向陡倾（倾角大于 80°）的横向断裂所切割，断裂多具张扭性特征，其中 NW(NWW)向断裂为左旋走滑兼有正断，EW 向断裂。

为右旋走滑兼有逆断（图 2），显然形成于 N70°W 最大水平主压应力场环境；其次为 NNE 向的纵向断层，为具压性特征的走向逆断层；此外，顺层滑动裂隙、纵张裂隙带和局部层间滑脱发育（图 3），间距 100～150m 的 NW（NWW）与 EW 向横张构造节理裂隙带也较密集发育。

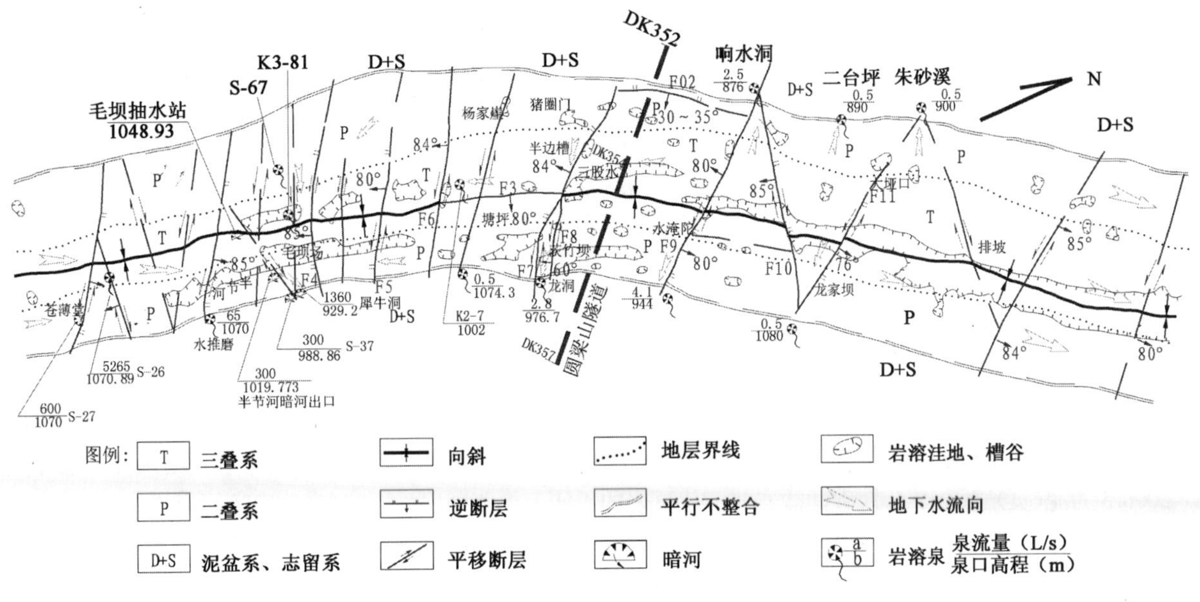

图 2　毛坝向斜隧道区附近的断层、洼地与槽谷分布和主要暗河、泉(群)高程示意图

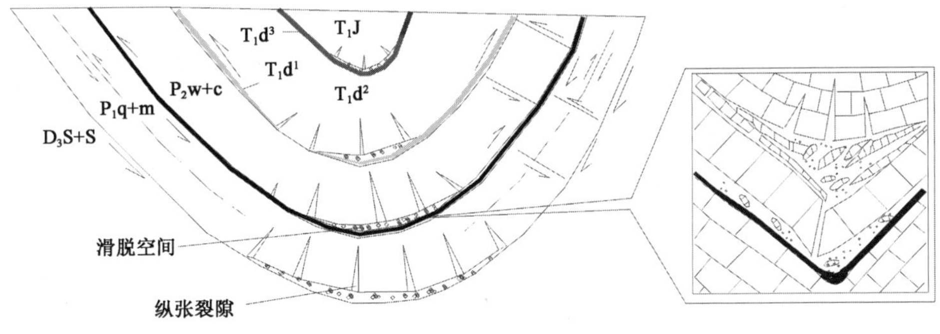

图 3　向斜核部滑脱空间与纵张裂隙示意图

隧道通过的毛坝—龙家坝地段，位于向斜向 NW 凸出的弧形段，受一系列 NW 向左旋横张断裂的切割，形成以毛坝—犀牛洞为中心和毛家院子—木叶一带为中心的地堑式构造，两地堑构造之间为以水淹沱—龙家坝一带为中心的地垒式构造。圆梁山隧道就穿越属该地垒式构造的、NW 向茨竹坝断层（F_7）与水淹沱断层（F_9）之间的向斜岩溶断块。

2.3　水文地质

隧道穿越的向斜岩溶断块中地下水以裂隙型岩溶水为主，局部存在裂隙～溶洞（暗河）型岩溶水，且岩溶水是分 3 层发育分布的，即 T_1d 层水、P_2w+c 层水、P_2q+m 层水，3 层水在隧道通过地带具有相对独立性；且在断块内核部及其附近区域，存在深部岩溶承压水系统，雨季下层水的水头高于上层水的水头，即 P_2w+c 层水位高于 T_1d 层水 9.34～14.97m，P_1q+m 层水位高于 P_2w+c 层水 4.14～14.07m；P_2w+c 和 P_1q+m 层水为承压水（表 2）。相对于隧道洞身高程而言，存在 P_1q+m 承压水层段 4.9MPa 和 P_2w+c 层段 4.46MPa 的高静水压力。

隧道穿越向斜断块各层岩溶水水位(2000年5～9月资料)　　表2

试验层段		含水层段厚度(m)	静止水位埋深(m)	静止水位高程(m)
1号孔	T_1d^2	16.44	226.13	1032.93
	P_2w+c	163.50	259.11	999.95
	P_1m	263.70	215.45	1043.61
2号孔	T_1d^2	160.55	160.47	981.20
	P_2w+c	218.34	145.50	996.17
	P_1m	269.68	141.36	1000.31
3号孔	T_1d^2	110.88	142.81	981.23
	P_2w+c	88.50	133.50	990.54
	P_1m	49.16	119.43	1004.61
4号孔	P_1q	167.30	82.90	1059.10

该断块大冶组、茅口组灰岩近地表岩溶发育，大型溶蚀洼地，巨型槽谷，溶蚀管道均有出现，2号深孔在距地表300m附近大冶组中揭露到ϕ7.08m溶洞。上部1.30m无充填，下部全充填，充填物以粗砂为主，夹各级砾石，砾石呈圆状、次圆状，成分主要为石灰岩，少量为泥岩。深孔揭示的岩溶发育段并不是整个厚度范围内均发育，而是分段发育。

毛坝向斜至今尚未形成统一的岩溶水系统，大气降水为岩溶水的唯一补给来源。降水入渗补给，沿纵向断层与顺层滑动裂隙、横张断层与构造节理裂隙带，发生纵向或横向径流，然后向两翼排泄。因两翼存在厚达约2000m的泥(页)岩隔水层，在碳酸盐岩与下伏页岩的界面上横张断层处以泉(泉群)、暗河形式排泄地下水，岩溶泉、泉群、暗河出露高程多在850～900m以上(图2)，形成了高程850～900m局部排水基准面。

向斜岩溶水其补、径、排特点是：分散补给、相对集中径流、分区段与子系统相对集中以泉、暗河等形式排泄；各相邻子系统和各含水层之间在断层破碎带和泥岩隔水层天窗地段存在水力联系。根据岩溶水矿化度与氢、氧同位素资料，向斜"绕轴径流"可能不存在。

3　施工揭示3个深埋大型充填溶洞的基本特征及灾害特征

3.1　1号溶洞发育充填的基本特征及灾害特征

(1)1号溶洞发育充填的基本特征

根据正洞与平导断面开挖地质资料，正洞DK354＋237较完整灰岩中拱顶有一沿纵向张裂隙发育直径为1.5～2m的竖向岩溶管道，涌水量为50～70m³/h，含泥少，较清澈。平导PDK354＋260～＋275和正洞DK354＋255～＋285为1号充填溶洞发育区(图4)。溶洞发育于向斜西翼、紧邻向斜核部P_2w的灰黑色灰岩与硅质灰岩不等厚互层中，溶洞两侧岩层产状变化较大、倾角起伏大，10°～32°，其NW侧产状N18°～25°E/30°～32° SE、SE侧产状N25°～35°E/10°～30° SE；又据物探资料，1号溶洞顶部垂向发育的溶蚀破碎带穿切P_2c地层，并已经靠近T_1d^1泥岩层，但未伸入该岩层(图1)。溶洞自DK354＋255起，沿层面和节理面充填较多的粉质黏土，DK354＋265～＋281和PDK354＋256～＋275段，正洞全断面和平导大部分断面被灰黄色、灰黑色的(淤泥质)粉质黏土基本充填满，仅有少量的灰岩(块石)夹于其中，断面四周均未见完整岩层。

又根据正洞隧底钻探资料，自DK354＋258左右，高程550m出现溶洞充填物，至DK354＋285止，有2个比较明显的岩溶腔体，2个岩溶腔体均充满了软塑状粉质黏土夹黏土，上部的岩溶腔体，埋深在高程556m以下0～10m，中部厚度在6～10m，两侧厚度2～3m；下部的岩溶腔体主要分布在DK354＋268～＋278之间，埋深在10～20m以下，厚度在2～10m之间。

1号溶洞充填的粉质黏土含水率30%～34%，可塑—软塑状，比较密实，有一定的自稳能力，具水平沉积微细层理，沉积年龄约为1.8万年，其来源应是P_2w+c深灰、灰黑色灰岩与铝土质泥岩风化残积物；淤泥质的来源应是P_2w底部5～10m厚灰黑色薄层含炭泥岩及煤层风化残积物。

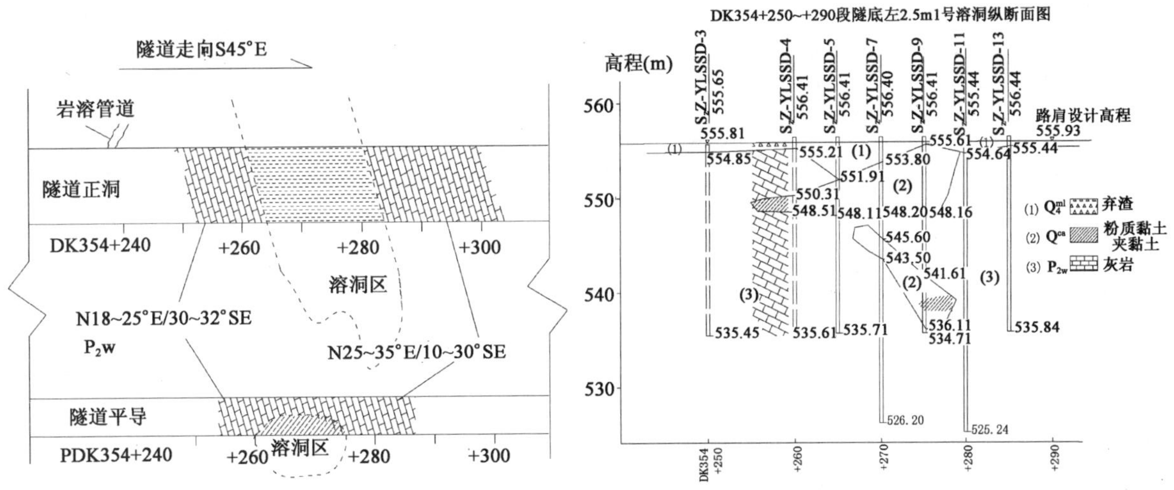

图 4　1 号充填溶洞在隧道平面和隧底分布示意图

(2)施工揭示时的灾害特征与工程处治

针对 1 号溶洞充填的粉质黏土有一定自稳能力和局部只有少量股水流出的特点，实施了较强的初期支护、径向注浆和 K1.5 型抗水压衬砌，并对基底采用了钢管桩注浆加固，因此施工开挖过程中，未发生坍方冒顶和其他施工地质灾害，较顺利通过该溶洞。

3.2　2 号溶洞发育充填的基本特征及灾害特征

(1)2 号溶洞发育充填的基本特征

根据正洞与平导断面开挖地质资料，正洞 DK354＋390～＋440 和平导 PDK354＋400～＋430 段为毛坝向斜的轴面部位，为一挤压破碎带，挤压带中劈理产状 N25°～50°W/ 70°～80°NE，局部倾向 SW，岩体呈片状剥落。平导 PDK354＋435～＋495 和正洞 DK354＋461～＋492 为 2 号充填溶洞发育区（图 5）；又据物探资料和溶洞充填物分析，2 号溶洞顶部垂向发育的溶蚀破碎带切穿 P_2c 灰岩和 T_1d^1 泥岩，并已经伸入 T_1d^2 灰岩中（图 1）。溶洞具宽大构造——溶蚀裂隙特征。平导 PDK354＋435 揭示宽约 0.3m的溶蚀裂隙，向拱顶方向垂向延伸，褐红色涌水。2 号溶洞充填物为黄褐、褐红色粘质粉细砂、粉土（粉质黏土）和溶蚀灰岩块体，呈犬牙状交错，粉细砂、粉土（粉质黏土）的沉积年龄约为 2.2 万年。溶洞两侧围岩节理和层面裂隙多充填黏土及粉细砂。2 号溶洞及裂隙充填物的来源应是 T_1d^3 紫红色薄层泥质粉砂岩、砂质泥岩、泥岩夹泥灰岩的风化残积物。

(2)施工揭示时的灾害特征与工程处治

2 号溶洞充填的黄褐、褐红色粉细砂在无水的状态下，呈中密状，有一定自稳能力，遇水即坍塌随涌水涌出，形成管涌。2002 年 4 月 22 日正洞 DK354＋460 附近超前钻孔时发生涌水涌砂，喷距达 30m。2 号溶洞揭露初期，涌水涌砂量较小，约 60m^3/h，涌水呈褐红色或朱红色、水浑浊、初期含 50％～60％褐红色粉细砂。此后施工中多次发生涌水涌砂，涌水量逐渐增大（图 6），并且多次淹埋正洞与平导，总涌砂量约 6 ×$10^4 m^3$。2002 年 9 月由于管道逐渐被洗通，涌水量明显增大，开始涌出黄灰色中粗砂夹卵砾石；2002 年 10 月 22 日涌出物沉积年龄约 0.1 万年。2003 年 7 月 8～23 日暴雨之后，涌水量高达 21×$10^4 m^3$/d，表明该溶洞上方岩溶洞隙、管道中的充填物已大量流失，水流通道已经基本洗通。涌水滞后于降雨时间缩短，从涌水初期滞后降雨 20d 左右缩短到数小时，涌突水量与降雨有较强的相关性，并与高程 850～900m 以上浅部岩溶水体或地下暗河系统存在较为密切的水力联系，且诱发 2 处规模较小（直径小于 5m）地表局部塌陷（图 7）。

在 2 号充填溶洞施工过程中，因多次发生大规模的涌水涌砂，淹埋正洞与平导，施工严重受阻。针对 2 号溶洞复杂的地质条件及施工工期要求，为减小处理难度，采用了迂回导坑对溶洞段进行两端夹击处理，经过反复多次泄水洞降压、帷幕注浆、径向注浆、小管棚、大管棚、钢支撑、YK4.5 型抗水压衬砌、基底注浆加固等后，终于通过该溶洞。

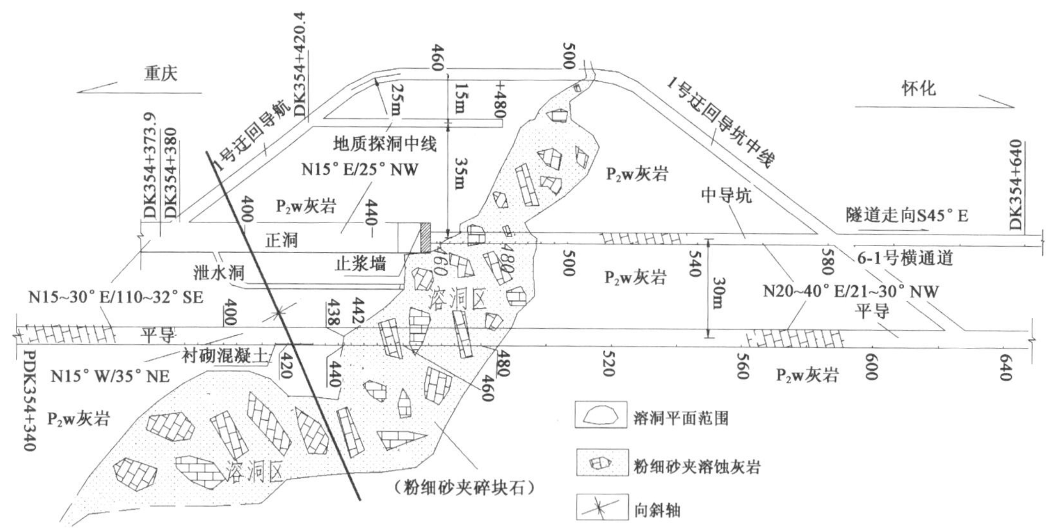

DK354+450~+500段右1.5m遂底2号溶洞地质纵断面图

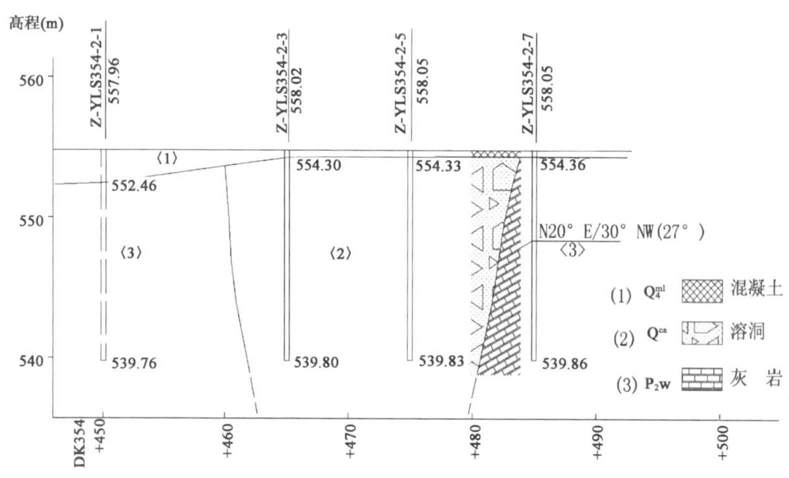

图5　2号充填溶洞在隧道平面和隧底分布示意图

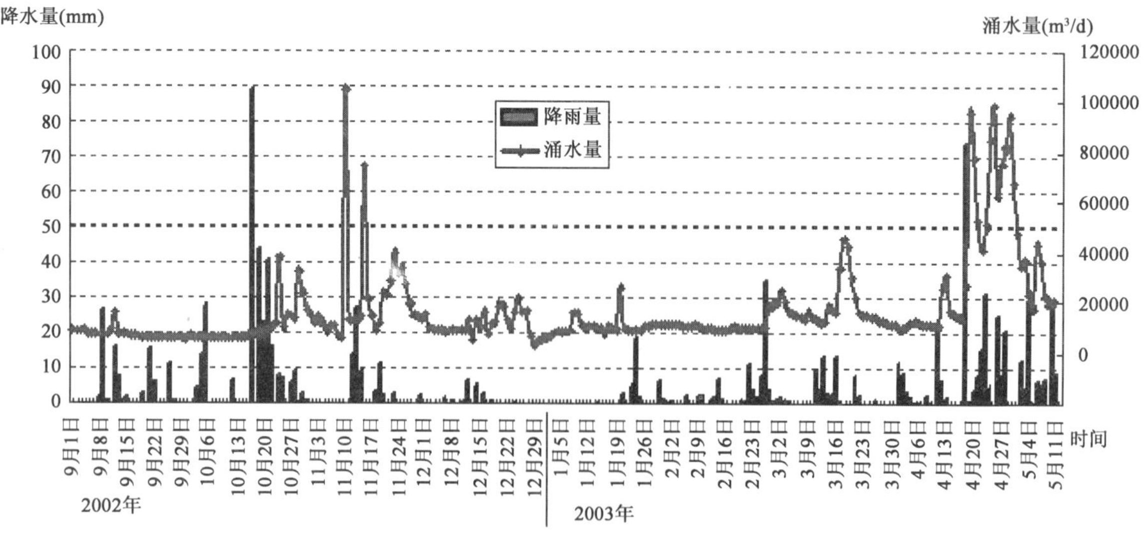

图6　2002年9月～2003年4月降雨量及2号溶洞涌水量—时间曲线对比图

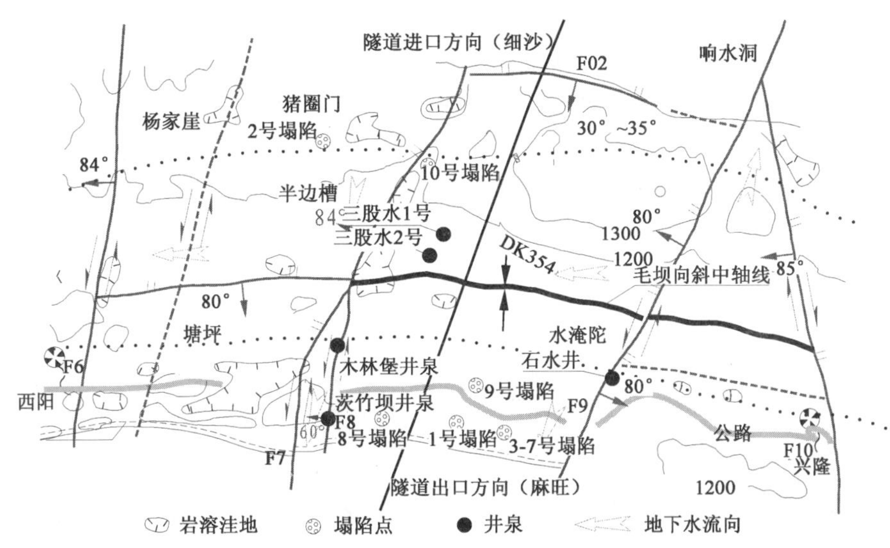

图7　毛坝向斜段地表局部塌陷坑分布图

3.3　3号溶洞发育充填的基本特征及灾害特征

(1)3号溶洞发育充填的基本特征

根据正洞与平导开挖地质资料，正洞DK354＋870～＋917段和平导PDK354＋870～＋930段为3号溶洞发育区(图8)，发育于向斜东翼、紧邻核部的P_1m中部，为溶蚀裂隙—管道型溶洞，溶洞空间形态为树根状管道束，又据物探资料，3号溶洞附近的溶蚀破碎带呈统靴状。围岩为灰至深灰色、灰黑色厚层一块状灰岩夹沥青质灰岩，岩层陡倾，产状N30°～40°E/38°～47°NW，且在溶洞东侧发育一条陡倾的层间错动带，倾角50°～70°，岩体破碎，层间裂隙极为发育，存在层间滑脱空间。溶洞与裂隙充填物为软塑一硬塑状、局部流塑状黄褐色黏性土，其沉积年龄约为1.5万年，黄褐黏性土的来源应是P_1m灰岩夹沥青质灰岩的风化残积物。

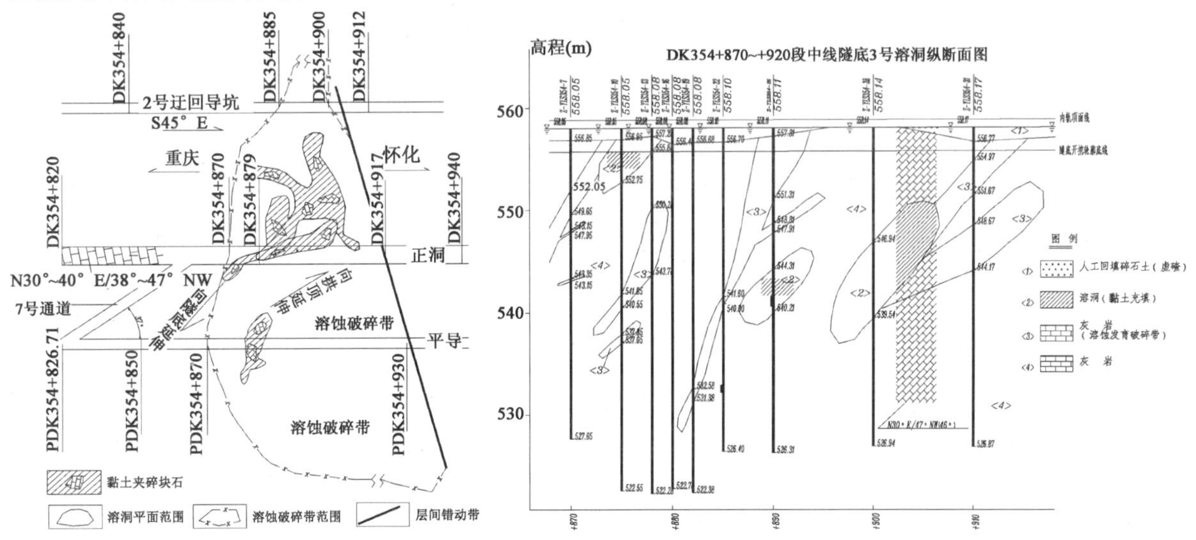

图8　3号充填溶洞在隧道平面和隧底分布示意图

开挖揭示DK354＋870～＋876、DK354＋881～＋917段为溶蚀破碎带，岩层破碎松散，无明显层理，沿破碎面及溶隙充填黄褐色软塑状黏土。DK354＋876～＋881为一陡倾角的岩溶管道(图9)，直径约5m，从隧道拱腰分别向左上角和右下角延伸，管道壁光滑，隧底右下角为充填黏土管道。

根据钻探资料，DK354＋870～＋880段隧底发育的溶洞，其底部距隧底开挖轮廓线最深约3m，充填黄色软塑状黏土；DK354＋890～＋900段隧底发育的溶洞(图8、图10)，其顶板距隧底开挖轮廓线约10m，溶洞深度1.4～7.4m，充填软塑一流塑状黏土。DK354＋909.2～＋907.5段及DK354＋918.3～

＋914.5段隧底裂隙中充填黄色黏土。

钻探揭示 PDK354＋881.6～＋888.6 段平导拱顶右上部以上 1～2m 发育溶洞，溶洞宽度最大达 6.5m，最小 3.3m，溶洞内充填灰黑色黏土，呈硬塑状，且含有机质物质；其余钻孔未遇到溶管及溶洞，但局部岩体破碎，夹黄泥。PDK354＋904～＋917 段隧底以下 12～17m 发育溶蚀裂隙，裂隙宽度约 0.5m，充填有黄褐色黏土，单孔水量约 0.5m^3/h。平导 PDK354＋920～＋930 段开挖揭示为一层间错动带(图 8)，破碎带岩体呈碎石土状，产状 N18°E/50°～70°NW，破碎带中充填大量黄色、白色黏土，软塑状，在 PDK354＋925 附近拱顶有少量裂隙水呈线状流出，整个断层破碎带含水较少。该层间错动带从平导延伸至正洞后，进入 3 号溶洞，形迹不清。

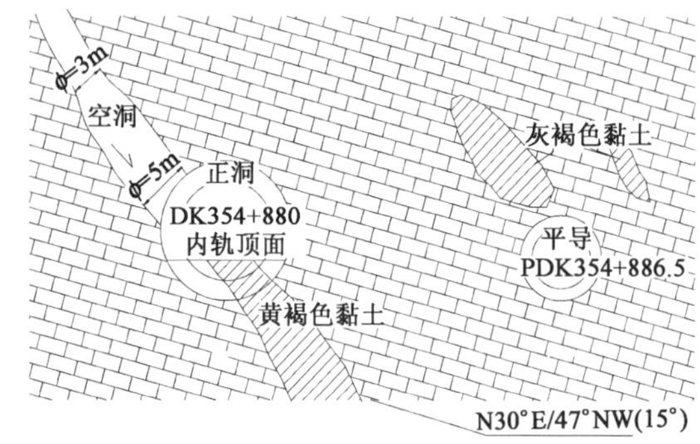

图 9　隧道 DK354＋880 3 号溶洞横断面示意图

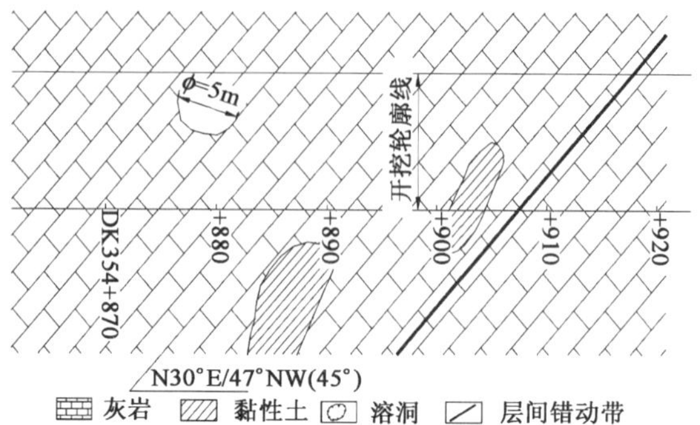

图 10　隧道 DK354＋870～＋920 左边墙 3 号溶洞纵断面示意图

2 号迂回导坑(对应正洞 DK354＋850)开挖泄水洞时，发现泄水洞端头有一溶洞腔体，其主体形态似扁豆状，高约 20m，长约 15m，宽约 11m，其上部有岩溶管道相通，一端与隧道相通，一端仍以陡倾角往上延伸(图 11)。该溶洞腔体走向与隧道正向大致平行，其边缘距隧道左侧距离 11～12m。

(2)施工揭示时的灾害特征与工程处治

2002 年 9 月 10 日，正洞导坑掘进至 DK354＋879 时，在该掌子面右下方揭露出黄褐色黏性土，揭露口缓慢挤出硬塑状黏性土，持续约 3h50min 后，突发爆烈声响，硬塑—塑状黏性土及黏稠。

状泥浆由整个掌子面快速突出，数分钟之内约 4200m^3 黏性土迅速充满 244m 长的正洞导坑空间，发生了极罕见的高压爆喷型黏性土突出事件，并造成“9.10”重大灾害事故。

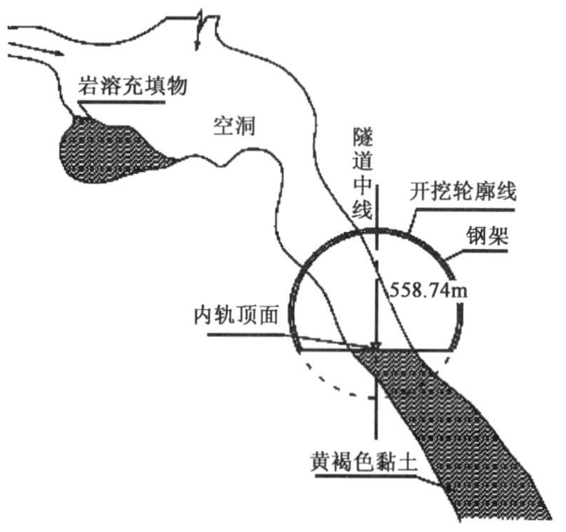

图 11　3 号溶洞岩溶管道示意图

“9.10” 爆喷型黏性土突出事件造成停工长达 1 年多，DK354＋879 突泥段(即 3 号溶洞)处于长期排水(携带泥砂)状态，涌水量随地表降水的变化而变化，旱季 20～30m^3/h，雨季地表降水时，洞内水量最大达 1500m^3/h，水浑浊，含泥砂。经过长达 1 年多的排水，表现洞内涌水量逐渐增大，涌水含砂(泥)量逐渐减少，且随地表降雨波动，表明 DK354＋879 突泥段已与地表岩溶水系统沟通，且加之“9.10”事件突出大量泥砂，造成主要岩溶管道上方已无充填物，且诱发 7 处规模较小(直径小于 5 m)、1 处规模较大(直径 40m 许)地表局部塌陷(图 7)。

“9.10”事发后，鉴于 3 号溶洞极其复杂的地质条件及施工工期要求，为减小处理难度，按照“探测先行，两端夹击，逐步逼近”的处理原则，采用了迂回导坑对溶洞段进行两端夹击处理，并实施了泄水支洞降压，在泄水支洞施工中又涌出 283m^3 的软塑状—流塑状黄色黏土，涌水量约为 70m^3/h。经过反复多次帷幕注浆、径向注浆、小管棚、大管棚、YK4.5 型抗水压衬砌、基底注浆加固等多种手段后，终于通过 3 号溶洞。

4 3个深埋大型充填溶洞的形成机制浅析

4.1 1号溶洞形成机制浅析

1号溶洞发育于向斜西翼、紧邻向斜核部 P_2w 地层中，岩体破碎，岩层产状变化较大、倾角起伏大，10°～32°，该部位在向斜形成和演化过程中，纵横张裂隙、层间裂隙与层间滑脱空间发育，为1号溶洞发育创造了较通畅的原始空间与通道，有利于深部水循环。向斜西翼 P_2w+c 灰岩顺层延伸到地表的部位漏斗、洼地发育，特别是 P_2w+c 灰岩与 F_7、F_8 等横张断层及各方向裂隙交切部位漏斗、洼地尤为发育，且规模较大，有利于降水汇集入渗。大气降水汇集于这些漏斗、洼地中入渗，地下水沿顺层裂隙与纵横张裂隙向层间滑脱空间部位(图3)径流、溶蚀与冲刷，进而向 F_9 等横张断层汇流(或向 T_1d 层产生垂向径流)，以泉(群)、暗河形式排泄，形成倒虹吸循环(图12)，旱季可能因 T_1d 层水位高于 P_2w+c 层水，而形成另一径流途径的倒虹吸循环；经过漫长的倒虹吸循环，长期溶蚀及溶蚀裂隙流转化为管道流，强烈冲刷与坍塌导致溶腔逐渐扩大，形成溶洞空腔，于晚更新世晚期(Q_3^3)距今1.8万年左右因深部径流条件改变而逐渐被沉积充填，形成现今这种具水平沉积微细层理特征的深埋特大型充填溶洞。

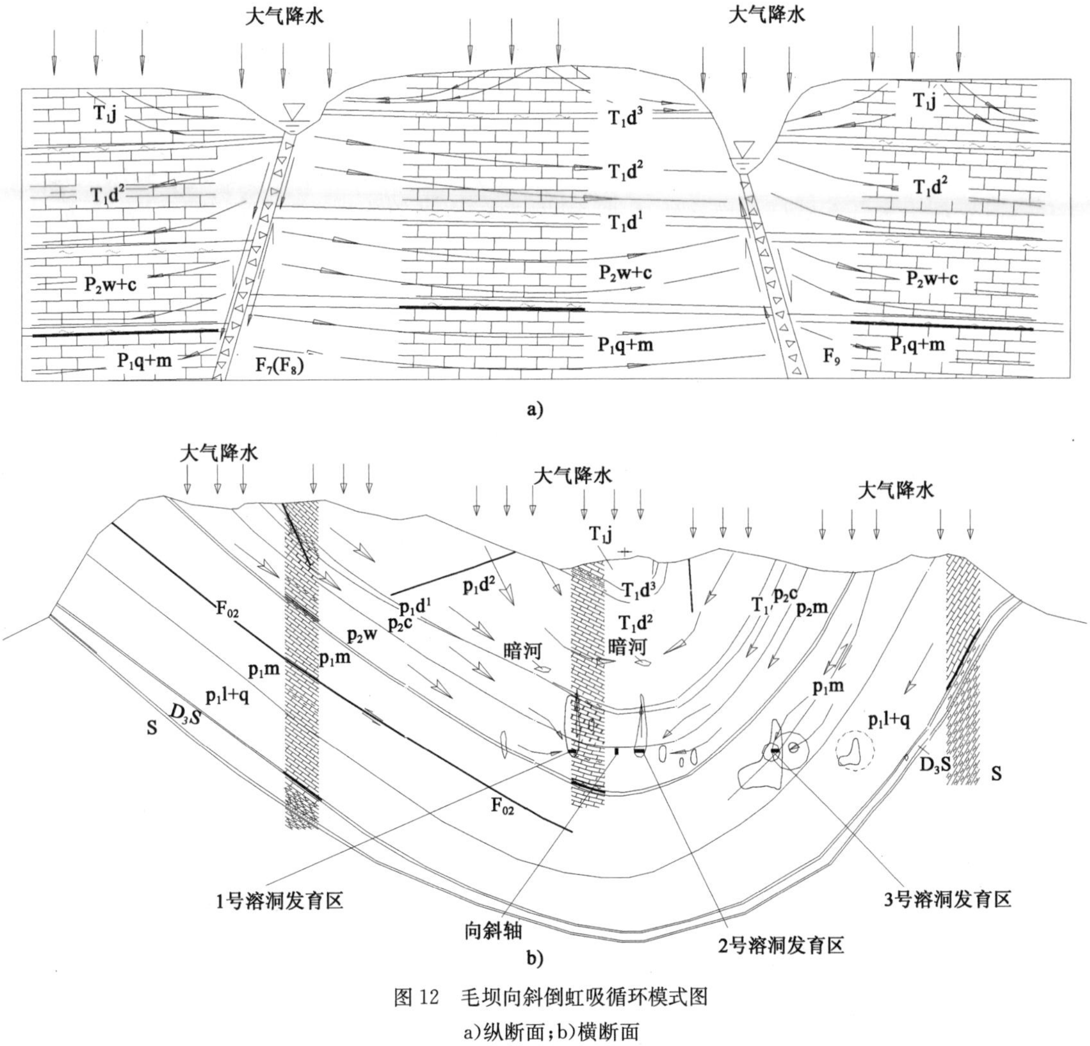

图12 毛坝向斜倒虹吸循环模式图

a)纵断面；b)横断面

4.2 2号溶洞形成机制浅析

2号溶洞发育于向斜核部、紧邻向斜东翼 P_2w 地层中，岩层产状变化较大、倾角起伏大，10°～32°，核部岩体破碎、岩层扭曲，核部在向斜构造演化过程中，发育层间滑脱空间与宽大的纵横张裂隙，纵张裂隙极有可能直接切穿 P_1c 灰岩和 T_1d^2 灰岩，有利于深部水循环，为2号溶洞发育创造了较通畅的原始空间与通道。向斜核部 T_1d 灰岩地表漏斗、洼地尤为发育，特别在纵横张断层与各方向裂隙交切部位发育大型漏斗、洼地，如发育于 F_3、F_7、F_8 断层交切部位的天星洞，沿核部顺层于 T_1d^2 灰岩与 T_1d^3 紫红色泥质粉砂岩、砂质泥岩分界线灰岩一侧发育大(巨)型岩溶槽谷；向斜东翼 P_2w+c 灰岩顺层延伸到地表与横张断层或各方向裂隙交切部位发育较大的漏斗、洼地；这些(大型)漏斗、洼地、(大、巨型)槽谷等十分有利于降水汇集入渗。

大气降水汇集于 P_2w+c 灰岩与 F_7、F_8 等横张断层的地表漏斗、洼地中入渗，地下水沿宽大的顺层裂隙与纵横张裂隙向斜核部 P_2w+c 中的宽大的层间滑脱空间部位(图 3)径流、溶蚀与冲刷，进而向 F_9 等横张断层汇流(也许可能存在沿宽大的纵张裂隙由 P_2w+c 层向 T_1d 层产生垂向径流)，以泉(群)、暗河形式排泄，形成倒虹吸循环(图 12)；旱季可能存在因 T_1d 层水位高于 P_2w+c 层水，而形成另一径流途径的倒虹吸循环；经过漫长的倒虹吸循环，溶蚀、强烈冲刷与坍塌导致溶蚀逐渐逐渐(垂向)扩展，沟通 T_1d 层，形成 2 号溶洞空腔雏形。在晚更新世晚期(Q_3^3)距今 2.2 万年左右可能因径流方向和途径发生改变，产生新途径的倒虹吸循环即大气降水汇集于 T_1d 灰岩的地表大型漏斗、洼地、槽谷中入渗，沿宽大的垂向溶蚀裂隙由 T_1d 层向 P_2w+c 层中 2 号溶洞雏形空腔径流与溶蚀，进而向 F_9 等横张断层汇流，以泉(群)或暗河形式进行排泄，形成倒虹吸循环。长期溶蚀及溶蚀裂隙流转化为管道流，强烈冲刷及坍塌，使得 2 号溶洞进一步扩容，后因深部径流条件改变而将 T_1d^3 紫红色薄层泥质粉砂岩的风化残积物带入 2 号溶洞空腔逐渐沉积，形成现今的 2 号深埋大型充填溶洞。

4.3 3 号溶洞形成机制浅析

3 号溶洞发育于向斜东翼 P_1m 灰岩中部、岩层陡倾，产状变化较大、特别是倾角起伏大，38°～47°，且在 3 号溶洞东侧发育一条陡倾的层间错动带，倾角 50°～70°，岩体破碎，层间裂隙发育，存在层间滑脱空间，纵横张裂隙也较发育，这就为 3 号溶洞发育创造了较通畅的原始空间与通道，有利于深部水循环。顺层间错动破碎带延伸到地表的部位和横张断层与各方向裂隙交切部位大型溶蚀漏斗、洼地、槽谷较为发育(图 2)，有利于降水汇集入渗。大气降水汇集于入 P_1m 灰岩和 F_7、F_8 等横张断层的地表大型溶蚀漏斗、洼地、槽谷中入渗，地下水沿层间错动带上盘中顺层裂隙向层间滑脱空间部位径流、溶蚀与冲刷，再沿纵张裂隙或顺层裂隙向径向 F_9 等横张断层汇流，以泉(群)或暗河形式排泄，形成倒虹吸循环(图 12)；经过漫长的倒虹吸循环，长期溶蚀及溶蚀裂隙流转化为管道流，溶蚀与强烈冲刷导致溶隙逐渐扩展，形成 3 号溶洞树根状空腔，于晚更新世晚期(Q_3^3)距今 1.5 万年左右因深部径流条件改变而被逐渐充填，形成现今深埋特大型充填溶洞。

综上所述，毛坝紧密向斜碳酸盐岩分布地段，地表大型岩溶漏斗、洼地、巨型槽谷发育，有利于降水汇集入渗；向斜特别是核部与东翼的层间滑脱空间和纵向张裂隙被 NW-NWW 向横张断裂所交切，为岩溶水的深循环提供了较通畅的原始空间与通道，岩溶水在此通道中形成倒虹吸循环，长期溶蚀及溶蚀裂隙流转化为管道流，强烈冲刷与顶板坍塌导致核部与东翼的层间滑脱和纵张裂隙部位发展为超大型溶洞，后因深部径流条件改变而被逐渐充填，发育形成现今这种罕见的深埋大型充填溶洞。

5 结语

(1)毛坝向斜不是一个自流向斜盆地，西翼碳酸盐岩高凸成山，形成陡崖，未能接受大气降水的有效补给。紧密向斜“绕轴径流”可能不存在，紧密向斜两翼没有绕过核部发生水力联系。

(2)根据 3 个充填溶洞的施工地质灾害及其对地表环境的影响，“以堵为主、限量排放”的防排水设计原则是正确的。

(3)毛坝向斜经历了多期构造演化，在紧密向斜核部与东翼碳酸盐岩中形成的有利于岩溶发育的多个复杂裂隙网络系统和滑脱空间，是 3 个充填溶洞形成的必备条件。

(4)倒虹吸循环是 3 个充填溶洞的形成机制即岩溶水在毛坝向斜核部与东翼的较通畅的原始空间与通道中形成倒虹吸循环，长期溶蚀及溶蚀裂隙流转化为管道流，强烈冲刷与顶板坍塌导致核部与东翼的层间滑脱和纵张裂隙部位发展为大型溶洞，后因深部径流条件改变而被逐渐充填，发育形成现今这种罕见的深埋大型充填溶洞。

(5)毛坝向斜揭露的3个深埋特大型充填溶洞表明，常规的钻探与物探手段难以查明该类深埋溶洞，应采用先进的物探手段进行地表与洞内综合探测，如可控源音频大地电磁法与TSP等，高度重视弱信息，并进行超前钻探验证，且应做好洞内地质灾害的防治预案与结构预设计，才能确保岩溶地区地下工程的施工和工程结构运行安全。

参考文献

[1] 铁道部第二勘测设计院. 圆梁山深埋特长隧道工程地质勘测报告[R]，成都：铁道第二勘察设计院档案馆，2000.12.

[2] 成都理工学院地质灾害防治与地质环境保护国家专业实验室. 渝怀线圆梁山特长隧道（酉阳向斜段）岩溶水文地质条件研究及工程影响评价[R]，成都：成都理工大学档案馆，1999.

[3] 蒋良文，王科，等. 圆梁山隧道毛坝向斜段深部承压岩溶水系统浅析[J]，成都理工学院学报，2001，28(2).

[4] 王科，蒋良文，等. 圆梁山隧道毛坝向斜段岩溶洞穴的发育深度探讨[J]，成都理工学院学报，2001，28(2).

[5] 张倬元，王士天，王兰生. 工程地质分析原理[M]，北京：地质出版社，1994.

[6] 铁道部第二勘测设计院地路处. 岩溶工程地质[M]，北京：中国铁道出版社，1984.

[7] 中国科学院地质研究所岩溶研究组. 中国岩溶研究[M]，北京：科学出版社，1987.

可控源音频大地电磁勘探在大瑞铁路高黎贡山隧道地质选线中的应用

李 坚 邓宏科 张家德 吴正刚 常兴旺

(中铁二院工程集团有限责任公司地勘岩土公司)

摘 要 先根据CSAMT资料的电阻率值、电阻率梯度及异常形态,把异常分为Ⅴ类、Ⅳ类和Ⅲ类,它们分别对应极破碎岩体(Ⅴ级围岩)、破碎岩体(Ⅳ级围岩)和较破碎岩体(Ⅲ级围岩);最后,依据CSAMT资料所解释的异常段落和软质岩段落分布长度,对所作隧道的4个主要线路方案进行比选,推荐了其中一个工程地质条件较好的方案。

关键词 CSAMT;异常分类;围岩分级;地质选线

Application of Geological Routing about CSAMT Exploration in Gaoligongshan Tunnel of Dali-Ruili Railway

Li Jian Deng Hongke Zhang Jiade Wu Zhenggang Chang Xingwang

(Geological Prospecting & Geotechnical Engineering Co. Ltd. of CREEC)

Abstract Anomaly about CSAMT data are divided three gradations (including gradationⅤ, gradation Ⅳand gradation Ⅲ) corresponding different level of crushed rock mass according to the resistivity value , resistivity variance and shape of anomaly. Finally, four tunnels(route)in the lines is compared and one of four tunnels(route)is recommended in the light of engineering geological condition based extent of anomaly and soft rock about CSAMT data.

Key words CSAMT; Gradations of anomaly; Surrounding rock classification; Geological routing

1 引言

在建大瑞铁路自云南省大理市至中缅边境的瑞丽市,是我国唯一通向印度洋的铁路出海战略大通道,沿线山高谷深,活动断裂规模大,岩浆侵入活动极为频繁,导致内动力地质作用形成高地热与高温热泉,热泉或沸泉温度在40~102℃。大瑞铁路被认为是目前国内艰险山区地形地质条件最为复杂的一条线路,工程地质条件具有高地热、高地应力、高地震烈度、活跃的新构造运动、活跃的地热水环境、活跃的外动力地质条件、活跃的岸坡浅表改造过程等特征,即具有所谓的“三高”和“四活跃”特征。大瑞铁路高黎贡山隧道通过的地段,正是具有上述特征最为典型的地段[1]。

鉴于高黎贡山隧道复杂的地质条件,进行了大范围的地质选线研究。在诸多的不良地质问题中,高地热是制约隧道线路方案成立的最为关键问题,所以,探测与高地热密切相关的隐伏深大断裂是本次物探工作的重点。为此,在高黎贡山隧道的物探工作中,采用可控源音频大地电磁(以下简称CSAMT)法,先后重点对CK、C_1K、C_4K和C_{12}K四个长隧道线路方案,即分别对应于39.6km长的隧道方案、21km长的隧道方案、17km长的隧道方案和34.6km长的隧道方案进行物探,实际共作CSAMT测线

作者简介:李坚(1960—),男,教授级高级工程师,中铁二院工程集团有限责任公司地勘岩土公司副总工程师。

注:本文已刊登于《水文地质工程地质》2009年第2期。

长度约 200km，目的是探测地层岩性、地质构造，特别是确定隧道洞身高程范围中与高地热密切相关的隐伏深大断裂位置、破碎带宽度及隧道围岩的完整程度，为隧道的方案评价和比选提供基础资料。

2 地质、地球物理特征概况及测线布置

2.1 地层岩性

高黎贡山越岭段地层繁多，岩性复杂，除白垩系缺失外，自寒武系至第四系均有出露，既包括不同时代的碎屑岩、碳酸盐岩、变质岩，也包括不同时期的岩浆岩，以下古生界变质岩分布最广。

2.2 地质构造

高黎贡山越岭段地处青、藏、滇、缅巨形“歹”字形构造西支中段弧形构造带与径向构造带之“蜂腰部”南段，主要受印度板块向北（偏东）的强烈推挤和青藏高原向南南东的强力楔入的叠加作用，活动断裂及深大断裂发育。工区内断裂以怒江断裂带、泸水一瑞丽断裂带、NE 向断裂及 NW 向断裂为主。其中，NE 向断裂带（F_3）以黄草坝断裂带为代表，该断裂带是北东向龙陵—瑞丽断裂的北东段，大致沿镇安—黄草坝—龙陵发育。燕山期后，由于区内构造活动方向以南北方向为主，故黄草坝断裂活动性很弱，两侧又为较老的混合花岗岩与花岗岩体，导热、导水性差，造成水热活动性弱，成为一条起阻水隔热作用的边界断裂，控制了高黎贡山南北两侧地下热水补给、径流、排泄条件[1]。黄草坝断裂距 CK 方案 1.8～2.8km，距 $C_{12}K$ 方案 0.5～3km，因其对地下热水的控制作用而成为对线路方案影响最大的断裂带，所以查明黄草坝断裂带的位置及破碎带宽度也是本次物探工作的主要目的之一。

2.3 地球物理特征

在 CSAMT 探测中，主要根据电阻率值的大小和其在地下的展布形态来划分地下地质体及其空间分布。根据工区地球物理反演结果并结合地质资料统计分析，得出各地层岩性、地质体所对应的电阻率值。统计结果表明，各地层之间，特别是较完整岩体与断层或破碎岩体之间、软质岩体与硬质岩体之间、较干燥岩体与富水岩体之间存在较大的电阻率差异，因此工区具备开展 CSAMT 法的地球物理前提条件。

2.4 测线布置

在高黎贡山隧道的物探中，累计布置 CSAMT 测线长度约 200km，测点点距均为 20m。其中，在 CK、C_1K、C_4K 和 $C_{12}K$ 四个线路方案的中线位置贯通布置一条 CSAMT 测线；为追踪不同方向断裂构造的走向及破碎带宽度，特别是追踪黄草坝断裂，加布 4 条辅助测线（在线路左右 1300～1400m 位置平行线路方向的测线）和 9 条横测线（穿过线路并垂直线路方向），长度分别为 3000～7900m 不等。

在 CSAMT 勘探工作中，使用加拿大凤凰公司生产的 V6A 和 V8 型仪器采集数据，采用赤道偶极装置、标量观测方式，供电电极距 $AB=2000$m，接收电偶极 MN 与测线方向一致，MN=20m，磁探头方向与 MN 垂直。

3 资料处理和解释

3.1 资料处理

使用 MTSoft 2D 软件对所采集的 CSAMT 资料进行处理，该软件由成都理工大学最新开发，它是集数据去噪、平滑、静态校正、二维多方法多模式反演解释、二维有限元屏幕建模正演为一体的大地电磁数据处理平台，接口友好，反演信息丰富，计算精度较高。

由于山区（隧道）近地表电性结构的横向不均匀性较强，在 CSAMT 的野外资料采集过程中会产生静态效应。目前，减小静态效应比较有效的方法是对不同测点数据采用汉宁窗空间滤波器进行滤波，消除近地表电性结构的横向不均匀性。MTSoft 2D 软件在降低静态效应和二维反演等方面有其独到之处，能最大限度地消除由静态效应引起的大地电磁测深曲线位移现象，提高资料的可信度。

在资料处理中，首先对资料进行剔出非值、去噪、静态校正及近场校正等处理，然后进行一维和二维反演成像处理。对 CSAMT 资料进行处理后，得到了各测线的电阻率断面图，以此作为资料分析和解

释的基本图件。

3.2 解释原则

主要根据电阻率断面图中的电阻率值大小、电阻率值变化大小(梯度)和低阻异常形态等特征，结合地质调绘及钻探资料，确定资料解释原则如下：

(1)把等值线梯度变化最大位置判释为岩层界线；

(2)把条带状或串珠状低阻异常判释为断层破碎带；

(3)分别把"∩"字形和"∪"字形低阻异常判释为背斜和向斜构造；

(4)对于高阻(低阻)岩体，结合异常形态，把电阻率值小于150Ω·m(10Ω·m)的区域划分为物探Ⅴ类异常，对应极破碎、极软弱或富水岩体或岩溶强烈发育区；把电阻率值为150～630Ω·m(10～40Ω·m)的区域划分为物探Ⅳ类异常，对应破碎、软弱或含水岩体或岩溶中等发育区；把电阻率值为630～1600Ω·m(40～200Ω·m)的区域划分为物探Ⅲ类异常，对应较破碎或较软弱岩体；把电阻率值大于1600Ω·m(200Ω·m)的区域划分为物探Ⅳ区域，对应较完整岩体；

(5)参照铁路隧道围岩分级标准[2]，宏观地对隧道围岩级别进行划分，把根据物探资料所判释的断层和Ⅴ类异常区域划分为Ⅴ级围岩；把Ⅳ类异常区域划分为Ⅳ级围岩；把Ⅲ类异常区域划分为Ⅲ级围岩；把Ⅱ类区域划分为Ⅱ级围岩。

3.3 资料分析及解释

CSAMT法属于电磁类的物探方法，在不同地层之间或同一地层中不同的赋存结构之间，电阻率均存在一定的差异，按电阻率值的高低及分布形态可判释地层界线、地质构造及不良地质体并进行隧道围岩分级。

3.3.1 地层界线

对地层界线的认识是进行资料解释的基础，其界线划分的主要依据是电阻率断面图。地层界线一般对应了电阻率断面图中等值线梯度变化最大处位置。

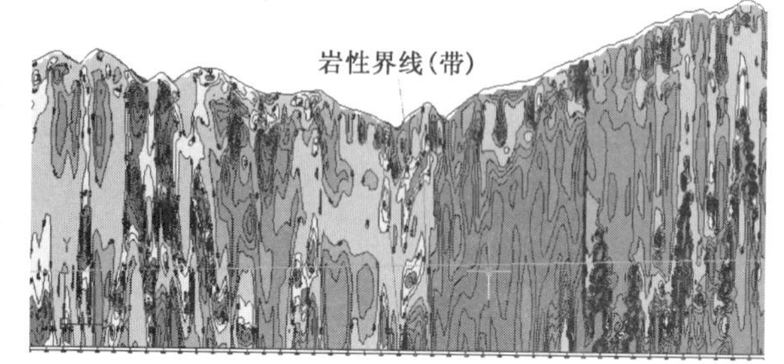

图1 存在地层界线的电阻率断面图

图1为CK方案一段的电阻率断面图。图的左半部分(小里程段)电阻率明显低于右半部分(大里程段)，在中间位置等值线梯度变化较大，表明该处存在一个地层岩性界线。根据地质资料，中间位置对应了寒武系绢云板岩、千枚岩夹变质砂岩(左侧)和二迭系片麻岩、变粒岩、片岩、板岩(右侧)的界线。

3.3.2 地质构造

(1)断层

断层所对应的特征是电阻率断面图中呈条带状或串珠状低阻异常，一般情况下，其低阻异常的宽度和倾向，对应了断层破碎带的宽度和倾向，等值线梯度变化最大处对应了破碎带的边界。图2所示的三个近于直立的条带状低阻异常，电阻率值极低，低阻异常特征非常明显，它们分别对应了三条断层破碎带；图3从上至下向小里程方向(图左侧)延伸的串珠状低阻异常，则以另一种形态对应了一处断层破碎带，物探和地质资料均显示该断层倾向小里程(左侧)方向。

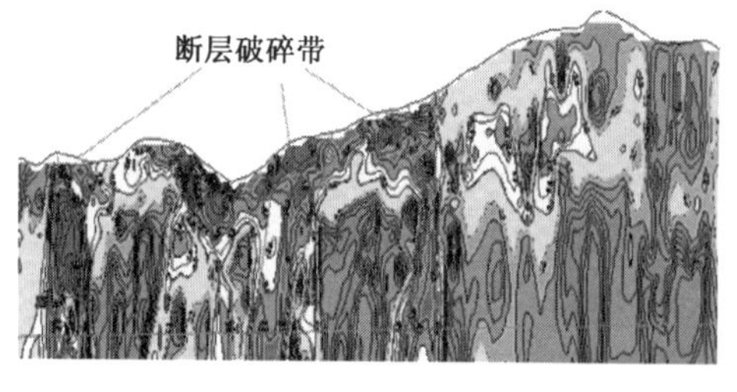

图2 存在断层的电阻率断面图

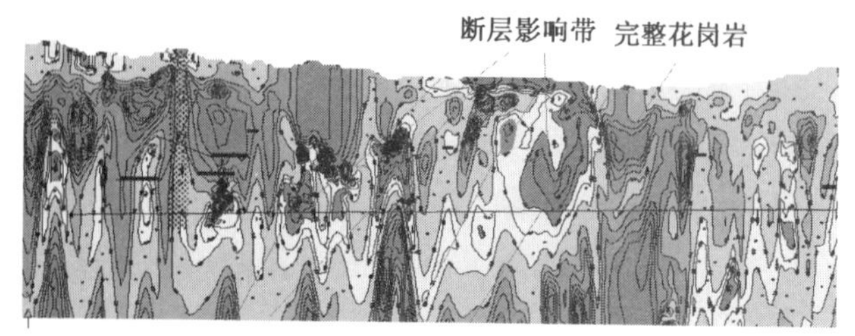

图3 存在断层的电阻率断面图

(2)褶皱(背斜和向斜)

在电阻率断面图中,背斜一般对应了"∩"字形低阻异常特征,向斜则一般对应了"∪"字形低阻异常特征。图4所示的"∩"字形低阻和"∪"字形低阻异常分别对应了一系列典型的背斜构造和向斜构造。

3.3.3 不良地质

本文所述的不良地质体定义为岩溶发育、破碎、软弱或含水岩体。在电阻率断面图中,不良地质体显示为团块、闭合圈或片区低阻异常等特征。图5中所示的隧道洞身高程附近的团块低阻,电阻率为150～630Ω·m,判释为物探Ⅳ类异常,对应破碎(软弱)或含水岩体或岩溶中等发育区;洞身高程以下局部低阻,电阻率小于150Ω·m,判释为物探Ⅴ类异常,对应极破碎(极软弱)或富水岩体或岩溶强烈发育区。

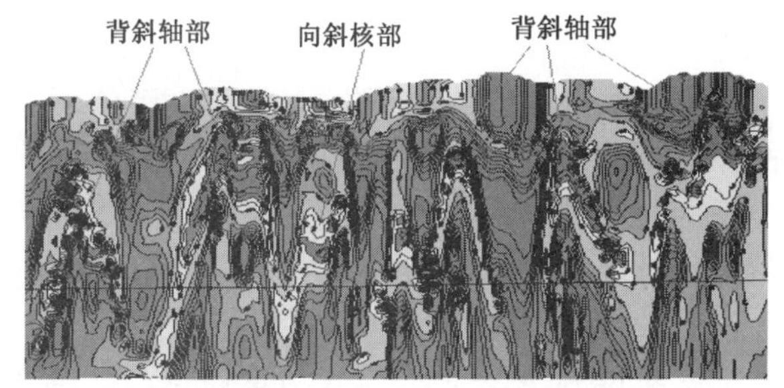

图4 存在背斜和向斜构造的电阻率断面图

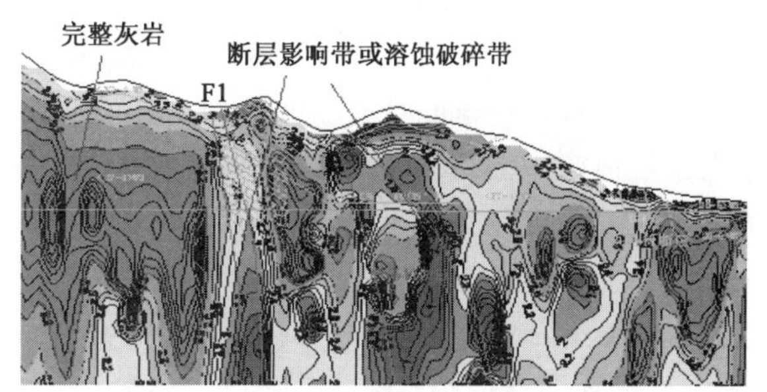

图5 存在不良地质体的电阻率断面图

3.3.4 围岩分级

隧道围岩级别的高低直接与隧道的造价相关,是控制工程投资的重要因素。一般围岩级别越高,隧道造价越高。在实际工作中,目前主要依据地质测绘和钻探手段进行围岩分级。地质测绘主要依靠分析地表资料并推至地下隧道洞身高程,当地质条件复杂时,下推资料的可靠性差,钻探虽然直观可靠,但因孔间距大,其资料的代表性差。因此,在地质条件复杂的情况下,隧道围岩分级与实际施工开挖结果出入较大。由于围岩分级直接控制隧道的工程投资,它也是隧道方案评价和比选的重要依据,所以现在迫切需要研究一种比较准确实用的围岩分级方法。

岩体的坚硬程度、完整程度、地下水、地应力及地震纵波速度等是划分铁路隧道围岩级别的主要依据。一方面,岩体软弱、破碎、富水,其电阻率低,即围岩级别高,反之,则围岩级别低;但是,另一方面,岩体导电矿物的含量直接影响其电阻率,而导电矿物的含量一般却与岩体的围岩级别没有直接的关系。例如,两种不同的岩体在坚硬程度、完整程度、地下水、地应力及地震纵波速度相同的条件下,电阻率亦可能不同,如含铁量大的岩体比含铁量小的电阻率低,即两种岩体的围岩级别虽然相同,但电阻率却不同。因此,岩体的电阻率与围岩级别的关系比较复杂,它们之间虽然存在一些联系,但其直接的相关关系目前还处于研究和探索中。

近年来,我们在积极探索依据电阻率资料划分围岩级别方面,取得了一定进展,积累了一些经验。在此,根据电阻率值的大小并结合低阻异常的形态,直接利用CSAMT资料划分隧道围岩级别。

根据本工区CSAMT资料统计和过去工作经验的总结,宏观上大致有以下对应关系:由CSAMT资料所判释的断层和物探Ⅴ类异常区域对应Ⅴ级围岩;物探Ⅳ类异常区域对应Ⅳ级围岩;物探Ⅲ类异常区域对应Ⅲ级围岩;物探Ⅱ类区域对应Ⅱ级围岩。

4 线路方案评价

在高黎贡山隧道的物探中,针对CK、C_1K、C_4K和C_{12}K方案的隧道地段进行了贯通性工作,因此,以下根据物探资料解释结果,对上述四个线路方案的隧道进行工程地质条件比较,比较的主要依据为物探资料所解释的断层、不良地质和软质岩段落分布长度或范围。

4.1 断层和不良地质

把CK、C_1K、C_4K和C_{12}K四个方案隧道洞身穿越断层破碎带、物探Ⅴ类和物探Ⅳ类异常的长度进行统计,结果见表1。

各线路方案物探解释结果统计对比表

表1

线路方案	断层破碎带		Ⅴ类异常		Ⅳ类异常		累计
	断层数(条)/总长(m)	百分比(%)	总长(m)	百分比(%)	总长(m)	百分比(%)	总长(m)/百分比(%)
CK	29/4832	12.2	1585	4.0	7936	20.0	14353/36.2
C_1K	21/5297	15.3	3586	10.3	8431	24.3	17314/49.9
C_4K	19/5616	15.4	4266	11.7	10248	28.1	20130/55.2
$C_{12}K$	17/2844	8.2	1068	3.1	9256	26.7	12517/36.2

电阻率值的分布特征反映了地下岩性及构造的赋存情况,一般电阻率值变化大,即电阻率断面图中异常特别是低阻异常分布较多,说明断层和不良地质发育;反之,则不发育。比较CK、C_1K、C_4K和$C_{12}K$四个方案的电阻率断面图及表1统计结果,虽然$C_{12}K$方案隧道较长,但该方案隧道高程范围及附近的低阻异常段落长度却最短,即隧道所穿越的断层、Ⅴ类异常和Ⅳ类异常段落的总长度(绝对长度)最短、百分比例(相对长度)最小,或者说$C_{12}K$方案隧道所穿越的Ⅴ级围岩和Ⅳ级围岩段落的总长度(绝对长度)最短、百分比例(相对长度)最小,CK方案和C_1K方案次之,C_4K方案最长。因此,$C_{12}K$方案隧道断层、不良地质段落或围岩级别较高的段落分布最短,CK方案和C_1K方案次之,C_4K方案最长。故$C_{12}K$方案的工程地质条件总体上明显优于CK、C_1K和C_4K方案;同理比较,CK方案明显优于C_1K方案,C_1K方案又明显优于C_4K方案。

4.2 软质岩

电阻率值的大小,一定程度上反映了围岩的坚硬程度,电阻率值较高,说明围岩较坚硬,反之,说明围岩较软弱。宏观地对比CK、C_1K、C_4K和$C_{12}K$四个方案的电阻率断面图,$C_{12}K$方案电阻率背景值稍大于CK方案,CK案电阻率背景值明显大于C_1K方案,C_1K方案电阻率背景值又明显大于C_4K方案,特别是在龙江隧道($C_4K229+340$~$C_4K234+850$段),电阻率背景值极低。因此,认为$C_{12}K$方案的软质岩分布范围稍小于CK方案,CK方案的软质岩分布范围明显小于C_1K方案,C_1K方案的软质岩分布范围又明显小于C_4K方案。

由上所述,虽然$C_{12}K$方案隧道较长,C_4K方案隧道最短,但综合考虑各方案不良地质(Ⅴ级围岩和Ⅳ级围岩)段落的总长度(绝对长度)、百分比例(相对长度)以及软质岩段落分布范围等因素,根据物探资料,评价$C_{12}K$方案的工程地质条件较好,CK方案和C_1K方案的工程地质条件次之,C_4K方案的工程地质条件最差。

5 结语

(1)根据CSAMT资料,把地下断面划分为五个区域,即断层、Ⅴ类(异常)、Ⅳ类(异常)、Ⅲ类(异常)和Ⅱ类五个区域,它们分别对应断层(Ⅴ级围岩)、极破碎或极软弱或富水岩体或岩溶强烈发育区(Ⅴ级围岩)、破碎或软弱或含水岩体或岩溶中等发育区(Ⅳ级围岩)、较破碎或较软弱岩体(Ⅲ级围岩)和较完整岩体(Ⅱ级围岩)。

(2)四条物探横测线资料证实了黄草坝断裂带的存在并确认了该断层的走向,由于该断层阻水隔热的性质,物探资料从一个方面为高黎贡山隧道方案成立,特别是为$C_{12}K$隧道方案的成立,提供了充分有力的证据。

(3)根据物探资料,对高黎贡山隧道四个方案进行了评价和比选,认为34.6km隧道方案($C_{12}K$)工程地质条件较好,39.6km隧道方案(CK)和21km隧道方案(C_1K)次之,17km隧道方案(C_4K)最差。CSAMT资料是宏观评价高黎贡山隧道四个方案工程地质条件的基础,并且对下阶段的隧道施工也有着积极的指导作用。

(4)根据CSAMT资料异常所确定的30余个深孔钻探大都揭示了断层或破碎岩体或岩溶发育区,

钻探结果表明物探资料可靠，说明物探的作用和效果明显。通过物探，大大提高了对高黎贡山隧道工程地质条件的宏观认识水平。

物探工作结束后，34.6km 隧道方案经过微调，即为现在正式所采用的高黎贡山隧道方案。

参考文献

[1] 新建铁路大理至瑞丽线高黎贡山越岭地段加深地质工作及专题地质工作工程地质勘察报告. 中铁二院工程集团有限责任公司，2007.7.

[2] 中华人民共和国行业标准. TB 10012—2007 铁路工程地质勘察规范[S]. 北京：中国铁道出版社，2007.

成兰铁路地质选线及原则探讨

李光辉[1]　杨昌义[2]　袁传保[3]

(1. 中铁二院工程集团有限责任公司技术中心；
2. 中铁二院工程集团有限责任公司土建三院；
3. 中铁二院工程集团有限责任公司地勘岩土公司)

摘　要　拟建成兰铁路通过青藏高原东部边缘构造强烈复合、地形梯度带上起伏最剧烈的深切、陡峻高山峡谷带过渡区；区域稳定性受构造格局特别是断层活动性制约严重；软岩广泛分布，重力地质现象特别是汶川地震次生灾害发育；气候恶劣；环保要求严格；软岩大变形影响突出；局部构造及岩溶水丰富，采空区密布；地质选线工作尤为重要，探讨、总结地质选线原则亦十分必要。

关键词　青藏高原东部边缘；区域稳定性；地震灾区；软岩大变形；地质选线；原则探讨；硬软岩效应

Discussion on Geological Route and Location Principles of ChengLan Railway

Li Guanghui[1]　Yang Changyi[2]　Yuan Chuanbao[3]

(1. Technology Center of CREEC;
2. Third Civil Construction Design and Research Institute of CREEC;
3. Geological Prospecting & Geotechnical Engineering Co., Ltd. of CREEC)

Abstract　The planned ChengLan Railway passes by a transition zone near the eastern edge of the Tibetan plateau. In this transition zone, the geological structure is extremely complicated, the terrain is greatly undulated, the mountain is steep and canyon deep. The regional stability is seriously restricted by structural pattern especially fault activity. The soft rock is widely distributed. Gravity geological phenomenon especially Wenchuan earthquake secondary disasters is developed. The climate is vile. The environmental protection is required strictly. The influence due to the large deformation of soft rock is obvious. The local structure and karst water is rich and the mined-out area is dotted. The geological location is especially important work. The discussion and summary of the principle of geological location are also very necessary.

Key words　eastern edge of the Tibetan plateau; regional stability; earthquake secondary disasters; large deformation of soft rock; geological location; discussion of the principle; effect of hard and soft rock

1　引言

线路通过成都平原以西至岷江中上游山区。海拔由500～700m的四川盆地向海拔3000～5600m的青藏高原东部边缘过渡。地层自震旦系至第四系均有出露；岩性主要为千枚岩、板岩夹砂岩、灰岩、页岩、煤层，偶见花岗岩。

区域上构造格局属于川西北三角形断块区，由北东向龙门山褶皱断裂带、北西西—近东西向向南凸

作者简介：李光辉(1963—　)，男，教授级高级工程师，中铁二院工程集团有限责任公司专业工程师。

出的西秦岭褶皱断裂带和近南北向岷山隆起断裂带组合而成斜体横卧“A”字形构造格架，其中的主干断裂均属于活动性断裂(图1)。

图1　区域构造格架图

地表水主要为岷江、涪江和嘉陵江河谷及其支流沟谷水；地下水主要为基岩裂隙水和构造裂隙水，岩溶水受岩组控制差异大。

拟建成兰铁路是复杂艰险山区地质选线的典型代表，其通过青藏高原东部边缘构造强烈复合、地形梯度带上起伏最剧烈的深切、陡峻高山峡谷带过渡区，地形自平原向高原迅速拔起、重峦叠嶂；气候恶劣；地层岩性纷繁复杂、软岩广泛分布；内动力地质作用主要表现为地质构造强烈、复杂、新构造运动活跃、地震强烈，区域稳定性受构造格局特别是断层活动性制约严重；重力地质现象特别是地震次生灾害发育，既有不良地质分布广、类型多、规模大、汶川大地震加重导致山河易貌，斜坡稳定性差；生态原始、脆弱、敏感、环保要求严格；隧道长度占线路比例高，软岩大变形影响突出；局部构造及岩溶水丰富、采空区密布；地质选线工作尤为重要。

2　线路方案宏观走向地质选线研究

依托我院长期在复杂、艰险山区地质选线的经验与多期次、大量工作的积累，在针对性地开展了区域工程地质条件专题研究——《成都至九寨沟(兰州)铁路通过区域的内动力地质作用及表生不良地质现象评价》的基础上，综合比选了西线、中线、东线三大宏观走向方案。

西线方案：从成都站引出，经都江堰伴213国道沿岷江河谷而上经茂县与中线方案相接。西线方案大角度穿越活动性较强的龙门山前山、中央断裂带，长距离毗邻后山断裂带；经过了都江堰—茂县段地质灾害极发育的岷江狭窄河谷，其是居民点、公路、河流、水电站及其引水隧道密集拥挤的段落，是213国道经常发生地质灾害甚至断道、次生灾害对工程的影响远大于活动断层本身影响的段落，这一理念被随后发生的“5.12”地震所证实。该方案较中线方案的主要优点是可实现“长隧短打”，但却在不足弥补场地展布与弃渣困难的同时，尚存在通过采空区特别是类似董家山高瓦斯隧道的风险。

东线方案：于江油从在建成绵乐铁路和既有宝成线双接引出后，溯涪江而上，经高庄至平武；出平武后沿夺补河行进，过木座穿涪江和嘉陵江的分水岭——摩天岭；后经石鸡坝至九寨沟县城，然后可顺接中线方案，或者通过与中线方案类似的工程地质条件区接兰渝线。东线方案在穿越龙门山断裂时受到的影响在通过长度、构造影响强度特别是地震及其次生灾害的危害远较中线方案严重；东线方案避开了岷江断裂,但处于龙门山断裂带与西秦岭断裂带强力楔入的结合部位,而且靠近虎牙断裂与雪山断裂的交汇处,较为不利;其经平武过分水岭——摩天岭后线路并行于西秦岭褶皱断裂带(东昆仑断裂)行进长约 70km,该断裂活动性强,破碎带宽,越岭隧道——黄土梁隧道(L=29.4km,埋深约 2200m)小角度斜交穿越活动性较强的东昆仑断裂,地质条件极为复杂,活动性断裂处于长大隧道洞身中部,风险大;显然,东线方案受构造影响的程度最为强烈,远大于岷江断裂对线路的影响。同时,在路网规划、国土开发上亦处于明显的不利地位。

中线方案:从成都枢纽青白江站引出,经什邡、绵竹,穿龙门山,经茂县或直接到松潘至九寨沟。出站后跨黑河、穿岷山、跨白龙江,经上漳、接兰渝线哈达铺站。中线方案大角度穿越龙门山断裂带,且选择范围较为宽泛自由,通过多方案综合比选,选择了经过安县睢水河谷、穿越龙门山这一相对安全的廊道,与岷江断裂伴行段尽量选择受构造影响程度较轻的被动盘及非活动段走行,大角度穿越西秦岭褶皱断裂带。最大限度地达到了国土开发的目的。

综上所述:综合考虑区域路网布局、灾后恢复重建、震区生命救援通道建设、施工工期、环境保护、投资综合效益等因素,推荐成都经九寨沟至兰州铁路线路宏观走向采用中线方案,成都至哈达铺段新建段全长 458km。

3 推荐方案线路分段地质选线

主要针对中线方案,通过广泛合作,全线深入开展了以下专题、研究工作:

《成兰铁路地震次生地质灾害特征及分布规律研究》、《成兰铁路高烈度地震山区铁路综合选线关键技术研究》、《成兰铁路沿线区域遥感地质判释》、《地震带及活动断裂研究与评价》、《重点工程场地地震安全性评价》、《地震次生灾害调查、评价与研究》、《高地应力、软岩变形及震裂岩体工程特性研究》、《工程场地斜坡稳定性评价》、《煤矿、磷矿等矿山采空区调查与评价》、《泥石流灾害调查与评价》、《岩溶水文地质条件评价》。

在将上述十余项专题研究成果及时地用于指导勘察设计工作的同时,在因地制宜加强开展遥感、大地电磁法工作的基础上,克服困难、高投入地实施了深孔钻探,大力开展了综合勘探工作。重点针对比选范围大、内容广泛的龙门山地区就以下主要方面展开了全线的地质选线工作。

3.1 龙门山选线

3.1.1 龙门山褶断带断裂及地震特征选线影响分析

龙门山褶断带南起泸定,向 NE 延伸经都江堰、汶川、广元等地进入陕西勉县,全长约 500km,宽 40～60km,其为青藏板块与扬子板块接合部,主要由前山断裂(灌县—江油断裂)、中央断裂(映秀—北川断裂)、后山断裂(汶川—茂县断裂)等 NE 向三条活动断裂束及一系列褶皱推覆构造组成。

前山断裂南段至中段控制成都平原的西界,由西南向东北新活动性减弱。北段(安县—江油一带)是中低山和丘陵的分界,地貌反差明显减弱。滑动速率水平 0.78～1.25mm/a,垂直 0.3mm/a,总体显示向北东活动性减弱。故线路应选择北段南缘通过活动较弱区相对有利。

主中央断裂是龙门山脉主体中高山与东缘中低山的分界,控制区域地貌,断裂滑动速率水平 0.82～1.3mm/a,垂直 0.54mm/a。中、晚更新世以来一直有活动,以汶川地震破裂最为强烈。断裂在睢水河谷附近向前山断裂靠近收敛(间距缩小),故线路应选择睢水河谷附近通过中央断裂带相较有利。

后山断裂滑动速率水平 0.9～1.1mm/a,垂直 0.9～1.1mm/a,汶川地震未见其地表破裂,自早更新世至第四纪活动渐弱;北段(平武—青川断裂)属全新世中、弱活动断裂。中段向北段过渡活动性逐渐增强。故线路应选择中段活动相对较弱区域通过。

龙门山地震带处于我国著名的“南北向地震构造带”中段。5·12 汶川大地震前带内最强地震是 1657 年汶川 $6^{1/2}$级,并集中发生于两个区域,即北段的汶川—北川(A 区)和南段的天全—宝兴(B 区)。A 区集中了 6 级 2 次、5 级 9 次;B 区发生了 6 级 3 次、5 级 2 次,均呈不规则椭圆形展布。A、B 区是主体活动地段,仅 2 次 5 级历史地震发生在区外。百年内强震频率 30～50 年/次。线路选择靠北段通过 A 区北缘相对有利。

汶川地震主震后共发生余震50000多次，其中4.0～4.9级210次、5.0～5.9级30次、6.0～6.4级以上7次。监测资料显示余震自南而北消减且分布稀疏，呈现出以“映秀Ⅺ度区”与“北川Ⅺ度区”为两个中心、长条状分布的地震烈度破坏区域，而沿着睢水河谷明显呈现出不连续分布、地震烈度相对较低的间隔廊道，分析此廊道的存在，应与自此部位向北东方向以抗压强度较低的软质岩大面积分布为主，而其南西侧大面积分布且向西突出的花岗岩体——硬质岩抗压强度明显高有关，当受到自西南方向的区域应力作用时，硬质岩区发生“中流砥柱”作用，其对邻近的软质岩区则形成了“庇护”作用，可简称为“硬软岩效应”。线路应优先选择经该廊道大角度最短距离穿越余震分布区，尽量减小余震因素和地表破裂带地质灾害的影响(图2)。

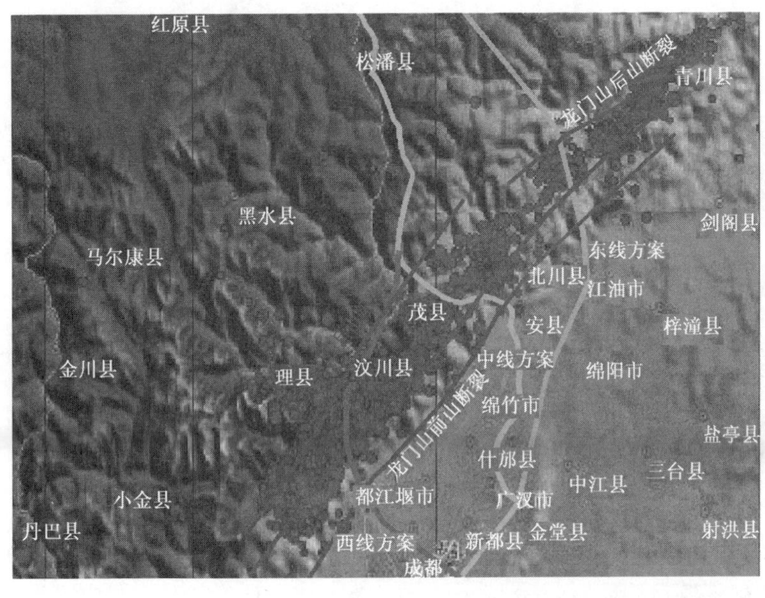

图2　汶川地震$M \geqslant 4$余震分布与线路方案图

“硬软岩效应”可作为解释下述现象的一个主要因素：汶川地震的地表破裂带是兼有右旋走滑分量的逆断层型破裂为主，大致以睢水河谷为界，其南侧逆冲现象明显，而在北侧则右旋走滑明显；前山断裂地表明显破裂段大致止于睢水河谷；龙门山主中央断裂在安县睢水河谷附近向前山断裂右旋转、靠近收敛。

汶川大地震地表破裂沿中央断裂起于映秀止于青川，长约240km，带状破坏影响宽度40～60km；最大同震位错6m，水平与垂直位错比为1∶1；沿前山断裂破裂起于都江堰止于安县桑枣，长约100km，最大同震位错2m，水平与垂直位错比为1∶1～1∶3。线路以简单工程及在隧道洞口段附近穿越中央断裂破裂区；前山断裂破裂面亦能处于隧道进口附近，且为断裂最北侧尖灭区附近，即在线路附近破裂已明显减弱，对线路通过有利，选线时根据位错比及断裂活动平均速率考虑预留变形空间和设防段落长度等。

3.1.2　龙门山地区地震次生灾害特征与选线影响分析

龙门山地区既有滑坡、崩塌、泥石流、采空区等不良地质分布广、类型多、规模大；如历史上大型滑坡堵江导致叠溪、松坪沟等堰塞湖；汶川地震在区内引发了次生灾害上万处，个体体积几十万～数千万m^3，典型的大光包滑坡堆积近7亿m^3，堰塞湖以唐家山为代表。按照抗震设防规划的地震分区划分次生灾害特征为：(1)≥Ⅷ度区规模大、分布面积广；Ⅶ度区规模和面积较小；Ⅵ度区仅零星存在且规模小；(2)峡谷地形地震放大及岩土组合效应加重了次生灾害，总体上NE向沿断裂带发育延展范围长、NW向沿河谷斜坡发育延展范围短。睢水河谷为Ⅷ度区，是次生灾害极发育区中震害相对轻微的廊道，故线路以隧道群穿越次生灾害发育区有利[3]。

3.1.3　龙门山局部方案比选

跨越龙门山详细比选了三个线路方案(图3)。

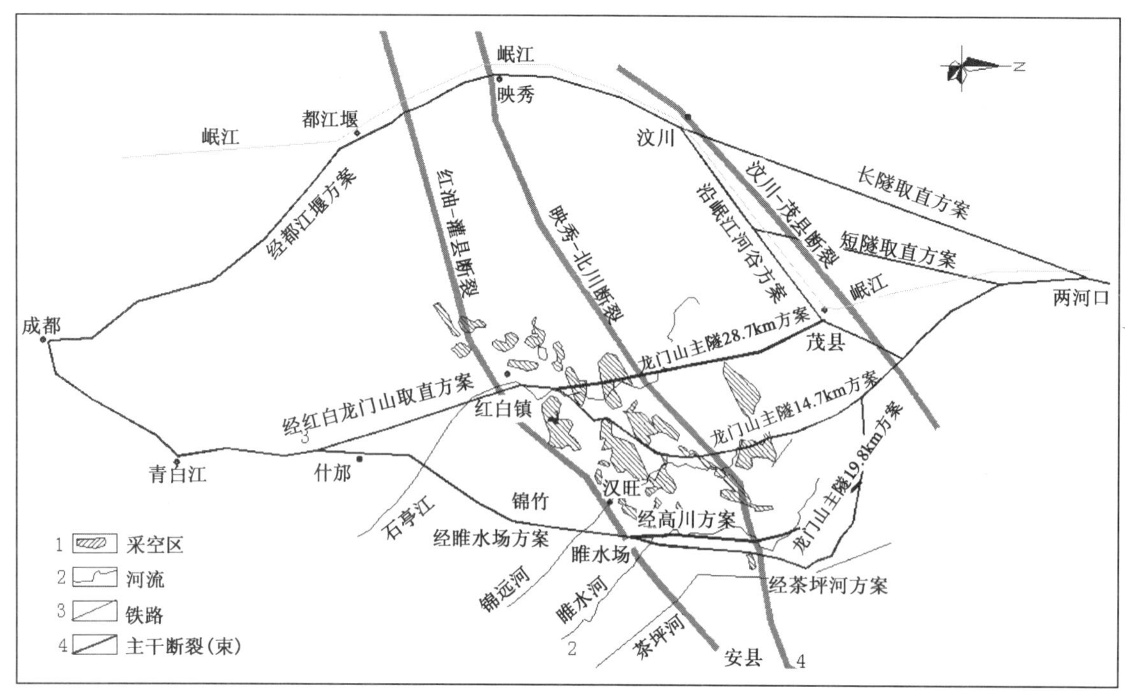

图3 穿越龙门山活动断裂带线路方案比选示意图

方案一(主隧 28.7km 取直方案):龙门山前并行于既有广岳铁路,经红白镇、岳家山至茂县的取直方案。线路长 119km;主隧道长 28.7km,最大埋深 3000m。优点是线路最顺直,总长度最短,宏观走向与主构造线交角最大,通过硬质岩段最长,进口段 13km 为岩性较好的花岗岩,线路靠近茂县。缺点是前山—中央断裂间为地震近源破坏核心区,地震破坏极严重、断裂活动性强、岩体极为破碎;滑坡、崩塌、泥石流、成片分布且规模大;沿线分布含煤、磷矿地层,采空区连续分布,可能遇高瓦斯突出。重点隧道采用单面坡,排水困难,可溶岩分布于中央断裂带以西,断裂带与隧道相交于其深埋洞身地段远离洞口,隧道存在的高地应力、构造及岩溶高水压处理实践经验欠缺,还可能存在高地温现象。进出口路基挖填方较大。因此,线路风险极大而放弃。

方案二(主隧 14.7km 方案):龙门山经红白镇、猫儿坪至茂县的小绕方案。线路长 125km,主隧道长 14.7km,最大埋深 1990m。优点是线路较顺直,通过硬质岩段较长,长约 3km 可溶岩段位于长隧道进口段,可实现不对称"人字坡",断裂带及岩溶富水段可实现顺坡排水施工,深埋近 2000m 有工程经验借鉴但为极限参考值。缺点是线路展线走行于断裂活动、地震破坏严重区,地震次生灾害严重,滑坡泥石流分布密集,隧道洞口较难处理,出露段次生灾害难以预测,岩体极为破碎,有 15km 走行于主中央断裂次生灾害极发育区;多处位于几乎相连的移动盆地影响区,绕避含磷矿、煤及瓦斯地层采空区困难;漆树沟大跨桥位于活动断裂带附近;隧道进口(Ⅷ度区)路基挖方达 30m。因此,风险仍然较大,作为主要比较方案。

方案三(主隧 19.98km 方案):龙门山经睢水河谷至茂县的大绕方案。线路长 137km,主隧道长 19.98km,最大埋深 1445m。线路通过睢水河谷正穿断裂集中区后展线 NW 迂回,优点是彻底绕避采空区;穿越断裂区长度最短,断裂活动性较弱、余震分布稀疏、地震破坏相对较轻并兼顾了重灾区安县、北川两县的灾后重建;隧道最大埋深较小,高地应力及高压涌水有工程实践经验参考,破裂带处于隧道洞口附近且为砂岩、白云质灰岩等硬质岩集中段,破碎带宽度较窄。缺点是睢水河谷有地震堰塞湖(可抬高线位规避),通过软质岩段较长,中央断裂带以后线路斜穿龙门山褶皱带、与岩层走向交角较小(仅 15°~35°),并遇侵入岩脉不利。该方案进行了局部细化比较,先期重点比较了经柿子园、金溪沟的长、短隧道方案,因隧道口及孙家沟桥不良地质极其发育、柿子园隧道岩溶富水,风险较大,故决定采用抬高安县站位经高川作为优选推荐方案。

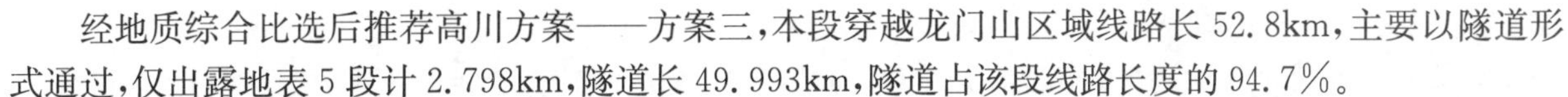

经地质综合比选后推荐高川方案——方案三，本段穿越龙门山区域线路长 52.8km，主要以隧道形式通过，仅出露地表 5 段计 2.798km，隧道长 49.993km，隧道占该段线路长度的 94.7%。

3.2 岷山隆起断裂带选线

处于断块区西部之岷山隆起断裂带（岷江活动性断裂带 ）主要展布于岷江河谷之西（右岸），从南至北起于茂县两河口向北大致沿岷江河谷西侧经松潘至弓杠岭的狭长地带，长约 180km。岷江断裂是岷山断块的西边界，起弓嘎岭以北，向南经川主寺、较场，至茂县以北消失，全长约 170km，走向呈近南北，总体上是由 3 条形迹连续的次级断裂呈相距 1km 左右的右行羽列组成的近南北向的逆冲—走滑断裂，显示了由西向东的冲断作用，并具一定的左旋走滑运动性质，平均滑动速率水平：1 mm/a，垂直：0.37～0.53 mm/a。该活动断裂沿岷江河谷段，除两河口至叠溪段约 16km 位于岷江左岸外，其余段活动断裂均位于岷江右岸。线路长距离并行于该构造带，应尽可能地选择沿岷江左岸、采用抗震相对有利、埋深有借鉴的隧道群走行于断裂被动盘的相对完整区域，避免采用高墩大跨桥而选择简单工程跨越岷江活动性断裂。

3.2.1 茂县—松潘岷江峡谷段选线

本段主要涉及茂县—松潘段。细化比选了经天池至镇江关远离岷江峡谷方案（A_7K）、两河口设站跨至岷江右岸设叠溪站短隧方案（C_2K）、岷江左岸长隧方案（CK）（图 4）。

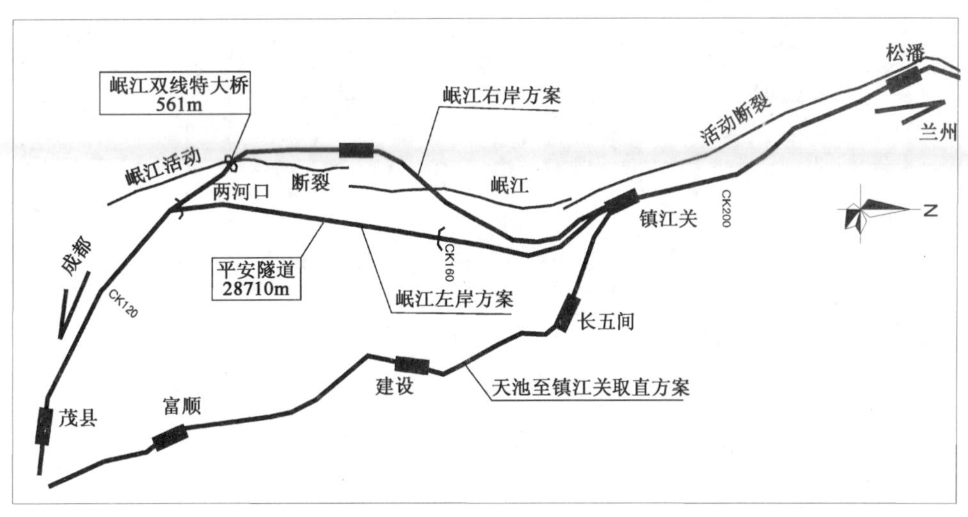

图 4　茂县—松潘岷江断裂带段地区线路方案示意图

（1）经天池至镇江关取直方案

区域属构造侵蚀高中山区，地形起伏较大，地表高程 1800～3500m，相对高差约 1700m。线路于富顺设茂县站而后以 17774m 隧道穿小寨沟子省级自然保护区，经建设、镇江关至松潘。取直方案距离岷江活动断裂束集中发育区相对较远，但该段线路从茂汶断层、九顶山断层、大岐山断层等的锁固端以隧道通过，沿线斜坡稳定性较差，隧道穿越地层以千枚岩为主，但隧道进出口条件较差，洞身埋深大（三方案中隧道埋深最大），以千枚岩为主的高地应力软岩大变形问题突出，同时穿过保护区的总长达 32km，辅助坑道设置困难，施工对环境地质影响较大。施工对地表植被及环境地质有不可忽视的破坏作用，环境评价难以通过，故方案不予推荐。

（2）经岷江右岸方案

区域属构造侵蚀高中山区，地形起伏较大，地表高程 1800～3300m，相对高差约 1500m。隧道埋深较小。线路于两河口长 560m 的特殊结构特大桥跨越岷江，桥梁主跨墩台分设于岷江活动断裂的上下盘，跨越岷江后线路有近 15km 在岷江活动断裂主动盘伴行；长距离伴行距活动断层仅 300m，隧道构造应力集中，且叠溪车站设置于断层的错列"锁固段"，同时受茂汶断层、九顶山断层、大岐山断层、石大关断层、小关子冲断层、大水沟冲断层、干海子断层影响明显。该方案明线较多，活动断裂位错及近场区不利效应问题显著，方案不具可行性。

(3)经岷江左岸方案

区域属构造侵蚀高中山区，地形起伏较大，地表高程 1800～3300m，相对高差约 1500m。线路位于活动断裂的相对稳定盘——下盘，选择山体完整稳定段作为隧道进出口，以长隧道群通过减少明线出露，并尽可能远离断裂带同时控制隧道埋深，照顾辅助坑道设置，长隧道可实现“长隧短打”，避免与活动断裂交叉，本段设置了长 28.17km 的平安隧道(埋深 1710m)。松潘至川主寺段河谷宽缓，地形平坦，不良地质和地震次生灾害分布较少，线路充分利用地形条件，以低填路基和低矮桥梁等简易工程通过，并选择活动性较弱的红桥关处以较大角度迅速穿越活动断裂。因此，经岷江左岸方案地质条件较好，工程风险相对较小，作为推荐方案。

经地质综合比选后推荐经岷江左岸方案，本段线路长 130km，仅出露地表 11 段，计 14.7km，隧道长 115.3km，隧道占线路长度的 88.6%。

3.2.2 弓杠岭越岭地区及九寨沟站位选线

线路开展了两个方案的比选，弓杠岭东侧方案(方案一)：沿旅游公路—甘海子—九寨沟口走行；弓杠岭西侧方案(方案二)：经羊洞河—热摩柯—八郎沟走行(图 5)。

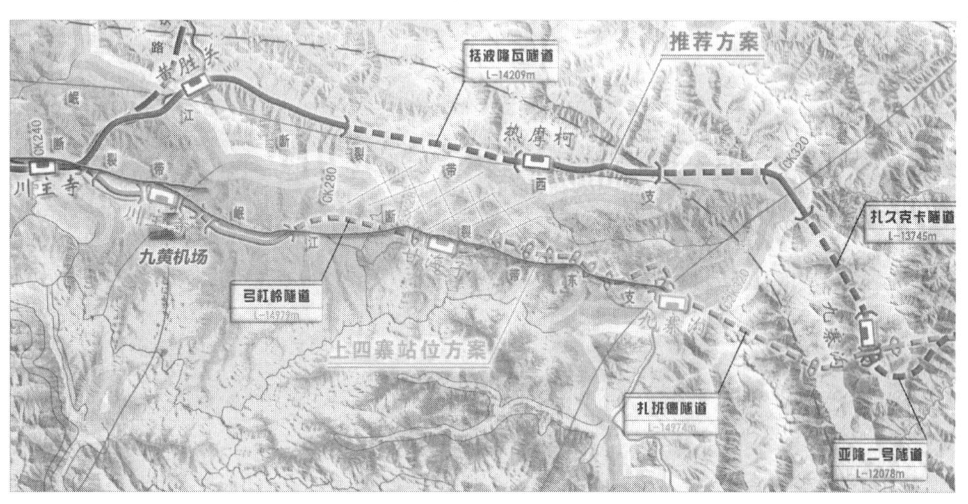

图 5 弓杠岭越岭地区及九寨沟站位方案示意图

弓杠岭西侧方案：线路沿西支断裂沟谷走行，线路越岭前、后的地形条件较为开阔平缓，且线路基本以低填、浅挖路基和小跨度矮桥通过。线路越岭前、后的地形条件较为开阔平缓，羊洞河—热摩柯宽缓河谷为分水岭源头河槽，沿河发育岷江断裂的西支断裂——牟泥沟—羊洞河—热摩柯断裂，经鉴定为更新世活动断裂，工程设计上视为非活动性断裂；八郎沟站位的沟谷较为狭窄，针对进站端滑坡需要增加支挡预加固工程，并对站位上游支沟泥石流进行综合整治。该方案进行了局部细化比较，重点比较越岭长短隧道方案。短隧越岭方案，短隧可控制在 15km 以内，能缩短全线工期，但由于隧道洞身距断裂较近，地质条件相对较差，洞身工程风险较大；由于越岭点洞口高程较高，隧道基本为单面紧坡下坡，加之隧道所处位置涌水量较大，隧道施工、运营期间的排水存在较大的工程风险。长隧越岭方案：隧道越岭点降低，越岭隧道长度有所增加，越岭隧道洞身坡度较自由，隧道避开主断裂，地质条件相对较好，同时根据物探断面查明的结果，将隧道洞身设置于地质条件较好的高程位置，对洞身地质条件有较大的改善，因隧道洞身坡度较自由，可根据段落的涌水量大小适当调整隧道人字的位置，降低隧道施工风险。故决定采用长隧越岭方案作为优选推荐方案。总体评价是线路受构造影响较小，采取适当措施后工程、环境风险可控。

弓杠岭东侧方案：线路沿岷江东支活动性断裂宽谷、傍 213 国道经过，弓杠岭隧道(13.953km)穿越断裂北端“菱形断裂展布区”，隧道顶为岷江源湿地，由于岩体极为破碎，断裂成为地下赋水及导水的良好通道，是隧道穿越不利的地段；弓杠岭至上四寨站位段并行于岷江断裂上盘，褶皱强烈发育；上四寨站位附近也处于岷江断裂与东昆仑断裂归并夹持的三角地带，构造强烈，是易出现地震的不利区域；站位附近发育大型滑坡及小型滑坡群，斜坡稳定性较差。总体评价是段落地质构造强烈，线路多位于活动性断裂主动盘（上盘），地质条件差，工程、环境风险性较高。

综上所述，基于优先选择非断裂活动性断裂这一控制性条件，工程地质条件经热摩柯的八郎沟站位方案优于经甘海子的上四寨站位方案，结合环境保护、大九寨旅游规划等因素综合比选，决定推荐采用弓杠岭西侧方案。该段线路长 96.824km，出露地表工程 10 段，计 30.268km，隧道长 66.556km，隧道占线路长 68.7%。

3.3 西秦岭褶皱断裂带越岭至哈达铺选线

西秦岭褶皱断裂带（东）内主要有分南缘的东昆仑断裂带，中部的舟曲—迭部断裂带（含南部断裂带、北部断裂带），西秦岭北缘断裂等，总体走向 NNW，皆为左旋走滑为主的全新世活动断裂，东昆仑断裂滑动速率水平 2～3 mm/a，舟曲—迭部断裂带滑动速率水平 1.2～1.6 mm/a，垂直 0.2～0.3 mm/a。

本段线路走向为南北向，与西秦岭活动断裂束均采用大角度交叉，受地形条件限制，主要应采用抗震相对有利、埋深有借鉴的隧道大角度通过大断裂，线路应选择在非活动性断层处修建高墩大跨桥跨河，尽量减小墩高与跨度，尽量远离活动断裂。

此段线路比较重点是黑河特大桥位的选择，线路近 S-N 向横跨不良地质现象发育的黑河，各阶段勘测研究了 3 个河段区域共 13 个桥位，主要比选了 4 个桥位（图 6）。

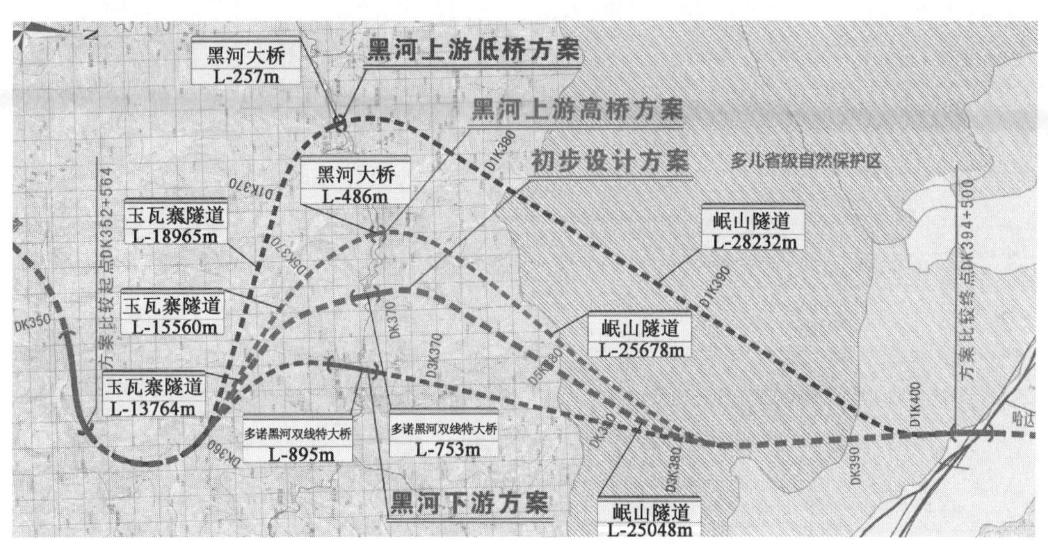

图 6 西秦岭褶皱断裂带越岭至哈达铺方案示意图

（1）黑河上游低桥方案

线路出九寨沟站后，穿玉瓦隧寨隧道（18.965km），于在建多诺电站坝址上游 6km 处以 32m 简支梁桥（桥高 23m）跨过黑河；跨黑河后，穿 28.232km 的岷山隧道至比较终点，线路长 49.443km。该方案桥梁地质条件简单，无大的不良地质及地质构造，两岸可见基岩出露，但由于黑河低桥方案较高桥方案线路长 7.839km，岷山隧道长达 28km，且岷山隧道增加的长度增加在进口段，隧道中部辅助坑道没有设置条件，隧道贯通周期长达 105 个月，投资多 9.9373 亿元，研究后放弃。

（2）黑河上游高桥方案

线路出九寨沟站后，穿过玉瓦隧寨隧道（16.56km），于在建多诺电站坝址上游 1km 处以主跨为（80＋144＋80）m 连续刚构（桥高 132m）跨过黑河，最大墩高 96m；跨黑河后，穿过 25.678km 的岷山隧道至比较终点，线路长 44.755km。该方案桥梁地质相对较为明朗，发育一个断层，2 个褶皱，5 处岩堆，经勘探表明桥梁各墩台皆有良好的持力层，小里程端岩堆规模较小，工程可以处理，主要地质问题为多诺水库蓄水后桥址处水深 75m，回水将引发水库塌岸效应，对桥址两侧分布滑坡、岩堆除具有塌岸外尚会影响其稳定性，同时对桥位处岩体具有软化作用、各类结构面强度降低，影响边坡稳定性，采用高承台及锚固措施后对工程方案可行。

但本方案因位于水库影响范围内，蓄水后对桥梁的施工影响很大；同时岷山隧道辅助坑道设置条件较差，估算工期将达到了68个月，施工工期较长。同时玉瓦寨隧道长度达到16.56km，需采取分修方案，造成隧道分修投资增加约5亿元。综合研究后放弃。

(3)黑河下游方案

线路于九寨沟站出站后穿玉瓦隧道，于在建多诺电站坝址下游4km左右的玉瓦寨跨越黑河，主跨采用462m钢桁拱，桥高约286m。该方案线路全长40.53km，岷山隧道长23.654km。能够大大缩短岷山隧道和玉瓦寨隧道长度，因考虑高烈度地震区两岸发育有众多危岩落石，同时其小里程引桥大路沟特大桥两岸巨型滑坡发育，工程难以处理且超大跨度桥梁的风险极大而放弃此方案。

(4)黑河中游方案

线路出九寨沟站后，穿过玉瓦寨隧道(13.771km)，于在建多诺电站坝址下游1km处跨过黑河，跨黑河后，穿过25.063km的岷山隧道至比较终点，线路长41.605km。针对桥位工作重点围绕在建多诺黑河水电站坝址下游1.2km附近、工程地质条件相对较好的部位开展，其左岸坡为岸坡稳定基岩裸露，为电站详勘选取的堆石坝取料场，右岸为电站精心选择的引水隧道横洞所在。前期DK方案桥长$L=630$m，桥高230m，采用跨度(3×24m＋32m＋360m钢桁拱桥＋32m＋3×24m)；因成都端钻探揭示斜坡覆土厚度达到50m，且基岩基底斜坡陡峻(平均达43°)而放弃；后期选择D_6K桥位，该桥长645.5m，桥高236m，首先推荐主跨$L=195$m的刚桁拱桥，通过物探揭示拱脚存在断层(或物探低阻带)，钻探揭示80m孔深范围内仍有岩芯物质近似于碎石、块石状局部夹泥状，基础不适合拱桥主墩应力要求，钻探揭示斜坡下部硬质岩体较完整，基础良好，随即研究刚桁梁桥桥式，拟采用主跨布置(1×139.2＋1×249＋1×139.2m)，两岸主墩高分别为110m和75m。对D_6K桥位进行详细勘探，错落体上植被茂密，错落体形成时间久远，据探井开挖揭示，错落体表层呈碎块石混含角砾状较为密实，局部仍可见原状层理，地下水埋藏深，综古错落整体处于稳定状态。中游桥位系列方案地质条件较差，但对不良地质体进行加固处理后，方案可行，同时存在线路较短，特大桥桥高、主跨结构形式适中，工程难度相对较小等有利因素(图7)。

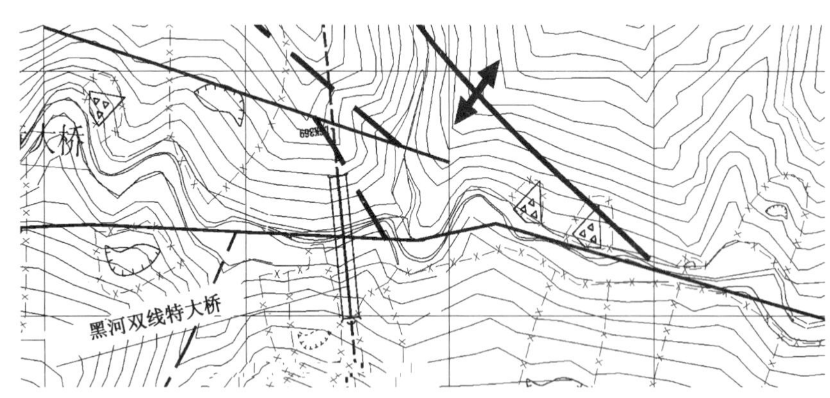

图7　桥位黑河上中下游比选方案地质平面示意图

经过技术经济比选研究，决定中游D_6K方案作为主要推荐方案。

线路大角度以隧道为主穿越岷山、将通过活动断裂的位置均选择在距隧道洞口较近处，应特别强调的是：线路所跨白龙江的沿岸在区域上以软岩为主、岸坡稳定性差，不良地质极其发育，腊子口水电站附近的花岗岩体出露处是工程地质条件相对极佳、必须通过的控制点。该段线路长105.482km，出露地表工程11段，计4.879km，隧道长100.603km，隧道占线路长95.4%。

4　结语

在遵循山区铁路地质选线原则的基础上，结合本线特点，重点整理、归纳了以下主要地质选线原则：

(1)突出强调区域稳定性——构造格局特别是断层活动性、应重视区域主应力场的分析,充分考虑断层活动速率、发震部位、地震强度与频率对线路方案的制约,避重就轻、综合权衡。线路宜绕避发震断裂,在必须通过时,应选择地震地质灾害相对较轻、在发震断裂束(带)较窄处、争取大角度以简易工程或者以抗震性相对较好的隧道工程通过,线路不应在断裂带中,特别是断裂密集处、交汇处及活动断裂的端点、拐角处,修建难以修复的大型建筑物。

(2)汶川地震余震自南而北消减且分布稀疏,呈现以"映秀Ⅺ度区"与"北川Ⅺ度区"为两个中心、长条状分布的地震烈度破坏区域,而沿着睢水河谷明显呈现不连续分布、地震烈度相对较低的间隔廊道。分析此廊道的存在,应与自此部位向北东方向以抗压强度较低的软质岩大面积分布为主,而其南西侧向西突出,大面积分布花岗岩体——硬质岩抗压强度明显高有关,当受到自西南方向的区域应力作用时,硬质岩区发生"中流砥柱"作用,而对邻近的软质岩区则形成了"庇护"作用,可简称为"硬软岩效应"。线路应优先选择此类部位——相对安全的廊道。

(3)受区域应力场的制约,活动断裂主动盘的水平地应力远远大于被动盘,地震烈度呈现"上下盘效应",这表明活动性断裂的发展多具继承性,在不同组、多期次的活动性断裂带夹持区内或者某一特定断裂的被动盘侧,因长期受构造作用相对轻微、构造导致的次生地质灾害亦相对不发育,故地形陡峻、地层相对完整,反之,在断裂特别是多期次活动性断裂的主动盘侧,因长期受构造作用相对强烈、构造导致的地震强度及其次生灾害亦明显更为严重,故地形舒缓、地层破碎,这在区域宏观地质选线上对于其潜在可能发生的灾难性后果应予以高度重视,应尽可能地远离断层特别是活动性断层,若必须伴行,线路不应在断层带内迂回展线,应走行于断裂被动盘。其次,在工程费用、耐久性与维护、修复乃至工程生命周期评估上均应慎重对待。

(4)高烈度地震区、近震区域、余震频繁条件下山体岩土松散,重力地质现象特别是地震次生灾害发育、方案研究在切实贯彻"小震不坏、中震可修、大震不倒"的基本抗震设防设计原则的同时,着重补充强调了破坏后能尽快复通的需求[1],线路应绕避重大不良地质(如形成堰塞湖的堵江滑坡),应选择相对安全的廊道通过,绕避顺层地段,尽量走反倾坡侧,注重滞后发生、潜在次生灾害的影响;规避采空区风险;预留限坡调整余地,为抢修创造条件[3]。

(5)软岩广泛分布,高地应力条件下,隧道软岩大变形影响突出,硬岩可能岩爆严重,线路在平面位置、高程上应参照既有成功处理案例,控制隧道埋深、适度采用分修、加强处理措施。隧道应综合考虑地形和岩土的地震动放大作用,确保洞口在稳定部位"早进晚出"。切实落实"水、气、温、压、稳"各方面的具体难题,在重视构造及岩溶水丰富的地段、隧道通过应尽量采用"人字坡"、实现顺坡排水施工的同时,关注高水压,查明地下水的"补、径、排"条件,研究受构造控制的水热活动系统形成的高地温已经十分必要。通过活动性断裂时,其距离隧道洞口不宜太远以便修复,应选择活动性较弱部位通过并应根据活动速率在穿越部位预留位移变形空间[1]。

(6)重点桥位选择困难,极大地控制线路的比选。在跨越活动断裂处,禁止设置高墩大跨桥。应尽量压低桥梁高度,适度选择跨度。

(7)路基高程应预测堰塞湖最高水位,满足泥石流通过条件。路堑挡墙较路肩墙抗震有利,Ⅷ度(含)区以上不应设高路堤、深路堑、陡坡路基。

成兰铁路通过青藏高原东部边缘构造强烈复合的高山峡谷带过渡区,是在汶川地震的高烈度地震区、近震源强烈地震核心区、工程地质条件十分艰险区地质选线的典型,是区域地质宏观选线与局部工程措施相结合的良好尝试,是中铁二院多年来在复杂艰险山区地质选线经验的继承性发展与深度实践。开展成兰铁路地质选线理念和经验的总结,有助于中国广大的西部地区特别是川藏、滇藏地区铁路、公路、输油管线等线状构筑物建设参考,具有较好的现实意义和学术借鉴。

参考文献

[1] 李光辉,屈科,杨昌义,陈建发.龙门山地区铁路地质选线初探[C]//2008年地震灾害对铁路的影响

及对策学术研讨会论文集.
[2] 卿三惠,黄润秋,李东,蒋良文等.活动构造区山地环境铁路选线研究[J].地质力学学报,2006,12(02).
[3] 朱颖.汶川地震后铁路损伤特点与高地震烈度山区铁路选线和整体设计[C]//纪念汶川地震一周年地震工程国际学术会议论文集,2009.
[4] 1∶20万区域地质资料[巴西幅(甘肃地质局1973)、岷县幅(陕西地质局1970)、武都幅(陕西地质局1970)、漳腊幅(四川地质局1975)].
[5] 周荣军,叶友清,等.成兰铁路地震安全性评价报告[R].四川省地震局,2009.

汶川地震震害对艰险山区地震区铁路选线的启发

韩　康

(中铁二院工程集团有限责任公司技术中心)

摘　要　铁路勘察设计阶段利用的基本地震资料为《中国地震动峰值加速度区划图》，虽然铁路规范对地震区选线有一些规定，但没有结合具体的地震动参数，操作性不强。汶川大地震后，在艰险山区产生的次生灾害非常严重，但汶川地震不同动峰值加速度值大小与山区铁路次生灾害的严重程度是不一样的，选线设计、工程处理有很大差别，通过研究两者之间的关系，指导位于艰险山区高烈度地震区铁路(目前非常多)选线，具有非常的现实意义。对于地震动峰值加速度为0.1～0.15g地区，铁路选线可不考虑地震因素；对于地震动峰值加速度为0.2～0.3g地区，铁路选线要考虑地震因素；对于地震动峰值加速度≥0.4g地区，铁路选线受地震因素控制，工程设置以易于修复为原则。

关键词　艰险山区；地震区；铁路选线

Elicitation of Wenchuan Earthquake Damage to Dangerous Mountain Railway Route Selection in Quake Zone

Han Kang

(Technology Center of CREEC)

Abstract　In the stages of railway survey and design, the used basic seismic data is from the "China Earthquake Peak Acceleration Zoning Map". In the code of railway, some regulations for the route location in quake zones can be read, but not combined with the concrete ground motion parameter, so cannot be widely used. After Wenchuan earthquake, the secondary disasters thereof in hard and dangerous mountain area are very serious but the wenchuan earthquake peak acceleration is still different, the severity of the secondary disaster to mountain railway is not the same, the concept design and engineering processing are very different. Therefore, to study the relationship between them and guide the relevant railway route (at present is very much) selection in dangerous mountain area with high seismic intensity has very practical significance. For earthquake of 0.1, 0.15 peak accelerations g areas, railway route don't consider earthquake factor; For peak acceleration ground motion of 0.2, 0.3 g areas, railway route can consider earthquake factor; For earthquake frequency 0.4 area for peak accelerations, railway route is controlled by the quake factors, engineering settings take easy repair for the principle.

Key words　dangerous mountain area; quake zone; railway route selection

1　引言

20世纪以来，中国共发生6级以上地震近800次，虽然发生在中国大陆的地震虽然只占全球地震的15%，但大震给我国造成的损失却占全球地震损失的85%，历次强震均对铁路、公路等线型交通工程

作者简介：韩康(1965—　)，男，教授级高级工程师，中铁二院工程集团有限责任公司专业工程师。

造成巨大破坏。根据中国大陆各省的GDP分布，利用地质灾害风险评估方法预测中国大陆地震危险性分析结果，得到中国大陆未来50年的地震灾害损失预测，中国西部的云南、四川省位于前两位。目前这两省进行前期勘察设计阶段的铁路项目较多，怎么进行地震区的铁路选线？汶川地震给出了什么启发？

汶川大地震后，地震引发次生地质灾害对铁路、公路工程的破坏非常严重，主要包括崩塌、落石、滑坡、泥石流、堰塞湖及堰塞湖溃决等。成汶、德天、宝成铁路几天之内就修复通车，广岳铁路广汉—木瓜坪段因破坏非常严重，32天后才修复通车；但木瓜坪—岳家山段铁路、震中附近的映秀—耿达、映秀—汶川公路因地震几乎全部损毁，加之堰塞湖阻隔，修复困难。部分地段即使临时抢通，很快又发生断道，从艰险山区的铁路、公路抢险救灾的过程及结果看，原选线设计值得商讨、研究。

目前铁路勘察设计阶段利用的基本地震资料为《中国地震动峰值加速度区划图》,《铁路工程地质勘察规范》(TB 10012—2007)等规范虽然对地震区选线有一些规定，但没有结合具体的地震动参数，操作性不强，本文从汶川地震的初步研究中提出一些认识。

2 汶川地震烈度与铁路震害初步结论

2.1 路基

(1)总体而言，本次地震中路基支挡结构受损程度较轻。8度以下区(包括8度区)的挡土结构受灾较轻，只有局部地段出现挡土墙开裂现象，除此之外基本无其他震害；9度区及以上区(包括9度区)地挡土墙受损程度相对较重，其破坏形式主要有：墙体开裂、墙身局部坍塌、墙背填料下沉、墙身向外倾和侧向位移等；

(2)9度区及以上区(包括9度区)的路肩挡土墙受灾较为普遍，而且受损程度较路堑挡土墙严重；

(3)本次地震中，挡土墙的破坏原因主要有几种：地震惯性力作用、侧向土压力增大、墙底地基土承载力不足或墙底自然边坡溜滑；

(4)本次地震中边坡防护受灾较轻，现场调研情况表明：锚杆(索)框架梁护坡抗震性能较好，而喷锚网的抗震性能较差，震后坡面开裂现象严重；

(5)现行《铁路工程抗震设计规范》(以下简称“震规”)基本可以满足路基工程抗震设防要求，现行支挡结构的抗震规范基本可以满足路基工程抗震设防要求。

2.2 桥梁

桥梁震害程度与地震烈度的关系见表1。

桥梁震害程度与地震烈度的关系表 表1

地震烈度	一般桥梁震害程度	附　注
Ⅵ	不考虑抗震设防	成渝、成昆、达成铁路部分段落经受检验
Ⅶ	轻度破坏——局部破坏、开裂，但不妨碍使用	成灌、广岳、德天、广旺、宝成铁路经受检验
Ⅷ	中等破坏——结构受损，需要修复	宝成铁路绵阳—剑阁段、丁家坝至大滩区间部分经受检验
Ⅸ	严重破坏——墩台身开裂，局部倒塌，修复困难	广岳线K40+800～K55红白段经受检验
Ⅹ	同地震烈度IX，但山体次生灾害严重	广岳线红白K55+800～K61+880木瓜坪经受检验
Ⅺ	因山体次生灾害极其严重，桥梁被埋	广岳线木瓜坪K61+880～K65+100岳家山经受检验
Ⅻ	—	—

2.3 隧道

调查显示，5.12汶川地震造成的隧道损坏主要发生在洞门及洞口段，位于地震中心带附近的隧道洞身段也有损毁的情况，隧道工程破坏较严重的如广岳线、宝成线。

5.12汶川地震实际地震烈度与隧道震害对应关系见表2。

汶川地震实际地震烈度与隧道震害对应关系表　　　　表 2

<table>
<tr><th rowspan="2">实际地震烈度</th><th colspan="2">广岳铁路(单线)</th><th colspan="2">宝成线(单线)</th></tr>
<tr><th>设防烈度</th><th>震　害</th><th>设防烈度</th><th>震　害</th></tr>
<tr><td>Ⅵ</td><td rowspan="6">该线 1966 年建成，无地震设计统一标准，设防等级低</td><td>—</td><td rowspan="6">老宝成线无设防标准，宝成二线新都段Ⅶ度设防，其他不设防</td><td rowspan="2">无明显震害</td></tr>
<tr><td>Ⅶ</td><td>—</td></tr>
<tr><td>Ⅷ</td><td>—</td><td>洞口出现落石，局部滑坡复活，洞口段衬砌出现环向开裂</td></tr>
<tr><td>Ⅸ</td><td rowspan="2">洞门端墙开裂、洞口溜坍、洞内衬砌局部开裂</td><td>—</td></tr>
<tr><td>Ⅹ</td><td>—</td></tr>
<tr><td>Ⅺ</td><td>山体垮塌，掩埋隧道，无法调查</td><td>—</td></tr>
</table>

3　汶川地震地震动峰值加速度与山区铁路次生灾害

四川汶川 8.0 级特大地震引发次生地质灾害主要有崩塌、落石、滑坡、泥石流、堰塞湖等，对铁路工程的破坏非常严重，针对汶川地震实际地震动峰值加速度响应的铁路、公路所产生的次生灾害情况，有以下规律。

3.1　地震动峰值加速度为 0.1g～0.15g 地区

对于地震动峰值加速度为 0.1g～0.15g 地区，地震次生灾害少。

宝成铁路宝鸡至沙溪坝(长约 380km)、广普铁路(长约 70km)位于汶川 8.0 级特大地震主震最大峰值加速度(PGA)为 0.1g～0.2g 地区，产生次生灾害主要为危石(平时暴雨也会产生)，无大型崩塌发生，规模小，修复、抢通容易。

3.2　地震动峰值加速度为 0.2g～0.3g 地区

对于地震动峰值加速度为 0.2g～0.3g 地区，地震次生灾害明显增多，局部产生较大的崩塌。

宝成铁路沙溪坝至二郎庙(长约 72km)位于汶川 8.0 级特大地震主震最大峰值加速度(PGA)为 0.2g～0.3g 地区，该范围地震时，落石明显增多，局部产生较大的崩塌。例如：

(1)宝成线 ZK423＋150 崩塌

该点位于罗妙真至斑竹园区间，为构造侵蚀溶蚀中低山深谷地貌，地形陡峻，岩性为灰岩夹页岩，2008 年 5 月 12 日汶川发生里氏 8 级地震，该点右侧高差约 200m 的位置发生山体岩石崩塌，落石最大 100m^3，下落岩块砸断、砸弯钢轨 3 处，线路被落石推移，推移 300mm，砸坏金龟岩大桥(下行 K423＋030，12～16m 普通混凝土Ⅱ梁，全长 221.2m)桥上线路钢轨两根，成都端梁体位移 180mm，弧形支座螺栓全部剪断，耳墙打穿，桥墩垂直劈裂(桥墩高 15m)。目前该段右侧山体由于地震扰动，坡面岩体开裂、松动，出现大量危岩，坡面沟槽堆积大量块石，暴雨时会形成山坡型泥石流，威胁较大。

(2)清江 7 号特大桥

清江 7 号特大桥连续梁采用的盆式橡胶支座锚栓全部剪断，连续梁整体横向最大位移达到 20mm，存在墩身裂纹、桥台锥体护坡开裂、台尾路堤下沉现象。与该桥紧临的朝阳隧道、滴水子隧道洞口拱、墙开裂、剥落掉块，裂纹宽 2～30mm，影响隧道出口段 30m 长，该段汶川地震主震峰值加速度(PGA)为 0.26g；该桥河中通过龙门山前山断裂，虽未破裂，但对地震波有放大作用，因此产生较大震害。

3.3　地震动峰值加速度为 0.4g～0.6g 地区

对于地震动峰值加速度为 0.4g～0.6g 地区，地震次生灾害严重。

广岳铁路于 1966 年建成，在宝成线广汉站接轨，止于岳家山车站，线路正线延长 64.912km，最小曲线半径 250m，最大坡度 18‰。其中广岳线 K40＋800～K61＋880 段汶川地震影响烈度为Ⅸ～Ⅹ度，主震峰值加速度(PGA)为0.4g～0.6g。该段位于石亭江河流峡谷地貌,地震后次生灾害严重,虽然修复通车,但暴雨后发生泥石流,掩埋铁路达6处,无法根除,该段若选择内移做隧道,则震害及修复要好得多。

3.4 地震动峰值加速度为0.6～0.9g地区

对于地震动峰值加速度为0.6g～0.9g地区,地震次生灾害非常严重。

北川—映秀断裂(汶川8.0级特大地震的主破裂)地表破裂从广岳线终点—岳家山站外500m通过,木瓜坪至岳家山段。K61＋880～K65＋100受其影响,该段汶川地震影响烈度为Ⅺ度,汶川地震主震最大峰值加速度(PGA)为0.9g。该段为河流峡谷地段,不良地质发育,加之受本次地震的影响,段内巨型滑坡、崩塌、堰塞湖等地质灾害非常严重,铁路绝大部分被埋,因堰塞湖的存在,原来的地下水情况完全改变,随时可能发生大型—特大型泥石流,产生毁灭性破坏。

3.5 破裂断层震害

汶川地震破裂断层附近,实际地震烈度不小于9°,汶川地震的次破裂断层—彭县—灌县断裂,长度约100km,从广岳铁路穿心店站站址(48km＋478m)通过,使当时处于静止状态的5辆列车倾倒,该段汶川地震影响烈度为Ⅸ度,汶川地震主震峰值加速度(PGA)约为0.4g。

4 艰险山区地震区铁路选线结论

目前铁路勘察设计阶段利用的基本地震资料为《中国地震动峰值加速度区划图》,该图显示的地震动峰值加速度值(g)为:0.1、0.15、0.2、0.3、≥0.4,针对该图及汶川8.0级特大地震震害情况,艰险山区地震区铁路选线应采用如下原则:

(1)对于地震动峰值加速度为0.1g～0.15g地区,铁路选线可不考虑地震因素。当然,有条件时,线路应避开大的不良地质,当线路绕避不良地质困难或代价极高时,只要地质探明,工程措施到位,线路可以通过不良地质。

(2)对于地震动峰值加速度为0.2g～0.3g地区,铁路选线要考虑地震因素,尤其要考虑局部场地、断层的震害放大效应。

(3)对于地震动峰值加速度不小于0.4g地区,铁路选线受地震因素控制。根据《中国地震动峰值加速度区划图》,地震动峰值加速度不小于0.4地区范围有限,铁路选线应尽量绕避,若无法避免,可根据地震局做的地震安全性评价报告进行细化,可分为:

①对于地震动峰值加速度为0.4g～0.6g地区,铁路选线受地震因素控制。工程设置以易于修复为原则。

②对于地震动峰值加速度为0.6g～0.9g地区,铁路选线要绕避。

参考文献

[1] 铁道第二勘察设计院,汶川地震工程震害调查及铁路工程抗震设计标准研究[J],2008.

[2] 铁道第二勘察设计院.艰险山区铁路工程地震灾害防范对策研究[J],2008.

[3] 铁道第二勘察设计院、四川省地震局工程地震研究院.2008年5月12日四川汶川8.0级地震震害特征及其对铁路交通的影响[J].2008.

[4] 中华人民共和国行业标准.TB 10012—2007 铁路工程地质勘察规范[S].北京:中国铁道出版社,2007.

大瑞线高黎贡山越岭段水热活动特征及地质选线

杜宇本[1]　蒋良文[2]　邓宏科[1]　王　科[1]

（1. 中铁二院工程集团有限责任公司地勘岩土公司；
2. 中铁二院工程集团有限责任公司公司办）

摘　要　大瑞铁路高黎贡山越岭段地处印度板块与欧亚板块相碰的撞缝合带附近，属地中海—南亚地热异常带。深大活动断裂发育，南北向转南东向怒江断裂带(F1)、南北向转南西向弧形泸水—瑞丽断裂带(F2)及NE向黄草坝断裂(F3)组成区内呈"A"字形构造体系。区内新构造运动和水热活动强烈。深埋长隧道可能会遇到高温高压热水(汽)及高温岩体等热害问题，是高黎贡山越岭方案比选的关键地质问题。本文从高黎贡山越岭段地区地热地质、水热活动显示特征、地温场特征、水热活动区域构造分带、地热水的热储温度及循环深度、地热水的补径排特征、地热水的成因分析、地温带划分、热害评估标准等方面对水热活动特征进行了分析研究，提出了高地温地区地质选线原则，比选研究了高黎贡山越岭方案，推荐了地热地质条件最好39km隧道方案。

关键词　大瑞铁路；高黎贡山隧道；水热活动；地质选线；线路方案

Hydrothermal Activity Characteristics and Geology Railway Location of Crossing Gaoligongshan Section of DaRui Railway

Du Yuben[1]　Jiang Liangwen[2]　Deng Hongke[1]　Wang Ke[1]

(1. Geological Prospecting & Geotechnical Engineering Co. Ltd. of CREEC;
2. Admin Tstration office of CREEC)

Abstract　The crossing Gaoligongshan section of the DaRui Railway is located in the collision sutural zone of the Indian Plate and the Eurasian Plate. And it belongs to the geothermal anomaly zone of Mediterranean-South Asia. The activity faults deep and large are very developing. NuJiang fault zone (F1) with North-South direction turning to southeast, LuShui-RuiLi fault zone (F2) with North-South direction turning to southwest and the NE direction Huangcaoba fault (F3) was formed in shape of "A" structural system in the region. The netectonic movement and the hydrothermal activity in the region is very strong. The heat disaster such as high temperature high pressure hot water (steam) and high temperature rock is the key issues of the scheme comparison of the crossing Gaoligongshan section part. This paper analyzes characteristics of hydrothermal activity in the area from the geothermal geology, characteristics of hydrothermal activity, geothermal field characteristics, hydrothermal activity zone, the temperature and circulation depth of the geothermal heat reservoir, the characteristics of the geothermal water supplying runoff and draining, causes of geothermal water, temperate belt division and heat damage assessment criteria, etc., and presents the alignment principles of Geology Railway location in the high temperature region. As compared with the scheme of crossing Gaoligongshan section and the 39km tunnel program is recommended because of the best Geothermal geological conditions.

作者简介：杜宇本(1972—　)，男，高级工程师。

注：本文已刊登于《铁道工程学报》2010年12月增刊。

Key words DaRui Railway; Gaoligongshan tunnel; hydrothermal activity; geology railway location; route scheme

1 引言

大理至瑞丽铁路是我国第一条穿越横断山脉，地形地质条件极为复杂的国家Ⅰ级干线铁路。线路东起大理站，西至瑞丽市，全长约336km。

研究区地处保山市至德宏州芒市高黎贡山山脉，南至朝阳、北至国家保护区南缘及相关引线区域，面积约3684km^2。研究区属高山峡谷地区，地形错综复杂，线路横跨板块缝合带，地震烈度高，深大活动断裂发育，新构造运动和水热活动强烈，地质灾害发育。研究区属地中海—南亚地热异常带，区内出露的热泉(群)100余处，水温20～102℃，流量大。温度高，自然放热量高，相当于每年燃烧约30万吨标准煤释放的热量。区内大地热流值高于我国大陆和世界平均值，地下热水属经深循环加热形成带状(脉状)分布的中低温地热系统，平均地温梯度高于正常值。活跃的地下水热活动为铁路地质选线、设计施工带来极大风险和困难，深埋长隧道可能会遇到高温高压热水(汽)及高温岩体等热害问题，高地温危害主要集中在高黎贡山越岭地段，尤以高黎贡山隧道最为突出，是高黎贡山越岭方案比选的关键地质问题。本文结合大瑞铁路高黎贡山越岭段地质勘察和专题地质研究工作，对研究区水热活动特征进行分析，提出高地温地区选线定线原则，比选研究了高黎贡山越岭方案，推荐了地热地质条件最好39km隧道方案。

2 自然地理及地质环境特征

2.1 自然地理特征

大理至瑞丽铁路穿行于横断山脉滇西纵谷地带。自古生代以来，印度板块与欧亚板块强烈挤压，地壳紧缩，猛烈抬升成高原，从青藏高原奔腾南下的怒江、澜沧江、金沙江“三江”靠拢，引发了横断山脉的急剧挤压、隆升、切割，高山与大江交替展布，形成世界上独有的三江并行奔流自然奇观。高黎贡山山脉为横断山脉的主体部分，北起青藏高原的唐古拉山，由西藏进入云南，经滇西北至怒江州后，进入保山地区境内，长约215km。主山脉分布在怒江和龙川江之间，大致南北向延伸，北窄南宽，南段呈扫帚状展开分布，北段东西狭窄，间距仅约15km，高程多在3000m以上。主峰在腾冲县界头乡大塘村与怒江州泸水县交界的大脑子峰，高程3780.2m。主山脊径直南下，至保腾公路一带，高程降至3000m以下，至此主山系消失，往南仅属高黎贡山余脉，分布变得宽阔，高程降至2000～3000m，展开分布由南北向转至南西向，从亮山继续往西南方向延伸进入缅甸。

高黎贡山越岭地段位于高黎贡山脉南段，山脉之东为怒江，之西为龙川江。区内最高点位于东南侧大雪山主峰，高程3001.6m，次高点为雪山顶主峰，高程2779.3m，最低点位于测区南东侧苏帕河与怒江交汇处三江口，高程640m，相对高差2140～2360m，山脊一般高程在2000～2200m之间。地势呈显北高南低，东高西低，山脉、河流东西相间，由北向南大致呈“扫帚状”撒开。北部地形陡峭，相对高差较大，南部相对平缓。

受太平洋、印度洋暖湿气流影响，研究区属高原气候区，气候湿润温暖、四季常春。气候具有垂直变化显著、干湿季节分明，有“一山分四季、十里不同天”的特点。冬季多为干暖西风，夏季则转为偏南的温湿气流，从而形成了冬干夏雨、雨量充沛、分布不均的气象特点。从北东至南西多年平均降雨量从967.1 mm增至2105.7mm，年平均水面蒸发量从1460.3 mm增至1718.2 mm，多年平均气温从14.9℃增至19.5℃。最高气温31～36.2℃，最低－4.8～－0.6℃。蒸发量、气温随高程增加而降低，降雨量则随之增大。降雨量还随季节的不同而变化，其中80%集中在5～10月，这期间也是山洪、泥石流、滑坡、崩塌等自然与地质灾害高发期，其余月份为平水期及旱季。

2.2 地质环境特征

大理至瑞丽铁路高黎贡山越岭地段地处印度板块与欧亚板块碰撞缝合带附近之滇缅泰亚板块。研

究区地跨滇缅泰亚板块之保山地块与腾冲地块，穿跨越其相互碰撞汇聚的怒江缝合带。加里东和燕山末期发生褶皱变质，形成高黎贡山构造岩浆变质杂岩带；喜山运动以来，由于两大板块强烈碰撞挤压，主要受印度板块向北（偏东）的强烈推挤和青藏高原向南南东强力楔入的叠加作用，本区表现为地壳强烈抬升成高原，加之川滇菱形块体向南南东的滑移，导致区域地质构造复杂，新构造运动强烈，以活动断裂规模大与分布密集、强地震活动、火山活动、水热活动频繁为主要特征。

研究区内活动断裂及深大断裂较发育。南北向转南东向怒江断裂带（F1）、南北向转南西向弧形泸水—瑞丽断裂带（F2）及 NE 向黄草坝断裂（F3）组成区内构造体系的基本骨架，呈“A”字形（图 1）。F1 和 F2 在研究区北部紧密挤压成平行索状，往南两断裂带逐渐撒开，分别发育在高黎贡山东西两侧。F1 由南北向转向南东，F2 则由南北向转向南西向偏转，两断裂带平面构成呈一“扫帚”状形态。龙川江以西以龙川江断裂（F2-5）为东边界，属腾冲—梁河断裂带（F5），主要断裂以南北向转南西为主，属弧形构造体系。NW 向断裂（F4）在测区内比较发育，其成带性差，大部分都切割、错断弧形构造各断裂。

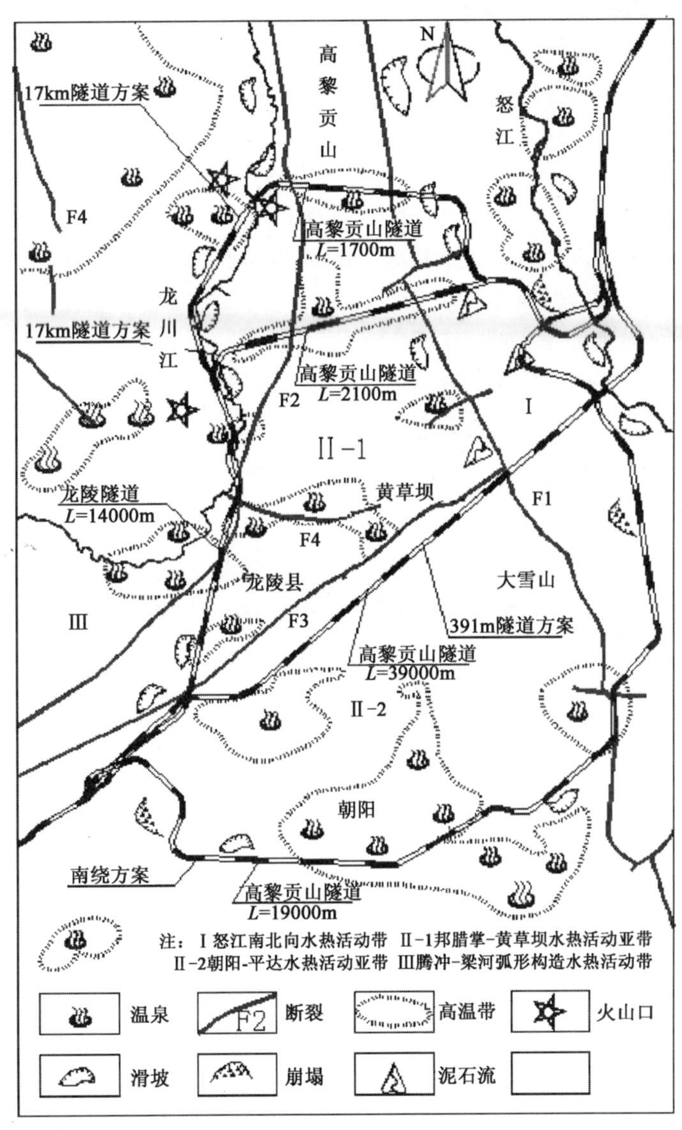

图 1　研究区地质图

区内高黎贡山山脉为一复式背斜构造，其核部出露区内时代最老的高黎贡山群（Pz_1gl）变质岩带，地形上高高隆起，形成怒江、龙川江的分水岭。怒江峡谷及其两岸，总体上为一个复式向斜构造，地层从中生界侏罗系（J）至下古生界奥陶系（O）大体由新至老、由江至两岸出露，其间地层缺失、重复较多，显示出一个受构造切割、破坏的复式向斜构造特征，轴线往往受断层切割、错移。

区内地层繁多，岩性复杂，除白垩系缺失外，自寒武系至第四系均有出露。既包括不同时代的碎屑岩、碳酸盐岩、变质岩,也包括不同时期的岩浆岩。其中以下古生界变质岩分布最广,次为上古生界地层,中生界零星分布,新生界主要分布于河谷及盆地地带。岩浆岩在区内广泛分布。

2.3 主要地质问题

大理至瑞丽铁路工程地质条件具“三高”(高地热、高地应力、高地震烈度)、“四活跃”(活跃的新构造运动、活跃的地热水环境、活跃的外动力地质条件和活跃的岸坡浅表改造过程)的特征,高黎贡山越岭段正是集上述“三高”、“四活跃”特征为一体的地段。控制铁路地质选线、设计施工的主要工程地质问题为高地热、深大活动断裂及崩塌、滑坡、泥石流等重力不良地质。其中水热活动强烈,深埋长大隧道高地热问题是铁路选线与重大工程设置可行性的关键地质问题。

3 水热活动特征

3.1 水热活动显示特征

研究区是地中海—南亚地热异常带的重要组成部分。出露温泉群 123 个(图 1),水温 20~102℃,流量 0.186~131.25L/s,其中低温泉(20~40℃)85 处,中温泉(40~60℃)25 处,高温泉(60~95℃)12 处,沸泉(>95℃)1 处。泉水总流量 894.666L/s,自然放热量 106074kJ/s,相当于每年燃烧约 30 万吨标准煤释放的热量。

研究区水热活动显示以温泉和热泉为主,也有两相显示的天然喷汽孔、冒汽孔、沸泉和沸喷泉,表明部分地区地下浅部有高能位热流体存在,并与深大断裂活动有着密切关系。水热活动的历史见证,硅华、钙华、硫华、盐华、泉胶砂砾岩等泉华种类齐全。

研究区及邻区温泉沿构造带展布,其出露除受构造控制外,还受地形地貌条件的制约。主要集中分布在怒江河谷、高黎贡山转折端、苏帕河流域、潞西—遮放盆地及腾冲—梁河—攀枝花硝塘五大区域。

3.2 地温场特征

根据研究区专题地质研究实施的 31 个深孔及 11 个浅孔钻探孔内测温结果分析,研究区地温场有以下特征:

(1)研究区除邦腊掌一个钻孔属对流热流外,其他钻孔温度类型均为传导热流。

(2)研究区内地温变化总的趋势是:东西方向,高黎贡山东、西侧低,中部相对较高;南北方向,北部温度等值线较密,向南部撒开,与区内主构造线相一致。

(3)研究区平均地温梯度为 3.02℃/100m。在新生代盆地的钻孔地温梯度一般均高于基岩中的钻孔;地温梯度变化趋势是由东至西从低变高,由北向南则从低至高再变低。

3.3 水热活动区域构造分带

研究区水热活动显示与岩浆长期大规模的持续侵入、变质岩带的分布和近期活动性断裂系统密切关联,其空间展布明显地与区域构造带相同。水热活动以怒江断裂、泸水—瑞丽断裂带之龙川江断裂为界,划为怒江南北向构造带(Ⅰ)、高黎贡山—三台山弧形构造水热活动带(Ⅱ)、腾冲—梁河弧形构造水热活动带(Ⅲ)三个水热活动带。高黎贡山—三台山弧形构造水热活动带(Ⅱ)以黄草坝断裂为界,划分为邦腊掌—黄草坝水热活动亚带(Ⅱ-1)和朝阳—平达水热活动亚带(Ⅱ-2)两个亚带(图 1、表 1)。

水热活动区域构造带特征表　　表 1

特征	水热活动带	温泉(处)	流量(L/s)	热储温度(℃)	地热水循环深度(km)	地热水系统
怒江南北向水热活动带(Ⅰ)		31	222.69	<60	1~2	低温
高黎贡山—三台山弧形构造水热活动带(Ⅱ)	邦腊掌—黄草坝水热活动亚带(Ⅱ-1)	17	36.11	90~150	2.5~6	中温
	朝阳—平达水热活动亚带(Ⅱ-2)	39	450.66	90~124	3~5	中温
腾冲—梁河弧形构造水热活动带(Ⅲ)		36	185.21	<90	2~4	低温

3.4 地热水的热储温度及循环深度

怒江南北向水热活动带(Ⅰ)和腾冲—梁河弧形构造水热活动带(Ⅲ)的温泉，选取玉髓温标和钾镁温标，以它们的和的平均值为它们的热储温度。高黎贡山—三台山弧形构造水热活动带(Ⅱ)的温泉，选取石英传导冷却的温标和钾镁温标温度，两者的平均值代表热储的平均温度计算结果见表1。热水的循环深度用下列公式计算：

$$S = TG_0 \tag{1}$$

式中：S——热水循环深度(m)；

T——热储温度(℃)；

G_0——地温陡度(m/℃)，采用区内平均值100m/3.02℃。

3.5 地热水的补、径、排特征

(1)地热水的补、径、排基本特征

补给区：地下热水以垂向的下渗运动为主，吸收围岩的热量，地下水把浅部围岩的热量带到深部，并将热量传递至深部，成为相对的低温带。

径流区：地下热水沿断裂以水平运动为主，并在流动过程中不断吸收围岩的热量，将热量带至排泄区。因地热水埋藏较深，径流区对流热流对浅部隧道影响不大。

排泄区：地下水以垂向的上升运动为主，被加热的地下水将深部的热量传递至浅部，储集在渗透性良好的岩层中形成热储，溢出地表形成温泉。

(2)水热活动构造带补、径、排特征

地表热显示，是地热系统深部热储在地面的表现，亦是地热水的排泄点。经在工作区取150组温泉水和12组地表水体同位素分析研究，根据δD的高程效应计算补给高程，确定补给区域。区内水热活动带地热水补给、径流、排泄特征见表2。补给高程计算公式：

$$Z = Z_0 + (D - D_0)(\mathrm{grad}D) \tag{2}$$

式中：Z——地热水的补给高程(m)；

Z_0——地表水高程(m)；

D——地热水的δD‰(SMOW)；

D_0——地表水的δD‰(SMOW)；

$\mathrm{grad}D$——δD随高程递减梯度(我国西南地区δD的梯度为−2.5‰/100m)。

水热活动构造带补、径、排特征表 表2

水热活动带		特征
怒江南北向构造带(Ⅰ)		受南北向怒江断裂带及怒江复式向斜控制。怒江以东热水补给源高程1400～1850m，补给源位于孔雀山、打鹰山以北一带山区，沿怒江断裂带和怒江复式向斜东翼向怒江排泄。怒江西岸补给源位于高黎贡山，沿怒江断裂带及怒江复式向斜西翼向怒江排泄
高黎贡山—三台山弧形构造水热活动带(Ⅱ)	邦腊掌—黄草坝水热活动亚带(Ⅱ-1)	黄草坝断裂以北补给高程2000～2670m，补给源位于小米地、大蒿坪以北一带山区，沿导水断裂南北向怒江断裂带、泸水—瑞丽断裂带及高黎贡山轴向向南排泄，至龙陵一黄草坝一镇安一线，由于受北东向黄草坝断裂的阻水隔热作用，在邦腊掌、黄草坝一带沿断裂带集中排泄，循环深度大，径流途径长，成为区内水热活动最强地区
	朝阳—平达水热活动亚带(Ⅱ-2)	黄草坝断裂以南，补给源位于勐冒、绕廊一带山区，补给高程1990～2060m，沿断裂、侵入岩接触带和花岗岩裂隙向南径流排泄
腾冲—梁河弧形构造水热活动带(Ⅲ)		龙川江以西地热水补给高程1900～2400m，补给源为大尖山、甘露寺以北一带山区；龙川江以东补给缘位于高黎贡山山区，在龙川江沿岸沿断裂带、不同期次岩浆侵入界面径流，在有利部位排泄

3.6 地热水的成因分析

经过研究区394组温泉水和地表水体同位素分析，地热水的δD均落在腾冲大气降水线上或附近，少数水热区的δ^{18}O稍有漂移，证明区内地热水来源于大气降水，δ^{18}O漂移量小，亦说明区内水热区多为中、低温水热系统(温度低于150℃)。

研究区位于印度板块与欧亚板块碰撞带东部，地质构造复杂。地热显示与地质构造密切相关，大部分温泉热源是较高大地热流背景下，大气降水沿断裂、裂隙下渗，经深循环加热形成带状分布的断裂深循环型中低温地热系统。

区内断裂以南北向为主，北东向、北西向。在现代近南北向构造应力场的作用下，近南北向压扭性超壳断裂(F1、F2)转化为张性或张扭性断裂，是地热水的主通道。北东向(F3)、北西向(F4)断裂与主应力交角大者主要以压扭性为主，对地热水径流起着阻隔作用，交角小者多为张扭性起导水作用，即F3多为阻水隔热断裂，F4多为导水导热断裂。黄草坝断裂(F3)就是区内起阻水隔热的主要断裂之一，直接控制了高黎贡山—三台山弧形构造水热活动带南北两侧朝阳—平达水热活动亚带、邦腊掌—黄草坝水热活动亚带地下热水补、径、排条件(图2)。

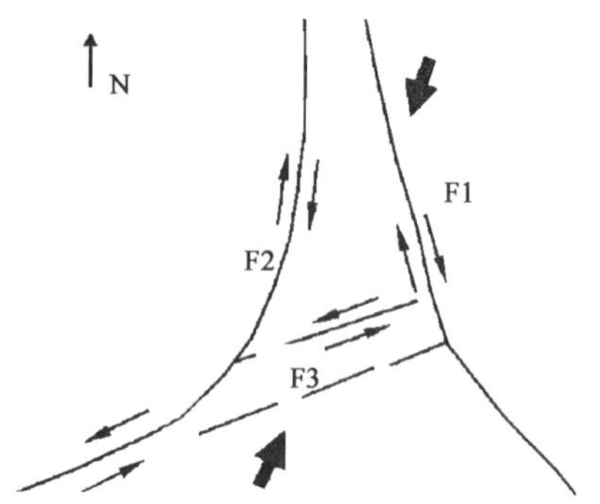

图2 现今应力场区内断裂的相对运动示意图

3.7 地温带划分、热害分析评估标准

据深埋隧道工程修建时获得的地热危害结果查证，目前国内外尚无成熟技术处理洞内温度大于72℃的高地温、高温热水(汽)的经验和措施。根据工程施工及劳动防护要求，区内地温带划分、热害分析评估标准分为四级(表3)。

地温带划分、热害分析评估标准表　　表3

序　号	温度(℃)		地　温　带	热害分析评估标准
1	≤28		常温带	无热害
2	28～37		低高温带(Ⅰ)	热害轻微
3	37～60	37～50	中高温带($Ⅱ_1$)	热害中等
		50～60	中高温带($Ⅱ_2$)	热害较严重
4	>60		高温带(Ⅲ)	热害严重

根据上述划分标准，用区内所收集到和本次施钻的42个钻孔资料及123处水热区泉水温度，在1∶50000地热地质图上，作最高温度等值线，并结合地下水点、断流构造、地层岩性、地形地貌圈定地温带。将拟选隧道底面，作温度等值线。没有钻孔控制的地段用区内平均地温梯度(3.02℃/100m)计算底面温度，水热显示区用对流热流值计算底面温度。区内地温带分布具有以下特征：

(1)常温带沿龙川江、怒江河谷沿岸及芒市盆地周边山麓分布，就工程而言，主要体现在越岭隧道进出口浅埋段、地热水补给区、径流区。

(2)研究区分布高温带(低高温带、中高温、高温带)占总面积的22%(图1)，线路方案尤其是隧道工程必须避开高温带，选择在常温带通过。

(3)受黄草坝断裂阻水隔热作用，邦腊掌—黄草坝水热活动亚带地热水排泄区以南，朝阳—平达水热活动亚带地热水补给区一定范围内，存在一相对低温通道内，是线路方案经过的最佳选择。

4 高地温地区地质选线原则

大瑞铁路高黎贡山越岭段高水热活动强烈，深埋长隧道可能会遇到高温高压热水(汽)及高温岩体等热害问题。在大面积区域地质调绘的基础上，铁路工程地质选线在专题研究和设计过程中，自始至终与一定深度的线路方案研究相配合，做好多方案(或方案组合)比选。主要坚持遵循以下高地温地区地质选线定线技术原则：

(1)隧道工程应绕避可能大范围出现严重热害的高地温地区。

(2)隧道工程必须通过高地温地区时，应尽量绕避或远离中高温带及高温带，选择在常温带和低温带通过。

(3)线路通过高地温地区时，宜以桥与路基形式通过；当必须以隧道通过时，尽可能减少隧道埋深。

5 线路方案比选

鉴于大瑞铁路高黎贡山越岭段复杂的地质条件，结合越岭隧道两端引线条件，在高黎贡山越岭地区南至朝阳、北至国家保护区南缘及相关引线区域，面积约 3684km^2 内进行了大面积的选线研究。针对地热地质条件重点研究了 39km、21km、17km 隧道方案和南绕方案(图 1)。

5.1 线路方案概况

(1)39km 隧道方案

线路自保山车站出站后，穿保山隧道，经蒲缥，沿怒江左岸而下，于惠通桥附近跨越怒江，过江后，以长 39km 的隧道穿高黎贡山至放马桥，后沿芒市河右岸下至方案比较终点潞西。该方案线路长 112km。

(2)21km 隧道方案

线路自保山车站出站后，穿保山隧道，经蒲缥，于中寨跨越怒江，经龙塘，在百花穿高黎贡山隧道($L-21$km)至大寨，出洞后，线路跨龙江至右岸，后顺龙江向西南行进，于团田设腾龙站，出站后，线路再次跨龙江至左岸，穿($L-14$km)龙陵隧道，后沿芒市河紧坡而下抵达方案比较终点潞西。该方案线路长 122km。

(3)17km 隧道方案

线路自保山车站出站后，穿保山隧道，经蒲缥，于中寨跨越怒江，经龙塘、白花，在摆场穿高黎贡山隧道($L-17$km)至襄虎，而后，线路跨龙江至右岸，后顺龙江向西南行进，在八湾田接上 21km 隧道方案。该方案线路长 138km。

(4)南绕方案

线路自比较起点引出，于高新寨跨越怒江，过江后，沿怒江右岸紧坡而上，于沙子坡穿摆达隧道，再紧坡上至芹菜塘，后线路紧坡而下，经大场、帮工，再以 $L=19$km 的隧道穿高黎贡山至潞西西侧，后线路折向西北，跨 320 国道及芒市河后抵达方案比较终点。该方案线路长 145km。

南绕方案大范围穿越朝阳—平达水热活动亚带地热水排泄区，深埋长大隧道高温热害问题突出，研究后予以放弃。重点比选了 39km、21km、17km 隧道方案。

5.2 线路方案比选意见

拟从隧道路肩面温度比例、地温梯度、热流值、岩温产热率综合对比，对比结果见表 4。

高黎贡山越岭方案地热地质条件对比表 表 4

比选项目		线路方案		
		39km 隧道方案	21km 隧道方案	17km 隧道方案
隧道路肩面温度所占比例(%)	常温带(≤28℃)	36.9%	15.5%	38.7%
	低高温带(Ⅰ)(28～37℃)	63.1%	11.7%	27.4%
	中高温带($Ⅱ_1$)(37～50℃)	—	57.3%	33.9%
	中高温带($Ⅱ_2$)(50～60℃)	—	12.2%	—
	高温带(Ⅲ)(>60℃)	—	3.3%	—
地温梯度(℃/100m)		1.78	3.91	3.66
热流值(mW/m^2)		30.9～52.5	52.5～68	52.5～63.6
岩温产热率(J/m^2·s)(×10^{-2})		3～3.5	6.5～12	3.0～6.4
地热地质条件		好	差	差

17km、21km 隧道方案位于地热水径流区、靠近补给源，深孔揭示越岭地段洞身存在中等高温异常。两方案沿龙川江沿岸行进时，位于地热水排泄区附近，水热活动强烈，隧道工程高温异常明显。另外，

21km、17km 隧道方案共线的龙陵隧道(L—14km)进口位于区内水热活动最强烈的地热水排泄区——邦腊掌,隧道受高温热害威胁严重。

因受黄草坝断裂阻水隔热作用,39km 隧道方案位于邦腊掌—黄草坝水热活动亚带地热水排泄区以南,朝阳—平达水热活动亚带地热水补给区附近,位于相对低温通道内。经钻孔测温结果验证,隧道工程内未发现有高于 40℃的高温异常现象。

经综合比选,结合引线条件及其他主要地质问题,推荐地热地质条件最好的 39km 隧道方案。

6 结语

大瑞铁路地处印度板块与欧亚板块相碰撞缝合带附近,高黎贡山越岭段位于地中海—南亚地热异常带,水热活动强烈,深埋长隧道可能会遇到高温高压热水(汽)及高温岩体等热害问题。活跃的地下水热活动为铁路地质选线、设计施工带来极大风险和困难。区内断裂以南北向为主,北东向、北西向。在现代近南北向构造应力场的作用下,近南北向压扭性超壳断裂(F1、F2)转化为张性或张扭性断裂,是地热水的主通道。北东向(F3)、北西向(F4)断裂与主应力交角大者主要以压扭性为主,对地热水径流起着阻隔作用,交角小者多为张扭性起导水作用,而黄草坝断裂就是区内起阻水隔热的主要断裂之一。区内大部分温泉热源是较高大地热流背景下,大气降水沿断裂、裂隙下渗,经深循环加热形成带状分布的断裂深循环型中低温地热系统。

在充分遵循高地温地区地质选线定线技术原则基础上,结合引线条件及其他主要地质问题,经综合比选分析,推荐地热地质条件最好 39km 隧道方案。

参 考 文 献

[1] 张倬元,王士天,王兰生.工程地质分析原理[M].北京:地质出版社,1993.
[2] 何振宁.区域工程地质与铁路选线[M].北京:中国铁道出版社,2004.
[3] 楚涌池,等.铁路工程地质手册[M].北京:中国铁道出版社,1999.
[4] 韩毅,李隽蓬.铁路工程地质[M].北京:中国铁道出版社,1988.
[5] 徐世光,郭远生.地热学基础[M].北京:科学出版社,2009.
[6] 廖志杰,赵平,等.滇藏地热带[M].北京:科学出版社,1999.
[7] 佟伟,章铭陶.腾冲地热[M].北京:科学出版社,1989.
[8] 佟伟,章铭陶.横断山区温泉志[M].北京:科学出版社,1994.
[9] 赵建昌,刘世忠,等.铁路选线中的工程地质问题[J].中国地质灾害与防治学报,2001,12(1):7-9.
[10] 穆藩蒲.山区铁路选线的研究[J].铁道建筑,1994,6:15-19.
[11] 唐伟华,陈明浩.大瑞铁路澜沧江大桥桥址工程地质比选研究[J].铁道工程学报,2008,115(4):8-11.
[12] 葛根荣.大理至瑞丽铁路的防灾减灾选线原则[J].路基工程,2006,128(5):46-48.
[13] 杜宇本,蒋良文.大瑞铁路大保段主要工程地质问题即地质选线[J].铁道工程学报,2010,1139(4):23-28.

深切峡谷特大桥岸坡岩体稳定性分析

万　川

（中铁二院工程集团有限责任公司成都公司）

摘　要　通过采用离散元法、有限元法等手段，结合现场工程地质勘察资料，对新建林织（新店）铁路纳界河特大桥峡谷岸坡的工程地质条件、岸坡可能的变形破坏模式、变形发展规律、岸坡岩体的位移、应力状态以及岸坡的整体稳定性等进行了综合分析，通过不同计算方法之间的相互印证和补充，增加了最终分析结果的可靠性，为工程的合理设计提供了较有价值的参考。

关键词　离散元；有限元；桥址岸坡；稳定性

Stability Analysis on Bank Slope Rock Mass for Deep Canyon Major Bridge

Wan Chuan

(Chengdu Survey, Design and Research Institute Co. , Ltd. of CREEC)

Abstract　Using discrete element method and finite element method, the method, combining with the engineering geological investigation data, a comprehensive analysis has been made of the engineering geological conditions of new Najiehe extra-major railway bridge canyon bank slope, possible deformation damage model, deformation development law of bank slope, displacement and stress state of the rock mass, and the overall stability of slope. The verification and the supplement from different calculation methods increase the reliability of the final analysis results, which provide a valuable reference for the engineering reasonable design.

Key words　discrete element method; finite element method; bridge site bank slope; stability

1　引言

新建林织（新店）铁路工程是我国正在规划建设中的大型重点工程之一，铁路工程建设在很大程度上受到沿线地质构造运动、活动断裂带及内外动力联合作用所产生的各种地质灾害的制约。受地形条件限制，线路将主要采用桥梁、隧道工程方式行进在高山巨川之间。纳界河特大桥位于林织（新）线骡马洞至大冲段，清镇市与织金县交界处的大寨村的纳界河上，河流冲刷强烈，深切河谷地貌十分发育，河谷两侧地形高陡，常形成绝壁。桥址区无便道相通，交通十分困难。

图1　纳界河特大桥效果图

该桥中心里程为 ZDK24＋009.00，孔跨布置为[1×24＋4×32＋(1－352)＋7×32＋1×24]m 上承式钢管混凝土拱桥，桥高约 320m，全长 788.60 m。为新建林织（新店）铁路的重点控制性工程之一（图 1）。

作者简介：万川（1970—　），男，工程师。

2 纳界河大桥地质条件分析

2.1 工程地质特征

调查区属于贵州高原的灰岩地带，化学风化中的溶蚀、侵蚀现象比较严重，地形起伏大。桥位处于纳界河谷呈"V"形峡谷，河道较为顺直，河流强烈下切，岸坡近于直立，局部岸壁坡度50°～60°。沟谷地带河底最低高程为910m左右，两边山体最大高程1243m，相对高差10～330m，桥高约320m。桥址范围内，小里程(清镇)端坡面自然纵坡12°～37°，横坡15°～25°；大里程(织金)端自然纵坡5°～27°，横坡5°～22°。坡面植被发育，多为灌木丛。基岩零星出露，覆层一般较薄，局部溶沟、溶槽内土层稍厚。

桥址选择区内上覆第四系全新坡残积(Q_4^{dl+el})黏土、崩坡积(Q_4^{dl+col})碎石土。下伏基岩为三叠系下统茅草铺组(T_1m)灰岩。黏土主要分布于测区斜坡坡面上，据钻探揭示，该层一般厚0～2m，局部溶蚀沟槽较厚，属II级普通土。碎石土一般厚0～10m，局部堆积较厚，主要分布于纳界河大里程陡崖下，属II级普通土。灰岩多呈微晶结构，中厚层至巨厚层状，偶夹岩溶角砾岩，岩性致密，质地坚硬，节理裂隙发育，节理、裂隙缝隙间多充填黏性土，溶蚀现象较发育，强风化层较薄，以下弱风化。强风化层属于IV级软石；弱风化带岩体相对较完整，属V级次坚石。

桥位选择区河谷深切，附近地区曾经有构造运动，两岸岸坡风化强烈且发育岩崩（岩堆)，垂直节理发育，节理面明显，局部卸荷裂隙发育，溶蚀现象较为普遍。

桥址区地质简单，无大的褶曲构造形迹，下游约240m处发育一正断层，走向N60°E，与线路大致平行，倾角约69°，错距30～60m，破碎到宽度20～50m。桥址内岩层单斜，层理面凹凸不平，倾角平缓，层理产状N63°E/8°N，垂直裂隙发育，代表性走向为N14°E，N57°W。

2.2 水文地质特征

纳界河属乌江水系，在织金、清镇交界处，属山区剧烈下切河流，为当地侵蚀基准面，由于下游水库建设，水流平缓，河水含沙量较小，河水较清澈。大气降水沿斜坡坡面及溶蚀裂隙流向陡崖，汇入纳界河。勘测期间水位945.33m，百年洪水位973.64m。水质类型为HCO_3—Ca_2++Na+型，对混凝土无侵蚀性。

测区地下水主要为岩溶水、基岩裂隙水。孔隙水主要赋存于第四系覆盖层内，覆盖层主要为粉质黏土及黏土层，桥址内广泛分布覆盖层，但含水率少，补给来源匮乏，仅靠大气降雨及河水补给。测区沟槽地带地下水位埋藏浅(约2m)，两边边坡地下水埋藏深，勘探期间未见地下水。桥墩台附近基岩裂隙含水率少。岩溶水赋存于岩溶管道、溶隙中，桥址溶蚀裂隙发育。地下水受大气降水及地表沟水补给，通过基岩裂隙、孔隙径流，岩溶水通过岩溶管道迅速向纳界河内排泄。通过钻孔及物探资料岩体中几乎无地下水。

3 岸坡岩体破坏模式数值分析

利用离散单元法，对下纳界河特大桥岸坡在天然状态下、桥梁荷载作用下的岩体破坏模式及可能产生的破坏范围进行分析。

3.1 计算模型及计算参数

基于赤平投影分析结果，右岸岸坡的离散单元划分采用最对岸坡稳定性影响最大的2组结构面，即J1:282°∠87°，J2:166°∠75°，考虑到计算的精度要求及模型的合理简化，取J1间距3～6m，J2间距4～8m。采用二维离散元软件，建立的模型如图2所示。

基于赤平投影分析结果，左岸岸坡的离散单元划分采用对岸坡稳定性影响最大的2组结构面，即J1和J2，产状分别为J1:15°∠85°、J2:318°∠69°，考虑到计算的精度要求及模型的合理简化，取J1间距3～6m，J2间距4～8m。由此建立的模型如图3所示。相关计算参数与右岸基本相同。

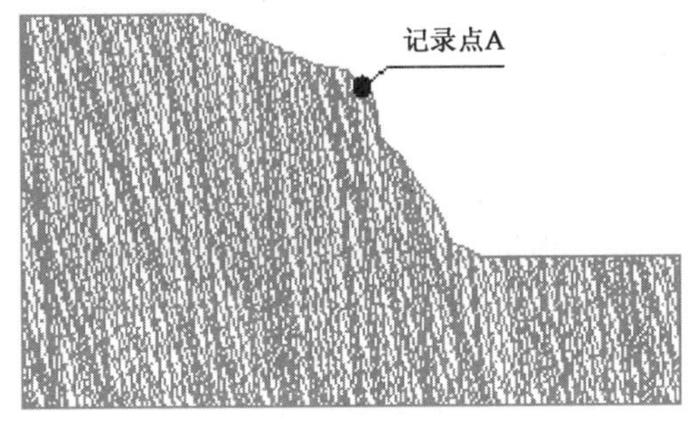

图 2 右岸离散单元模型

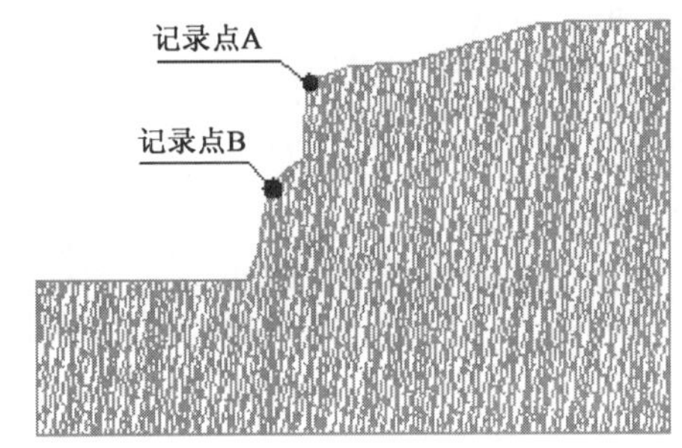

图 3 左岸离散单元模型

3.2 天然状态下岩体破坏模式

天然状态下岸坡岩体位移趋势特征如图 4、图 5 所示，图中箭头长度表示该点位移的相对大小。从图中可以看出，无论右岸还是左岸，都是坡面上岩体位移最大，向岸坡内部岩体位移越来越小，坡面岩体可能移动块体主要分布在变坡点附近。由此可见，自然边坡局部陡坡段岩体存在崩塌的可能，自然边坡有变缓的趋势。

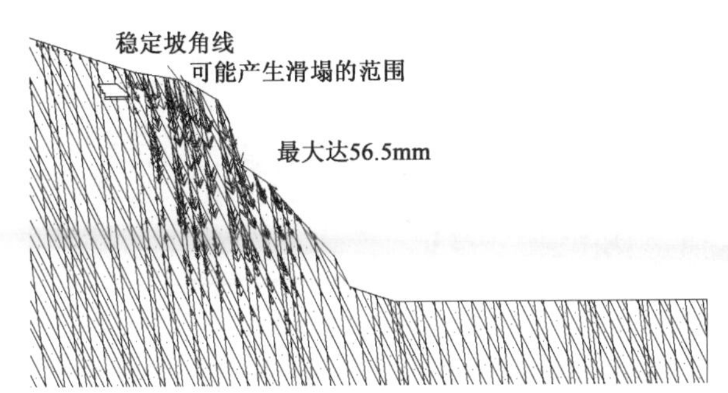

图 4 天然状态下右岸岩体位移趋势(局部放大图)

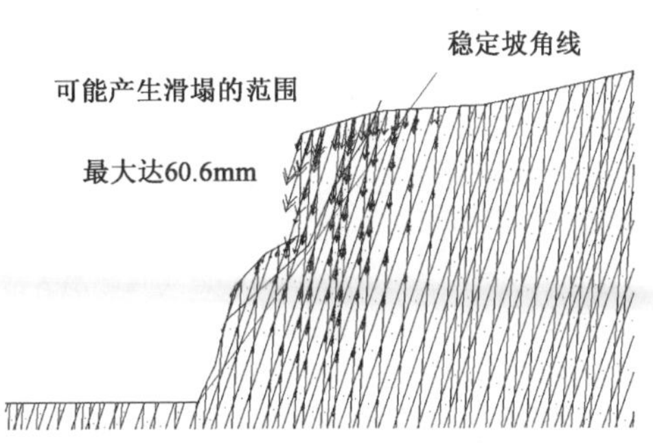

图 5 天然状态下左岸岩体位移趋势(局部放大图)

右岸和左岸岸坡关键点位移特征如图 6、图 7 所示，图中横坐标指相对时间，即岸坡自然发展历史阶段。

从图 6a)中可以看出，坡面岩体水平位移随着自然历史的演化逐渐增大，最终趋于稳定。坡面岩体在边坡自然历史发展演化过程中，将产生较大的水平位移，岩体水平位移往往体现在外倾节理的张开、位移直至破坏，岸坡上偶见的张开节理、近期崩塌痕迹证明边坡岩体位移还在发展期。变坡点 A 处附近岩体水平位移相对最大。

从图 6b)中可以看出，坡面岩体竖直位移同样随着自然历史的演化逐渐增大，最终趋于稳定。右岸谷底岩体竖向位移相对较小，变坡点附近岩体竖向位移最大。竖向位移大小与岩体结构、岸坡自然坡度等有关。

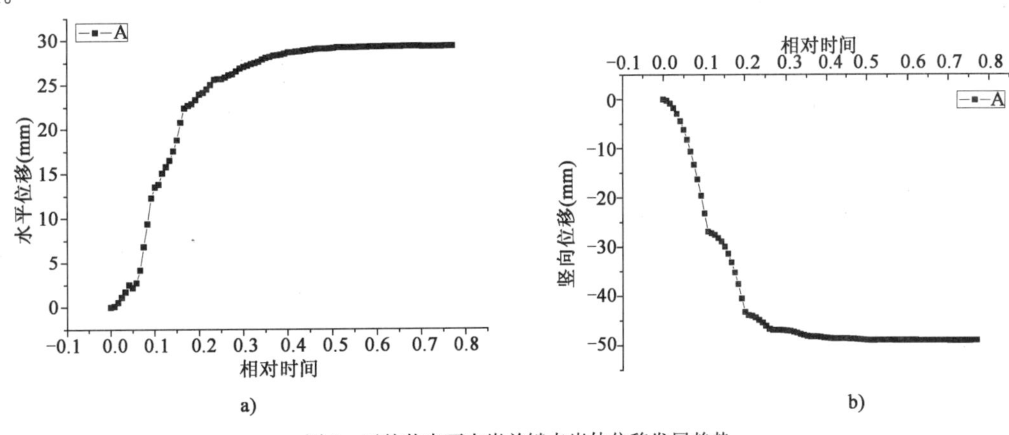

图 6 天然状态下右岸关键点岩体位移发展趋势

a)水平位移；b)竖向位移

根据边坡岩体变形发展历史可知，边坡在形成初期，变形发展迅速，而在边坡形成后期，岩体变形趋于平缓。从图6中还可以看出，在水平位移和竖向位移随时间的变化曲线中，曲线有变形加速阶段和变形平缓阶段。可以认为，天然状态下岸坡岩体仍处于变形阶段，目前状态下边坡是处于变形发展平缓期，坡面大部分岩体不会产生较大的变形，但变坡点A点附近仍将可能产生较大的变形，边坡仍可能产生局部的崩塌落石，根据边坡岩体变形趋势，估计边坡可能产生的崩塌落石的范围如图4所示，该范围主要集中在坡面附近，距离稳定坡角线较近。

从图7a)中可以看出，坡面岩体水平位移随着自然历史的演化逐渐增大，最终趋于稳定。坡面岩体在边坡自然历史发展演化过程中，将产生较大的位移，岩体水平位移往往体现在外倾节理的张开、位移直至破坏，以及陡坡上产生的卸荷裂隙等。岸坡上偶见的张开节理、近期崩塌痕迹以及坡脚岩堆的存在也证明边坡岩体位移还处在发展期。图中A点岩体水平位移相对最大，该点对应于变坡点，该危岩体的边坡自然历史发展过程中，可能产生崩塌。坡顶面处由于坡度较缓，不产生水平位移。

从图7b)中可以看出，坡面岩体竖直位移同样随着自然历史的演化逐渐增大，最终趋于稳定。其中，变坡点A的竖向位移最大，表现出产生崩塌的可能，其他观察点的竖向位移为A点的20%～35%。竖向位移大小与岩体结构、岸坡自然坡度等有关，竖向位移主要是岩体在自重作用下沿不连续面的滑动产生的。

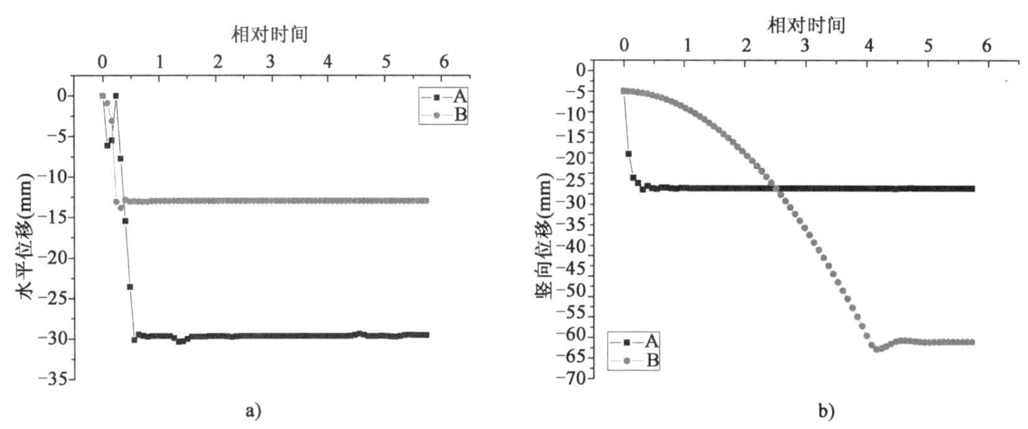

图7　天然状态下左岸关键点岩体位移发展趋势

a)水平位移；b)竖向位移

总的看来，天然状态下，左岸岩体仍处于运动阶段，最危险的部位是变坡点位置的岩体，结合实际情况，变坡点A、B点位置处岩体将可能产生崩塌，左岸坡面上在陡坡段将可能产生崩塌、落石现象。天然状态下边坡可能产生崩塌落石的范围如图5所示，崩塌落石的范围主要集中在坡面附近。

3.3　桥梁荷载作用下岩体破坏模式

桥梁荷载作用下右岸和左岸岸坡岩体位移趋势特征如图8和图9所示，图中位移向量表示仅由荷载产生的岩体位移，而未包括天然状态下岩体仍将产生的变形。从图3-7中可以看出，桥梁荷载作用仅影响到基座附近岩体的运动，基座附近岩体受荷载影响，位移有所增加。向岸坡内部岩体位移越来越小，坡面岩体受荷载影响较大的块体主要分布在基座附近。荷载作用增加了左岸边坡岩体运动的趋势，认为荷载作用对岸坡岩体的位移和破坏影响有一定的影响，但主要集中在坡面上。

从图9中可以看出，桥基附近坡面上岩体位移相对较大，最大值位于变坡点(B点)，向岸坡内部岩体位移越来越小，受桥梁荷载作用的影响，A、B两点处的位移量均有变大的趋势，对边坡的稳定性有一定的影响。总的来说，荷载作用下，基座附近岩体稳定，但变坡点处岩体存在向坡外运动的趋势。

桥梁荷载作用下左岸和右岸坡面关键点岩体位移特征如图10和图11所示。由图10a)可以看出，水平位移最大点位于A点。水平位移逐渐指向坡外，这与节理倾角较陡有关，总的来说水平位移量不大。由图10b)可以看出，荷载作用下右岸竖向位移最大仍出现在变坡点A处。岸坡底部及顶部岩体竖向位移受荷载影响较小，说明荷载的影响范围是有限的。

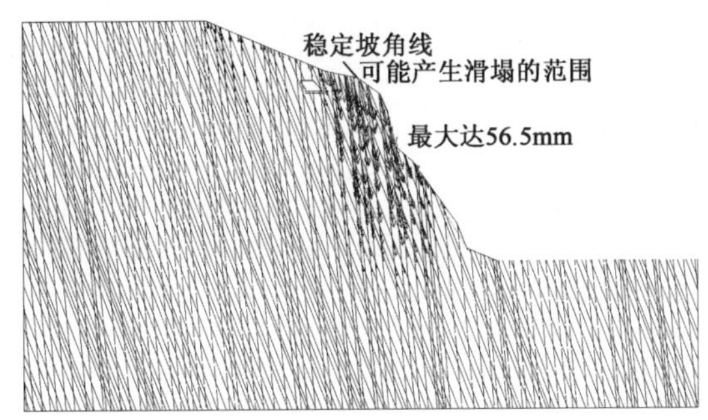

图8　桥梁荷载作用下右岸岩体位移趋势(局部放大图)

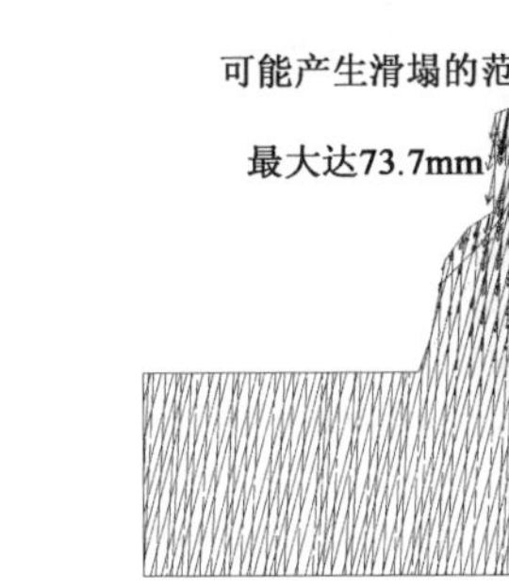

图9　桥梁荷载作用下左岸岩体位移趋势(局部放大图)

荷载产生的岩体位移对坡面岩体的运动和破坏有一定的影响，根据边坡岩体位移量及运动趋势，估计荷载作用后边坡可能产生崩塌落石的范围如图8所示，相对于天然状态下的可能崩塌落石范围，桥墩基座附近岩体受影响范围增大，但可能崩塌区域仍在稳定坡角线以外，不影响边坡和桥基的整体稳定。

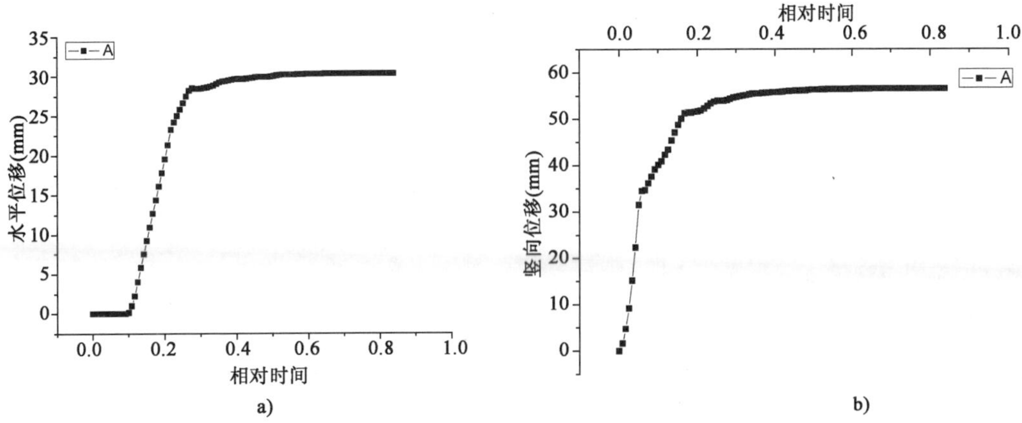

图10　桥梁荷载作用下右岸关键点岩体位移发展趋势

a)水平位移；b)竖向位移

从图11a)中可以看出，桥梁荷载作用下，左岸岩体水平位移主要集中在变坡点附近。各观察点的位移均指向坡外，其中变坡点A点的水平位移最大，是最危险的位置。从图11b)中可以看出，荷载作用下，左岸岩体竖向位移同样主要集中在变坡点附近，A、B点竖向位移随时间发展，这对其上方岩体的稳定不利。

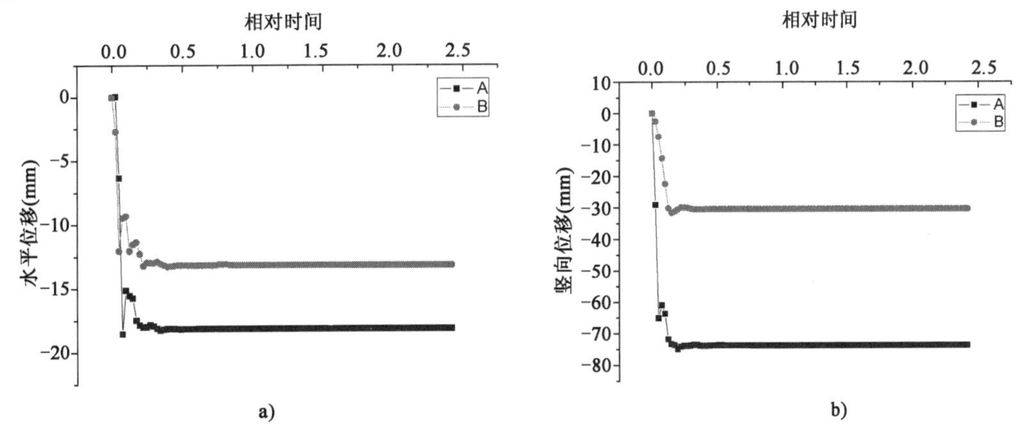

图11　桥梁荷载作用下左岸关键点岩体位移发展趋势

a)水平位移；b)竖向位移

总的看来，桥梁荷载对岩体稳定不利，但岩体水平位移表现较小，主要表现为对竖向位移的影响，荷载作用对桥墩基座附近岩体的稳定性有一定影响，进一步对其上方岩体的稳定不利。

4 岸坡岩体稳定性数值分析

采用有限单元法对边坡岩体力学行为进行分析，数值分析通过有限元软件 ANSYS10.0 实现，分析岸坡岩体在天然状态下、桥梁荷载作用下的力学响应。

4.1 模型参数选取

计算中岩体为采用 D-P 本构模型。结合该段工程地质报告及经验数据，整个边坡均质灰岩地层，相关力学参数见表 1，其中混凝土桥基的力学参数取无限大。桥梁荷载取 732522.7kN。

材料力学参数 表 1

岩层	重度 γ(kN/m^3)	弹性模量 E(GPa)	泊松比 ν	黏聚力 c(MPa)	内摩擦角 φ(°)
灰岩	22	20.0	0.22	0.15	35.0

4.2 天然状态下岸坡岩体稳定性分析

由图 12 得出，最大主应力与埋深呈线性关系，坡脚及变坡点附近形成应力集中区，最大主应力可达 4.0MPa 以上，但仍远低于岩体的抗压强度。

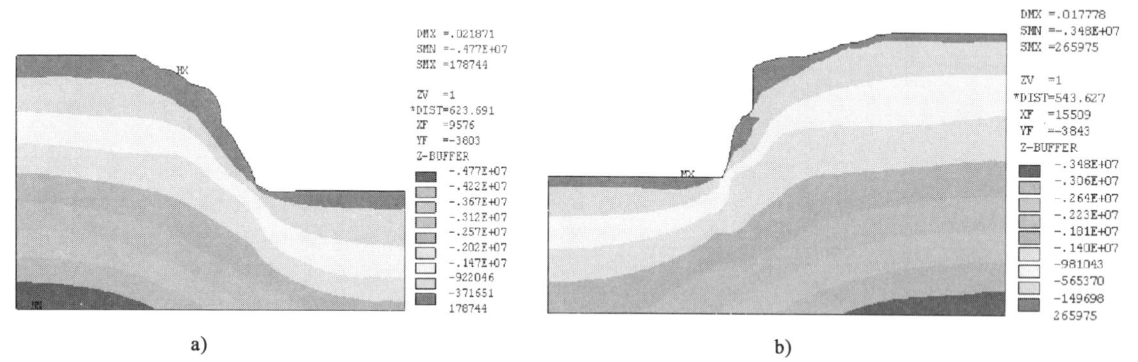

图 12 线路纵剖面岩体最大主应力分布特征

a)右岸；b)左岸

由图 13 得出，最小主应力在坡面上局部形成拉应力，坡面附近最小主应力方向几乎与坡面平行，向坡内逐渐正常化，逐渐变化为与埋深呈线性关系。左岸坡顶上岩体最小主应力形成拉张区，总坡面和坡顶上形成的拉应力对边坡岩体的稳定不利。

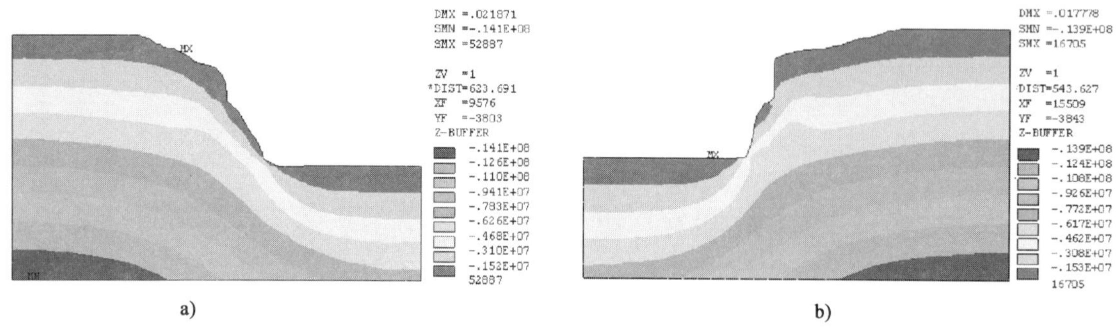

图 13 线路纵剖面岩体最小主应力分布特征

a)右岸；b)左岸

由图 14 得出，剪应力在坡脚和变坡点附近同样形成应力集中现象，特别是坡脚，剪应力值较大，最大可达 2.0MPa 左右，在陡坡与缓坡的变坡点处，剪应力也较大，这对坡脚及变坡点附近岩体的稳定不利。

通过有限元强度折减法得到，左岸、右岸边坡在自然状态下的安全系数分别为 1.60、1.90，处于稳定状态。

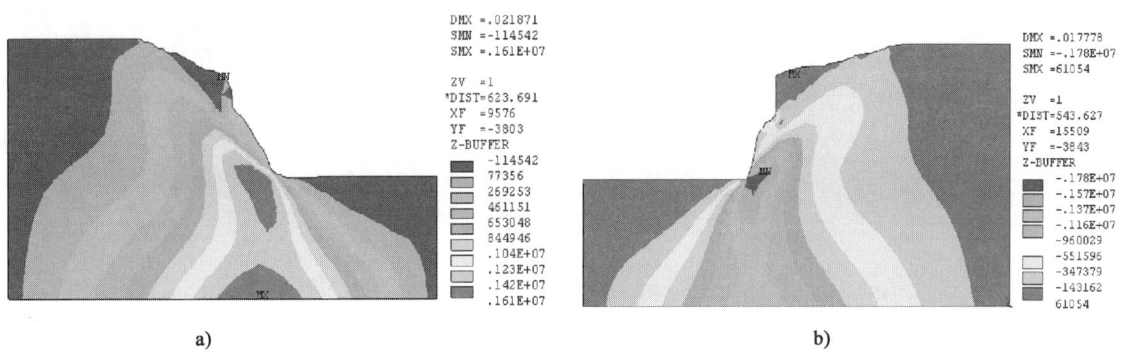

a) b)

图 14 线路纵剖面岩体剪应力分布特征

a)右岸；b)左岸

4.3 桥梁荷载作用下岸坡岩体稳定性分析

图 15 表示桥梁荷载作用下桥梁基础附近岩体最大主应力分布特征。与天然状态相比，基底附近岩体最大主应力状态发生了明显的改变，特别是基础底部，均产生了应力集中现象，应力值明显增大，但应力集中的范围并不大，远离基础的岩体应力并未受到太大的影响。从图中可以更加清楚地看出，基础附近岩体最大主应力全为压应力。左岸基础附近岩体开挖后，最下部桥基处出现最大主应力集中现象，应力可达 1.0MPa 以上。左岸与右岸类似，在桥基下部出现最大主应力集中现象，应力最大值可达 3.0MPa。

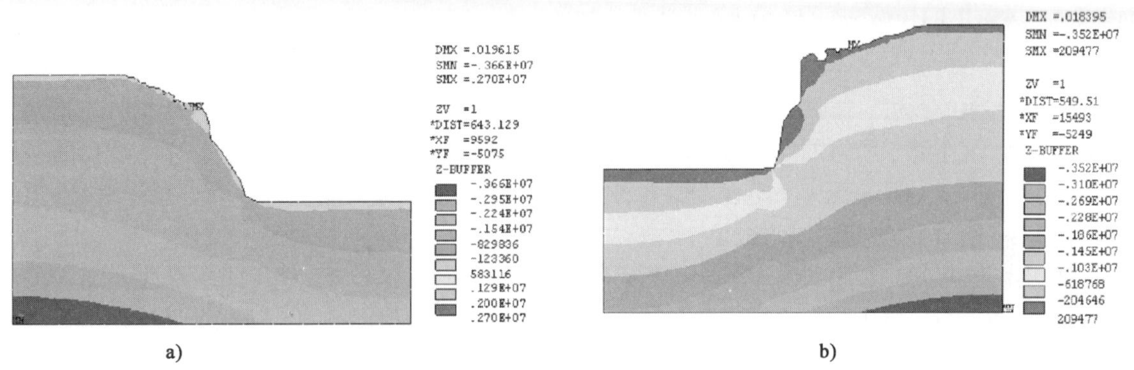

a) b)

图 15 桥梁荷载作用下桥基附近岩体最大主应力

a)右岸；b)左岸

桥梁基础附近岩体最小主应力特征如图 16 所示。从图中可以看出，基底附近岩体最小主应力受到很大的影响，基底两侧岩体因桥梁荷载产生了较大的张应力，但范围仅限于基础附近很小部分区域。总的看来，两岸坡面上岩体局部均存在拉应力现象，边坡岩体有拉张破坏的条件。

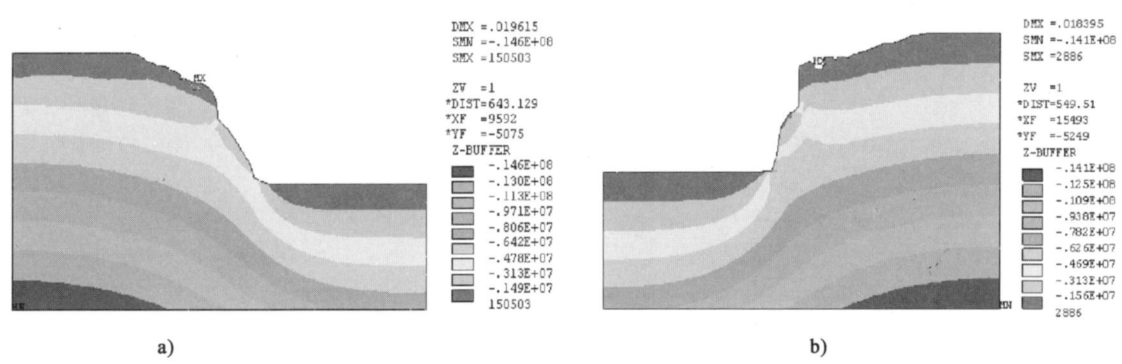

a) b)

图 16 桥梁荷载作用下桥基附近岩体最小主应力

a)右岸；b)左岸

图 17 表示桥梁荷载作用下基础附近岩体剪应力分布特征，除边坡变坡点附近存在剪应力集中现象以外，受荷载影响，基底还存在局部剪应力集中现象，其中最下部主墩基础底部剪应力集中的范围较大，其他基础底部剪应力集中程度及范围均较小。剪应力集中表明该区域岩体存在剪切破坏的可能性较大。

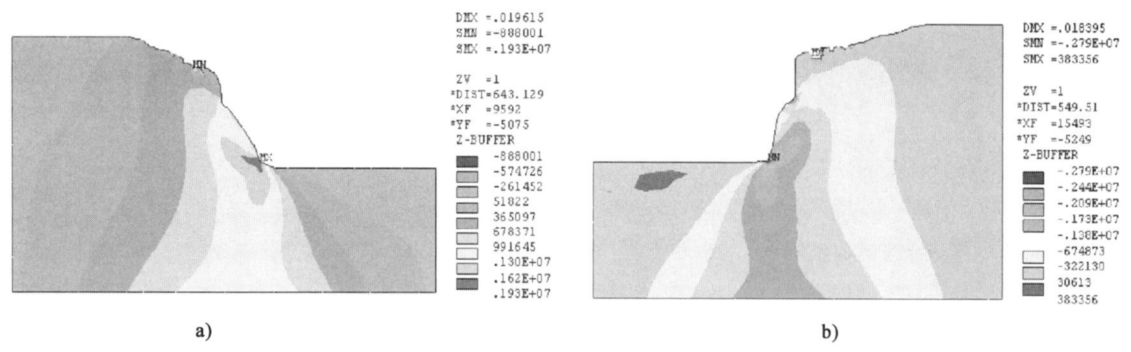

图 17　桥梁荷载作用下桥基附近岩体剪应力

a)右岸；b)左岸

通过有限元强度折减法得到，左岸、右岸边坡在桥梁荷载作用下的安全系数分别为 1.30、1.40，基本处于稳定状态。

5　结语

(1)深切峡谷岸坡在天然状态下，由于风化和重力作用，引起岸坡岩体中应力状态调整和变化，造成岸坡坡面可能产生崩塌落石。天然岸坡在长期自然条件下，左岸的自然稳定坡角为 59°，右岸的自然稳定坡角为 65°。

(2)利用离散单元法对岸坡岩体变形破坏模式分析结果表明，天然状态下两岸岩体仍处于运动发展阶段，坡面岩体存在局部崩塌的可能，最危险的部位是变坡点处的岩体。桥梁荷载作用主要影响桥墩基座附近岩体的位移，主要表现为一定程度增大了岩体的竖向位移，对岩体稳定不利。总体来说，荷载作用对桥墩基座附近岩体稳定影响不大。

(3)利用二维有限元对岸坡岩体力学行为进行分析结果表明，天然状态下，两岸谷底及陡坡段坡脚存在主应力集中现象，坡面和坡顶局部存在拉应力，对边坡岩体的稳定不利。桥梁荷载作用对边坡岩体应力的影响主要集中在基础附近，荷载对坡面岩体应力的影响较大。

(4)强度分析结果表明，天然状态下，两岸坡面部分岩体存在拉应力，可能造成岩体拉张破坏，两岸桥基下方陡坡底及谷底存在局部塑性区，但从长期来看，两岸边坡桥基下方及上方楔形危岩体可能产生局部的岩体破坏。桥梁荷载作用使桥基下方岩体强度稍有降低。

两岸边坡基本稳定，自然状态下左岸、右岸安全系数分别为 1.60、1.90，桥梁荷载作用下左岸、右岸安全系数分别为 1.30、1.40。

(5)综上所述，右岸整体上是稳定的，坡面岩体会产生崩塌落石，建议清除墩台基础附坡面危岩落石，必要时对坡面岩体进行防护；桥基下方岩体在桥梁荷载作用下产生局部塑性区，建议采用适当加固措施；左岸整体稳定性稍逊于右岸，坡面岩体会产生崩塌落石，并且在桥梁荷载作用下桥基下方岩体产生局部塑性区，可能发生破坏，建议适当注意；最后，建议清除墩台基础附近边坡坡面危岩落石，必要时对坡面岩体进行防护。

参 考 文 献

[1] 中铁二院成都勘察设计研究院有限责任公司.纳界河特大桥地质说明[R],2009.

[2] 郑颖人.边坡与滑坡工程治理[M].北京:人民交通出版社,2007.

[3] 蒋爵光.铁路工程地质学[M].北京:中国铁道出版社,1993.

[4] 卢廷浩.岩土数值分析[M].北京:中国水利水电出版社,2008.

复杂艰险山区铁路工程地质勘察技术

王 科 曹化平 李 坚

（中铁二院工程集团有限责任公司地勘岩土公司）

摘 要 针对西南山区复杂的地质条件和铁路工程不同勘察阶段的地质勘察目的，根据各种勘察方法的适宜性和使用原则，地质勘察主要采用遥感地质解译、物探、钻探等综合勘探方法。通过遥感图像地质解译，可以判识地质构造、地层岩性、水文地质、不良地质等地质特征，还可以利用不同时期的遥感图像对区域地质条件进行动态分析。为提高钻探质量和效率，西南山区常用的钻探方法主要有单动双管钻具钻进、绳索取芯钻进、空气洗井钻进、SM植物胶冲洗钻进、水平及斜孔钻探等方法；采用平洞勘探调查较陡的基岩岩坡地质构造，还可取样或作原位试验；煤窑采空区物探主要采用地面物探和跨孔物探技术方法；岩溶普查阶段采用四极对称直流电测深法，详查阶段同时采用地震反射及散射联合成像法和超高密度电法或跨孔电磁波层析成像(CT)法。

关键词 山区；铁路；地质勘察；技术

Engineering Geology Survey Technology for Complex Dangerous Mountain Railway

Wang Ke Cao Huaping Li Jian

(Geological Prospecting & Geotechnical Engineering Co. Ltd. of CREEC)

Abstract As the complicated geological conditions in the mountainous southwest and railway engineering survey purposes in different stages of the geological investigation, according to the suitability and service principle of various survey methods, the geological investigation mainly adopts remote sensing geology interpretation, geophysical exploration and drilling, and other comprehensive exploration methods. Through the remote sensing image geological interpretation, such geological characteristics as general geological structure, stratigraphic lithology, hydrology geology and bad geological can be revealed, still can use remote sensing image in different periods can be used for dynamic analysis of the regional geological conditions. In order to improve the quality and efficiency of drilling, and in the mountainous southwest commonly used drilling main methods includes single rotary and double tube drilling, ropes core drilling, air-flush well drilling, SM plant glue flush drilling, level and inclined drilling, etc.. The flat hole exploration is adopted for surveying the geological structure of steep neutral-point earthing bedrock, still for sampling and in-suit test. For geophysical prospecting in mined-out area the ground geophysical exploration technology and cross hole prospecting method are mainly adopted; in the initial exploration stage of karst, the level 4 symmetrical DC sounding method is adopted, simultaneously in detailed survey phase, the seismic reflection and scattering joint imaging method and high density electrical method or cross hole electromagnetic wave tomography (CT) method are adopted.

Key words mountain area; railway; geological survey; technology

---

作者简介：王科（1964— ），男，教授级高级工程师，中铁二院工程集团有限责任公司地勘岩土公司总工程师。

注：本文已刊登于《铁道工程学报》2010年12月增刊。

1 引言

我国西南地区位于印度板块与欧亚板块相互碰撞接触带及其附近，地处印尼—滇缅弧形构造与川滇南北构造带复合部位，地质构造格局错综复杂，构造活动强烈，活动断裂发育，地震活动十分强烈，地震频繁震级大，地壳升降幅度大，河谷强烈快速下切，山高谷深，斜坡岩体破碎，山地生态环境非常脆弱，加之降雨量丰富，崩塌、滑坡、泥石流等不良地质十分发育。西南地区复杂的地质条件不仅制约铁路线路方案，也直接关系工程投资和工程安全。针对西南山区复杂的地质条件和铁路工程不同勘察阶段的地质勘察目的，根据各种勘察方法的适宜性和使用原则，地质勘察主要采用遥感地质解译、物探、钻探等综合勘探方法。

2 遥感地质解译技术

遥感图像视野宽广，地理、地质信息丰富。通过多种方法和手段进行遥感图像地质解译，可以判识工作区的地形地貌、地质构造、地层岩性、水文地质特征、不良地质形态、规模以及特殊岩土分布等自然特征。利用不同时期的遥感图像还可以对区域地质条件或不良地质进行动态分析。利用遥感解译成果，可以指导线路方案比选和重大工程选址，稳定线路方案。

2.1 大瑞铁路高黎贡山越岭地段遥感地质解译

高黎贡山越岭地段地质条件具有“三高”(高地热、高地应力、高地震烈度)、“四活跃”(活跃的新构造运动、活跃的地热水环境、活跃的外动力地质条件、活跃的岸坡浅表改造过程)的特征，鉴于其复杂的地质条件，为合理选择越岭隧道方案，结合隧道两端引线条件，加深地质工作分两个阶段进行了大面积的遥感地质解译。

第一阶段通过TM、SPOT卫片图像和航片地质解译，划分了工作区的主要地层岩组和地质构造格架，了解了主要断裂带的工程地质特性；判识了断层破碎带滑坡和第三系地层滑坡蠕变、泥石流、崩塌和岩溶等不良地质现象。对39.6km、21km、17km越岭隧道方案、35‰大坡度越岭方案和24‰坡度展线方案5个线路方案进行了工程地质条件评价。通过遥感解译成果分析，提出17km和21km长隧方案有无法克服的高地温问题，以改善后的39km方案、大坡度展线方案为下阶段主要研究方案。

第二阶段在第一阶段区域地质构造解译基础上，重点解译了线路跨过怒江后低温通道范围内的主断层及次级断层，尤其对黄草坝断裂作了进一步详细的遥感图像解译和野外验证；在优化长隧道线路方案范围内，对主要滑坡、崩塌、岩堆等不良地质进行了重点解译。对两个优化长隧道方案(C_{12}K、C_{17}K)和35‰大坡度展线方案(C_9K)进行工程地质条件评价。综合比较C_{12}K线路方案工程地质条件最好，但为避免镇安断陷盆地可能产生的变形，建议隧道洞身尽量偏离镇安断陷盆地。

2.2 成兰铁路遥感地质解译

成兰铁路通过区地质构造复杂，新构造活动强烈、地震频发。受地质构造作用岩体破碎，山坡坡面多为破碎岩体形成的碎屑层所覆盖，山坡碎屑流、岩堆、泥石流、崩塌、滑坡等不良地质发育；高原上的高山峡谷又受高寒山区寒冻风化作用，使岩体更为破碎，碎屑群和岩堆群遍布河谷两坡麓。特别是2008年发生的“5.12汶川大地震”，龙门山构造带的中央断裂北川—映秀断裂形成了长达220km的地震地表破裂带，前山断裂彭县—灌县断裂也产生长达100km的同震地表破裂。同时发生很多滑坡、崩塌、泥石流等地震地质灾害，给铁路选线和地质勘察造成极大困难。

成兰铁路初测阶段配合地质选线，进行了大范围的航片和“P_5”卫片地质解译工作。通过遥感地质解译判识了北东向龙门山断裂带、近南北向的岷江断裂带、北东向的羊洞河—热摩柯断裂带、东昆仑断裂、舟曲—迭部断裂带等主要活动性断裂构造及汶川地震地表破裂带；判识了影响线路方案范围内的滑坡、错落、崩塌、岩堆、泥石流等主要不良地质形态和规模，特别是判识了断层破碎带发育的大型滑坡和“5.12汶川大地震”引起的滑坡、错落、崩塌、坍塌、泥石流等地震次生灾害。根据遥感解译成果对主要线路方案进行了工程地质条件评价。推荐睢水溪龙门山长隧道方案，将岷江左岸线路方案等方案作为定测方案，并提出局部线路方案优化建议。

2.3 玉蒙铁路不同期航片解译工程地质环境变化

玉蒙铁路通过的曲江活动断裂在1970年发生过通海7.7级地震，为了解曲江两岸的工程地质环境的变化，搜集了1957年拍摄的1∶2.5万航片和2000年拍摄的1∶1万航片进行对比解译。解译结果表明1970年通海地震，使局部山脊错移、曲江北岸泥石流有所发展、滑坡复活、产生新崩塌等，显示地震使这些地段不良地质更加发育，地质环境更加复杂。铁路工程应尽量避开新航片反映的地质条件在地震后变差的地段，保证铁路线安全畅通。

3 地质钻探技术

钻探常用于查明基础地质条件，验证地质调绘以及其他勘探手段的推断与解释，进行水文地质试验、物探测井、孔内原位测试，采取岩土、水试样，从而取得工程地质、水文地质参数，为设计施工提供科学依据，是一种比较可靠的勘探手段。基于提高钻探质量和效率的目的，西南山区常用的钻探方法主要有单动双管钻具钻进、绳索取芯钻进、空气洗井钻进、SM植物胶冲洗钻进、水平及斜孔钻探等方法。

3.1 单动双管钻具钻进

单动双管钻具是一种外管转动，内管不转动的双层岩芯管钻具，钻进时冲洗液通过内外管之间构成的环形通道，可以防止冲洗液直接冲刷岩芯，由于其内管不转动，还可以避免钻具转动造成对岩芯的机械破坏，可使岩芯的采取率、完整度、真实性和代表性有很大的提高和改善。这种钻具为了防止岩芯从岩芯管中脱落，一般设置爪簧、压卡装置、隔水球阀等构件，以提高取芯的可靠性。为了避免从岩芯管中敲取岩芯对岩芯的机械破坏，内管一般采用半合管。单动双管钻具具有取芯可靠，提高岩芯采取率、完整度、真实性和代表性的作用，一般用于结构松散、破碎，取芯困难的地层和对岩芯采取率、完整性有特殊要求，对工程勘察有特殊意义的关键地层钻进(图1)。

(1)断层破碎带钻探

查明断层破碎带的位置和岩土物理力学性质是工程钻探的重要目的之一，而断层破碎带岩芯破碎，采取原状岩芯是钻探的难点。渝怀铁路涪陵隧道、彭水隧道等隧道深孔钻探中采用单动双管钻具，断层破碎带岩芯采取率达到90%以上，查明了断层角砾岩、断层泥结构、构造、物质成分、胶结物及胶结程度等岩土力学性质。

图1 单动双管钻具采取的滑动带岩芯

(2)滑坡钻探

采用单动双管钻具，可防止因冲洗液冲刷和钻具转动造成岩芯的机械破坏，避免漏层，而且可以采取滑面(带)原状土样，通过试验确定滑动面(带)土的力学参数。武隆县县政府滑坡等的滑坡勘探中采用单动双管钻具钻进，避免了对滑动面(带)的扰动，准确确定了滑动面(带)。采用滑带原状土进行室内试验，确定滑面(带)土的力学参数，可大大提高滑坡勘探的质量。

3.2 绳索取芯钻进

绳索取芯是一种不提钻取芯的方法。即在钻进过程中，当岩芯管装满岩芯或岩芯堵塞时，不需要把孔内钻杆柱全部提升到地面，而借助专用的打捞工具用钢丝绳从钻杆柱内把岩芯管捞取上来，因此绳索取芯钻进有以下优点：

(1)钻进效率高：绳索取芯钻进只有当钻头磨损需要检查或更换时才提升全部钻杆柱，从而可显著地减少下钻的次数和升降钻具的辅助时间，提高钻探的钻进效率；

(2)降低劳动强度：由于提钻次数少，劳动强度也大为降低；

(3)提高岩芯采取率、完整性：绳索取芯钻具是一种双层钻具，可以提高岩芯采取率、完整性；

(4)有利于复杂地层钻进:钻杆可以起到套管护壁的作用,有利于复杂地层钻进。

大瑞铁路高黎贡山隧道 C_Z-G-06 号深孔钻探,地层为奥陶系(O_1m)石英砂岩、长石石英砂岩,寒武系($\in_3s_2$)板岩、灰岩夹泥灰岩,及断层角砾、压碎岩等。为满足抽水试验等要求,该孔采用普通回转钻进与金刚石绳索取芯钻进相结合的钻探方法,充分发挥绳索取芯钻进的优势,提高了钻进效率。各孔深段钻进方法及钻进速度见表1。

CZ-G-06 钻孔各孔深段钻进方法及钻进速度比较 表1

孔深段	钻进方法	钻具型号(mm)	平均日进度(m/d)
0~34.76m	普通回转钻进	ϕ150	15.61
34.76~128.46m	普通回转钻进	ϕ130	10.10
128.46~1151.03m	绳索钻具钻进	ϕ75	17.10

普通回转钻进随着钻孔深度的增加,上下钻辅助时间会大幅增加,钻探日进尺降低,孔深 34.76~128.46m 孔段比孔深 0~34.76m 孔段日进尺降低 54.55%。孔深 128.46~1151.03 m 采用绳索取芯钻进,提钻时间可减少,日进尺比孔深 34.76~128.46m 孔段反而提高 69.3%。同时全孔一般孔段岩芯采取率能达到 90%以上,断层破碎带岩芯采取率也高达 75%以上。

3.3 风压钻进

风压钻进是用空气压缩机产生的高速干空气流为冲孔流体的钻进方法。风压钻进用于缺水、无水地区、孔内严重漏水而供水困难的钻孔,也用于滑坡等地下水对工程勘探有特殊意义的地层钻探和冲洗液下渗可能恶化地质环境的不良地质、特殊岩土的勘探。

地下水是促成滑坡形成、发展的主要因素之一,滑动面(带)常常是地下水的富集带。空气洗井钻进更容易及时准确发现地下水,成为滑坡勘探的有效方法。襄渝铁路增建二线高滩滑坡滑面位于土层和基岩的接触面,基岩为奥陶系中下统(O_{1-2})砂质板岩、页岩、泥质灰岩等隔水地层,滑面成为地下水富集带。采用空气洗井钻进,在基岩顶面普遍发现地下水发育,成为滑面的有力证据。

3.4 SM 植物胶冲洗钻进

SM 植物胶无固相、低固相泥浆性能优良,具有很强的护壁防塌能力,可大大提高钻探效率。同时由于 SM 植物胶具有较强的黏着力,可在岩芯上形成一层黏状薄膜,可起到防止岩芯被冲洗液冲蚀破坏的作用。特别是在砂卵石钻进中与金刚石双管钻具相配合,可以取出常规钻进所无法取得的近似原状的纯砂卵石样。成都地铁1号线一期工程地质勘察勘探中,采用单动双管钻具、金刚石钻头、SM 植物胶冲洗组合工艺钻进卵石土,克服了岩质坚硬、垮孔、岩芯采取困难等钻探难题,钻探效益、效率、质量得到很大提高,卵石土几乎未扰动,岩芯采取率达 95%以上,查明了卵石土结构、石质成分、粒径、级配、充填物成分(见图2)。

图2 SM 植物胶冲洗钻进采取的卵石土岩芯

3.5 水平及斜孔钻探

中铁二院在铁路工程勘察阶段,在陡倾角地层隧道勘察、斜拉桥的锚索工程勘察等特殊结构工程钻探中,采用水平及斜孔钻探,与垂直钻孔相比提高钻探工作的针对性,大大节约了钻探工作量。

中铁二院丽香铁路金沙江龙盘大桥初测阶段,在左右岸主锚位置沿锚索方向各钻斜孔1个,孔深分别为 97.00m、81.30m,钻孔顶角 60°。大瑞铁路高黎贡山隧道定测阶段,在隧道进口沿隧道方向钻水平钻孔1个,钻孔深度达 242.40m。水平及斜孔钻探不仅可根据工程要求准确查明地层岩性,且比垂直钻孔大大节约了钻探工作量。

4 平硐勘探

平硐勘探是在地面挖掘深度较大的水平通道，适用于调查较陡的基岩岩坡地质构造，对查明地层岩性、软弱夹层、破碎带、风化岩层效果较好，还可取样或作原位试验(见图3、图4)。

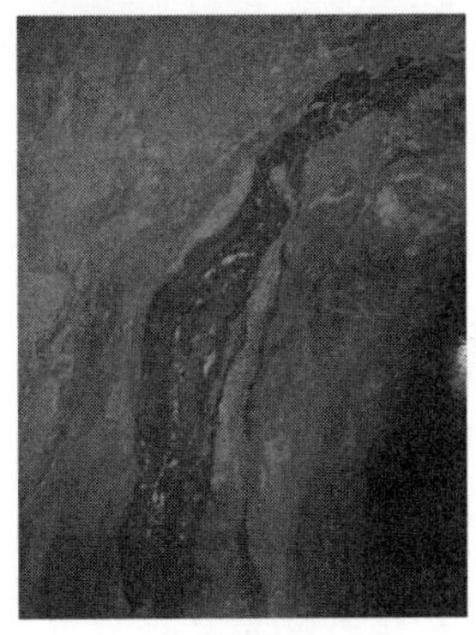

图3 平硐揭示的断层泥

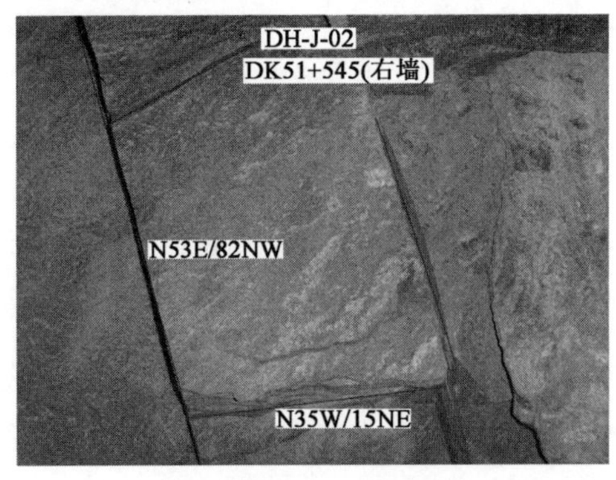

图4 平硐揭示的岩体结构面

在中铁二院丽香线金沙江大桥7号桥位的勘察中，为进行岸坡稳定性分析评价，开挖平硐4条共计248m，进行了平硐编录、卸荷带观测、结构面统计、断层泥取样测年等工作，查明了岸坡地质条件。

5 综合物探技术

5.1 煤窑采空区综合物探

煤窑采空区因其分布规律差或者部分垮塌，地质调查十分困难，钻探虽然直观，但因“一孔之见”，仅根据其资料不能对采空区进行宏观评价。物探因其费用较低，施测速度较快，特别是可对采空区工程地质条件进行宏观评价，因此已逐渐得到较为普遍的应用。综合考虑勘探阶段，探测深度和探测精度等因素，主要采用地面物探和跨孔物探技术方法。

(1)地面物探

煤窑采空区地面物探，一般选择超高密度电法、地震反射与散射联合成像法、高密度电法、激发极化测深法、大地电磁法、瞬变电磁法及微重力法或及其方法的组合。

(2)跨孔物探

为对煤窑采空区进行较高精度的探测，即确定采空煤洞的具体空间位置及其形态，目前主要是进行跨孔物探，即在钻孔中开展跨孔地震波层析成像(CT)法，该方法探测精度高，但要求测试时孔中必须有水作为介质来进行弹性波的激发和接收，因此存在孔中堵漏水困难等问题，另物探测试孔间距一般要求小于30m，测试费用较高。

5.2 路基岩溶综合物探

岩溶勘察是世界性的技术难题。岩溶因其形态的复杂性、分布的随机性，目前的地质勘察手段，还难以完全查清，仅靠单一地质勘探手段，甚至仅靠单一的物探方法无法查清。由于土洞与土(周围介质)的物性差异不明显也无规律，因此，目前对土洞的探测还没有特别有效的物探方法。

综合考虑勘察阶段、地形地物、勘探深度、勘探精度及勘探费用等因素，因四级对称直流电测深法技术比较成熟，施测费用较低，但施测效率和探测精度较低，普查阶段采用四极对称直流电测深法(高密度电法)；当无覆盖土层、地面平顺时，还可采用地质雷达法。探查工区的宏观岩溶发育情况，为下一步详查工作打下基础。详查阶段在普查资料圈定的岩溶发育的地段或资料显示存在疑问的地段，同时采用地震反射及散射联合成像法和超高密度电法两种物探方法；当地物阻挡，或地形起伏较大，或岩溶埋深大于15m时，采用跨孔电磁波层析成像(CT)法。

5.3 大地电磁法深埋隧道勘探

高黎贡山越岭地段是集“三高”、“四活跃”特征为一体的地段，特别是高地热是制约隧道线路方案成立的最为关键问题，为探测与高地热密切相关的隐伏深大断裂，在加深地质和初测阶段，采用可控源音频大地电磁(CSAMT)法，先后重点对 39.6km、21km、17km 的隧道方案和 34.6km 的隧道方案进行勘探，完成测线长度约 200km。

根据电阻率断面图中的电阻率值大小、电阻率值变化大小(梯度)和低阻异常形态等特征，结合地质调绘及钻探资料，解译判识了岩层界线、断层破碎带、背斜和向斜构造；根据电阻率值，在隧道物探断面上划分了极破碎、极软弱或富水岩体或岩溶强烈发育区，破碎、软弱或含水岩体或岩溶中等发育区，较破碎或较软弱岩体，较完整岩体；参照铁路隧道围岩分级标准，宏观地对隧道围岩级别进行了划分。

物探成果证实了黄草坝断裂带的存在，由于该断层阻水隔热的性质，物探资料从一个方面为高黎贡山隧道，特别是为 $C_{12}K$ 隧道方案的成立，提供了充分有力的证据。

根据物探资料对隧道围岩级别的宏观划分，对高黎贡山隧道四个方案进行了评价，认为 34.6km 隧道方案($C_{12}K$)工程地质条件较好，作为推荐方案。

6 结语

复杂艰险山区铁路工程地质勘察必须根据测区地质条件、不同勘察阶段的地质勘察目的和各种勘察方法的适宜性、使用原则，合理采用遥感地质解译、物探、钻探等综合勘探方法，为线路方案选择和工程设计提供可靠的地质资料。

参 考 文 献

[1] 中铁二院工程集团有限责任公司.新建铁路大理至瑞丽线高黎贡山越岭地段加深地质工作及专题地质研究工作遥感图像工程地质解译报告[R].成都:中铁二院工程集团有限责任公司,2007.

[2] 中铁二院工程集团有限责任公司.新建铁路成都至兰州线遥感图像工程地质解译报告[R].成都:中铁二院工程集团有限责任公司,2010.

[3] 李坚,邓宏科,等.可控源音频大地电磁勘探在大瑞铁路高黎贡山隧道地质选线中的应用[J].水文地质工程地质.2009(2):72-76.

路 基 工 程

山区铁路沿线边坡综合监控技术方案探讨

徐 骏[1] 魏永幸[2] 李楚根[1]

（1. 中铁二院工程集团有限责任公司土建二院；
2. 中铁二院工程集团有限责任公司技术中心）

摘 要 边坡在雨季极易发生滑坡、崩塌等地质灾害，对铁路的修建及运营安全构成严重威胁。鉴于此类灾害的突发性和灾难性，文中提出山区铁路沿线边坡综合监控技术研究思路，探讨以确保铁路运营安全为核心、以满足“异物不上道”及“上道不撞车”为基本要求的边坡综合监控技术方案。解决异物不上道，主要是对异物源即边坡进行监控；解决上道不撞车，主要是对边坡失稳后侵入铁路线路情况进行监控。文中阐述了山区铁路沿线边坡问题处理及监控措施的必要性，提出了基于光纤光栅传感技术的异物源监控及基于视频监控技术的异物侵入监控，并采用光缆进行数据采集及传输的综合监控技术方案，同时对该方案存在的关键技术问题进行了阐述。文中关于山区铁路沿线边坡综合监控技术的思路，可为铁路、公路等基础建设的防灾监控设计提供参考。

关键词 边坡；防灾监控；光纤光栅；视频监控

Discussion on Comprehensive Monitoring Technology Proposal for Side-slope along Railway in mountain area

Xu Jun[1] Wei Yongxing[2] Li Chugen[1]

(1. Second Civil Construction Design and Research Institute of CREEC;
2. Technology Center of CREEC)

Abstract Side-slope is susceptible to geological disasters such as landslide and collapse in the rainy season, which threatens seriously the construction and operation safety of railway. Since the disasters are sudden and catastrophic, this paper puts forward the study approach of monitoring technology for side-slope along railway and discusses the monitoring technology proposal that is to ensure the operation safety of railway as centre and take “The collapse body can not rush into the railway” and “For train traveling, the collapse body on the railway can not be obstacle” as basic requirements for side-slope in the mountainous area. The former to be solved is mainly to monitor collapse body source (namely side-slope itself), while the latter is mainly monitor the collapse body invasion condition within the safety boundary of railway. This paper describes the treatment of the side-slope problem along railway in mountain area and necessity of use of monitoring technology, and puts forward the monitoring technology proposal that carries out the collapse body source monitoring based on FBG sensor technology, collapse body invasion video monitoring and the data acquisition and transmission with optical cable. Moreover, describes the key technical problem in the monitoring technology proposal and study approach to be used. The comprehensive monitoring technology concept for side-slope in this paper can be used as an important reference for disaster prevention monitoring design of railway and highway.

作者简介：徐骏（1978— ），男，高级工程师。

Key words side slope; disaster control and monitoring; FBG (Fiber Bragg Grating); video monitoring

1 引言

我国西部山区气候环境多变、地质构造复杂、新构造运动极为强烈,滑坡、崩塌、泥石流等地质灾害频繁发生[1],对铁路、公路等交通安全、人民生命及国家财产造成了严重危害和巨大损失。根据全国地质灾害通报披露的相关数据,表1列出了2005年以来发生的各类地质灾害及其造成的直接经济损失。

2005年以来中国地质灾害数量及直接经济损失统计表 表1

年份	2005	2006	2007	2008	2009	2010	2011(1～5月)
滑坡(起)	9359	88523	15478	13450	6657	22329	168
崩塌(起)	7654	13160	7722	8080	2309	5575	149
泥石流(起)	566	417	1215	443	1426	1988	20
其他(起)	172	704	949	4607	448	778	105
合计(起)	17751	102804	25364	26580	10840	30670	442
滑坡所占比例(%)	52.7	86.1	61.0	50.6	61.4	72.8	38.0
崩塌所占比例(%)	43.1	12.8	30.4	30.4	21.3	18.2	33.7
死亡失踪人数(人)	682	774	679	520	486	2915	50
直接经济损失(亿元)	36.5	43.16	24.75	32.7	17.65	63.9	5.168

从表1可以看出,地质灾害中滑坡和崩塌共占了80%左右,为山区主要地质灾害类型。对于山区铁路,应坚持"地质选线、重大工程优先选址、环保选线、规划选线、资源选线、横断面选线"六位一体的选线原则理念[2],首先从大的宏观区域环境分析入手,然后由面到线,再对选定的线路方案进行工程方案的分析研究,选择合理的工程类型和整治措施。针对山区复杂地形地质条件,铁路选线应着重研究并解决以下几方面的问题[3]:①高山峡谷区的重力动力作用和物质运动;②地壳形变与断裂活动的振动动力学问题;③大高差高位铁路的选线工程地质。基于已有的研究成果,铁路建设部门对铁路选线做了一些规定(如《铁路边坡防护及防排水工程设计补充规定》(铁建设[2009]172号)中规定:路基工程应避免高填、深挖和长路堑,特殊岩土、不良地质区段应严格控制路基填挖高度等);铁路选线中也都尽可能绕避重大的不良地质地段和较集中的危岩落石地段。但高边坡治理仍然是山区铁路工程设计急需解决的问题,这是由于:①从工程经济角度考虑,山区铁路尚难以完全摈弃高边坡;②由于地质环境的复杂性,边坡治理异常复杂,尚没有可以完全复制的解决方案。

针对山区铁路高边坡,为保证工程安全,目前多采取工程防护与监测相结合的综合解决方案。其中,监测措施主要包括坡体表面、内部位移监测及锚杆、锚索、抗滑桩等结构内力监测,现有监测设计的不足之处在于没有与预警预报紧密结合,不能及时将边坡失稳信息反馈给运行车辆。工程防护措施主要包括两个方面:一是支挡或加固结构,包括挡土墙、抗滑桩、预应力锚索等结构,用来支撑、加固填土或边坡岩土体,防止其坍滑以保持稳定;二是坡面防护工程,如液压喷播植草、岩石边坡喷射种植混合基材植生、锚杆框架梁等技术。这些边坡防护工程的技术进步,为保障山区铁路安全提供了重要技术支撑,但由于岩土工程的复杂性,仍有必要对一些重大边坡工程采取监测预警措施[4-6],以确保铁路运营安全。

本文在总结边坡监控技术研究现状的基础上,探讨山区铁路沿线边坡综合监控技术方案、研究思路及需解决的关键技术,希望有助于推动山区铁路边坡综合监控技术研究。

2 边坡监控技术研究现状

2.1 边坡失稳异物源监控技术

边坡监控主要是失稳监控,涉及变形监测技术,随着现代科学技术的飞速发展,变形监测技术手段也在不断更新换代[7-13]。针对边坡的动态监测技术,大体上可分为三大类,包括巡视观察法、外部观测法、内部观测法。巡视观察法不能观测到微小的坡体变形,观测范围和时间均有限,观测精度受人为因素影响大，有可能出现误判、漏判情况。外部观测方法以坡体表面位移为观测对象，只能观测地表点的位移情况，对坡体内部的变形发展情况无法确定，不利于研究坡体的变形特征和为工程处理提供足够的设计依据；外部观测法在观测时要求人员较多，野外作业及资料整理时间相对较长，不利于监测信息的及时反馈；受通视条件和气象条件影响较大，连续观测能力较差，难以实现自动观测等。内部观测法以最直观的物理量与坡体变形作为主要的观测对象，其最大优点在于可连续不间断地了解坡体内部的变形分布，确定坡体的变形深度及加固处理的深度；另外，仪器的观测精度较高，可较早地探测到坡体内部变形的异常迹象；内部观测法还可观测支护结构的受力状态，了解支护体的工作状态并评价支护的有效性等。由于传感器技术和自动化技术的发展，埋入式仪器大都可以实现集中遥测或自动化观测，观测周期短且可连续进行观测。由于上述优点，内部观测法目前已成为工程边坡监测的主要方法。

近年来，光纤光栅传感技术获得了长足的发展，在水电、桥梁、石化等领域得到越来越多的应用。光纤光栅传感器易组网，能实现实时网络化传感；体积小、精度高、寿命长、高可靠性、防水、抗电磁干扰、抗腐蚀、防雷击、远距离传输、类型多样、安装方便；可测量温度、压力、位移、应变、加速度等多种参量；光纤光栅传感器不仅能用于静态测试，同时也完全适用于高速动态测试；适用于多种土木工程结构的施工与运营期间的监测工作，具有比较突出的优点和较大的应用前景。目前，光纤光栅技术在边坡监测领域的应用正在迅速发展，但在边坡监测中的应用也存在一些问题：一是部分监测设备费用昂贵，无法大量应用；二是因测试元件安装方法不当引起的破损与数据不准确现象经常发生；三是预报模型与报警触发条件的确定比较困难；四是耐久性问题比较突出，特别是测试元件受恶劣气候影响容易失效[14]。

2.2 边坡失稳异物侵入视频监控技术

视频监控的目的在于实现对现场情况的监视和报警。视频录像监控系统在城区道路监控领域应用较多，具有可视化和随时调用查看的优势。近年来，随着视频监控的广泛推广，行为识别技术应运而生，是一种可对物体实现监测、分类、跟踪和计数的视频分析系统，可根据一定规则来分析和判断，从而可设置对特定行为报警。该系统可自动将监控区域的视频影像通过无线或有线等多种方式传输至主控计算机，实现全天候无人值守实时自动监控危险路段安全状况，自动识别障碍物或事故停留物并采用警示语音、警示文字、截图邮件和截图彩信方式予以警示。用于其他视频图像处理领域且功能类似的装置已经有很多成功的应用经验，目前在公路系统中应用较为广泛，铁路系统中也在开始应用，特别是在山区铁路运营过程中，获取这些动态信息对于铁路运营安全具有重要意义。

2.3 数据采集与传输技术

数据采集传输技术分为无线采集传输和有线采集传输两大类。目前我国铁路无线通信广泛应用的无线传输网络是GSM-R网络，但是受限于目前铁路无线通信技术规范限制以及边坡监控信息占用传输通道带宽不明确等多种因素，现在还无法利用铁路GSM-R网络采用无线传输技术。

信号的有线采集和传输包括双绞线、同轴电缆、光纤等几大类。双绞线传输布线方便，价格便宜，但是，信号传输距离近，抗干扰能力差，也不适合在潮湿等恶劣环境中使用；同轴电缆信号传输一般传输几公里，如果需要传输更远距离，必须增加中继放大，这对于处在偏远山区的铁路沿线施工和维护成本是非常高昂的，也是非常困难的。

3 监控技术方案

3.1 异物源监控技术

根据滑坡与工程边坡（如高陡路堑边坡）的特点、支挡结构或防护结构类型，选用光纤光栅传感技术监测边坡表面位移、深层侧向位移、支挡结构土压力和锚杆拉力等变化情况，对边坡稳定性进行综合实时监控与预警。通过开展综合调研与试验研究，优选高陡路堑边坡的监测对象、传感器类型、布设位置等，完善各种测试传感器的安装埋设技术，确定报警触发条件，形成成熟实用的高陡路堑边坡稳定性自动监测与预警技术。图1为光纤光栅边坡失稳监控技术方案示意图，监测内容主要包括：边坡及结构变形、坡体内部应力/应变、降雨等。

(1)边坡及支护结构位移监测

滑坡体坡面位移监测是为了了解边坡地表水平变形、垂直变形情况,边坡体变形方向以及抗滑桩的桩顶位移等。在滑坡体外地表和抗滑桩桩顶设置坡面位移监测点,同时从稳定处引入基准点,采用拉绳式光纤光栅位移传感器(图 2)来监测边坡及支护结构的表面位移。光纤光栅位移传感器的工作原理是:当边坡发生表面位移时,光纤光栅位移传感器将位移转化为光纤光栅的波长变化信号,通过光纤光缆输入到远程监测的光纤光栅波长解调仪,再输入计算机进行数字信号处理。

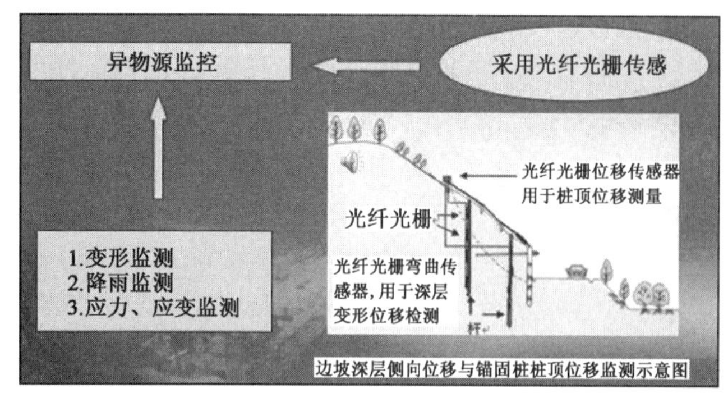

图 1 光纤光栅边坡失稳监控方案

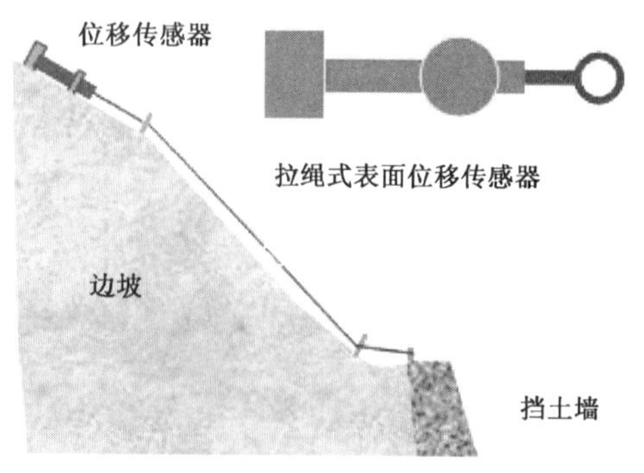

图 2 光纤光栅位移传感器边坡表面监测

(2)边坡内部变形监测

边坡内部变形监测是采用嵌入式光纤光栅智能锚杆来测量边坡内部变形和位移。智能锚杆是将三根由多个光纤光栅串接的光栅串嵌入到锚杆(尼龙或玻璃纤维材料)内部制成的,光纤光栅串沿着互成120°方位角的三条路径布置,如图 3 所示。智能锚杆埋入边坡内部的具体方法是:在边坡上打孔,然后埋入不锈钢管,不锈钢管与岩土之间用混凝土灌注,智能锚杆外加密封圈置入不锈钢管内部,如图 4 所示。这种方式埋入的智能锚杆在试验过程中便于更换或维护。当边坡内部发生滑动,智能锚杆将发生变形,变形大小与分布情况由杆内光纤光栅感测的应变分布来计算。

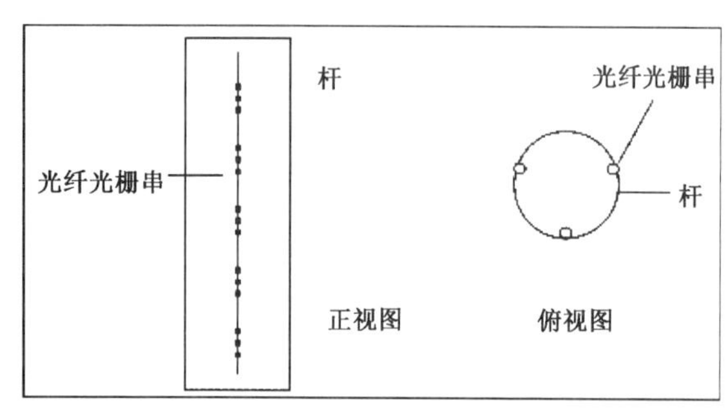

图 3 光纤光栅智能锚杆结构示意图

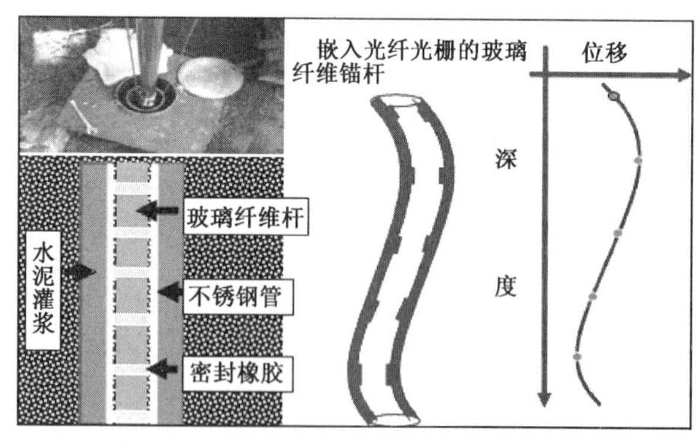

图 4 光纤光栅智能锚杆的埋设方法

(3)边坡支护结构受力监测

在支护结构的挡土侧埋设若干光纤光栅压力盒来监测施加于支护结构的压力分布与变化趋势,了解支护结构的工作状态,检验支护结构设计的合理性和加固效果。光纤光栅压力传感器具体布设方法如图 5 所示。其工作原理是:土压力作用于光纤光栅土压力盒,土压力传感器将压力信号转化为光纤光栅波长变化信号,波长信号通过光纤输送到波长解调仪,经过波长解调后变成数字信号输入计算机进行处理。

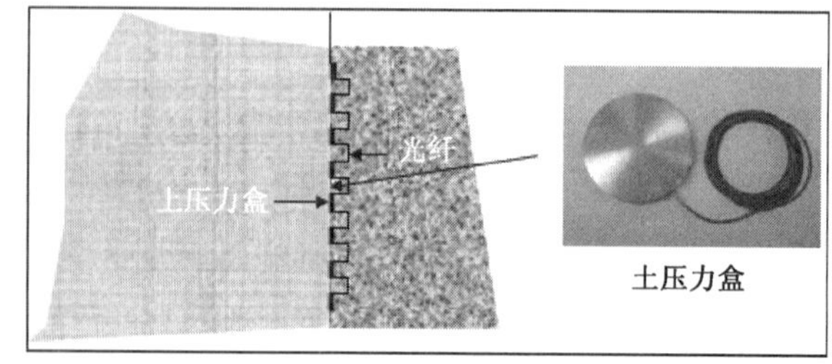

图 5 支护结构土压力传感器安装

(4)降雨监测

连续降雨是边坡坍滑病害的主要诱发因素。对于人工开挖形成的露天高陡边坡,一方面由于开挖卸荷,引起边坡岩体应力状态的改变;同时,岩体内的部分节理、裂隙出露地表,这些都将引起边坡岩体的构造及物理力学性质发生变化,进而引起边坡岩体中地下水性态的改变。另一方面,在边坡开挖形成的深切割地形条件下,旱季地下水位通常是很低的,形成了深厚的非饱和区,在降雨条件下,雨从地表向下入渗,在地下水位以上的非饱和区会形成上层滞水,从而增加了以往饱和渗流模型所无法考虑到的对岩质边坡的稳定和排水的不利因素,即上层滞水区的形成,不仅降低了岩体的力学强度指标,而且增加了暂态水荷载,极易引起边坡失稳。因此,通过坡体内埋设孔隙水压力测试仪器和坡面安装雨量计来实现降雨监测。

3.2 异物侵入视频监控技术

铁路的视频监控系统,要求采用先进的视频监控技术[15-16],基于铁路系统的IP网络,构建数字化、智能化、分布式的网络视频监控系统,满足公安、安监、客运、调度、车务、机务、工务、电务、车辆、供电等业务部门及防灾监控、救援抢险和应急管理等多种需求,实现视频网络资源和信息资源共享。

本系统由现场监测系统、传输系统、中心报警系统、现场行车告警系统、视频追踪系统等部分组成。系统网络结构图如图6所示。

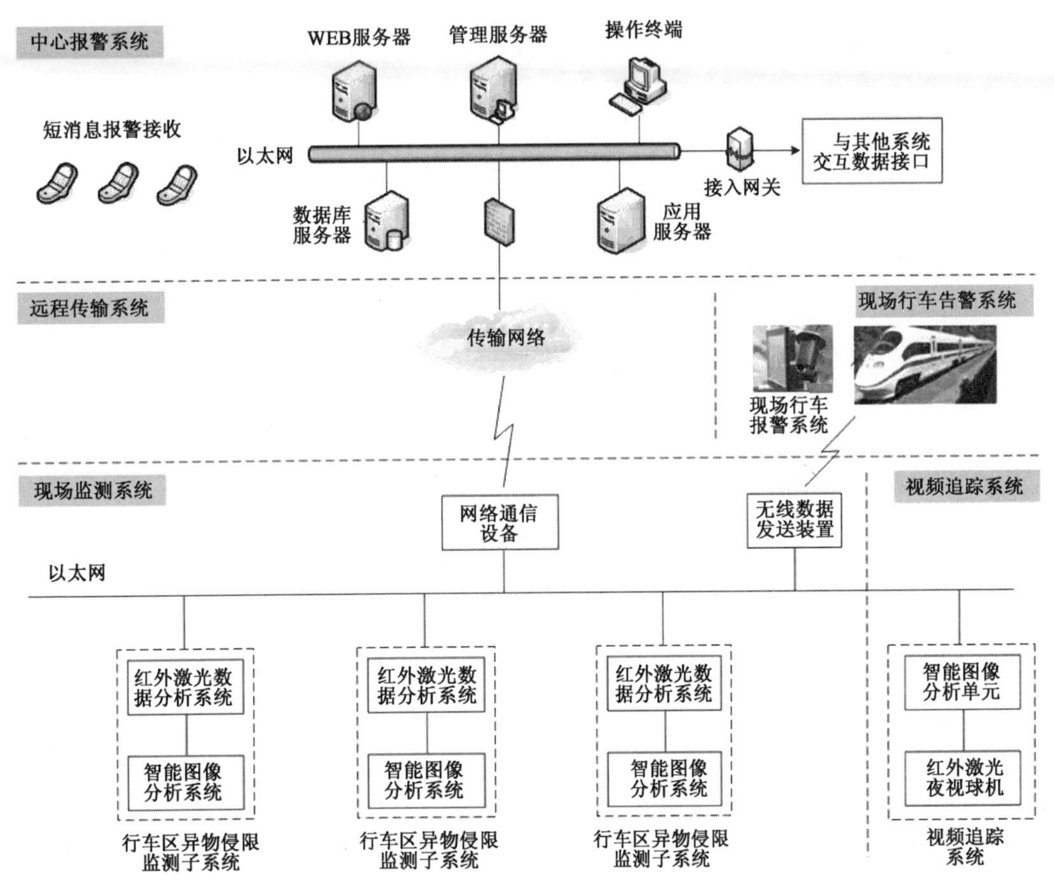

图6 视频监控系统网络结构

3.3 数据采集、传输技术方案

光纤传输具有传输距离长、传输容量大、传输质量高、抗干扰性能好等优点,同时鉴于在该项目中采用光纤光栅传感器,因此拟采用光缆传输方式进行组网,如图7所示。

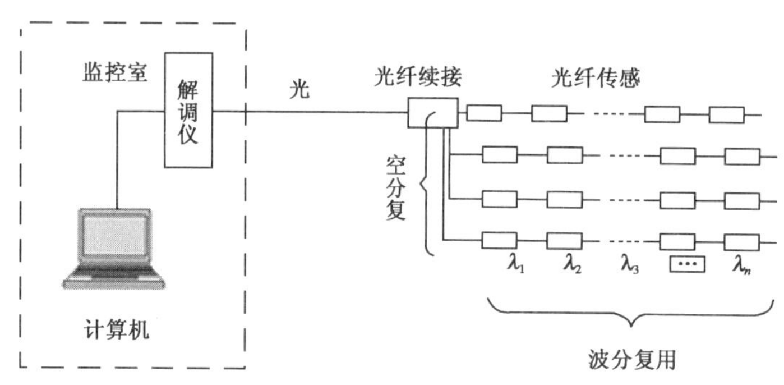

图7　光纤数据采集、传输技术方案

4　监控技术方案关键技术问题及研究思路

4.1　异物源监控技术

(1)开发保证埋入成活率和耐久性的边坡监测传感器

光纤光栅传感器以光纤为信号传输载体,光纤抗拉强度差,容易折断,必须得到很好保护,一般使用铠装光缆进行保护,同时铠装光缆与传感器连接位置也要得到加强。光纤光栅本身寿命可达10年以上,影响传感器耐久性的主要原因来自于制造传感器的金属材料,因此只要选择耐腐蚀的材料加工,并做好密封,防止水汽进入传感器内部,就能保证传感器长期埋入地下的耐久性。

(2)在综合分析监测数据的基础上,研究边坡监测数据分析方法,确定系统的预报模型与报警触发条件

如何根据传感器测量数据分析边坡是否存在崩塌危险,如何建立滑坡的预报模型,如何确定边坡崩塌的报警触发条件,是一个非常复杂的问题,计划从下面几个方面来进行研究:①根据岩土力学建立边坡崩塌理论模型,根据各种力学条件,利用计算机进行数值模拟。②在试验室建立边坡试验模型,按照设定方案布置传感器,进行试验。试验过程中营造边坡崩塌条件,进行实时监测,同时研究边坡崩塌力学条件,确定预报条件。③对边坡现场监测试验点进行实地考察,确定合适位置,进行传感器布设,一方面验证传感器的埋入成活率和耐久性,另一方面,通过进行实时监测,对测试数据进行分析。

(3)预测预报模型与报警系统原则研究

综合采用理论计算、数值模拟、模型试验及现场监测的研究方法,开展边坡失稳及异物侵入的自动监测与预警系统研究,通过多种预测预报方法和模型的对比分析,建立位移时空综合预测预报模型,并提出报警系统原则与方法。

4.2　视频监控技术

(1)关键技术问题

①全天候野外红外激光三维精密测量技术;

②红外激光微光夜视与视频增强技术;

③全天候目标检测、分析和识别技术;

④视频无线调制、发射及高速车载接收技术;

⑤地面设备的可靠性设计技术。

(2)研究思路

完成视频监控系统的基本架构,并结合高速铁路的具体要求加以改进和完善。

①系统架构:由现场监测系统、传输系统、中心报警系统、现场行车告警系统、视频追踪系统等部分组成。

②行车区域异物侵限监测子系统:由红外激光夜视摄像机、智能图像分析单元、红外激光扫描成像装置、数据分析单元等设备组成。

③视频追踪系统:由红外激光微光夜视球机、智能图像分析单元、本地告警装置等设备组成。

④远程视频传输系统和中心报警系统。

⑤现场行车告警系统。

⑥本系统与列车控制系统的信息交互。

⑦本技术方案的延伸应用。

4.3 数据采集、传输技术

(1)几种不同类型传感器数据信息的传递与融合技术

在边坡防护网监测系统中,拉力、位移、弯曲、振动、压力等传感器共存,采用光纤光栅传感器的波长编码方式,以解决多种类型传感器信息传递与融合问题。

(2)大规模传感器网络容量技术

采用光纤光栅传感器的波长编码方式,可使用一根光纤串接数十个传感器,通过多芯光缆进行信息传输,利用多通道信号处理设备(光纤光栅波长解调仪),一台信息处理设备可处理数百个传感器采集信息。

(3)冗余、安全、可靠、可扩展、模块化的监控单元研究

①监控单元采用模块化设计,单个监控单元应具备同时接入多个不同种类监测设备的功能。

②实时数据采集、传输功能。

③具备自检和对监测设备工作状态的检测功能,实现故障诊断、定位及报警;同时,能够将故障信息上传至监控数据处理设备并接受监控数据处理设备的集中检测管理。

④监控单元采用冗余设计,保证其安全可靠。

5 结语

文中对山区铁路沿线边坡综合监控技术总体思路进行了探讨,将研究目的概括为一个核心和两个基本点:一个核心是“确保山区铁路运营安全”,两个基本点是保证“异物不上道”和“上道不撞车”。文中阐述了山区铁路边坡加固防治技术及监控技术应用的必要性,并对目前国内外边坡监控技术研究现状进行了总结,提出了边坡综合监控技术方案及存在的关键技术问题与相应拟采用研究思路。山区铁路边坡灾害防治是一个复杂的系统工程,特别是一些重大工点,宜采用加固防护工程与监控措施相结合、异物源监控与防护主体监控相结合的多层次综合防治手段。相关技术方案的研究主要包括四个方面的创新性内容:

(1)从变形监控和视频监控两个方面,解决异物源及异物侵入监控方法,并解决系统数据采集、传输技术;

(2)基于光纤光栅传感技术的异物源监控系统;

(3)基于视频监控技术,实现对异物源和异物侵入的全天候、全自动视频监控;

(4)边坡稳定性预测预报模型、预警阈值及报警系统原则研究。

其中,异物源监控中的光纤光栅应用及其环境适应性问题,异物侵入视频监控技术的全天候、高速、低误报问题及边坡失稳预警阈值选取问题还有待同行的共同探讨。

参考文献

[1]《中国减灾》编辑部.全国灾害实录(2004年8,9月)[J].中国减灾,2004(10):61-64.

[2] 朱颖.铁路选线理念的创新与实践[J].铁道工程学报,2009(6):1-5.

[3] 吴光,肖道坦,蒋良文,屈科.复杂山区高等级铁路选线工程地质的若干问题[J].西南交通大学学报,2010,45(4):527-532.

[4] 吕建红,袁宝远.边坡监测与快速反馈分析[J].河海大学学报,1999,27(6):98-102.

[5] 罗志强.边坡工程监测技术分析[J].公路,2002(5):45-48.

[6] 夏柏如,张燕,虞立红.我国滑坡地质灾害监测治理技术[J].探矿工程(岩土钻掘工程),2001(增):

87-90.
[7] 邬晓岚,涂亚庆.滑坡监测的一种新方法——TDR技术探析[J].岩石力学与工程学报,2002,21(5):740-744.
[8] 万华琳,蔡德所,何薪基,等.高陡边坡深部变形的光纤传感监测试验研究[J].三峡大学学报(自然科学版),2001,23(1):20-23.
[9] 邬晓岚,涂亚庆.滑坡监测方法及新进展[J].中国仪器仪表,2001(1):10-12.
[10] 周策,陈文俊,汤国起.滑坡崩塌岩体推力监测系统的研究[J].探矿工程(岩土钻掘工程),2004(1):43-46.
[11] PERSKI Z, RAMON H, WOJCIK A, et al. InSAR analyses of terrain deformation near the Wieliczka Salt Mine, Poland[J]. Engineering Geology, 2009.
[12] 代志勇,袁勇,刘永智.基于光纤应力传感的山体滑坡监测系统研究[J].光学与光电技术,2004,2(3):51-53.
[13] 何满潮,崔政权,蒋宇静,等.三峡库区边坡稳态3S实时工程分析系统研究[J].工程地质学报,1999,7(2):112-117.
[14] 叶青,赵全麟.三峡工程库区滑坡监测几个问题的探讨[J].人民长江,2000,31(6):7-9.
[15] 葛大伟.基于视频内容分析的铁路入侵检测研究[D].北京:北京交通大学,2009.
[16] STAUFFER C, GRIMSON W. Adaptive Background Mixture Models for Real2Time Tracking [C] // International Conference of Computer Vision and Pattern Recognition (CVPR′99). USA: IEEE Computer Society, 1999:246-252.

桩排间距、桩顶埋深对双排抗滑桩承担滑坡推力影响分析

李安洪[1] 郑颖人[2] 徐 骏[3] 赵尚毅[2]

(1. 中铁二院工程集团有限责任公司公司办;
2. 中国人民解放军后勤工程学院;
3. 中铁二院工程集团有限责任公司土建二院)

摘 要 目前,在大型滑坡治理工程中,双排抗滑桩及埋入式抗滑桩已逐渐得到应用,但由于传统的极限平衡法不能计算确定各排抗滑桩承担滑坡推力的大小,也不能确定埋入式抗滑桩承担推力大小及推力分布形式,因而难以保证双排桩加固大型滑坡整治设计的安全可靠与经济合理性。本文采用有限元强度折减法,研究了双排桩加固滑面为折线形和直线形两类典型滑坡时,随桩排间距变化每排桩承担滑坡推力的变化规律,同时也研究了桩顶埋深变化对两排桩承担滑坡推力的影响规律及作用在埋入式抗滑桩上的推力分布规律。研究结论对完善多排、埋入式抗滑桩加固大型滑坡整治设计具有重要指导意义。

关键词 大型滑坡;抗滑桩;滑坡推力;分布模式

Analysis of Influence of Distance Between Pile Rows and Embedded Depth of Pile Roof on Landslide Thrust Borne by Double-Row Anti-Slide piles

Li Anhong[1] Zheng Yingren[2] Xu Jun[1] Zhao Shangyi[2]

(1. Administration Center of CREEC;
2. Department of Civil Engineering, Logistical Engineering University of PLA;
3. Secord Civil Construction Design and Research of CREEC)

Abstract At present, in the large-scale landslide treatment engineering, double-row and embedded anti-slide piles have been gradually used. Yet the traditional limiting equilibrium method can not calculate and determine the landslide thrust value of each row of piles, and also can not determine the value and distribution form of landslide thrust of embedded anti-slide piles. Then it is difficult to ensure the safety, reliability, economy and rationality of treatment design of large-scale landslide strengthened by double-row piles. The FEM strength reduction method is adopted to study the landslide thrust change of each row of piles in landslide along with change of distance between pile rows when the sliding surface strengthened by double-row pile is broken-line type and linear type, and at the same time study the influence rule of embedded depth change of pile roof on landslide thrust borne by two rows of pile and the distribution rule of thrust acting on embedded anti-pile. The conclusion of the study is of important guide significance for improving the treatment design of large-scale landslide strengthened by multi-row and embedded anti-slide piles.

Key words large-scale landslide; anti-slide pile; landslide thrust; distribution mode

---

作者简介:李安洪(1965—),男,教授级高级工程师,中铁二院工程集团有限责任公司副总工程师。

1 引言

近年来,在滑坡治理工程中,双排桩、多排桩也逐渐得到了应用[1-3]。由于双排桩、多排桩具有较大抗力,抵抗滑坡体的推力也比一般的抗滑桩要大,故在大型滑坡和特大型滑坡中,双排抗滑桩、多排抗滑桩比较常见。虽然多排抗滑桩在大型滑坡治理中得到了广泛的应用,但多排抗滑桩组合体系的计算理论还不够成熟,主要表现在以下方面:桩与桩间土的相互作用、土体的影响因素、桩身的刚度特性、多排抗滑桩体系中单桩的边界受力特性等因素对单桩桩身的受力特性的影响、外部荷载在不同桩排间如何分配等问题。对于多排抗滑桩中各排抗滑桩承担多少的滑坡推力,如何合理确定排桩间距,埋入式抗滑桩承担多少推力,推力分布形式,桩埋入深度如何确定等,按照目前常规极限平衡设计计算方法不能有效地解决。

近来发展起来的有限元强度折减法可以充分考虑桩—土共同作用,通过强度折减可以计算出结构的内力[4-8]。有限元强度折减法相比于传统极限平衡法的优势不仅仅在于安全系数和临界滑动面的精确求解,而且在于可以再现岩土体中变形发展的过程,特别是在进行支挡结构设计时优势更明显。武隆县政府大滑坡的计算情况及现场测试结果和离心模型试验结果也证明了有限元强度折减法的适用性[9-11]。

本文以双排桩为例,对直线形、折线形两类典型滑坡进行研究,采用 ANSYS 有限元程序对不同桩排间距和桩长时各排桩受到的滑坡推力大小进行分析,并总结出多排、埋入式抗滑桩承担滑坡推力的规律:①分析不同桩排间距时,前、后排桩受到的推力大小及其分布的变化规律;②分析后排桩不同埋深时,前、后排桩受到的推力大小及其分布的变化规律,为抗滑桩优化设计提供理论依据。

2 双排抗滑桩排距变化时推力分担规律

2.1 折线形滑面滑坡

该类滑坡主滑段为折线形,前缘抗滑段较长,阻滑特征明显。计算模型见图 1,该计算模型长约 170m,高 105m。

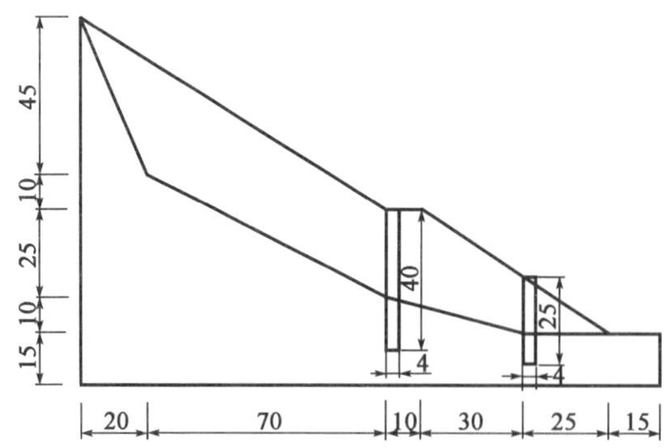

图 1 折线形滑面滑坡计算模型(尺寸单位:m)

桩和岩土体的参数见表 1。

抗滑桩与岩土体计算参数表 表 1

材　料	重度(kN/m³)	弹性模量(MPa)	泊 松 比	黏聚力(kPa)	内摩擦角(°)
基岩	27	1.0×10³	0.20	1.8×10³	37
滑带	20	50	0.40	5	23.4
滑体	20	500	0.40	20	30
桩身	25	3.45×10⁴	0.20		

计算采用 ANSYS 有限元程序按照平面应变建立模型,前排桩桩位固定,计算桩排距变化时各排桩承担滑坡推力情况(表 2)。

折线形滑面滑坡两排桩的推力分担表(kN)　　表 2

桩距(m)	前排桩承担推力	后排桩承担推力	前排桩推力分担比例	后排桩推力分担比例	两排桩承担总推力	增大比例	安全系数
0	8353						1.27
10	3076	6655	0.32	0.68	9731	1.14	1.3
20	3264	7304	0.31	0.69	10568	1.24	1.3
30	3434	7901	0.30	0.70	11335	1.32	1.3
40	3738	8282	0.31	0.69	12020	1.40	1.3
50	3894	7983	0.33	0.67	11877	1.39	1.33
60	4050	8043	0.33	0.67	12093	1.41	1.37
70	4371	7600	0.37	0.63	11971	1.40	1.41
80	4838	6877	0.41	0.59	11715	1.37	1.49
90	5257	5930	0.47	0.53	11187	1.31	1.54
100	5769	4649	0.55	0.45	10418	1.22	1.48

从表 2 可看出：

①采用两排桩加固折线形滑坡时，两排桩承担的总推力要比仅设单排桩承担的推力大，即两排桩承担的滑坡推力之和比仅设单排桩承担的滑坡推力大 14%～41%。

②随排距的增大，前排桩承担的推力逐渐增大，后排桩承担的推力先增大后减小。前排桩分担的推力比例逐渐增大，后排桩分担的推力比例逐渐减小。

③前排桩位于滑坡前缘抗滑段，后排桩位于滑坡中前缘抗滑段或滑坡中部下滑段时，后排桩承担了大部分滑坡推力，即前排桩承担滑坡推力的 30%～40%，后排桩承担了滑坡推力的 60%～70%。

如图 2 所示，当前排桩位置固定，后排桩与前排桩间距逐渐增大时，前排桩分担的推力比例增大，后排桩分担的推力比例减小。但在两排桩相距 10～70m 范围内各排桩分担的推力比例基本不变或变化较小。仅在后排桩布置在滑坡后缘时，各排桩分担的推力比例急剧变化。

2.2　直线形滑坡

该类滑坡顺层面或结构面滑动，主滑段为直线形，前缘抗滑段较小、阻滑特征不明显。计算模型见图 3，该计算模型长约 220m，高 130m。

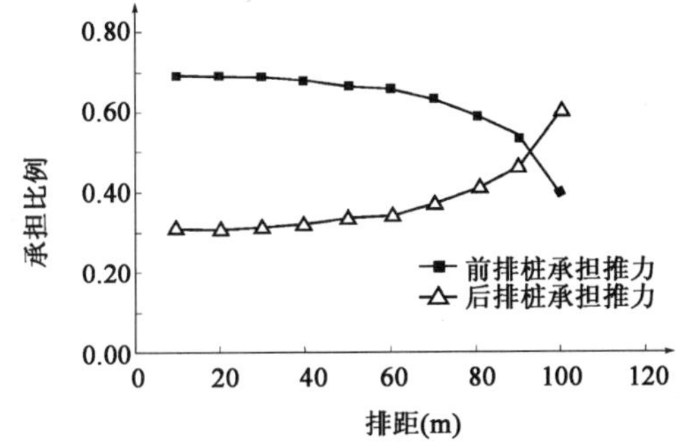

图 2　折线形滑面滑坡推力分担图

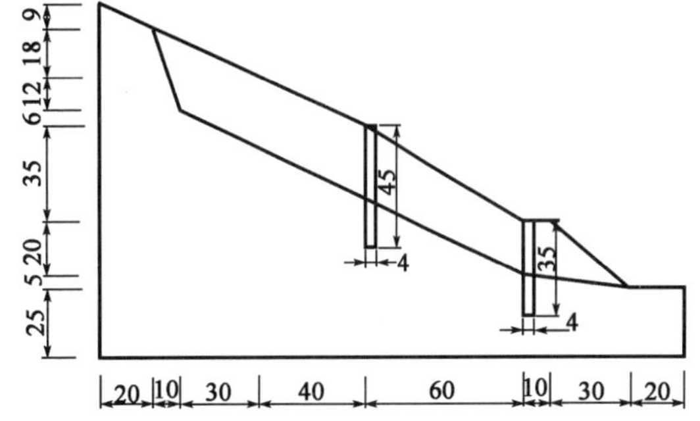

图 3　直线形滑面滑坡计算模型(尺寸单位：m)

抗滑桩与岩土体计算参数见表 3。

抗滑桩与岩土体计算参数表　　表 3

材　料	重度(kN/m³)	弹性模量(MPa)	泊　松　比	黏聚力(kPa)	内摩擦角(°)
基岩	27	1.0×10^3	0.20	1.8×10^3	37
滑带	20	50	0.40	5	23.4
滑体	20	500	0.40	20	30
桩身	25	3.45×10^4	0.20	—	—

计算采用 ANSYS 有限元程序按照平面应变建立模型，前排桩桩位固定，后排桩位变化，计算桩排距变化时各排桩承担滑坡推力情况(表 4)。

直线形滑面滑坡两排桩的推力分担表(kN) 表 4

桩距(m)	前排桩承担推力	后排桩承担推力	前排桩分担比例	后排桩分担比例	两排桩承担总推力	增大比例	安全系数
0	8441	—	—	—	—	—	1.25
10	2796	6260	0.31	0.69	9056	1.03	1.32
20	3180	6679	0.32	0.68	9859	1.12	1.41
30	3519	6804	0.34	0.66	10323	1.17	1.52
40	3846	7055	0.35	0.65	10901	1.23	1.65
50	4406	6677	0.40	0.60	11083	1.25	1.71
60	4940	6466	0.43	0.57	11406	1.29	1.6
75	5692	5451	0.51	0.49	11143	1.26	1.5
80	5914	5293	0.53	0.47	11207	1.27	1.48
85	6122	5057	0.55	0.45	11179	1.27	1.48
100	6689	4380	0.60	0.40	11069	1.25	1.43
120	7424	2644	0.74	0.26	10068	1.14	1.33

从表 4 可看出：

①采用两排桩加固直线形滑坡时，两排桩承担的总推力要比仅设单排桩承担的推力大，即两排桩承担的滑坡推力之和比仅设单排桩承担的滑坡推力大 1.03～1.29 倍。

②随排距的增大，前排桩承担的推力逐渐增大，后排桩承担的推力先增大后减小。前排桩分担的推力比例逐渐增大，后排桩分担的推力比例逐渐减小。

③前排桩位于滑坡前缘抗滑段，后排桩位于滑坡中前缘或滑坡中部下滑段时，后排桩承担滑坡推力呈线性比例减少，前排桩承担滑坡推力呈线性比例增加。图 4 明显反映了这一变化规律。

3 双排抗滑桩桩顶埋深变化时推力分担规律

3.1 折线形滑面滑坡

折线形滑面滑坡模型尺寸如图 1 所示。其中，滑带的厚度为 1m。后排桩全长为 45m，前排桩全长 25m，前后两桩的桩距为 40m。计算时分别考虑后排桩长度未按埋深折减和按埋深的 1/4、1/3、1/2 折减时候，前排桩、后排桩受到的推力大小、分布的变化(图 5)。

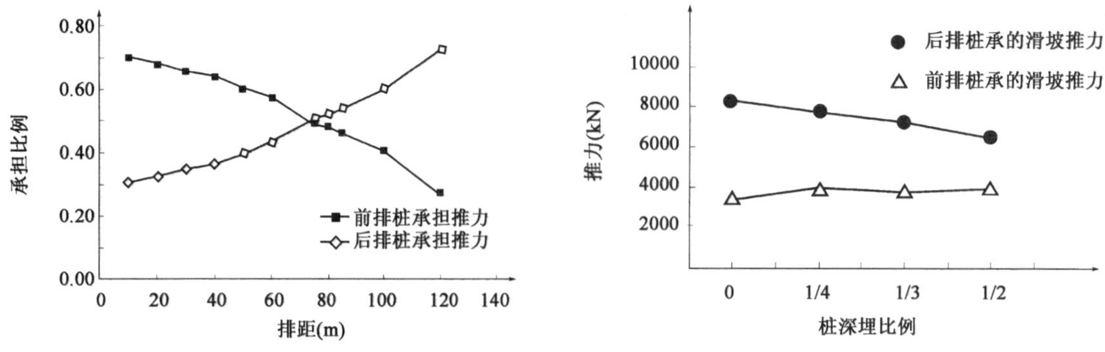

图 4 直线形滑面滑坡推力分担图

图 5 不同桩顶埋深时前、后排桩推力变化

（1）桩顶埋深变化对两排桩承担滑坡推力的影响

不同桩长时推力计算结果见表5。

后排桩埋深变化时两排桩承担的推力(kN) 表5

后排桩长度折减	前排桩桩后推力	前排桩桩前抗力	前排桩承担推力	后排桩桩后推力	后排桩桩前抗力	后排桩承担推力	两排桩总承担推力
0	3991.758	206.76	3784.998	10381.87	2170.287	8211.583	11996.58
1/4	4091.126	200.22	3896.906	8993.918	1228.6	7765.318	11662.22
1/3	4056.874	211.76	3845.114	8451.394	1163.2	7288.194	11133.31
1/2	4085.306	205.97	3879.336	7053.218	550.1	6503.118	10382.45

计算结果表明，随着后排桩桩顶埋深的增加，后排桩承担的滑坡推力减小，减小幅度约20%，此时前排桩承担的滑坡推力略有增加，增加幅度仅为3%，两排桩承担的推力之和减小。此结论表明，后排桩桩顶埋深的增加，该桩承担的滑坡推力减小幅度是明显的，但是前排桩承担的推力几乎不变。

（2）不同埋深时推力分布规律

图6为后排桩不同埋深时作用于桩上的推力分布图式。从图中可以看出，从全长桩变化到埋入桩，随着桩顶埋深的增加，有效滑坡推力逐渐由三角形分布向矩形分布演变。

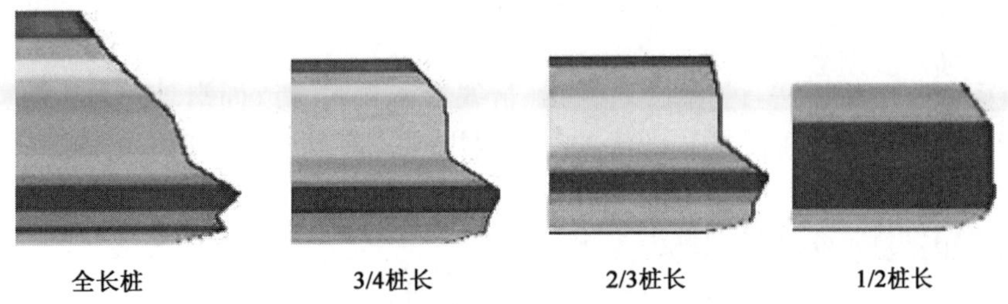

图6　不同埋深时作用于桩上的推力分布图

3.2　直线形滑坡

直线形滑坡的典型剖面如图3所示。滑坡长220m，滑坡高130m，前排全长桩长34.6m，后排桩全长时长45m。固定前排桩桩位及埋深，不断调整后排桩的埋深。后排桩的埋深变化对两排桩承担的推力影响见表6。

后排桩埋深变化时两排桩承担的推力 表6

埋深(m)	前排桩				后排桩				两排桩承担的推力之和(kN)
	桩后推力(kN)	桩前抗力(kN)	承担推力(kN)	分担比例(%)	桩后推力(kN)	桩前抗力(kN)	承担推力(kN)	分担比例(%)	
0	5388	490	4898	0.51	5544	783	4761	0.49	9659
2.5	5413	501	4912	0.51	5502	808	4694	0.49	9606
5	5403	501	4902	0.52	5343	759	4584	0.48	9486
7.5	5396	502	4894	0.52	5451	845	4606	0.48	9500
10	5459	505	4954	0.55	4695	588	4107	0.45	9061
12.5	5470	502	4968	0.56	4414	536	3878	0.44	8846
15	5514	502	5012	0.59	4043	524	3519	0.41	8531
17.5	5573	503	5070	0.62	3341	285	3056	0.38	8126
20	5643	504	5139	0.69	2613	320	2293	0.31	7432

从表6可以看出，随着后排桩埋深的增大，前排桩的桩前抗力基本不变，前排桩的桩后推力略有增加，前排桩承担的滑坡推力略有增加；随后排桩埋深的增大，后排桩桩后推力逐渐减小，后排桩的桩前抗力也逐渐降低，后排桩承担的滑坡推力也逐渐减小。当后排桩埋深为20m(约1/2全长桩长)时，潜在滑动面从坡上部经后排桩顶越顶而出，见图7。

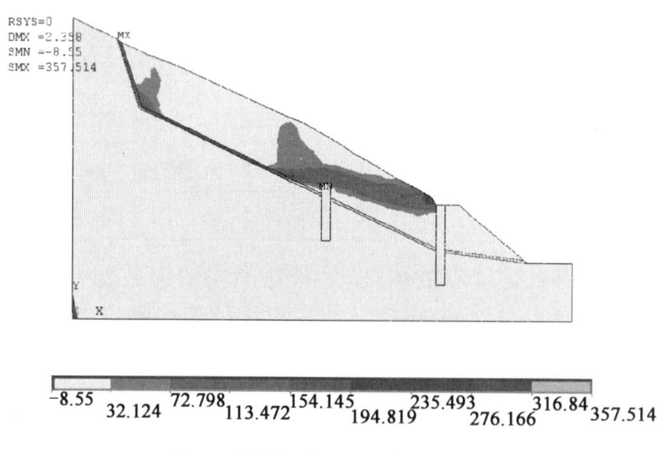

图7 后排桩埋深20m时的滑动面

4 结语

本文采用有限元强度折减法，讨论了双排桩在折线形和直线形滑面滑坡中，前、后排桩随桩排间距变化推力分担变化规律及后排桩随桩顶埋深的变化两排桩的承担推力的变化规律，主要结论如下：

(1)采用两排桩加固滑坡时，两排桩承担的总推力要比仅设单排桩承担的推力大，两排桩承担的滑坡推力之和比仅设单排桩承担的滑坡推力大10%～40%。

(2)随着桩排间距的增大，后排桩分担滑坡推力的比例减小，前排桩分担滑坡推力的比例增大。

对于折线形滑面滑坡，后排桩位于滑坡中前缘抗滑段或滑坡中部下滑段时，后排桩承担了大部分滑坡推力，即前排桩承担滑坡推力的30%～40%，后排桩承担了滑坡推力的60%～70%。后排桩分担滑坡推力的比例缓慢减小，前排桩分担滑坡推力的比例缓慢增大；仅在后排桩位于滑坡后缘时，后排桩分担滑坡推力的比例急剧减小，前排桩分担滑坡推力的比例急剧增大。

对于直线形滑坡，后排桩分担滑坡推力的比例呈线性减小，前排桩分担滑坡推力的比例呈线性增大。

(3)随着后排桩埋深的增大，后排桩承担的滑坡推力逐渐减小，前排桩承担的推力几乎不变或略有增加。两排桩承担的推力之和逐渐减小。

(4)从全长桩变化到埋入桩，随着桩顶埋深的增加，作用于埋入式抗滑桩上的滑坡推力由三角形分布向矩形分布演变。

上述结论为多排、埋入式抗滑桩加固大型滑坡的优化设计提供了参考依据[12]。

参考文献

[1] 铁道部第二勘测设计院.抗滑桩设计与计算[M].北京：中国铁道出版社，1981.

[2] 熊治文，马辉，朱海东.全埋式双排抗滑桩的受力分布[J].路基工程，2002(3)：5-11.

[3] 中铁二院工程集团有限责任公司.多排埋入式抗滑桩加固大型滑坡研究[J]，2010.

[4] 郑颖人，赵尚毅.岩土工程极限分析有限元法及其应用[J].土木工程学报，2005，38(1)：91-99.

[5] 郑颖人，赵尚毅.用有限元强度折减法求滑(边)坡支挡结构的内力[J].岩石力学与工程学报，2004，23(20)：3552-3558.

[6] 郑颖人，赵尚毅，梁斌，等.抗滑桩设计新方法—有限元强度折减法[J].2008.

[7] 许江波,郑颖人,赵尚毅,等.有限元与极限分析法计算桩后推力的分析与比较[J].岩土工程学报,2010(9).

[8] 杨波,郑颖人,赵尚毅,等.双排抗滑桩在三种典型滑坡的计算与受力规律分析[J].岩土力学,2010(S1).

[9] 赵尚毅,郑颖人,李安洪,等.多排埋入式抗滑桩在武隆县政府滑坡中的应用[J].岩土力学,2009(S1).

[10] 徐骏,李安洪,马建林.武隆滑坡优化设计的数值模拟分析[J].西南交通大学学报,2009(12).

[11] 徐骏,李安洪,赵晓彦.大型滑坡桩排推力分担比离心模型试验研究[J].路基工程,2010(3).

[12] 杨波,郑颖人,唐晓松,等.人工智能在双排全长式抗滑桩设计中的应用[J].地下空间与工程学报,2010(2).

桩-网结构路基试验研究与工程应用

魏永幸

(中铁二院工程集团有限责任公司技术中心)

摘 要 桩-网结构路基因其具有竖向沉降变形小、变形稳定快及施工质量易控等优点，在无砟轨道铁路建设中得到了推广应用。本文基于相关试验研究成果，对桩-网结构路基的破坏模式、沉降特性及设计计算方法进行了探讨，为桩-网结构路基的推广应用提供了实用计算方法。

关键词 无砟轨道铁路；桩-网结构路基；试验研究；破坏模式；设计方法

Experimental Research and Engineering Application of Pile-net Subgrade

Wei Yongxing

(Technology Center of CREEC)

Abstract For merits like small vertical settlement, fast stable and easy to control construction quality, pile-net subgrade are used widely in unballsted track railway. Based on relative experiment research results, failure mode, settlement characteristics and design method of pile-net subgrade were discussed in this paper. based on research results. A practical calculation method is brought out for widely use of pile-net subgrade.

Key words unballasted track railway; pile-net subgrade; experiment research; failure mode; design method

1 引言

客运专线无砟轨道铁路对路基沉降提出了严格的限制要求，一般要求路基工后沉降不大于15mm[1]。为有效控制地基沉降，在中国首条无砟轨道试验铁路——遂渝线无砟轨道综合试验段建设中，中铁二院首次提出并采用了钢筋混凝土桩-网结构加固已填红层泥岩路堤及软弱地基(代表性横断面见图 1)[2]，其相关技术形成桩-网结构路基构筑方法并获得了国家发明专利[3]。

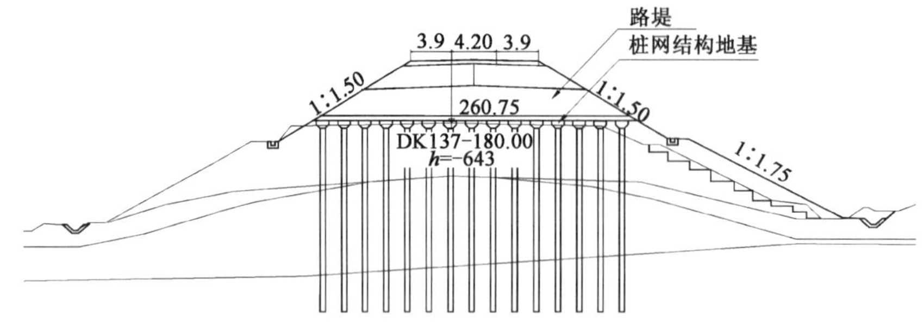

图 1 遂渝线无砟轨道综合试验段桩-网结构路基代表性横断面图(单位:m)

本文基于桩-网结构路基相关试验研究成果，对桩-网结构路基破坏模式、沉降特性及设计计算方法等进行了讨论，希望有益于该项地基加固新技术的推广应用。

作者简介：魏永幸(1964—)，男，教授级高级工程师，中铁二院工程集团有限责任公司技术中心副主任。

2 桩-网结构路基

作者曾给出桩-网结构路基的定义，指出：桩-网结构路基由桩-网结构基础与上部路堤组成，其中桩-网结构基础是一种刚性桩基础，由刚性桩(群)、桩帽以及桩帽顶面加筋垫层共同组成[4]，工作原理见图 2。

路堤填土高度H
桩间填土柔性高度h
桩直径d
桩间净距D
轨道结构重力W_1
列车静载W_2

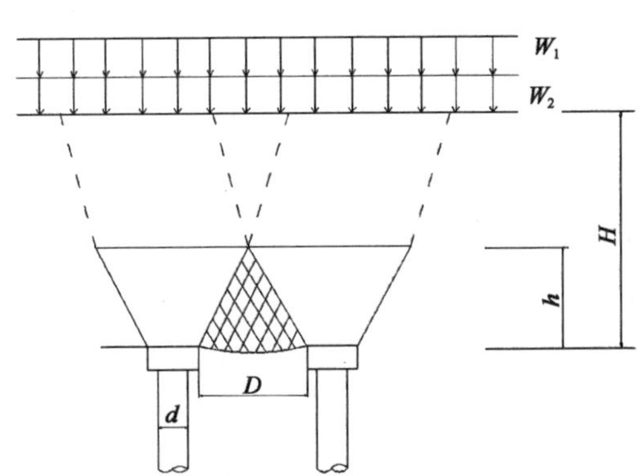

图 2 桩-网结构路基工作原理示意图

桩-网结构基础，其工作原理与柔性桩复合地基不同。由于桩-网结构刚性桩与桩间土的刚度差异较大，在填土柔性荷载作用下，桩间加筋垫层将产生向下的变形，直至受到加筋筋材的约束及桩间土的抵抗而趋于平衡、稳定；同时，加筋垫层上部填土也产生下凹变形，当上部填土较厚时最终形成土拱。此时，桩-网结构地基上部除土拱部分外的填土重量以及路基面荷载全部作用在刚性桩(群)上；土拱部分的填土重量由桩间土和加筋筋材共同承担，其中部分通过加筋筋材传递至刚性桩。

3 桩-网结构路基试验研究

为研究桩-网结构路基承载特性，作者曾结合遂渝线无砟轨道综合试验段钢筋混凝土桩-网结构路基工程主持开展了理论计算分析、离心模型试验、循环加载动态模型试验和现场测试等相关研究[5-6]。

3.1 离心模型试验

以遂渝线无砟轨道试验段蔡家车站桩-网结构路基工点为原型进行了离心模型试验。原型路堤高约 14m，下部 8m 高的路堤已采用红层泥岩按有砟轨道标准填筑，地基为上覆 6.5m 厚的软粉质黏土，下为泥岩夹砂岩，全风化层厚 2～3m；设计采用桩-网结构加固红层泥岩路堤及地基，上部 6m 高路堤按无砟轨道路基技术标准采用 A、B 组填料填筑。试验模型率为 80。模型试验共两组，第一组模型桩-网结构桩间距为 2m(与原型相同)，第二组桩间距为 3m。试验采用电涡流位移计测量沉降板沉降，采用应变片测量桩身应变。模型分三阶段加载，分别模拟地基土层的长期固结、路基的施工填筑及路基的长期使用性能。

根据离心模型试验测试结果，可以得出以下结论。

(1)桩间距 2m 和 3m 的桩-网结构路基累积沉降分别为 12.5mm 和 21.0mm，桩间距 3m 的累积沉降量几乎增加了 1 倍。

(2)桩-网结构路基沉降在前期发展较快，竣工后 10 月内完成 60%以上。

3.2 循环加载动态模型试验

对典型桩-网结构路基工点(同离心模型试验工点，桩间距 2m，无砟轨道为双块式轨道)进行了室内循环加载大比例动态模型试验。

模型率为 1∶13，模型加筋垫层厚 60mm，采用粗砂填筑，垫层中间铺设磷青铜带网以模拟土工格栅(磷青铜带宽度及单位宽度内的条数根据模型相似律确定，并焊接成网状)。路基填料与现场完全匹配对应，并分层夯实。轨道静荷载采用整体混凝土板模拟，其重量与刚度由相似比换算得到。

模型横断面及测点布置如图3和图4所示。

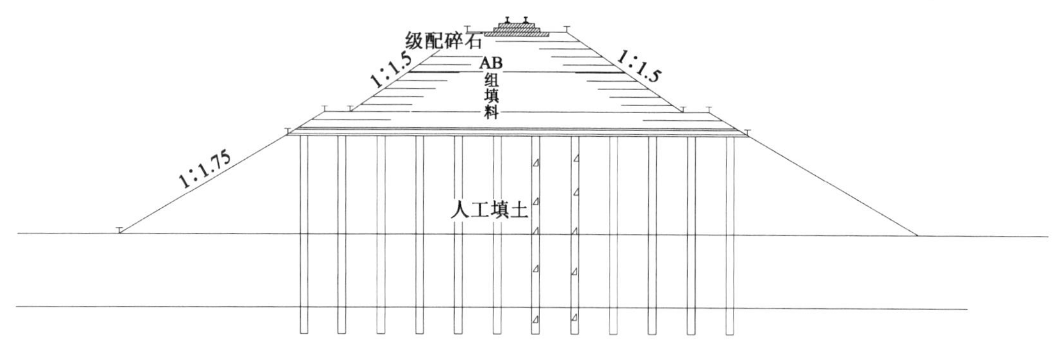

图3 桩-网结构模型试验传感器布置剖面图

试验结果及分析：

(1)模型试验路基在前2万次沉降变化剧烈，在完成激振4万次时累积沉降趋于平缓。

(2)随着路基填筑高度的增加，格栅的应变随之增加。土层填筑到30～31层时(相应原型路堤填高约3～4m)，格栅应变总体变得平缓。

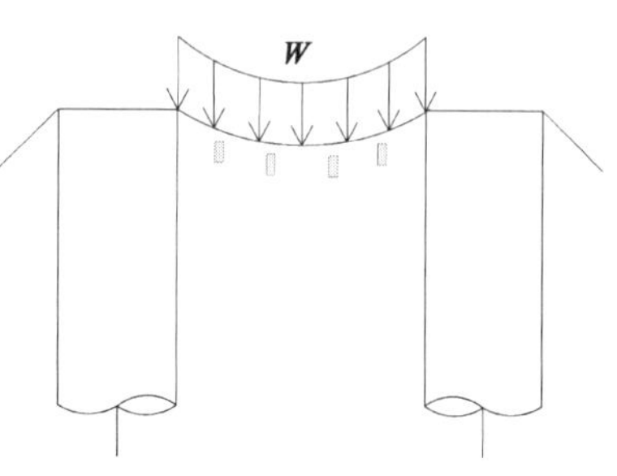

图4 填土柔性拱的应变片布置图

(3)加筋垫层沉降最大处发生于四桩中心，沉降波形像“网兜”。实测“网兜”的最大沉降较小，约为0.3mm；实测格栅拉力很小(小于10kN/m)，表明格栅的作用未充分发挥，分析与桩间土(为红层泥岩填筑土)承载能力较大、变形较小有关。

由西南交通大学完成的相关试验研究进一步表明，桩-网结构路基桩帽面积与单桩加固地基面积比大于25%，桩所承受填土荷载作用力占全部填土荷载的比例在90%以上[6]。因此，工程实际应用中可认为桩-网结构路基的刚性桩基承担全部路堤重量及外部荷载。

3.3 现场沉降监测及实车动力特性试验

对典型桩-网结构工点进行了现场测试，测试工点1为高路堤(高6m)，测试工点2为低路堤(高3m)。测试内容包括沉降及低路堤动力特性。

测试结果及分析：

(1)桩-网结构路基沉降在竣工后3～4个月稳定，实测桩-网结构桩顶最大沉降为1.50mm，低路堤路基面最大沉降为5.40mm，高路堤则为6.65mm。桩-网结构地基部分沉降很小，结果与设计假定相符。

(2)实测在CRH2动车组和C80货车作用下低路堤桩顶动应力分别为2.19kPa和3.33kPa，表明经过高度3m的路堤衰减作用，列车动荷载对桩-网结构基本无影响。

4 桩-网结构路基破坏模式

经分析，桩-网结构路基可能出现以下四种破坏形式。

(1)破坏模式1：由于单桩承载不满足要求而出现下沉

当单桩承载力不满足要求时，在设计荷载作用下，必然发生桩下沉变形。

(2)破坏模式2：桩-网地基发生超出设计控制值的整体下沉

桩-网结构基础下卧层在附加应力作用下发生压缩沉降，引起桩-网结构发生超出设计控制值的整体下沉。

(3)破坏模式3：桩-网结构因加筋垫层缺陷不能形成稳定土拱而丧失承载功能

桩-网结构的加筋垫层存在缺陷(如断裂或变形过大)，可能导致桩间土拱部分土体过量下沉，引起路堤变形或桩歪斜。为避免这种破坏，加筋垫层的筋材及垫层材料应做设计。国内外学者对加筋垫层的受力进行了相关研究，中国铁道科学院对桩-网结构路基柔性拱问题进行了系统的理论和实验研究[9]。相关研究及现场测试表明，桩-网结构路基在桩净间距 D 较小(小于 1.0m)的情况下，筋材受力及变形均较小，可按构造设计。加筋垫层可为夹铺一层双向高强度低应变土工格栅其厚为 0.4～0.6m 的碎石垫层；土工格栅破断延伸率不大于 10%，极限抗拉强度应满足验算要求并不小于 80kN/m。

(4)破坏模式 4：桩-网结构不能抵抗路堤荷载侧向滑移出现横向失稳

当地基土层较差，可能出现桩-网结构不能抵抗路堤荷载侧向滑移而出现横向失稳的现象，尤易发生于单一无过渡层的极软地基。必要时，应采取加强桩顶联结的措施。

5 桩-网结构路基沉降特性分析

桩-网结构路基沉降由路堤本体沉降、桩土加固区沉降和下卧层沉降三部分组成。

5.1 路堤本体沉降

路堤本体沉降可通过提高路堤填料材质及填筑压实度进行控制。遂渝线无砟轨道试验段路堤本体采用 A、B 组填料，控制填筑空隙率小于 28%，实测路基本体沉降约为路堤高度的 0.5‰～1‰。

5.2 桩土加固区沉降

对于设置竖向桩体的复合地基，桩土加固区沉降计算方法主要有如下几种：①复合模量法(E_c 法)；②应力修正法(E_s 法)；③桩身压缩法(E_p 法)。桩-网结构基础因桩体刚度大，桩土加固区压缩沉降较小，可采用桩身压缩法(E_p 法)计算。桩-网结构桩顶刺入变形一般可通过设置扩大桩帽避免；桩端是否会发生刺入变形，则需要结合持力层地质情况具体分析。

5.3 下卧层沉降

下卧层压缩量通常采用分层总和法计算。目前在工程应用上，常采用下述几种方法计算：①压力扩散法；②等效实体法；③改进 Geddes 法。

6 桩-网结构路基设计验算[9]

为防止桩-网结构路基发生破坏，工程设计应包含单桩承载力设计、地基沉降验算、桩顶构造设计；当地基土层较差，特别是单一无过渡层的极软地基，还应进行桩-网结构抵抗路堤荷载侧向滑移作用的横向整体稳定验算。

6.1 单桩承载力验算

如前分析，桩间土因柔性加筋垫层的存在，其受到的荷载作用较小(小于 10%)。因此，为达到客运专线铁路路基对地基沉降的严格控制标准，桩的承载作用应充分发挥，建议在桩-网结构单桩承载力验算公式中引入单桩承载力发挥系数。引入单桩承载力发挥系数后的单桩承载力验算公式如下。

$$P_0 \leqslant \frac{1}{\psi} R_a \tag{1}$$

式中：P_0——单桩加固范围内的路堤以及轨道结构、列车荷载(kN)；

R_a——单桩竖向容许承载力(kN)；

ψ——单桩承载力发挥系数，取 0.9。

路基基底应力 σ_p 采用下式计算[8]：

$$\sigma_p = \gamma H_0 + \frac{P_p}{H_0\left(\alpha + \frac{m}{1+m^2}\right)} \tag{2}$$

$$P_p = p - \frac{\gamma b^2}{m}$$

式中：γ——路基填料容重(kN/m^3)；

H_0——换算土柱高度(m)；

α——边坡斜率 m 的反正切(rad)，即 $\alpha=\arctan m$；

p——列车活重和轨道静重组成的换算土柱荷载(kN/m)；

b——路基面对半宽(m)；

m——路堤边坡坡率。

则单桩加固范围内的荷载 P_0 为：

$$P_0 = A\sigma_p \tag{3}$$

式中：A——单桩加固面积(m^2)。

单桩竖向容许承载力 R_a 可采用单桩载荷试验资料，取单桩竖向极限承载力除以安全系数 2；无单桩载荷试验资料时，取式(4)和(5)的较小值。

$$R_a = \eta P_f A_p \tag{4}$$

$$R_a = \pi d \sum_{i=1}^{n} q_i l_i + q_p A_p \tag{5}$$

式中：P_f——桩体抗压强度平均值(kPa)；

η——桩身强度折减系数，可取 0.35～0.5；

d——桩的平均直径(m)；

A_p——桩身截面积(m^2)；

n——桩长范围内所划分的土层数；

l_i——桩周第 i 层土的厚度(m)；

q_i——桩周第 i 层土的容许摩阻力(kPa)；

q_p——桩端地基土容许承载力(kPa)。

6.2 地基沉降验算

(1)桩-网结构地基沉降构成

桩-网结构地基沉降包括桩加固区沉降和下卧层压缩量两部分：

$$S = S_{p1} + S_{p2} \tag{6}$$

式中：S——地基总沉降；

S_{p2}——下卧层压缩量；

S_{p1}——桩加固区沉降。

(2)桩加固区沉降计算

桩加固区沉降包括桩身压缩量 S_{sp1} 及桩端刺入变形 S_{sp2}，即：

$$S_{p1} = S_{sp1} + S_{sp2} \tag{7}$$

其中桩身压缩量 S_{sp1} 可按下式计算：

$$S_{sp1} = \frac{P_0 L}{A_P E_P} \tag{8}$$

式中：L、A_p、E_p——分别为桩长、桩截面积、桩体材料弹性模量。

桩端刺入变形 S_{sp2}，目前尚难以准确计算，但可以根据单桩载荷试验 P-S 曲线得到，或根据地区经验取值。从理论上讲，按承载力设计的桩基础，其桩底刺入变形是很小的，工程上可以忽略不计。

(3)下卧层压缩量计算

下卧层压缩量 S_{p2} 通常采用分层总和法计算，即：

$$S_{p2} = \sum_{i=1}^{n} \frac{e_{1i} - e_{2i}}{1 + e_{1i}} H_i = \sum_{i=1}^{n} \frac{a_i (p_{2i} - p_{1i})}{1 + e_{1i}} H_i = \sum_{i=1}^{n} \frac{\Delta p_i}{E_{si}} H_i \tag{9}$$

下卧层附加应力计算方法主要有压力扩散法、等效实体法、改进 Geddes 法、Boussinesq 法以及 $L/3$ 法等。值得注意的是：应力扩散法在实际应用中扩散角等参数难以确定；等效实体法、改进 Geddes 法

中侧摩阻力的分布大小不易确定；$L/3$ 法计算沉降时，由于将下卧层提升至距桩端 $L/3$ 处，包含了部分加固区，计算出的下卧层的沉降误差可能较大。

6.3 桩顶构造设计

桩顶构造设计包括桩帽和加筋垫层的设计。扩大桩帽的设置可避免桩顶发生刺入破坏，有利于荷载向桩集中，更充分发挥桩的承载作用，同时也可以改善加筋垫层受力。加筋垫层在土拱作用下应保持长期的结构稳定，因此，桩-网结构的桩顶构造设计十分重要。

6.4 横向整体稳定验算

特殊地形如斜坡软弱地基或岸坡，以及地基较差或为单一无过渡层的流塑状淤泥或淤泥质土地层时，应对桩-网结构横向整体稳定进行验算，见图 5。应验算路堤侧向滑动作用力下的单桩横向承载力是否满足要求；若不满足要求，需采取加强桩顶横向联结或加强地基处理等措施。

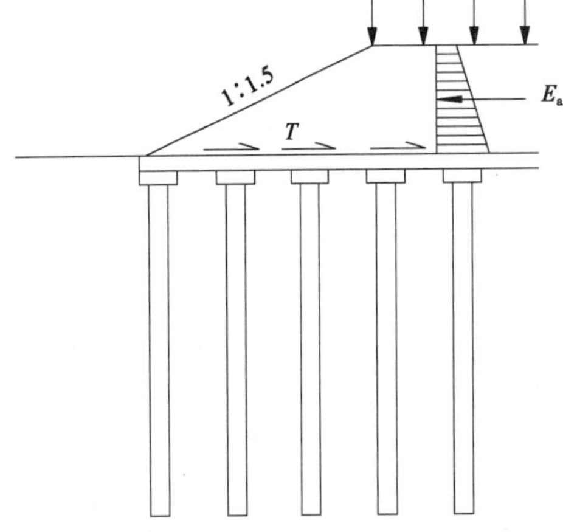

图 5 桩-网结构地基路堤侧向滑动稳定验算

7 桩-网结构路基推广应用

桩-网结构路基作为一种刚性桩基，具有竖向沉降变形小、变形稳定时间短的突出优点，且施工质量易控，在无砟轨道铁路建设中得到了推广应用，如京沪高速铁路大量采用了高强度 CFG 桩复合地基、预应力管桩复合地基等，效果良好。

8 结语

本文基于桩-网结构路基相关试验研究，分析了桩-网结构路基可能出现的破坏模式，对桩-网结构路基设计方法进行了探讨，从应用角度对桩-网结构路基的工作机理作了简化，为桩-网结构路基的推广应用提供了实用的计算方法。

参考文献

[1] 中华人民共和国铁道部. 客运专线无砟轨道铁路设计指南[M]. 北京：铁道出版社，2005.

[2] 孙利琴，魏永幸. 遂渝线无砟轨道综合试验段路基工程设计[J]. 铁道勘察，2007，3.

[3] 魏永幸，等. 无砟轨道钢筋混凝土桩网结构路基及其构筑方法[J]. 2007.

[4] 魏永幸，蒋关鲁. 客运专线无砟轨道路基关键技术探讨——以遂渝线无砟轨道综合试验段为例[J]. 铁道工程学报，2006，5.

[5] 魏永幸. 遂渝线无砟轨道桩-网结构路基及其试验研究[J]. 铁道工程学报，2007，6.

[6] 中铁二院工程集团有限责任公司，等. 遂渝线无砟轨道路基工程关键技术研究分报告二——桩-网结构路基试验研究[R]. 成都，2009.

[7] 西南交通大学，等. 客运专线高强度桩复承载特性及结构优化研究[R]. 成都，2009.

[8] 中国铁道科学研究院铁道建筑研究所. 加筋网垫在桩网支承路基中的受力机理及计算方法研究[R]. 北京，2009.

[9] 魏永幸，薛新华. 客运专线无砟轨道铁路桩-网结构路基设计方法研究 [J]. 高速铁路技术，2010，1.

武广客运专线全风化花岗岩改良土动静强度试验研究

刘 洋

(中铁二院工程集团有限责任公司技术中心)

摘 要 为了扩大高速铁路路基基床底层及以下部分路基本体填料的使用范围,基于高速铁路路基动静强度要求,对全风化花岗岩及水泥改良土进行了静强度、动三轴试验,分析了其静强度特性,以及在列车重复荷载作用下的动力特性,研究了其临界动应力、累积塑性变形等变化规律及影响因素。论证了其水泥改良土作为高速铁路路基基床底层及以下部分路基本体填料的可行性和适用范围,确定了化学改良土的强度指标控制标准,对高速铁路的设计与质量控制具有指导意义。

关键词 客运专线;花岗岩全风化层;动荷载;动强度;动应力应变

Research of Mechanical Behavior for Static-Dynamic Strength in the High-Speed Railway Subgrade Filled with Completely Weathered Granite

Liu Yang

(Technology Center of CREEC)

Abstract For the demands of static-dynamic strength in the high-speed railway subgrade and extend limits of the fillings, by means of static-dynamic strength experiments and dynamic triaxial tests for completely weathered granite and improvement with cement, it′s analyzed to know static-dynamic strength behavior and dynamic characteristic, it′s studied to get variation laws and influence factors of the critical dynamic stress and accumulated plastic deformation under reloaded by train. The feasibility and suitable scope were proved to be filled by completely weathered granite improved with cement under the high-speed railway subgrade base course. The standard of strength indexes under control was determined to completely weathered granite improved with chemical method, which has guiding significance to design high-speed railway and control quality.

Key words passenger special railway; completely weathered granite; dynamic load; dynamic strength; dynamic stress-strain

1 引言

新建客运专线的设计速度已达350km,对轨下基础的路基填料要求也越来越高。尤其是基床底层及以下部分路基本体,在较大的动应力下,所用填料必须满足强度、稳定性及耐久性等要求。武广客运专线沿线全风化花岗岩弃渣非常多,如果能有效利用这些弃渣,不仅能节约成本,而且还能有效地保护环境,经济和社会效益巨大[1]。近年来,不少公路道路工程中使用全风化花岗岩作为路基填料,有成功的经验[2],但目前对全风化花岗岩用于高速铁路尤其是无砟轨道客运专线的许多路用性质的研究尚少,

作者简介:刘洋(1969—),男,教授级高级工程师,中铁二院工程集团有限责任公司专业工程师。

更未见全风化花岗岩动强度方面的报道。本文以武广客运专线韶关至花都段需改良的全风花岗岩典型填料为例，通过静强度试验、动三轴试验，基于高速铁路路基动静强度要求，研究全风化花岗岩水泥改良土的路用性能及动力特性。

2 改良土强度指标设计

根据调研分析，化学改良土的强度主要控制指标为 7d(6d 标准养护、1d 泡水)饱和无侧限抗压强度，该试验方便快捷，适合施工期间使用[3-4]。

日本铁道综合技术研究所通过对化学改良土大量的试验研究分析，综合考虑各种因素的影响，认为：第一，改良土的现场无侧限抗压强度是室内无侧限抗压强度的 60 %，故现场设计抗压强度取室内抗压强度的 60 %；第二，由于填土的无侧限抗压强度随荷载重复次数降低，因此，若以 200 万次重复荷载为设计限制，改良土填料的现场无侧限抗压设计强度应是设计动应力的 10 倍，并认为现场改良土无侧限抗压强度大于 500kPa 时，则其在水稳定性和动力稳定性方面均可满足高速铁路基床底层及基床以下部分填筑要求[5]。

相对于无砟轨道而言，基床底层表面的动应力一般不大于 25kPa[6-8]，故路基本体土质改良后现场 28d 的无侧限抗压强度只要大于 250kPa，按上述的研究成果，改良土则基本可以满足高速铁路基床底层及以下部分路基本体的填筑要求。一般来说，水泥改良土的 7d 无侧限抗压强度为 28d 的 60%，通过换算，要求现场填筑改良土的室内 7d(6d 标准养护，1d 泡水)无侧限抗压强度为 420kPa。

《京沪高速铁路设计暂行规定》所依据的研究成果解释说，改良土允许动强度应满足下式要求：

$$\sigma_{bcu} \geqslant \frac{\beta \cdot \sigma_{zl} \cdot K}{\eta_g \cdot R_{cr}} \tag{1}$$

式中：σ_{bcu}——改良土(28d)浸水饱和、固结不排水三轴试验强度；

β——动应力波动系数，京沪高速铁路取 $\beta=1.2$；

σ_{zl}——列车荷载产生的动应力；

K——安全系数，取 1.5～2.0；

R_{cr}——动静比，取 0.45～0.50；

η_g——干湿循环强度衰减系数，按失水率不同取 0.7～0.95。

现场检测 7d 无侧限抗压强度 $q_u=0.7\sigma_{bcu}$。

基床表面的动应力 σ_{zl} 取 25kPa，K 取 2.0，R_{cr} 取 0.45，η_g 取 0.7，计算得 $\sigma_{bcu}=195$kPa，动荷载作用要求的现场测检 7d 无侧限抗压强度 $q_u=0.7\times195=137$kPa，室内 $q_u=137/0.6=274$kPa。

考虑基床及轨道结构静荷载作用下的静强度，其中基床表层结构荷载为 15kPa 左右，轨道结构荷载为 35kPa 左右，路基本体以上静荷载约 50kPa 左右，考虑安全系数 $K=2.0$，静荷载作用要求的现场测检 7d 无侧限抗压强度 $q_u=50\times2=100$kPa，室内 7d $q_u=100/0.6=167$kPa。

综合考虑动静荷载的作用，化学改良土室内 7d 无侧限抗压强度 $q_u=274+167=441$kPa。

综上所述，考虑软质岩颗粒的不均匀性，参考以上国内外研究成果，暂定用于武广客运专线基床底层及以下部分路堤本体填料的改良土室内 7d 无侧限抗压强度应满足 $q_u\geqslant500$kPa，并通过室内不同龄期泡水及干湿循环试验等进一步研究其水理性及适用性。

3 静强度特性

对武广客运专线韶关至花都段两个不同地点(DK2097＋560 和 DK2116＋20 工点)的全风化花岗岩进行了水泥改良土试验。通过全风化花岗岩水泥改良的最佳配比研究，为现场施工原材料的选择、配比、处理方法提供了可靠的依据。

上述两个工点按 4%、5%、6%、7%、8%、10%的水泥掺入量进行对比改良，并在最传含水率、压实度 92%下制样，以确定最佳掺入比。试验结果见表 1。

全风化花岗岩水泥改良土的无侧限抗压强度(6d 标准养护,1d 泡水饱和,单位 MPa)　　表 1

参数	要求											
	试件直径 ϕ100mm						试件直径 ϕ50mm					
	粒径限值 $\phi \ngtr$ 20mm						粒径限值 $\phi \ngtr$ 10mm					
掺料比(%)	4	5	6	7	8	10	4	5	6	7	8	10
极大值(MPa)	0.75	0.88	0.97	1.14	1.27	1.87	0.79	0.95	1.14	1.32	1.53	1.98
极小值(MPa)	0.47	0.59	0.68	0.76	0.86	0.92	0.48	0.61	0.69	0.79	0.88	0.99
平均值(MPa)	0.58	0.66	0.76	0.85	0.98	1.34	0.60	0.67	0.80	0.97	1.07	1.52
变异系数	0.15	0.13	0.12	0.13	0.13	0.15	0.15	0.13	0.11	0.13	0.13	0.15
变异性	小	小	小	小	小	小	小	小	小	小	小	小
水稳系数 $\bar{k}$	0.68	0.75	0.76	0.75	0.74	0.69	0.69	0.75	0.76	0.75	0.74	0.70

由表 1 可见,在压实度 92%、最佳含水率下制样,不同水泥掺入量的试样,其标准养护 6d、泡水 1d 试件的单轴抗压强度均能达到 0.5MPa 以上,水稳性均较好。

掺加 4%水泥改良土,试样周边表层只有少许脱落;掺加水泥剂量 5%,试样周边表层没有脱落,试样完好,强度较高;水泥掺量大于 5%以后,试样周边表层完整,强度高。因此,综合各方面因素,上述两工点全风化花岗岩+5%水泥改良就能满足高速铁路对填料的强度和水稳性要求。

试验还发现,试件大小即土样颗粒大小对饱和无侧限抗压强度有影响,细颗粒试件比粗颗粒试件在相同掺量下的饱和无侧限抗压强度大。

全风化花岗岩掺入 4%、5%、6%、7%、8%水泥改良后,在最佳含水率下制样,标准养护 7d、27d(最后 1d 泡水饱和),其试件的无侧限抗压强度 q_u 与压实度的关系见图 1。

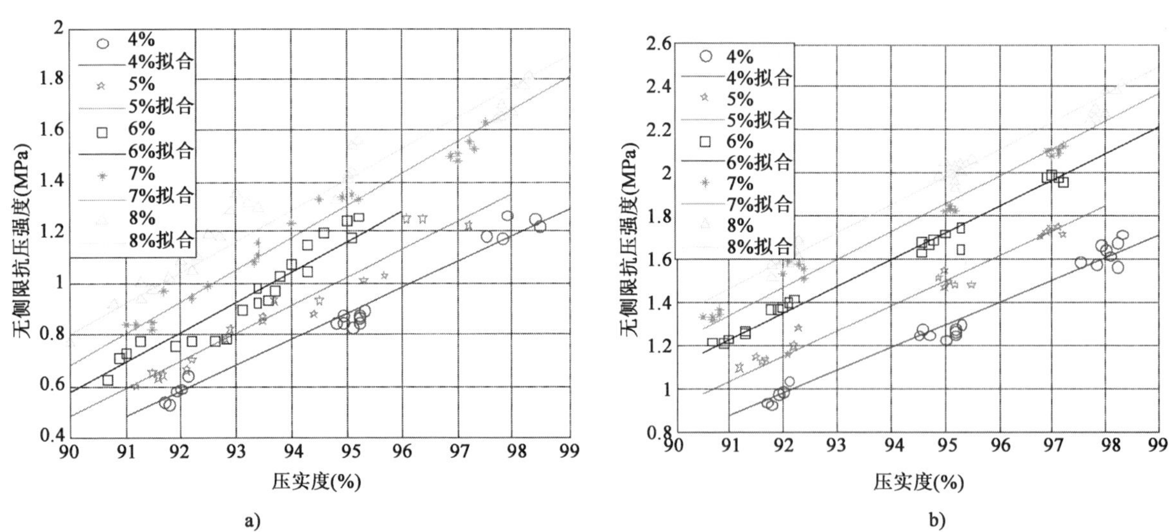

图 1　水泥改良土无侧限抗压强度与压实度的关系

a)7d;b)28d

由图 1 可见,试样的饱和无侧限抗压强度 q_u 随水泥掺量的增加而增加;同时随着压实度的增大,q_u 随之增大,随龄期的延长,q_u 也随之增大。

4　动强度特性

4.1　试验条件及结果

全风化花岗岩土样共 3 组。3 组试样配制时的压实度 $k_h=95\%$、围压 $\sigma_3=5$kPa、含水率 $w_a=12.0\%$(最佳含水率 w_{opt})。采用固结不排水法,3 组试样的动三轴试验条件及试验结果见表 2。

4.2 累积残余应变与加载次数的关系

基于全风化花岗岩及水泥改良土的动三轴的试验结果，分析获得累积残余应变与加载次数的关系式如下：

$$\varepsilon_p = \alpha N^{\beta}\frac{1}{1+N} \tag{2}$$

式中：ε_p——累积残余应变；

N——循环加载次数；

α、β——试验拟合参数。

式(2)是对幂函数式的改进，主要改进了幂函数式在描述累积变形与循环加载次数关系时加载次数较小时的相关性。

利用式(2)对其动三轴试验中的累积残余应变与循环加载次数关系得到的试验参数 α、β，见表 2。

全风化花岗岩不同围压 σ_3 下的 α、β 值　　表 2

编号	试验条件							试验拟合参数	
	σ_3 (kPa)	$\sigma_{d,max}$ (kPa)	$\sigma_{d,min}$ (kPa)	$\sigma_{d,dif}$ (kPa)	w_a (%)	K_h	水泥掺量	α	β
DK2116	25.0	132.8	29.2	103.6	12.0	0.95	0%	0.177	1.196
		177.7	28.1	149.6				0.506	1.147
		218.4	27.3	191.1				0.746	1.564
		229.5	26.8	202.7				1.056	1.499
ref -34	25.0	751.4	55.6	695.8	12.0	0.95	3%	0.368	1.326
ref -33		637.4	44.1	593.3				0.127	1.024
ref -32		475.4	40.1	435.3				0.325	1.051
ref -31		372.0	39.8	332.2				0.295	1.043
ref-05	25.0	459.7	53.5	406.2	12.0	0.95	4%	0.351	1.095
ref-04		396.1	28.7	367.4				1.249	1.325
ref-03		391.4	33.0	358.4				0.218	1.483
ref-02		279.3	30.3	249.0				0.241	1.157
ref-01		264.9	23.6	241.3				0.103	1.036

在重复周期性荷载作用下，全风化花岗岩及水泥改良土的破坏呈脆性破坏即剪切破坏时累积应变小，多数情况下全风化花岗岩在 1.0%左右，而其水泥改良土在 1.5%左右。相同水泥含量的试样破坏应变基本相同，其水泥含量越高，破坏应变越低。

图 2 列出了具有相同试验条件(围压 σ_3=25.0kPa、压实度 K_h=0.95、w_a 在 w_{opt}附近)，而水泥掺入量不同的 DK2116、ref-0 和 ref-3 三组试验的累积应变随循环加载次数的变化曲线。全风化花岗岩及水泥改良土的累积残余应变随循环加载次数而累积增加，均可以用式(2)来表示。

由图 2 可见，全风化花岗岩及水泥改良土的累积残余应变随加载次数的关系存在两种情况，其中一组累积应变的变化速率随加载次数增加逐渐缓慢，最后趋向稳定；另一组的累积应变随加载次数增加不断发展直至破坏。

4.3 全风化花岗岩及改良土的动强度

土的动强度指的是在给定的加载次数情况下，土的应变不超过某一允许应变所能承受的最大应力。根据全风化花岗岩静载试验，静应变 1%达到时的动应力已是静强度的 50%以上，因此，在这里取应变 1%作为全风化花岗岩所能承受的应变。根据表 3 中试验条件和试验参数，在此应变条件下，可以得到各组在不同的试验条件下应变为 1%下的动强度曲线。动强度曲线也称疲劳曲线，通常使用幂函数式来描述，即：

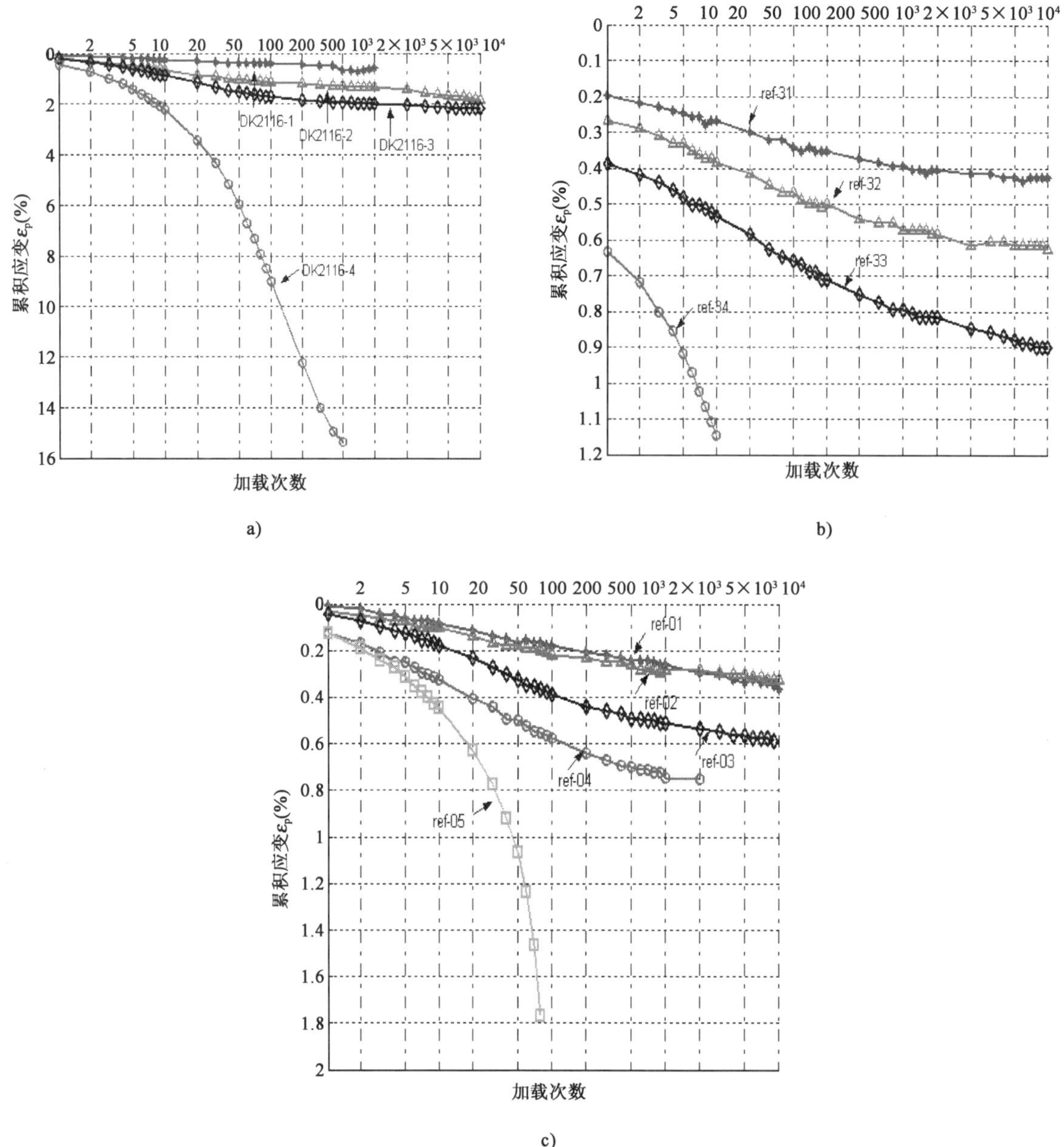

图 2 累计残余应变—加载次数曲线

a)未掺水泥;b)ref-3 组(水泥掺量 $x=3\%$);c)ref-0 组(水泥掺量 $x=4\%$)

$$\sigma_{d,f} = kN^{\theta} \tag{3}$$

式中:k、θ——试验参数,与试样的压实度、围压、含水率、加载频率等因素有关;

$\sigma_{d,f}$——某特定条件的一定加载次数下,试样应变不超过 1%所能承受的最大的动应力幅值。

首先根据各组试验得到拟合参数 α、β,计算得到各试样在动应力作用下达到累积应变 1%所需的重复加载次数;然后,根据各组试样计算得到的重复加载次数和相应动应变值,便可绘出各组试验的动强度曲线。

图 3 为具有相同试验条件(围压 $\sigma_3=25.0$kPa、压实度 $K_h=0.95$),而水泥掺入量、含水率不同的 DK2116-4 和 DK2116-4 组、ref-0 和 ref-3 组试验的动强度值随循环加载次数的变化规律。

根据武广客运专线设计年限内通过的车辆轴数换算为标准轴数 10^8 以上,本文取 10^8 作为路基填土在使用期限内所能承受的加载次数。在此加载次数下,允许应变为 1%,由各组得到的拟合公式计算得到各组的动强度见表 3。

全风化花岗岩及水泥改良土的动强度值 表3

组　别	含水率 w_a(%)	压实度 K_h	围压 σ_3(kPa)	水泥掺量(%)	动强度 $\sigma_{d,f}$(kPa)
DK2116-4	12.0	95%	25	0	63.5
DK2116-5	18.1	95%	25	0	31.5
ref-0	12.0	95%	25	3	187.7
ref-3	12.0	95%	25	4	417.4

由表3可见，掺加水泥后，全风化花岗岩水泥改良土的动强度 $\sigma_{d,f}$ 有了较大的提高。以DK2116-4组和ref-0组为例，在相同试验条件下（围压 σ_3＝25.0kPa、压实度 K_h＝0.95和含水率 w_a＝12.0%），掺水泥量3%的ref-0组动强度 $\sigma_{d,f}$ 是187.7kPa，未掺水泥DK2116-1组的动强度 $\sigma_{d,f}$ 是63.5kPa，前者是后者的3倍左右。若考虑含水率的影响，在相同试验条件下（围压 σ_3＝25.0kPa、压实度 K_h＝0.95），未掺水泥DK2116-5组（配制含水率18.1%，接近其饱和含水率）的动强度 $\sigma_{d,f}$ 是31.5kPa，与掺加3%水泥后即ref-0组（含水率12.0%，最优含水率附近）相比，动强度 $\sigma_{d,f}$ 相差更大，后者是前者的6倍左右。水泥含量增加如4%，这个比例将更大，达13倍左右，这说明随着水泥掺入量的增加，全风化花岗岩的动强度 $\sigma_{d,f}$ 也随之增大。

4.4 改良土动、静强度的影响因素

在相同试验条件下，各组试验的动、静强度随掺入量、含水率、压实度的变化见图3。

由图3可见，全风化花岗岩水泥改良土的动强度 $\sigma_{d,f}$ 随水泥含量 x 增加而增加呈线性关系；随压实度 k_h 的变化可采用幂函数式描述；随含水率 w_a 的变化可采用多项式函数表述。

配制试样时含水率对其动强度的影响主要体现在合适的水分有助于水泥与土粒的水解和水化作用，因此，含水率过大或过小均不利于全风化花岗岩水泥改良土的长期稳定性。由图3c）不难发现，水泥改良土的动强度 $\sigma_{d,f}$、静强度 q_u 在最佳含水率附近有最大值。

显然，动、静强度相比存在以下规律：

(1)对于未掺水泥改良的土样，在同样条件下，静强度大于动强度。

(2)随着水泥掺入量的增加，静强度与动强度相比，在同样条件下，两者的差值也随之增大。

(3)动、静强度随压实度的变化可用幂函数式描述。

(4)动、静强度随含水率的变化呈抛物线，均在最佳含水率附近取得最大值。

(5)围压对动强度的影响较明显，有围压情况下，动强度大大增加。但在同样条件下，动强度 $\sigma_{d,f}$ 与静强度 q_u 相比，其动强度还是小于静强度。

5 结语

通过上述试验可得到下面结论。

5.1 累计变形特征

在重复周期性荷载作用下，全风化花岗岩及水泥改良土的破坏呈脆性破坏即剪切破坏时累积应变小，多数情况下全风化花岗岩在1.0%左右，而其水泥改良土在1.5%左右。相同水泥含量试样的破坏应变基本相同，其水泥含量越高，破坏应变越低。

全风化花岗岩及水泥改良土的累积残余应变随加载次数的关系存在两种情况，其中一组累积应变的变化速率随加载次数增加逐渐缓慢，最后趋向稳定；另一组的累积应变随加载次数增加不断发展直至破坏。

5.2 动强度影响因素

与改良土的静强度一样，其临界动应力与临界塑性应变受土的种类、密度、含水率、水泥掺量、围压

等诸多因素的影响。临界动应力随含水率增加而降低,临界应变则随含水率增加而增加,临界动应力在其最佳含水率附近有峰值。

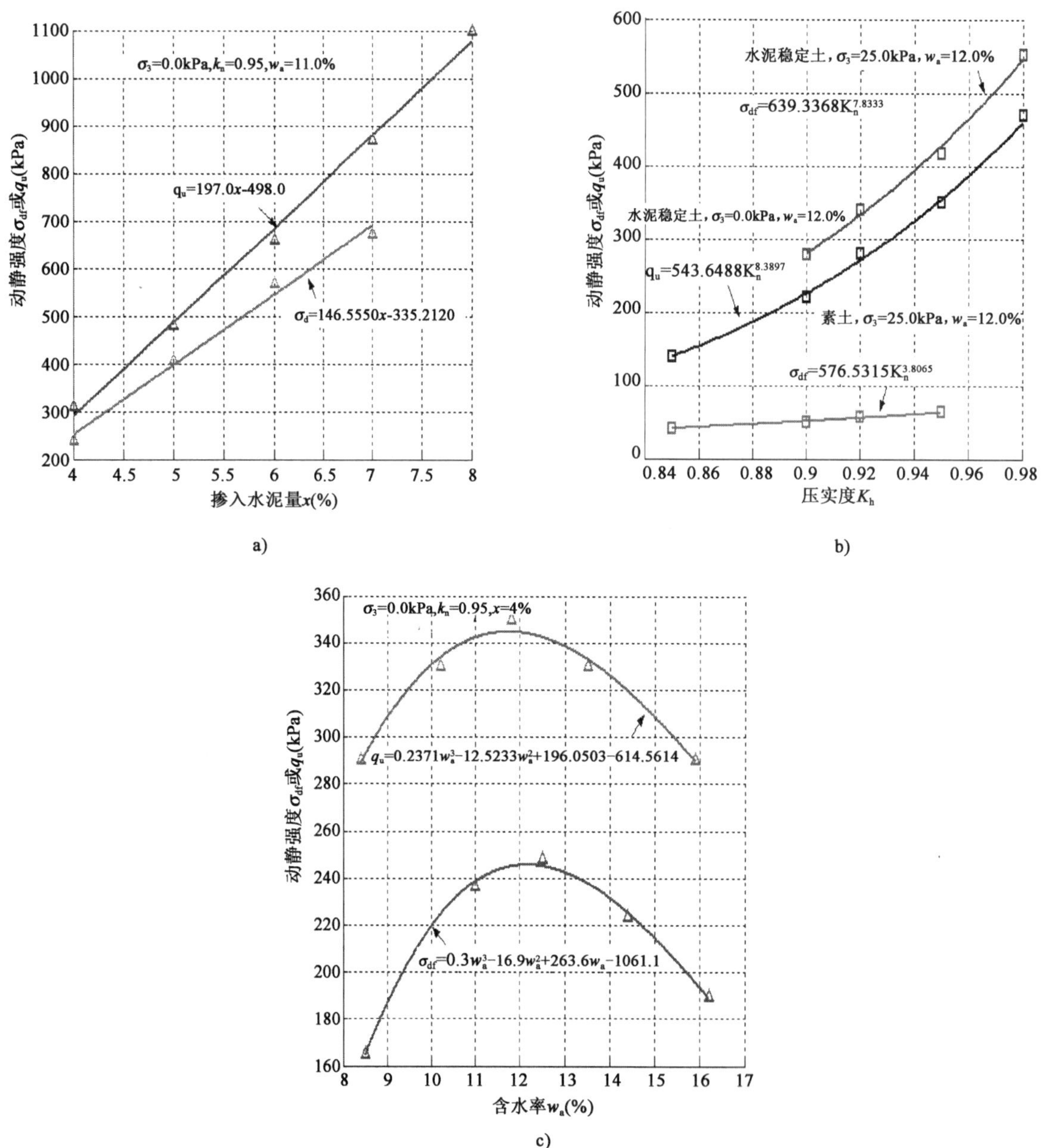

图 3 动静强度 $\sigma_{d,f}$随水泥含量 x、压实度 K_h 和含水率 w_a 的变化

a)掺入量 x;b)压实度 K_h;c)含水率 w_a

5.3 动、静强度特征

(1)对于未作改良的土样,在同样条件下,静强度大于动强度。

(2)随着水泥掺入量的增加,静强度与动强度相比,在同样条件下,两者的差值也随之增大。

(3)动、静强度随压实度的变化均可用幂函数式描述。

(4)动、静强度随含水率的变化呈抛物线,均在最佳含水率附近取得最大值。

(5)围压对动强度的影响较明显,有围压情况下,动强度大大增加。但在同样条件下,动强度 $\sigma_{d,f}$与静强度 q_u 相比,其动强度还是小于静强度。

改良土动静强度均满足高速铁路设计要求。

参考文献

[1] 尚彦军，史永跃，金维俊.花岗岩风化壳分带与岩体基本质量分级关系探讨[J].岩石力学与工程学报，2008，27(9)：1858-1864.

[2] 李志勇，曹新文，谢强.全风化花岗岩的路用动态特性研究[J].岩土力学，2006，27(12)：2269-2272.

[3] 何群.客运专线全风化花岗岩改良土隧—隧过渡段动力特性及稳定性研究[D].长沙：中南大学，2007.

[4] 杨广庆.水泥改良土的动力特性试验研究.岩石力学与工程学报，2003，22(7)：1156-1160.

[5] Etsuo S，Katsumi M. Study On properties of road bed chemically stabilized(日)[J]. Railway Technical Research Institute Report，1993，7(10)：55-62.

[6] 李佳，罗强，魏永幸.遂渝铁路无碴轨道路隧过渡段路基面动应力测试分析[J].铁道标准设计，2008，4：77-81.

[7] 律文田，王永和.秦沈客运专线路桥过渡段路基动应力测试分析[J].岩石力学与工程学报，2004，23(2)：500-504.

[8] 马伟斌，史存林，张千里.循环载荷作用下基床力学特性对道床影响的动态模型试验研究[J].铁道学报，2006，28(4)：102-108.

公路路基工程震害调查及对现行抗震设计规范的思考

甘善杰　刘永平　彭炳芬

(中铁二院工程集团有限责任公司公路市政院)

摘　要　“5.12”汶川大地震,持续时间长、影响面大,给人民的生命、财产造成了巨大损失。作为人类历史中一场罕见的灾难,汶川地震在给我们带来巨大伤害的同时,也必然会使我们对灾难进行反思。收集本次地震对道路工程所造成的破坏及影响等相关资料,总结分析工程建设的抗震经验和教训,对今后工程的抗震设计及抗震设防标准的修编都具有重要意义。本文根据震区道路路基工程的震害调研,分析了震害产生原因,提出了锚索、土钉等柔性支护结构抗震性能较好的观点,并对现行抗震设计规范的修改提出一些探索性意见。

关键词　汶川地震;震害调查;路基工程;抗震标准

Earthquake Damage Investigation of Highway Subgrade Engineering and Thinking about Current Aseismatic Design Specification

Gan Shanjie　Liu Yongping　Peng Bingfen

(Highway and Municipal Survey and Design Institution of CREEC)

Abstract　“5・12” Wenchuan Great Earthquake, lasting for a long time and influencing widely, caused great loss to people′s lives and properties. As a rare disaster in human history, Wenchuan earthquake has brought the huge damage to us, but it has also made inevitably us rethink about the disaster. It is of important significance to collect the related information of destruction and influence of the earthquake to and on road engineering, and summarize and analyze the earthquake-resistant experiences and lessons of the engineering construction for aseismatic design and revision of earthquake-resistant fortification standard in the future. According to earthquake damage investigation of road subgrade engineering in the earthquake region, in this paper, an analysis is made on the reason of earthquake damage, and it is thought that such flexible support structure as anchor rope and soil nail, etc. has good earthquake-resistant behavior, and some exploratory opinions are put forward on the revision of the current seismic design specification.

Key words　wenchuan earthquake; earthquake damage investigation; subgrade engineering; aseismatic standard

1　引言

我国地处世界上两个最大地震集中发生地带——环太平洋地震带与欧亚地震带之间,地震较多,大多是发生在大陆的浅源地震,震源深度在 20km 以内。位于青藏高原南缘的川滇地区,主要发育有北西向的鲜水河—安宁河—小江断裂、金沙江—红河断裂、怒江—澜沧江断裂和北东向的龙门山—锦屏山—

作者简介:甘善杰(1965－　),男,教授级高级工程师,中铁二院工程集团有限责任公司公路市政院副总工程师。

玉龙雪山断裂等大型断裂带。该区新构造活动剧烈，绝大多数属构造地震，地震活动频度高、强度大，是中国大陆最显著的强震活动区域。四川汶川“5.12”特大地震就发生在青藏高原的东部边缘、四川盆地和龙门山交界处，它是由印度板块和亚洲板块的碰撞导致地层发生形变引起的。

“5.12”汶川大地震，持续时间长，影响面大，给人民的生命、财产造成了巨大损失，公路基础设施也遭到了严重损坏。在抗震救灾中，公路交通运输是抢救人民生命财产和尽快恢复生产、重建家园的主要环节。震区公路基础设施的严重受损，已严重影响了抗震救灾工作的实施。作为人类历史中一场罕见的灾难，汶川地震在给我们带来巨大伤害的同时，也必然会使我们对灾难进行反思，作为工程技术人员可以从中得到宝贵的启迪。

目前，地震预报是世界性难题，因此地震灾难的避免不能完全依靠地震预报，还必须加强工程的抗震设计。收集本次地震对道路工程所造成的破坏及影响等相关资料，总结分析工程建设的抗震经验和教训，对今后工程的抗震设计及抗震设防标准的修编都具有重要意义。

2 公路路基工程震害调查及分析

汶川地震公路路基工程灾后调研主要考虑项目距震中的远近以及施工图资料的可收集性，调研的项目有绵广高速公路金子山至沙溪坝段、成灌高速公路、紫坪铺水库左岸场内重载公路。

2.1 绵广高速公路

(1)项目概况

绵广高速公路金子山至沙溪坝段长约22.64km，项目按山岭重丘区高速公路标准修建，设计速度80km/h，双向四车道，路基全宽24.5m。共有隧道2座(右线全长2417m)，桥梁8座，全长2375.05m，桥隧所占比例约为21.2%，2002年12月28日建成通车。

工程区在大地构造上位于龙门山北东向褶皱带之南东翼与四川盆地边缘弧形(华夏式)构造带的交界位置。路基大多处于高填深挖段，不良地质有顺层滑坡、崩塌、岩堆、泥石流。路基加固措施有锚索桩、抗滑桩、桩板墙、浆砌片石挡土墙、加筋土挡土墙等，路基边坡防护采用了拱形骨架护坡、植草、护面墙及锚喷护坡等。

(2)路基工程震害调查

调查结果表明，震后路基加固防护结构基本完好，地震仅导致个别挡土墙伸缩缝拉宽，填、挖方边坡未发现失稳。

(3)结论

本项目原设防烈度为Ⅶ度(地震动峰值加速度为0.1g)，根据汶川地震资料，该区域地震烈度为Ⅶ度(地震动峰值加速度为0.15g)。汶川地震对本项目的安全未造成影响，路基主体工程未出现震害，表明《公路工程抗震设计规范》(JTJ 004—89)❶所确定的设计原则及设防措施合适，能满足高等级公路抗震要求。

2.2 成灌高速公路

(1)项目概况

项目位于成都市的西北方向，起自成都市绕城高速公路与羊西线交叉点，终点位于旧成灌公路与都江堰市二环路的交叉点，全长39.6km。采用平原微丘区高速公路标准，设计速度为120 km/h，双向六车道，路基全宽34.5m，共设置互通式立交6座，大中桥3座，全长约215m，分离式立交桥4座，于2000年7月初开通。

路线由东南向西北横穿成都平原中部，沿途广泛分布第四系堆积层，堆积厚度大。全线路基均以填方通过，边坡高度小于6m，路基边坡坡率采用1∶1.5。路堤边坡高度小于3m的地段，采用种草防护；大于3m的地段，采用拱形骨架护坡。设防烈度为Ⅶ度，汶川地震烈度为Ⅵ～Ⅶ度。

❶最新规范为《公路工程抗震设计规范》(JTG/T B02-01—2008)

(2)路基工程震害调查

除部分桥头锥体护坡有局部开裂外,路基未发现沉陷,路基主体工程、边坡护坡完好。本次地震对路基工程基本无影响。

(3)结论

该项目路基均为填方,且边坡高度不大,无特殊结构的支挡工程,汶川地震对本项目的安全未造成影响,路基主体工程未出现震害。

2.3 紫坪铺水库左岸场内重载公路

(1)项目概况

本项目位于紫坪铺水库左岸,长约10.5km,海拔在750~1425m之间,属低山河谷地貌区,地形起伏大。设计速度为30km/h,路基宽度12.8m。全线仅设置蒲家山桥1座,其余均为路基工程,于2003年初竣工。

项目位于龙门山构造带中南段,挟持于北川—映秀断裂和安县—灌县断裂之间。其主要构造形迹为北东向的短轴褶皱并伴随与之平行、倾向北西的一系列迭瓦式逆冲断层。组成区内的岩石主要为含煤砂岩、粉砂岩和炭质页岩软硬相间组成的层状岩体,经受强烈构造作用,岩层变形较为强烈,不同规模层间剪切破碎带发育。

全线设锚索桩工点1处,长183m;锚索工点4处,长940延米;桩基托梁挡墙7处,长262延米;土钉墙8处,长852延米;加筋土路堤1处,长104m;一般挡墙59处,长6580延米。

(2)路基工程震害调查

①锚索结构

A标段锚索加固边坡总长度为377m,地震中未损坏,边坡整体稳定性好;B标段锚索加固边坡长度为563m,损坏长度约10m,占加固段长度1.8%。A、B、C标段锚索及锚索桩结构震害统计如表1所示。损坏部分主要是由于切坡线以上山坡岩体崩塌,导致下部边坡锚索加固体部分锚头砸坏,少数锚头锚索外露,但对加固段边坡整体稳定性影响很小(图1)。由现场调查分析可知,采用锚索加固的边坡,抗震效果好,边坡基本未出现失稳现象,而切坡线外未加固山坡,崩塌严重。

锚索及锚索桩结构震害统计表 表1

标段	支护长度(m)	损坏长度(m)	损坏比例	震害形式
A标	377	0	0	—
B标	563	10	1.8%	整体稳定性好,个别锚头损坏,锚头锚索外露
C标	0	0	0	—

②土钉墙

土钉墙整体稳定性较好,未出现严重的损坏情况,仅个别地段局部土钉墙出现斜向裂纹(图2),挂网钢筋外露。由现场调查可知,采用土钉墙加固的边坡,抗震效果好,边坡未出现失稳现象,A、B、C标段土钉墙震害统计见表2。

图1 局部损坏锚索边坡

图2 局部损坏土钉墙边坡

土钉墙震害统计表 表 2

标　段	支护长度(m)	损坏长度(m)	损坏比例(%)	震害形式
A 标	0	0	0	—
B 标	505	30	5.9	整体稳定性好，局部产生斜向剪裂纹
C 标	347	0	0	—

③路肩及路堤挡土墙

A、B、C 标段路肩及路堤挡土墙震害统计见表 3、表 4。由表 3 可知，A、B、C 标段路肩及路堤挡土墙设置长度合计约 3100m，挡土墙损坏长度合计约 951m，占总长度的 30.7%。A 标段挡土墙震害程度最轻，损坏长度占标段总长度约 5.8%；B、C 标段挡土墙震害严重，不同形式的挡土墙损坏长度一般占总长度的 30%以上。

由表 4 可知，A 标段直线段和曲线段挡土墙的损坏程度较轻，不超过总长的 10%；B、C 标段直线段挡墙损坏约占总长的 31.9%和 15.2%，曲线段挡土墙损坏率达 30%以上，B、C 标段段回头弯段挡土墙震害比例高，设置的挡土墙大部分均有不同程度的损坏。

路肩及路堤挡土墙震害统计表 表 3

标段及墙型		挡土墙长度(m)	损坏长度(m)	损坏比例(%)	震害形式
A 标	路肩挡土墙	513	30	5.8	整体滑移
B 标	路肩挡土墙	979	367	37.5	整体滑移、墙身剪裂
	路堤挡土墙	321	117	36.4	墙身剪裂
	桩基托梁挡土墙	247	124	50.2	整体外倾
C 标	路肩挡土墙	1004	313	31.2	整体滑移
	路堤挡土墙	36	0	0	—

路肩及路堤挡土墙震害统计表 表 4

标段	直线段			曲线段					
				一般曲线段			回头弯段		
	总长(m)	损坏长度(m)	损坏比例(%)	总长(m)	损坏长度(m)	损坏比例(%)	总长(m)	损坏长度(m)	损坏比例(%)
A 标	142	10	7.0	371	20	5.4	0	0	0
B 标	674	215	31.9	680	243	35.7	193	150	77.7
C 标	492	75	15.2	350	105	30.0	198	133	67.2

从现场调查资料分析，路肩及路堤挡土墙损坏形式以整体滑移为主，局部地段墙身剪裂(图 3、图 4)，但对公路的运营安全未造成影响。挡土墙的损坏主要位于灯盏坪附近，多数发生在平曲线半径较小的曲线段和回头弯处路基段，且墙外临空面一侧地形陡峻。

图 3　路肩挡土墙整体滑移、墙身剪裂

图 4　路堑挡土墙墙身斜向拉裂和底部鼓胀

④路堑挡土墙

A、B、C标段路堑挡土墙震害统计如表5、表6所示。由表5可知，A、B、C标段路堑挡土墙设置长度合计约3742m，挡土墙损坏长度共计约501m，占总长度的13.4%。A标段挡土墙震害程度最轻，损坏长度占标段总长度约6.2%；B、C标段挡土墙损坏长度占总长度分别为20.4%、10.3%。

路堑挡土墙震害统计表　　表5

标　段	挡墙长度(m)	损坏长度(m)	损坏比例(%)	震害形式
A标	644	40	6.2	局部鼓胀、拉裂
B标	1423	290	20.4	局部鼓胀、拉裂、剪裂
C标	1657	171	10.3	局部鼓胀、拉裂

路堑挡土墙震害统计表　　表6

标段	直线段			曲线段					
				一般曲线段			回头弯段		
	总长(m)	损坏长度(m)	损坏比例(%)	总长(m)	损坏长度(m)	损坏比例(%)	总长(m)	损坏长度(m)	损坏比例(%)
A标	404	10	2.5	50	0	0	190	30	15.8
B标	590	55	9.3	640	140	21.9	193	95	49.2
C标	972	51	5.2	394	40	10.2	291	80	27.5

由表6可知，A标段直线段路堑挡土墙的损坏程度较轻，占总长的2.5%；B、C标段直线段挡墙损坏占总长分别为9.3%和5.2%。B标一般曲线段和回头弯段损坏比例相对较高，分别为21.9%和49.2%。

路堑挡土墙损坏形式主要为墙身剪裂、墙身斜向拉裂和墙底鼓胀。从整体上看，路堑挡土墙震害对道路运营安全未造成影响。路堑挡土墙的损坏主要位于灯盏坪附近，具体表现为平曲线半径较小路段挡土墙有不同程度的损坏，而一般路段挡土墙相对较为完好。

⑤一般填方及加筋土填方路基

一般填方路基稳定性较好，基本未出现大的失稳现象，但部分路基外侧(临空面陡峭)边坡拉裂纹非常发育(图5)，从现场调查来看，多数属于弃方未压实而形成的拉裂缝。

加筋土路基K4+605～K4+709最大填方高度22m，K5+030～K5+170.55最大填方高度约24m，地震中未出现边坡失稳现象，仅上部护肩向外侧有少量的倾移，表明加筋土路堤边坡稳定性较好，采用加筋土方式是地震区高路堤处理的一种有效工程措施。

⑥一般挖方路基

一般挖方路基段，切坡线以内边坡整体稳定性较好，采用锚索、土钉墙、喷锚支护的边坡基本未出现边坡失稳，路堑挡土墙防护地段，除少量出现墙身剪裂、墙身斜向拉裂和墙底鼓胀等震害外，其余稳定性较好；而切坡线以外山坡震害相对较为严重，主要表现为岩质边坡崩塌(图6)、土质边坡溜塌的破坏形式。

图5　路堤外侧边坡拉裂

图6　岩质边坡崩塌

(3)路基工程震害分析

本项目原设防烈度为Ⅶ度(地震动峰值加速度为0.1g),根据汶川地震资料,该区域地震烈度为Ⅷ度(地震动峰值加速度为0.2g)。地震烈度已超过结构物的设防烈度,路基工程出现了多处震害。

根据本次地震灾后调查,同样在设防烈度为Ⅶ度下修建的路基结构物,经受地震烈度为Ⅷ度(地震动峰值加速度为0.2g)的地震力作用后,有些出现了病害,大部分并未产生,且出现病害的地段主要位于灯盏坪附近。

水泥路面状况绝大部分整体完好,仅灯盏坪附近出现路面鼓胀(图7)、隆起,部分路段路面鼓胀后搭接50cm左右,而该处前后路面板块横向缩缝并未出现拉开,表明地基出现严重挤压,路线长度缩短。灯盏坪的乡村道路路面也出现挤压鼓胀现象(图8)。

图7 路面横向挤压鼓胀

图8 乡村道路路面横向挤压鼓胀

从以上工程病害的分布地段可看出,路基路面的病害集中于灯盏坪附近。从区域工程地质来看,灯盏坪附近有三个断层(F_1、F_2、F_{2-1})横穿路线,汶川地震时该处断层可能活动剧烈。

为了更好地分析路基工程震害产生的原因,现按不同烈度作用下的地震力,对路肩挡土墙作抗滑移、抗倾覆稳定性验算,计算结果如表7所示,并结合区域地质构造作进一步分析。

挡土墙稳定性计算结果　　表7

桩号	计算墙高(m)	工况一		工况二						损坏情况	备注
				0.1g		0.2g		0.3g			
		K_c	K_o	K_c	K_o	K_c	K_o	K_c	K_o		
K3+180	13	1.63	2.48	1.33	1.95	1.12	1.61	1.09	1.37	未损坏	直线段
K3+290	10	1.91	1.92	1.56	1.52	1.33	1.27	0.96	1.16	损坏	曲线段
K5+210	10	1.63	2.39	1.34	1.92	1.13	1.61	0.98	1.38	损坏	回头弯
K5+700	12	1.78	2.74	1.43	2.15	1.20	1.78	1.00	1.42	损坏	直线段
K5+927	5	1.71	2.45	1.40	1.96	1.18	1.63	1.02	1.40	未损坏	直线段

注:工况一的荷载组合为永久荷载;工况二的荷载组合为永久荷载+地震力。K_c为抗滑移稳定系数,K_o为抗倾覆稳定系数。

由表7可知,地震烈度Ⅷ度、动峰值加速度0.2g条件下,考虑永久荷载与地震力的组合(工况二,地震发生瞬间路面未满布车载),抗倾覆和抗滑移稳定性均大于1.1,均处于稳定状态。这也充分说明,汶川地震时本项目虽然经受剧烈地震力的作用(地震烈度Ⅷ度,动峰值加速度0.2g),而路基结构物大部分完好。从表7还可看出,地震动峰值加速度为0.3g时,直线段抗滑移稳定性均趋于极限稳定状态,而曲线段稳定性系数小于1.0,处于失稳状态。说明本次地震断层带附近的地震动峰值加速度大于0.2g,达到0.3g左右。

从现场调查结果来看,路肩挡土墙主要表现为整体滑移破坏,宏观现象为挡土墙与路面脱开,宽度一般在10~30cm之间,计算结果也验证了挡土墙稳定性主要受滑移控制。现场调查过程中发现,曲线段挡土墙损坏较为严重,而区域内直线段震害相对较轻是宏观震害的一个显著特征。特别是灯盏坪附近,路肩挡土墙损坏最为严重。原因主要有三点:其一是曲线段设置挡土墙时,其高度一般均较大,地震对其影响相对低墙来说大得多,而目前的抗震规范考虑墙高的影响以12m分界;其二是灯盏坪附近有F_1、F_2、F_{2-1}断层的存在,导致震害加剧,显然,断层附近地震烈度并不等同于区域的地震基本烈度,即局部场地条件的影响加剧了附近建(构)筑物的损坏;其三是现行的挡土墙稳定性分析是基于平面受力体系,曲线段尤其是低等级公路回头弯处挡土墙受力较复杂,采用平面力学体系来分析评价曲线段挡土墙的力学特征有一定的局限性,这种情况在没有地震力作用下的其他相似工点挡墙病害中也得到了证实。

对挡土墙出现的非整体性失稳破坏(如局部鼓胀、拉裂、剪裂等)一般均由施工质量的原因而造成。从事过挡土墙计算的技术人员一般都清楚,挡土墙属于重力式结构,墙身截面尺寸受整体稳定控制(抗滑移、抗倾覆、地基承载力),墙身内部受剪不是控制因素,内部受剪的安全度比整体稳定安全度均大。即挡土墙受到的外部作用力大于其实际承载能力时,表现出的破坏模式应为滑移或倾覆,而不是局部剪裂。鉴于浆砌片石挡墙施工质量问题,对高烈度地震区有必要改为片石混凝土或混凝土挡墙。

(4)结论

从本次震害调查结果及分析来看,《公路工程抗震设计规范》(JTJ 004—89)有关Ⅶ度地震区所确定的设计原则及设防措施是合适的,能满足公路抗震要求。

路基工程抗震设计必须考虑局部场地条件的影响,如断层带附近支挡结构的抗震设防等级比同区域地震基本烈度宜作相应的提高。

鉴于浆砌片石挡墙施工质量问题,对高烈度地震区有必要改为片石混凝土或混凝土挡墙。

小半径曲线段尤其是低等级公路回头弯处挡土墙受力较复杂,采用平面力学体系分析的挡土墙需增加一些补强措施。

锚索、土钉等柔性支护结构抗震性能较好。

3 对现行抗震设计规范的思考及建议

(1)岩土工程稳定性分析需要考虑局部场地条件的影响。现行公路抗震设计规范对岩土工程稳定性计算只考虑水平地震荷载,采用拟静力法。水平地震荷载计算仅与区域的地震基本烈度所确定的地震动峰值加速度有关,工程所在区域局部场地条件并未考虑。

抗震规范所定义的地震基本烈度是指一定区域在今后一定时期内,在一般场地条件下可能遭到的最大地震烈度。它只反映了一个地区内各处地面受到地震影响程度的平均趋势,而忽略了局部场地条件差异所造成的影响。对同一震源传来的地震波,在地震基本烈度相同的区域所产生的地表水平地震动峰值加速度因局部场地条件的影响可能差异很大,这就是为什么相同设防烈度的道路路基结构物经受同一地震后有些完好无损而有些却损坏严重的原因。对抗震有利的场地,其实际地震烈度比区划图规定的烈度为低,结构物地震力的计算值可能比实际的要高;反之,地震力的计算值就比实际的要低。路基工程设计时必须考虑局部场地条件的影响。

(2)小半径曲线段尤其是低等级公路回头弯处挡土墙,非地震区受力比较复杂,地震区考虑地震力后受力就更为复杂,采用平面力学体系分析的挡土墙需增加一些补强措施。

(3)Ⅷ度以上高烈度地震区的挡土墙,现行的抗震设计规范对地震力随墙高的放大系数也是按12m分界,12m以下不考虑,此条规定可能不安全。建议Ⅷ度以上高烈度地震区的高挡墙,考虑地震放大系数的墙高应适当降低,或适当提高抗倾覆、抗滑移稳定系数。

(4)鉴于浆砌片石挡墙施工质量问题,对高烈度地震区有必要改为片石混凝土或混凝土挡墙。

(5)鉴于锚索、土钉等柔性支护结构抗震性能较好,对高烈度地震区的支挡结构应优先考虑。

4 结语

(1)通过本次公路路基工程的震害调查,原设防烈度为Ⅶ度,本次地震烈度也为Ⅶ度地震区的公路,未发生明显的震害情况,路基结构物均无明显因地震造成的结构性损伤。表明现行《公路工程抗震设计规范》(JTJ 004—89)对设防烈度为Ⅶ度地震区的公路所确定的设计原则及设防措施是合适的,能满足公路工程的抗震要求。

(2)设防烈度低于实际地震烈度的震区,路基结构物震害比较普遍。因缺少相应等级设防烈度结构物的验证,对现行《公路工程抗震设计规范》(JTJ 004—89)有关其他设防烈度的设计原则及设防措施是否合适有待于进一步论证。

参考文献

[1] 中华人民共和国行业标准. JTG D30—2004 公路路基设计规范[S]. 北京;人民交通出版社,2004.

[2] 中华人民共和国行业标准. JTJ 004—89 公路工程抗震设计规范[S]. 北京;人民交通出版社,1989.

[3] 交通部第二公路勘察设计院. 公路设计手册・路基[M]. 2 版. 北京:人们交通出版社,1996.

三峡库区堆积层滑坡特性及稳定性分析评价

李正川　刘贵应　潘方贵

(中铁二院工程集团有限责任公司重庆公司)

摘　要　堆积层滑坡与库岸的稳定性对地下水周期性变化极为敏感,本文针对三峡库区内松散堆积层滑坡变形的特征,根据堆积层滑坡在库水位变化条件下的水压力变化,建立了松散堆积层滑坡渗流模型,并据此对库水位变化条件下滑坡渗流场与稳定性进行分析评价。为松散堆积层滑坡的稳定性评价提供了一条新的途径。同时根据堆积层滑坡特性,总结了三峡库区堆积层滑坡典型的工程治理措施,对库区堆积层滑坡的治理设计具有借鉴意义。

关键词　堆积层滑坡;稳定性评价;渗流模型;工程治理

Characteristics and Stability Analysis Evaluation of Accumulation Landslide in Three Gorges Reservoir Area

Li Zhengchuan　Liu Guiying　Pan Fanggui

(Chongqing Survey, Design and Research Institute Co. Ltd of CREEC)

Abstract　The accumulation landslide and stability of reservoir bank are susceptible to the cyclic variation of underground water. According to characteristics of loose accumulation landslide deformation in Three Gorges Reservoir Area and water pressure variation of accumulation landslide with water level variation of reservoir, a seepage flow model has been established for loose accumulation landslide and by it, a analysis evaluation to landslide seepage flow field and stability has been made under the condition of water level variation of reservoir, which provides a new approach to stability evaluation of loose accumulation landslide. According to characteristics of loose accumulation landslide, a summary has been done on treatment measures for type accumulation landslide engineering in Three Gorges Reservoir Area, which is used for reference for treatment and design of accumulation landslide in Reservoir Area.

Key words　accumulation landslide; stability evaluation; seepage flow model; engineering treatment

1　引言

三峡水利枢纽工程是具有防洪、发电、航运、供水等巨大综合利用效益的特大型水利水电工程。长江三峡库区自然条件和地质条件复杂,环境容量有限,暴雨、洪水频繁,历来是地质灾害多发区。特别是三峡工程建设以来,地质环境条件有一定程度的改变,地质灾害隐患点增多,地质灾害险情发生频繁。

三峡库区滑坡按岩性划分为基岩滑坡和第四系松散堆积层滑坡两大类。据统计,三峡库区长江干流河谷中,100 万 m^3 以上的滑坡 61 个,体积 12.14 亿 m^3,其中松散堆积层滑坡 30 个,体积 2.35 亿 m^3。松散堆积层滑坡占滑坡总数的 49.18%,占总体积的 19.36%。由此可见,松散堆积层滑坡是三峡库区典型的一类滑坡。其稳定性差,受库水位及暴雨影响大。因此,对三峡库区堆积层滑坡特性及其稳定性进行分析评价,直接关系到目前正在加紧治理的库区滑坡工程效果、库区人民生命财产安全及水库的正常运营。

作者简介:李正川(1967—　),男,教授级高级工程师,中铁二院工程集团有限责任公司重庆公司总经理。

2 三峡库区工程地质环境

2.1 库区地形地貌

库区处于我国地势第二级阶梯的东缘，全国地貌区划为板内隆升蚀余中低山地。库区地貌明显受地层岩性、地质构造和新构造运动的控制，以奉节为界，分为东西两大地貌单元。即奉节以东三峡侵蚀溶蚀低中山峡谷段和奉节以西川东盆地侵蚀剥蚀低山丘陵平行岭谷区。

库区地貌形态多种多样，主要为山地受流水地质作用和重力地质作用改造的产物，如冲沟、洪积扇、倒石堆、滑坡体等。巫山至云阳的长江河谷中可见Ⅱ～Ⅵ级阶地，在庙河—白帝城发育多处规模较大的滑坡，局部发育岩溶地貌，如溶沟、溶槽、岩溶漏斗等。

2.2 库区地质构造

库区跨越川鄂中低山峡谷及川东平行岭谷低山丘陵区，北屏大巴山脉，南依川鄂高原。地质构造上包括新华夏构造体系第三沉降带之川东褶皱带，第三隆起带之川黔湘鄂隆起皱褶带及大巴山弧形褶皱带和淮阳山字形构造体系的盾地和砥柱。印支运动结束了川东鄂西的海洋环境，并继续沿中生代沉降带接受巨厚的陆相红色沉积。燕山运动是区内一次规模巨大的造山运动，它使震旦系以来的沉积盖层发生强烈褶皱和断裂，同时又改造和干扰、破坏了前震旦系古老的地质构造形态，并结束了四川盆地和秭归盆地的沉积历史。燕山运动以后，区内表现为大面积间歇性差异抬升，地壳日趋稳定。

2.3 库区地层岩性

区内地层按其岩相建造和岩体结构特征，可分为四种工程地质岩类。

块状结晶岩类：包括前震旦系块状岩浆岩及混合化的中、深变质岩。仅分布在庙河三斗坪段。

层状碎屑岩类：主要为三叠革中、上统及保罗系红层，为区内主要易滑岩类，主要分布于香溪至秭归，奉节至库尾。

层状碳酸岩类：震旦系上统、寒武豆、奥陶系下统、石炭系、二叠革和三叠系下统。较集中分布于庙河至奉节的干流及支流乌江段。

松散松软岩(土)类为第四系松散松软堆积，多为斜坡地带的残坡积、崩滑堆积和城镇区人工堆积，为区内易滑岩(土)类。

2.4 库区水文地质条件

三峡库区区域水文地质条件严格受长江自身的发育控制。与崩塌滑坡有关的地下水类型分述如下。

(1)河谷潜水

河谷阶地潜水分布于长江及其支流两岸的Ⅰ～Ⅱ级阶地，直接接受大气降水补给，径流于河谷阶地砂卵石层之中，排泄在长江。目前三峡库区周期性水位涨落，对库岸滑坡、崩塌的发育产生了巨大的影响。据调查统计，滑坡的剪出口绝大多数在河谷潜水排泄区附近。

(2)坡崩积层潜水

坡崩积层潜水分布于沿江Ⅱ级阶地以上(包括Ⅱ级阶地)，直至剥夷面的折坡地带，这类地下水运动于块石风化黏土之间，多以孔隙储水为主。

(3)坡残积潜水

坡残积潜水主要分布于川东高阶地的台阶后缘及斜坡低洼处，含水岩性为风化黏土、黏土砾石，如重庆松林坡黏土砾石层，涪陵师专、万州沙河子中学等处，其中以灰白色黏土含水具有滑坡成因意义。这类含水层的持水能力强，透水能力差。水位、水量随季节变化。雨季大量降雨渗入，使灰白色黏土层强度指标迅速下降，构成坡体的软弱结构面，最易引起坡体失稳而导致滑坡的产生，如涪陵师专因游泳池施工，开挖后灰白色黏土暴露地面引起滑坡。

(4)基岩裂隙潜水

主要分布于长江两岸斜坡地段。砂岩泥岩产生一定深度的风化裂隙带，风化带深度10～30m，有利于地下水的富集。这类地下水受季节性变化影响特别大,多以泉水方式出露在台地的砂岩、泥岩接触地带上。往往在这些风化带网状裂隙含水层上有部分第四系坡残积、坡崩积层覆盖,容易产生基岩风化带连同上覆堆积层一起滑动的滑坡(如鲤鱼沱滑坡)。

3 三峡库区地质灾害概况

三峡库区山势险峻,峡谷深切,暴雨洪水频繁,从古至今,一直是地质灾害多发区。随着时间的不断推进,库区地质灾害对三峡工程建设、库区移民和库区人民生命财产安全的影响和危害日益增加。1986～2009 年,我国对库区地质灾害共进行了六次普查。

3.1 "七五"期间调查

1986～1990 年,地矿部地质环境管理司主持"七五"国家重大科技攻关项目《长江三峡工程重大地质与地震问题研究》进行了全面调查。查出库区干、支流两岸体积大于 50 万 m^3 以上的崩塌、滑坡和危岩变形体共 428 个,总体积达到 27.7 亿 m^3。

3.2 1991～1999 年调查

水利部长江水利委员会在水库淹没处理调查中,进一步调查了崩塌、滑坡的发育情况。其在 2000 年 11 月《长江三峡工程库区淹没处理及移民安置崩滑体处理居体规划报告》中,列出前缘在高程 175m 以下涉水的崩塌、滑坡(含上述"七五"期间查出的崩塌、滑坡)1302 处,总体积 33.34 亿 m^3。

3.3 2000～2001 年国土资源部以区县为单位地质灾害普查

国土资源部组织进行三峡库区 20 个县(市、区)地质灾害调查,查出 20 个区县所辖范围内地质灾害点 5384 处,以滑坡崩塌为主,其中滑坡 3891 处,崩塌(含危岩)617 处,不稳定斜坡 668 处,泥石流沟 85 处,地面塌陷 88 处,地裂缝 33 条。

3.4 2001 年编制二期地质灾害防治规划两省市库区区(县)调查

2001 年 7 月,国务院要求编制三峡库区地质灾害防治规划并启动二期地质灾害防治。库区 20 个区县查出在三峡库区范围内除水利部长江委汇总的 1302 处崩滑体外,另查出的崩滑体有门 88 处,总体积 $115100\times10^4m^3$。按地域分,湖北省 235 处,总体积 $35620\times10^4m^3$;重庆市 953 处,总体积 79480×10^4m。

3.5 2003 年三期规划规前调查

为了编制三期规划,两省市地方政府组织对库区范围内的崩滑地质灾害进行了全面调查,重点放在坝前水位 156m 和 175m 影响范围内的三、四期涉水崩塌滑坡和三、四期移民迁建区,共查获崩塌滑坡(含 2001 年查出的 2490 处)4664 处,其中涉水崩塌滑坡 2619 处,不涉水崩塌滑坡 2045 处,总体积75.5 亿 m^3。

3.6 2009 年三峡库区地质灾害防治后续规划规前调查

2009 年 5～7 月,库区 26 个区县政府及国土资源局委托地勘单位进行了扩大的库区范围内地质灾害调查并汇总上报,重点是生态屏障区和移民迁建区。在新界定的三峡库区范围(生态屏障区和移民迁建区)内查出崩塌滑坡 5386 处,总体积 83.35 亿 m^3。主要分布在秭归、兴山、巴东、奉节、云阳、万州、开县、忠县、丰都、涪陵、长寿等区县。

4 堆积层滑坡的特征及分类

在三峡库区中,堆积层滑坡是库区滑坡中分布最为广泛、暴发频率较高、持续危害性较大的一类致灾体,其中 1985 年发生的新滩滑坡就是比较典型的巨型堆积层滑坡。该类滑坡通常发生在第四系及近代松散堆积层中,其滑体物质一般由次生堆积体,如崩积物、崩坡积物及冲积与崩坡积混合物堆积而成。其物质组成具有结构松软碎裂,力学性质随水文因素变异大,在库水位下降条件下,形变体表层、内部及下伏软弱结构面都能同时受到动水影响等特性。堆积层滑坡整个斜坡堆积体自表层向深处,自后缘向前缘具含泥量及密实度增加、空隙度及渗透性减小的趋势。滑面多为斜坡堆积体与基岩接触面，由于该界面处含泥量增加及渗透性减小，常构成斜坡的相对不透水层，这不但为滑坡的发生创造了物质条件，而且还为滑坡的发生创造了触发条件。

堆积层滑坡一般规模较小，厚度通常小于10m，多为浅层或中深层滑坡。其综合特征见表1。

堆积层滑坡综合特征表　　表1

分布类型	总体表现为点多面广，可划分为线状串珠型、坡面裙裾型、无序散点型
物质组成	残坡积物，崩坡积物，洪积物等，物质成为以土质、碎裂岩体及土石混合质为主
水文性质	坡体组成物质结构疏松，孔隙度大，粒间结合力差，透水性强，滑床面一般为下伏不透水层顶板或水文性质差异面
发生特征	具有随机性、复发性、多发性、群发性和同步性，多为暴雨及水位变动激发，可一次激发剧滑，或多次反复缓慢蠕移
位移特征	常不连续形变，时序规律性较差，位移稍有滞后降雨及水位变动的性质，顺层滑坡自下而上以“溯源”牵引为主，常年多级滑动，整体性差，切层滑动，以后部挤压为主，累进性滑动
发育阶段	以蠕变阶段历时较长，无明显持续滑动阶段，剧滑速度因坡度等外部因素不一，快慢差异悬殊
成灾特征	分布面广，影响大，成灾具有反复性、承继性，多发生于居民点、建筑边坡及农耕区，对人、财、物直接威胁大，并易随雨形成泥石流等次生灾害链，扩大灾害面

堆积层滑坡，按滑动面位置分，有沿基岩顶面滑动的，有沿不同年代或不同类型堆积面滑动的；按滑动原因分，有因滑体下层松散软湿而滑动的(这类滑动往往急剧)，有因滑体上层受壤中水浸湿因而沿较干燥的相对隔水层顶面滑动的。

4.1　浅层堆积层滑坡

浅层堆积层滑坡具有如下特性：

(1)上层松散堆积物直接受降水或山坡上侧地面水的影响，沿下层相对隔水层呈大面积片状滑动。

(2)堆积层受壤中水(上部含水层中经常有的无压水)的作用形成浅滑，这类滑坡往往是沿斜坡上的壤中水露头分布。

(3)沿地面上的沟洼滑移破坏。由于沟洼汇集地表水，因而形成沟槽状舌形滑坡，其顺滑动方向的长度比其宽度要大得多。

4.2　中深层堆积层滑坡

中深层堆积层滑坡具有如下特性：

(1)沟口堆积层(包括洪积层)滑坡，其长度常大于其宽度，形态上是纵长式。山坡堆积层滑坡，其宽度常大于其长度，形成横长式。

(2)堆积层沿基本岩层层面滑动，因基岩层面有一层细颗粒的山坡风化剥落土层或风化残积层，形成一定厚度的滑动带。这类滑床往往是较坚硬的基岩。

5　堆积层滑坡的变形特征

堆积层滑坡多是沿下伏基本岩层面滑动。如果堆积层很厚而且不是一个时期堆积的，也往往同时沿不同时期堆积面滑动。有时滑动面是由一层软弱岩层所构成，而形成一个滑动带。滑动面(带)多数是由一些黏土夹层或风化千枚岩、炭质页岩等构成，一般都是饱和的或潮湿的，并经常发现有地下水活动。

滑动面较深的堆积层大滑坡，裂缝长而连贯，滑壁倾斜度陡甚至垂直，初期陷落不大，往往在雨季以后发展反较雨季中发展得快，裂缝位置也比较固定，经夯填后常在原位置重复出现。浅层滑坡的裂缝宽而浅，裂缝倾斜缓，开口大，陷落也大，但长度不大，也不连贯，显得复杂凌乱，这是由于滑坡体不厚，容易受下面基岩不规则形态的影响。

滑动面的纵向坡度(沿滑动方向)如果是上部缓下部陡，那么这个滑坡是下部先滑，然后可能逐渐向上发展；如果是上部陡下部缓，则滑坡是上部先变形，然后推动下部。

6 堆积层滑坡稳定性分析评价

6.1 堆积层滑坡在库水位变化条件下的水压力问题

堆积层滑坡与库水位变化有很大的关系。一方面库水位的上升导致坡体浸水体积增加，滑面上的有效应力减少或抗滑阻力减少，部分滑带饱水后强度降低；另一方面库水位骤然下降时，由于坡体中地下水位下降相对滞后，导致坡体内产生超孔隙水压力，在滑坡体内形成暂态渗流场。随后滑体孔隙水压力逐渐消散，土体由饱和变为非饱和状态，非饱和区土壤水的运动和饱和区水的运动相互联系，产生顺坡向的动态扩张力，使裂缝张大，逐步加剧斜坡松散堆积体的变形和位移。

堆积层含水层分布面广，当堆积层渗透性很差，且在库水位达到一定水位的一定时间后库水位骤降时，斜坡岩土体地下水随之向库内排泄，由于斜坡岩土体渗透性差而导致水层通道破坏，流路堵塞，坡脚处动静压力迅速增长，容易引起斜坡失稳；当堆积层渗透性很强，且在库水位骤升时，库水迅速渗入坡体内并在斜坡坡脚处迅速形成很高的扬压力，以减小岩土体的有效应力，容易导致斜坡失稳。

同时，库水位变化对堆积层土体力学性质的影响也是非常显著的。库水位变化对堆积层土体的力学性质的影响主要表现在物理作用、化学作用及力学作用。地下水对堆积层土体强度的影响主要有三方面：①库水位变化通过物理的、化学的作用改变堆积层土体的结构，从而改变堆积层土体的 c、φ 值；②库水位变化通过空隙静水压力作用，影响堆积层土体中的有效应力而降低其强度；③库水位变化通过空隙动水压的作用，对堆积层土体施加一个推力，即在堆积层土体中产生一个剪应力，从而降低堆积层土体的抗剪强度。

6.2 堆积层滑坡在库水位变化条件下的渗流模型

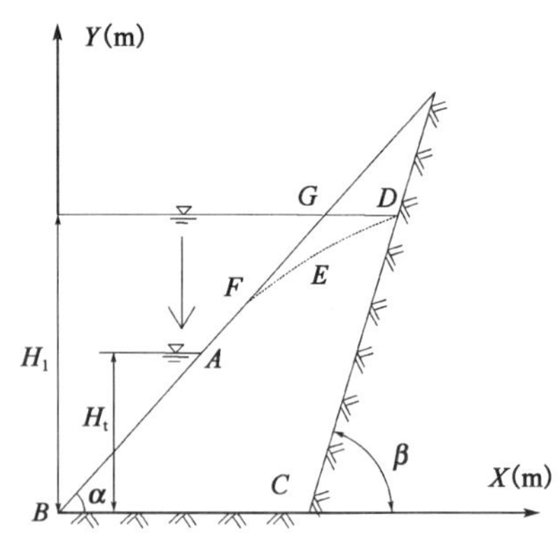

图1 堆积层滑坡水位变化示意图

堆积层滑坡在库水位变化条件下的渗流模型基本假设。

假设1 滑坡体渗流场服从杜布依近似假设。即由于渗流自由面的坡度很小，认为可以假定沿铅深度方向铅直线是等势线，即测压管水头为常数。那么，对于二维纵剖面稳定渗流自由面是一条流线。

假设2 假设滑带是相对隔水层。

假设3 鉴于上面两个假设，库水位下降时的渗流按不透水层上的缓变渗流处理。

如图1所示为一个任意边坡，其中 BC 和 CD 为隔水边界。当库水水位从 G 点降到 A 点时，各段边界分类如下：AB 属于第一类边界中的动水头边界；BC、CD、DF 和渗出面 AF 为第二类边界。其中点 A、F、D 都是变动点，需要根据迭代计算确定其具体位置。

(1)定水头边界：

$$H(x,y,t)=H_0(x,y) \tag{1}$$

(2)动水头边界 AB：

$$H(x,y,t)=H_0(x,y)-vt \tag{2}$$

(3)溢出面边界 AF：

$$H(x,y,t)=\mathrm{MIN}(H(t),y) \tag{3}$$

(4)流量边界：

$$q(x,t)=-k_x\frac{\partial H}{\partial x}n_x,q(y,t)=-k_y\frac{\partial H}{\partial y}n_y \tag{4}$$

当采用水头 h 作为控制方程的因变量，对于各向异性的堆积层滑坡渗流控制方程为：

$$k_x\frac{\partial^2 h}{\partial x^2}+k_z\frac{\partial^2 h}{\partial z^2}=m_w\rho_w g\frac{\partial h}{\partial t} \tag{5}$$

以上两式中：k_x、k_y——分别为水平和垂直方向的饱和渗透系数(cm/s)；

v——水流速度(m/s)；

ρ——水的密度(kg/m^3)；

g——重力加速度(m/s^2)；

m_w——比水容量，定义为体积含水量 θ_w 对基吸力 (u_a-u_w) 偏导数的负值，即：

$$m_w=-\frac{\partial\theta_w}{\partial(u_a-u_w)} \tag{6}$$

6.3 堆积层滑坡水位变化稳定性分析案例

(1)云阳县甘家院子至人和大桥 H3 前缘滑坡基本特征

云阳县甘家院子至人和大桥滑坡位于云阳县新县城以北约 4km 的人和镇，地处小江右岸、木古河左岸的斜坡地带，属特大型土质滑坡群。其中，H_3 滑坡为堆积层滑坡，体积约 $765\times10^4m^3$，属大型土质滑坡。该项目涉水 156m，纳入三峡库区三期地质灾害防治工程应急抢险紧急实施Ⅰ类项目。

H_3 滑坡前缘直接临水，在库区蓄水后该段位于水位涨落带内，受库水变动的影响，前缘不稳定，易发生滑动，形成库岸再造，并影响 H_3 滑坡的整体稳定性。堆积层成分主要为粉质黏土夹块石，滑面位于土层与基岩的接触面，滑床主要为泥岩和泥质砂岩。

本文采用 MIDAS GTS 非线性有限元程序和收敛性能良好的渗流模型，为堆积层滑坡在库水位变化状况下稳定性分析的可靠性和计算精度提供了有力的保证。

根据室内试验、现场大剪试验、滑坡稳定性反分析及地区类似工程经验，确定滑带物理力学参数(在三峡动水位影响下，按照技术规程计算动水位浸润线，浸润线以下至库区防洪限制水位之间采用有效抗剪强度指标，其取值确定在天然和饱和指标之间，并结合经验值综合确定)见表 2。

稳定性计算参数选用表 表 2

岩层	天然状态抗剪强度指标		饱和状态抗剪强度指标		重度取值(kN/m^3)	
	c(kPa)	φ(°)	c(kPa)	φ(°)	天然	饱和
粉质黏土夹块(堆积层)	28.27	18.04	25.15	12.14	20.00	21.00
粉质黏土(滑带土)	21.50	9.10	18.00	7.00	19.20	20.00

(2)计算结果及分析

图 2 为甘家院子至人和大桥滑坡库水位以 0.5m/d 的速度从 175m 缓慢降至 145m 的总水头等值线云图(20d 后)。图 3 为滑坡库水位在上述运行工况下的渗流场剪应变等值线云图。

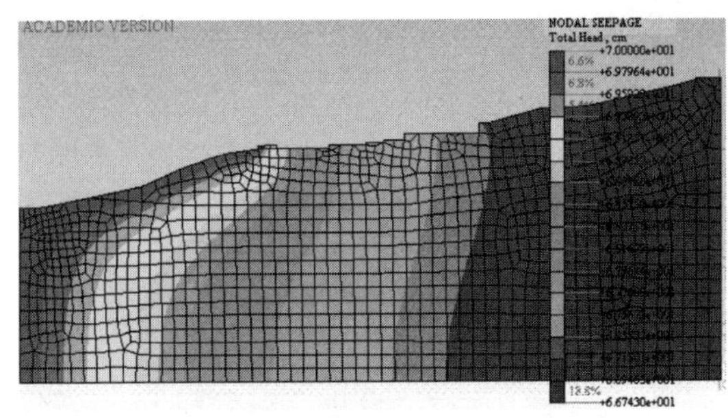

图 2 总水头等值线云图

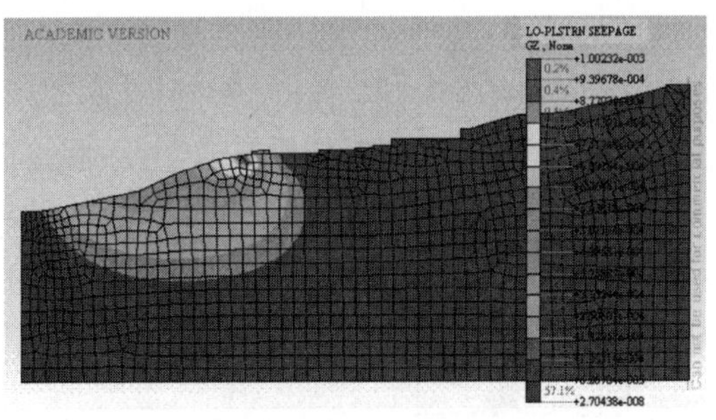

图 3 渗流场剪应变等值线云图

从图 2 与图 3 可以看出：

①当库水位从 175m 高程分别以 0.5m/d、1m/d、2m/d 的速度下降到 145m 高程时，水库水位依次在第 30d、20d、15d 后不再变化，但地下水却分别在第 26d、12d、5d 后才基本趋于稳定，依次滞后 4d、8d 和 10d。说明在库水起始高程相同的情况下，库水位下降速度越大，地下水位达到稳定所需时间越长。

②地下水是一条上凸的曲线，且后缘潜水面几乎水平，滑坡前沿水力梯度较后缘大；随着距水库的距离越近，地下水位线逐步降低，滑坡前缘地下水位线同时略微变陡，渗透压力有所增加。

③库水位下降初期,滑坡前缘接近地表的地下水流流速有向上的分量,这表示滑坡前缘渗透压力减小,不利于滑坡稳定。

④随着库水位下降,图中相应的等水位线向边坡体上游移动,饱和流场中的水压力在降低。

7 堆积层滑坡典型的工程治理措施

7.1 排水工程

(1)地表排水工程

降雨与堆积层滑坡体变形有密切关系时,宜采用地表排水工程。地表排水首先设置外围截水沟拦截滑坡以外的地表水,使之不能流入滑坡。截水沟应修建在滑坡可能发展的边界以外 5~10m 处,其断面大小,应根据其拦截地坡面的汇水面积和洪峰流量进行设计。

(2)地下排水工程

当久雨、地下水活动与滑坡变形密切相关时,一般宜采用地下排水工程。采用地下排水工程的目的是迅速降低滑坡内地下水水位,尽量疏干滑带,提高抗剪强度和有效应力,从而提高其稳定性。排水工程设计应充分依据勘查资料,分析滑坡内含水层的性质、分布、地下水的补、径、排及运移富集情况,决定地下排水工程位置以及依据工程服务年限内最大地下水水量进行工程设计。

据不完全统计,三峡库区在 175m 库水位影响的范围内共有大小滑坡 1190 余个,三峡水库在运行过程中,每年将在 145~175m 间周期性波动,库水位的长期周期性变化必将引起地下水位的长期周期性波动,从而产生周期性动水压力,使得滑坡的部分甚至全部处于周期性的饱和—非饱和状态,导致滑坡岩土体内的孔隙水压力和抗剪强度发生周期性变化,进而影响到滑坡的稳定性。据统计,自 2008 年三峡 175m 试验性蓄水以来,全库区发生新老滑坡变形 200 余起,塌岸百余处,不稳定库岸达 30km,这显然与库区水位的周期性变化有关。因此,加强排水对库区滑坡堆积层滑坡治理有不可替代的作用。

7.2 削坡减载工程

削坡适用于中小型滑坡,当滑坡滑面为圆弧形时,且滑体后部厚度大于前缘甚多且整体性较好时,削坡效果尤为显著。对于厚度大的滑坡,在锚固、抗滑桩等方案施工技术达不到或效果不佳的情况下,应考虑后方削坡方案或锚固、支挡结合方案。

削坡减载需论证削坡的效果及经济上的合理性,土地复垦、移民、青苗果木赔偿的行政及经济上的可行性及被削坡岩土体上方斜坡的稳定性及诱发或复活老滑坡的可能性。必要时削坡宜配合采用填土反压固脚,可以增大抗滑力,同时又可以作为削坡土体的弃土场地。

云阳张飞庙滑坡就是三峡库区堆积层滑坡削坡减载应用较为成功的案例,由于该滑坡为大型涉水滑坡,滑坡体呈多级滑面,滑坡体结构复杂,工程治理难度较大。经我公司多方多次方案研究论证,最终结合云阳市政南滨路建设,采用“后缘削方减载+前缘回填反压(反压平台作为云阳南滨路)+局部抗滑桩+护坡+排水”综合治理方案,工程完工后,经监测,滑坡体未发生变形,治理成效非常显著,造就了云阳滨江路 800m,形成 140 亩可建设用地(约 240 万/亩),长江库岸整治 1200m,直接经济效益近 3.0 亿元。此设计方案得到项目业主、重庆市国土局及云阳县委县府的高度肯定。

7.3 回填压脚工程

回填压脚是通过工程措施在滑坡体坡脚处提供足够的工程自重,以增加滑坡抗滑能力,提高其稳定性。

奉节猴子石滑坡采用在滑坡前缘一期回填体外水下抛填块石进行压脚。其水下抛填块石量达 $72.42\times10^4m^3$。奉节县新城库岸(分段序号 157)也是采用水下抛石结合坡面预制混凝土块护坡进行堆积层滑坡治理的成功案例。

7.4 重力式挡墙

重力式挡墙适宜于规模小、厚度薄的中小型滑坡治理。

7.5 抗滑桩工程

抗滑桩广泛应用于库区堆积层滑坡治理工程。抗滑桩一般布置于滑坡体厚度较薄、下滑力集中部位，且锻岩段地基强度较高的稳定地段。若滑坡剩余推力过大，造成弯矩过大，应采用预应力锚拉桩或异形桩结构形式。

武隆县政府滑坡位于新县城乌江北岸，下临乌江及 319 国道，滑坡区总面积约 $27.2\times10^4\mathrm{m}^2$，体积约 $585.5\times10^4\mathrm{m}^3$；滑坡危害建筑面积 $167000\mathrm{m}^2$，总人数 8058 人以上，设计采用"门形桩＋抗滑桩＋肋柱锚杆挡墙＋河岸防护＋清方减载＋地表排水"的综合处理措施。成功治理了库区超大型滑坡。

我公司还依托三峡库区云阳张飞庙堆积层滑坡开展了周期性库水位变化对抗滑桩加固效果非饱和流固耦合研究，取得了抗滑桩内力及桩顶位移随库水位的变化规律成果。

7.6 格构锚固

格构锚固技术是利用浆砌块石、现浇钢筋赴或预制预应力赴进行坡面防护，并采用锚杆或锚索固定的一种滑坡综合防护措施，广泛适用于库区护坡和小型滑坡的治理。

当滑坡稳定性差时，应根据滑坡体厚度大小，采用现浇钢筋赴格构＋锚杆(索)进行滑坡防护，须穿过滑带对滑坡阻滑。

三峡库区多数浅层堆积滑坡及库岸采用了格构锚固方案，如渝北洛碛库岸、沙坪坝区詹家溪库岸等项目均为该类支护形式的成功案例。

8 结语

(1)堆积层滑坡与库水位变化有很大的关系。

(2)基于 MIDAS GTS 的非线性有限元程序和收敛性能良好的渗流模型，为堆积层滑坡在库水位变化状况下稳定性分析的可靠性和计算精度提供了有力的保证。

(3)基于非线性有限单元法的渗流模能够较好的模拟分析堆积层滑坡在库水位变化状况下的水头变化趋势及渗流场剪应变，为堆积层滑坡的稳定性评价提供了一条新的途径。

参考文献

[1] 阳吉宝．堆积层滑坡位移动力学理论及其应用—三峡库区典型堆积层滑坡例析[M]．北京：科学出版社，2007.

[2] 刘贵应，李正川．三峡库区堆积层滑坡特性及其稳定性分析评价[J]．科技咨询导报，2007(25).

[3] 毛昶熙．渗流计算分析与控制[M]．北京：水利水电出版社，2003.

[4] 水利水电部水利水电规划设计院．水利水电工程地质手册[M]．北京：水利水电出版社，1985.

[5] 朱大鹏．三峡库区典型堆积层滑坡复活机理及变形预测研究[D]．中国地质大学(武汉)，2010.

[6] 贺可强，王荣鲁，李新志，等．堆积层滑坡的地下水加卸载动力作用规律及其位移动力学预测——以三峡库区八字门滑坡分析为例[J]．岩石力学与工程学报，2008，27(8).

某路堑高边坡微型桩抗滑结构加固设计

蒋楚生[1]　李庆海[1]　贺　钢[1]　马廷雷[2]　周德培[2]
(1.中铁二院工程集团有限责任公司土建三院；
2.西南交通大学岩土工程系)

摘　要　随着微型桩组合抗滑结构在中小型滑(边)坡治理及快速抢险工程中的广泛应用，有关微型桩组合抗滑结构的加固机理和计算理论的研究得到很多关注。然而，目前关于微型桩的计算理论大都是基于垂直布置的微型桩组合结构，对于倾斜布置微型桩计算理论的研究甚少。本文针对工程中常用的倾斜布置微型桩组合结构进行了探讨，将倾斜布置微型桩上作用的荷载沿桩的垂直方向和桩轴向进行分解，分析了桩在横向荷载和轴向荷载共同作用下的内力计算方法，根据桩在有轴向荷载作用时和没有轴向荷载作用时的计算公式，提出微型桩内力计算修正系数。通过工程实例，讨论了倾斜布置微型桩组合结构在倾斜角度变化时对应的弯矩值的变化规律。根据计算结果，建议实际工程中的微型桩组合结构宜倾斜布置，并且倾斜角度宜在10°～20°范围之内。

关键词　微型桩；内力计算；修正系数；倾斜角；轴向荷载

Strengthening Design of Anti-slide Structure of Mini Pile for High Cutting Slope

Jiang Chusheng[1]　Li Qinghai[1]　He Gang[1]　Ma Tinglei[2]　Zhou Depei[2]
(1. Third Civil Construction Design and Research Institute of CREEC, Chengdu 610031, China;
2. Geotechnical Engineering Department of Southwest Jiaotong University, Chengdu 610031, China)

Abstract　With the wide application of composition anti-slide structure of mini pile in medium-small landslide or slope treatment and rapid emergency engineering, strengthening mechanism and calculation theory study about composition anti-structure of mini pile has attracted a great deal of attention. However, at present, the calculation theory for mini pile is based mostly on composite structures of vertical mini pile, while it for inclined mini piles is little. In this paper, a discussion is done on composition structure of inclined mini pile used commonly in the engineering. The load acting on inclined mini pile are decomposed along vertical direction and axial direction of the pile and an analysis is made on calculation method for inner force of the pile under the action of horizontal load and axial load. According to calculation formula for the pile with axial load and without axial load, the correction factor for inner force calculation of mini pile is put forward. By practical engineering case, a discussion is made on the variation law of corresponding bending moment of composition structure of inclined mini pile as the angle of inclination changes. According to calculation results, it is suggested that composition structure of mini pile should be arranged obliquely in the practical engineering and the angle of inclination should be within 10°～20°.

Key words　mini pile; inner force; correction factor; angle of inclination; axial load

作者简介：蒋楚生(1964－　)，男，教授级高级工程师，中铁二院工程集团有限责任公司土建三院副总工程师。

1 引言

微型桩是一种小直径钻孔灌注桩，具有施工方便、机械化程度高、经济、布桩形式灵活等优点，从其出现之日起就受到广大工程设计人员的高度关注。到目前为止，微型桩已经广泛应用于中小型滑(边)坡治理和快速抢险工程，并取得了较好的工程效果。单根微型桩的作用效果非常微弱，在实际工程中微型桩都是采取组合结构的形式，按照组合结构布置形式不同可以简要概括为两种不同情况：竖直布置(图1)和倾斜布置(图2)。

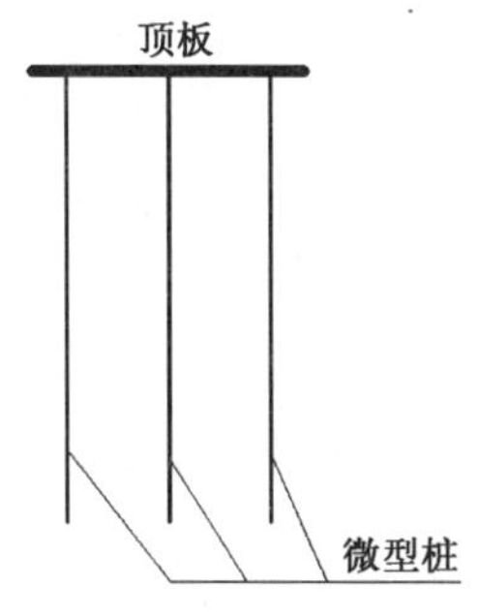

图1 竖直布置的微型桩组合结构

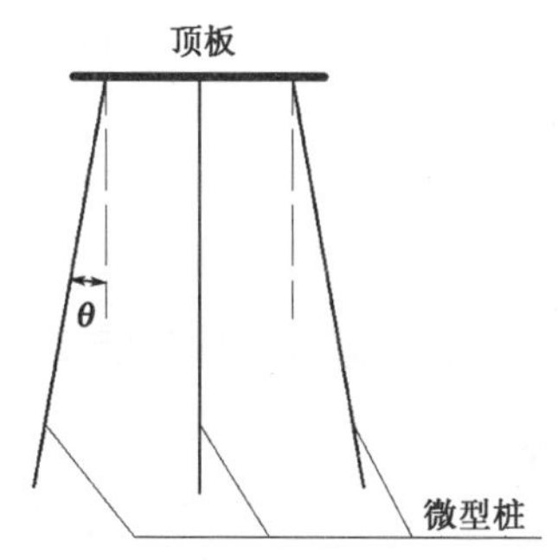

图2 倾斜布置的微型桩组合结构

目前，关于微型桩的计算理论大都基于前者，丁光文总结国外文献，在分析微型桩加固机理的基础上，介绍了微型桩的计算方法，并结合工程实例说明了其处理滑坡的设计步骤。史佩栋、何开胜考虑桩与土体之间的组结效应将其看做"有筋土墙"，将桩与土体看做钢筋混凝土梁来进行计算，作用于"梁"上的荷载就是锚着力和土压力，"梁"中钢筋就是微型桩，"梁"中混凝土就是土体。冯君等人研究了采用微型桩体系加固顺层岩质边坡时，可将微型桩的力学和位移边界条件等效为：滑面以上桩与桩之间建立弹性连接，滑面以下各桩分别施加弹性支承，并以此为分析模型采用弹性地基梁理论加以计算。周德培等人按照桩—土相互作用原则讨论了微型桩组合抗滑结构的抗滑机制，并按照横向约束的弹性地基梁法提出了设计计算理论。在实际工程应用中，采取竖直布置形式的微型桩非常少见，大都是倾斜一定角度布置的，因此，有必要在现有计算理论的基础之上对其进行修正，使计算结果更加接近实际工程情况。

2 试验工点概况

2.1 工程地质概况

某铁路边坡DK63+100～+300长200m左侧路堑边坡为微型桩组合结构加固工点。段内出露第四系全新统坡洪积(Q_4^{dl+pl})软黏土、松软土、粉质黏土，坡残积层(Q_4^{dl+el})粉质黏土，下伏基岩为白垩系下统普昌河组(K1p)泥岩夹砂岩、泥灰岩及砂岩夹泥岩。测区属低山宽谷缓坡地貌，线路主要跨越山间盆地，局部穿越低中山缓坡区，地形起伏较小，地表高程1879～1909m，相对高差5～20m。

〈12-1-1〉砂岩夹泥岩(K1p)：灰白、紫红、黄色，砂岩为中细粒结构，中厚层构造，钙质胶结，岩质较硬；泥岩泥质结构，块状构造，泥质胶结，岩体节理较发育，岩质软，易风化，浸水后易软化崩解。砂岩全风化带(W4)呈土状、砂状，厚0～5m，属Ⅲ级硬土，C组填料；强风化带(W3)岩体破碎，钻探岩心呈土夹块石、碎石状，厚5～30m，局部稍厚，属Ⅳ级软石，为C组填料；其下弱风化带(W2)钻探岩心呈碎块及柱状，属Ⅳ级软石，为B组填料；泥岩全风化带(W4)呈土状，厚0～7m，属Ⅲ级硬土，D组填料；强风化带(W3)岩体破碎，钻探岩心呈土夹块石、碎石状，厚2～10m，属Ⅳ级软石，为D组填料，其下为弱风化带(W2)属Ⅳ级软石，为C组填料。因差异风化，全风化及强风化带厚度各处不均。

2.2 主要工程措施

该边坡一级平台上设置组合结构间距(中—中)为4m的组合微型桩多根，单根微型桩由3根ϕ32mm的HRB400钢筋构成束筋，微型桩钻孔直径为150mm，长度为16m，束筋设铁丝网保护层及对中支架，入孔后再灌注强度等级不低于M30的水泥砂浆。每9根桩组成一个组合结构，上部由顶板连接,顶板厚度为0.4m。锚杆设置于一级坡面和二级坡面上,倾角15°,长度分别为8m和12m,锚杆为一根ϕ32mm的HRB400钢筋,钻孔直径为100mm。

3 计算方法探讨

3.1 荷载分析

现有的微型桩计算理论都是在桩为竖直布置的情况下建立的,计算分析模型可以简化成图3的形式,顶板相对于桩体来说刚度非常大,可以假设顶板是没有变形的,根据横向约束的弹性地基梁理论进行计算。当微型桩的布置为倾斜时,计算分析模型可以简化成图4的形式,需要对其受力模式进行一定的简化。将作用于桩上的荷载沿桩轴线方向和桩垂线方向进行分解,分解之后桩受力状态为横向力和轴向力共同作用,可以根据横向约束的弹性地基梁理论进行计算,再根据轴向力的大小和方向对计算结果进行修正,这样就可以得到桩倾斜布置时桩的内力。

3.2 轴向力对横向受荷桩的影响分析

在微型桩倾斜布置时,需要将荷载进行分解,这时作用在桩上的荷载有横向荷载和轴向荷载,因而桩的受力特性可由桩的埋深y、侧向位移w、轴向压力N、桩的挠曲刚度EI及地基系数K表示(图5)。

$$EI\frac{\mathrm{d}^4w}{\mathrm{d}y^4}+N\frac{\mathrm{d}^2w}{\mathrm{d}y^2}+Kw=0 \tag{1}$$

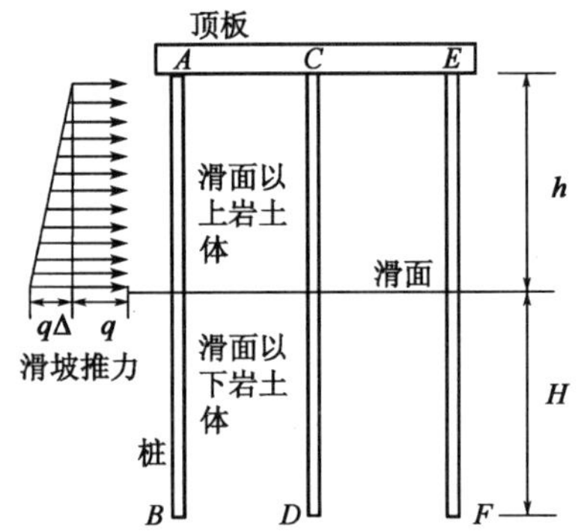

图3 竖直布置微型桩分析模型

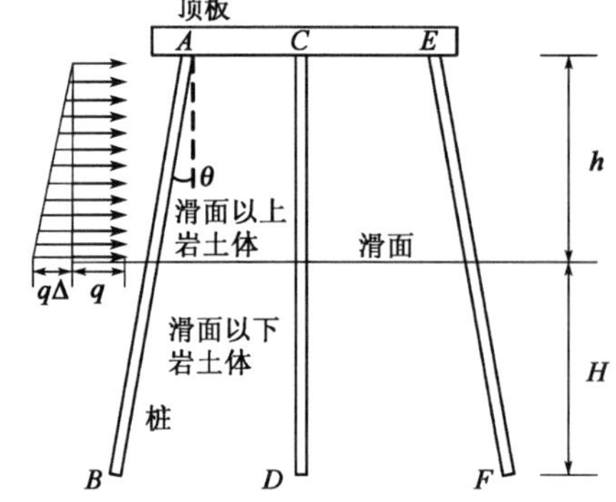

图4 倾斜布置微型桩分析模型

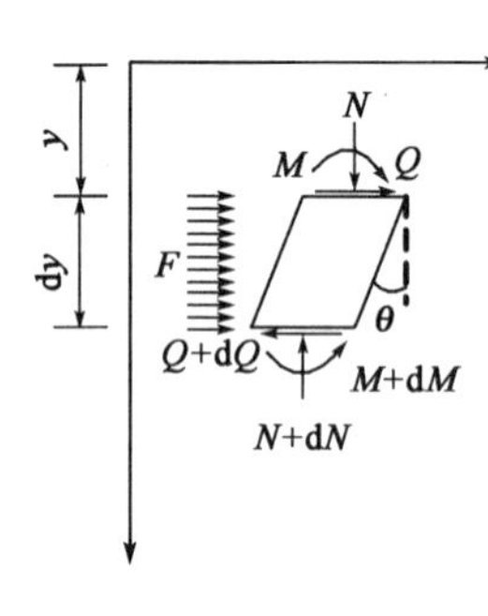

图5 微型桩dy段内力分析图

求解式(1)得到如下结果:

$$w=e^{\gamma\cdot z}(A\cos\beta z+C\sin\beta z)+e^{-\gamma\cdot z}(B\cos\beta z+D\sin\beta z) \tag{2}$$

$$\frac{\theta}{\alpha}=e^{\gamma\cdot z}[(\gamma A+\beta C)\cos\beta z+(\gamma C-\beta A)\sin\beta z]-e^{-\gamma\cdot z}[(\gamma B-\beta D)\cos\beta z+(\gamma D+\beta B)\sin\beta z] \tag{3}$$

$$\frac{M}{2\alpha^2EI}=e^{\gamma\cdot z}\{[(1-\gamma^2)A-\beta\gamma C]\cos\beta z+[(1-\gamma^2)C+\beta\gamma A]\sin\beta z\}+e^{-\gamma\cdot z}\{[(1-\gamma^2)B+\beta\gamma D]\cos\beta z+[(1-\gamma^2)D-\beta\gamma B]\sin\beta z\} \tag{4}$$

$$\frac{Q}{2\alpha^3EI}=-e^{\gamma\cdot z}[(\gamma A-\beta C)\cos\beta z+(\beta A+\gamma C)\sin\beta z]+e^{-\gamma\cdot z}[(\gamma B+\beta D)\cos\beta z-(\beta B-\gamma D)\sin\beta z] \tag{5}$$

其中,$\beta^2=1+\frac{\eta\varepsilon}{(\alpha d)^2}$,$\gamma^2=1-\frac{\eta\varepsilon}{(\alpha d)^2}$,$\alpha^2=\sqrt{\frac{K}{4EI}}$,$\varepsilon=\frac{N}{EA}$($N$为压力时取正值,为拉力时取负值),$z=\alpha y$,$\eta=\frac{Ad^2}{4I}$

式中：d——桩身横截面的直径或厚度；

A——桩身横截面的面积；

E——桩体材料的弹性模量；

η——与桩截面形状有关的系数，矩形截面时 $\eta=3$，圆形截面时 $\eta=4$；

ε——轴向力 N 单独作用下的压应变。

微型桩的长径比 L/d 或其特征长度 αL 往往较大，且倾斜角度较小，因而作用在滑面以上的、沿桩轴向的力对桩底的影响可以忽略不计，即可以认为倾斜布置的微型桩，不计滑坡推力对桩底的影响，也可称微型桩为柔性桩或长桩，在这种情况下，桩底的 w、θ、M、Q 皆趋近于零，且 $e^{-\gamma\cdot z}$ 趋近于零，因而可从式(2)～式(5)中解得 $A=C=0$，式(2)～式(5)简化为：

$$w = e^{-\gamma\cdot z}(B\cos\beta z + D\sin\beta z)s \tag{6}$$

$$\frac{\theta}{\alpha} = -e^{-\gamma\cdot z}[(\gamma B-\beta D)\cos\beta z + (\gamma D+\beta B)\sin\beta z] \tag{7}$$

$$\frac{M}{2\alpha^2 EI} = e^{-\gamma\cdot z}\{[(1-\gamma^2)B+\beta\gamma D]\cos\beta z + [(1-\gamma^2)D-\beta\gamma B]\sin\beta z\} \tag{8}$$

$$\frac{Q}{2\alpha^3 EI} = e^{-\gamma\cdot z}[(\gamma B+\beta D)\cos\beta z - (\beta B-\gamma D)\sin\beta z] \tag{9}$$

上式中，令 $\gamma=\beta=1$，可得到没有轴力作用时的解如下：

$$w = e^{-z}(B\cos z + D\sin z) \tag{10}$$

$$\frac{\theta}{\alpha} = -e^{-z}[(B-D)\cos z + (D+B)\sin z] \tag{11}$$

$$\frac{M}{2\alpha^2 EI} = e^{-z}(D\cos z + B\sin z) \tag{12}$$

$$\frac{Q}{2\alpha^3 EI} = e^{-z}[(B+D)\cos z - (B-D)\sin z] \tag{13}$$

根据桩顶的边界条件可以确定上述公式中的 B 和 D 的值，当桩顶为自由端且有横向集中力 H 作用时，桩顶的边界条件为 $M=0$ 及 $Q=H$，代入上式解得 B 和 D 的值后再代入，得到：

$$M = \frac{e^{-\gamma\cdot z}\times\sin z}{\beta(2\gamma^2-1)} \tag{14}$$

同理，在没有轴力作用时，$\gamma=\beta=1$，令式(14)中的 $\gamma=\beta=1$，可以求得在没有轴力作用时：

$$\overline{M} = e^{-z}\times\sin z \tag{15}$$

对比式(14)和式(15)可以得到：

$$M = T\times\overline{M} \tag{16}$$

其中，T 为微型桩倾斜布置时，弯矩计算值的修正系数，

$$T = \frac{1}{\beta(2\gamma^2-1)}\times e^{\frac{\eta\cdot\varepsilon}{(\alpha d)^2}\cdot z} \tag{17}$$

4 代表性断面设计

图 6 是某微型桩工点示意图，钻孔直径为 150mm，单根微型桩由 3 根直径 32mm 的 HRB400 钢筋组成，孔内灌注 M30 水泥砂浆。顶板固定 9 根微型桩。图 7 是布置图，组合桩桩间距为 $L=4$m。滑面以上桩长 $h=8$m，以下为 $H=8$m。根据工程地质勘察报告及《铁路路基设计规范》(TB 10001—2005)取滑面以上地基系数 $k_1=2\times10^4\text{kN/m}^3$，滑面以下地基系数 $k_2=5\times10^4\text{kN/m}^3$。当微型桩竖直布置时计算得到桩身最大弯矩 $\overline{M}$ 为 8.29kN·m，由此可以计算得到当微型桩倾斜 5°、10°、15°、20°和 25°时对应的桩身最大弯矩值，计算结果如表 1 所示。

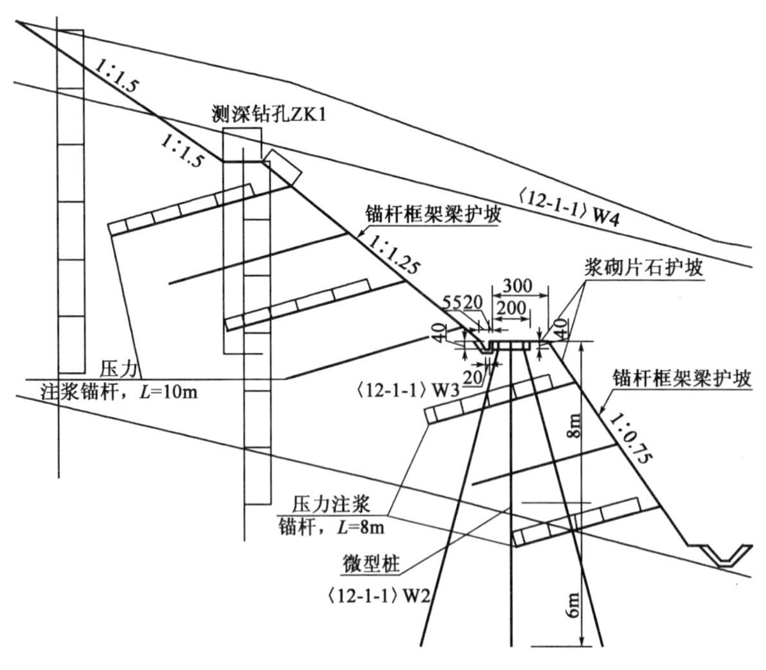

图 6　某微型桩工点示意图

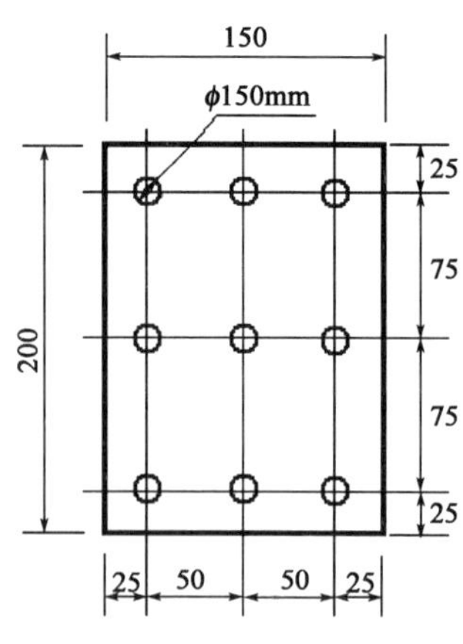

图 7　微型桩组合结构布置图(尺寸单位:cm)

微型桩倾斜不同角度时对应的最大弯矩值　　表 1

倾斜角度	0	5°	10°	15°	20°	25°
最大弯矩值(kN・m)	8.29	9.87	6.08	5.95	6.18	8.32

当微型桩倾斜角度不同时,将计算结果绘制成曲线图如图 8 所示。

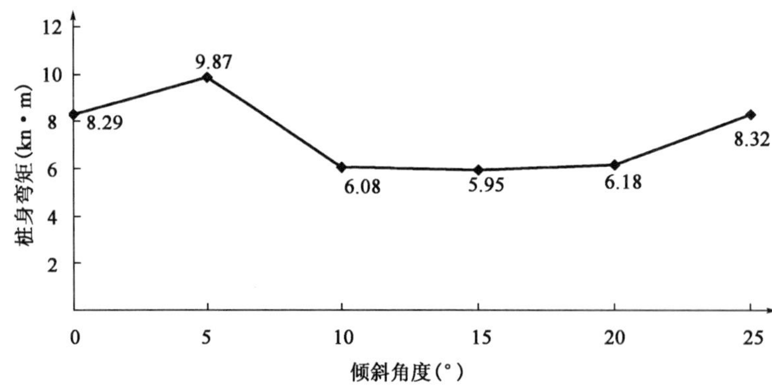

图 8　微型桩倾斜不同角度时对应的桩身弯矩最大值

由计算结果及曲线图可以发现,当微型桩布置倾斜角度在 10°～20°时,桩身计算得到的弯矩值较小,在此倾斜角度范围内可以减少桩身材料的应用,节约投资。

5　结语

本文介绍了微型桩组合抗滑结构受横向荷载和轴向荷载共同作用时的内力计算方法,将倾斜布置的微型桩所受的滑坡推力进行分解,按照上述计算方法探讨了微型桩倾斜布置时弯矩计算的修正系数,即当微型桩倾斜布置时应先计算竖直布置时的弯矩,根据倾斜角度对其进行修正,得到倾斜布置时的弯矩。此方法作为对倾斜布置的微型桩内力计算方法的一个初步探讨,对某边坡的微型桩加固工点进行了分析,建议实际工程中的微型桩倾斜布置,并且倾斜角度在 10°～20°。

微型桩的设计理论研究仍待进一步开展,其加固效果仍需更多实际工程测试结果来验证。

参考文献

[1] 丁光文. 微型桩处理滑坡的设计方法[J]. 西部探矿工程，2001(4):15-17.
[2] 史佩栋，何开胜. 小桩的起源、应用与发展(Ⅱ)[J]. 岩土工程界，2003，8(9)：15-18.
[3] 冯君，周德培，江南，等. 微型桩体系加固顺层岩质边坡的内力计算模式[J]. 岩石力学与工程学报，2006，25(2)：284-288.
[4] 周德培，王唤龙，孙宏伟. 微型桩组合抗滑结构及其设计理论[J]. 岩石力学与工程学报，2009，28(7)：1353-1362.
[5] TB 10001—2005 铁路路基设计规范[S].
[6] 李海光，等. 新型支挡结构设计与工程实例[M]. 北京：人民交通出版社，2004.

分异溶蚀作用及其量化分析的设计应用初探

王清海

(中铁二院工程集团有限责任公司土建一院)

摘　要　受地质构造、岩石的可溶性及水文地质条件等多因素影响,岩溶形态及其分布特征均极为复杂,难以开展量化研究,而现阶段定性分析多具不确定性,如何开展量化分析已成为岩溶整治设计技术进一步提升的瓶颈。本文根据近年来对铁路沿线典型塌陷点岩溶形态发育特征的调查研究结果,进行了深入分析与概化研究,提出并界定了分异溶蚀作用的概念及相应的量化分析指标,进一步探讨分异溶蚀均方差量化分析基本思路,并初步验证了其设计分析应用合理性和有效性。

关键词　岩溶;塌陷;量化分析;分异溶蚀

Effect, Quantitative Analysis, Design and Application of Differentiation Dissolution

Wang Qinghai

(First Civil and Construction Design and Research Institute of CREEC)

Abstract　As karst is affected by geological structure, solubility of rock and hydrogeologic condition, its form and distribution characteristics are extremely complicated and difficult to carry out the quantitative study. However, at the present stage, Qualitative analysis is almost uncertainty. How to carry out the quantitative analysis has become the bottleneck of further improvement of karst treatment design technology. According to investigation results of karst form development characteristics at typical collapse point along the railway in recent years, in this paper, a deep analysis and generalized study is done, and the concept of differentiation dissolution is put forward and the corresponding quantitative analysis index is defined. A further discussion is done on the basic idea of differentiation dissolution mean-square deviation quantitative analysis. The rationality and validity of design, analysis and application has been proved preliminarily.

Key words　karst; collapse; quantitative analysis; differentiation dissolution

1　引言

因成因机制及影响因素极为复杂,岩溶地面塌陷预测评价分析一直是整治设计的难点。制约于塌陷物质、运移与塌陷通道、运移与塌陷动力[1]的量化分析瓶颈,量化分析研究难以有效突破,目前国内对岩溶地基稳定性评价分析尚无统一的定量标准。对运移与塌陷通道这一基础条件的分析,现行方法[2-3]主要以岩溶发育程度替代,以地貌类型及漏斗、洼地、落水洞、溶槽、石芽等地表岩溶形态的多少(较多或较少)进行定性分析,实际应用的局限性较为明显。

一方面,地貌类型只能应用于较大区域评价,但评价区域较大时,常因岩性多样、构造不均,岩溶发育程度往往相差较大,宏观宽泛的定性评价结论无法满足岩溶整治措施的针对性要求,在多种地貌单元

作者简介:王清海(1975—　),男,工程师。

发育的覆盖型岩溶区，这一制约尤为突出；另一方面，以漏斗、洼地、落水洞、溶槽、石芽等形态的多少作为岩溶发育程度的定性评价指标，其依据与结论可能存在相互矛盾的情况，如在面积一定的情况下溶槽规模越大则数量越少，但实际情况往往是形态特征复杂的深大溶槽所表征的岩溶发育程度要远比规模较小、数量较多的溶槽所表征的强得多。更为重要的是，定性分析因评价尺度不明晰，常因人而异，其结果多具不确定性。

因此，寻求尺度适宜的评价参量和量化指标是实现岩溶整治设计量化分析的一个重要方向。本文的研究路线为：分析塌陷相关性形态→相关性形态量化分析可行性研究→量化概念与参量界定→应用分析与验证→结论。

2 岩溶形态与塌陷发育相关性分析

现场调查和勘察表明，部分岩溶形态因无渗漏通道，不具备运移与塌陷的形成条件。因此，本文在对运移与塌陷通道评价参量和量化指标分析过程中，将研究对象限定为与塌陷高度相关的岩溶形态，而非所有的、宽泛的岩溶形态类型。

对运移与塌陷通道这一基础条件的分析，陈国亮[2]将相关岩溶形态类型归为一类——开口的岩溶形态，即天窗、竖井、落水洞、深溶隙、溶缝等。据对贵昆、沾昆、盘西、南昆等铁路沿线2006～2010年岩溶地面塌陷的调查结果(表1)，多数岩溶地面塌陷主要分布于渗漏性溶槽发育位置，其次为路堑段的揭露性溶洞。在2006年7月改建沾昆线小哨车站施工路基雨后出现的诸多塌陷点中，有3个小规模塌陷点在挖除覆土后显示下伏岩溶形态为溶蚀裂隙，宽度0.03～0.10m，这也是溶缝、溶隙处发生岩溶塌陷的现场例证，而2010年室内模型试验结果也证明：单组3mm开度渗漏裂隙存在塌陷条件(图1)。因此，研究塌陷评价中相关岩溶发育程度的基本条件，应以渗漏性溶槽、溶隙与溶缝、揭露性溶洞为主要对象。

2006～2010年铁路沿线岩溶地面塌陷与岩溶形态调查 表1

铁路线别	调查阶段	塌陷频数	岩溶形态类型
贵昆铁路 沾昆铁路	运营及改建施工阶段	16	渗漏性溶槽
		3	溶隙、溶缝
		7	揭露性溶洞
盘西铁路	运营阶段	10	渗漏性溶槽
		18	揭露性溶洞
南昆铁路	运营阶段	73	渗漏性溶槽
		24	揭露性溶洞

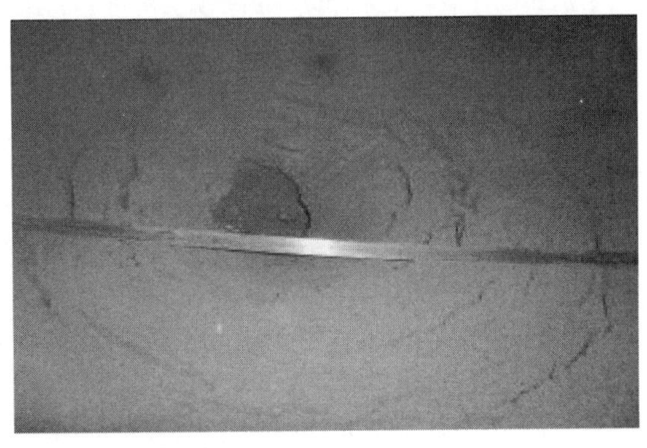

图1 单组渗漏裂隙室内试验模型及塌陷记录

另外，通过对渗漏性溶槽、溶隙与溶缝、揭露性溶洞三种类形岩溶形态进行抽象分析(图2)，我们可以将其归为一种类型——渗漏性开口型岩溶。当多个渗漏性开口型岩溶形态成线状或面状组合分布时，即构成现状基岩面溶蚀状态(图3)，而当基岩面以下部分有多组渗漏通道组合分布时，现场物探(电法)勘察常表现为低阻畸变的溶蚀破碎带。

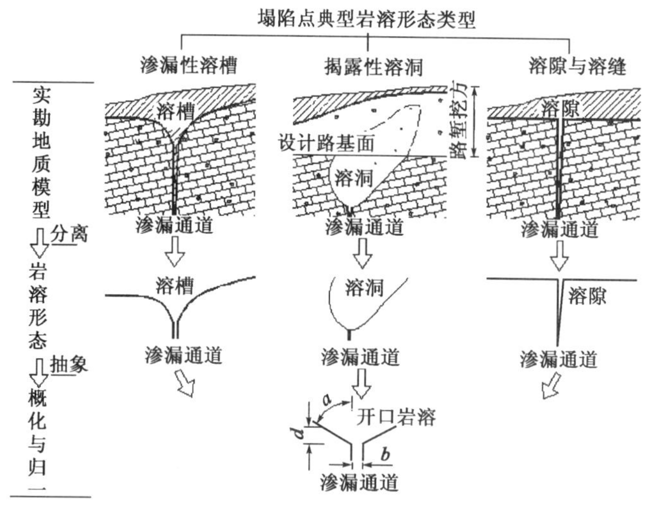

图 2 塌陷点典型岩溶形态概化分析示意图

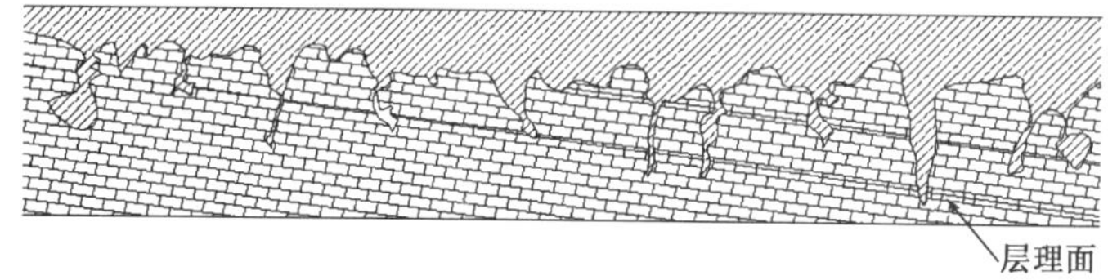

图 3 盘西线 K89 附近典型地质剖面节理与岩溶形态发育规律

因此,对运移与塌陷通道量化分析的基础岩溶形态归一为渗漏性开口型岩溶形态,并通过对渗漏性开口型岩溶形态成因及发育特征分析建立参量适宜的评价尺度。

3 渗漏性开口岩溶形态成因分析

溶蚀是地下水和地表水相结合对可溶性岩石产生化学溶解和侵蚀作用的结果。碳酸盐岩的溶解,除受水这一重要因素影响外,还受岩石的可溶性、温度、P_{CO_2} 等因素的影响。国土资源部岩溶动力学开放研究试验室对不同碳酸盐岩试片侵蚀速率试验研究[4]表明:外源水对灰岩的侵蚀速率在 1000mm/ka 数量级;而外源水对白云岩的侵蚀速率在 100mm/ka 数量级,且灰岩侵蚀速率对水动力条件的变化远较白云岩敏感。矿物的可溶性差异是可溶岩表面呈蜂窝、豹皮状的基本原因,但结合可溶晶粒尺度进一步分析表明,微观晶粒的可溶性差异并不是可溶岩地区溶槽形态广泛发育的根本原因。现场调查结果表明,可溶岩构造节理发育密度与溶槽、溶洞的发育和分布特征具有较好的对应关系(图 3),渗漏性开口岩溶形态是可溶岩沿节理面不断被溶蚀和扩张的结果。

对单一岩性可溶岩地层,同期构造形成的节理面溶蚀扩大的速率是相同的。结合碳酸盐岩不同的溶蚀阶段与过程,将开口型岩溶形态的成因过程推演如图 4 所示。

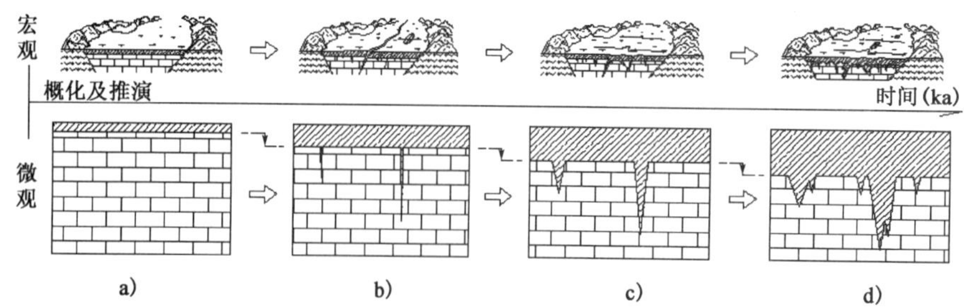

图 4 开口岩溶形态溶蚀阶段概化与推演

a)完整岩石表面均匀溶蚀;b)构造节理与裂隙形成;c)非线性溶蚀与差异扩张;d)裂隙多期复合与分异溶蚀

对单个渗漏性开口岩溶形态而言,斗部高差是其溶蚀程度的客观反映,见图 4d)。因构造节理的发育直接影响着开口岩溶形态发育与分布特征,一定区域溶蚀程度主要体现在岩溶形态的数量与规模。

而从上述推演分析可以看出：一方面，因节理裂隙的差异，溶蚀作用将导致差异扩张而使可溶岩表面起伏不平，随着多期构造裂隙复合与溶蚀，基岩面起伏程度加大，基岩面起伏程度是溶蚀程度的客观反映；另一方面，渗漏性开口岩溶形态具有较好的汇水和入渗条件，因而具有相对较强溶蚀作用条件，溶蚀作用时间越长，溶槽越深，基岩面的溶蚀呈现出明显的分异现象。

同等条件下，可溶岩土石界面差异性起伏越大，分异溶蚀现象越显著，开口型岩溶形态及下部渗漏通道越发育。因此，可以采用节理裂隙发育间距为尺度，采用土石界面起伏程度作为渗漏性开口型岩溶形态的度量，进行渗漏性开口型岩溶形态（运移与塌陷通道）发育程度量化分析。

4　分异溶蚀作用及评价参量界定

在渗漏性开口岩溶形态的形成过程中，构造节理及裂隙起到了至关重要的作用，节理裂隙切割是溶槽、溶隙、溶洞等岩溶形态的形成基础，节理裂隙的分布、发育和组合特征决定了岩溶的密度、形态与规模。一方面，因节理裂隙的存在导致水的赋存、渗流条件不均，差异性溶蚀客观存在；另一方面，随着多期节理、裂隙的溶蚀扩大与复合，进一步扩大了溶蚀条件的不均匀性。

在碳酸盐岩的成岩过程中，由于溶解物质溶解度和浓度不同，以及溶液本身的化学成分、温度、酸碱度等因素的影响，常有一定的沉淀顺序，这种化学沉积分异作用是导致岩石可溶性差异的根本原因。作为化学成岩的逆过程，可溶性岩石的易溶组分将优先被溶蚀，加之节理裂隙的不均切割，为水的溶蚀扩张提供了条件，不规则溶蚀形态规模的不断扩大，部分岩溶的形态因具有较好的水力侵蚀、溶蚀条件而更易被溶蚀，岩石的不同部分溶蚀程度呈现出明显的差异。

岩石可溶性差异及节理裂隙的渗透性差异是分异溶蚀作用的基本条件和根本原因，对这种因岩石可溶性差异、节理裂隙的不均匀性导致的差异性溶蚀现象，我们将其称为分异溶蚀现象，相应的作用界定为分异溶蚀作用。

对可溶岩而言，溶蚀现象普遍存在，但工程实践中众多不良岩溶地质问题的根本原因是导致不均匀性产生的分异溶蚀现象而非均匀溶蚀，因此，分异溶蚀程度（差异性）要远比实际岩石的溶蚀量更具有应用意义，实际应用中可从代表性地质剖面土石界面的起伏程度得到直观地理解。据前述的分析论证结果，对一定区域渗漏性岩溶形态的发育程度，我们可以用其斗部高差（d）和数量（样本 n）对进行量化分析。通过进一步对比分析可知，可溶岩基岩面起伏程度与开口型岩溶形态顶、底部埋深的离散程度具有一一对应关系，因此，对一定区域内分异溶蚀程度，我们可以开口型岩溶形态顶、底埋深（h）的均方差（σ）为量化指标进行分析，结合其成因机制，将其界定为分异溶蚀均方差（σ_{kst}），如以 $\bar{h}$ 表示土石界面平均埋深，则分异溶蚀均方差（σ_{kst}）计算方法如下：

$$\sigma_{kst}=\sqrt{\frac{\sum_{i=1}^{n}(h_i-\bar{h})^2}{n-1}}$$

分异溶蚀均方差（σ_{kst}）的几何学意义为：开口型岩溶形态顶、底埋深与可溶岩基岩面平均埋深的偏差程度，分异溶蚀均方差越大，则分异溶蚀程度越严重，岩溶越发育（图5）。

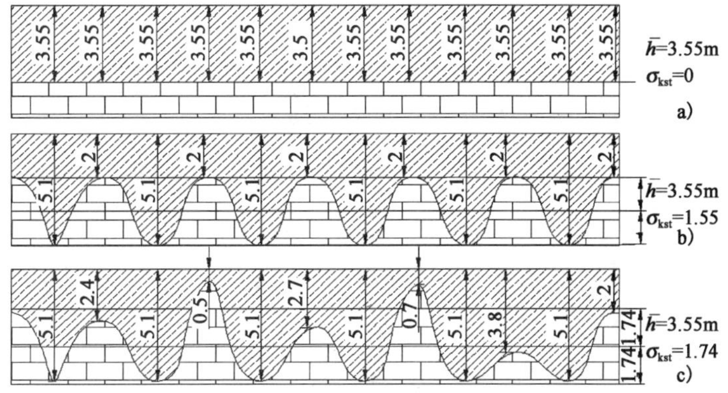

图5　相同平均埋深不同起伏程度的基岩面分异溶蚀均方差计算结果对比

5 分异溶蚀均方差的应用分析与验证

为便于研究，在前述分异溶蚀均方差的分析计算过程中，我们将分析模型概化为开口岩溶形态等间距分布的简化情况。一方面，因节理裂隙发育不均，实际开口型岩溶形态的分布情况一般不具有严格的等距分布特征(图3)；另一方面，在现阶段工程勘探中，通常只能做到依据有限密度的点状勘探结果进行推演分析，因勘探技术精度的限制，土石界面的推演结果与实际情况可能存在差异，且部分开口型岩溶形态因斗部倾角较小也不易判断。因此，以勘探剖面开口型岩溶形态的顶、底部埋深进行分异溶蚀均方差计算分析仍会存在人为性偏差，在分异溶蚀均方差应用分析验证过程中，我们主要结合开口型岩溶形态底部的纵向分布情况及勘探点布置情况，以等距图切构建样本数据进行分析。结合湘桂、长昆典型路基岩溶段落分期整治进行验证分析，情况详见图6。

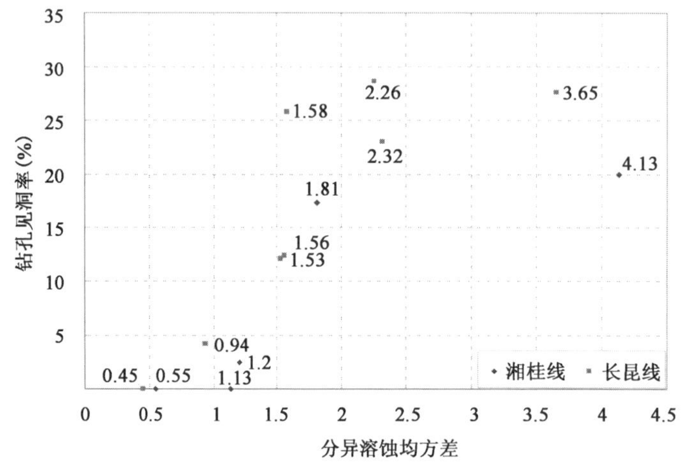

图6 典型路基岩溶分异溶蚀均方差与钻孔见洞率验证结果对比分析

从上述典型段落对比验证结果分析可以看出：当 $\sigma_{kst} \leqslant 1.5$ 时，钻孔见洞率小于5%；当 $\sigma_{kst} > 1.5$ 时，钻孔见洞率大于5%，且分异溶蚀均方差越大，相应段落钻孔见洞率越高。分析样本数据中，小于2.5分异溶蚀均方差与钻孔见洞率相关系数为0.88，具有较高的相关性，采用分异溶蚀均方差量化指标能客观表征岩溶发育程度。

6 结语

(1)根据近年来对部分铁路沿线岩溶地面塌陷的现场调查结果统计分析，渗漏性溶槽、溶隙与溶缝、揭露性溶洞为塌陷高度相关的岩溶形态类型，经概化分析，可归一为渗漏性开口型岩溶典型的形态类型。

(2)通过对渗漏性开口型岩溶形态成因分析得出，同等条件下，可溶岩土石界面差异性起伏越大，分异溶蚀现象越显著，开口型岩溶形态及下部渗漏通道越发育，可以据土石界面起伏程度对渗漏性开口型岩溶形态进行量化分析。

(3)岩石的可溶性及节理裂隙的渗透性差异是分异溶蚀的根本原因。经典型段落对比验证结果分析表明：分异溶蚀均方差越大，则钻孔见洞率越高，分异溶蚀均方差与钻孔见洞率具有高度的相关性，采用分异溶蚀均方差量化指标能客观表征岩溶通道的发育程度。

参 考 文 献

[1] 王清海. 铁路路基岩溶地面塌陷模型分析与讨论[J]. 路基工程，2010(04)：151-153.
[2] 陈国亮. 岩溶工程论文集[M]. 北京：中国铁道出版社，2009.
[3] TB 10027—2001 铁路工程不良地质勘察规程[S].
[4] 刘之葵，梁金城. 岩溶区溶洞及土洞对建筑地基的影响[M]. 北京：地质出版社，2006.

桥 梁 工 程

拱桥发展的历史回顾

徐 勇[1] 陈 列[2]

(1. 中铁二院工程集团有限责任公司土建一院；
2. 中铁二院工程集团有限责任公司公司办)

摘 要 拱是人类在结构领域最早、最伟大的发明。拱桥历史悠久、外形优美，古今中外名桥遍布各地，在桥梁建筑中占有重要的地位。它适用于大、中、小人行，公路或铁路桥，尤宜跨越峡谷，又因其造型美观，也常用于城市或风景区桥梁建筑。19 世纪中叶以来，随着钢铁和混凝土建筑材料的出现，石拱桥逐步被钢拱和钢筋混凝土拱桥所替代。拱桥结构不断向轻型化发展，并逐步打破上承式石拱桥的原始形态，创造出各种各式各样的结构形式。本文以石拱桥、铁拱桥、钢拱桥、混凝土拱桥及钢管混凝土拱桥的起源、发展为主线，回顾了人类各历史时期拱桥的特点和重点桥例，以期向读者展现拱桥的无穷魅力。

关键词 石拱桥；铁拱桥；钢拱桥；混凝土拱桥；钢管混凝土拱桥；发展；历史回顾

Historical Review of the Development of Arch Bridge

Xu Yong[1] Chen Lie[2]

(1. 1st Civil Construction Design & Research Institute of CREEC
2. Administration Office of CREEC)

Abstract Arch is the earliest and greatest invention in the field of structure by human beings. Arch bridge, featured by long history and beautiful appearance, occupies an important position in bridges. The famous arch bridges are everywhere at all times and throughout the world. Arch is applied to large, medium and small pedestrian bridge, highway bridge or railway bridge, especially suitable for the bridge across the canyon. Due to its attractive appearance, it is also used for bridges in city or in scenic area quite a lot. Since the middle of the nineteenth century, arch bridge was replaced by steel arch and reinforced concrete arch gradually with the appearance of iron and steel as well as concrete building materials. The arch structure was developing to the light weight and the original form of deck arch bridge was broken while a variety of structures were created. In the paper, taken the origin and development of stone arch bride, iron arch bridge, steel arch bridge, concrete arch bridge and reinforced concrete arch bridge as the outline, the characteristics and key examples of arch bridge in different historical periods of humans are reviewed to reveal the endless charm of arch bridge.

Key words stone arch bridge; iron arch bridge; steel arch bridge; concrete arch bridge; reinforced concrete arch bridge; development; historical review

1 引言

1.1 拱桥的技术特点

拱(Arch)是主要承受轴向压力并由两端支点推力维持平衡的曲线或折线结构，是人类在结构领域

作者简介：徐勇(1971—)，男，教授级高级工程师，中铁二院工程集团有限责任公司土建一院副总工程师。

最早、最伟大的发明。拱结构是土木工程领域最常用的结构形式,图1反映了传统石拱结构的基本组成。

桥梁是人类根据生产和生活发展的需要而兴建的公共建筑,它以自身的实用性、巨大性和艺术性而极大影响人类的生活。拱桥(Arch Bridge)是在竖直平面内以拱作为上部结构主要承重构件的桥梁,因为拱桥的主要承重构件的外形都是曲的,所以中国古时又称其为"曲桥"。拱桥是历史最为悠久的桥梁结构形式之一,至今仍然是桥梁工程中最常用的桥型。

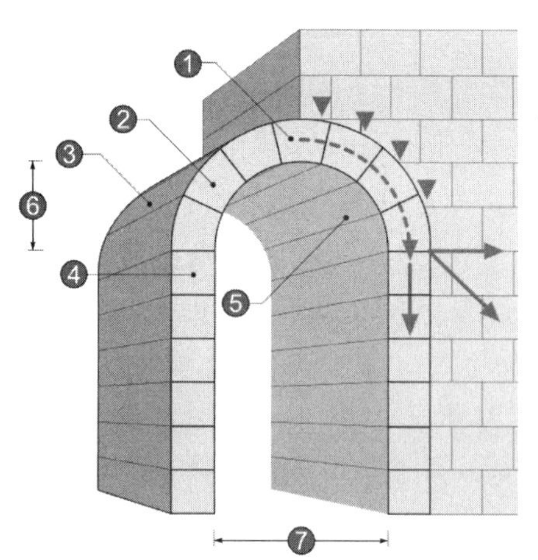

图1 拱结构的基本组成示意图

①-楔形石;②-拱圈;③-拱背;④-竖墙;⑤-拱腹;⑥-矢高;⑦-跨径

拱桥建筑历史悠久、外形优美,古今中外名桥遍布各地,在桥梁建筑中占有重要的地位。它适用于大、中、小公路或铁路桥,尤宜跨越峡谷,又因其造型美观,也常用于城市或风景区桥梁建筑。19世纪中叶以来,随着钢铁和混凝土建筑材料的出现,石拱桥逐步被钢拱和钢筋混凝土拱桥所替代。拱桥结构不断向轻型化发展,并逐步打破上承式石拱桥的原始形态,创造出各种各式各样的结构形式。

拱桥和其他类型桥梁一样,也由桥跨结构(上部结构)、下部结构及基础三部分组成。一般的上承式拱桥,桥跨结构由主拱圈和拱上建筑所构成。主拱圈是主要的承载构件,通过它把荷载传递至墩台或基础。由于主拱圈为曲线形,一般车辆无法直接在弧面上行驶,所以行车道系与主拱圈之间需要有传递荷载的构件或填充物,这些主拱圈以上的行车道系和传递荷载的构件或填充物统称为拱上建筑。图2表示出了一般上承式拱桥的主要组成部分和名称。

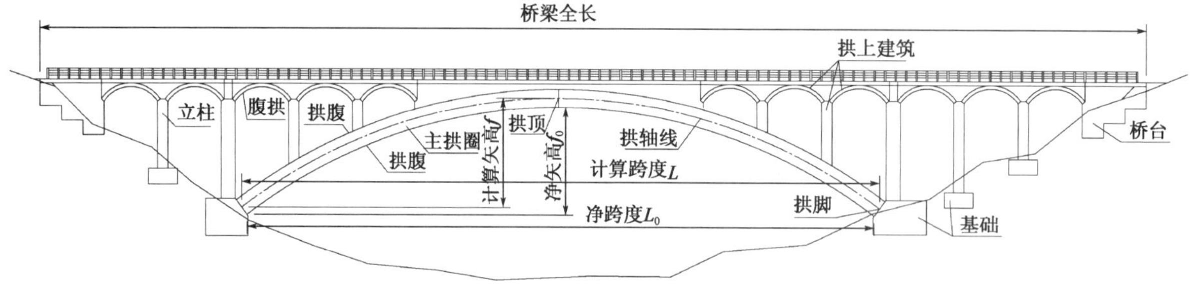

图2 拱桥示意图

1.2 拱桥的分类

拱桥最初的形态是石拱桥,随着人类社会的进步,拱桥的形态在不断发展演化,时至今日拱桥已经发展成为一个种类繁多、形式多样的桥梁大家族。拱桥按照不同的分类标准有很多种分类。按使用功能分类,有输水、人行、公路、铁路拱桥等;按拱圈材料分类,有砌体拱桥(石拱桥、砖拱桥)、金属拱桥(铁拱桥、钢拱桥、铝拱桥)、(钢筋)混凝土拱桥、钢—混组合结构拱桥(钢管混凝土拱桥、型钢混凝土拱桥)等;按行车道位置高低分类,有上承式、中承式、下承式及多承式拱桥;按拱圈对墩台有无推力分类,有无推力和有推力拱桥;按拱圈超静定次数分类,有三铰拱、二铰拱、无铰拱;按拱圈的结构形式分类,可分为板拱桥、肋拱桥、双曲拱桥、箱形拱桥、桁架拱桥等;按拱上建筑形式分类,可分为实腹式拱桥和空腹式拱桥;按拱轴线型分类,主要有圆弧拱、抛物线拱、悬链线拱等;按矢跨比大小分类,有陡拱($f/L \geqslant 0.2$)和坦拱($f/L < 0.2$)。以上不同分类的拱桥,既有共性,也有其各自不同的技术特点。

关于拱桥各种分类和结构体系,本文不作详细阐述,以下以拱桥曾经采用的主要建筑材料分类,对拱桥发展历程进行回顾,以期向读者展现拱桥这种悠久桥型的无穷魅力。

2 拱桥起源与石拱桥

2.1 拱桥起源与古罗马石拱桥

广义的拱结构(包括悬臂拱)的出现时间，最早可追溯至5000多年前的新石器时期(爱尔兰纽格兰奇古墓 Newgrange)；广义的石拱桥(乱石拱)，最早可追溯至3200多年前的人类文明初期；具有现代意义的拱结构或石拱桥，最早出现在2300多年前的古希腊；最早挖掘拱的潜力，推广使用之并将其带入辉煌的是古罗马帝国。

世界范围现存最古老的石拱桥，是位于意大利罗马市的“断桥”(Ponte Rotto)，又称埃米利奥桥(Ponte Emilio)，跨越台伯河(图3)。断桥第一次修建在公元前179年，是一座石墩木梁桥。之后在公元前142年被改造成6孔石拱桥。该桥在16世纪末被洪水冲毁，之后没有被修复，也未被拆除，一直处于废弃状态，所以后人称之为“断桥”。现存遗迹是1880年大洪水后幸免保留下来的，之后面貌再没有发生大的变化。现存还在使用的最古老石拱桥，要数位于意大利维罗纳市(Verona)的维罗纳桥(Ponte Pietra)，跨越阿迪杰河(图4)。维罗纳桥有5孔，长度120m，修建于公元前100年。该桥右岸边拱为1298年重修，二次大战德军撤退时有4个拱被炸毁，现在看到的桥梁是1957年利用原桥基础和材料重修的。

图3 Ponte Rotto

图4 Ponte Pietra

前面提到的两座罗马石拱桥，一座已废弃，另一座为遭到破坏后重建，历史上未遭受破坏而遗留至今最古老石拱桥，要数位于意大利小镇瓦尔奇(Vulci)的修道院桥(Ponte dell'Abbadia)(图5)，为伊特鲁里亚人于公元前90年修建。修道院桥高30m，跨径20m，展现了罗马崛起之前，伊特鲁里亚人在亚平宁半岛上建立的兴盛文明。最大跨径的罗马石拱桥为位于意大利小镇蓬圣马丁(Pont-Saint-Martin)的蓬圣马丁桥(Pont-Saint-Martin Bridge)(图6)，修建于罗马帝国奥古斯都(Augusto)统治时期(公元前27年至公元14年之间)。很多文献记载该桥跨径为36.65 m，但根据最新测量，该桥净跨径为31.4m，净矢高为11.4m，桥梁宽度为5.8m。

图5 Ponte dell'Abbadia

图6 Pont-Saint-Martin Bridge

说到罗马石拱桥就不能不提两座举世闻名的罗马引水渡槽，加尔水道桥(Pont du Gard)和塞戈维亚渡槽(Aqueduct of Segovia)。加尔水道桥(图7)位于法国西南普罗旺斯地区尼姆城(Nîmes)东北，桥高49m，长275m，于公元前1世纪为了长约50km罗马输水道跨越加德河而建。渡槽建筑全部使用就地取材的石灰岩，最大块石重约6t。桥梁一共三层，中、下层是支撑桥体和通行桥，最上层为封闭水渠，十分壮观。这座历经了洪水、战乱和社会变迁的桥梁至今依然保存完好，不能不令人惊叹古罗马建筑师们的鬼斧神工。加尔水道桥是古罗马建筑艺术中的一件瑰宝，具有很高的艺术和实用价值，1985年联合国教科文组织将该桥列为世界文化遗产。

图7 Pont du Gard

塞戈维亚渡槽(图8)得名于西班牙著名旅游胜地塞戈维亚(Segovia)，塞哥维亚是一个古老雅致的西班牙小镇，这里除有著名的大渡槽外，还有建于11世纪的城堡和16世纪的哥特式教堂。大渡槽由于没有铭文，所以修建时间至今未确定。考古研究认为修建时间大约在1世纪下叶至2世纪初之间。罗马人建造这座大渡槽的目的，是将18km外的弗利奥河水引入城内饮用。渡槽全长813m，分上下两层，由148个拱组成，高出地面30.2m，气势非凡。渡槽用土黄色花岗岩干砌而成，坚固异常，至今保存完好。输水道顶端是输水渠，直到现在还在为城市供水发挥作用。1985年塞哥维亚旧城和塞戈维亚渡槽被联合国教科文组织列入世界遗产名录。

图8 Aqueduct of Segovia

古罗马修建并存世的石拱桥非常多，其中很多现在还在发挥交通作用，有些被列入世界文化遗产，成为旅游观光胜地，这里不一一列举。

2.2 我国的古老石拱桥(隋唐以前)

根据考古挖掘分析，我国最晚在2260年前(周末)已经出现了拱结构，时间与欧洲相差无几；我国最晚在1730年前(西晋)已出现了石拱桥。我国现存最早的石拱桥出现在1400多年前(隋代)，即赵州桥。中国石拱桥技术是从西方传入中国，还是独立发展起来的，学术界没有定论，笔者没有考证，更不能妄加评论。中国古代石拱桥与西方石拱桥形态上有明显区别，是全世界公认的。

赵州桥(又称安济桥)(图9)坐落在河北省赵县洨河上，赵州桥是以所在地命名的。赵州桥建于隋代(公元581～618年)大业年间(公元605～618年)，由著名匠师李春设计和建造，是当今世界上现存最早的古代敞肩空腹石拱桥。1961年被国务院列为第一批全国重点文物。赵州桥是一座空腹式圆弧形石拱桥，长50.8m，净跨37m，两端宽9.6m，中间略窄宽9m，拱矢高度7.23m，在拱券两肩各设有2个跨度不等的腹拱，大拱净跨3.8m，另一拱净跨2.8m，这样既减轻了桥身自重，节省材料，又便于排洪、增加

美观。赵州桥的构思与工艺，不仅在我国古桥中首屈一指，据考证，像这样的敞肩拱桥，欧洲到19世纪中期才出现，比我国晚了1200多年。1991年，美国土木工程师学会将赵州桥选定为第12个“国际历史土木工程的里程碑”。

与赵州桥类似的石拱桥还有永通桥(图10)，位于河北赵县县城西门外清水河上。永通桥规模比安济桥略小，俗称“小石桥”，跨度约32m，桥宽约6.2m，大券两侧的小拱跨径分别为3.0m和1.8m。关于永通桥的建造年代有两个说法，早前公认的是建于金代明昌年间(1190～1195年)，另一说法是建于唐代宗永泰(公元765年)年间，依据主要是从桥位处河床下挖出的原石进行的测龄。

图9 赵州桥

图10 永通桥

自从唐代诗人张继写下了《枫桥夜泊》：“月落乌啼霜满天，江枫渔火对愁眠；姑苏城外寒山寺，夜半钟声到客船”，千百年来，凡是来苏州的游客，都要来枫桥领略一下枫桥的诗情画意。其实，枫桥只是一座江南常见的单孔石拱桥。大运河在此通过，这里又是官道所在，南北舟车在此交会，旧时每到夜里航道就要封锁起来，这里便成了理想的停息之地，此桥便因此得名为“封桥”，后因张继的诗而易名“枫桥”，并沿袭至今。枫桥(图11)现位于苏州西北七里小镇枫桥镇，横跨于运河支流之上，是一座单孔石拱桥，长39.6m，高7m，宽4.2m，跨径10m。始建于唐代，距今至少已有1200多年的历史。明崇祯末年、清乾隆三十五年都曾修缮过，现存的枫桥为清同治六年(1867)重建的。

河北省著名游览胜地苍岩山，自古享有“五岳奇秀揽一山，太行群峰唯苍山”之盛名。山中福庆寺原名“兴善寺”，始建于隋朝，距今已有1300多年的历史。寺中桥楼殿(图12)是我国三大悬空寺之一，桥长15m、宽9m，坐落临深约70m的峡谷之上。宏伟的殿堂建于高临绝壁的石桥上，似空中楼阁，巧夺天工，世所罕见。

图11 枫桥

图12 桥楼殿

宝带桥与赵州桥、卢沟桥等合称为中国十大名桥，位于苏州市东南葑门外三公里处，傍运河西侧，跨澹台湖口。它始建于唐元和11年至14年(816～819年)，是我国现存古代桥梁中最长的一座。宝带桥(图13)用坚硬素朴的金山石筑成，长316.8m，共53孔。我们现在所见的宝带桥是明代正统年间重新修建的。宝带桥经历了太平天国和抗日战争时期的破坏，毁损相当严重。解放后根据明代的规模和形制，修缮了这座古桥。2001年宝带桥明代作为古建筑，被国务院批准列入第五批全国重点文物保护单位名单。

图13 宝带桥

2.3 石拱桥的发展

罗马帝国灭亡之后欧洲进入中世纪(公元476年起),直到文艺复兴(公元1453年止)后资本主义开始抬头为止。这个时期的欧洲没有一个强有力的政权来统治,封建割据带来频繁的战争,造成科技和生产力发展停滞,这个时期是欧洲文明史上发展比较缓慢的时期。欧洲中世纪修建的石拱桥较少,而且鲜有技术突破。笔者认为,从纯技术角度分析,欧洲中世纪时期修建的石拱桥没有超越中国的赵州桥,尽管其石拱桥跨度曾一度达到72m(意大利弗雷泽桥)。现存的中世纪石拱桥最大跨度为49.2m,为修建于1397年的罗纳大桥(Pont Grand (Tournon-sur-Rhône))(图14),位于法国阿尔代省多罗河中间。弗雷泽桥(Trezzo Bridge)位于意大利米兰,于1377年修建,1416年在战争中被毁,该桥遗址至今还被保留。中世纪较有名气的石拱桥还有意大利佛罗伦萨旧桥(Ponte Vecchio)(图15),修建于1354年,跨度30m。

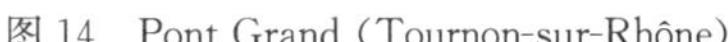

图14 Pont Grand (Tournon-sur-Rhône)

图15 Ponte Vecchio

随着欧洲文艺复兴的到来,科学理论、技术技艺、机械应用都有了长足的进步。专业的桥梁工程师开始出现,桥梁方面的专著和土木工程学校也相继出现,使桥梁技术走上了科学发展的道路。这一时期随着人工水泥的使用和对拱的力学原理更深入的理解,石拱桥又引起人们的兴趣。这一时期修建的许多精美石拱桥今天在欧洲还到处可见。

莫斯塔尔古桥(Stari Most,图16)位于波黑莫斯塔尔市(Mostar),横跨内雷特瓦河。在古桥矗立了427年后,于1993年波黑战争期间被摧毁,经过维修,2004年重新开放。2005年莫斯塔尔古城的古桥被联合国教科文组织列为世界文化遗产。穆罕默德·帕夏·索科洛维奇古桥(Mehmed Paša Sokolović Bridge,图17)位于波黑维舍格勒市(Višegrad),1577年建成。大桥横跨德里纳河,全长179.5m,宽4m,有11个石拱,由奥斯曼帝国最伟大的建筑师米马尔·卡科·锡南(Mimar Koca Sinan)设计,是当时连接波黑和伊斯坦布尔贸易通道的重要桥梁。400多年来,这座大桥因洪水和战争屡遭破坏,几度修复,但其原形仍保留至今。南斯拉夫著名作家伊沃·安德利奇(Ivo Andrić)于1961年荣获诺贝尔文学奖,其代表作《德里纳河上的桥》(The Bridge on the Drina)描写的就是本桥。2008年穆罕默德·帕夏·索科洛维奇古桥已被列入世界遗产名录,在颁发证书仪式上说,这座古桥是古典奥斯曼建筑的代表作,是连接东方和西方的文化遗产,具有突出的文化价值。它是继莫斯塔尔古桥之后第二座被列入世界遗产名录的波黑古桥。

图16 Stari Most

图17 Mehmed Paša Sokolović Bridge

印度非常著名的古代石拱桥夏希大桥(Shahi Bridge)(图18)也建于这个时期,该桥跨越印度北方邦章普尔(Jaunpur)附近的古米特(Gomti)河,由阿富汗著名建筑师阿夫扎尔·阿里(Afzal Ali)设计,建造历时4年,于1567年竣工。桥梁具有典型的莫卧儿建筑风格,1978年被列为印度国家重点保护文物。

欧洲进入工业革命(始于18世纪60～80年代,19世纪末结束)后,交通运输需求越来越大,石拱桥再次迎来建设高潮。这个时期铁逐步已成为桥梁的建筑材料,但石材仍然使用广泛,砌体拱桥仍然是当时最重要的土木工程技术。这个时期石拱桥主要应用在铁路中,包括铁路涵洞。图19和图20分别是德国1851年建成的Elstertalbrücke桥和法国1844年建成的Viaduc de Mirville桥,它们都是较长的骨架铁路桥。

图18　Shahi Bridge

图19　Elstertalbrücke

图20　Viaduc de Mirville

中国从隋唐以后长达1300多年的岁月中,石拱桥技术未有大的突破,跨度也未超越赵州桥。下面介绍三座比较有名的中国石拱桥,卢沟桥、十七孔桥和玉带桥(图21～图23)。

卢沟桥亦称芦沟桥,在北京市西南约15km的永定河上,为中国十大名桥之一。因横跨卢沟河(即永定河)而得名。卢沟桥全长266.5m,宽7.5m,最宽处9.3m。全桥共有11孔,跨径从11.4～13.5m不等。卢沟桥1189年开始修建,1192年建成。两侧石雕护栏各有140条望柱,柱头上均雕有石狮,形态各异,据记载原有627个,现存501个。

图21　卢沟桥

图22　玉带桥

十七孔桥和玉带桥都位于北京颐和园内,是颐和园里著名的建筑景观,也是典型的中国园林石拱桥。十七孔桥是连接昆明湖东岸与南湖岛的一座长桥,清乾隆时(1736年～1795年)修建。桥由17孔组成,长150m,状若长虹卧波。其造型兼有北京卢沟桥、苏州宝带桥的特点。桥上石雕极其精美,每个桥栏的望柱上都雕有神态各异的狮子,大小共544个。两桥头还有石雕异兽,十分生动。玉带桥位于园昆明湖长堤上,建于清乾隆年间(1736年～1795年)。该桥单孔净跨11.38m,矢高约7.5m,全部用玉石琢成,桥面是双反向曲线,组成波形线桥型,配有精制白石栏板,显得格外富丽堂皇。玉带桥拱高而薄,形若玉带,弧形的线条十分流畅。半圆的桥洞与水中的倒影,构成一轮透明的圆月,四周桥栏望柱倒影参差,在绸缎般的水面上浮动荡漾,景象十分动人。

图 23　十七孔桥

2.4　近、现代石拱桥

进入 20 世纪后，欧美已极少修建石拱桥，1905 年修建的德国的 Syratalviadukt 桥(图 24)，跨度 90m，从此定格，欧美再没有修建更大跨径的石拱桥。

图 24　Syratalviadukt

受经济及技术条件的制约，石拱桥在上世纪的中国还很受欢迎，修建时期主要集中在 1949 年后和改革开放前这一时间段里，石拱桥跨径纪录一次次被刷新，据统计目前我国跨径超过 100m 的石拱桥有 19 座。目前世界最大跨度石拱桥是我国山西晋城的丹河大桥(图 25)，跨径 146m。

图 25　丹河大桥

1959 年湖南黄虎港 60m 跨径石拱桥建成，时隔 1300 多年终于打破了赵州桥的跨度纪录。1961 年云南省在开运市南盘江上建成了跨径 112.5m 的石拱桥——长虹桥(图 26)。当时在黄虎港桥的建桥技术推动下，全国兴起了修建大跨径石拱桥的热潮。世界桥梁学会 1962 年要在英国伦敦召开桥梁学术会议，交通部根据我国的建桥技术和特点，决定修一座特大跨径的石拱桥，并希望将建桥技术在 1962 年国际桥梁学术会议上交流。在这种情况下，我国虽然当时还过着苦日子，云南省和交通部咬紧牙关，集中人力、财力、物力，于 1961 年建成了跨径为 112.5m 的长虹桥。1962 年在英国桥梁学术会议上，中国宣读了长虹桥的论文，受到了世界桥梁界的热烈欢迎和关注。11 年之后的 1972 年建成的四川省丰都县九溪沟桥，跨径 116m，将长虹桥跨度纪录打破。在九溪沟桥享有“世界第一石拱桥”称号 18 年之后，1991 年建成的湖南凤凰乌巢河大桥，以桥跨 120m，迎来了“天下第一石拱桥”的接力棒。2000 年随着山西晋城丹河大桥的通车，石拱桥跨度纪录再次被打破。

我院设计的成昆铁路一线天石拱桥(图 27)，位于成昆线关村坝和长河坝之间，跨越大渡河支流老昌沟，跨径 54m，是我国至今跨度最大的铁路石拱桥。全桥合计使用拱石 4930 块，是从乌斯河至毛头马一带沿大渡河采集的花岗片麻岩加工而成，与附近山石浑然一体，显得格外壮观。

图 26 开远长虹桥

图 27 成昆铁路一线天桥

石拱桥是拱桥最原始的形态，由于受到材料强度低、自重大、施工困难、对地质条件要求较高等因素的制约，石拱桥已在现代桥梁工程中已丧失了竞争力，石拱桥这种桥型也基本被淘汰，这是人类社会发展的必然趋势。山西丹河新桥采用 146m 跨度的石拱桥，从经济角度而言是不可取的，因此从正常的工程技术角度而言，该桥的跨径基本上已是石拱桥的极限了，往更大跨径的发展没有实际的工程意义。

石拱桥在人类社会发展进步过程中曾经发挥了巨大的作用，而且现在还有很多石拱桥在继续发挥交通功能。历史悠久的石拱桥往往承载了它所处时代的历史和文化，代表了过去人们的聪明才智，是历史的见证。现代人有责任保护好这些石拱桥，相比欧洲，我国的古老石拱桥在建国之后遭受了极大破坏，现存古老石拱桥已经不多。作为桥梁人更有责任去保护好这些文物，在现代交通工程建设中，对石拱桥不要简单的拆除重建。在 2010 年宝成线石亭江大桥抢险中，在现场调查中发现小里程方向一座小型石拱桥的桥台锥体出现了大裂缝。虽然该石拱桥主体结构没有问题，但现场定下的方案却是拆除重建。因为后期笔者没有参与抢险工作，该桥后来是否真被拆除不得而知，但若真被拆除了的话，实在可惜，虽然该桥只有 50 年的历史。

3 金属拱桥

金属拱桥主要指铸铁拱桥、锻铁拱桥和钢拱桥，在欧洲工业革命之后相继出现，以下分别介绍。

3.1 铸铁拱桥

18 世纪 20 年代英国进入工业革命，铁的产量提高很快，传统砌石由于铁的使用而黯然失色，铁逐步被应用于桥梁结构之中。当时铁含碳量较高，质脆，不能锻压，只能用来铸造器物，所以首先出现的是铸铁桥。铸铁桥的构件一般在工厂模具内用浇筑成型，再运输至工地进行拼装，由于当时未掌握连接技术，铸铁构件一般都较大，运输架设比较困难，因而历史上的铸铁桥跨度均不太大。

世界第一座铁拱桥是托马斯·普里查德设计，亚伯拉罕·达比在 1779 年建成的跨塞文河铁桥(Severn Iron Bridge)(图 28)。达比是当地第一家铸铁厂老板，也是当地有名的铁匠，被委托承建这座铁桥。根据设计方案，桥梁需要铸铁约 300t(7£/t)，估算费用约 3200 英镑，通过发行股份筹集，工程超支部分由达比承担。桥梁建成时，实际用铁总共 379t，铁的单价也超出原来的预期，光铸铁一项就花费了近 3000 英镑；再加上基础和墩台的费用，总造价远远超出了原来的估价。桥梁建成后，达比却陷入了债务危机，从此一蹶不振，不久后去世。

塞文铁桥由两孔组成，主跨跨径 30.5m，桥梁全长 60m。拱圈横向由 5 片拱肋构成，由于没有先例，拱圈完全按照木结构的方法铸造和拼装，铁件之间的连接采取"榫接"，只有在拱顶两半拱连接处采用螺栓固定。全桥大约有 800 个铸铁件，分 12 种基本样式；其中最大的铸铁件(半拱)有 21m 长，5.25t 重。铸铁件在工厂预制完成后，通过船运输至现场，通过简易的木制起重机起吊和安装。

桥梁建成后没有几年，桥台基础出现沉降，台身出现了梁缝，拱肋也受到影响。有些拱肋裂缝处后来采用锻铁进行了加强，有些裂缝至今也没有处理。裂缝不处理的原因，主要是由于本桥的用铁量很高，安全度比较大，即使有裂缝也不影响桥梁安全。在本桥后面修建的库博铁桥(Coalport Bridge)(图

29),跨度达到 39.6m,其用铁量才 170t。塞文铁路是公认的英国工业革命的标志,现在仍屹立在塞文河上,作为文物被很好的保留。

18 世纪末至 19 世纪上叶,欧洲曾修建了大量铸铁拱桥,现在到欧洲随处可见,巴黎塞纳河和伦敦泰晤士河都是老拱桥集中的地方,其中不少就是铸铁建造。铸铁拱桥在欧美以外地方基本上没有修建,我国也未见记载。历史上最大跨度铸铁拱桥是位于伦敦泰晤士河上的萨德克老桥(Southwark Bridge)(图 30),跨度达 73.2m。1819 年修建,后来被拆除,现在的伦敦萨德克桥是 1921 年修建的。在 19 世纪上半叶锻铁出现之后,铸铁拱桥逐步退出历史舞台。

图 28　Severn Iron Bridge

图 29　Coalport Bridge

图 30　Southwark Bridge

3.2　锻铁拱桥

与铸铁相比,锻铁延性较好,抗拉强度较高。随着它在 19 世纪上叶的出现,铸铁桥很快被锻铁桥替代。第一座锻铁桥现已无法考证,锻铁的推广使用极大得促进了桥梁跨径的提升。如梁桥方面,英国大不列颠桥(Britannia Bridge),跨度达到 140m,该桥梁部就是一个矩形锻铁箱,重达 1400t,建成于 1846 年,现已拆除。世界第一座现代悬索桥是也锻铁桥,它是 1826 年修建的英国梅奈悬索桥(Menai Suspension Bridge),跨度达到 176m,主缆也采用锻铁。

世界著名的几座大跨度锻铁拱桥,都是由法国著名工程师埃菲尔(Gustave Eiffel)设计建造的。我们熟知的埃菲尔,建造了巴黎埃菲尔铁塔,殊不知他还建造了纽约自由女神像,和当时世界上的最大跨度拱桥。法国乔彼大桥(Garabit Viaduct)(图 31),跨径 165m,1884 年完工。葡牙波尔图跨越杜罗河的玛利亚桥(Maria Pia Bridge)(图 32),跨径 160m,1877 年建成。同样跨越波尔图杜罗河的路易一世大桥(Luís I Bridge)(图 33),跨径 172m,1886 年建成,该桥将永远保持世界锻铁拱桥最大跨度纪录。19 世纪下半叶,随着钢材的大量推广应用,锻铁材料逐步退出桥梁工程领域。

世界最早的系杆拱出现在铸铁拱桥中,为英国于 1849 年修建的亥・雷福桥(High Level Bridge)(图 34),跨度 38.1m,为一座双层桥面公铁两用桥。该桥跨越河谷,总长 408m,其中 156m 位于水中。上层桥面宽度 12.2m,为两车道马路;下层为铁路和人行道。系杆拱横向由四片锻铁拱肋组成,位于 40m 高的石砌桥墩上。亥・雷福桥标志着拱桥一种新型结构体系——“系杆拱”的诞生,它出现把拱桥推向了更为广阔的应用领域,是拱桥发展过程中一个重要的里程碑。

图 31 Garabit viaduct

图 32 Maria Pia Bridge

图 33 Luís I Bridge

图 34 High Level Bridge

3.3 钢拱桥

1856 年贝塞默(H. Bessemer)申请了大量廉价炼钢法专利,1861 年西门子(W. Siemens)和马丁(E. Martin)推广了平沪法,桥梁进入钢桥时代。在欧洲还在大量修建锻铁拱的时候,美国已将钢应用于拱桥的建设。世界第一座钢拱桥是 1874 年修建的美国易兹桥(Eads Bridge)(图 35)。

图 35 Eads Bridge

易兹桥是一座公铁两用桥,横跨密西西比河,连接圣路易斯和伊利诺伊州东圣路易斯(图 35)。大桥以它的设计师詹姆斯·布坎南·易兹(James B. Eads)命名。易兹桥主桥由三孔独立的上承式钢拱组成的连拱桥,跨径分别为(153+158.5+153)m,桥梁全长 1964m。大桥于 1867 开工建设,于 1874 年 7 月 4 日正式开通。易兹桥建成时是当时世界上跨度最大的拱桥,也是世界范围内第一座使用钢作为主要建筑材料的桥梁。当时锻铁质量较钢更稳定,价格也更便宜;同时代稍后建造的几座大拱桥,如法国乔彼大桥、葡萄牙玛丽亚大桥和路易一世大桥,都采用锻钢材料。

易兹桥是桥梁发展史中非常重要的一座桥梁,桥梁采用的材料和施工技术至今在工程界还在使用。该桥在全世界第一次采用钢材,第一次采用大规模气压沉箱基础(图 36),第一次采用斜拉悬臂施工(图 37),第一次采用花篮螺栓合龙。由于当时的钢材质量不稳定,桥梁采用的所有钢构件都经过了试验检验,为此制造商不得不制造数倍于需要的构件数量(图 38)。

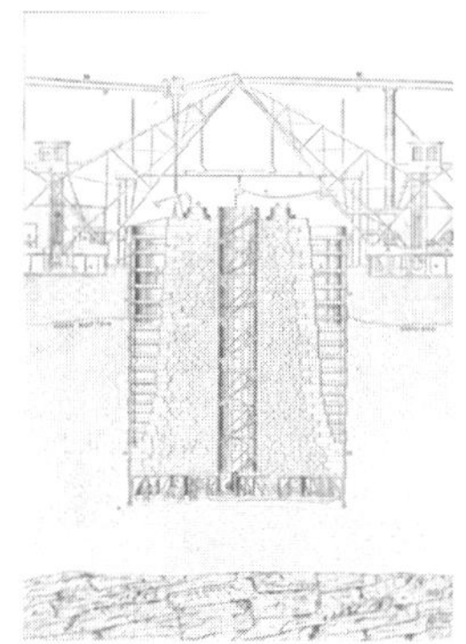
图 36 气压沉箱

图 37 悬臂架设

图 38 节点构造

受易兹桥成功的影响，许多精美的钢拱桥陆续建成。1888 年建成的美国华盛顿桥(Washington Bridge)(图 39)，跨径 160m，至今仍在使用。美国 1897 建造的蜜月桥(Honeymoon Bridge)(图 40)，跨径达 256m，在 1938 年被洪水冲毁。法国 1902 年修建的维吉尔高架桥(Viaduc du Viaur)(图 41)，跨度为 220m，为典型的中间设铰钢桁架拱。之后美国的地狱门桥(Hell Gate Bridge)于 1916 年再次把纪录打破(图 42)，跨度达 310m。1931 年美国贝永桥(Bayonne Bridge)一下将钢拱桥跨度提升到 504m(图 43)，1932 年竣工的悉尼港湾桥(Sydney Harbour Bridge)跨度 503m(图 44)，只比贝永桥小 1m。中间有一个插曲，贝永桥虽然先建成，但是它开工晚，事先知道了悉尼桥的跨径，为争夺世界第一，故意把跨度放大。虽然贝永桥很长时间是世界第一拱桥，但其知名度远不如悉尼桥。钢拱桥在 20 世纪上半叶超过了 500m 跨径后，发展较为缓慢。

图 39 Washington Bridge

图 40 Honeymoon Bridge(old)

图 41 Viaduc du Viaur

图 42 Hell Gate Bridge

图 43 Bayonne Bridge

澳大利亚悉尼港湾桥(图 44),包括引桥总长为 1149m。主拱跨径为 503m,拱顶离水面 134m,桥下通航净空 49m。耗用钢材 52800t,其中主拱占 39000t。桥面宽达 49m,有 8 道汽车道,2 线铁路道以及人行道和自行车道。它拱座后侧的两座桥塔只起装饰作用,与其结构体系完全一样的贝永桥,没有桥塔。但是从建筑的角度看,悉尼桥加桥塔的效果确实好。

图 44 Sydney Harbour Bridge

建于 1977 年的美国新河谷桥(New River Gorge Bridge),位于西维吉尼亚州 Fayetteville 附近,桥梁全长 924m,拱桥跨径 518m,桥面至河谷水面的高度为 267m(图 45)。在时隔 46 年后,新河谷桥终于打破了贝永桥的拱桥跨度纪录。大桥桥面宽度 21.1m,为公路 4 车道+人行道。拱圈由两片钢桁拱肋和之间的横向联接系构成,拱脚桁高 16.16m,拱顶桁高 10.37m,在两拱脚设铰为双铰拱。拱上梁部采用钢桁梁,桁高 5.49m,为 14 孔全连续。桥梁大部分钢材采用耐候钢,在自然条件下钢材表面会氧化形成一层赤褐色的保护层,不需要涂装维护,保护层颜色也与自然环境很好的融合。新河谷大桥采取缆索吊机加悬臂斜拉扣挂的施工方法。跨越河谷的两组缆索吊机起吊能力均为 50t,联合起吊时吊重为 92t。桥梁构件在工厂制造完成后,先经铁路,再经公路运输到施工现场实施吊装。新河谷桥结构非常轻盈,完全没有传统拱桥沉重笨拙的感觉,为现代钢拱桥的典范之作,被称为西弗吉尼亚州最伟大的工程。

图 45 New River Gorge Bridge

在新河谷桥建成之后的 20 多年里,一直是世界上最大跨度拱桥,直至 2003 年被上海卢浦大桥(图 46)超过。卢浦大桥全长 3900m,主拱跨径 550m,拱顶高于江面 100m,完工于 2003 年 6 月 28 日。主桥按 6 车道设计,桥下航道净空 46m。主拱由两钢箱拱肋组成,拱肋截面高 9m,宽 5m。它也是世界上首座完全焊接的大型拱桥,现场焊接焊缝总长度达 4 万多米,接近上海市内环高架路的总长度。大桥耗资约 25 亿元人民币。

卢浦大桥的跨度纪录仅仅保持了 6 年,又被 2009 年建成的重庆朝天门大桥(图 47)超越。朝天门大桥为重庆的江上门户,主桥为(190+552+190)m 的中承式钢桁拱桥,桥梁全长 4158m。行车道分为上下两层,上层为双向 6 车道公路,行人可经两侧人行道上桥;下层是双线轻轨,并在两侧各预留了 7m 宽的车行道。朝天门长江大桥于 2004 年 12 月 29 日动工兴建,2009 年 4 月 29 日正式通车。

图 46　卢浦大桥

图 47　朝天门大桥

在我国，钢桥长期以来并不是发展的重点，为数不多的钢桥只在跨越大江大河的铁路桥上采用。直到上世纪末，比较有名的钢拱桥只有九江长江大桥和四川攀枝花跨金沙江的 2 号大桥。九江长江大桥(图 48)是一座刚性梁柔性拱的公铁两用桥，位于江西省九江市。上层为 4 车道公路，下层为双线铁路桥。其中主孔为桁拱组合体系，为一联(180＋216＋180)m 连续刚性钢桁梁与柔性钢拱组成，该桥建于 1992 年。四川攀枝花跨金沙江的 2 号大桥，是一座上承式钢箱肋拱桥，主跨 180m，现已拆除。

进入 21 世纪后，我国钢拱桥建设非常活跃，建成了很多世界级大钢拱桥。除卢浦大桥和朝天门大桥外，还有：2005 年建成的宜万铁路万州长江铁路桥(图 49)，主跨 360m；2007 年建成的重庆菜园坝大桥(图 50)，主跨 420m；2008 年建成的广州新光大桥(图 51)，主跨 428m；2009 年建成的重庆大宁河桥(图 52)，主跨 400m；2009 年建成的京沪高铁大胜关长江大桥(图 53)，主跨 336m；2011 年建成的宁波明州大桥(图 54)，主跨 450m。在建的钢拱桥还有南广铁路西江大桥(图 55)，主跨 450m；林织铁路拿界河大桥，主跨 352m，该桥为我公司设计。随着这些大拱桥的建成，使我国一跃成为世界钢拱桥大国。

图 48　九江长江大桥

图 49　宜万铁路万州长江大桥

图 50　菜园坝大桥

图 51　新光大桥

世界上跨径大于300m已建和在建钢拱桥一览，见表1。

图52　大宁河桥

图53　大胜关桥

图54　明州大桥

图55　西江大桥

世界上跨径大于300m已建和在建钢拱桥一览表　　表1

序号	中文桥名	外文桥名	主桥跨度	建成年份	所在国家
1	朝天门长江大桥	Chaotianmen Yangtze River Bridge	552	2009	中国
2	卢浦大桥	Lupu Bridge	550	2003	中国
3	新河谷桥	New River Gorge Bridge	518	1977	美国
4	贝永桥	Bayonne Bridge	504	1931	美国
5	悉尼港湾桥	Sydney Harbour Bridge	503	1932	澳大利亚
6	大瑞线怒江大桥	Nujiang Bridge	490	未知	印度
7	黔纳本桥	Chenab Bridge	460	未知	中国
8	明州大桥	Mingzhou Bridge	450	2011	中国
9	西江大桥	Xijiang Bridge	450	2014	中国
10	新光大桥	Xinguang Bridge	428	2008	中国
11	菜园坝大桥	Caiyuanba Bridge	420	2007	中国
12	大宁河大桥	Daninghe Bridge	400	2010	中国
13	弗里蒙特桥	Fremont Bridge	382	1973	美国
14	诗笛安可夫桥	Žd′ákov Bridge	380	1967	捷克
15	广岛空港大桥	l′aéroport d′Hiroshima Bridge (広島空港大橋)	380	2010	日本
16	曼港桥	Port Mann Bridge	366	1964	加拿大
17	弗朗西斯斯科特桥	Francis Scott Key Bridge	366	1977	美国
18	万州长江铁路桥	Wanzhou Yangtze River Railway Bridge	360	2005	中国
19	林织线纳界河大桥	Najiehe Bridge	352	2014	中国
20	美洲大桥	Bridge of the Americas	344	1962	巴拿马
21	派冬斯克新城桥	Podolskyi Metro Bridge	344	2011	乌克兰
22	大胜关长江大桥	Dashengguan Yangtze River Bridge	336	2009	中国

续上表

序号	中文桥名	外 文 桥 名	主桥跨度	建成年份	所在国家
23	拉维奥莱特桥	Laviolette Bridge	335	1967	加拿大
24	哈特桥	Hart Bridge	332	1967	美国
25	银禧桥	Silver Jubilee Bridge	330	1961	英格兰
26	布彻奴福桥	Birchenough Bridge	329	1935	津巴布韦
27	罗斯福湖桥	Roosevelt Lake Bridge	329	1990	美国
28	格伦峡谷大坝桥	Glen Canyon Dam Bridge	313	1959	美国
29	地狱门大桥	Hell Gate Bridge	310	1916	美国
30	杜呐威瓦努西桥	Dunaújvárosi Bridge	308	2007	匈牙利
31	路易斯顿一昆斯顿桥	Lewiston-Queenston Bridge	305	1962	美国、加拿大
32	新木津川大桥	Shin Kizugawa Bridge(新木津川大橋)	305	1994	日本
33	培林桥	Perrine Bridge	303	1974	美国
34	斯里绍嘉纳桥	Seri Saujana Bridge	300	2003	马来西亚
35	南宁大桥	NanNing Bridge	300	2009	中国
36	佛山东平大桥	Foshan Dongping Bridge	300	2006	中国

钢拱桥由于使用了具有较高抗压强度的钢材，使得拱圈自重较小，而且其架设方便，因此较之于石拱桥、钢筋混凝土拱桥具有更大的跨越能力。在考虑桥梁建造形式、结构因素以及施工材料等主要技术因素的情况下，钢拱桥的最大跨径可达 1000m 以上。钢拱桥的主要问题是由于拱作为受压为主的结构，稳定(包括整体稳定与局部稳定)问题成为主要矛盾，高强材料的性能不能得到充分发挥，需耗费大量的材料在增强结构的刚度上。与斜拉桥相比，钢拱桥施工架设困难而费用高，在 300～500m 跨径内，钢拱桥的经济指标已难与钢斜拉桥相比，因而它向更大跨径的发展所遇到的是难以逾越的经济竞争力。中承式拱桥是钢拱桥向更大跨度发展的方向。

4 混凝土拱桥

4.1 国外混凝土拱桥的发展历程

1759 年波特兰水泥出现后，混凝土这种新材料逐渐在工程中推广采用。1855 年，第一座混凝土(拱)桥(Pont en béton armé)由法国人 Joseph 和 Louis Vicat 建成，它是位于 Grenoble′s Jardin 植物园内的一座步行桥(图 56)。混凝土拱桥的出现，为拱桥发展又注入了新的生机和活力。1872 年，随着世界第一座钢筋混凝土结构建筑在美国纽约落成，人类建筑史上一个崭新的纪元从此开始。钢筋混凝土作为一种成熟的新型结构材料，直到 1900 年前后才被工程界认可和大规模使用。

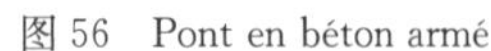

图 56 Pont en béton armé

图 57 Ponte del Risorgimento

早期的混凝土结构内没有钢筋或配筋很少，采用混凝土修建拱桥其实与砌体石拱桥没有太大区别，致使其发展非常缓慢。直到 1911 年，混凝土拱桥跨度才超过 100m，它就是罗马的复兴运动桥(Ponte del Risorgimento)(图 57)。1930 年罗伯特·麦纳(Robert Maillart)设计建造了跨径 90m 的泽纳图布桥(Salginatobelbrücke)(图 58),把麦纳这位桥梁建筑大师推向了职业生涯的颠覆。麦纳一生设计了 10 多座混凝土拱桥,跨度都不大,泽纳图布桥是其中跨径最大的一座;但他设计的拱桥座座都是艺术精品,使他成为世界闻名的拱桥艺术大师。

尤金·弗莱西奈(Eugène Freyssinet)在 20 世纪上半叶设计建造了一系列拱桥,为混凝土拱桥的发展作出了卓越的贡献。其中最著名的是 1930 年建成的布鲁格斯藤桥(Plougastel Bridge),该桥位于法国的埃罗尔河的河口,为公铁两用桥,上层为公路,下层为铁路(图 59)。主拱跨径 180m,矢高 31.5m,拱肋截面为单箱二室箱形截面。拱圈施工采用可周转使用的木制桁式式拱架。

图 58 Salginatobelbrücke

图 59 Plougastel Bridge

随着钢筋混凝土拱桥的发展,支架搭设以及由此产生的费用变成制约拱桥发展的一个关键难题。为了解决这个难题。1898 年澳大利业工程师约瑟夫·米兰(Josef Melan)发明了将钢骨架置入成桥结构的施工方法,在我国称之为劲性骨架拱桥,在日本称之为米兰拱。利用该方法修建的最著名的拱桥是 1929 年建成的奥地利艾奇斯哈桥(Echelsbacher Brücke),跨度 130m(图 60)。

西班牙的马丁·吉尔高架桥(Viaduc de la Martín Gil)是混凝土拱桥发展史的一个里程碑(图 61)。它建于 1942 年,跨径达到 210m,是世界上首座跨径超过 200m 的混凝土拱桥。该桥施工采用劲性骨架,钢劲性骨架利用木支架进行架设,混凝上采用节段浇筑法施工,该技术及建造方法至今仍很使用。

图 60 Echelsbacher Brücke

图 61 Viaduc de la Martín Gil

随后 1943 年建成的跨越瑞典安格曼河(Angerman)的桑多桥(Pont de Sandö)将混凝土拱桥跨径提升到了 264m(图 62),该纪录保持了 20 年之久。1963 年葡萄牙在波尔图的杜罗河建成了主跨 270m 的阿拉比迪桥(Pont Arrabida)(图 63),再次将该纪录打破。首先达到 300m 跨径的混凝土拱桥为澳大利亚格拉特斯维尔桥(Gladesville Bridge),该桥的跨径为 305m(图 64),于 1964 年建成。次年建成的连接巴西与巴拉圭的国际友谊桥(Pont international de l'Amitié),跨径达到 290m,也逼近 300m 大关。

在 1997 年我国主跨 420m 的重庆万县长江大桥建成以前,1980 年建成的克尔克桥(Krk)是世界上最大跨径的混凝土拱桥(图 65)。该桥总长 1430m,由跨度 390m(大陆至圣马尔科岛)的 1 号桥和 244m(圣马尔科岛至克尔克岛)的 2 号桥两座钢筋混凝土拱桥组成,两桥均为上承式三次抛物线无铰拱结构,矢跨比分别为1/6.5和1/5.2。拱圈截面为一个等截面三室箱，拱高分别为5.5m及4m，拱宽分别为13m和8m。

图62 Pont de Sandö

图63 Pont Arrabida

图64 Gladesville Bridge

图65 Krk

另外，值得一提的是1984年建成的南非布洛克兰斯桥(Pont de Bloukrans)和2002年建成的葡萄牙方特·德·恩里克桥(Pont Infante D. Henrique)。布洛克兰斯桥位于南非布洛克兰斯峡谷，桥面离河床底216m，桥址地形陡峭，岩石裸露，地形地质条件十分适合于拱桥(图66)。桥梁全长448m，主拱跨径272m，拱圈为单箱三室截面，宽12m，高3.6～5.6m。拱圈采用带移动塔吊的悬臂扣挂拼装法施工，上部预应力混凝土连续梁则利用移动模架逐段现浇，该桥在结构形式及施工方法对后来的混凝土拱桥有较大的影响。

方特·德·恩里克桥，以一跨280m直接跨越杜罗河(图67)，桥梁全长371m。拱圈为等高变宽带洞实体截面，高度只有1.5m，立柱采用薄壁实心板形式，加劲梁为单室箱的预应力混凝上箱形结构，其中在拱顶70m长度段拱圈与加劲梁结合在一起。该桥采用辅助墩和悬臂桁架组合施工方法进行施工。

图66 Pont de Bloukrans

图67 Pont Infante D. Henrique

位于瑞典和挪威边境的斯威桑德桥(Pont de Svinesund)(图68)，跨度247m。该桥利用宽大的连续梁提供横向刚度，拱肋提供竖向刚度，结构体系非常合理。西班牙2008年建成的第三千年桥(Pont du Troisième Millénaire)(图69)，主桥为单孔下承式系杆拱，跨度达216m，混凝土拱肋异常纤细，为满堂支架现浇。

阿联酋迪拜素有"海湾明珠"之称，近20多年来，迪拜利用"石油美元"建成了一系列现代化基础设施，大规模的建设也使得迪拜成了奢华的代名词。在2008年世界金融危机之前，迪拜曾有修建世界第一大拱桥——"谢赫拉·希德本·赛义德桥(Cheïkh Rashid bin Saeed Bridge)"的计划，该桥全长

1700m，由两座混凝土大拱桥组成(图 70)。较大的一座跨度 665m，矢高 205m；较小的一座跨度 414m，矢高 118m。采取斜拉悬臂浇筑法施工。目前该项目没有任何进展，也可能永远都不会实施。

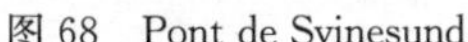

图 68　Pont de Svinesund

图 69　Pont du Troisième Millénaire

图 70　Cheïkh Rashid bin Saeed Bridge

4.2　我国混凝土拱桥发展状况

我国的混凝土拱桥首先应用在铁路桥梁上。解放前修建的跨径最大的是粤汉线株韶段的锥凯冲桥、省界桥和燕塘桥，都是跨径 40m 的混凝土拱桥。20 世纪 60 年代后，混凝土拱桥长期成为我国拱桥的主导桥型。为减轻自重、节约圬工和钢材、方便施工，我国桥梁工作者对混凝土拱桥技术进行了长期不懈的探索，双曲拱桥就是这一探索的一个结果。

双曲拱桥最主要的特点体现在施工方面：先化整为零，再集零为整，可以少支架甚至无支架施工。这种桥型最早建造在江苏省无锡县境内，是由无锡桥梁工程队首创的一种新型拱桥。主要构件有拱肋、拱波、横梁或拉条以及拱上建筑的各种部件。其中拱肋是施工阶段的拱架，又是成桥后的主体结构。分段预制的拱肋在支架上拼装或无支架悬吊拼装，成拱后，再在其上砌置拱波，浇筑拱背混凝上，然后设置拱上建筑并浇筑桥面。双曲拱桥自 1964 年出现后，风靡中华大地，形式多样，跨径也不断刷新。1968 年建成的河南篙县前河大桥(图 71)，单孔净跨 150m，是我国跨径最大的双曲拱桥。双曲拱桥的缺点是整体性与耐久性差，这些缺点相当程度地被当时的政治气氛所掩盖和忽视。随着时间的推移才渐渐显现出来，这种桥型现已遭淘汰。对目前仍在使用之中的双曲拱，维护、加固是一个大的课题。

在双曲拱桥之后，又出现了钢筋混凝上桁式拱和刚架拱，这两种形式的拱上建筑与主拱圈共同受力，以达到减轻自重、节约材料的目的，是我国桥梁建设者对混凝土拱桥轻型化方向的重要探索。刚架拱桥中规模最大的，是 1985 年建成的广东清远北江大桥(图 72)，全长 1058m，最大跨径 70m。刚架拱桥中跨度最大的是 1993 年建成的江西德兴太白桥，跨径 130m。江西德兴太白桥位于江西省德兴铜矿区(图 73)，跨越乐安江，是一座单孔净跨 130m 的钢管混凝土劲性骨架箱肋刚架拱，净矢跨比 1/9。两桥台为重力式，刚性扩大基础。拱圈由两根钢筋混凝土箱形拱肋组成，采用转体施工。

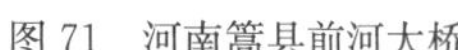

图71　河南篙县前河大桥

图72　广东清远北江大桥

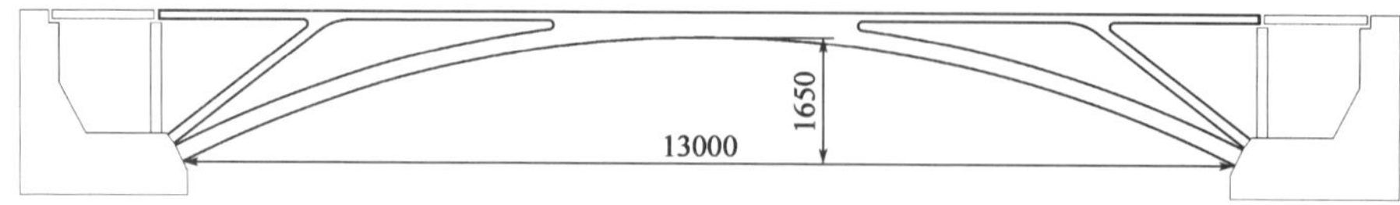

图73　江西德兴太白桥(单位:mm)

混凝土桁式拱桥由混凝土桁式梁演化而来,其发展主要得益于预应力混凝土技术的不断成熟。桁式拱桥首先出现在钢拱桥中,法国1902年修建的维吉尔高架桥(Viaduc du Viaur),跨度为220m,为较典型的中间设铰桁式拱桥。我国混凝土桁式拱桥最成功的要数贵州省交通厅推出的一系列"桁式组合拱桥",其代表桥梁是贵州江界河桥(图74),跨度达到330m。混凝土桁式组合拱桥即按桁架伸臂法施工的桁式桥梁,在悬臂合龙之后,不像一般拱桥那样在交界墩(台)处断开,也不像桁梁(桁式T构)那样在跨中断开或挂梁,而是在交界墩(台)至跨中的适当位置断开,结构成为由悬臂桁架支承中间拱的桁架—拱组合桥(图75)。图76是1984年建造的日本青云桥(Pont de Seiun),跨径220m,梁部纵向全连续,只在桥台处断开,为连续钢桁式拱桥。法国拉普兰桥(Pont du Bras de la Plaine)(图77),主跨280m,建于2001年,该桥拱圈在跨中断开,为典型的桁式悬臂梁桥,不属于拱桥。

图74　江界河桥

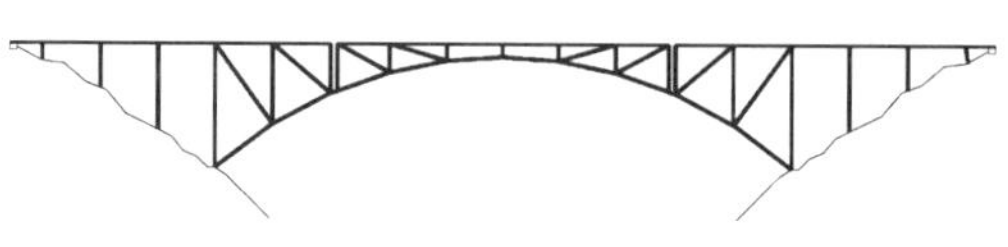

图75　桁式组合拱桥

图76　青云桥

图77　Pont du Bras de la Plaine

桁式组合拱桥较传统拱桥，因具有桁式体系的优点，拱上建筑与主拱圈联合受力，整体性好，纵向刚度大，稳定性也很好；较刚架拱桥，拱脚受力大为改善，而且断缝处的桁片高度较小，对横向稳定也有利；而较桁梁桥，上弦拉力大为减小，从而可以大幅度减少预应力钢筋的作用。在施工方面，可以利用结构的上弦杆和斜杆进行悬臂拼装施工，使大跨度成为可能，同时又不像其他拱桥悬臂施工需要临时拉杆，减少了施工用钢量。在贵州江界河桥的影响下，全国掀起了修建桁式组合拱桥热，据统计截止 2000 年，国内一共修建了此类桥梁 35 座。由于预应力组合桁拱节点处的次应力容易导致节点混凝土的开裂，因而造成耐久性较差，口前该桥型已较少采用。1981 年在贵州建成的道真长岩桥是第一座混凝土桁式组合拱桥，主跨 75m，1995 年建成的贵州江界河大桥，主跨达 330m，在这一桥型中跨径最大，也是当时国内跨径最大的混凝土拱桥。江界河桥位于贵州省瓮安县，跨越乌江峡谷，桥面净宽 13.4m，桥梁全长 461m，拱圈高 2.7m，宽 10.56m，矢跨比 1/6。施工采用起重能力为 120t 的钢格构人字扒杆。

在进行拱桥轻型化探索的同时，我国同时修建了大量的混凝土箱拱和肋拱桥，在大跨径拱桥中占有多数。例如 1979 年建成了四川马鸣溪大桥，跨径 150m；1982 年建成的四川攀枝花市宝鼎大桥，跨径 170m；1990 年建成的四川涪陵乌江大桥，跨径 200m；1990 年建成的四川宜宾小南门金沙江大桥，跨径 240m；1996 年建成的广西南宁邕宁邕江大桥，主跨达 312m；以及 1997 年建成的世界上跨径最大的钢筋混凝土拱桥——四川万县长江大桥，主跨 420m。

马鸣溪大桥位于四川省宜宾市，跨越金沙江，为钢筋混凝土箱形拱。主跨 150m，全长 245m，桥面宽 10m。拱圈箱高 2.0m，箱宽 7.6m，矢跨比 1/7。全拱圈横向分 5 个箱室，纵向分 5 段，预制吊装，最大吊重 70t。宝鼎大桥位于四川省攀枝花市，是一座上层通车，下层输送原煤的两用桥。主跨 170m，全长 392m，为钢筋混凝土箱型拱。宝鼎大桥采用拱架法施工，是我国采用拱架施工的最大跨度混凝土拱桥。涪陵乌江大桥（图 78），全长 352m，主跨 200m，桥宽 12m。该桥采取无平衡重转体施工（图 79），构思非常巧妙，至今无人超越。

图 78　涪陵乌江大桥

图 79　乌江桥无平衡重转体施工

四川宜宾小南门金沙江大桥（图 80），全长 387m，桥宽 19.5m，为中承式钢筋混凝土肋拱桥。主跨 240m，矢高 48m，矢跨比 1/5。拱圈采用钢劲性骨架施工，混凝土浇筑时，采用水箱调节骨架内力。2000 年 11 月 7 日该桥靠近两边拱肋的吊杆发生破断，造成了严重的事故。2002 年 6 月 28 日修复后再通车。邕宁邕江大桥（图 81），位于广西南宁市邑宁县城，全长 308m，桥宽 18.9m，为中承式钢筋混凝土肋拱桥。拱圈采用钢管混凝土劲性骨架施工，混凝土浇筑时采用 3 组斜拉扣索调节骨架内力。

图 80　宜宾小南门大桥

图 81　邕宁邕江大桥

万县长江大桥（图 82）净跨径 420m，矢跨比 1/5，拱轴线采用 $m=1.6$ 的悬链线。主拱圈为三室箱形截面，高 7.0m，宽 16.0m，其中中箱宽 7.6m，边箱宽 3.8m。一般段顶、底板厚 0.4m，腹板厚 0.3m，拱脚至第一立柱间为变厚段,顶、底板厚由 0.8m 渐变至 0.4m,边腹板厚由 0.6m 渐变至 0.3m,中腹板厚度不变。拱圈每 15m 设置一道横隔板,厚 0.25m。混凝土强度等级为 C60。拱圈采取钢管混凝土劲性骨架施工(图 83)。万县长江大桥的建成标志着我国在钢筋混凝土拱桥领域跨入国际领先水平,至今它仍是世界第一大钢筋混凝土拱桥。

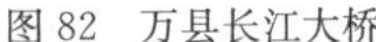

图 82 万县长江大桥

图 83 万县长江大桥劲性骨架

在公路混凝土拱桥取得巨大发展的影响下,近年来铁路大跨度混凝土拱桥建设也非常活跃。铁路桥梁与公路桥梁的主要差异在于要求结构具备有较大的竖、横向刚度,混凝土拱桥显然具备这个优势。在铁路跨越深沟、峡谷地形时,混凝土拱桥与其他桥型相比,在经济性方面具有较大的优势。由我公司设计、目前正在建设的沪昆客专北盘江特大桥(图 84),主跨 445m;云桂铁路南盘江特大桥(图 85),主跨 416m,都是通过多桥型的经济技术比选之后,脱颖而出的,充分证明了大跨度混凝土拱桥的优势。

图 84 沪昆客专北盘江桥

图 85 云桂铁路南盘江桥

世界上已建和在建跨径大于 250m 的混凝土拱桥一览,见表 2。

世界上跨径大于 250m 已建和在建混凝土拱桥一览表 表 2

序号	中文桥名	外文桥名	主桥跨度(m)	建成年份	所在国家
1	北盘江大桥	Beipanjiang Bridge	445	2014	中国
2	万县长江大桥	Wanxian Bridge	420	1997	中国
4	南盘江大桥	Nanpanjiang Bridge	416	2014	中国
5	克尔克桥	Krk Bridge	390	1980	克罗地亚
6	澜沧江大桥	Lancangjiang Bridge	342	2014	中国
7	江界河大桥	Jiangjiehe Bridge	330	1993	中国
8	迈克·奥卡拉汉—帕特·蒂尔曼纪念大桥	Mike O'Callaghan-Pat Tillman Memorial Bridge	323	2010	美国
9	邕宁邕江大桥	Pont de Yongning Yongjiang	312	1996	中国
10	格拉特斯维尔大桥	Gladesville Bridge	305	1964	澳大利亚
11	国际友谊桥	Pont international de l'Amitié	290	1965	巴拉圭/巴西

续上表

序号	中文桥名	外文桥名	主桥跨度(m)	建成年份	所在国家
12	方特·德·恩里克桥	Pont Infante D. Henrique	280	2002	葡萄牙
13	布洛克兰斯桥	Pont de Bloukrans	272	1984	南非
14	阿拉比迪	Pont Arrabida	270	1963	葡萄牙
15	福西格莱斯高架桥	Viaduc du Froschgrundsee	270	2010	德国
16	格莱朋高架桥	Viaduc de Grümpen	270	2011	德国
17	富士川桥	Fujikawa Bridge(富士川橋)	265	2005	日本
18	桑多桥	Pont de Sandö	264	1943	瑞典
19	孔特雷拉斯水库铁路高架桥	Viaduc ferroviaire sur le lac de retenue de Contreras	261	2009	西班牙
20	夏多布里昂桥	Pont Châteaubriand	260	1991	法国
21	天翔大桥	Tensho Takamatu Bridge(天翔大橋)	260	2000	日本
22	狄楼西桥	Pont en arc des Tilos	255	2004	西班牙
23	万尔德基拉高架桥	Talbrücke Wilde Gera	252	2000	德国

以廉价混凝土作为拱圈主要材料的混凝土拱桥，从结构方面而言无疑是合理的。综合考虑强度与刚度的因素，混凝土拱桥要优于石拱桥与钢拱桥。混凝土拱桥向更大跨度发展，关键是要研制出强度更高、技术成熟的混凝土材料。跨径在500m以内，混凝土拱桥与斜拉桥相比，具有一定的经济优势，只是工期较长，施工难度较高。目前国内、外对超大跨度混凝土拱桥的研究相当活跃，阿联酋迪拜提出的667m混凝土拱桥方案，如果在材料方面取得突破，无疑是可行的。

5 钢管混凝土拱桥

5.1 钢管混凝土拱桥的发展历程

世界上第一座钢管混凝土拱桥出现在前苏联，是1939年在俄罗斯西伯利亚的依谢季河上修建的卡门思科铁路桥(Kamensk Bridge)(图86)，跨度140m。我国第一座钢管混凝土拱桥是1990年建成的四川旺苍大桥(当地称彩虹桥)(图87)，跨径115m。我国钢管混凝土拱桥的出现，与俄罗斯没有关系，它与我国60年代出现的双曲拱桥类似，完全是从生产实践中摸索出来的。四川旺苍大桥没有正规的设计与施工单位，其设计和施工均由旺苍县交通局一手包办。

图86 Kamensk Bridge

钢管混凝土结构在国外应用已有百年历史，20世纪初，美国就在一些单层和多层房屋中采用了钢管混凝土柱。受经济条件限制，我国的钢管混凝土结构使用较晚。我国从1963年开始钢管混凝土结构的研究工作。1979年钢管混凝土结构第一次列入国家科学发展计划，并由原哈尔滨建筑工程学院钟善桐教授主持这项研究工作，取得了大量研究成果。1986年在中国钢结构协会的支持下，组建了钢—混凝土组合结构协会。钢管混凝土结构在我国，早期主要应用在工业与民用建筑中，上世纪80年代后逐步被推广至土木工程的各个领域，广泛应用在多、高层建筑、桥梁工程、地铁车站及各种重型、大跨工业厂房以及高耸塔架等建筑物中。

改革开放以来,我国大力加强交通基础设施建设,需修建大量的桥梁。以我国的国情,无法承受大量使用钢桥,而钢管混凝上拱桥用钢量介于混凝土拱桥与钢桥之间,加之其管内混凝土施工方便,使得钢管混凝土拱桥在我国得到迅猛发展。钢管混凝土拱桥是我国桥梁工作者在拱桥技术方面又一个巨大贡献。我国钢管混凝土拱桥建设高潮期在1995年之后,钢管混凝土拱桥的跨径和数量发展非常快。代表性的桥梁有:1995年建成的广东南海三山西大桥(图88),跨径200m;2000年建成的广州丫髻沙大桥,跨径360m;2005年建成的四川巫山长江大桥,跨径460m;2009年建成的湖北支井河大桥,跨径430m。关于钢管混凝土拱桥计算理论,目前国内桥梁界尚存分歧,这里不细述。

图87 旺苍彩虹桥

图88 三山西大桥

5.2 代表性桥梁简介

我国钢管混凝土拱桥的应用与发展已引起国外的关注。目前国外跨径最大的钢管混凝土拱桥是2005年建成的长崎县新西海桥(長崎県新西海橋)(图89),跨径240m,桥宽20.2m,为中承式拱桥。

图89 新西海桥

三山西大桥位于广东省南海市东北部,桥址处江面宽约170m,Ⅱ级航道,航道部门要求桥梁一跨过江,且要求施工期间不封航。主桥方案设计时,提出了连续刚构、斜拉桥及拱式体系三个方案,最终选择了三孔连续无推力中承式钢管混凝土拱桥方案,主桥全桥长290m,桥面净宽28m,拱肋采取斜拉悬臂吊装法架设。

丫髻沙大桥(图90)是广州市环城高速公路西南环上跨越珠江南航道的一座特大桥,该桥跨越主航道,是采用(76+360+76)m三跨连续无推力中承式钢管混凝土拱桥。大桥全长1084m,桥面净宽32.5m,拱肋采取竖转和平转相结合的施工方法实现合龙。丫髻沙大桥由中铁咨询设计,转体施工设计由施工单位委托四川省交通厅公路规划勘察设计研究院完成。大桥于1998年开工,于1999年主拱实现转体合龙,于2000年6月建成通车。

巫山长江大桥(图91)位于举世闻名的长江三峡巫峡口,全桥孔跨布置为6×12m+492m+3×12m,桥梁全长612.2m。主桥为中承式钢管混凝土肋拱桥,净跨径460m,净矢高121.05m,矢跨比1/3.8。大桥于2001年开工,2003年实现钢管拱合龙,2005年1月8日正式竣工通车。巫山长江大桥飞架巫峡南北两岸，如同长虹卧波一般，使天堑变通途，成为连接渝东与湖北的重要通道。

图 90　丫髻沙大桥

图 91　巫山长江大桥

支井河大桥(图 92)位于湖北省巴东县野三关镇，横跨支井河峡谷，是沪蓉国道主干线湖北宜昌至恩施高速公路上的重点桥梁，孔跨布置为 1×36m+444.8m+2×27.3m，主桥采用 430m 上承式钢管混凝土肋拱桥，桥梁全长 545.5m。大桥于 2004 年开工建设，2009 年 10 月 28 日建成通车。

图 92　支井河大桥

由我公司设计，2001 年建成的水柏铁路北盘江大桥(图 93)，跨径 236m，至今保持着铁路钢管混凝土拱桥的最大跨度纪录。桥跨布置为 3×24m 简支梁+236m 上承式钢管混凝土提篮拱+5×24m 简支梁，桥全长 468.20m。为保证拱圈拼装、焊接质量，主拱采用有平衡重单铰平转法施工。

图 93　水柏铁路北盘江大桥

世界上跨径大于250m已建钢管混凝土拱桥一览，见表3。

世界上跨径大于250m已建钢管混凝土拱桥一览表 表3

序号	中文桥名	外文桥名	主桥跨径(m)	建成年份	所在地方
1	巫山长江大桥	Wushan Yangtze River Bridge	460	2005.01	重庆市巫山县
2	支井河大桥	Zhijinghe Bridge	430	2009.10	湖北省巴东县
3	莲城大桥	Liancheng Bridge	400	2007.07	湖南省湘潭市
4	茅草街大桥	Maocaojie Bridge	368	2006.12	湖南省南县
5	丫髻沙大桥	Yajisha Bridge	360	2000.06	广州市
6	永和大桥	Yonghe Bridge	349.5	2004.10	广西南宁市
7	太平湖大桥	Taipinghu Bridge	336	2007.03	安徽省黄山
8	南浦大桥	Nanpu Bridge	308	2003.10	浙江省淳安县
9	梅溪河大桥	Meixihe Bridge	288	2001.11	重庆市奉节区
10	晴川桥	Qingchuan Bridge	280	2001.07	武汉市
11	水道大桥	Shuidao Bridge	280	2004.12	广东省东莞市
12	三岸邕江大桥	Sanan Yongjiang Bridge	270	1998.11	广西南宁市
13	三门口北门大桥	Sanmenkou Beimen Bridge	270	2008.09	浙江省象山县
14	三门口中门大桥	Sanmenkou Zhongmen Bridge	270	2008.09	浙江省象山县
15	宜昌长江大桥	Yichang Changjiang Bridge	264	2007.12	湖北省宜昌市
16	戎州大桥	Rongzhou Bridge	260	2004.12	四川省宜宾市
17	千岛湖1号大桥	Qiandaohu 1 Bridge	252	2006.10	浙江杭新景高速

世界上跨径大于250m的已建钢管混凝土拱桥都在我国，钢管混凝土拱桥在短短的十余年内在中国得到如此迅速的发展，无论是在世界桥梁史上，还是在中国桥梁史上都是一个十分特殊的现象。在技术准备并不充分的情况下，如此大规模地应用一种新桥型，是否会带来不良的后果，是否会像双曲拱桥一样在若干年后出现大量的维修问题，已引起工程界的关注与争论。我国的中承式和下承式钢管混凝土拱桥，桥道系大多数采取简支、悬挂方式，桥梁安全完全命系高强度钢丝(或钢绞线)吊杆。这种重拱肋、轻桥面系的结构体系不合乎世界系杆拱桥的发展潮流，应引起工程界的高度关注。

6 结语

拱桥是历史最悠久的桥型之一，伴随着人类社会进步的脚步也不断发展，广受人民群众所喜爱，时至今日仍然焕发着生机与活力。我公司自上世纪末设计水柏铁路北盘江大桥并取得成功之后，拱桥成为桥梁专业最受关注的桥型之一，在其后的铁路重点桥梁多方案比选中，拱桥往往是必选方案。目前由我公司设计的在建大拱桥有：沪昆客专北盘江特大桥(混凝土、445m)、云桂铁路南盘江特大桥(混凝土、416m)、林织线纳界河特大桥(钢、352m)，即将开工建设的大拱桥有：大瑞线怒江特大桥(钢、490m)、渝黔线夜郎河特大桥(混凝土、370m)、成兰线白龙江特大桥(混凝土、276m)、成贵铁路西溪河大桥(钢管混凝土、240m)。伴随着这一大批拱桥的建成，我公司将把世界最大跨度混凝土拱桥、世界最大跨度铁路钢拱桥新纪录收入囊中，同时也将锻炼出一批经验丰富的拱桥技术人才，使拱桥桥型成为我公司桥梁专业的优势方向和核心竞争力。

谨以此文献给中铁二院的桥梁前辈和同仁，祝贺中铁二院建院60周年！

参考文献

[1] 维基百科 http://zh.wikipedia.org.

[2] 陈宝春.钢管混凝土拱桥(第2版)[M].北京:人民交通出版社,2007.

[3]《ARCH BRIDGES, Design-Construction-Perception》, UNIVERSITY OF TRENTO, Doctoral School in Civil and Mechanical Structural Systems Engineering.

[4] 罗英.中国石桥[M].北京:人民交通出版社,1959.

[5] 罗英、唐寰澄.中国石拱桥研究[M].北京:人民交通出版社,1993.

[6] 陈天本.桁架组合拱桥[M].北京:人民交通出版社,2001.

[7] 何广汉,车惠民,谢幼藩.铁路钢筋混凝土桥[M].北京:中国铁道出版社,1986.

丽香铁路金沙江大桥桥位桥式方案研究

刘　伟[1]　陈克坚[2]　游励晖[3]　艾智能[1]
(1. 中铁二院工程集团有限责任公司土建一院；
2. 中铁二院工程集团有限责任公司公司办；
3. 中铁二院工程集团有限责任公司技术中心)

摘　要　综合线路、环保、地形、地质情况及相关水利工程的影响，在环保敏感区、高烈度地震区、断裂发育带选择虎跳峡金沙江大桥的合理桥位及桥式方案。在测区金沙江上下游近240km范围内，对各个桥位在地质条件、环境影响、与水利工程干扰及桥式方案的合理性进行综合比较。桥位选在基岩出露的虎跳峡峡口，避开核心风景区，针对该河段水利工程的规划，选择大跨度钢桁悬索桥及上承式钢桁拱桥方案。

关键词　铁路桥梁；风景区；高烈度地震；桥位桥式方案比选；水电规划；上承式钢桁拱；钢桁悬索桥

Study of Location and Type of Jinshajiang Major Bridge of Lijiang-Shangri-La Railway

Liu Wei[1]　Chen Kejian[2]　You Lihui[3]　Ai Zhineng[1]
(1. First Civil Construction Design & Research Institute of CREEC;
2. Administration Office of CREEC;
3. Technology Center of CREEC)

Abstract　In order to choose a reasonable location and type for Jinshajiang major bridge in the area of environmentally-sensitive, high intensity earthquake and fracture development, considering the impact by route, environmental protection, terrain, geologic conditions and the relative irrigation works. In the range of 240km of upstream and downstream of Jinshajiang river, comprehensive comparison is carried out between each location in the fields of geologic conditions, environmental effect, interference from irrigation works, rationality of bridge type. Bridge location is chosen at the narrow of Hutiaoxia gorge where the bedrock is exposed and core scenic area is avoided. In the light of the planning of irrigation works of the reach, long span steel suspension bridge and deck steel arch bridge are selected.

Key words　railway bridge; scenic area; high intensity earthquake; proposal comparison of location and type of bridge; water & electricity planning; deck steel arch; steel suspension bridge

1　引言

丽江至香格里拉铁路南起丽江车站，向北跨越金沙江，经小中甸至香格里拉县，全长140.286km。线路等级为Ⅰ级，最大设计行车速度120km/h，桥上线路为双线，线间距5.0m，设计活载为中—活载。

金沙江大桥桥区为金沙江高原峡谷，各类生态保护区、风景名胜区密集分布。大桥位于丽香铁路全线地势最低处，桥高在250m左右，桥区地震动峰值加速度为0.21g。河段规划有金沙江中游“一库八级”水电开发的龙头水库——龙盘水电站，设计装机容量约为4200MW，水库设计正常蓄水位为2010.00m，

作者简介：刘伟(1977—　)，男，高级工程师。

受环评等因素的影响，水电站的坝址方案尚在研究比选。

地形地质条件、场地稳定性、结构抗震性能以及龙盘水电站的规划方案成为金沙江大桥桥位桥式方案的控制性因素（图 1）。

图 1　金沙江峡谷区域地貌

2　桥位选择

在金沙江虎跳峡上下游 240km 河段，对金沙江大桥的桥位进行比选。根据桥位区域特点分为 5 个区域，共比选了 27 个桥位（图 2）。

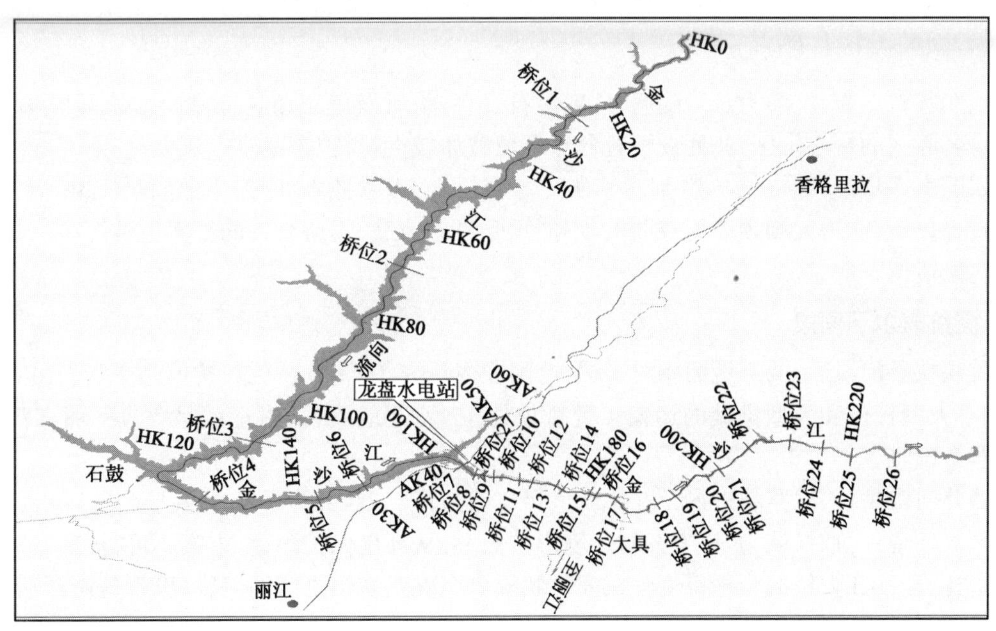

图 2　桥位示意图

2.1　石鼓镇以上河段

石鼓镇上游近 100km 河段河道顺直、开阔，河槽呈 U 形。规划的龙盘水电站在河段下游，水库蓄水后，将成为高坝平湖地貌，河面宽 1000～1200m，最大水深超过 200m。

受地形及水位影响，该河段桥位 1～3 的桥梁主跨约 800m，墩高近 200m，桥梁工程难度巨大。而且该河段桥位与丽香铁路线路整体走向相差太远，故桥位基本不成立。

2.2　虎跳峡镇至石鼓镇

经过“长江第一湾”后，河段依然顺直，地势平坦。考虑规划的龙盘水库蓄水，处于该河段的桥位4～6 所需要的桥梁跨度超过 800m，技术上不成熟，经济上欠合理。若采用该河段桥位，线路也将走到冲江河右岸——冲江河全新世活动断裂上盘，对抗震非常不利，故而桥位也不成立。

2.3 虎跳峡峡口至虎跳峡镇

该河段长约4km,属V形高中山深切河谷,两岸均有公路通达,交通较为便利。河段两岸虽分布有滑坡、岩堆等不良地质,但场地稳定性较好,且多有基岩出露;桥梁跨度相对较小,在400m左右。该河段基本具备选择桥位条件。

重点研究了避开活动性次断层及大型滑坡体桥位8(图3)、桥位27。

2.4 虎跳峡河段

该河段河道曲折,河槽呈V形,两岸为悬岩陡壁,局部坡度在70°～80°之间。江面宽120～250m,河床纵坡变化大,水流湍急,规划的龙盘水电站在该河段上游。此河段研究了9～17号桥位(图4)。

图3 桥位8地形

图4 虎跳峡河段地形

两岸虽然基岩出露,但均为悬岩陡壁,危岩落石发育,设墩及施工条件非常差。该河段属于虎跳峡国家级风景名胜区的核心景区,此处设桥对自然环境破坏较大,桥位方案难以成立。

在规划的水库坝址,即桥位9,特别对其研究了坝桥合一,铁路在水坝上通过的方案。水电站设计单位经过计算分析,认为大坝坝体为双曲拱,不能承受竖向荷载,坝桥合一的方案也被否决。

故此河段桥位不成立。

2.5 虎跳峡以下河段

出虎跳峡峡谷河段后,两岸地面相对平缓,此河段内研究18～26桥位。桥位两岸基岩出露,交通条件差,不利于大型杆件和大型机械的运输。且桥位处于IX度地震区,附近就是大具—丽江活动断层,抗震设计非常困难。

若选择此河段桥位,线路将进入三江并流世界自然遗产、三江并流国家级风景名胜区哈巴村、白水台等核心区。环境评价时,认为"该方案对环境影响极大,从环境保护角度,方案不可行。"

综上所述,金沙江大桥的合理桥位就在虎跳峡峡口至虎跳峡镇之间的河段,也就是避开活动性次断层及大型滑坡体桥位8、桥位27。

3 桥式方案

3.1 桥位8——上承式钢桁拱桥

桥位8位于虎跳峡峡口至虎跳峡镇河段,在著名景点虎跳石上游约2km处,属典型的V形峡谷。桥址离冲江河全新世活动断裂3.3km,离那田增中更新世活动断层1.9km,场地较稳定。两岸均为硬质基岩出露,丽江岸为大理岩,香格里拉岸为玄武岩。

主桥为416m上承式钢桁拱桥(图5)。主拱跨度$L_p=416$m,矢高$f=104$m.矢跨比1/4,拱肋立面投影拱轴线为悬链线,拱轴系数2.5。拱圈采用两片桁架提篮拱结构。每片桁架平面内倾6.037°,拱肋中心横向间距由拱顶12m变到拱脚34m;主桁桁式采用N形桁架,变桁高,拱顶桁高10m,拱脚桁高16m;标准节间距12.4m。主桥用钢量为50.1t/m。

拱座基采用分离式嵌固桩基础，拱桥巨大的推力通过连接拱肋上下弦的8个嵌固桩传递扩散到两岸的岩体上，极大地节约了拱座基础圬工及山体开挖量。

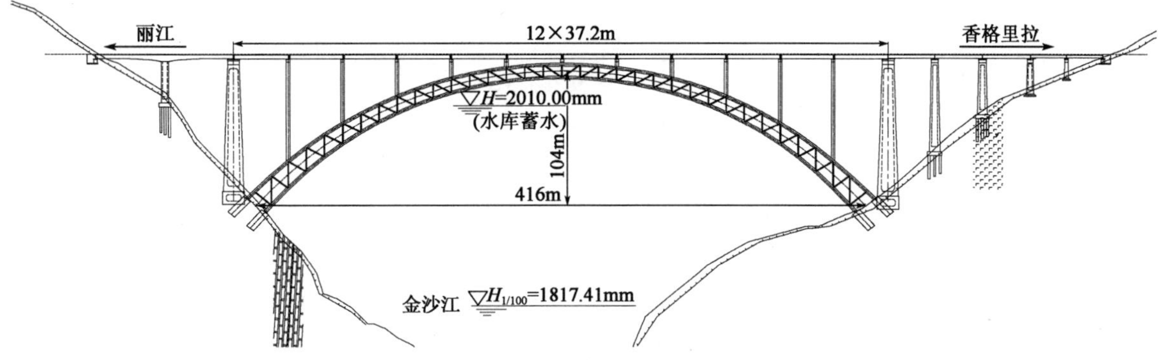

图5　416m上承式钢桁拱桥方案

拱上墩采用钢结构刚架墩，拱上梁采用一整联12×37.2m连续钢—混结合梁，交界墩为混凝土矩形空心墩。主拱拟采用缆索吊装斜拉扣挂法施工，拱上钢梁采用分段吊装法施工，总工期预计为48个月。

上承式拱桥充分利用了峡谷地形，景观上与美丽的虎跳峡景区充分融合，具有承载能力高、刚度大、抗震性能好的特点。但规划水库蓄水后，钢拱圈的2/3将淹没于水库中，故上承式钢桁拱方案无法满足水库蓄水位2010.00m的要求。

为此研究了(108＋468＋108)m钢桁梁悬索桥方案，满足了规划水库蓄水的条件，但桥位8距规划的龙盘水库推荐坝址太近，后期水电站的施工将对金沙江大桥的安全及丽香铁路的运营带来难以控制的安全隐患。

桥位8的416m上承式钢桁拱桥是丽香铁路金沙江大桥的最优工程方案，但与规划的龙盘水电站冲突，难以共存。

3.2　桥位27——钢桁梁悬索桥

桥位27在桥位8上游约1.1km，离冲江河全新世活动断裂2.2km，离那田增中更新世活动断层0.8km，场地较稳定。丽江岸较陡，片理化玄武岩出露，表层岩体卸荷带发育；香格里拉岸相对较缓，表层为堆积体。桥位27整体地质地形条件要劣于桥位8，但距规划的龙盘水库坝址更远，相互干扰相对较小。

主桥为(98＋660＋98)m连续钢桁梁悬索桥(图6)。主缆垂跨比1/10，矢高66m，主跨660m设置吊索，边跨不设吊索。主缆横向中心距25m，公称直径845mm，材质为设计强度为1670MPa的镀锌高强度钢丝，弹性模量2.0×10^5MPa。每根主缆由169根通长索股组成，每根索股由127丝直径ϕ5.16mm组成。

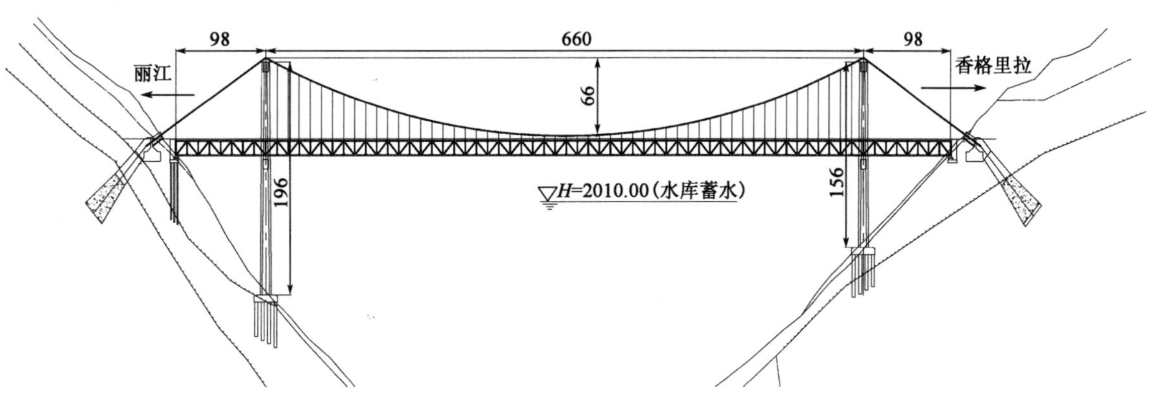

图6　(98＋660＋98)m钢桁梁悬索桥方案(单位：mm)

钢梁采用带竖杆的平行华伦式桁架，桁宽25m，桁高13m。桥面采用正交异性板整体钢桥面结构，按纵横梁体系设计。加劲梁三跨连续，在桥台、桥塔位置设置竖向支座和纵向活动支座，桥塔和桥台上设置横向抗风支座，桥台处设置速度阻尼器和抗震阻尼器。

桥塔采用双柱式门式框架结构，丽江岸主塔塔高196m，香格里拉岸主塔塔高156m。主塔基础采用分离式嵌固式桩基础，桥台采用分离式。两岸均采用隧道式锚碇。主缆采用预制平行钢丝索股架设(PPWS)，钢梁采用缆索吊先主跨后边跨对称架设。总工期预计为42个月。

钢桁悬索桥具有施工方便、抗震性能好的特点，但造价高且桥梁刚度偏小。桥位27与规划的龙盘水库干扰较小，悬索桥方案能满足水库蓄水位2010.00m的要求。

3.3 方案比较

桥式方案比较见表1。

桥式方案比较表　　表1

桥位	桥　位　8	桥　位　27
主桥方案	416m上承式钢桁拱桥	(98+660+98)m钢桁梁悬索桥
基础类型	嵌固式基础、群桩基础	嵌固式基础、隧道式锚碇
施工方法	主拱拟采用缆索吊装斜拉扣挂法施工，拱上钢梁采用分段吊装法施工	主缆采用预制平行钢丝索股架设(PPWS)，钢梁采用缆索吊分段吊装架设
主要优点	桥梁景观与周围环境充分融合，结构承载能力高，刚度大，抗震性能好，造价相对较低	结构抗震性能好，施工方便，与规划的大型水利工程干扰较小，可以共存
主要缺点	与规划的水电站干扰较大，难以满足水库要求，无法与规划的大型水利工程共存	桥梁刚度偏小，造价高，后期养护相对较多
方案特点	工程方案最优	桥位桥式方案可行且可与规划的龙盘水电站共存
建安费	5.8亿元	11.3亿元
工期	48个月	42个月

4 结语

从桥梁工程角度，桥位8的416m上承式钢桁拱桥无疑是最经济合理的桥式方案，但该方案与我国规划中的重点能源战略工程——龙盘水电站干扰较大，难以共存。桥位27的(98+660+98)m钢桁梁悬索桥虽然桥梁本身造价高，但二者能共存，整体上的经济社会效应更好。

参考文献

[1] 周孟波，等.悬索桥手册[M].北京：人民交通出版社，2003.
[2] 陈宝春.钢管混凝土拱桥[M].2版.北京：人民交通出版社，2007.
[3] 小西一郎(日).钢桥[M].北京：中国铁道出版社，1981.
[4] 中国水电顾问集团中南勘测设计研究院.金沙江龙盘水电站预可研报告[R].长沙，2005.

渝利铁路韩家沱长江桥方案研究

陈思孝[1] 陈克坚[2] 曾永平[1]

(1. 中铁二院工程集团有限责任公司土建二院;
2. 中铁二院工程集团有限责任公司公司办)

摘 要 本文结合渝利铁路韩家沱长江桥地形、水文及通航跨度要求,提出钢桁斜拉桥结构、连续钢桁拱及Y构—钢箱拱桥型方案,通过对这三种桥型方案的动力特性研究,结合施工、投资分析,提出满足铁路桥梁动力特性要求,较为合理的桥型方案。Y构—钢箱拱桥型方案具有刚度大,动力特性佳,用钢量相对较小,投资较省的优势,钢桁斜拉桥结构用钢量相对也较小,投资较省,且具有施工方便的优势,是较为合理的桥型方案。

关键词 钢桁斜拉桥;连续钢桁拱桥;Y构—钢箱拱桥;桥型研究

Research on Hanjiatuo Yangtze River Bridge of Chongqing-lichuan Railway

Chen Sixiao[1] Chen Kejian[2] Zeng Yongping[1]

(1. Second Civil Construction Design & Research Institute of CREEC
2. Administration Office of CREEC)

Abstract Purpose of research: comparatively suitable proposals of steel cable stayed bridge, continuous steel arch and Y-type pier-steel box arch bridge are put forward, in accordance with the requirement of landform, hydrology and navigable span of Hanjiatuo Yangtze River bridge of Chongqing-Lichuan railway. Through the study on dynamic property of different bridge types and to satisfy the dynamic property of railway bridge, an appropriate proposal of bridge type is raised in the light of construction and investment analysis. Conclusion of research: steel cable stayed bridge, continuous steel arch and Y-type pier-steel box arch bridge, with good dynamic property, are alternative proposals for long-span railway bridge; proposal of Y-type pier-steel box arch bridge, featured by large stiffness, good dynamic property, comparatively small amount of steel and less investment, as well as proposal of steel cable stayed bridge, with advantages of small usage of steel, low investment and convenient construction ,are suitable bridge types.

Key words steel cable stayed bridge; continuous steel arch; Y-type pier-steel box arch bridge; research on bridge type

1 引言

渝利铁路韩家沱长江桥位于重庆市涪陵区韩家沱,跨越长江,桥位处河宽相对较窄,河道顺直,河床及岸坡均较稳定,通航条件较好。

水文资料为:$Q_{1/300}=98700\text{m}^3/\text{s}$,$H_{1/300}=184.74\text{m}$,$v_{1/300}=3.38\text{m/s}$;$Q_{1/100}=90400\text{m}^3/\text{s}$,$H_{1/100}=182.75\text{m}$,$v_{1/100}=3.25\text{m/s}$。

作者简介:陈思孝(1966—),男,教授级高级工程师,中铁二院工程集团有限责任公司土建二院副总工程师。

地震动峰值加速度为0.05g(g=9.8m/s^2),反应谱特征周期为0.35s。

桥区河段水深及航道条件随着三峡水库蓄水而发生较大的变化,通航等级为国家Ⅰ级,大桥建成后,三峡水库按正常蓄水位175m方案运行,满足最小通航净宽:单孔单向通航净宽B_{m1}=175m,单孔双向通航净宽B_{m2}=350m。

2 主要技术标准

(1)铁路等级:Ⅰ级。

(2)正线数目:双线,线间距4.4m。

(3)路段旅客列车设计行车速度:200km/h。

(4)设计活载:中—活载。

3 桥型方案比选与构思

根据桥位处的地形、地质及施工控制等条件,结合通航净空,通航净宽(满足单孔双向通航净宽不小于350m)等要求,考虑可能设置必要的桥墩防撞保护设施,主孔不小于390m。

结合主孔跨度,选择较为适合的桥型结构——斜拉桥结构、拱桥结构、组合结构,进行初步研究。

3.1 斜拉桥结构

主孔390m、左右采用斜拉桥结构是较为经济合理的跨径,孔跨布置采用(65+143+390+143+65)m,双塔双索面钢桁梁斜拉桥,见图1。

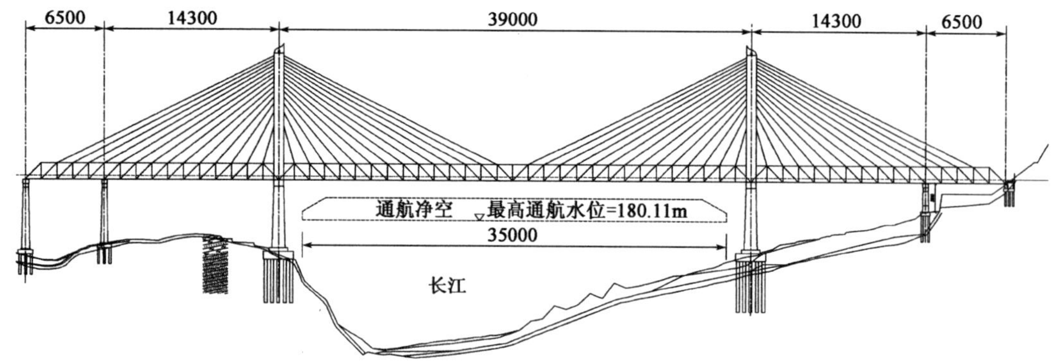

图1 (65+143+390+143+65)m钢桁梁斜拉桥方案(单位:cm)

斜拉桥方案具有“技术成熟、施工方便节省、安全可靠、经济合理、桥型美观”等特点,体现在以下几个方面:

(1)采用悬臂法施工,且跨径大于400m的斜拉桥国内已成功实施了20多座,施工技术水平已非常成熟。

(2)由于主塔可以充当施工时临时扣塔的作用,斜拉索则承担了施工临时扣索的作用,将施工临时设施与运营时的永久结构有机地结合。因此,节省了扣塔、扣索等大量施工临时辅助设施的费用。

(3)施工时作为永久结构的主塔刚度要远大于临时扣塔的刚度,因此,施工临时结构的稳定性、风致振动等方面性能均要优于设置临时扣塔施工的临时结构。

(4)斜拉桥结构将不同材料的受力性能有机地结合在一起,混凝土(主塔)受压,钢(斜拉索)受拉,且不存在不同材料结合的问题。

3.2 拱桥结构

拱桥结构外形美观,建筑材料丰富。根据材料不同,合理的经济跨度可在200~500m,可采用钢筋混凝土箱形拱桥、钢管混凝土拱桥及钢箱或钢桁拱桥。

钢桁拱桥具有自重轻、刚度相对较大、适用跨径大的特点。本桥选用(195+390+195)m连续钢桁拱桥型方案进行比选，见图 2。

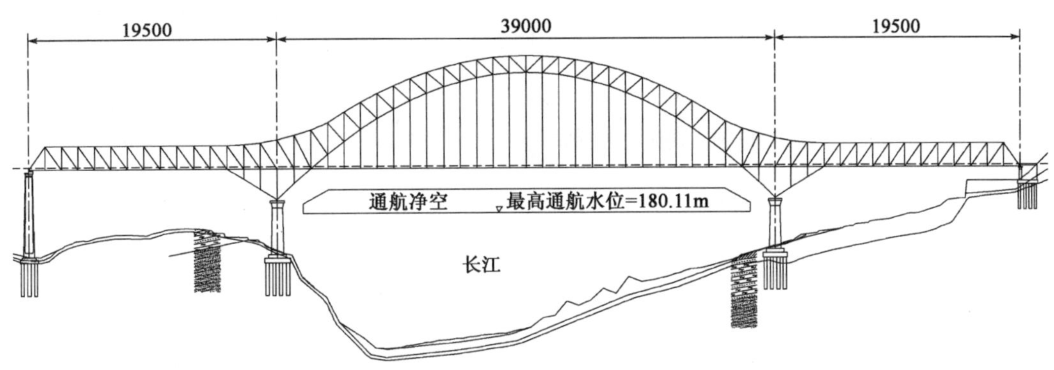

图 2 (195+390+195)m 连续钢桁拱桥方案(单位:cm)

3.3 组合结构

组合结构由两种或两种以上结构体系组合而成，结构体系相互取长补短，发挥各自的优势，受力合理，节省材料，扩大桥梁跨越能力。常见的桥梁组合结构体系有：梁与拱组合、梁与斜拉组合、斜拉与悬索组合等。

本桥选用(132+410+132)m 中承式柔性系杆 Y 构—钢箱拱桥方案进行比选，见图 3。本组合结构具有结构创新、安全可靠、施工可行、经济合理、桥型美观的特点。

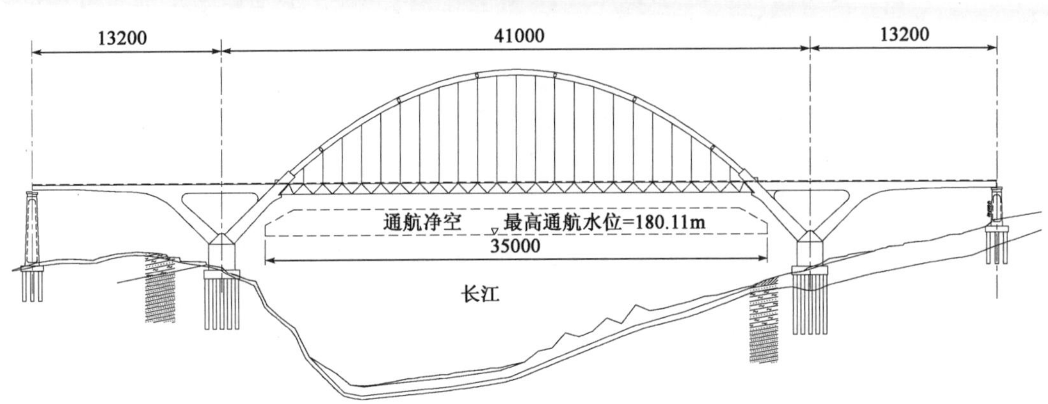

图 3 (132+410+132)m Y 构—钢箱拱桥方案(单位:cm)

4 桥型方案设计比选

4.1 连续钢桁拱桥方案

(1)主桥构造

连续钢桁拱桥节间距 13m，主桁桁宽 18m，桁高 18m，主拱圈的矢跨比采用 1/4，钢桁拱作为中承式拱桥，将主墩置于桥面以下两个节间。为增加桥梁的横向刚度，采用刚性吊杆，截面采用箱形截面及工字形截面。桥面系采用密横梁体系，即横向在每个大节点处设一道大横梁，之间设 3 道小横梁；纵向在每线下设 2 道间距 1.5m 的纵梁，纵梁与纵梁及纵梁与主桁之间设纵肋，纵肋布置间距大致 0.5m 一道。纵横梁及纵肋均采用倒 T 形截面，桥面板采用 16mm 厚钢板与纵横梁、纵肋焊接在一起参与整体受力。

(2)动力计算结果

动力特性计算结果见表 1。

动力计算结果表

表1

模态号	频率(cycle/sec)	振型主要特征	模态号	频率(cycle/sec)	振型主要特征
1	0.232035	主跨梁拱横弯	6	0.51396	全桥梁拱纵弯
2	0.358281	主跨梁体反对称横弯且有扭转	7	0.544543	右边跨绕 Z 轴扭转
3	0.395803	主跨梁与拱反向横弯且有扭转	8	0.586649	主跨梁体对称横弯且有扭转
4	0.457363	右边跨梁拱横弯	9	0.60454	主跨拱圈横弯且有扭转
5	0.474356	左边跨梁拱横弯	10	0.636673	全桥纵弯＋竖弯

4.2 钢桁梁斜拉桥方案

(1)主桥构造

斜拉桥结构采用半漂浮体系,塔墩固结,塔梁分离,主梁与桥塔之间设置支座,约束主梁竖向及横向位移,纵桥向设置阻尼装置。

主梁采用两片主桁,桁宽 18m,主桁为 N 形桁架梁,桁高 13m,节间距为 13m。主塔顺桥向采用单柱式,横向采用刚度相对较大,基础要求相对较小,构造、受力、施工相对简单的花瓶形(折线 H 形)。

钢桁梁斜拉桥左右主塔总高为 167.45m,其中塔冠装饰部分高 8m,下横梁以上塔高 115.12m。斜拉索选用高强钢丝斜拉索,斜拉索布置为平行的扇形双索面,钢桁梁斜拉桥梁上索距均为 13m。

(2)动力计算结果

①结构抗风性能分析结果

a. 成桥状态设计基准风速为 29m/s,颤振检验风速为 47m/s,施工状态设计基准风速为 26.7m/s,颤振检验风速为 43.2m/s。

b. 成桥状态主梁竖弯基频为 0.430Hz,扭转基频为 0.872Hz。最大单悬臂状态主梁竖弯基频为 0.441Hz,扭转基频为 0.922Hz。最大双悬臂状态主梁竖弯基频为 0.191Hz,扭转基频为 0.761Hz。

c. 成桥状态、最大单悬臂状态及最大双悬臂状态结构的颤振临界风速均远大于相应的颤振检验风速,具有良好的颤振稳定性。

d. 主梁涡振风速区集中在 15～22m/s。因涡振风速较低,涡振发生的概率较高。本桥主梁阻尼比较小,易发生涡激振。建议进行节段模型风洞试验,以验证涡振的发振风速,并确定涡振振幅。

e. 斜拉桥方案的索径、索水平角、索振动频率及来流风向角等指标多位于易发雨振的参数范围内,加之桥位上游及下游水面开阔,故该桥斜拉索存在发生雨振的可能性。

②动力特性计算(表 2)

成桥状态结构自振特性表

表2

阶　次	BANASYS 频率(Hz)	ANSYS 频率(Hz)	MIDAS 频率(Hz)	振型描述
1	0.2762	0.2714	0.2953	主梁对称横弯-1
2	0.3306	0.3275	0.3224	主梁纵飘
3	0.4302	0.4270	0.4438	主梁对称竖弯-1
4	0.4793	0.4718	0.4495	桥塔(双塔)反向横弯
5	0.5054	0.4974	0.4954	桥塔(双塔)同向横弯
6	0.6758	0.6706	0.7426	主梁横弯
7	0.7358	0.7324	0.7468	主梁反对称竖弯-1
8	0.7694	0.7665	0.7830	8 号边墩顺桥向弯曲
9	0.7845	0.7806	0.8710	主梁横弯
10	0.8722	0.8704	0.8711	主梁扭转

③车桥耦合动力分析

分别采用国产 300km/h 动力分散式车组、先锋号、中华之星,普通货车四种类型列车,对客车进行了7种车速情况下(180km/h、200km/h、220km/h、250km/h、300km/h)的车桥耦合振动分析，对货车共进行了四种车速计算(60km/h、70km/h、80km/h)。计算中轨道不平顺根据欧州低干谱进行模拟，得出三种类型客车均可以设计速度200km/h运行通过本桥梁，且横向及竖向舒适度指标均为优秀，其中国产300km/h动力分散式车组和中华之星运行安全性和舒适性有一定储备。对于普通货车，在80km/h运行时也能满足要求。

4.3 中承式柔性系杆Y构钢箱拱桥

(1)主桥构造

主桥中承式柔性系杆Y构—钢箱拱桥由两侧对称布置的混凝土Y构和跨中310m的钢结构拱桥组合而成，采用不同结构与不同材料的组合。主桥采用刚性拱，刚性梁柔性系杆结构体系，边跨混凝土箱梁与拱肋斜腿刚接，钢桁主梁与拱肋斜腿铰接。主拱净跨径约310m，采用平行钢箱拱圈，拱轴线为二次抛物线，矢跨比采用1/4.5，矢高69.56m，拱圈采用等截面，高4m、宽2.4m，板厚在24～40mm之间变化，拱肋横向中心距采用18m。

主梁采用钢桁梁，桁高7m，主梁横向钢桁中心距采用18m，吊杆间距为13.5m。主梁上、下弦杆采用箱形截面，腹杆采用工字形截面，吊杆采用H形截面。桥面系采用纵横梁加正交异性整体钢桥面板。边跨主梁采用C50预应力钢筋混凝土箱梁，单箱单室截面。梁高从边跨端部的4m按照二次抛物线渐变到斜腿处的7m，斜腿顶端间箱梁采用等截面，梁高7m。边跨箱梁全长采用等宽度，全宽13.0m，箱宽8.6m，单箱单室截面。边跨箱梁内部分顶板纵向预应力钢束升入斜腿横梁内锚固，并在梁端与主斜腿横梁浇注在一起，实现边跨与斜腿固接的设计。

系杆由高强度低松弛镀锌预应力钢绞线制成，主跨系杆选用58—ϕ15.24钢绞线共16根。

斜腿分主跨侧斜腿和边跨侧斜腿，采用矩形截面。立面上从斜腿顶6m高到斜腿底9m高，侧面从斜腿顶4m到斜腿底6m。主斜腿与边跨箱梁同样采用固接，与钢箱拱肋固接，与钢桁主梁铰接。

(2)动力计算结果

①结构自振特性计算结果(表3)

结构自振特性计算结果 表3

阶 次	自振频率 f(Hz)	自振周期 T(s)	振动主要特征
1	0.308445	3.242069	梁拱同向对称横弯
2	0.363908	2.747944	梁拱反向对称横弯
3	0.422785	2.365269	梁拱反对称竖弯
4	0.430068	2.325212	拱圈对称横弯
5	0.494191	2.023511	梁拱同向对称竖弯
6	0.537119	1.861784	梁拱扭转
7	0.546063	1.831291	梁拱反对称竖弯
8	0.626445	1.59631	梁拱扭转
9	0.782725	1.277588	拱圈对称横弯
10	0.787464	1.2699	梁拱反对称竖弯

②结构抗风性能分析结果

a.成桥状态主梁竖弯基频为0.4671Hz，扭转基频为0.7862Hz。

b.成桥状态结构的颤振临界风速均远大于相应的颤振检验风速，这表明成桥状态下结构均具有良好的颤振稳定性。

c.主梁及拱肋涡振风速区集中在13～18m/s。因涡振风速较低，涡振发生的概率较高。本桥主梁和拱肋阻尼比较小，易发生涡激振。建议进行主梁及拱肋节段模型风洞试验，以验证涡振的发振风速，并确定涡振振幅。

③车桥耦合动力仿真结论

分别采用国产 300km/h 动力分散式车组、先锋号、中华之星,普通货车四种类型列车,对于客车共进行了 5 种车速(180km/h、200km/h、220km/h、250km/h、300km/h)的车桥耦合振动分析,对于货车共进行了三种车速计算(60km/h、70km/h、80km/h),计算中轨道不平顺根据欧州低干谱进行模拟。得出三种类型客车均可以设计速度 200km/h 运行通过本桥梁,且横向及竖向舒适度指标均为优秀,其中国产 300km/h 动力分散式车组和中华之星运行安全性和舒适性有一定储备。对于普通货车在 80km/h 运行时也能满足要求。

4.4 桥型方案比较

以上三种方案各自的优缺点比较见表 4。

不同桥式方案比较表(主桥) 表 4

	斜 拉 桥	连续钢桁拱	Y 构—钢箱拱
孔跨布置(m)	65+143+390+143+65	195+390+195	132+410+132
主桥长(m)	806	780	674
用钢量(t)	14875.00	23784.24	11329.24
混凝土用量(m^3)	29639.0	14578.2	68161.2
静力性能	采用叠合梁桥面使结构受力得以改善,在结构受力方面是可行的	靠拱圈承担主要荷载,结构受温度影响较小,结构受力方面可行	边跨 Y 构自身受力平衡,拱圈推力靠系杆承担,结构受力方面可行
高速行车性能	结构竖向刚度较另两个方案偏弱,但车桥耦合计算结果表明满足高速行车要求	结构竖向刚度大,满足高速行车要求	结构横、竖向刚度均较好,车桥耦合计算表明能构完全满足高速行车要求
施工工艺	采用悬臂法施工,施工技术水平已非常成熟。且施工临时辅助设施需要较少。施工可行	工厂制造现场拼装、工艺简单,但杆件数量多、类型多,现场管理难度大。施工可行	边跨悬臂浇注,工艺成熟。主跨工厂制造,现场拼装,工艺简单。施工可行
结构创新性	公铁两用斜拉桥有建造,但纯铁路斜拉桥还无建造,具有创新性	国内外钢桁拱桥建造较多,且跨度也已超过 500m	是一种集成创新的结构,同时也是一种完全创新的结构形式
初设概算(亿元)	5.19	5.86	4.92

方案比较结论如下:

(1)(195+390+195)m 连续钢桁拱桥虽然在结构受力、高速行车等方面均能满足韩家沱长江特大桥设计要求,但是费用比另外两个方案高出较多,而且钢结构杆件后期维护费用也较高,因此在更深入地初步设计中放弃了该方案。

(2)(132+410+132)m 中承式柔性系杆 Y 构钢箱拱桥在结构受力、高速行车等方面均能满足韩家沱长江特大桥设计要求,而且造价最省,是一种集成创新结构,同时也是一种完全创新的结构形式。综合比较后,选择该方案为比较方案,全桥布置为:10×32m 简支梁+(132+410+132)m 中承式柔性系杆 Y 构钢箱拱桥+2×32m 简支梁;全桥总长 1074.5m。桥梁中心里程 DK118+167,主墩里程桩号为 DK117+962 和 DK118+372。

(3)(65+143+390+143+65)m 钢桁梁斜拉桥在结构受力、高速行车等方面均能满足韩家沱长江特大桥设计要求,而且施工工艺较成熟,同时也具有一定的创新性。综合比较后,选择该方案为推荐方案,全桥布置为:1×24m 简支梁+7×32m 简支梁+(65+143+390+143+65)m 钢桁梁斜拉桥,全桥总长 1073.7m。桥梁中心里程 DK118+167,主墩里程桩号为 DK117+972 和 DK118+362。

5 结语

本文主要从动力特性及抗风性能对三种桥型方案进行了分析研究,三种桥型方案都可行,但各方案在施工、投资、运营养护上差异较大。

通过对三种桥型方案的研究,为今后同类型桥梁的设计提供可借鉴的经验。研究结果表明:

(1)斜拉桥、连续钢桁拱及Y构—钢箱拱桥型方案是大跨铁路桥梁可选的桥型方案，具有较好的动力特性，可满足大跨铁路桥梁动力特性要求。

(2)Y构—钢箱拱桥型方案具有刚度大、动力特性佳、用钢量相对较小、投资最省的优势；钢桁斜拉桥结构用钢量相对也较小，投资较省，且具有施工方便的优势，是较为合理的桥型方案。

参考文献

[1] 中华人民共和国行业标准. TB1 0002.1—2005 铁路桥涵设计基本规范[S]. 北京：中国铁道出版社，2005.

[2] 中华人民共和国行业标准. TB 10002.2—2005 铁路桥梁钢结构设计规范[S]. 北京：中国铁道出版社，2005.

[3] 中华人民共和国行业标准. TB 10002.3—2005 铁路桥涵钢筋混凝土和预应力混凝土结构设计规范[S]. 北京：中国铁道出版社，2005.

[4] 中铁二院工程集团有限责任公司. 新建铁路重庆至利川线初步设计韩家沱长江大桥设计说明[Z]. 2008.06.

沪昆高速铁路北盘江特大桥设计介绍

徐　勇[1]　陈　列[2]　谢海清[1]　何庭国[1]　胡京涛[1]　黄　毅[1]　杨国静[1]　韩国庆[1]
(1. 中铁二院工程集团有限责任公司土建一院；
2. 中铁二院工程集团有限责任公司公司办)

摘　要　沪昆高速铁路(客运专线)是中国东西向最重要的铁路大动脉之一，设计行车速度350km/h，北盘江特大桥为全线最大跨度的桥梁工程。大桥位于贵州省关岭县和晴隆县之间，在光照水电站下游跨越北盘江，设计行车速度350km/h。大桥全长721.2m，主桥为445m上承式钢筋混凝土拱桥，建成之后为世界最大跨度的钢筋混凝土拱桥。主桥拱圈拱轴线采用悬链线，跨度445m，矢高100m，矢跨比1/4.45，拱轴系数采用1.6；拱圈为单箱三室、等高、变宽箱形截面，拱圈高度9.0m，拱圈中间315m范围为18m等宽，拱脚65m范围为18～28m线性变宽；拱圈主要尺寸由车桥耦合动力分析确定。交界墩墩高102m，拱上最高墩墩高58.9m，均采用双柱空心刚架墩。拱圈施工采用钢管混凝土桁架作为施工支架，并在混凝土浇筑过程中通过在交界墩上分步张拉扣索，辅助桁架受力。本文对该桥的项目概况、主要技术标准、主桥设计、主拱圈的施工方法和主桥结构的静动力分析等进行了介绍。

关键词　高速铁路；混凝土拱桥；施工方法；钢管混凝土桁架；结构计算

Introduction of Design of Beipanjiang Super Major Bridge on Shanghai-Kunming High-speed Railway

Xu Yong[1]　Chen Lie[2]　Xie Haiqing[1]　He Tingguo[1]　Hu Jingtao[1]
Huang Yi[1]　Yang Guojing[1]　Han Guoqing[1]
(1. 1st Civil Construction Design & Research Institute of CREEC;
2. Administration Office of CREEC)

Abstract　Shanghai-Kunming high-speed railway (Passenger Dedicated Line), with design speed of 350km/h, is one of the most important east-west railway arteries in China. Beipanjiang super major bridge has the longest span of the line. The bridge, sitting astride Beipanjiang river in the downstream of Guangzhao hydropower station, is located between Guanling county and Qinglong county in Guizhou province, with total length of 721.2m. The main bridge, with length of 445m, is a deck reinforced concrete arch bridge. It will be the reinforced concrete arch bridge with the longest span in the world. Catenary is adopted for arch ring and arch axis of the main bridge with span of 445m, rise of 100m, rise span ratio of 1/4.45, arch axis coefficient of 1.6; the main size of arch ring is analyzed and confirmed by train-bridge coupling power. Edge pier is 102m high and the highest pier on the arch is 58.9m high, both adopting double-column hollow steel frame pier. For arch ring construction, steel pipe concrete truss is used as construction support, and truss stress is assisted in concrete pouring process. In the paper, general situation, main technical standard, design of main bridge, construction way of main arch ring, static and dynamic analysis of main bridge structure are introduced.

作者简介：徐勇(1971—　)，男，教授级高级工程师，中铁二院工程集团有限责任公司土建一院副总工程师。

Key words high-speed railway; concrete arch bridge; construction method; steel pipe concrete truss; structure calculation

1 引言

沪昆高速铁路是中国“十一五”规划的“五纵五横”高速铁路中东西向大通道之一，是连接中国西南、中南和华东地区最重要的铁路大动脉。我公司(中国中铁二院工程集团有限公司)承担了其中的贵州省和云南省境内工程的勘察设计，线路全长745km。线路在贵州省关岭县和晴隆县之间跨越北盘江，设北盘江特大桥。北盘江属珠江水系，其下游与南盘江汇合后，流入广西省境内后被称为红水河，流入广东省境内后称为西江，与东江合流后称为珠江，最终流入中国南海。桥址附近北盘江河谷深切，河道蜿蜒曲折，河中常年水流湍急，在桥址上游约1200m建有光照水电站大坝。桥址两岸岸坡地势陡峻，岸坡自然坡度为37°～62°，局部为陡崖。桥位区属亚热带湿润季风气候，年均气温15～18℃，极端最高气温32.6℃，极端最低气温－4℃；月平均气温最高在7月份，为23.4℃，月平均气温最低在1月份，为5.8℃。年平均风速约为2m/s，最大风速约25m/s。桥址地层下覆白云岩、泥质白云岩、角砾状白云岩、白云质灰岩、角砾状灰岩。场地地震峰值加速度为0.089g，地震动反应谱特征周期为0.65s，场地类别为I类。

2 主要技术标准

铁路等级：客运专线、双线。

轨道类型：无砟轨道。

最高设计行车速度：250km/h，线下工程余留350km/h提速条件。

设计活载：ZK活载，采用中—活载校核。

桥上线路：线间距5m，直线、平坡。

3 桥跨布置

桥梁中心里程为DK881＋943.0，桥梁全长721.25m。主桥为445m上承式钢筋混凝土拱桥，引桥及拱上孔跨布置为：1×32m混凝土简支梁＋2×65m预应力混凝土T构＋2联4×42m预应力混凝土连续梁＋2×65m预应力混凝土T构＋2×37m预应力混凝土连续梁，桥跨布置如图1和图2所示。

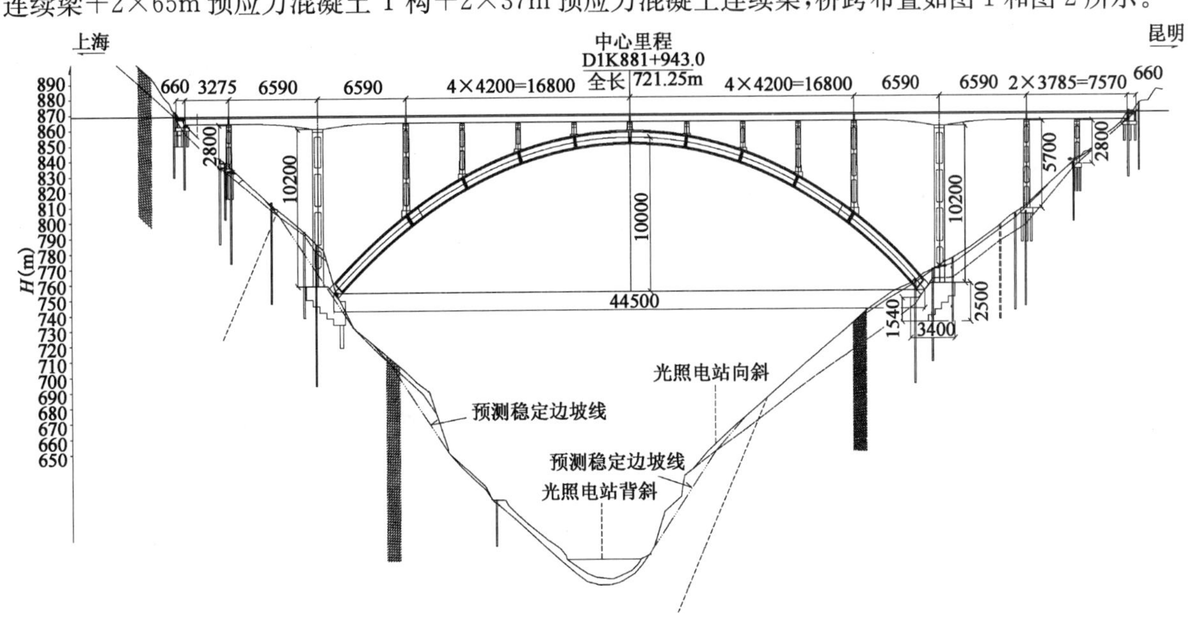

图1 总体布置图(单位：cm)

图 2　效果图

4　结构设计

4.1　拱圈

主桥拱圈拱轴线采用悬链线，跨度 445m，矢高 100.0m，矢跨比 1/4.45，拱轴系数采用 1.6。拱圈为单箱三室、等高、变宽箱形截面，拱圈高度 9.0m，拱圈中央 315m 范围为 18m 等宽，拱脚 65m 范围为 18～28m 线形变宽，拱顶和拱脚截面如图 3 和图 4 所示。拱圈内部在拱上墩柱下方一共设置了 11 道横隔板，横隔板与拱轴线垂直。拱圈内置钢管混凝土空间桁架，作为拱圈施工期间的支架，在拱圈混凝土浇筑完成后，成为永久结构的一部分共同参与受力。拱圈采用 C60 混凝土，钢管内压注 C50 混凝土。

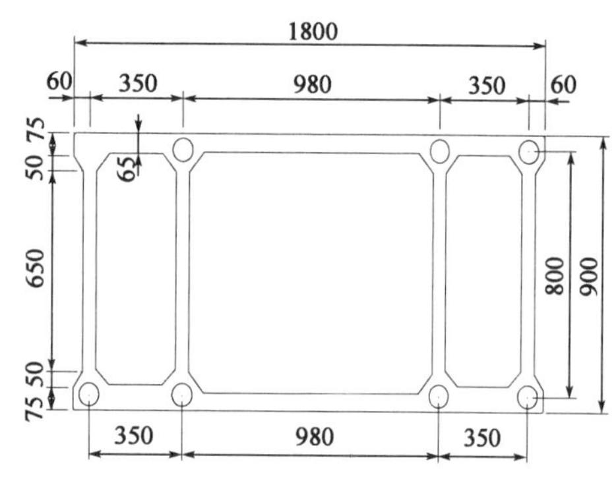

图 3　拱顶截面(单位:cm)

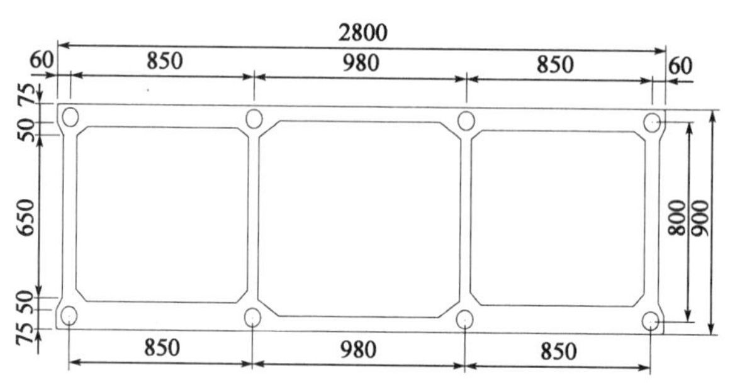

图 4　拱脚截面(单位:cm)

4.2　梁部

2×65m 预应力混凝土 T 构梁部单室箱梁，顶宽 13.4m，底宽 8.0m，箱梁根部高度 7.5m，跨中及梁端高度 4.0m，箱梁根部及梁端截面如图 5 所示。引桥 1×32m 简支梁、2×37m 连续梁及拱上 2 联 4×42m 连续梁均采用相同外部尺寸的箱梁，如图 6 所示，以节约模板，方便施工。梁部均采用 C55 混凝土。

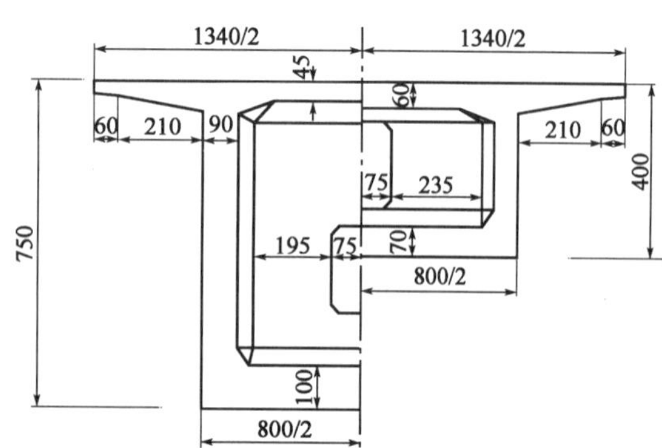

图 5　2×65mT 构箱梁典型断面(单位:mm)

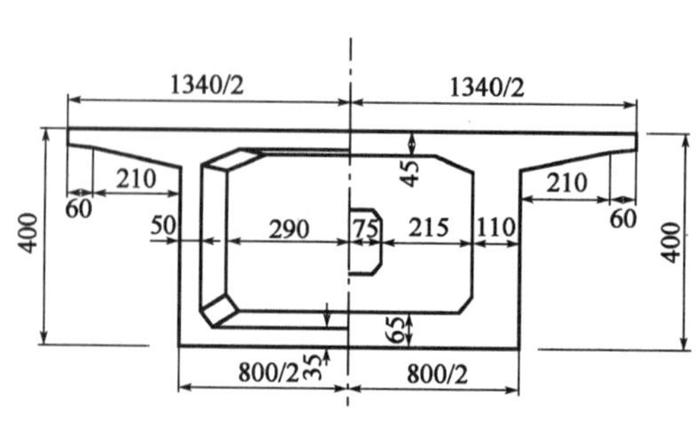

图 6　4×42m 连续梁典型断面(单位:mm)

4.3 桥墩

引桥和拱上墩柱均采用双柱刚架墩，其中交界墩（2×65mT 构的主墩）高度 102m，拱上最高墩高 58.9m。交界墩纵向采用直坡，宽度 7.5m；横向双柱之间的内侧距离不变，双柱外侧分两级放坡，由墩顶向下 0～50m 范围外坡为 1∶25，50～102m 范围外坡为 1∶15；双柱间另设三道横联，间距为 25m，见图 7。拱上 1～3 号墩柱采用空心截面，4 号和 5 号墩为实体墩。拱上 1 号墩顶纵向宽度 4.0m，2 号墩顶纵向宽度 3.5m，并按 100∶1放坡，见图 8。墩身均采用 C40 混凝土。

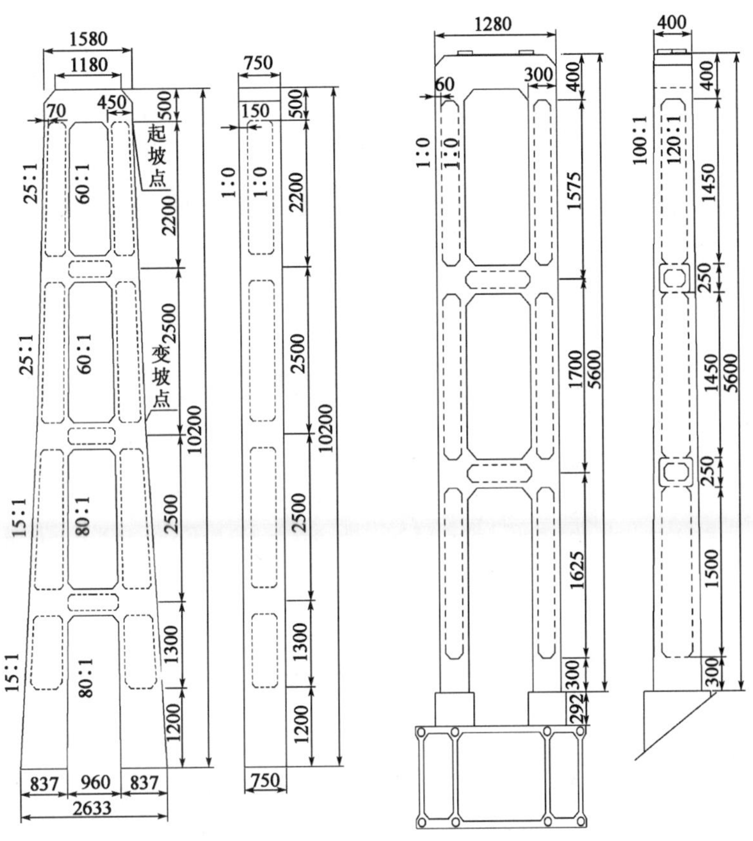

图 7　交界墩图(单位：cm)　　　图 8　拱上 1 号墩图(单位：cm)

4.4 拱座基础

结合桥址地形、地质条件设计，上海侧拱座横向宽度 51m，纵向长度 29m，高度 25m；昆明侧拱座横向宽度 56m，纵向长度 34m，高度 25m，如图 9、图 10 所示。拱座采用 C30 混凝土，与拱圈连接部位采用 C40 混凝土。

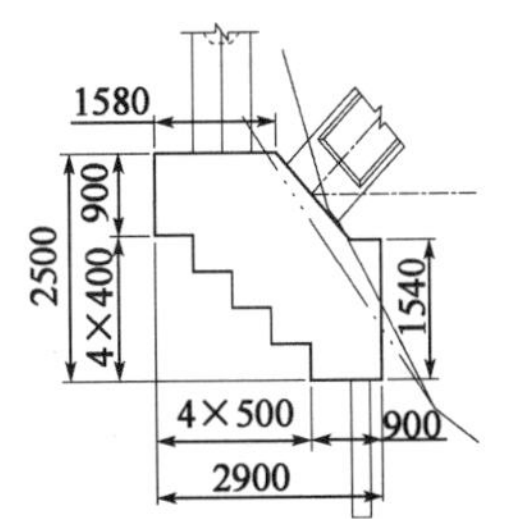

图 9　上海侧拱座设计图(单位：cm)

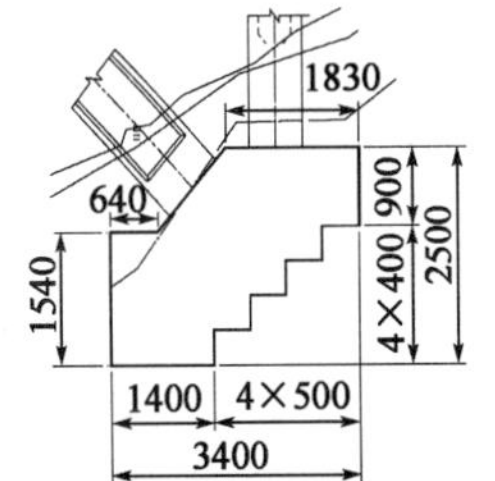

图 10　昆明侧拱座设计图(单位：cm)

5　施工方法

拱圈混凝土浇筑以钢管劲性骨架作为施工支架，首先依托劲性骨架外包拱圈两侧边室混凝土，待两边室浇筑形成后，再浇筑中室顶、底板混凝土。在外包两侧边室混凝土时，利用斜拉扣索调整拱圈内力状态。

5.1 钢管劲性骨架设计

钢管混凝土桁架净跨445m,纵向分成40个节段进行吊装,每个节段纵向12m。钢管桁架上下弦一共8根钢管,钢管直径为750mm,壁厚24mm。钢管桁架的腹杆和联结系杆件采用热轧角钢组合构件,所有节点连接全部采用焊接(临时组拼时采用普通螺栓栓接),节段之间钢管采用内法兰临时连接,之后采取焊接。钢材材质分三种,主弦管采用Q370D钢材,腹杆和连接系杆件的L110×110×14和L90×90×12角钢采用Q345D,L90×90×10角钢采用Q235D。骨架典型断面如图11、图12所示。

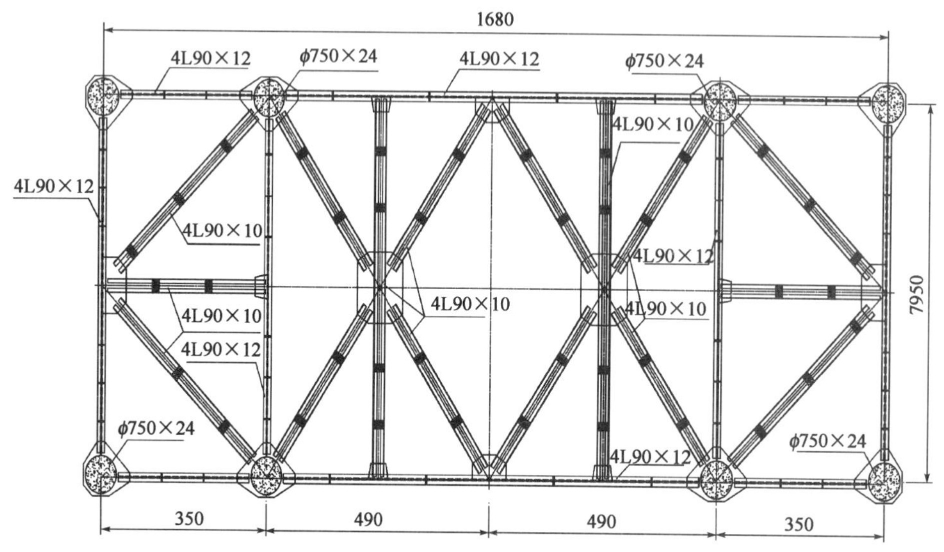

图11 拱顶等宽度段劲性骨架断面(单位:cm)

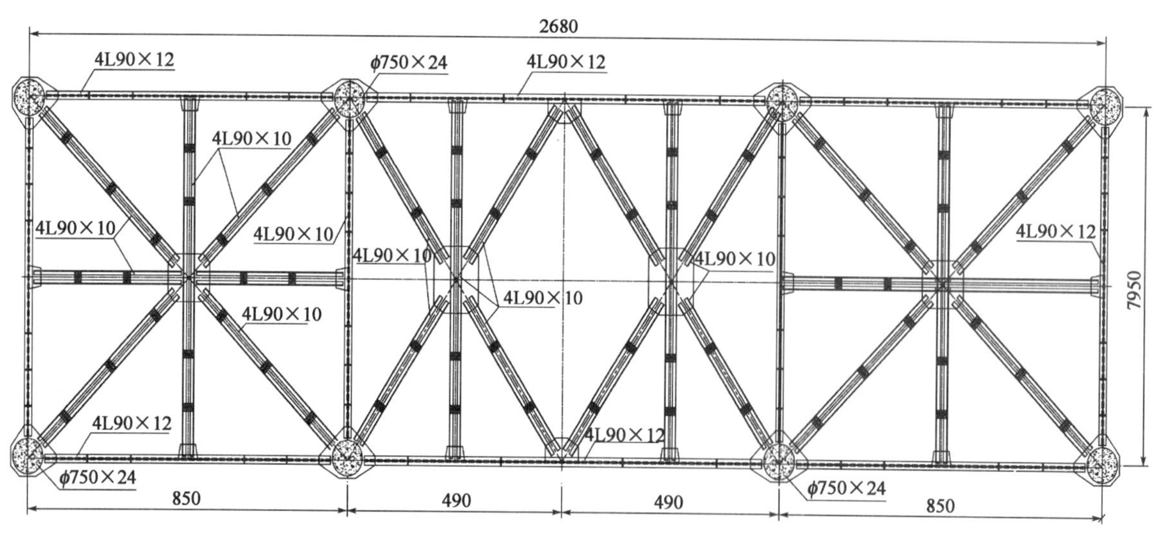

图12 拱脚劲性骨架断面(单位:cm)

5.2 主要施工步骤

(1)施工两岸拱座、引桥基础和锚碇。修建缆索吊。安装塔吊,修建交界墩,施工2×65mT构梁部0号段。在0号段顶安装扣塔。

(2)利用缆索吊吊装劲性骨架,每吊装两个节段(24m),张拉一对扣背索(图13)。

(3)钢管桁架合龙后,采取分段顶升法压注钢管内混凝土,拆除骨架吊装时的扣背索。

(4)外包拱圈混凝土:

①全拱分6个工作面(拱脚、$L/6$、$L/3$、$2L/3$、$5L/6$、拱脚),同步由下向上浇筑边室底板混凝土,一次浇筑长度12m左右,直至边室底板合龙。

②分 2 个工作面，同步由两岸拱脚向上浇筑边室腹板和顶板混凝土，每次浇筑 6m 长度，总长度 96m（水平长度 80m），每两个节段（12m）张拉一对扣背索。

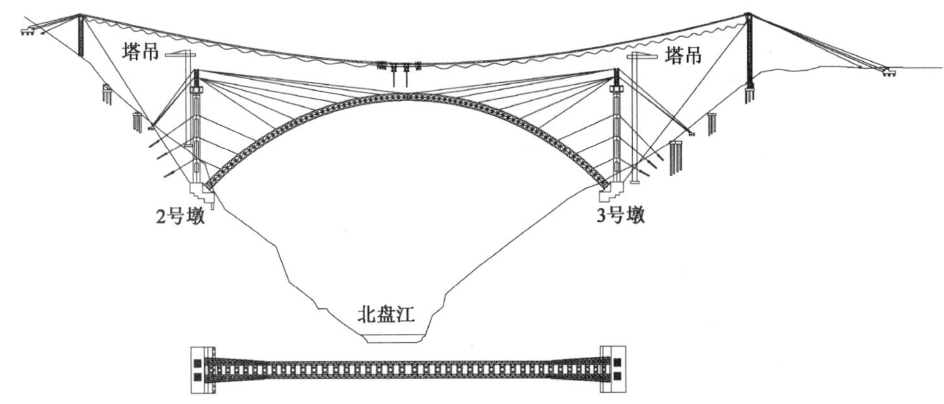

图 13　施工示意图——骨架合龙

③分 4 个工作面（$L/6$、$L/3$、$2L/3$、$5L/6$），同步由下向上浇筑边室腹板混凝土，一次浇筑长度 12m，直至边室腹板合龙。

④分 4 个工作面（$L/6$、$L/3$、$2L/3$、$5L/6$），同步由下向上浇筑边室顶板混凝土，一次浇筑长度 12m，直至边室顶板合龙。

⑤分 6 个工作面（拱脚、$L/6$、$L/3$、$2L/3$、$5L/6$、拱脚），同步由下向上浇筑中室底板混凝土，一次浇筑长度 12m，直至中室底板合龙。

⑥分 6 个工作面（拱脚、$L/6$、$L/3$、$2L/3$、$5L/6$、拱脚），同步由下向上浇筑中室顶板混凝土，一次浇筑长度 12m，直至中室底板合龙，至此拱圈混凝土全部浇筑完成。

(5)引桥及拱上结构施工。采用挂篮悬臂浇筑施工 2×65m 预应力混凝土 T 构。施工拱上墩柱，引桥墩台。在支架上现浇引桥梁体。在支架上现浇拱上连续梁。安装桥面附属设施和桥梁检查设施。

(6)铺设无砟轨道。铺设无砟轨道前，对桥面线形做一次调整（调整支座高度），铺设无砟轨道。

6　结构计算

6.1　计算模型

施工阶段和成桥设计同步采用 Midas（图 14）和 TDV（图 15）两套桥梁有限元软件进行计算。在 Midas 计算中，劲性钢骨架、桥墩、梁体采用梁单元模拟，拉索采用索单元模拟，拱圈所有外包混凝土采用板单元模拟，拱圈拱脚实心段采用实体单元模拟。计算模型节点数 3767 个，梁单元 9130 个，板单元 2666 个，实体单元 16 个。在 TDV 软件计算中，除拉索采用索单元模拟外，其余构件均采用梁单元模拟，结构模型共建立节点 4656 个，单元 15910 个。计算按实际施工步骤进行仿真分析，施工全过程一共划分为 268 个阶段，进行计算和应力叠加。拱圈混凝土收缩、徐变按欧洲 CEB-FIP 90 规范的方法和参数进行计算。

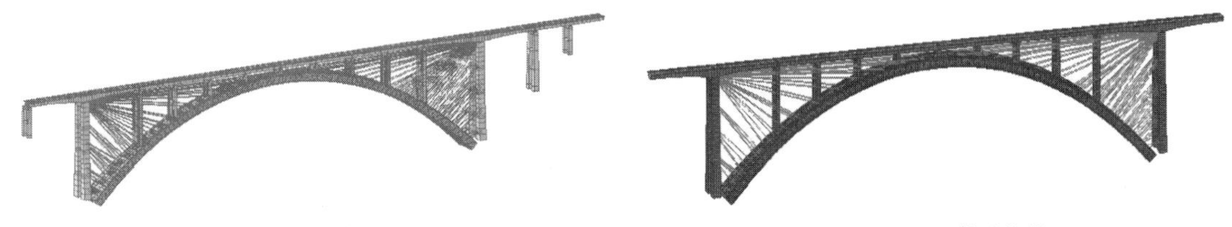

图 14　MIDAS 整体计算模型　　图 15　TDV 整体计算模型

6.2　拱圈应力

(1)施工阶段拱圈应力

拱圈外包过程中，钢管、管内混凝土及外包混凝土应力结果见表 1 和表 2。施工过程中被拱圈混凝土包裹之前钢管最大应力为260.6MPa,包裹之后钢管最大应力为316.7MPa;钢管内混凝土最大应力为24.6MPa;钢管在施工全过程均不出现拉应力。拱圈变宽段附近边室底板压应力较大,最大压应力达11.5MPa。

施工阶段钢管及钢管内混凝土正应力表 表1

工况		钢管正应力(MPa)				钢管内混凝土正应力(MPa)			
		上弦上缘		下弦下缘		上弦上缘		下弦下缘	
		Midas	TDV	Midas	TDV	Midas	TDV	Midas	TDV
1	劲性骨架最大悬臂状态	−161.6	−163.2	−93.9	−98.6	—	—	—	—
2	劲性骨架合龙	−97	−94.4	−75.7	−79.5	—	—	—	—
3	钢管内混凝土灌注完成	−149.9	−147.9	−120.5	−124	—	—	—	—
4	边室底板浇筑完成	−198.4	−216.1	−215.6	−221.5	−10.6	−8.5	−15	−10.8
5	边室腹板浇筑完成	−223.9	−237.4	−266	−271.9	−19.3	−17.2	−22.7	−15.4
6	边室顶板浇筑完成	−240.8	−260.6	−283.2	−297.8	−21.3	−18.2	−24.1	−16.7
7	中室底板浇筑完成	−256.5	−273.7	−294	−308.5	−21.7	−17.9	−24.3	−16.2
8	中室顶板浇筑完成	−265.5	−284.2	−301.1	−316.7	−22.3	−17.6	−24.6	−15.9

施工阶段拱圈截面混凝土正应力表 表2

工况		拱圈边室正应力(MPa)				拱圈中室正应力(MPa)			
		截面上缘		截面下缘		截面上缘		截面下缘	
		Midas	TDV	Midas	TDV	Midas	TDV	Midas	TDV
4	边室底板浇筑完成	−4.3	−5.1	−5.1	−4.3	—	—	—	—
5	边室腹板浇筑完成	−3.4	−3.4	−8.5	−7.8	—	—	—	—
6	边室顶板浇筑完成	−5.0	−4.2	−9.7	−9.1	—	—	—	—
7	中室底板浇筑完成	−6.0	−5.0	−10.6	−9.5	—	—	−1.1	−0.7
8	中室顶板浇筑完成	−7.0	−5.8	−11.5	−10.3	−0.7	−0.5	−2.3	−1.5

(2)成桥拱圈应力

成桥后的主要计算工况及荷载组合如下:

①结构自重。

②恒载(结构自重+二期恒载)。

③主力组合(恒载+活载+徐变)。

④主力+附加力组合一(恒载+活载+3年徐变+温度)。

⑤主力+附加力组合二(恒载+活载+10年徐变+温度)。

成桥之后钢管及管内混凝土应力见表3。钢管最大应力为383.9MPa,超出了钢材屈服强度;管内混凝土最大应力33.1MPa,未超过混凝土标准强度33.5MPa;按照钢管混凝土规范进行极限强度校核,承载力还有较大的富余量。

成桥后钢管及钢管内混凝土应力表 表3

工况		钢管正应力(MPa)				钢管内混凝土(MPa)			
		上弦钢管		下弦钢管		上弦钢管混凝土		下弦钢管混凝土	
		Midas	TDV	Midas	TDV	Midas	TDV	Midas	TDV
1	自重	−309.4	−318.2	−320.7	−341.8	−27.9	−20.5	−26.2	−17.7
2	恒载(自重+二期恒载)	−317.9	−326.1	−323.5	−342	−29.4	−21.5	−27.1	−18.5
3	主力(恒载+活载)	−331.9	−339.7	−336	−355.2	−32.8	−24	−29.4	−20.5
4	主力+附加力(温度)	−335	−340.9	−360.8	−359.5	−33.1	−24.3	−32.5	−20.8
5	主力+附加力(10年徐变后)	−359.3	−370.7	−375.5	−383.9	−30.6	−22.2	−29.1	−18

成桥后拱圈混凝土应力见表4。恒载状态下，拱圈最大压应力16.0MPa；主力组合下，拱圈最大压应力17.8MPa；主力＋附加力组合一下，拱圈最大压应力18.5MPa；主力＋附加力组合二下，拱圈最大压应力18.6MPa。

成桥后拱圈截面外包混凝土正应力表 表4

工况		拱圈边室正应力(MPa)				拱圈中室混凝土(MPa)			
		截面上缘		截面下缘		截面上缘		截面下缘	
		Midas	TDV	Midas	TDV	Midas	TDV	Midas	TDV
1	自重	−11.7	−10.5	−15.2	−13.5	−5.4	−4.9	−6.6	−4.9
2	恒载(自重＋二期恒载)	−12.6	−11.4	−16	−14.5	−6.6	−6	−7.1	−6.1
3	主力(恒载＋活载)	−13.6	−12.3	−17.8	−16.2	−7.7	−8.2	−9.1	−7.6
4	主力＋附加力(温度)	−13.8	−12.6	−18.5	−16.6	−8.5	−8.3	−10.3	−8.1
5	主力＋附加力(10年徐变后)	−13.6	−12.4	−18.6	−16.9	−8.8	−8	−10.9	−7.8

6.3 变形和预拱度

(1)施工过程中拱圈随着外包混凝土质量不断增加，其变形也逐渐增大，拱圈外包混凝土浇筑完毕时，拱顶最大挠度294mm，二期恒载加载之后拱顶最大挠度383mm(TDV)。由于活载占恒载的比重很小，拱圈预拱度按恒载变形设置，在拱顶设350mm预拱度，拱圈其他部位预拱度值采用二次抛物线分配。

(2)双线ZK活载作用下，向上最大竖向位移40.2mm，出现在拱桥1/4跨截面。向下最大竖向位移48.8mm，出现在拱桥1/4跨截面。

(3)横向风力荷载作用下全桥横向最大位移52.8mm，出现在拱桥跨中截面。

(4)由于桥面铺设无砟轨道，需要对拱圈未来的收缩、徐变变形作出可靠的预测，设计分别采用中国铁路桥梁规范、公路桥梁规范、欧洲CEB-FIP 90规范和欧洲CEB-FIP 78规范，计算拱圈收缩、徐变变形，10年后拱圈收缩、徐变变形情况见表5。按不同的规范计算结果差别比较大，设计按宁大勿小的原则，取欧洲CEB-FIP 78规范计算值101.1mm控制设计，上部结构设可调高支座。

各规范下成桥10年主拱拱顶残余收缩徐变变形对比表 表5

规范名称	残余收缩变形(mm)	残余徐变变形(mm)	合计(mm)
欧洲CEB-FIP 78规范	40.6	60.5	101.1
欧洲CEB-FIP 90规范	22.8	31.1	53.9
铁路桥涵2005年规范	21.7	74.2	95.9
公路桥涵2004年规范	27.8	41.3	69.1

6.4 稳定性分析

(1)按线弹性(一类稳定)分析结构在自重荷载作用下的稳定安全系数，施工过程最小安全系数为$\lambda=9.1$，成桥后$\lambda=9.8$。

(2)委托西南交通大学进行考虑结构几何非线性、材料非线性和杆件承载能力(二类稳定)稳定性分析，最小安全系数为2.1。

6.5 动力计算

(1)成桥后，桥梁自振周期及主要振型特征见表6。

结构自振频率及振型主要特征表　　表6

模　　态	频率(Hz)	周期(s)	振型的主要特征
1	0.282	3.540	主拱和桥面系一阶对称横向弯曲
2	0.378	2.647	主拱和T构纵向弯曲
3	0.391	2.557	拱上T构纵向弯曲
4	0.411	2.436	交界墩T构及主拱纵向反对称弯曲
5	0.548	1.826	主拱和桥面系二阶反对称横向弯曲

(2)车桥耦合动力分析

委托中国铁道科学研究院和西南交通大学进行车桥耦合动力仿真分析。在所有计算工况下，桥梁振动加速度小于限值，动力响应满足要求。列车的轮重减载率和脱轨系数小于限值，行车安全性满足要求。在德国低干扰谱线路条件下，高速车体振动加速度满足要求。旅客乘坐舒适度在车速250～325km/h范围内达到优或良，在车速350～420km/h范围内为合格；CRH2动车组在车速160～220km/h范围内达到优或良，在车速250km/h时为合格。表7列出了列车通过时的静位移及最大动位移。

长昆线北盘江445m拱桥静动位移对比　　表7

车　　型	横向静位移		垂向静挠度		最大横向动位移		最大动挠度	
	拱上连续梁	3/4拱	拱上连续梁	3/4拱	拱上连续梁	3/4拱	拱上连续梁	3/4拱
国产高速车	1.413	0.460	8.086	7.481	1.930	0.704	16.076	15.461
CRH2	0.968	0.297	7.793	7.231	1.203	0.400	9.678	9.023
ICE3	1.619	0.525	9.373	8.671	2.229	0.826	17.048	16.473

7　结语

北盘江特大桥总造价4.3亿元人民币，大桥于2010年10月开工，目前正在进行便道修建和基坑开挖，预计2014年全桥竣工。本桥的拱圈施工方案是在与施工单位多次协商沟通基础上，经过铁道部组织多次专家会研究之后确定的。本桥建成后为世界最大跨度的钢筋混凝土拱桥，而且运营之后要开行350km/h的高速列车，设计、施工难度非常大；围绕本桥的设计与施工，铁道部专门立项科研课题，为大桥建设提供技术支持。

参 考 文 献

[1] 中铁二院工程集团有限责任公司.沪昆客专北盘江特大桥专题研究报告[R].2010.
[2] 陈宝春.钢管混凝土拱桥.2版.北京:人民交通出版社,1999.

非对称超大跨度单线连续刚构设计与研究

辛跃辉　鄢　勇　胡步毛

（中铁二院工程集团有限责任公司土建二院）

摘　要　本文以新建铁路兰州至重庆线广元至重庆段的重点控制性工程——朝阳嘉陵江右线大桥为例，对非对称超大跨度单线连续刚构的结构形式、结构受力情况、施工方法等进行具体分析和研究，为类似桥梁设计和施工提供参考。由于跨径大、箱宽窄，结构的横向自振周期受控，通过参数分析，综合比较墩宽、箱宽、墩的坡度及桩的横向布置对结构自振周期的影响，得出了各参数的最优值，指导了设计；在桥墩设计时，取消了双薄壁中的横联，使结构更轻盈美观；在梁部钢束布置的时候，取消了腹板上弯束，优化了钢束布置，依靠纵向预应力和竖向预应力克服了主拉应力，避免了大跨结构腹板的开裂。

关键词　单线；连续刚构；结构设计；结构分析；朝阳嘉陵江右线大桥

Design and Research of Asymmetric Super Long Span Single Line Continuous Steel Structure

Xin Yuehui　Yan Yong　Hu Bumao

(2nd Civil Construction Design and Research Institute of CREEC)

Abstract　Taken Zhaoyang Jialingjiang River right line major bridge, a key controlled project, on the section of Guangyuan-Chongqing of new Lanzhou-Chongqing railway, detailed analysis and research are carried out on the structure type, stress conditions, construction method of asymmetric super long span single line continuous steel structure to provide references for design and construction of similar bridges. Due to the long span, small width of box, horizontal natural vibration period of structure is controlled, optimal value of each parameter is got to guide the design, through analysis of parameters and comprehensive comparison of the impact on natural vibration period of structure by pier width, box width, pier slope and horizontal arrangement of piles; horizontal connection between 2 thin-walls is cancelled in the design of pier to make structure light and beautiful; curved wire bundle on the web plate is cancelled when the bundle of the beam is arranged. The main tensile stress is overcome via longitudinal and vertical prestress to avoid cracking of web plate.

Key words　single line; continuous steel structure; structure design; structure analysis; Zhaoyang Jialingjiang River right line major bridge

1　引言

朝阳嘉陵江右线大桥位于重庆市北碚区，为新建铁路兰州至重庆线广元至重庆段的重点控制性工程，桥梁全长375.6m，最大墩高40m。本桥孔跨布置为(96＋176＋88)m预应力混凝土单线连续刚构，主桥为跨越嘉陵江而设，受通航净空、立交、河槽地形及水文条件的控制，桥址处通航等级为III级，本桥是目前我国单线铁路跨度最大的预应力混凝土连续刚构桥。主桥总布置图见图1。

作者简介：辛跃辉(1982—　)，女，工程师。

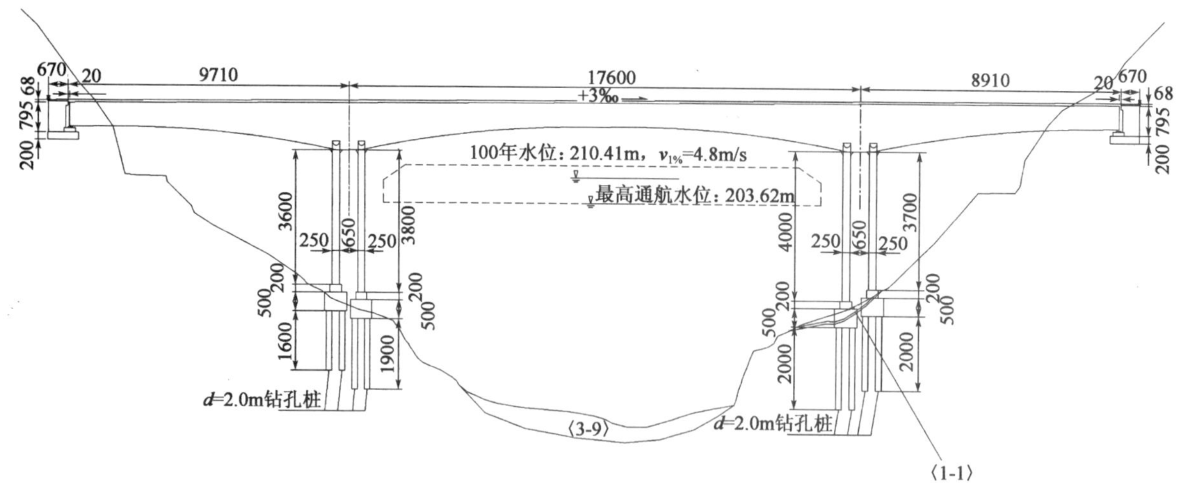

图1 朝阳嘉陵江右线大桥总布置图(单位:cm)

1.1 基本资料

桥上线路:单线,纵坡为+3‰,主桥平面位于直线上。

气象资料:该地区属于中亚热带湿润气候,全年1月平均气温6℃,全年7月平均气温28℃。

通航资料:通航等级为III级。

水文资料:$Q_{1/100}=52500\text{m}^3/\text{s}$,$H_{1/100}=210.41$ m,$v_{1/100}=4.8$ m/s。

1.2 技术标准

铁路等级:Ⅰ级铁路,有砟轨道。

设计荷载:中—活载。

设计速度:货车120km/h。

2 主桥结构设计

朝阳嘉陵江右线大桥在广元端和重庆端均靠近山体,上跨嘉陵江。受通航、行洪和地形限制,主跨及主墩位置根据通航确定,连续梁边跨要尽量缩短,以减少主梁施工对山体的开挖,经过经济、技术以及施工等多方面比较,决定主桥最终采用(96+176+88)m不对称连续刚构。

2.1 主梁结构

主梁为预应力混凝土结构,采用单箱单室变高度变截面箱梁结构,支墩处梁高12.6m,高跨比为1/14,跨中及边跨梁端处梁高6.4m,高跨比1/27.5,梁体下缘除中跨中部18m梁段和边跨端部17m(9m)梁段为等高直线段外,其余按二次抛物线变化,二次抛物线方程为$y=\frac{6.2x^2}{74.5^2}+6.4$($x=0\sim74.5$m)。箱梁顶板宽8.5m,箱宽7.0m,宽跨比为1/25。除梁端附近区段外,顶板厚60cm,底板厚50~110cm,腹板厚50~100cm。中支点及跨中截面见图2。本桥采用整体桥面,不需要单独设置人行道及避车台。

梁体在墩顶及座处设横隔板,全联共设6道横隔板。各横隔板均设置人洞,以便施工和养护维修。

2.2 主梁预应力

梁体设置纵、横、竖三向预应力。梁体顶板、腹板纵向预应力钢束采用17ϕ^s15.2mm钢绞线,用OVM. M15A-17圆塔型锚具锚固,底板纵向预应力钢束采用15ϕ^s15.2mm钢绞线,用OVM. M15A-15圆塔型锚具锚固;顶板横向预应力钢束采用3ϕ^s15.2mm钢绞线,采用OVM. BM15-3扁形锚具锚固;梁体腹板竖向预应力筋及梁体0号块底板及横隔板处横向预应力加强筋采用ϕ32mm预应力混凝土用螺纹钢筋(PSB830)。

2.3 下部结构

连续刚构主墩采用圆端形钢筋混凝土双薄壁墩，最大墩高40m，壁厚2.5m，壁间距9.0m。墩顶5m段采用C55钢筋混凝土，其余为C40钢筋混凝土。桥墩进行防撞设计，设计采用船舶吨级为1000t。

主墩基础均采用直径2.0m钻孔灌注桩群桩基础，承台分修，单个承台下设置2(纵向)×5(横向)根桩，基础圬工为C40钢筋混凝土。

2.4 支座

采用球型支座，小里程端支座吨位为8000kN，大里程端支座吨位为6000kN。

3 制造、安装、施工方法

梁部采用轻型挂篮分段悬臂浇注施工。先在主墩上搭设托架，在托架上灌注0号和0′号梁段，然后向两侧顺序灌注1～22、1a～22a及1b～22b梁段，形成2个T构，合龙中跨，最后利用挂篮及桥台处支架现浇梁端剩余梁块，完成边跨现浇段施工，进而完成连续刚构梁部施工。

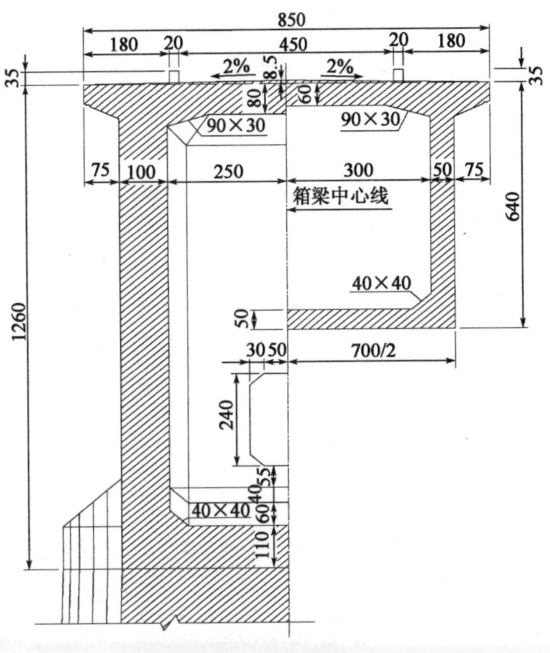

图2 朝阳嘉陵江右线大桥箱梁横断面(单位:cm)

4 主桥结构计算

利用MIDAS有限元软件对本桥建立空间杆系有限元模型。主桥与桥墩均采用梁单元模拟，用弹性连接模拟支座及墩梁固结。建模时考虑两种情况，一为承台底固结模型，一为桩土相互作用模型。各项验算时取两者的包络值。对于梁部计算，考虑承台底固结的边界条件(通过对建桩的模型比较，此边界条件对墩顶计算不利，对跨中稍有利，但跨中截面应力富余较大，且抗弯安全系数也较大，可忽略)。桥梁三维视图模型见图3、图4。

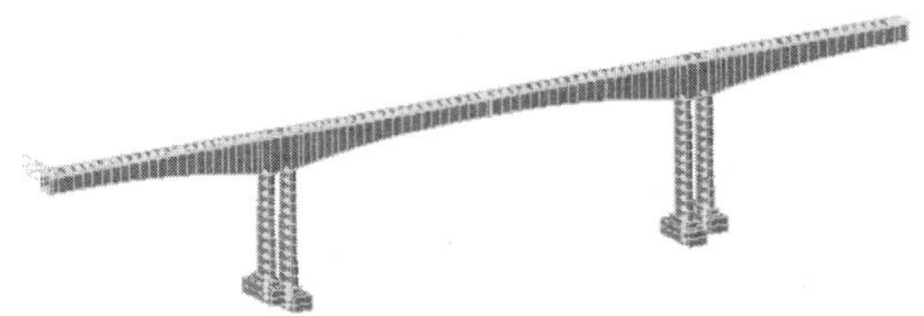

图3 朝阳嘉陵江桥结构计算模型三维视图(承台底固结)

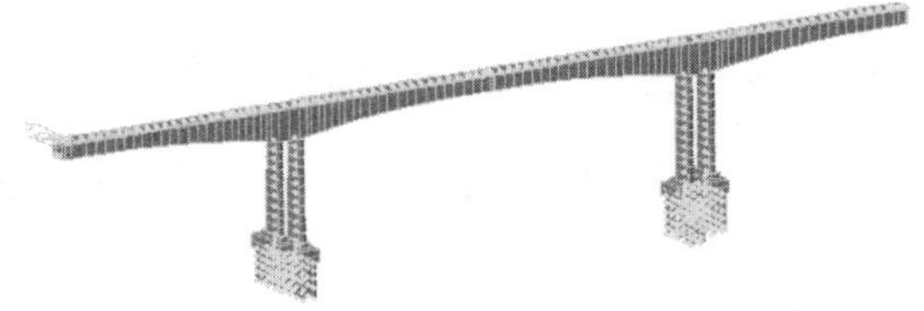

图4 朝阳嘉陵江桥结构计算模型三维视图(考虑桩土相互作用)

桩土相互作用主要参照李国豪主编《桥梁结构稳定与振动》进行建模，桩周土作用采用等代土弹簧模拟，其刚度由土介质的动力 m 值计算。根据地质所提资料，对图层进行分层，计算出土弹簧的刚度，作为边界条件直接施加在桩的节点上。

5 主要计算指标和工程量

5.1 主梁计算指标

运营阶段在最不利组合下，顶板最大压应力为14.0MPa，最小压应力为1.64MPa，底板最大压应力为12.3MPa，最小压应力为1.54MPa，梁体各截面均不出现拉应力。正截面抗裂性梁体最不利截面安全系数 K_f=1.39。梁体最大主拉应力为−1.47MPa，最大主压应力为15.1MPa。静活载作用下，边跨最大挠度值9.06mm，小于 $L/800$=110mm；中跨最大挠度值33.55mm，小于 $L/700$=251.4mm。正截面抗弯强度梁体最不利截面安全系数 K=2.20。在列车摇摆力和风力的作用下，梁体中跨跨中的水平挠度为17.23mm,为跨度的1/10215,满足规范要求的1/4000的规定。

施工阶段正应力顶板最大压应力为11.4MPa,最大拉应力为0.5MPa,底板最大压应力为12.6MPa,最小压应力为1.7MPa。

5.2 桥墩计算指标

在主力+附加力工况下,墩顶截面混凝土最大应力为12.73MPa,钢筋最大拉应力为95.60MPa,钢筋最大压应力为118.78MPa;墩底截面混凝土最大应力为13.18MPa,钢筋最大拉应力为99.29MPa,钢筋最大压应力为119.47MPa,均为主+附工况,满足规范要求。

在船舶撞击力作用下,船只撞击力作用位置取为最高通航水位以上1.1m,高程为203.62+1.1=204.73m。此力与主力相组合,不与其他附加力相组合。在此荷载作用下墩底截面混凝土最大应力为8.17MPa,钢筋最大拉应力为62.89MPa,钢筋最大压应力为20.73MPa。满足规范要求。

在横向风力及列车摇摆力的作用下,墩顶横向位移为4.78mm,由此造成的墩顶折减为4.78/88000+4.78/176000=0.081‰,小于1‰。满足规范要求。

在纵向风力、制动力和列车活载的作用下,墩顶纵向位移为16.453mm,小于$5\sqrt{L}$=46.9mm(L取88m),满足规范要求。

5.3 主要工程数量

朝阳嘉陵江右线大桥主桥主要工程数量见表1。

朝阳嘉陵江右线大桥主桥主要工程数量 表1

项目内容		材料规格	单位	数量
主梁	预应力混凝土	C55	m^3	8646.8
	纵向预应力钢绞线	ϕ15.2mm	t	455.6
主墩	钢筋混凝土	C55	m^3	454.4
	钢筋混凝土	C40	m^3	3281.2
	普通钢筋	HRB335	t	426.4
主墩承台及基础	钢筋混凝土	C40	m^3	6130.6
	普通钢筋	HRB335	t	234.9

6 主要技术特点和创新点

朝阳嘉陵江右线单线大桥为国内铁路最大跨度的单线预应力混凝土连续刚构桥。由于跨径大、箱宽窄,结构的横向自振周期受控,通过参数分析,综合比较墩宽、箱宽、墩的坡度及桩的横向布置对结构自振周期的影响,得出了各参数的最优值,指导了设计;针对本桥为单线大跨径铁路桥,分析了车桥耦合振动特性,各项指标均满足相关要求;在桥墩设计时,取消了双薄壁中的横联,使结构更轻盈美观;在梁部钢束布置的时候,取消了腹板上弯束,优化了钢束布置,依靠纵向预应力和竖向预应力克服了主拉应力,避免了大跨结构腹板的开裂。

为保证列车在大桥上运行平稳、安全舒适,大桥应具有一定的纵、横、竖向刚度,同时为保证桥梁在混凝土收缩徐变效应下约束尽可能小,桥梁结构又应具有一定的纵向柔度。在保证大桥具有足够的横、竖向刚度的前提下,具有一定的柔度是控制大桥设计的关键内容。参照国内外大跨度连续刚构桥梁的刚度控制标准,并采用车桥耦合程序对大桥进行计算分析,满足列车平稳运行,具有良好静动力特性的最佳结构。大桥设计具有以下特点:

(1)采用纵向直坡,横向变坡的双壁墩,在保证结构有足够横向刚度的前提下有效降低结构的纵向刚度,满足了大跨连续结构的受力要求,与采用连续梁方案相比,省去了主墩上的大吨位支座,又使结构具有类似连续梁的受力特征,大桥设计经济、合理。

(2)采用横向自振周期、横向挠跨比,墩顶横向水平位移控制结构横向刚度,并结合车桥耦合动力特性验证分析，证明所采用的刚度控制标准合理、可行，桥梁结构满足了列车运行的动力要求。

(3)本桥桥墩较高、跨度大、双薄壁墩抗推刚度大，温度力、纵向制动力、混凝土收缩徐变等对桥墩内力影响较大。桥墩采用双肢薄壁墩型，抗弯刚度较小，设计时采用中跨合龙前施加对顶力和加强桥墩钢筋布置等方法予以解决。

(4)朝阳嘉陵江右线单线大桥为国内铁路最大跨度的单线预应力混凝土连续刚构，结构横向刚度控制以及车桥耦合作用是技术关键点，设计时通过设置多种参数分析比较，得出了最优的构造尺寸，节省了工程数量，获得了较好的经济性能。

(5)为减小梁轨相互作用对轨道结构的影响，在全桥范围内布设小阻力扣件。

参考文献

[1] 范立础. 预应力混凝土连续梁桥[M]. 北京:人民交通出版社, 1997.

[2] 李国豪.桥梁结构稳定与振动[M]. 北京:中国铁道出版社,1992.

[3] 中华人民共和国行业标准. TB 10002.3—99 铁路桥涵钢筋混凝土和预应力混凝土结构设计规范[S]. 北京:中国铁道出版社,1999.

[4] 程翔云. 梁桥理论与计算[M]. 北京:人民交通出版社,1990.

云桂铁路桥梁设计简介

游励晖[1] 刘发明[2] 高 超[2] 赵天翔[2] 任 伟[2]
(1. 中铁二院工程集团有限责任公司技术中心;
2. 中铁二院工程集团有限责任公司土建一院)

摘 要 云桂铁路是我国路网建设、发展边疆地区经济的一个重点项目工程,东起广西壮族自治区南宁市,向西经百色市进入云南省文山州,经富宁、广南、丘北、弥勒至昆明市。全线海拔高度从数十米至1900m,线路穿越喀斯特地貌、低山丘陵、高山峡谷和高原地貌,桥隧总长占线路全长的70%以上,桥梁设计必须考虑山区客货共线高速铁路的运营安全,与我院已经设计建造的其他时速为200km/h铁路相比,具有地形复杂、地质条件差、地震烈度高等特点,给桥梁选型和设计带来极大的挑战。

关键词 云桂铁路;桥梁;设计原则;特殊桥

Brief Introduction of Design of Bridge on Yunnan-Guizhou Railway

You Lihui[1] Liu Faming[2] Gao Chao[2] Zhao Tianxiang[2] Ren Wei[2]
(1. Technology Center of CREEC;
2. 2nd Civil Construction Design and Research Institute of CREEC)

Abstract Yunnan-Guizhou railway line, starting from Nanning, Guangxi zhuang autonomous region in the east, heading to the west into Wenshanzhou of Yunnan Province through Baise, and arriving in Kunming city through Funing, Guangnan, Qiubei and Mile, is a key project of China's road network construction and frontier area economy's development. The railway line has altitude from tens of meters to about 1900 meters, through karst landform, low mountain and hill, high mountain and gorge, plateau. The length of bridges and tunnels accounts for more than 70% of the total length of the line. Therefore, the operational safety of passenger/freight mixing high-speed railway in mountainous area must be considered in the design of bridge. Compared with other railways with speed of 200 km/h designed and constructed by CREEC, this line is featured by complex landform, bad geologic conditions and high seismic intensity, with great challenges in type selection and design of bridge.

Key words Yunnan-Guizhou railway line; bridge; design principles; special bridge

1 引言

云桂铁路(新南昆铁路)东起广西南宁,向西经百色进入云南省文山州,经富宁、广南、丘北三县后进入红河州弥勒县,再经玉溪市宜良县、阳宗海至昆明,全长709.518km。该铁路东与南广、湘桂、南防线相连,西接成昆、贵昆线,是西南与华南客货交流的重要通道,也是西南出海主通道之一。云桂铁路还可通过滇西、滇南铁路网与规划中的中缅、中印铁路构成泛亚南部国际铁路通道,经滇西北延伸到西藏,共同形成我国进出西藏的第二条铁路通道。

作者简介:游励晖(1963—),男,教授级高级工程师,中铁二院工程集团有限责任公司专业工程师。

全线穿越广西盆地喀斯特地貌、低山丘陵及云南高山峡谷和云贵高原地貌，跨越的水系和主要河流有珠江流域的西江水系，包括邕江、左江、右江、澄碧河、西洋江、南盘江等，另外是长江流域的金沙江水系的一些支流。

该铁路是我国加快铁路路网建设、发展边疆地区经济的一个重点项目工程，所经过的文山州，是云南省至今没有一寸铁路的少数民族聚居的自治州，其经济发展受交通条件的制约一直相对滞后，该线的建设将对沿线的交通、旅游和经济发展起到举足轻重的作用。

1.1 地形地貌

全线地势由西北向东南倾斜。线路高程由78m的南宁上升至1892m的昆明，在地势上跨越了不同高程的两级阶梯，它们分属广西盆地和云贵高原两大地貌单元。

南宁至百色段属广西盆地，由一系列北西向排列的构造盆地组成，先后包括南宁、杨美镇、隆安、雁江及百色等五个盆地。线路走行于盆地内的邕江、右江宽谷中，以开阔的冲积平原为主，盆地边缘有丘陵或缓丘谷地分布(图1)。

图1　广西溶蚀盆地地貌

百色以后，线路进入高原与盆地间的斜坡地带，即两大地貌单元的过渡区——云南山地，沿线地形起伏剧烈，山势巍峨，重峦叠嶂(图2)。线路至广南以后，基本进入云贵高原面，高原地貌由低中山、丘陵和高原盆地及溶原组成(图3)。

图2　盆地至高原的过渡带—云南山地

图3　云贵高原地貌

1.2 地质特点

沿线地层出露较为完全,自上元古界至新生界,除侏罗系未见外,其余时代地层皆有分布。上古生界地层为碎屑岩、碳酸盐岩为主;下古生界仅见于云南境内,以碳酸盐岩为主;中生界三叠系发育最为完全,沿线广泛分布,广西境内及云南境内丘北以东广大范围的三叠系地层均为碎屑岩,丘北至昆明间的中三叠统地层则主要为碳酸盐岩;第三系在广西、云南各断陷盆地内发育良好,其下部多属红色碎屑岩构造,上部常含褐煤。第四系各类成因的松散堆积物广布全线,以河谷、盆地及低洼地带较为集中,且厚度甚大。

沿线主要的断裂构造包括普渡河—西山断裂带、小江断裂带、师宗—弥勒断裂带、文山断裂、富宁—那坡断裂、百色—合浦断裂带等。

沿线地下水主要有第四系孔隙水、基岩裂隙水及岩溶水三类(图4)。

图4 六郎洞暗河电站工程

该线地形、地质条件极为复杂,区域地质作用剧烈,碳酸岩分布广泛,不良地质特别发育,地质灾害发生频繁,类型众多。沿线主要的工程地质问题有活动断裂与地震、岩溶、滑坡、危岩落石、岩堆、顺层、砂土液化、水库坍岸、有害气体、高地温与高地应力等不良地质现象,以及人工弃填土、软土、松软土、膨胀岩土、红黏土等特殊岩土。

1.3 地震

沿线通过地区多为6、7度地震区,地震动峰值加速度为0.05g～0.15g,8度地震区分布于云南境内弥勒至昆明间的南北向构造带中,其地震动峰值加速度为0.20g～0.30g(图5)。其中,小江断裂带近晚期以来,活动强烈,是该线通过的强震带,沿该断裂带一线自北而南,是云南历史上强震集中而又频发的地区。

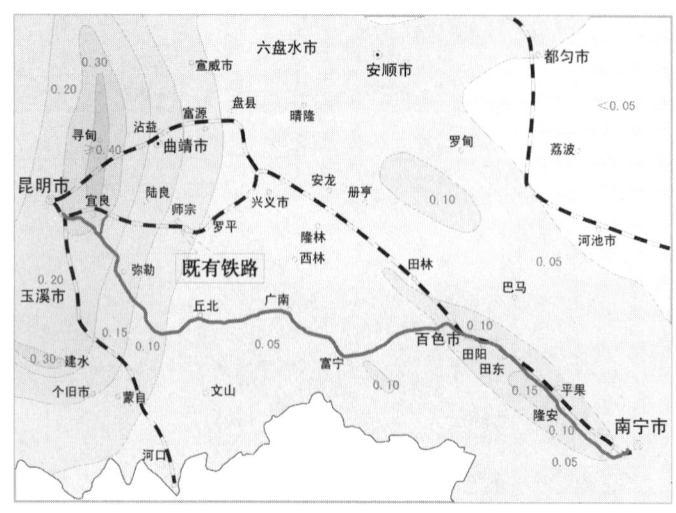

图5 全线地震动峰值加速度分区示意图

2 桥梁设计原则

2.1 云桂线主要技术标准

(1)正线主要技术标准

铁路等级:Ⅰ级。

正线数目:双线。

旅客列车设计行车速度:昆明至百色 200km/h,预留 250km/h 条件;百色至南宁 250km/h。

最小曲线半径:一般地段 5500m,困难地段 4500m。

限制坡度:昆明至百色 9‰、加力坡 18.5‰,百色至南宁 12‰。

轨道类型:有砟;长隧间成段铺设无砟轨道。

(2)石林板桥至石林南货车联络线主要技术标准

铁路等级:Ⅰ级。

正线数目:单线。

限制坡度:9‰、加力坡 18.5‰。

行车速度:120km/h。

轨道类型:有砟。

2.2 桥梁设计原则

以少维修、养护为前提,根据不同的列车运行速度目标值选定不同类型的预应力混凝土简支梁,跨度以 32m 和 24m 梁为主。同一座桥中墩高有 3 个 60m 以上时,原则上选用大跨度预应力混凝土连续梁或刚构桥,主跨从 48m 至 168m,一般以 8 的倍数递增。特殊的超大跨度(主跨 400m 以上)桥梁优选拱桥。

桥梁设计考虑其经济性,动力特性要满足不同速度目标、列车的行驶安全性和客车的舒适性,另外运架和制造的方便也是重要因素。布置时优先采用 32m 梁跨,24m 梁跨作为调跨使用,当采用不等跨时,一般不宜超过两种梁跨。

该线地震烈度从 6 度到 8 度均有,而且还有跨越活动断裂带的地段,抗震设防也是必须考虑的一个重要课题。一般采用较小跨度、低墩高的简支梁桥。桥梁支座按照梁型及地震烈度选择相应的支座类型。8 度以下地震区箱梁采用通桥(2007)8360PZ 系列盆式橡胶支座,T 梁选用通桥(2007)8160TZ-YZM 系列圆柱面钢支座;8 度及以上地震区则采用相应的 TJGZ 系列减隔震支座;位于软土地区工后沉降难以控制的桥梁墩台,采用聚氨酯可调高支座。7 度及以上地震区均需设置防落梁设施。

正线设计行车速度小于或等于 200km/h 地段,采用 T 梁;客车设计行车速度 200km/h、预留 250km/h。段落根据客、货运输类型,制梁场的位置,有无预制架梁条件,分别采用预制或移动模架现浇和满堂支架现浇双线整孔箱梁。

南宁枢纽南环线增建二线、相关既有改建线、昆明枢纽相关联络线、石林板桥至石林南货车联络线、各疏解线等均采用 T 梁。

站内多线桥,道岔区梁部采用混凝土连续梁,分别采用(32.05+2×32.7+32.05)m 和(32.05+5×32.7+32.05)m 连续箱梁,梁部采用支架现浇施工。多线桥正线两侧到发线采用 T 梁或道岔梁。正线与到发线线间距最小 6.5m。站内到发线、安全线、大机停放线等均采用 T 梁及道岔梁。

有砟轨道桥上铺设无缝线路时,桥梁墩台纵向水平线刚度需满足以下条件。

(1)对于 250km/h 客专的简支梁:$L=32\text{m}$、24m(双线),桥墩纵向水平线刚度大于或等于 350kN/cm、270kN/cm;桥台纵向水平线刚度大于或等于 3000kN/cm。

(2)对于 200km/h 客货共线的简支梁:$L=32\text{m}$、24m(双线),桥墩纵向水平线刚度大于或等于

400kN/cm、300kN/cm；桥台纵向水平线刚度大于或等于3000kN/cm。

墩顶横向水平位移差引起的相邻结构物桥面处轴线间的水平折角需满足以下条件。

(1)速度目标值200～250km/h路段不得超过1.0‰(弧度)，桥墩横向水平位移：$\delta<1.64$cm($L=32$)，$\delta<1.24$cm($L=24$)。

(2)速度目标值160km/h及以下路段不得超过1.5‰，桥墩横向水平位移：$\delta<2.45$cm($L=32$)，$\delta<1.85$cm($L=24$)。

主要建筑材料均按《桥规》、《耐久性暂规》及所采用的通用图、参考图规定的材料采用，桥梁墩台与基础结构均采用C30及C30以上强度等级的混凝土或钢筋混凝土。一般情况下支承垫石、桥墩顶帽、桥台道砟槽、空心墩身、承台和桩基按钢筋混凝土设计，桥台身、托盘、实体墩身和承台垫块按素混凝土设计，但双线墩均设置护面钢筋。墩、台各部位混凝土圬工强度等级的选择根据所处化学环境合理选用。

3 代表性桥梁设计

3.1 丘北南盘江双线特大桥(图6)

图6 丘北南盘江双线特大桥效果图

跨越南盘江河谷，桥位处江面宽约92m，水面至轨面距离约270m。线路设计时速200km/h，预留250km/h提速条件，桥上为无砟轨道、无缝线路。桥址区内地震动峰值加速度为0.10g，地震动反应谱特征周期为0.45s。

桥梁孔跨布置为：(3×42)m混凝土连续梁+(60+104+60)m连续刚构+1×416m钢筋混凝土拱+2×60m混凝土T构+1×42m混凝土简支箱梁。全长851.28m。主桥为上承式钢筋混凝土拱桥，拱上梁孔跨布置为：两联4×39.5m预应力混凝土连续梁。

拱圈立面为悬链线，拱轴系数$m=2.2$。拱圈跨度为416m，矢高99.0m，矢跨比1/4.2。拱圈为单箱三室的变宽度箱形截面。拱圈采用8.5m等高，拱顶水平长度286m范围内拱圈宽度为20m等宽，从拱脚至拱顶水平长度65m范围内，拱圈宽度由28m线性变化至20m，考虑到本桥所采用的拱圈横向分阶段的施工特点，截面采用中间箱室1080cm等宽，左、右两侧边箱采用460～860cm变宽(图7)

拱上墩采用竖直双柱刚架墩，墩柱纵向放坡、横向不放坡。

引桥桥墩均采用双柱式空心刚架墩，基础采用钻孔灌注桩。桥台采用矩形空心桥台。

交界墩采用双柱式矩形空心墩，墩高102m。墩顶横向宽度为15.8m，其中墩柱中心距为11.3m，每柱横宽4.5m，纵宽7.5m，墩顶横向壁厚0.7m，纵向壁厚1.5m。墩柱横向采用4级放坡，墩柱内侧间距保持6.8m不变，外侧加宽，墩底总宽度为23.38m。纵向不放坡。

小里程端拱座采用阶梯式明挖基础与桩基础相结合的形式，大里程端拱座采用阶梯式明挖基础。

本桥主桥为416m上承式钢筋混凝土拱桥，其跨度目前在世界同类桥梁中排名第二，设计和施工的难度都是史无前例的。

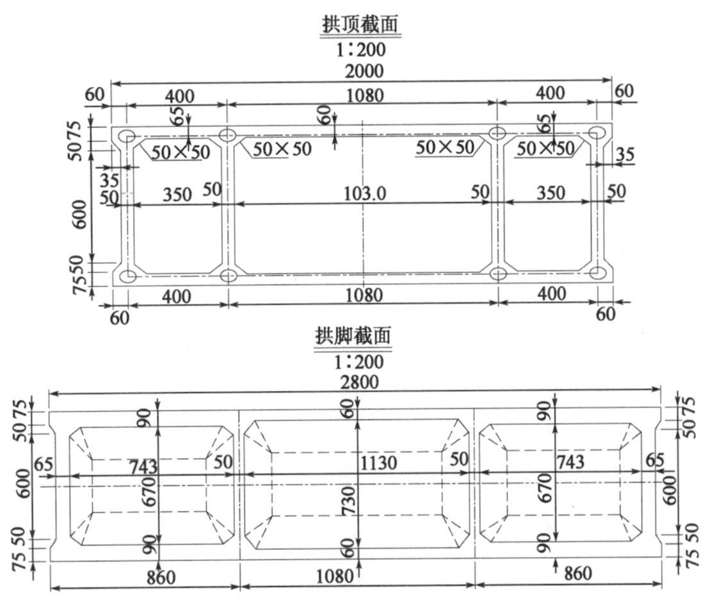

图 7 拱肋截面图(单位:cm)

本桥的设计关键技术和难点有:高速铁路特大跨度钢筋混凝土拱桥合理结构形式和施工方案;适应高速铁路的桥梁合理竖、横向刚度以及特大跨度钢筋混凝土拱桥的温度和收缩徐变对桥梁运营的影响等。

3.2 南丘河双线大桥(图 8)

图 8 南丘河双线大桥效果图

跨越南丘河,该河位于“V”形山谷谷底,桥位跨越处水面宽约 20m,河面至轨面距离约 160m。桥区地震动峰值加速度为 0.05g,地震动反应谱特征周期为 0.45s。

线路设计时速 200km/h,预留 250km/h 提速条件,桥上为无砟轨道、无缝线路。桥梁孔跨布置为:2×32m 简支箱梁+(68+128+68)m 预应力混凝土连续刚构+1×32+1×24m 简支箱梁,全长为 400.18m。主桥采用矩形空心墩,两主墩高约 88m、110m,桩基础,引桥采用矩形空心桥台、矩形墩,桩基或明挖基础。

本桥设计关键技术及难点在于:高墩大跨预应力混凝土连续刚构如何选取合理的结构尺寸及断面形式来提高梁体及桥墩的刚度,以满足高速铁路无砟轨道变形要求及旅客列车运行舒适性。

3.3 新南宁邕江四线特大桥

本桥位于南宁市区,依次跨越江北大道、邕江、江南大道、五一路。大桥设计时速 80km/h,桥上为有砟轨道、无缝线路。邕江在本桥位处属内河 III 级航道,该处江面宽约 370m,江面至轨面距离约 33.5m。综合考虑本桥线路高程、地形、立交、水文、通航条件、地质情况,孔跨布置为 1×24m+10×

32m简支箱梁+(36+64+36)m预应力混凝土连续梁+2×24m+1×32m+(72+2×128+72)m连续梁+(52+88+52)m连续梁+2×32m简支箱梁+(36+64+36)m连续梁+12×32m简支箱梁,桥梁全长为1782.28m(图9)。其中(72+2×128+72)m连续梁主墩采用圆端型实体墩,边墩及其余桥跨桥墩均采用矩形墩,桩基础,T形空心桥台。

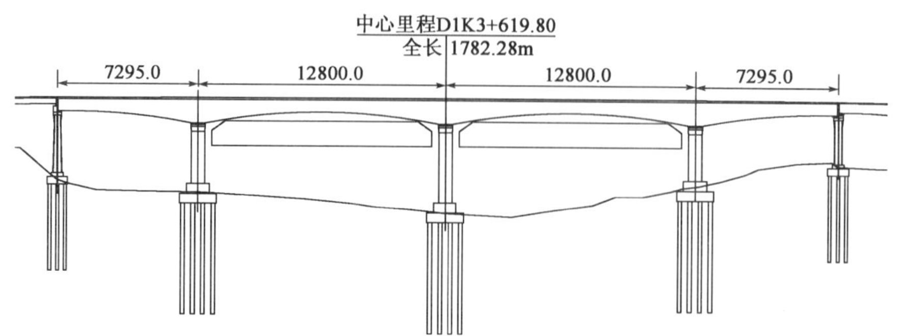

图9 (72+2×128+72)m连续梁部分总布置图(单位:cm)

该桥为四线桥,线间距4.2+5.3+4.2m,为南凭线(双线)与云桂线(双线)合修桥梁,连续梁部分均以两联双线连续梁并置的形式放置(图10);小里程端靠近既有南宁站,大里程端靠近既有南化站,受车站站位影响桥梁两端位于R=500的曲线上,合理布置梁片、合理选取墩形以适应城市环境,合理、经济的解决四线桥桥墩、基础刚度、承载能力及稳定性将成为本桥设计的重点,力求达到安全、经济、美观的效果。

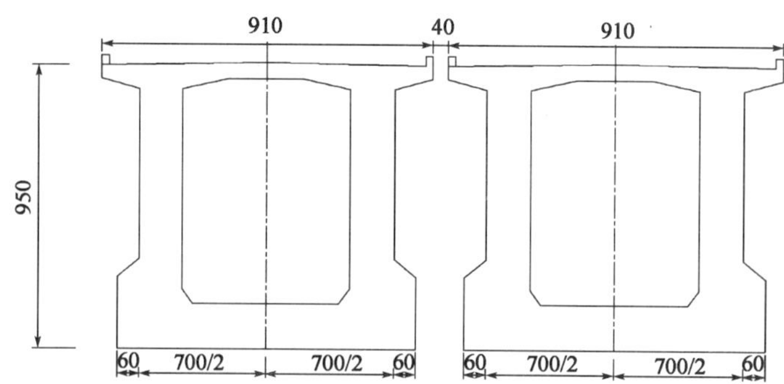

图10 (72+2×128+72)m连续梁部分横断面图(单位:cm)

3.4 白腊寨车站四线大桥

该桥位于白腊寨车站内,桥上线路为四线,线间距5m+5m+5m,桥高约70m。桥区属低中山剥蚀地貌,地形起伏大,纵、横坡陡很陡峭;地震动峰值加速度为0.05g,地震动反应谱特征周期为0.35s。

线路设计时速200km/h,预留250km/h提速条件,桥上为无砟轨道、无缝线路。桥梁孔跨为:(32+48+32)m预应力混凝土连续梁+8×32m+1×24m简支箱梁,全长412.48m(图11)。站内侧到发线在正线上出岔,小里程端设计为(32+48+32)m连续梁以满足轨道对无缝道岔与梁缝间距离的要求。连续梁采用并置两个双线连续梁分修(图12),第4、5孔简支梁采用两个双线箱梁并排放置(图13),第6~第12孔简支梁部分中间两条正线采用简支箱梁,到发线采用简支T梁(图14)。全桥采用双柱式刚架墩(最大墩高约62m),桩基础,矩形空心桥台及单线T形桥台。

白腊寨车站四线大桥是一座傍山修建的高桥,大桥设计的重中之重无疑为四线刚架墩的设计,采用双柱式刚架墩,左右柱不等高的形式,尽量提高承台、减小基坑大体积开挖以维持边坡稳定,减小对环境的破坏;采用预应力混凝土帽梁、墩身纵向放坡、横向直坡的形式以增大桥墩的纵向刚度,横系梁设置在相同高度位置以达到整齐美观的效果。主跨(32+48+32)m预应力混凝土连续梁采用两联双线连续梁并置,左、右均为正线与到发线共用。右侧到发线在连续梁在跨中部位出岔,对连续梁刚度设计是一项考验,由于此处为无砟轨道段落,处理好梁部温度变化与列车荷载共同效应,提高截面刚度,合理布置横向预应力钢束也是本桥设计的一项重点。

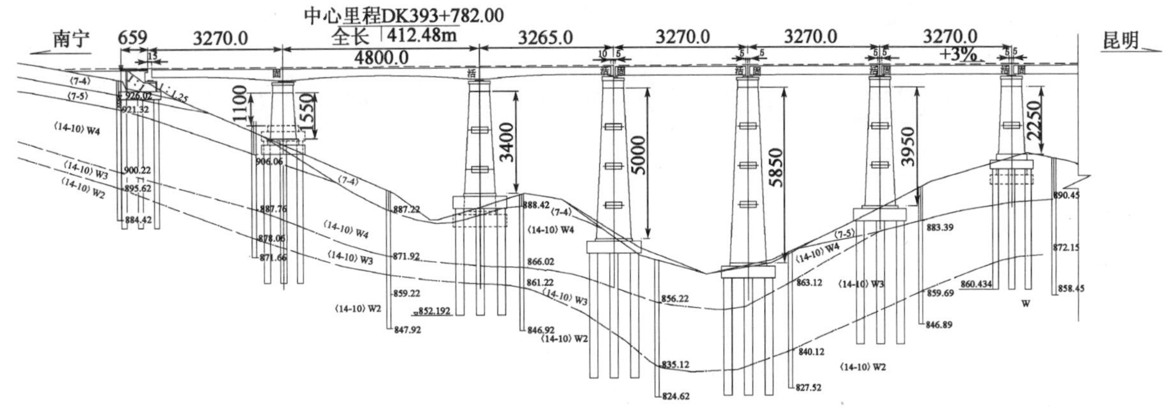

图 11　部分总布置图(单位:cm)

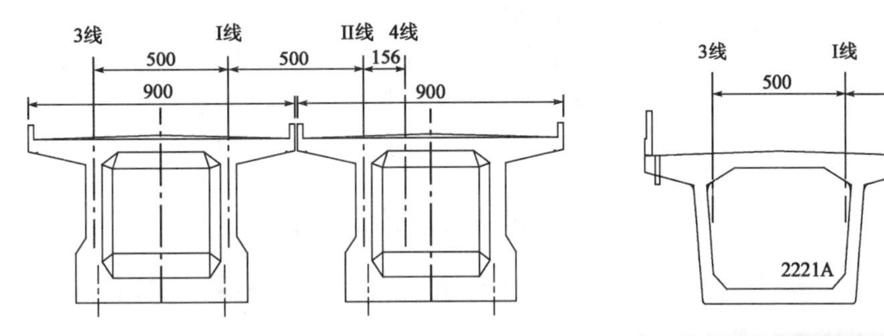

图 12　连续梁部分横断面图(单位:cm)

图 13　箱梁并置部分横断面图(单位:cm)

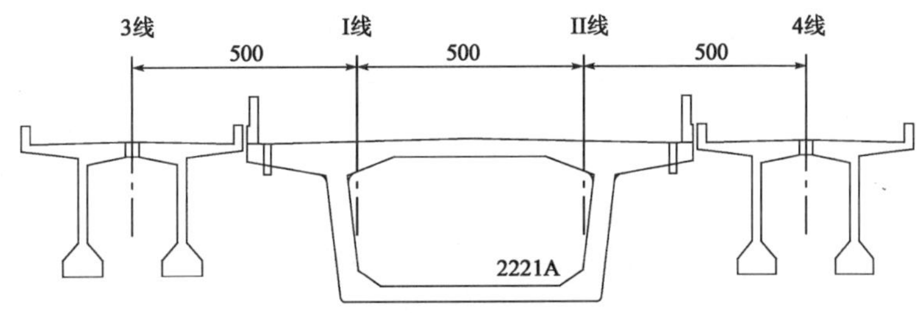

图 14　箱梁与 T 梁并置部分横断面图(单位:cm)

4　结语

云桂铁路的桥梁设计,提升了我院在山区高烈度地震区高速铁路桥梁设计的总体水平,特别是丘北南盘江大桥采用时速 200km/h、客货共线铁路的第一座主跨超过 400m 的超大跨度劲性骨架混凝土拱桥,在我国铁路建桥史上也是一个里程碑。大跨度桥梁适应于高速行车的问题、成段铺设无砟轨道对客货共线的高速铁路桥梁都是前所未有的挑战。通过对该线桥梁设计和相关研究,必将使中国高速铁路建造技术在世界上占有重要的一席之地。

参考文献

[1] 中铁二院工程集团有限责任公司.新建铁路云桂线初步设计总说明书[R],2009.

[2] 郑健.中国高速铁路[M].北京:高等教育出版社,2008.

[3] 朱颖.复杂艰险山区铁路选线与总体设计论文集[M].北京:中国铁道出版社,2010.

[4] 中铁二院工程集团有限责任公司.新建铁路云桂线 DK601+088 丘北南盘江双线特大桥初步设计说明[R].2009.

艰险山区铁路桥梁设计适应性研究
——大瑞线大保段桥梁工程设计

何庭国[1]　魏　建[1]　游励晖[2]　雷建胜[1]
(1. 中铁二院工程集团有限责任公司土建一院;
2. 中铁二院工程集团有限责任公司技术中心)

摘　要　大瑞线是泛亚铁路的西通道,穿行于云贵高原西部、著名的横断山脉南段。大理至保山段自然条件复杂、地震烈度高,是目前国内最艰险的山区铁路之一,线路多次跨越"V"形深谷和高速公路,桥隧比例达87.5%。设计采用了变宽道岔连续梁桥、T构桥、简支结合梁桥、预应力混凝土连续梁桥、大跨度拱桥等结构来适应线路线形、设站条件和地形地质条件。

关键词　大瑞铁路;桥梁设计;变宽道岔桥;T构桥;拱桥

Research on Adaptability of Railway Bridge Design in Dangerous Mountain Area-Bridge Design on Dali-Baoshan Section of Dali-Ruili Railway Line

He Tingguo[1]　Wei Jian[1]　You Lihui[2]　Lei Jiansheng[1]
(1. First Civil Construction Design & Research Institute of CREEC;
2. Technology Center of CREEC)

Abstract　Dali-Ruili railway line is the west channel of Trans-Asian Railway, passing through the west of the Yunnan-Guizhou Plateau, the southern section of famous Hengduan mountain ranges. Dali-Baoshan section, featured by complex natural conditions and high seismic intensity, is one of the most dangerous railways in mountain area now. The line crosses V-type deep canyons and high-speed highways many times, with proportion of bridge and tunnel 87.5%. In the research, economic and rational bridge type is selected to adapt to the alignment, station layout and landform, geologic conditions. Broadened continuous beam bridge in switch area, T-type bridge, simple-supported composite beam bridge, prestressed concrete continuous beam bridge, long-span arch bridge are adopted to fit the alignment, conditions of setting station, landform and geologic conditions.

Key words　dali-ruili railway; bridge design; broadened beam bridge in switch area; t-type bridge; arch bridge

1　引言

随着我国经济建设的发展,特别是西部大开发战略的实施,我国在艰险山区修建的铁路越来越多,山区铁路地形地质复杂,构造物多,桥梁隧道总长占路线长度的比例大,有的桥隧比例高达80%~90%。线路走向受多种因素控制,桥梁设计往往必须适应选线要求。这时桥梁结构设计往往成为关键控制因素,必须适应线形变化和复杂地形条件以及车站布局的需要。所以要设计成功一条山区铁路,设

作者简介:何庭国(1971—),男,教授级高级工程师。

计好其中的桥梁部分就显得十分重要。

2 大瑞线大保段概况

大瑞铁路东起云南大理市，西至中缅边境的瑞丽市，线路近东西走向，穿行于云贵高原西部边缘，著名的横断山脉南段，线路全长336.4km。大理至保山段线路长133.7km，地势北高南低，为著名的滇西纵谷地带。线路沿苍山西麓西洱河及漾濞河"V"形峡谷行进，经大光山、三崇山，横跨漾濞江、顺濞河、银江大河、澜沧江"V"形峡谷。最高峰为洱海边的点苍山马龙峰，高程4122m，岭谷相对高差500～1200m，最大达3000m以上。地貌发育受构造控制，主要山脉及河流呈近南北向延伸，相间展布，河谷形态呈"V"形，阶地发育。群山之中镶嵌着大理、永平、保山等数个山间盆地(图1)。

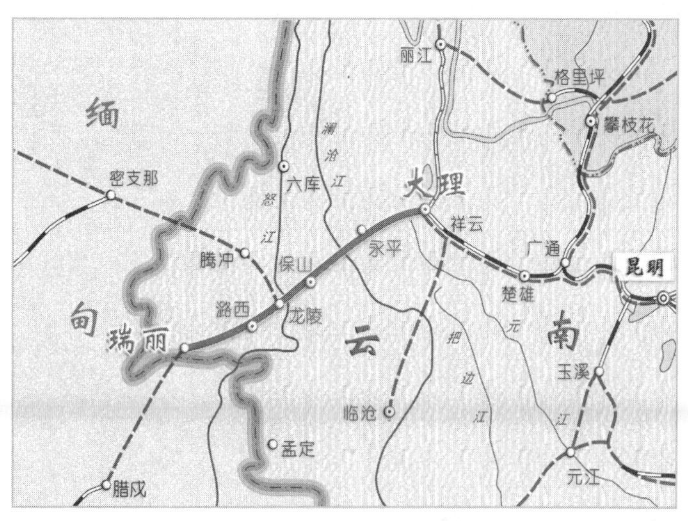

图1 大瑞铁路地理位置示意图

沿线地层岩性、地质构造复杂，构造作用强烈，受褶皱、断裂及岩浆侵入活动的影响，岩层产状变化较大，岩体完整性较差，岩层风化层较厚。局部地段第四系覆盖层较厚，边坡稳定性较差。加之江河深切，地形复杂。不良地质、特殊岩土发育，特别是滑坡、错落体等不良地质密集，范围大，具成群分布的特点。总体来看，本线具有活跃的新构造运动、活跃的外动力地质条件、活跃的岸坡浅表改造过程、高地震烈度等特征，是目前国内艰险山区地形地质条件最为复杂的一条铁路。

大理至保山段桥隧比重高达87.5%，桥梁隧道几乎座座紧紧相连，大量车站设于桥梁上或隧道中。

线路主要技术标准如下：

(1)铁路等级：I级。

(2)正线数目：单线。

(3)最小曲线半径：一般地段1600m，困难地段1200m。

(4)限制坡度：12‰，加力坡24‰。

(5)到发线有效长度：650m，预留850m。

(6)牵引种类：电力。

(7)轨道标准：跨区间无缝线路，采用60kg/m标准轨。

3 桥梁设计特点

艰险山区铁路主要特点是地形地质复杂。地形复杂表现为地面高差大，变化频繁，横坡陡；地质复杂表现为滑坡、不稳定斜坡、崩塌、陡崖等不良地质。受此影响，线路设计时平纵横三个方面都受到约束，站场选址困难。一般就是平曲线多，纵坡大，桥梁比例高，横坡陡。山区铁路桥梁也相应具有上述特点，曲线桥、坡道桥多，高墩大跨多，结构形式多，设计中必须协调解决好桥梁方案与线路线形、设站条件和地形地质之间的关系。

大瑞铁路大保段桥梁设计为适应线路线形、设站条件和地形地质条件,采用了变宽道岔连续梁桥、T构桥、简支结合梁桥、预应力混凝土连续梁桥、大跨度拱桥结构。

3.1 谷架桥上T构的应用

山区桥梁跨越山谷时,往往一岸山势陡峻,另一岸却较为平缓,如黄秀塘2号大桥。采用常用跨度简支梁将在陡坡上设墩,山体的稳定性和施工的实施性、安全性无法保障。这时桥型的选择就至关重要,采用大跨度简支梁施工难度很大,若用连续梁则投资较大,不划算。经过方案论证,本桥采用2×62mT构(图2),较好地解决了上述问题。

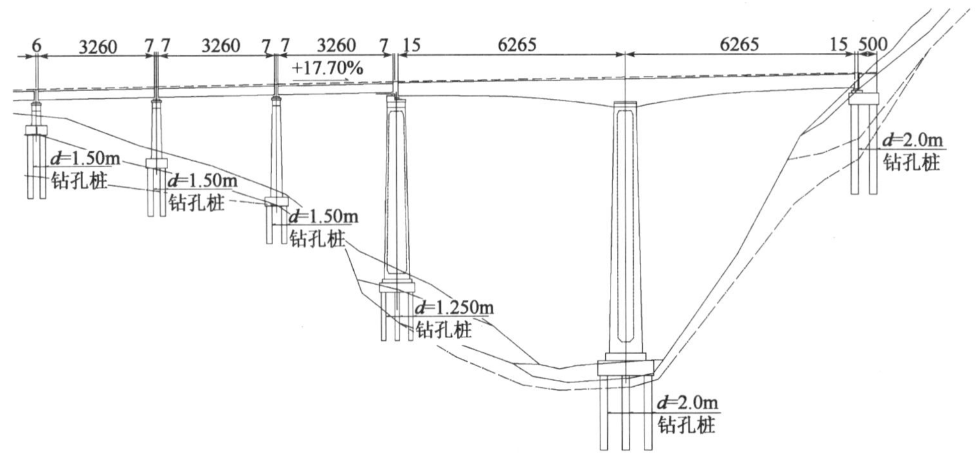

图2 黄秀塘2号大桥(单位:cm)

3.2 道岔区桥梁设计

大瑞线采用跨区间无缝线路设计。由于地形条件限制,大保段漾濞车站只能设于桥上,不可避免要将无缝道岔设于桥上,桥上线路由双线渐变为三线最终达四线并行。根据桥上设置无缝道岔的技术要求,道岔区采用了6×32.7m变宽连续箱梁(图3)。

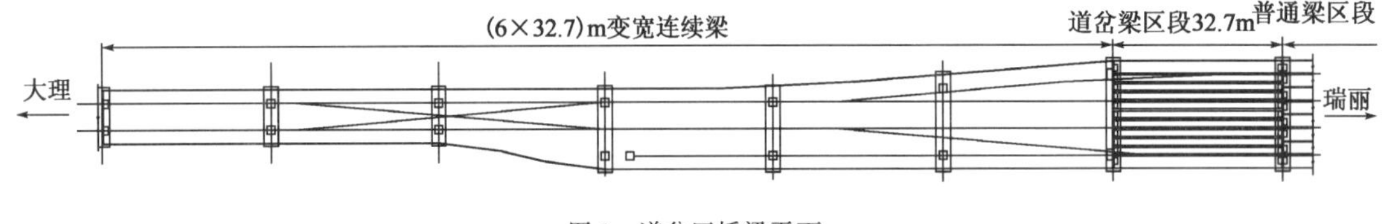

图3 道岔区桥梁平面

变宽连续梁采用同普通T梁等高的多室箱形截面,双线区为单箱单室,三线区为单箱双室,四线区为单箱三室。下部桥墩高10~30m,采用刚架墩,双线区和三线区采用双柱示刚架墩,四线区采用三柱式刚架墩(见图4、图5)。

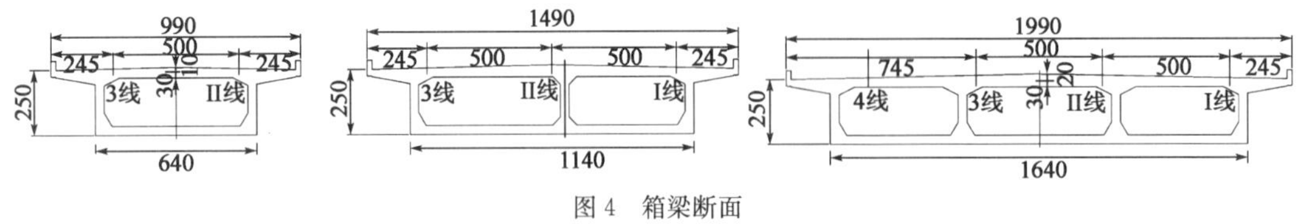

图4 箱梁断面

3.3 跨高速公路桥梁设计

大瑞铁路与大保高速公路多次交叉,公路通常沿河谷行进,而铁路线位较高,因此多为铁路跨越公路设桥。根据跨越处的地形情况,分别采用混凝土连续梁、T构、简支结合梁跨越高速公路。

西洱河大桥和小浪潭大桥跨越处公路均沿河谷靠山脚行进,公路路基为半挖半填,一侧为山体陡坡,另一侧则为较深的河谷,这给上跨的铁路桥梁布跨带来一定困难。西洱河大桥与公路斜交49°,普通32m简支梁无法跨越,经研究采用40m跨径简支结合梁跨越公路(图6),小浪潭大桥采用62mT构

跨越公路，正好一侧跨公路，一侧跨河谷(图 7)。

妻贤村特大桥在杉阳平坝妻贤村斜跨大保高速公路，杉阳坝子地势平缓，高速公路为填方路基，铁路拉高线位跨越，桥梁较长(桥长 774m)。铁路与高速公路交角约 53°，铁路采用(40＋64＋40)m 预应力混凝土连续梁跨越公路(图 8)。

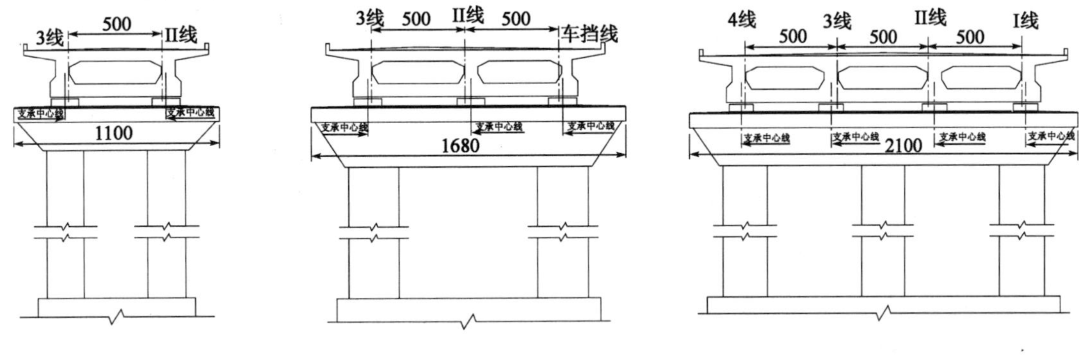

图 5 刚架墩构造

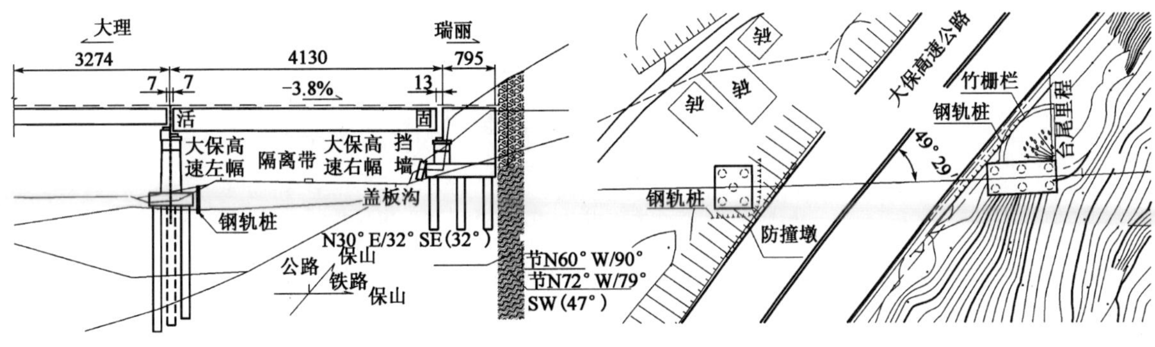

图 6 西洱河大桥跨高速公路设计

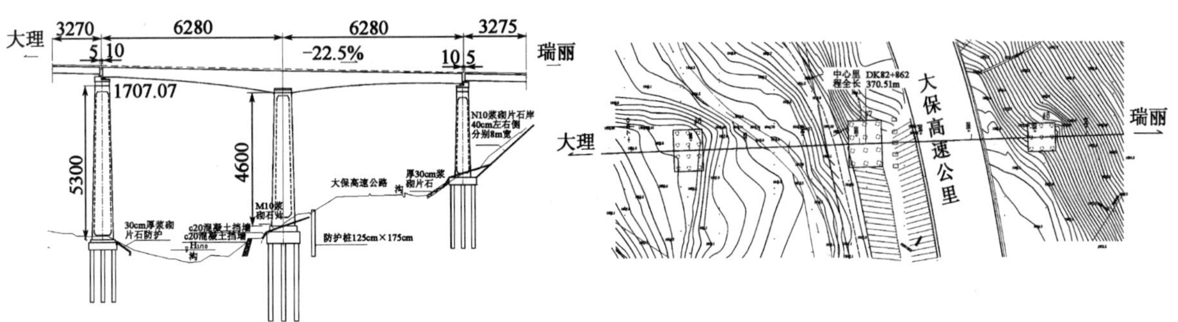

图 7 小浪潭大桥跨高速公路设计

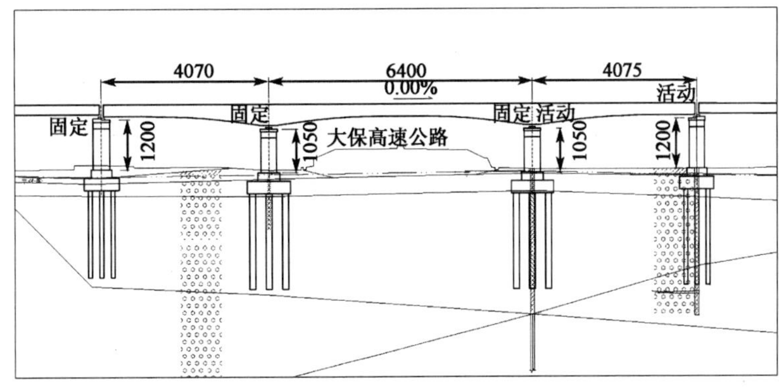

图 8 妻贤村特大桥跨高速公路设计

跨高速公路桥梁主墩基础靠近公路路基坡脚，为防止公路边坡失稳，均采用钢轨桩或混凝土防护桩进行防护，上跨公路部分的铁路桥面两侧设置防护网。

3.4 大跨度跨河桥梁设计

大瑞线大理至保山段横跨漾濞江、顺濞河、银江河、澜沧江等“V”形峡谷，其中银江河大桥和澜沧江大桥线位走行较高，采用了大跨度桥梁结构。

银江河大桥采用(44+80+44)m连续梁跨越河谷，主墩高达90m(图9)。

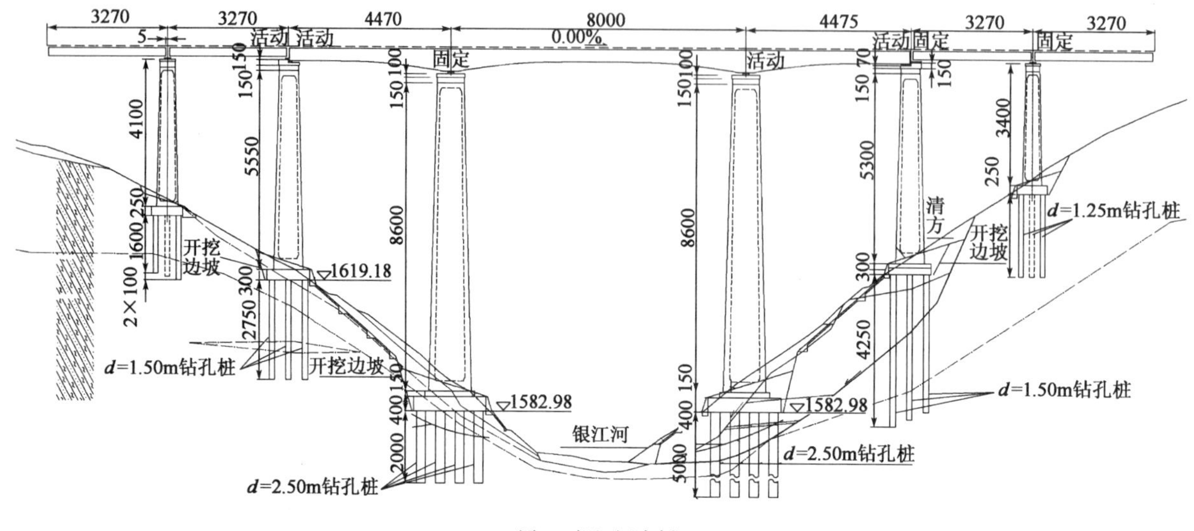

图9 银江河大桥

澜沧江大桥桥高250m，采用342m上承式混凝土拱桥跨越澜沧江峡谷，桥上设越行站，为双线桥，桥上设站台(图10)。

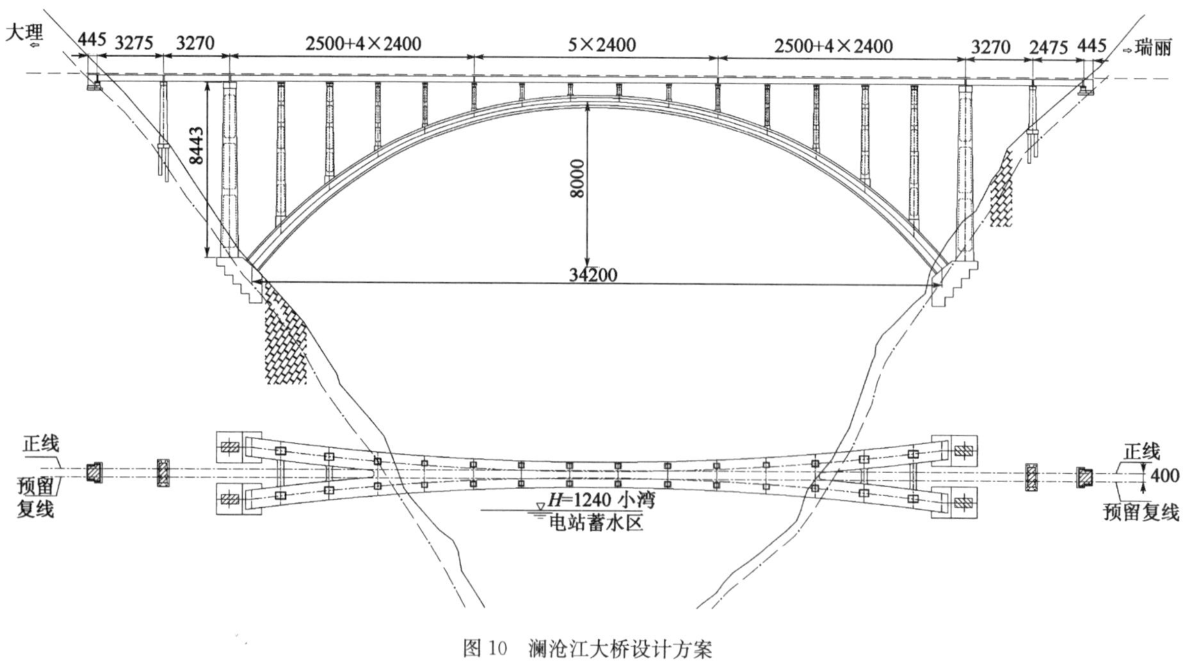

图10 澜沧江大桥设计方案

4 结语

艰险山区铁路桥梁设计有很多区别于平原桥梁的地方，也还有很多方面需要探讨。本文就桥梁方案如何适应山区选线要求做了初步探讨，选择桥梁方案的关键是要顺应线路条件、地势、地形条件和跨越要求，顺势而为。根据大瑞线大理至保山段自然条件复杂、桥梁工程艰巨的具体情况，结合设计中遇

到的问题，介绍了实际解决方法，希望对今后山区铁路桥梁的设计有所启示。

参考文献

[1] 毕玉琢.复杂山区铁路桥梁设计——宜万铁路桥梁设计介绍[J].铁道标准设计，2005(11)：48-52.

[2] 李正祥.山区铁路桥梁设计的新突破——渝怀铁路桥梁设计综述[J].铁道标准设计，2004(06)：8-12.

[3] 陈兵，赵雷，陈思孝.高墩大跨连续刚构铁路桥抗震可靠度分析[J] 铁道学报，2008，30(02)：113-117.

大庆至广州高速公路粤境段D3、D4合同段桥梁总体设计

李晓秋

(中铁二院工程集团有限责任公司公路市政院)

摘　要　大庆至广州高速公路粤境段全长约180.8km,其中,我公司承担了D3、D4合同段的勘察设计任务。该项目地处粤北九连山区,跨越流溪河水库、黄龙带水库、流溪河等Ⅱ级水源保护区,路线全长约76km,桥梁总长约24.5km,占路线全长的32.2%。该项目地形复杂,高墩、大跨桥梁较多,环保要求较高,是较为典型的山区高速公路。本文论述了该项目的桥梁总体设计思路、方案选择、环保设计、施工方案,并对部分特殊桥梁的设计进行了简要介绍。

关键词　高速公路;桥梁总体设计

Overall Design of Bridge in the Contract of D3 and D4 (inside Guangdong Province) on Daqing-Guangzhou Highway

Li Xiaoqiu

(Highway Municipal Institute of CREEC)

Abstract　The total length of the section inside Guangdong province of Daqing-Guangzhou highway is about 180.8km, among which, CREEC undertakes survey and design of the section in the contract of D3 and D4. This section, with total length of about 76km, is located in the Jiulian mountain area in the north of Guangdong, crossing Liuxihe river reservoir, Huanglongdai reservoir, Liuxihe river and other grade II water source conservation area. The total length of bridge is about 24.5km, accounting for 32.2%. It is a typical highway in mountainous area with complex landform, more bridges of high pier and long span, high requirement of environmental protection. In the paper, the overall idea of bridge design, proposal selection, environmental protection design and construction scheme are discussed, while the design of some special bridges is briefly introduced.

Key words　highway; bridge overall design

1　引言

1.1　概述

大庆至广州高速公路粤境段是国家主干道大(庆)广(州)高速公路的一部分,同时也是广州市规划的"四环十八射"主骨架公路网中第五射的重要组成部分,与国道G105线基本平行,路线全长约180.8km,其中,我公司承担了D3、D4合同段(下简称本项目)的勘察设计任务。

本项目地处粤北九连山区,穿越流溪河国家森林公园,地形复杂,地势自北向东南和西南方向倾斜,北中部多为中山、低山,西南部大多是丘陵地带,东南部以谷底盘地为主。路线全长约76km,桥梁总长24.5km,占路线全长的32.2%。

作者简介:李晓秋(1972—　),男,高级工程师。

1.2 设计主要技术标准

设计行车速度：100km/h。

设计车道数：双向 6 车道。

汽车荷载等级：公路—I 级。

地震动峰值加速度：0.05g(按 7 度设防)。

桥面宽度：整体式桥梁为 2×16.5m，分离式桥梁为 1×16.5m。

1.3 桥梁工程特点及难点

(1)桥梁所占比重较大，北段(D3 合同段)墩高普遍较高，部分达到 70m 以上，最大桥高达到 101m，桥梁方案的合理选择对控制建设成本、结构安全、建设周期、运营使用有着极其重要的意义。

(2)沿线跨越莲麻河、竹坑河(吕田河支流)、流溪河水库、黄龙带水库(图 1)、流溪河等Ⅱ级水源保护区，环保要求较高。

图 1 黄龙带水库

2 桥梁总体设计思路

(1)贯彻“技术先进、安全可靠、适用耐久、经济合理、美观、有利于环保”的勘察设计新理念。

(2)充分吸取、借鉴类似项目，特别是水源保护区内高速公路建设的经验及教训，注重桥梁细部结构与构造、路桥衔接部位的设计。

(3)在满足桥梁使用功能的前提下，充分重视水环境、大气环境和自然景观的保护。

(4)合理设计桥跨组合，尽量采用成熟、环保、施工简便、全寿命周期成本较低的桥型方案。跨水库、河流、既有路的桥梁应充分征求当地政府和有关主管部门的意见。

(5)对于技术复杂的特殊桥梁，组织技术力量解决其中的技术难点，必要时做试验分析研究，确保设计安全、可靠、技术先进。

3 一般桥梁方案选择

根据近年来已建、在建多条山区高速公路的经验教训，在初步设计及定测外业验收阶段，对本项目桥梁所采用的上下部结构类型、施工工艺等，进行了大量的资料收集、分析、比选、优化等工作，并进行了多次专题评审，拟订适合本项目经济合理的桥型方案。

3.1 上部结构比选

山区桥梁施工条件相对困难，场地狭窄，考虑到以往的经验教训，一般桥梁应尽量避免采用 40m 以上跨径的预制梁，故根据本项目桥梁的分布及特点，主要选用 20m、25m、30m、40m 跨径的各类梁型进行比选，重点对上部梁型、结构体系进行比选。

(1)上部梁型比较(表 1)

上部梁型方案比较表 表1

比较项目	空心板梁	T梁	小箱梁
结构简图			
跨越能力	10～20m	20～50m	20～40m
适用斜度	各种斜度	斜度一般控制在40°以内	斜度一般控制在30°以内
景观性	建筑高度低,桥下视觉效果好	建筑高度高,桥下视觉效果较差	建筑高度相对低,桥下视觉效果较好
造价	适中	相对较高	相对较低
受力特点	截面刚度相对较大,横向铰接连接、整体性相对较差;桥面连续	截面刚度相对较小,横向整体性好;桥面连续、结构连续或墩梁固结	截面刚度大,横向整体性相对较弱;桥面连续、结构连续或墩梁固结
施工工艺	工艺成熟、简单,工期短;但梁片数偏多	工艺成熟;梁片数相对偏多,工期相对较长,跨度大于40m时吊装质量大	工艺成熟,梁片数少,工期相对较短;吊装质量比同等跨径的空心板梁、T梁大
比选结论	比较:小桥或斜度较大时采用,一般不采用	推荐:在跨度>25m时采用	推荐:跨径为20m、25m时的特大、大中桥采用

(2)上部结构体系比较(表2)

上部结构体系比较表 表2

比较项目	先简支后桥面连续	先简支后结构连续	先简支后墩梁固结
适用跨径	10～50m	20～50m	20～50m
适用梁型	空心板梁、小箱梁、T梁	小箱梁、T梁	小箱梁、T梁
适用墩高	墩高<25m	墩高<25m	墩高>25m
结构特点	上部简支;墩顶支座型号较小;抗震性能较差;桥墩较高时下部尺寸较大	上部结构连续;中墩支座型号较大;抗震性能较好;桥墩较高时下部尺寸较大	连续刚构体系;抗震性能好;下部结构尺寸较小;桥墩较高时受施工阶段的稳定性、位移控制。
施工工艺	施工简单	需设临时支座,墩顶负弯矩钢束需二次张拉;施工稍显复杂	梁底与盖梁间的预埋钢板、钢筋需焊接连接;墩顶负弯矩钢束需二次张拉;施工较复杂
使用性能	行车舒适度一般,后期维护工作较多	行车舒适度好,后期维护工作较多	行车舒适度好,后期维护工作较少
造价	适中	相对较高	相对较低
比选结论	推荐:墩高<25m的空心板梁、小箱梁采用	比较:墩高<25m的小箱梁、T梁采用	推荐:墩高≥25m的T梁采用

3.2 下部结构比选

根据本项目桥梁工程的特点,下部结构按一般桥墩(墩高<35m)、景观桥墩(墩高<35m)、高墩(墩高≥35m)分别进行比选。

(1)一般桥墩比选(表3)

高速公路一般桥梁下部结构主要以圆柱式桥墩为主,可采用左右幅分离式、整体式等结构形式。结合本项目桥梁工程的特点,重点对分离式、整体式桥墩进行比选。

一般桥墩比较表　　表3

比较项目	分离式双柱墩	整体式三柱墩
结构简图		
受力特点	①平曲线适应性强，盖梁横坡设置简单，一般情况下盖梁不需加宽 ②受力明确，横坡较陡时，墩柱高差小于整体式三柱墩 ③盖梁采用普通钢筋混凝土结构，施工简便	①平曲线适应性差，在一般平曲线半径下盖梁需加宽，盖梁横坡设置困难 ②受力复杂，制动力在正、反两个方向作用时，中柱将承受较大的扭矩；当桥墩刚度相差较大时，墩柱的受力不均匀性很明显，下部尺寸难于统一 ③为降低盖梁高度，需采用预应力结构；基础沉降对盖梁受力影响大 ④整体式桥墩维护时，上、下行桥梁相互关联，易造成交通中断
施工工艺	简单、方便	预应力盖梁需二次张拉，施工时间较长，增大了施工难度
景观性	墩柱较多，桥下通透性较差	墩柱较少，桥下通透性较好
造价	低	高
比选结论	推荐采用	比较：在受地面构造物控制时采用

(2)景观桥墩比选(表4)

对于跨越国道、水库等景观性要求高的桥梁，对其主桥部分一般进行景观设计，而对于其引桥、或跨越城镇规划区等景观性要求一般的桥梁，则着重对桥梁的下部结构进行比选、优化。设计过程中共拟订了矩形独柱式桥墩、小间距双矩形墩、小间距双圆柱墩三种墩型进行比较。

景观桥墩比较表　　表4

比较项目	矩形独柱墩	小间距双矩形墩	小间距双圆柱墩
结构简图			
景观性	桥墩数量少，但横向尺寸较大，景观效果好	桥墩顶部采用弧线型，但桥墩数量较多，景观效果稍好	采用直圆柱墩，较单一，桥墩数量较多，景观效果一般
结构受力	盖梁悬臂大，钢筋用量较多；承台厚度受抗剪控制，尺寸较大；仅适用于横坡较缓路段	盖梁悬臂较小，受力较合理；圬工量、钢筋用量较少；墩柱弧形过渡段需通过柱间系梁连接	盖梁悬臂较小，受力较合理，圬工量、钢筋用量较少
施工工艺	施工稍显复杂	桥墩弧形过渡段施工较难控制	施工时外观质量易控制、施工难度小
造价	造价高	造价较高	造价低
比选结论	不推荐采用	不推荐采用	推荐采用

综合考虑本项目的实际情况，对于景观性要求一般的桥梁，采用小间距双圆柱墩能满足景观性的需求，且能降低工程造价。

(3)高墩比选(表5)

高墩按截面形状可分为圆形墩、矩形墩、圆端形桥墩等，按构造可分桩柱式、空心薄壁墩；按左右幅下部是否合修可分为分离式桥墩、整体式桥墩。本项目的高墩桥梁均为谷架旱桥，共拟订了五种墩型进行比选。

高墩综合比较表 表5

比较项目	Ⅰ 型	Ⅱ 型	Ⅲ 型	Ⅳ 型	Ⅴ 型
桥墩类型	分离式等截面空心薄壁墩	分离式变截面空心薄壁墩	整体式等截面空心薄壁墩	整体式变截面空心薄壁墩	分离式双圆柱式桥墩
结构简图	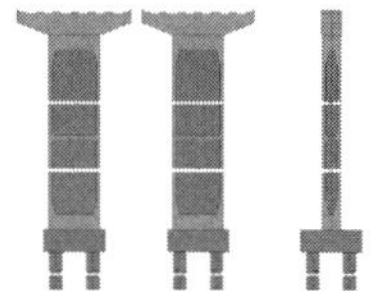	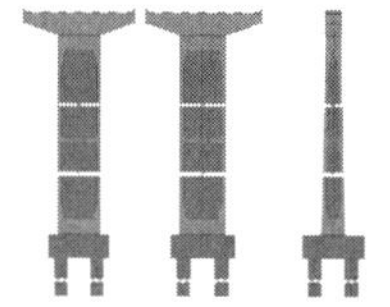	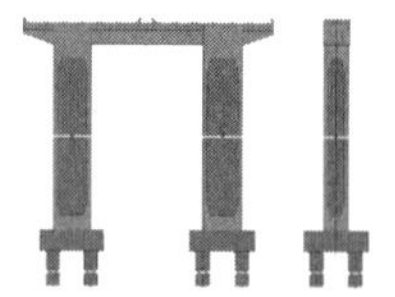	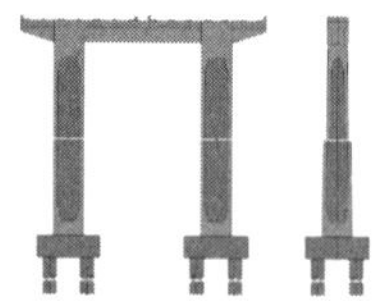	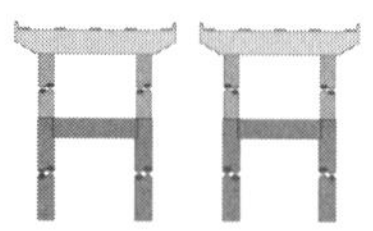
受力特点	下部分修,结构受力明确;最大适用墩高范围较高	下部分修,结构受力明确;最大适用墩高范围较高	下部合修,结构受力较复杂;最大适用墩高范围较高	下部合修,结构受力较复杂;最大适用墩高范围较高	下部分修,结构受力明确;适用最大经济墩高为45m
施工工艺	工艺成熟,较复杂;工期较长	工艺较成熟,复杂;工期长	工艺成熟,较复杂;工期较长	工艺较成熟,复杂;工期长	工艺成熟,施工简便;工期短
外模利用	模板制作简单、二次利用率较大	模板需专门加工、制作工艺难度较大、二次利用率低	模板制作简单、二次利用率较大	模板需专门加工、制作工艺难度较大、二次利用率低	模板制作简单、二次利用率大
景观性	桥下视野开阔,美观性较好	桥下视野开阔,美观性较好	桥下视野开阔,美观性好	桥下视野开阔,美观性好	桥下墩柱数量较多、美观性较差
经济指标	较高	较低	较高	较低	低
比较结论	推荐:墩高≥45m时采用	不推荐采用	不推荐采用	不推荐采用	推荐:在墩高＜45m时采用

通过以上分析比较,本着节省工程造价、方便施工、确保施工质量及缩短施工工期的原则,并结合当前国内的施工工艺、水平,本项目高墩桥梁下部结构按以下原则采用:对于墩高 H＜45m 的高墩,采用分离式双圆柱式桥墩(Ⅴ型);对于墩高 H≥45m 的高墩,采用分离式等截面空心薄壁桥墩(Ⅰ型)。

3.3 一般桥梁桥型方案选择

通过以上分析、比选,本项目一般桥梁桥型方案的选择原则见表6。

一般桥梁桥型方案选择原则表 表6

墩 高 H	上部结构类型	一般地段桥梁下部结构类型	有景观性要求地段桥梁下部结构类型
H＜15m	20m简支小箱梁	普通双圆柱式桥墩	小间距双圆柱式桥墩
15m≤H＜25m	25m简支小箱梁		
25m≤H＜35m	30m先简支后墩梁固接T梁		
35m≤H＜45m	40m先简支后墩梁固接T梁		
H≥45m	40m先简支后墩梁固接T梁	分离式等截面空心薄壁桥墩	分离式等截面空心薄壁桥墩

对于桥墩较矮、斜交角度较大、且受桥下净空限制的中小桥,采用13m、16m跨装配式预应力混凝土简支空心板梁。

由于地形复杂、山高坡陡,同一桥梁墩高相差悬殊,故拟订推荐桥型方案时,为方便施工,尽可能在同一座桥梁中采用统一的桥梁跨径及下构尺寸。但对于个别特长高架桥,结合地形条件,可采用等梁高不等跨或两种跨径的结构形式,以尽可能缩短桥长降低造价、适应地形减少开挖。

3.4 桥台设计

结合地形及地质条件,一般采用桩柱式、肋板式、挡土式、座板式等轻型桥台。陡坡上的桥台填土高度原则上不高于3m,挡土式桥台最高填土高度一般不超过7.5m,肋板式桥台最高填土一般不超过

8.5m,座板式桥台最高填土一般不超过12m。预制梁架设完毕(或现浇连续梁施工完毕)后方可进行台背回填。

4 桥梁环保设计

本项目沿线水系发育,地表水丰富,约有10km长桥梁位于Ⅱ级水源保护区,有较高的环保要求。根据桥梁的分布情况,设计时按一般地段桥梁、Ⅱ级水源保护区内桥梁,分别采用不同的环保设计方案,重点考虑桥面排水、跨重要水源处桥上突发事故应急处理、植被恢复等。

4.1 桥面排水

(1)一般地段桥面排水

在防撞墙内预埋PVC管泄水口,采用直排式。跨既有路处采用:在边梁悬臂板底挂纵向PVC排水管→汇集桥面径流→引入桥墩处竖向排水管→引入桥下地面排水系统。

(2)Ⅱ级水源保护区内桥面排水

为防止桥面雨水、车辆事故造成的有害物质泄漏对保护区内水体产生污染,需汇集水源保护区区域内的桥面排水,不作直接排放。桥面雨、污水处理方式为:在边梁悬臂板底挂纵向PVC管→汇集桥面径流→引入桥下配水井→水生物滤池(或应急池)→处理合格后再进行排放。

4.2 跨重要水源处桥上突发事故应急处理

本项目所跨越的流溪河水库、黄龙带水库为重要水源保护区,为防止车辆出现事故后翻入桥下,需对桥上外侧防撞护栏进行加强。

根据已建成类似项目的设计经验及教训,在模拟仿真分析试验的基础上,经过多方案的分析论证、专题评审,最终确定的设计方案为:桥梁外侧加宽1.8m,采用双层防撞护栏,内侧采用SS级金属梁柱式护栏,外侧采用SA级混凝土防撞护栏、刚性防护网(图2)。

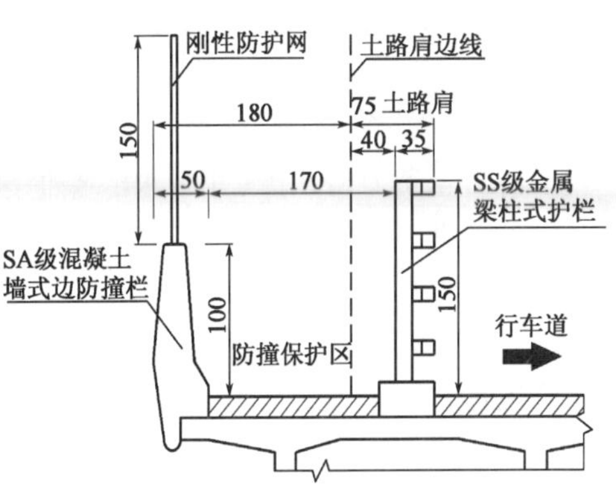

图2 外侧双层防撞护栏断面(单位:cm)

4.3 植被恢复

承台、桥墩布置根据地形及地质条件进行多方案比较,尽量减少对山体的开挖。边坡原则上按永久边坡坡率进行开挖,并采用挂三维网喷播植草进行坡面防护;对于个别地形陡峻的工点,采用锚杆挂网喷浆等方案进行坡面防护。

对桥面、桥下排水进行详细、系统的设计,设置截水沟、排水沟等,尽量减少雨水对山体坡面的冲刷。

5 桥梁施工方案

5.1 临时工程

桥梁上下部结构的选择充分考虑了各施工合同段的地形、运输条件,对临时便道、便桥、混凝土搅拌厂、预制厂、污水处理池等进行多方案比较,合理布置,尽量减少对环境的破坏,节省临时工程费用。

5.2 建筑材料

在条件许可时,尽量采用商品混凝土;受运输条件限制时,设置混凝土集中搅拌厂(站)。由于沿线禁止开采砂石,施工所需要的砂石需从清远、英德等地购买远运;钢材、水泥、沥青等在广州市场均有供应。

5.3 桩基施工

一般地段的桥梁桩基采用冲击钻机或旋转机进行施工;位于水源保护区内的桥梁桩基,采用旋挖钻机(图3)进行施工。旋挖钻机作为一种较为先进的桩基施工机械,因其成孔质量好、自动化程度高、具有高环保性等优点,在一些对环保要求高的项目中,显示出明显的优越性。

图3 旋挖钻机

5.4 下部桥墩施工

对于墩高$H>15$m的桥墩,采用爬模法、翻模法施工;对于墩高$H\leqslant15$m的桥墩,采用一次性浇注。桥墩模板采用定型钢板。距离水源、既有路较近时,根据施工现场的情况搭设防抛网。

5.5 上部结构施工

为保证施工质量,装配式梁采用在预制厂集中预制,运至现场后采用架桥机架设。受运输条件控制时,根据各施工合同段的实际情况增设预制厂。

大跨预应力混凝土连续梁、连续刚构、预应力混凝土斜拉桥采用挂篮悬臂现浇施工。

5.6 施工污水处理

施工前应结合水生物滤池、应急处理池的布置,设置临时污水处理池。采用PVC管汇集施工污水、废弃机油、泥浆等,经处理达到要求后再排放。

6 特殊桥梁设计介绍

6.1 黄龙带水库特大桥

该桥跨越黄龙带水库(Ⅱ级水源保护区),桥位选择时尽量考虑在水面狭窄处跨过,平面位于$R=1800$m的圆曲线上。桥址处水面宽约130m,根据水利、环保等管理部门的要求,百年蓄水位以下不能设墩;同时,该桥位于黄龙带风景区,有较高的景观要求。在初步设计阶段对主跨为208m的混合梁连续刚构、预应力混凝土部分斜拉桥、预应力混凝土连续刚构等方案进行比选,经过技术、环保、景观、经济等综合比选,推荐采用(108+208+108)m预应力混凝土部分斜拉桥。并结合周边环境对推荐方案的塔型进行了多方案的景观设计、综合比选,最终推荐采用左右幅合修"Ⅲ"字型塔柱,墩、塔、梁固结体系。桥型布置图详见图4。

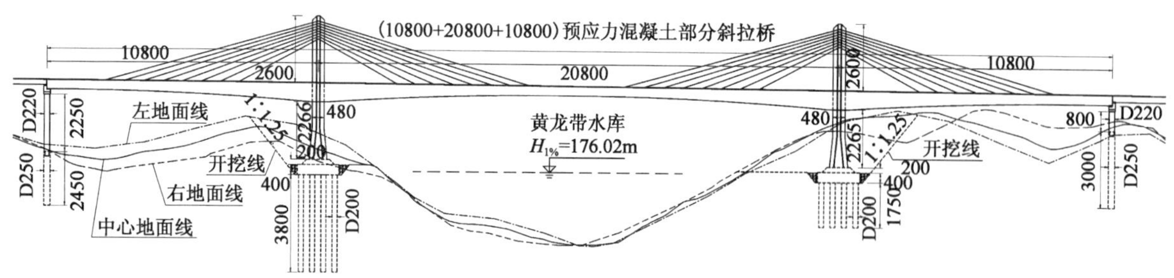

图4 黄龙带水库特大桥主桥桥型布置图(单位:cm)

主桥半幅桥宽21m,主梁采用变高度单箱三室斜腹断面,顶板宽21m,两侧悬翼板宽1.3m,根部梁高7.5m,跨中梁高3.8m,梁高按二次抛物线变化,梁体采用C60混凝土。塔高26m,墩高约22m。斜拉索采用扇形布置,梁上间距8m,塔上间距1m,拉索通过预埋鞍座穿过塔柱,在主梁上张拉。斜拉索采用环氧涂层钢绞线成品索,左右幅共采用64根拉索。主墩承台尺寸为53.2m×16.7m×6m,采用40根ϕ2.0m群桩基础。

6.2 良口流溪河2号大桥

该桥跨越流溪河、县道X287及地方路,桥位处水面宽约80m。根据环保、交通等管理部门的要求:水中不能设墩,小里程侧需预留县道X287扩宽为双向四车道的条件。在初步设计阶段采用了(65+125+65)m、(72+125+38)m、(72+125+48)m的预应力混凝土连续刚构方案进行比选,经过技术、经济等综合比选,推荐采用(72+125+48)m预应力混凝土连续刚构。桥型布置图详见图5。

主桥半幅桥宽 16.3m，主梁采用单箱单室直腹断面，底板宽 8.3m，两侧悬翼板宽 4m，根部梁高 7.8m，跨中及 72m 边跨端梁高 3.1m，48m 边跨端梁高 4.473m，梁体采用 C55 混凝土。下部采用双肢薄壁桥墩，墩高约 30m。主墩承台尺寸为 13m×12.6m×4m，基础采用 9 根 ϕ1.8m 群桩基础。

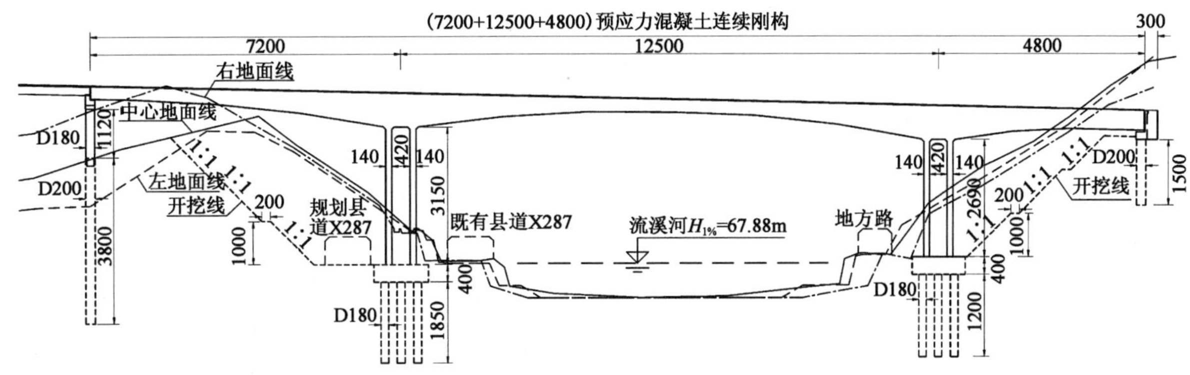

图 5 良口流溪河 2 号大桥主桥桥型布置图(单位:cm)

7 结语

随着国民经济的发展，山区高等级公路的建设将会越来越多，该类项目桥梁工程所占比重较大，由于地形、施工条件受限，桥梁方案的选择应结合项目的特点进行多方案比选，侧重于采用技术成熟、环保、施工简便、经济的桥型方案及施工方案。

同时，该类项目所穿越的区域多为水源保护区、自然保护区，环保要求较高，建议在总体线路方案选定时，宜尽量绕避重要水源处，或采用长大隧道方案通过。

参考文献

[1] 周德泉. 新理念下山区高速公路建设[M]. 北京：人民交通出版社，2010.

[2] 公路桥涵设计手册编写组. 墩台与基础[M]. 北京：人民交通出版社，1978.

[3] 马保林. 高墩大跨连续刚构桥[M]. 北京：人民交通出版社，2001.

[4] 易建国. 桥梁计算示例集[M]. 北京：人民交通出版社，2006.

[5] 黄红武，刘正恒，杨济匡. 基于计算机仿真的汽车与高速公路护栏碰撞事故的分析与研究[J]. 湖南大学学报，2002(6).

宝成线清江7号特大桥震害整治研究

罗 鸣 冯 舸 毛 亮

(中铁二院工程集团有限责任公司成都公司)

摘 要 在汶川地震后,震区铁路桥梁的支座在不同程度上都受到了损伤。本文通过对清江大桥的加固处理,对三套不同的加固方案进行了对比分析,详细地介绍了方案三的加固方法,并通过有限元分析软件对加固方案三进行了计算,验证了加固方案的受力合理性,对震区桥梁的加固提供了借鉴。

关键词 桥梁工程;清江大桥;加固;有限元分析

Research on Seismic Damage Renovation of No. 7 Qingjiang Super Major Bridge on Baoji-Chengdu Railway

Luo Ming Feng Ge Mao Liang

(Chengdu Survey, Design and Research Institute of CREEC)

Abstract After Wenchuan earthquake, the support of railway bridge in the seismic area is damaged to different degree. In the paper, comparison and analysis are carried out for 3 proposals about reinforcement to Qingjiang major bridge. The 3rd proposal is introduced in details and the stress rationality is proved through calculations by finite element analysis software. Reference is provided for the reinforcement to bridges in the seismic area.

Key words bridge works; Qingjiang major bridge; reinforcement; finite element analysis

1 引言

清江河7号特大桥位于宝成上行线罗妙真—斑竹园区间,建成于1996年6月,桥位处线路纵坡为4.1‰,平面在最后两跨位置进入$R=450$的小半径曲线;清江河7号特大桥由1×32m+(53m+88m+88m+53m)连续梁+6×32m预应力混凝土梁桥组成,跨越清江河,中心里程K422+113.8,全长524.69m,小里程方向台尾接滴水子隧道;桥台均为T台,连续梁部分桥墩(即1~5号)为薄壁空心墩,基础为桩基础,简支梁的墩(即6~10号)为矩形桥墩,基础为扩大基础。

连续梁处于宝鸡端,桥墩为1~5号墩,1号墩上是固定支座,其他均为活动支座。5.12汶川地震灾害后,4个活动支座上、下板出现横向(梁体相对桥墩向线路右侧)、纵向(梁体相对桥墩向宝鸡方向)位移,2、4、5号墩横向限位挡板剪断,横向位移分别达到14、18、20mm,纵向位移平均达到20mm;1号墩的固定支座上钢板螺栓全部剪断,上钢板螺栓部分剪断变形,已危及行车安全。险情发生后,成都铁路局立即对通过该桥的列车限速25km/h行驶,及时采取纵向限位措施,防止梁体纵向位移进一步扩大;并认真分析损坏原因,研究处理方案。

2 原因分析

地震力作用下,墩台身产生横桥向和纵桥向的位移,使梁体发生相应的位移,支座承受较大的剪力,发生剪切破坏。从检测单位的现场检测及专家和有关技术人员现场察看,该桥梁的梁体、桥墩在使用的

作者简介:罗鸣(1977—),男,工程师。

安全性上没有问题，桥梁支座在竖向受力上没有问题。为了防止梁体的进一步横向及纵向位移，危及铁路行车的安全，必须立即对连续梁增加防落梁装置及纵横向限制措施。

3 加固方案

经过现场察看后，有三套加固方案可供选择。

方案一：拆除既有损坏支座，安装新的抗震型钢支座。该方案优点是一次性解决地震后的支座病害，对结构无影响，缺点是锚于梁底的支座上钢板螺栓部分剪断变形，螺栓无法取下，更换基本不可行；如采用临时支座支承，再拆除损坏支座，终止铁路线路行车时间较长，对于车流量大的宝成铁路上行线，并作为抗震救灾的生命线，终止铁路运行的时间很有限，该方案实施较困难。

方案二：桥梁支座在竖向受力上没有问题，不更换支座，增加横向防落梁装置，在 1 号桥墩梁端设防止梁向宝端移动的钢筋混凝土挡块，挡块与梁体接触面设置橡胶支座及钢板，在 5 号墩顶梁端设桥梁隔震系统阻尼装置，限制梁体向成都端产生较大的位移。本方案能有效地限制连续梁的纵横向位移，作为地震后桥梁支座破坏后的整治方案是可行的，缺点是安装桥梁隔震系统阻尼装置，需要做实验，确定阻尼器的大小及相关参数，在抗震抢险的紧急时期，没有确定参数试验的时间，并且阻尼装置后期需要长期观测，养护成本较高。

方案三：不更换支座，1～5 号墩顶梁两侧增设防落梁设施，在 1 号桥墩梁端设防止梁向宝鸡端移动的挡块，挡块与梁体接触面设置橡胶支座及钢板，为了防止梁体纵向往成都端移动，在原设计固定支座的 1 号墩顶梁两侧腹板植筋增设钢筋混凝土牛腿，墩顶设挡块，通过约束牛腿限制整个梁体的纵向位移。本方案能有效地限制连续梁的纵横向位移，施工较方便，后期不需要养护。

本着确保不中断列车的运行，充分利用原有结构，减少后期养护的原则，经综合考虑，最终确定采用方案三为清江河 7 号特大桥加固方案。

4 加固设计

4.1 横向限位装置

在 1～5 号墩顶箱梁两侧横梁位置设横向限位装置，采用两根 P50 钢轨及钢筋混凝土挡块组合形成，钢轨与箱梁之间垫橡胶支座，橡胶支座采用植筋胶粘贴在箱梁侧，在墩顶帽埋设钢轨的位置开口，插入钢轨后采用植筋胶封闭，钢筋混凝土挡块的钢筋采用植筋胶植入墩顶帽，挡块与钢轨之间垫 1cm 厚钢板，钢板焊接钢筋锚进挡块，见图 1。

4.2 限制向宝鸡方向纵向移动装置

在 1 号墩顶梁端两侧腹板位置设纵向限位装置，由橡胶支座和钢筋混凝土挡块组合形成，挡块与箱梁之间垫橡胶支座，与支座接触面均设 1cm 厚钢板，橡胶支座及钢板采用植筋胶粘贴梁端部，钢筋混凝土挡块的钢筋采用植筋胶植入墩顶帽，见图 2。

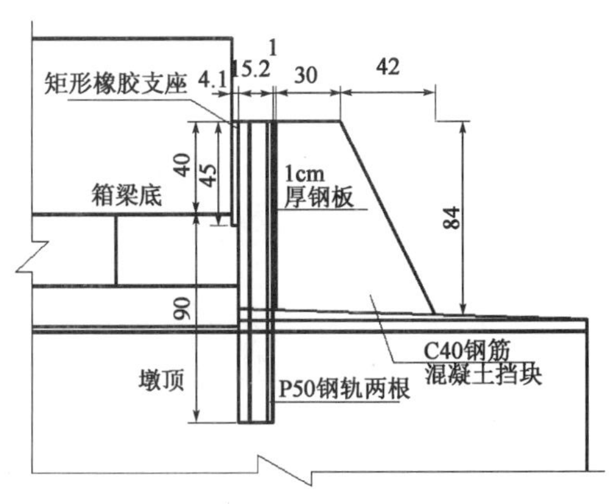

图 1 横向限位装置立面示意图(单位:cm)

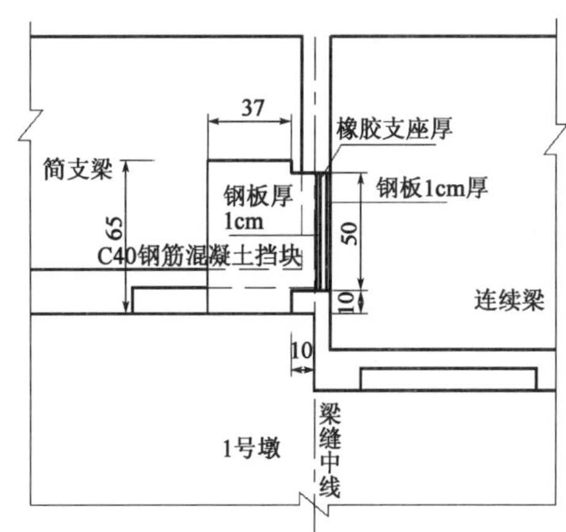

图 2 纵向限位装置(一)立面示意图(单位:cm)

4.3 限制向成都方向纵向移动装置

为了限制梁向成都方向纵向位移，在箱梁腹板两侧设置牛腿，作为纵向限位挡块与梁发生联系的作力点，见图3。挡块与牛腿之间垫橡胶支座，与支座接触面均设1cm厚钢板，钢筋混凝土牛腿采用在腹板钻孔植筋，对腹部内外进行局部加厚处理，钢筋混凝土挡块的钢筋采用植筋胶植入墩顶帽，见图4。

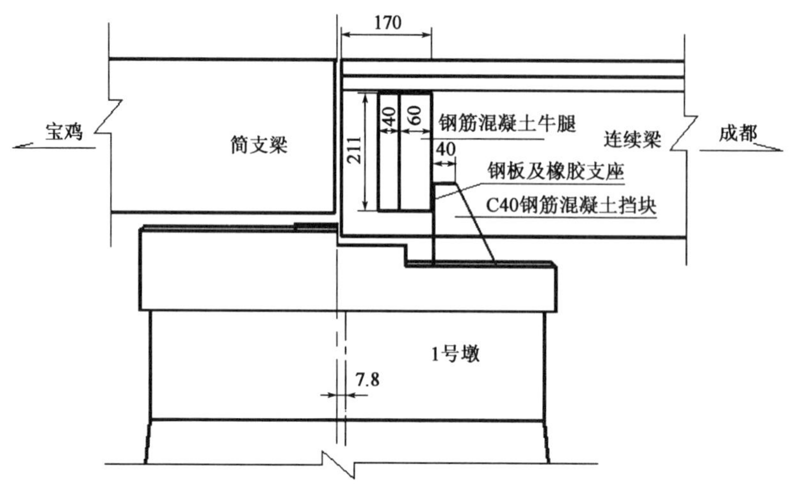

图3　纵向限位装置(二)立面示意图(单位:cm)

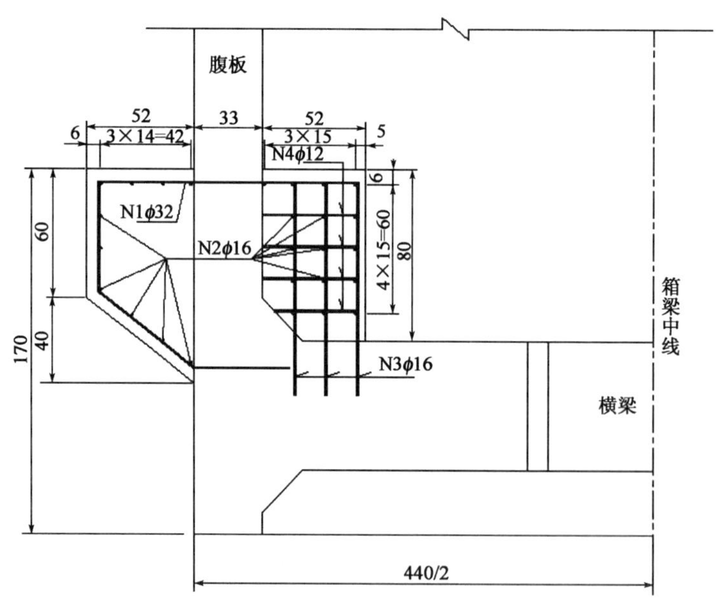

图4　牛腿钢筋构造平面图(单位:cm)

连续梁整联长度为282m，一联的制动力或牵引力为2342kN，一个牛腿处作用力可以达到1171kN，腹板厚度为33cm，为避免牛腿对腹板局部产生破坏，采用空间有限元程序ANSYS8.0对梁端局部进行分析。

模型采用Solid65单元模拟混凝土，link8单元模拟牛腿中钢筋。采用自由网格对模型进行网格划分，局部分析模型共16991个节点80587个单元，局部分析模型及三向应力云图见图5。

从计算结果可以得出：在制动力作用下牛腿受力良好，最大应力发生在挡块附近的牛腿和箱梁交界的角隅处，在X向拉应力最大值为1.5MPa，在Y向拉应力最大值为0.30MPa，在Z向应力拉最大值为1.4MPa，从结果分析在制动力作用下，结构处于安全状态，受力合理。

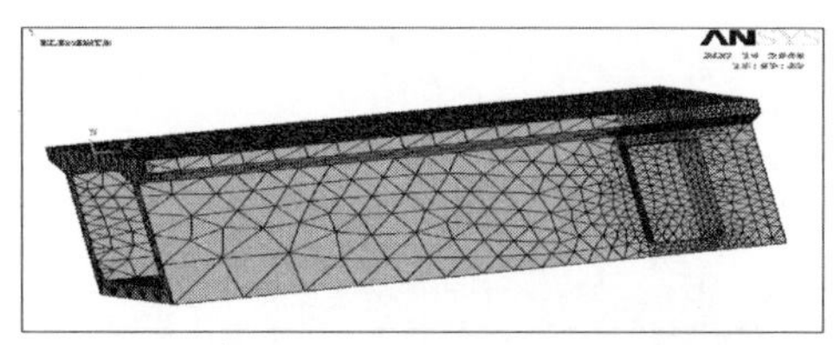

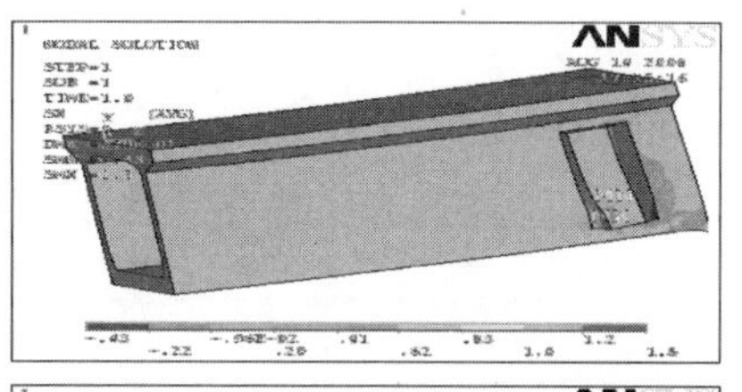

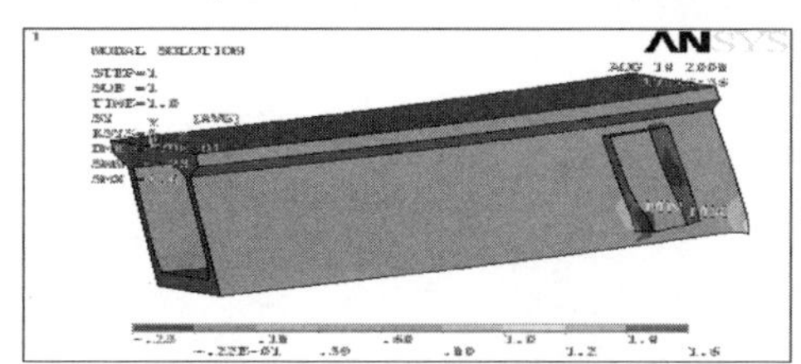

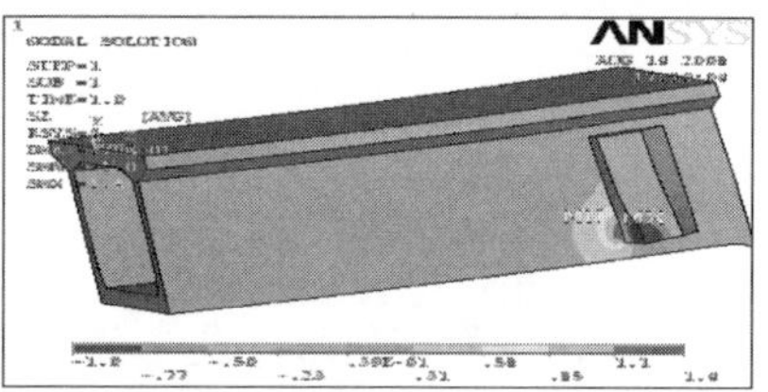

图5 局部分析模型及应力云图

5 结语

该桥加固施工完成后，成都铁路局委托西南交通大学对桥梁进行了全面检查测试。桥梁加固施工放样准确，混凝土浇筑外观质量好，新老混凝土结合良好。经对梁部及纵横向限位装置进行挠度及应变检测，试验结果表明清江河7号特大桥经加固处理后，上部结构处于弹性工作状态，桥梁纵横向振幅满足规范，恢复了原桥的设计承载能力，达到了加固处理目的。

参考文献

[1] 中华人民共和国行业标准. TB 10002.1—2005 铁路桥涵设计基本规范[S]. 北京：中国铁道出版社，2005.

[2] 中华人民共和国行业标准. TB 10002.3—2005 铁路桥涵钢筋混凝土和预应力混凝土结构设计规范[S]. 北京：中国铁道出版社，2005.

[3] 中华人民共和国行业标准. GB 50111—2006 铁路工程抗震设计规范[S]. 北京：中国铁道出版社，2006.

[4] 陈开利，王邦楣，林亚超. 桥梁工程鉴定与加固手册[M]. 北京：人民交通出版社，2005.

山区铁路的代表作
——渝怀铁路桥梁设计

李正祥

(中铁二院工程集团有限责任公司土建一院)

摘　要　本文简要介绍了渝怀铁路在复杂的地形、地貌、地质条件下,墩梁及基础种类繁多的设计特点。列举了几座代表性重点桥渡,说明该线在山区铁路建设方面取得了新的进展。技术上实现了新的突破。

关键词　渝怀铁路;山区铁路;桥梁设计

Masterpiece of Railway in Mountainous Area-Design of Bridge on Chongqing-Huaihua Railway

Li Zhengxiang

(First Civil Construction Design & Research Institute of CREEC)

Abstract　Various design characteristics of pier and foundation on Chongqing-Huaihua railway line are briefly introduced under complex conditions of landform, terrain and geology. Several representative key bridges are also introduced. It is stated that new development has been achieved in the construction of railway in mountainous area and new breakthrough has been realized in technology for this railway.

Key words　chongqing-huaihua railway; railway in mountainous area; bridge design

1　引言

渝怀铁路西起重庆枢纽襄渝铁路团结村,穿歌乐山,横跨嘉陵江,经长寿跨越长江到涪陵,沿乌江逆流而上,经武隆三跨乌江到彭水,再沿郁江逆流而上,途经黔江、穿圆梁山,过酉阳、秀山,进入贵州省铜仁市,再沿沅江支流锦江前行,经过湖南省麻阳县,在湘黔铁路怀化站贵阳端接轨。线路全长624.533km,沿线地形、地质复杂,桥隧总长占全线长度的50.6%。全线控制工程为一站、二桥(井口嘉陵江双线特大桥、长寿长江双线特大桥)、七隧道。

2　桥梁设计技术标准

采用洪水频率:桥梁按1/100,涵洞按1/50洪水频率设计,并按《铁路工程水文勘测设计规范》(TB 10017—99)第1.0.5条检算洪水频率。

设计活载:采用铁路标准活载,中一活载。

通航净空及立交桥限界:通航净空按交水发[1998]659号"关于内河航道技术等级的批复"及《内河通航标准》(GB 139—90)的有关规定以及与有关航运主管部门签订的协议办理。

铁路桥梁建筑限界:桥限-2(GB 146.2—83)。

交通桥涵限界:跨铁路的立交桥(涵)下净高(梁底至轨顶)高度:大站及跨线渡槽不小于7.5m,中小站及区间不小于7.2m,净宽满足"建限-1"的要求。

作者简介:李正祥(1953—　),男,教授级高级工程师,中铁二院工程集团有限责任公司土建一院副总工程师。

跨越各级道路的铁路桥涵：桥下净高按《公路工程技术标准》(JTJ 001-97)及与地方主管部门签订的协议办理。

3 全线桥涵设计

3.1 全线桥涵情况简介

沿线群峰高耸、地势陡峻，线路跨越嘉陵江、长江，并多次跨越乌江、阿蓬江、细沙河、梅江、锦江等深谷江河。由于复杂的地形、地貌、地质条件，使沿线桥涵密布，越岭地段桥隧相连，高桥、长桥、大跨度桥、站内多线桥等重点工程较多。除控制工期的采用连续刚构的井口嘉陵江双线特大桥和采用下承式连续钢桁梁的长寿长江双线特大桥外，还有三跨乌江采用连续刚构的涪陵乌江大桥、黄草乌江双线大桥、下塘口乌江双线特大桥，采用连续梁的阿蓬江大桥，采用64m造桥机的锦和锦江特大桥和细沙河大桥等代表性重点桥梁。

全线桥梁共计369座，74707.96正线米(93265.36折单米)，占全线总长624.533km的12%；涵洞共计1394座，39656.91横长米，为全线总长的6.4%；跨线建筑物28座，1307.28延长米。全线共有特大桥、特殊结构桥、站内多线桥及墩高50m以上的高桥等67座重点桥梁。

3.2 渝怀铁路桥梁设计特点

(1)桥跨布置。跨越长江、嘉陵江、乌江、阿蓬江等有通航要求的桥梁，根据交基发[1994]906号文“跨越国家航道的桥梁通航净空尺度和技术要求的审批办法”、交水发[1998]65号文“关于内河航道技术等级的批复”以及《内河通航标准》(GBJ 139—90)的规定，进行“通航净空尺度和技术要求论证研究”，确定桥位、通航孔主跨、主桥结构类型及基础结构形式，报请主管部门水利部或重庆市交通委员会批准。设计中综合考虑线路方案走向合理，满足通航要求，桥跨结构安全可靠、节省投资等因素，对跨长江的长寿长江桥采用了2×192m主跨，对跨嘉陵江的井口嘉陵江桥采用了144m主跨，对三跨乌江的桥，涪陵乌江桥采用了128m主跨，黄草乌江桥采用了168m主跨，下塘口乌江桥采用了128m主跨。这些设计体现了大跨、高墩、深水基础的特点。对跨越锦和电站水库的锦江特大桥，从满足电站和饮用水要求出发，采用了64m造桥机拼装箱梁，在双壁钢围堰施工中采用船舶处理污染源等措施。对其他低等级通航要求的河道，尽量采用32m简支梁跨越。仅在阿蓬江桥上，结合鱼滩电站及桥位U形深谷的特点，采用了64m连续梁。

(2)连续刚构桥的设计。4座连续刚构桥均采用单箱单室变高度变截面箱形梁，其宽跨比按梁部净跨计算，在1/20左右，支墩处梁高与跨中梁高的比值，近似2倍关系。边跨梁端梁高同跨中梁高相等，均设一定直线段，其间梁底按抛物线形变化，与主墩相接。梁体设纵、横、竖三向全预应力。采用在支座和墩梁连接处设置横隔板的方法来解决箱形截面梁因约束扭转时产生的畸变变形及相应的扭曲应力。对跨中段设置横隔板问题，由于悬灌合龙的影响，即使设置厚度小于端横隔板的带洞横隔板，也增加了施工的难度。经有限元分析计算表明，对于大跨度铁路双线桥梁，主跨跨中的横隔板设计可以取消。经对黄草乌江双线大桥、井口嘉陵江双线特大桥、下塘口乌江双线特大桥进行动力响应分析，结果表明三座双线桥列车运行安全性均满足要求，列车运行舒适性良好。

(3)根据水库淹没区岸坡稳定性和坍岸线，确定基础埋深。对线路沿长江、乌江两岸走行地段，因受三峡蓄水倒灌水位的影响，桥涵设计时根据水库淹没区岸坡稳定性和坍岸线，确定基础埋深。涵洞根据建库蓄水前后的不同水位，修建高、低涵，以满足不同时期的排水需要。同时，结合岸坡地质条件，对存在岸坡不稳定地段的桥涵工程，均考虑了岸坡防护。对受库区蓄水影响范围内的桥梁工程，均充分考虑了蓄水后，预留二线工程实施的技术可行性。否则二线桥基础或整个下部工程一次建成。

(4)三峡水库倒灌水位影响的深水桥墩设计。本线受三峡水库倒灌水位影响的深水桥墩分为三种情况：一是只受本沟设计水位影响，不受倒灌水位影响；二是近期受本沟设计水位影响，远期受倒灌水位影响；三是近期不受本沟设计水位影响，远期受倒灌水位影响。包括一系列目前是旱桥的大、中桥。设计中根据以上三种不同情况对桥墩分别按不同水位进行检算。对深水桥墩考虑水浮力与水流冲击力，按最不利荷载组合进行结构检算。

(5)地形困难,地质复杂条件下的桥墩设计。由于本线地形困难,地质复杂,为减少开挖,避免岩堆失稳,对位于岩堆体上或处于顺层地带的桥梁,采用桩柱式桥墩;对深谷站内多线桥梁采用横向双柱刚架墩;对跨越特殊地形或受道路立交制约的桥位采用纵向悬臂刚架墩;对水中基础根据其河道、水深、流速及场地地形地质,分别采用筑岛围堰、钢筋混凝土围堰、钢沉箱及双壁钢围堰等施工方法。同时,根据地基的地质构造、岩性、产状,在条件允许时,对墩台基础进行错台、切割或设置半边桩基础,优化设计。

(6)越岭地段桥隧相连的桥台设计。越岭地段桥隧相连,在设计中充分考虑桥隧、桥路的相互干扰,合理处理了桥台进隧道,桥台靠隧道的关系,对隧道中的溶洞以洞中桥和洞中涵处理,保证结构稳定,线路畅通。

(7)站内多线桥设计。对缓开站及站内预留股道的多线桥,根据其投资规模,确定一次建成下部基础,分阶段架梁的措施。对按扇形布置梁片的多线桥,当其梁缝宽超过30cm,小于80cm时,采用加强型横向防水铁盖板处理,当其梁缝宽超过80cm时,采用墩顶设置带有道碴槽的楔形柱块处理。

(8)桥梁墩台的抗侵蚀性处理。对水质有侵蚀性者,设计均要求桥梁墩台身及基础受影响部分采用抗侵蚀性混凝土,施工拌和用水也不得采用有侵蚀性的水。同时要求混凝土碱含量应符合《混凝土碱含量限值标准》(CECS 53—1993)的要求。

(9)对小桥涵出入口的处理。在保证功能,保护当地群众利益的前提下,结合地形进行改挖沟槽,设集水井、急流槽、消能坎、消能池等办法,尽量避免对小桥涵下流农田的冲刷。同时要求在配合施工时,结合现场情况进行优化修改。

(10)合理的施工方法和防护措施。对受滑坡、坍岸、崩塌、错落体、顺层、岩溶等不良地质影响的桥涵工点,要求严格按各工点说明中提出的施工方法、顺序、施工注意事项进行施工。对顺层基坑或桩孔开挖要求采用小药量爆破,尽量少超挖;对陡坡桥墩要求便道不得设置在墩台上坡侧,不得影响结构安全,弃方应远离桥墩,以免桥墩出现偏压;对地质较差、地下水较丰富的桩孔,除要求遵循先桩后承台的施工顺序外,同时要求逐根桩施工;对墩台基坑横坡陡峻者,对靠山侧可能出现坍落的坡面,均实施混凝土挡护或挂网混凝土喷护等。

4 环境保护及水土保持措施

在渝怀铁路桥梁设计中,对环境保护及水土保持给予了高度重视和充分考虑。

(1)在桥梁方案及基础形式上充分考虑到环保及水保要求。桥基方案选择时在满足结构安全及技术要求的情况下,尽可能选用对既有地表破坏小的基础类型。

(2)对跨越江河的桥梁,在经济技术比选后尽可能选用大跨结构,减少水中墩及基础个数,以减小水中墩施工对江、河道的淤塞和水质的污染。对水中墩基础的施工,均对施工废水、生活废水排放以及弃碴堆放位置有严格要求,并明确禁止向江、河道排放废水。

(3)桥梁弃碴处理原则:

全线桥梁工程引起的弃碴,根据桥位所在的地形、地质、水文情况,分别按下列原则进行处理:

①桥位地形平坦且不受水位浸泡影响时,一般采用在桥下用地界内就地整平堆放。

②跨越沟谷的桥梁,严禁向沟内弃碴。如施工需要临时堆放时,在施工完成后也应及时清除,恢复原貌。一般弃碴弃于桥两端坡面较平缓处或下游沟谷两端较平缓处,且碴脚不受水位冲刷浸泡。

③沿江河地段桥梁弃碴进行挡护,原则上按M7.5浆砌片石设置,其他地段桥梁弃碴场,地形较陡者,原则上采用M7.5浆砌片石挡护,地形较缓且不受水流影响的,一般采用干砌片石码砌。

④结合桥梁附近路基土石方填挖平衡情况,将桥梁弃碴纳入站场及路基土石方调配。

⑤桥位附近设有路基或隧道弃碴场时,将桥梁弃碴纳入路基或隧道弃碴场设计中一并考虑。

⑥对于桥位地形陡峭无弃碴条件者,采用弃碴远运至附近的隧道、路基或站场设置的弃碴场内。

⑦将各桥弃碴处理措施统一提交环评专业,由环评专业统一进行碴场复耕、绿化的设计。

5 重点桥渡说明

全线67座重点桥梁中，最主要的有8座桥：长寿长江双线特大桥，主要采用下承式连续钢桁梁；井口嘉陵江双线特大桥、涪陵乌江大桥、黄草乌江双线大桥、下塘口乌江双线特大桥采用预应力混凝土连续刚构；阿蓬江大桥采用(40＋64＋40)m预应力混凝土连续梁；锦和锦江特大桥、细沙河大桥采用造桥机制64m预应力混凝土箱形简支梁。其中长寿长江双线特大桥、井口嘉陵江双线特大桥、黄草乌江双线大桥、下塘口乌江双线特大桥的主桥均按双线一次建成，引桥基础及墩台身原则上一次建成，二线不架梁，对线间距较大且施工复线基础对既有线干扰不大又不影响行车安全的部分，按单线桥设计。

下面介绍主要的代表性的七座桥梁。

5.1 下承式连续钢桁梁桥——长寿长江双线特大桥

长寿长江双线特大桥位于重庆市长寿县扇沱场，是渝怀铁路唯一一座跨越长江的桥梁，铁路与河道斜交，交角5°，桥高103 m。桥渡区河段处于三峡水库变动回水区，河道微弯，河床两岸岩石裸露，石梁、礁石、突嘴较多，但河床稳定，冲淤变化甚微。河道水深流急，主墩基础最大施工水深达28m。基岩为砂岩和泥岩夹砂岩。长江该段通航等级为Ⅰ-(2)级，经通航净空尺度和技术要求论证研究，确定本桥按三峡水库建成后正常蓄水后的Ⅰ-(2)级航道标准设计，通航孔主跨192m，按现阶段一孔通航、三峡水库建成蓄水后两孔通航的原则布置通航孔，通航净空高度在设计最高通航水位以上不小于18m，同时按国家有关规定设立主航道及通航安全保障措施。

桥墩布置采用2×24m＋3×32m简支梁＋(144＋2×192＋144)m下承式双线连续钢桁梁＋2×32m简支梁。全桥墩台均按复线一次建成，主桥钢桁梁按复线一次建成，引桥简支梁部分按近期单线架梁。主桥桥墩均为圆端形空心墩。两个主墩为深水承台钻孔桩基础，双壁钢围堰施工。

钢桁梁主桁上、下弦杆及中间支点加劲弦杆均采用箱形截面，斜杆采用箱形及H形截面，桥面系纵梁采用工字形截面。在怀化端设一个钢梁预拼场，钢梁从怀化端向重庆端逐孔拼装。第一孔采用中间加临时支墩悬臂拼装，第二孔、第三孔采用吊索塔架悬臂拼装，第四孔采用全悬臂拼装。

5.2 四座连续刚构桥

(1)井口嘉陵江双线特大桥

井口嘉陵江双线特大桥位于重庆市沙坪坝区井口镇，铁路横跨嘉陵江，与河道基本正交，桥高110m。桥渡区河段处于三峡水库变动回水区，河道微弯，河床及两岸较开阔，属丘陵河谷地貌，河道水深流急，主墩基础最大施工水深达31m。基岩为砂岩和泥岩夹砂岩。嘉陵江为通航河流，通航等级为Ⅲ级。考虑通航等因素，经通航论证研究确定主桥主跨为144m。

桥跨布置采用3×24m＋8×32m简支梁＋(84＋144＋84)m预应力混凝土连续刚构＋8×32m＋4×24m简支梁。

主桥连续刚构箱梁为纵向、横向与竖向三向预应力混凝土结构，采用全预应力、单箱单室变高度变截面箱形梁。箱梁顶板宽11m，箱宽7m，主跨梁中和边跨梁端设直线段，其间梁底按抛物线形变化，与主墩相接。

线路与嘉陵江河道基本正交，主墩高96m，为深水高桩承台钻孔桩基础，为减小阻水和挑流作用，百年水位以下墩身采用圆端形空心截面。考虑到与梁顺接，以及采用已有连续刚构墩梁连接段研究成果，墩顶6m段为矩形空心截面，其下为27m高渐变过渡段，用不连续的半径圆曲线，逐渐由矩形空心截面变为圆端形空心截面。

梁体采用对称悬臂灌注法施工，主墩两T构悬臂及两边跨的延伸段均为轻型挂篮悬臂施工。主桥设3个合龙段，合龙先主跨、后边跨。

(2)涪陵乌江大桥

涪陵乌江大桥位于重庆市涪陵区，为避开乌江左岸长达6km多的滑坡地带，线路在涪陵出站并穿过涪陵隧道后，从左岸跨越乌江至右岸，进入磨溪一号隧道，线路高程不受乌江百年水位及通航要求控制,而受地形及磨溪站位选择的控制。桥位处乌江两岸悬崖陡壁,桥高 90m,左岸有 319 国道从桥下穿过。基岩为白云岩和石灰岩。考虑到通航等级为Ⅳ级,经通航论证研究确定主桥主跨为 128m。

桥跨布置采用 4×32m 简支梁+(66+128+66)m 预应力混凝土连续刚构,主墩墩高 72 m,为圆端形空心墩。由于引桥上跨 319 国道的一座拱桥,在 1～3 号墩顶设置道砟槽调节段。

线路与乌江河道基本正交,桥墩形式和墩顶端高度均与井口嘉陵江双线特大桥相同。由于洪水位较高,过渡段高度为 16m。主墩 5 号墩为挖井嵌岩基础,6 号墩为钻孔桩基础,围堰施工。

主桥梁体同样为单箱单室变高度变截面箱形梁,箱梁顶板宽 8.1 m,箱宽 6.1 m,三向全预应力混凝土结构,对称悬臂灌注法施工。

(3)黄草乌江双线大桥

黄草乌江双线大桥位于重庆市武隆县黄草乡,受铁路两端地质情况和地形条件控制,在板桃隧道出口后,线路成 50°夹角斜跨乌江,桥高 75m。桥位处有 319 国道于怀化端下穿本桥。桥位处线路高程主要受公路及黄草车站控制。

桥渡区属中低山峡谷地貌,地形起伏大,河岸陡峻,基岩为石灰岩和页岩夹砂岩。乌江为通航河流,通航等级现为Ⅴ级,规划为Ⅳ级。由于河床乱石堆积,基岩石盘及突嘴等交错分布,水流顶冲时形成折射流并互相碰撞,水流紊乱,流速急,加之乌江水位暴涨暴落,铁路与河流交角较小,桥墩挑流作用明显。考虑通航等因素,经通航论证研究确定主桥主跨为 168m,并要求桥墩设计应考虑减小对水流的挑流作用,保证通航安全。

桥跨布置采用 1×32m 简支梁+(96+168+96)m 预应力混凝土连续刚构,主墩为圆形空心墩。由于线路与乌江河道斜交 50°,枯洪水位相差达 40m,为减小阻水和挑流作用,洪水位以下墩身段采用圆形空心截面。考虑到与梁顺接,以及采用已有连续刚构墩梁连接段研究成果,墩顶 6m 段采用矩形空心截面,其下为 12m 高过渡段,用不连续的变半径圆曲线,逐渐由矩形空心截面变为圆形空心截面。矩形空心截面渐变为圆形或圆端形空心截面段的高度根据墩顶至百年水位高度确定。

主桥梁体同样为单箱单室变高度变截面箱形梁,箱梁顶板宽 11m,箱宽 7.8m,三向全预应力混凝土结构,对称悬臂灌注法施工。

(4)下塘口乌江双线特大桥

下塘口乌江双线特大桥位于重庆市彭水县,线路行走于乌江左岸峡谷地段,经下塘口车站后跨越乌江,进入彭水隧道,桥高 65m。水流与桥梁基本正交,桥渡区下游河道向左弯曲,水流急,两侧岸坡较缓,有 319 国道在怀化端桥下穿过,基岩为页岩、灰岩和砂岩互层。考虑到通航等级为Ⅳ级,经通航论证研究确定主桥桥跨为 128m。

桥跨布置采用 3×24m 简支梁+(72+128+72)m 预应力混凝土连续刚构+6×32m 简支梁+2×24m 简支梁,主墩高 53m,为圆端形双壁式桥墩,为满足铁路桥列车制动的要求,双壁间加设了两道横联。

本桥主桥梁体同样为单箱单室变高度变截面箱形梁,箱梁顶板宽 11m,箱宽 6.3m,三向全预应力混凝土结构,对称悬臂灌注法施工。

四座连续刚构桥虽然梁体结构相同,施工方法相同,但由于涉及单线或双线,梁宽和梁高不等,主跨长度不同,墩形及墩高有异,各具特色。其中,黄草乌江双线大桥为目前我国最大跨度的预应力混凝土连续刚构铁路双线桥。下塘口乌江双线特大桥为目前我国最大跨度的双壁式桥墩预应力混凝土连续刚构铁路双线桥。

5.3 移动模架法 64m 预应力混凝土箱形简支梁桥——锦和锦江特大桥

锦和锦江特大桥位于湖南省麻阳县锦和镇,线路与锦江以 45°角斜交,桥渡重庆端与锦和车站相接,怀化端与锦和一号隧道相连,全桥位于锦和电站水库内。桥渡下游 150m 处为锦和电站拦水坝,坝顶为连接两岸的公路通道。桥渡受发电及排洪影响,水位不定期突变。基岩为泥质砂岩、夹砂质泥岩,桥高 22m。

桥跨布置采用 1×24m+(2×32m+7×64m)预应力混凝土箱形梁+1×32m+2×24m。为尽可能减少水中设墩及对电站引水渠的污染，主桥采用 7×64m 预应力混凝土箱形简支梁。主墩为深水承台钻孔桩基础，双壁钢围堰施工。

64m 预应力混凝土箱形简支梁分为 13 段，先预制后拼装。拼装顺序为：在重庆端设置制梁场预制梁段⟶将造桥机组拼拖拉至需要架设的墩跨间⟶将预制梁段吊运至造桥机腹内⟶顺序摆放、调整就位、穿钢绞线、拼装⟶浇注湿接缝段⟶张拉、压浆、封端，按此顺序作业。

5.4 连续梁桥——阿蓬江大桥

阿蓬江大桥位于重庆市黔江区阿蓬江上的渔滩电站上游，方家湾 1 号隧道出口和方家湾 2 号隧道进口段间的 U 形深谷上，桥高 85m。桥位处河床稳定，桥址下游 3.5km 处为渔滩电站大坝，大坝高约 20m。桥位处库区水位稳定，桥下无特殊通航要求。基岩为泥质灰岩、角砾岩。

桥跨布置采用 3×32m 简支梁＋(40＋64＋40)m 预应力混凝土连续梁＋2×32m＋1×24m 简支梁。两主墩均为钢筋混凝土圆形空心墩，墩高 65 m，均为深水承台钻孔桩基础，双壁钢围堰施工。

主桥梁体为单箱单室变高度变截面箱形梁。

6 结语

渝怀铁路是继南昆铁路和内昆铁路之后，我国在艰险山区修建的又一条近 700km 的长大铁路干线。其技术标准高于南昆线和内昆线。在复杂的地形、地貌、地质条件下，铁路墩梁选型恰当，基础种类繁多，桥位布跨合理，保持水土，保护环境，集高墩、大跨和深水基础为一体，聚钢桁梁、连续梁、连续刚构、造桥机造梁与桩柱墩、纵向悬臂刚架墩、横向双柱刚架墩、挖井基础、空心高墩为一线，体现了渝怀铁路桥梁设计的新特点。说明该线在山区铁路建设方面取得了新的进展。无论是桥梁跨度、结构形式，还是基础类型、施工方法都在技术上实现了新的突破。

参考文献

[1] 中华人民共和国行业标准. TB 10002.3—2005 铁路桥涵设计基本规范[S]. 北京：中国铁道出版社，2005.

[2] 中华人民共和国行业标准. TB 10002.5—2005 铁路桥涵地基和基础设计规范[S]. 北京：中国铁道出版社，2005.

[3] 铁道部第三勘测设计院. 桥渡水文[M]. 北京：中国铁道出版社. 1993.

复杂艰险山区铁路昆玉线陡坡地段墩台基础形式及防护措施的设计

陈长征

(中铁二院工程集团有限责任公司昆明公司)

摘 要 昆玉线线位顺普渡河断裂带行进,地形陡峻,地质条件复杂。大部分桥梁墩台位于纵横坡较陡的地段,周边植被都相对较好,目前国家对生态环境的保护及水土流失的防治更加重视,如何优化昆玉线上地形陡峻地段桥梁墩台基础及基坑开挖防护设计,尽量减少破坏植被、保护生态环境,已成为本次昆玉线桥梁设计的重点。本文针对昆玉线桥梁昆玉高速双线大桥、西河一水库双线特大桥、西河二水库双线特大桥等桥梁的墩台基础形式及基坑防护设计成果进行总结,为今后陡峻地段桥梁墩台基础及基坑开挖防护设计提供参考。

关键词 昆玉线;桥梁;墩台基础;防护;设计

Design of Pier & Abutment Foundation Form and Protection Measures in the Section of Abrupt Slope of Kunming-Yuxi Railway in Complex and Dangerous Mountain Area

Chen Changzheng

(Kunming Survey, Design and Research Institute of CREEC)

Abstract Kunming-Yuxi railway line goes along the fracture zone of Puduhe river, with steep landform and complex geologic conditions. Piers and abutments of most of the bridges are located in the section of steep vertical and horizontal slopes, with relatively good vegetations around. Since now China pays more attention to the protection of ecological environment and prevention of water loss and soil erosion, how to optimize the designs of pier and abutment foundation and foundation pit excavation and protection in the section with steep terrain, as well as trying to reduce vegetation deterioration and protect ecological environment becomes the key point of bridge design for Kunming-Yuxi railway. Design of pier and abutment foundation form and foundation pit protection is concluded in the light of Kunyu highway double line major bridge, Xiheyi reservoir double line super major bridge, Xihe'er reservoir double line super major bridge, to provide references for future bridge design in abrupt section.

Key words Kunming-Yuxi railway; bridge; pier and abutment foundation; protection; design

1 引言

改建铁路昆阳至玉溪铁路扩能改造工程(简称昆玉线)为时速200km/h客货共线铁路,线位大部分顺普渡河断裂带行进,地形比较陡峻,地质条件非常复杂,全线位于8度地震区。昆玉线线路总长约55km,

作者简介:陈长征(1979—),男,工程师。

铁路桥梁共20座，全长约16km，占全线总长的29%，大部分桥梁墩台位于纵横坡较陡的地段，周边植被都相对较好。

目前，国家对生态环境的保护及水土流失问题的更加重视，确保人与自然环境的和谐相处，如何优化昆玉线上地形陡峻地段桥梁墩台基础及基坑开挖防护设计，如何因地制宜采用更科学的设计理论及方法进行桥梁设计，尽量减少破坏植被、保护生态环境，已成为昆玉线铁路桥梁设计的重点。

2 方案比较及工程设计内容

针对昆玉线地形陡峻、地质复杂等特点，本次选取了几处具有代表性的工点进行叙述，代表性的工点为昆玉高速立交双线大桥、西河一水库双线特大桥，我们选取这两座桥梁的个别墩台基础形式及基坑防护设计成果进行概述。

2.1 昆玉高速双线大桥1号桥墩(图1)

图1 昆玉高速立交双线大桥桥位图

(1)设计概况

昆玉高速立交双线大桥桥址位于一“V”形峡谷地带，采用(48+80+48)m连续梁跨越昆玉高速公路，铁路与高速公路交角约37°，本桥全长255.69m。本桥桥址处地震动峰值加速度0.20g，地震动反应谱特征周期为0.45s。本桥1号、2号桥墩为连续梁主墩，两墩底边缘距离高速公路最小距离仅为7m。1号桥墩处横桥向地面较陡，与水平线交角约为30°。

(2)方案比较

方案一：常规设计方案。

为便于承台结构受力计算，采用常用的矩形承台(图2)。承台尺寸12.2m×15.5m×2.5m，桩基采用1.25m桩径，4×5行列式布置，采用人工挖孔桩对高速公路进行防护。基坑开挖采用地质提供的临时边坡线放坡开挖(图3)。

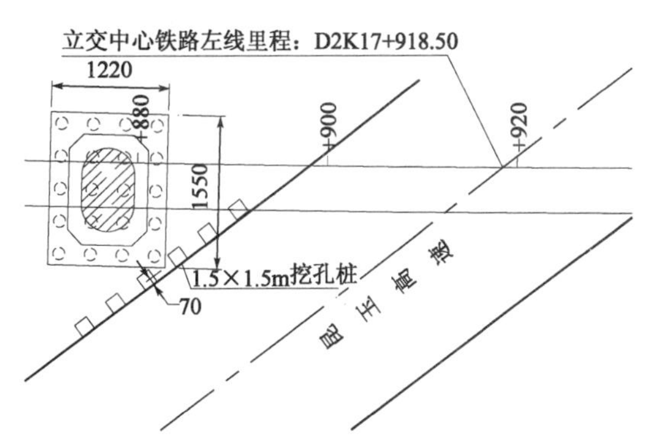

图2 矩形承台布置图

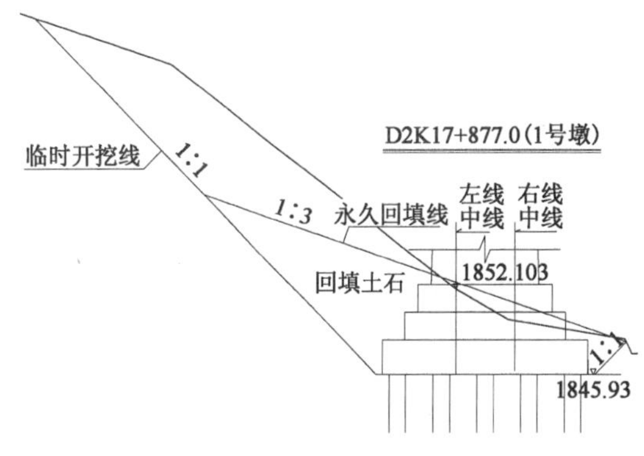

图3 基坑开挖图

由于1号墩承台距离高速公路边缘最近距离仅为0.7m，2号墩承台距离高速公路边缘最近距离为3.0m，施工过程中对高速公路的行车安全及自身施工安全将造成很大的影响。本方案采用20根1.25m的桩，通过计算，单桩承载力较大，桩基混凝土压应力超限。基坑开挖如采用地质提供的临时边坡坡率1∶1进行放坡开挖，经估算将有900m^2 的植被造成破坏，开挖高度接近30m，开挖量接近5000m^3。

方案二：异型承台方案

为避免承台距离高速公路边缘较近，优化承台形式，采用八边形承台(图4)，桩基采用1.25m桩径，共布置24根桩基。根据优化布置，1号墩承台距离高速公路路基边缘最小距离为2.6m，2号墩承台距离高速公路路基边缘最小距离为4.3m。由于1号墩基坑底距离公路路面高约1.5m，基坑开挖前采用两排钢轨桩对高速公路进行防护(图5)。

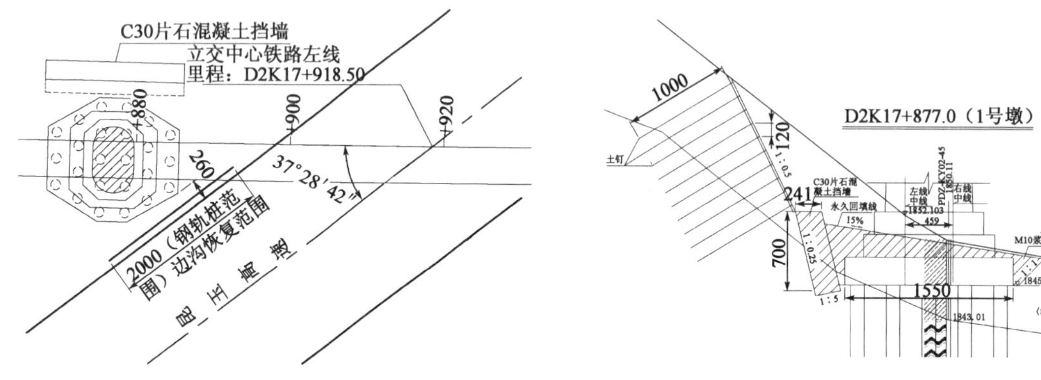

图4 异型承台布置图　　图5 昆玉高速立交双线大桥1号桥墩基坑开挖防护图

方案比较：

方案一按常规进行设计，受力单一、设计简单，但该基坑方案开挖范围相对较大，承台边缘距离既有高速公路较近，施工期间对高速公路影响较大。方案二采用了异型承台设计，受力较复杂，但该基坑方案开挖范围相对较小，承台边缘距离既有高速公路相对较远，施工期间对高速公路影响较小，基本满足高速公路产权单位的要求。

综上所述，从环保、安全及对既有高速公路的运营影响考虑，方案二较为合理、可行，施工图设计按方案二进行设计。

(3)工程设计

本桥1号墩基础施工前采用两排钢轨桩对既有高速公路进行防护，2号墩基础施工前采用四排钢轨桩对既有高速公路进行防护，钢轨桩间距为50cm，梅花型布置。1号桥墩由于横断面地形较陡，桥墩左侧植被较好，设计时充分考虑工程安全性及对环境的保护。本着科学、合理的设计原则，我专业会同路基专业会审研究边坡防护、基坑开挖方案，通过方案比较，最终选定土钉墙加挡墙的方案对边坡进行防护。

土钉采用梅花形布置，水平间距为1m，竖向间距为1.2m。桩顶及挡墙顶部土钉与水平面夹角为26.5°；桩间土钉与水平夹角为14°。钉材选用单根ϕ25HRB335级螺纹钢筋。钻孔孔径为ϕ91mm，孔内采用M30水泥砂浆灌注，注浆压力为0.2MPa。面板由喷射C20混凝土、M20水泥砂浆及ϕ8钢筋网组成，厚15cm，分三次喷射。

通过土压力计算，此方案既保证了基坑开挖的稳定性，又满足了施工安全要求，另外本方案避免了常规放坡开挖带来的一系列环保、水土流失等问题，最大限度地保护了植被，促进了人与环境的和谐。

2.2 西河一、西河二水库双线特大桥陡峭地段个别墩台基础及边坡防护设计

(1)设计概况

西河一水库双线特大桥桥位处属剥蚀低山河谷地貌，特大桥斜穿西河一水库库区，DK22＋820～DK23＋235段为西河河谷，地形平坦开阔，地面高程1756～1762m，相对高差约6m，自然横坡小于5°；DK22＋407.85～DK22＋820、DK23＋235～DK23＋334.15段为剥蚀低山地貌，地形起伏较大，地面高程1756～1821m，相对高差65m，地面坡度较陡，自然横坡多处达到30°以上(图6)。西河二水库双线特

大桥桥位处属滇池断陷盆地及滇中高原丘陵—中低山区地貌，地形起伏较大。地面高程1780～1860m，相对高差约80m，自然坡度较陡，地表植被较发育。由于两桥桥址处丛林茂密，自然生态环境较好，设计时充分考虑了环保问题，针对边坡较高、较陡的墩台采取了针对性的设计，会同路基专业对边坡防护进行了方案的研究与分析。

图6 西河一水库双线特大桥桥位

(2)方案比较

方案一：常规设计、刷坡方案。

西河一水库双线特大桥10号桥墩处横向自然边坡接近50°，采用地质专业提供临时开挖边坡坡率进行大面积开挖(图7、图8)，临时开挖土方量达5000多立方，植被破坏面积达1000多平方，将造成严重的水土流失、环境破坏。由于此处边坡陡峻、开挖高差较大，施工安全也存在很大的风险，并且对建成后的桥墩也将会存在很大的安全隐患。

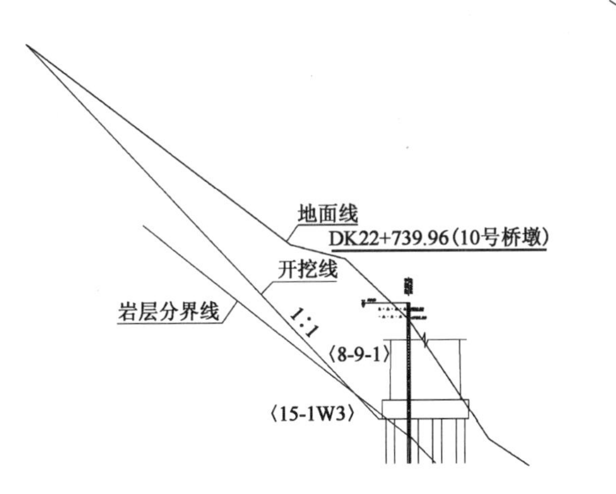

图7 西河一水库双线特大桥10号桥墩按临时边坡坡率开挖横断面图

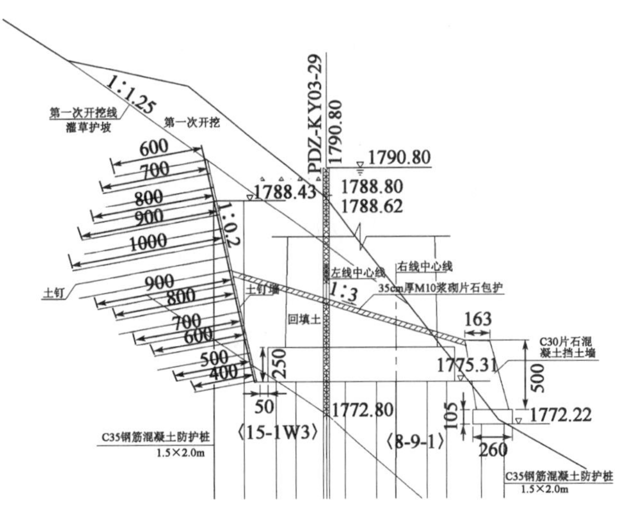

图8 西河一水库双线特大桥10号桥墩横断面设计图

方案二：增加工程措施、收坡方案。

增加防护工程，采用防护桩结合土钉墙的方式加大开挖边坡坡率，尽量减少对既有植被的破坏，具体方案如图9所示。

施工完毕后土钉墙上方因开挖破坏的自然坡面应灌草护坡，起到环保又防护的双重效果。

方案比较：

方案一基坑开挖按常规设计、刷坡方案，该方案临时开挖土方量达5000多立方，植被破坏面积达1000多平方，将造成严重的环境破坏，由于此处边坡陡峻、开挖高差较大，施工安全也存在很大的风险。

方案二采用了增加工程措施、进行了收坡处理方案，该方案虽然增加了基坑开挖防护工程，但减小了开挖面积，将环境及植被破坏减小到了最小，也降低了施工期间的安全风险。

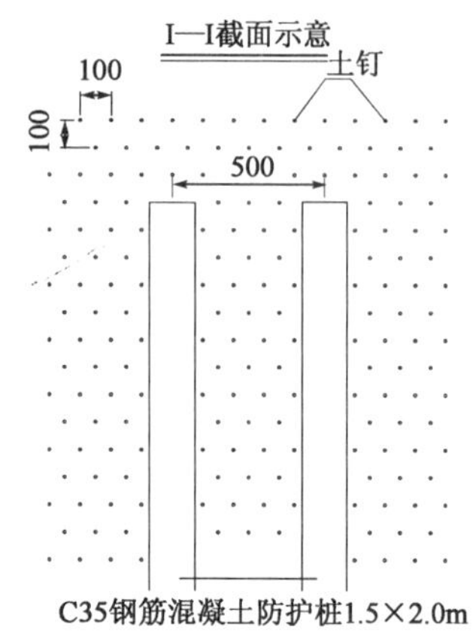

图9　西河一水库双线特大桥10号桥墩土钉布置立面图

综上所述，从环保、安全及对铁路今后的运营影响考虑，方案二较为合理、可行，施工图设计按方案二进行设计。

(3)工程设计

对结构形式及防护进行了模型受力分析及相关检算。承台左侧设置两根1.5m×2.0m C35钢筋混凝土防护桩，桩长24m，桩底锚入<15-1W3>强风化层，桩间距5m。两桩之间打入土钉，土钉采用梅花形布置，水平及竖向间距均为1m，土钉长度随边坡高度调整，为4～10m。承台右侧底部设置桩基托梁，桩底锚入<15-1W3>强风化层，托梁上方设置5m高C30片石混凝土挡土墙，以承担桥墩基础承受的横向土压力，保证桥墩基础的横向稳定。本桥墩顺桥向小里程侧为避免大量开挖造成边坡失稳及环境破坏，也同样采用桩间加土钉墙的结构形式进行防护处理。

3　结语

昆玉线桥梁专业在桥梁墩台基坑开挖设计中，冲破了传统设计的束缚，根据现场实际情况，因地制宜采用更科学、合理的设计理论及方法进行设计，尽量减少破坏植被、进一步保护了生态环境，很好地完成了设计工作，也获得了相关参建单位的一致好评。

(1)针对复杂地形条件、陡坡地段的墩台基础防护应当具体情况采取更有针对性的设计方案，应与路基专业共同研究、会审方案，提出多个方案进行比较、分析，最终选择更加安全、经济、环保的方案。

(2)对于立交角度较小，墩台基础距离既有公路或铁路较近的应选择合理的基础形式，尽量避免或减小基础开挖给既有公路或铁路造成的影响，选择更合理的防护方案，保证既有公路或铁路的运营安全。

(3)结合现场实际情况，地形陡峻处桥梁墩台应多角度实测断面，找出最不利位置进行控制，研究最合理、可行的方案。

(4)地形陡峻处桥梁墩台基坑防护设计应冲破传统矩形承台、大面积放坡的设计，结合地形情况考虑异型承台、挖井基础、防护收坡等特殊设计。

(5)建议桥梁专业设计人员内部多沟通、交流，互相学习设计上的经验，分享设计成果，为整体提高桥梁设计水平作出最大的努力。

作为工程设计人员，设计时应不但要遵行经济、合理、可行的原则，更要注重环保的原则，冲破传统设计理念，开拓创新设计方案，根据具体工点因地制宜选择更加优越的方案。

参考文献

[1] 中华人民共和国行业标准. TB 10002.1—2005　铁路桥涵设计基本规范[S]. 北京：中国铁道出版社，2005.

[2] 中华人民共和国行业标准. TB 10002.3—2005　铁路桥涵钢筋混凝土和预应力混凝土结构设计规范[S]. 北京：中国铁道出版社，2005.

[3] 中华人民共和国行业标准. TB 10002.5—2005　铁路桥涵地基和基础设计规范[S]. 北京：中国铁道出版社，2005.

[4] 中华人民共和国行业标准. TB 100025—2006　铁路路基支挡结构设计规范[S]. 北京：中国铁道出版社，2006.

[5] 建技[2003]7号. 铁路路基边坡绿色防护技术暂行规定[S].

[6] 中华人民共和国行业标准. HJ/T 2.3—1993　环境影响评价技术导则—地通水环境[S]. 北京：中国环境科学出版社，1993.

隧 道 工 程

高速铁路隧道空气动力学效应研究

郑长青　陈赤坤　赵万强

（中铁二院工程集团有限责任公司土建二院）

摘　要　遂渝铁路是我国第一条时速200km山区快速铁路，美兰机场隧道是我国首座设置地下车站的高速铁路隧道，存在洞口微压波、站内压力波动、列车风及活塞风等气动效应问题。结合遂渝铁路隧道和美兰机场隧道工程建设，开展高速铁路隧道空气动力学效应研究，提出了山区高速铁路和车站隧道气动效应控制标准、影响因素、设计重点及采取的缓解措施，取得了很好的效果，可供今后类似工程借鉴。

关键词　高速铁路；车站隧道；气动效应；瞬变压力；微气压波

Aerodynamic Research of High-speed Railway Tunnel

Zheng Changqing　Chen Chikun　Zhao Wanqiang

(Second Civil Construction Design and Research Institute of CREEC)

Abstract　Sui′ning-Chongqing railway is the first 200km/h fast line built in mountainous areas, while the tunnel of Meilan airport is the first high-speed railway tunnel where an underground station is built. Aaerodynamic effects such as portal micro-pressure wave, station pressure fluctuation, train wind and piston wind can be found at the station. Tacking the constructions of Sui′ning-Chongqing railway and the tunnel of Meilan airport as a case history, the authors conducts research of aerodynamic effects on high-speed tunnel and presents viewpoints on control standard, influential factors, key points in design and measures to relieve aerodynamic effects on high-speed railway and station tunnel in mountainous areas. The research has yield desired result and is expected to provide reference for other similar projects.

Key words　high-speed railway; tunnel with underground station; aerodynamic effect; transient pressure; micro-pressure wave

国内外运营表明，随着列车运行速度的提高，将会加剧列车通过隧道时诱发的气动效应，如压力波动、洞口微压波、列车风及活塞风、气动噪声等，对车辆、隧道结构、旅客及周围环境带来不利影响。

随着我国山区高速铁路和城际铁路快速发展，山区隧道和地下车站隧道越来越多。山区高速铁路隧道密集、地形地质条件复杂，如何经济有效地缓解微压波对洞口的影响是设计的重点。地下车站隧道受车站形式、列车运行模式、站内旅客集散方式等因素控制，其产生的气动效应更加复杂，且旅客在地下车站内较在地面更加敏感，站内压力变化、列车风及活塞风、屏蔽门设置等气动效应更加突出。

中铁二院结合山区高速铁路遂渝铁路和海南东环线美兰机场地下车站隧道工程实际，开展高速铁路隧道气动效应研究，本文重点介绍气动效应相关设计及研究内容。

作者简介：郑长青（1980—　），男，工程师。

1 高速铁路隧道气动效应

当列车驶入隧道时,因空气压缩及空间限制会产生压缩波,以近似音速的速度向前传播,传播到出口后,一部分以膨胀波形式反射回来,另一部分以微气压波形式传出隧道出口。当列车尾端进入隧道后,又会产生膨胀波,该波沿隧道以声速向出口方向传播。传播到出口端后,大部分以压缩波形式反射回来。波在隧道两端和列车两端处多次反射、传递、叠加,隧道内空气压力随时间变化波动。

车站隧道设置地下车站后,空间变化大,在断面突变处同样也会引起波的反射和传递,压力波动更加剧烈。为此,结合车站隧道特殊的结构形式及功能要求,需要考虑其特有的气动效应,主要体现在以下几个方面:

(1)车站隧道的活塞风和列车风问题

在列车通过车站隧道时,会在列车周围形成很高的列车风,隧道内形成较大的活塞风,从而会对站台区候车人员产生安全威胁和不适。

(2)站内压力波动问题

车站处于相对封闭的候车空间,人员众多、环境复杂,列车在进入隧道时,形成的压缩波与膨胀波能引起站内压力急剧波动。特别是列车在站内会车,不仅会在车站内造成压力升高,恶化站内的候车环境,也会形成很高的压力波动和气流紊乱,对站内的设备和人员产生安全威胁和不适。

(3)站内微压波问题

微压波是在压缩波遇到突然扩大空间时所形成的能量辐射,而车站相对隧道是一个相对扩大的空间,根据洞口微压波产生机理有可能在车站范围内产生微压波,若存在微压波,则可能对车站候车环境及相关设施造成影响。

(4)屏蔽门的设置问题

站内压力波动、列车风及活塞风风速若超过限定标准,或为提高候车旅客安全性、舒适性,考虑设置屏蔽门系统及其开启方式,设置后列车的运行及站内会车会对屏蔽门产生长期的疲劳压力,其压力参数需要确定。

(5)站内气动效应相关标准问题

因国内外未提出高速铁路地下车站压力波动、微压波、风速等相关规定,现有的列车内旅客舒适度、隧道洞口微压波、地铁车站风速、公路隧道内风速等标准是否适用于高速铁路地下车站。

2 气动效应控制标准

2.1 压力舒适度标准

(1)压力舒适度的选定受多种因素的影响,如人体对压力变化的感觉、列车密封性、线路特征等。各国高速铁路规范根据自身的特点,制定了不同车内旅客压力舒适度标准,主要采用压力变化最大值 P、压力梯度$\left(p_t'=\dfrac{dP}{dt}\right)$、瞬变压力($\Delta p/\Delta t$)三个指标。

(2)各国压力舒适度标准(表 1)在数值上差异较大,如美国地铁瞬变压力指标为 0.7kPa/1.7s,英国时速 200km 城际铁路双线隧道瞬变压力指标为 4kPa/4s。

(3)对于铁路隧道,《铁路隧道设计施工有关标准补充规定》(铁建设〈2007〉88 号)要求如下:

①当线路中隧道所占比例小于 10%,且每小时通过隧道小于 4 座时,单线隧道允许的最大瞬变压力宜为 2kPa/3s,双线隧道宜为 3kPa/3s;

②当线路中隧道所占比例大于 25%或每小时通过隧道大于 4 座时,单线隧道允许的最大瞬变压力宜为 0.8kPa/3s,双线隧道宜为 1.25kPa/3s。

(4)对于车站隧道,鉴于车站隧道人员的候车环境与车厢内人员所处的环境相似,可以参考车厢内人员的压力舒适度标准。根据(铁建设〈2007〉88 号) 要求,并考虑高速铁路行车密度,拟定压力舒适度标准为 1.25kPa/3s。

部分国家采用的车内压力舒适度标准　　表1

国家	铁路类型	单双线	阈值				车速(km/h)	车辆	注
			P(kPa)	p_t'(kPa/s)	[p](kPa/ns)				
			—	—	kPa	n			
英国	城际铁路	双线	—	—	3.0	3	160	不密封	1986前
					4.0	4	200		1986
	海峡道联络线	单线	—	—	2.5	4	225～300	不密封	—
		双线	—	—	3.0	4			
美国	地铁	—	—	0.41	0.7	1.7	80～100	不密封	—
日本	新干线	双线	1	0.2	—	—	210、240、270	密封	普通
				0.3～0.4					放宽
意大利	FS	—	1.5	0.5	—	—	高速	密封	—
韩国	—	单线	—	—	0.8	3	高速	—	—
		双线			1.25	3			
瑞士	Rail2000	—	—	—	1.5	4	—	—	—
ERRI C218/RPI	—	—	—	—	1.0	1	—	—	—
			—	—	1.6	4	—	—	—
			—	—	2.0	10	—	—	—

表中：P为压力变化最大值；p_t'为压力梯度，$p_t'=\frac{dP}{dt}$；[p]为瞬变压力，即$\Delta p/\Delta t$。

2.2 微压波标准

国内外研究表明，当隧道断面扩大时会产生压缩波的能量释放，形成微压波，且断面突变越快微压波峰值越大。

(1)日本、德国提出的微压波标准要求为：在居民区距离隧道洞口小于50m时，居民区处微压波峰值不应大于20Pa；在居民区距离隧道洞口大于50m时，距离隧道洞门50m处微压波峰值不应大于20Pa。

(2)对于铁路隧道，《高速铁路设计规范(试行)》(TB 10621—2009)给出隧道洞口的微压波控制标准见表2。

《高速铁路设计规范(试行)》(TB 10621—2009)隧道洞口微压波控制标准　　表2

建筑物至洞口距离	建筑物有无特殊环境要求	基准点	微气压波峰值
<50m	有	建筑物	有按要求
	无		≤20Pa
≥50m	有	距洞口20m处	<50Pa

(3)对于车站隧道，鉴于微压波对洞外环境的影响与车站隧道内类似，可参考洞口微压波标准，拟定的微压波标准为20Pa。

2.3 风速标准

(1)《公路隧道设计规范》(JTG D70—2004)规定：人车混合通行的隧道设计风速不应大于7m/s；《地铁设计规范》(GB 50157—2003)规定：站厅和站台厅的瞬时风速不宜大于5m/s；台湾高速铁路桃园站是世界上首个高速列车驶过站体及其邻接隧道的车站隧道，其风速标准为：在运营状态下，其月台区气流流速控制在5m/s以内。

(2)对于铁路隧道，《铁路隧道设计规范》(TB 10003—2005)和《铁路隧道运营通风设计规范》(TB 10068—2000)规定：通风机供给隧道内风速不应大于8m/s。

(3)对于车站隧道，参考国内地铁车站设计规范及台湾地区高速铁路车站隧道风速标准，拟确定站台区内风速不超过 5m/s。

3 山区高速铁路隧道气动效应及缓解措施

山区高速铁路隧道密集，地形条件较为复杂，通过环境保护区情况较为普遍，隧道气动效应设计重点是保证车内旅客舒适度以及减小洞口微压波对环境的影响。车内旅客舒适度除与隧道净空面积有关外，与车辆密封性能关系最为密切。因此隧道设计主要缓解洞口微压波。

3.1 影响洞口微压波因素

主要为列车进入隧道的速度、隧道的阻塞比（即列车横断面积和隧道横断面积之比）、隧道长度、隧道内部条件（如轨道结构、道床和衬砌表面类型、有无减缓措施等）和隧道出口地形等。同时列车头部形状、长细比对隧道出口微压波也有较明显的影响。其中，列车进入隧道的速度、隧道的阻塞比是最为重要的两个影响因素。

3.2 缓解洞口微压波的措施

由于微压波峰值和压缩波到达隧道出口时的压力梯度大致成正比，故当前所采用的微压波减缓措施的基本原理主要是减小压缩波的压力梯度，减缓措施主要包括隧道方面的措施和列车方面的措施（如表 3 所示）。隧道方面最基本的微压波减缓措施是在隧道出口增设适当形式的缓冲结构和扩大隧道断面积。对于长隧道，在隧道底部铺设碎石等多孔材料也可以起到很好的微压波消减作用，或利用竖井、斜井或横洞来达到减缓微压波，但会加剧车内的压力波动，可能导致列车上乘客不舒适。

隧道洞口微压波减缓措施比较　　表 3

减缓微压波措施	技术性	经济性	可行性
车辆方面的措施	很难	投资高	可行
列车限速	容易	不经济	不可行
扩大隧道断面	容易	投资高	不可行
在隧道内设置辅助设施	很难	投资高	部分可行
隧道入口增设缓冲设施	容易	投资小	可行

3.3 缓冲结构设计

洞口缓冲结构的形式应根据隧道形式、微压波超标情况，并考虑洞口地形、地质及周边环境条件等因素综合确定。常用的缓冲结构形式有：斜切洞门、等截面开口型、扩大断面不开口型、扩大断面开口型、平导型及组合型缓冲结构。

洞口地形条件较好且微压波超标不严重时，优先采用帽檐斜切洞门作为缓冲结构，并尽量采用较缓的斜切面。

洞口较为平缓适宜接长明洞时，可采用扩大断面不开口型、扩大断面开口型、等截面开口型及斜切洞门与等截面开口组合型等明洞型缓冲结构。对于无开口缓冲结构，缓冲结构长度一般取为一倍隧道断面的等效直径长（略大于），其横截面积宜为隧道断面积的 1.55 倍左右。对开口型缓冲结构，不仅要选取合适的长度，还需确定合适的开口面积和个数，开口设在缓冲结构的侧面或顶部，有条件尽量采用多开口的缓冲结构。

洞口陡峭或桥隧相连地段，无设置明洞型缓冲结构条件，可利用施工平导或增设平导作为缓冲结构，需要确定平导及横通道净空尺寸、横通道间距、个数等。单线双洞隧道，尽量采用洞口段增设横通道作为缓冲结构。

此外，山区高速铁路隧道地形复杂，可结合棚洞等特殊洞门，结合空气动力学开孔作为缓冲结构。

3.4 遂渝铁路洞口缓冲结构设计及应用

遂渝铁路，设计速度 200km/h，客货混运（满足双层集装箱通行条件），是我国修建的第一条时速

200km 的山区快速铁路。隧道断面积为 48.6m²，线路所经过的区域山岭纵横，隧道工程集中，运营期间拟采用"中华之星"号机车作为牵引机车，阻塞比为 0.23。当列车以高速通过隧道时，距离洞口 20m 处微压波峰值数值计算结果为 63.1Pa，模型试验结果为 76Pa，已经超出了洞口微压波限制标准。因此必须采取措施减缓列车进出隧道产生的空气动力效应。

通过综合比较，并结合遂渝线工程实施具体情况，在洞口设置缓冲结构是当时最佳措施。在部分洞口地形、地质条件较好的单线隧道如刘家沟、手板岩隧道、苏家湾隧道、锣盘石隧道、茶盘沟隧道、松林堡隧道等，设置洞口开口式缓冲结构，其他单线隧道洞口预留设置缓冲结构条件。开口式缓冲结构式采用两侧对称开两口拱形开口缓冲结构，其中手板岩隧道洞口缓冲结构如图 1 所示。

图 1　遂渝铁路隧道洞口缓冲结构实例

4　美兰机场车站隧道气动效应及缓解措施

从上面的分析可知，除洞口微压波外，车站隧道气动效应设计重点是要保证站内候车乘客安全、舒适。除 3.1 所述影响洞口微压波因素外，车站隧道气动效应还受站台形式（岛式或侧式）、站线布置形式、列车的运营组织模式、是否设置屏蔽门系统及其开启方式影响。

4.1　工程概况

海南东环铁路美兰机场隧道为列车时速 250km 的高速铁路隧道，是国内首次在高速铁路隧道中设置地下车站的工程（图 2）。隧道全长 4600m（含车站），铺设无砟道床，其中海口端隧道长 1430m，渐变段长 287m，地下车站为 230m，三亚端渐变段长 287m，隧道长 2366m。全隧采用明挖法施工，除车站两端采用渐变大跨明挖衬砌外，其余均采用一般明挖衬砌，轨面以上净空面积为 92m²。

美兰机场车站为 4 股道有配线站，采用双岛式站台，平面结构为菱形。

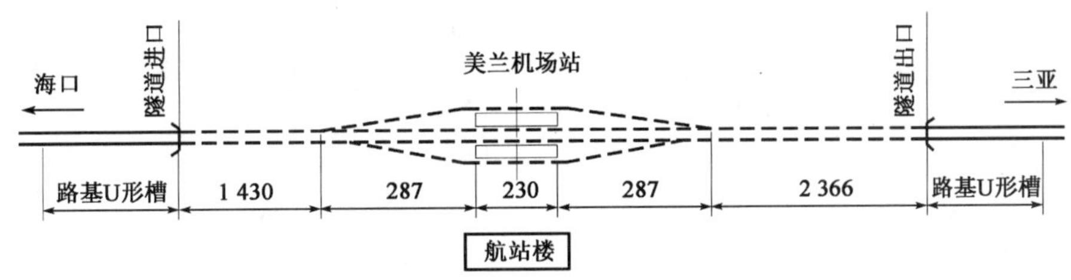

图 2　美兰机场车站隧道平面示意图（单位：m）

4.2　车站隧道气动效应分析

未设缓解措施时，站内会车工况时，车站隧道内存在较为严重的气动效应，站台最大风速达到 15m/s，大大高于 5m/s 的标准，站台区旅客安全难以得到保障；瞬变压力为 2.6kPa/3s，大于 1.25kPa/3s 的标准，候车区旅客舒适性较差。因此车站隧道设计应考虑采取缓解气动效应的措施，用以控制风速和瞬变压力，保障站内乘客的安全及舒适度要求。

隧道洞身设置减压井能够缓解车站隧道内的气动效应，美兰机场隧道为浅埋明挖隧道，具备设置减压井的条件。设置减压井后，缓解了车站内气动效应，车站内的瞬变压力降为 2.1kPa/3s，站台最大风速降为 11m/s，仍高于设定的旅客舒适度及风速标准。因此，为保障候车人员的安全，应考虑设置屏蔽门系统，将候车区隔离开来。

设置屏蔽门后，车站段净空断面较正线隧道小，直通列车通过车站站台时相当于再次进入隧道，尤其是两车在车站内交会时，其压力波动及风速较未设置屏蔽门大得多。设置屏蔽门后，最不利工况下的屏蔽门压力为 3.8～4.3kPa，可以作为屏蔽门强度检验的依据之一。两车交会时站台附近压力波动高达 7.2kPa/3s，大大超过 1.25kPa/3s 的标准。因此，站内会车时屏蔽门需关闭，保证候车区旅客舒适度。

美兰机场隧道进出口位于机场范围，建筑较多，且对噪声和振动较为敏感。通过设置洞口缓冲井能大大降低洞口微压波，并缓解车站内气动效应。研究表明采用五孔全开的开口型缓冲设施缓解车站气动效应效果较为理想，可以降低站内（包括正线和到发线）压力峰值和瞬变压力达10%左右，风速也有所降低。

4.3 美兰机场地下车站隧道气动效应综合缓解措施

通过对车站隧道气动效应的研究，美兰机场车站隧道设置了缓解车站隧道气动效应的综合缓解设施，包括以下工程（图3）。

(1)隧道进出口段顶部设置矩形开口的缓冲井，缓冲井参数如图4所示；

(2)在隧道洞身段顶部设置5个矩形开口的减压竖井(3.5m×1.75m)，开口率为6.7%；

(3)车站与隧道之间采用喇叭口渐变过渡段；

(4)车站隧道内部设置屏蔽门系统，如图5所示。

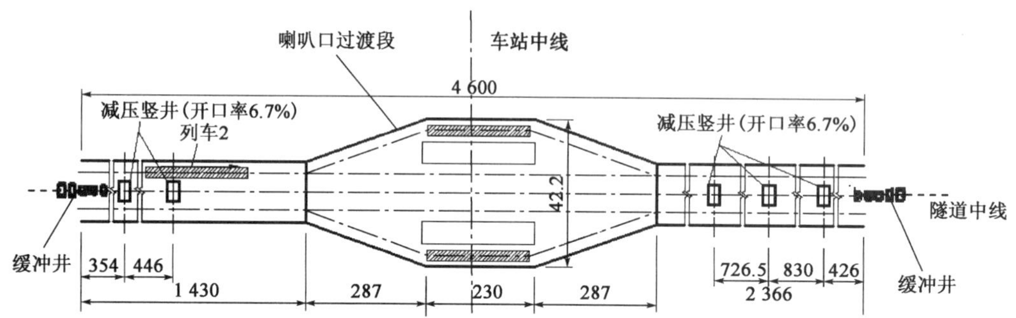

图3 美兰机场隧道气动效应综合缓解措施示意图(单位:m)

图4 隧道洞口缓冲结构

图5 美兰机场站全封闭式屏蔽门系统

通过设置综合缓解设施，缓解了高速列车突入地下车站隧道时引起的气动效应，保证了地下车站内候车人员的安全，大大提高了地下车站内的候车环境和旅客舒适度。

5 结语

本文结合我国第一条时速200公里山区快速铁路遂渝铁路及国内首个高速铁路车站隧道海南东环铁路美兰机场隧道工程实际，对高速铁路气动效应影响进行分析，提出了山区高速铁路和车站隧道气动效应控制标准、影响因素、设计重点及采取的缓解措施。

遂渝铁路洞口缓冲结构通过铁道部组织的“遂渝线200km/h提速综合试验”证实，缓冲结构可靠、安全，达到了缓解洞口微压波环境影响、保证环境的可持续发展、提高旅客舒适度的目的，有利于遂渝铁路交通的发展。

海南东环铁路美兰机场隧道气动效应综合缓解措施，经过了联调联试以及一年多的运营检验，保障了旅客舒适、安全,效果显著,深受运营管理单位好评,并对类似工程项目具有示范性的参考价值。

参考文献

[1] 陈赤坤,高扬,喻渝,等.高速列车车站隧道空气动力学效应及工程对策研究报告[R].成都:中铁二院工程集团有限责任公司,2010.

[2] 赵万强,喻渝,郑长青,等.遂渝铁路时速200公里隧道洞口微压波及缓冲设施研究总报告[R].成都:铁道第二勘察设计院,2005.

[3] 王建宇,万晓燕,吴剑.高速铁路隧道内瞬变气压和乘车舒适度准则[J].现代隧道技术,45(2),2008,4.

地下水与隧道衬砌结构体系作用机理研究及应用

陶伟明

(中铁二院工程集团有限责任公司技术中心)

摘　要　可持续发展战略对环境保护提出了严格要求,如何解决隧道建设和环境保护的矛盾,控制隧道建设对环境的影响,给广大建设者提出了一个重大课题。本文推导了多介质渗流场理论解析计算公式,对地下水渗流特征进行了分析,针对高水位山岭隧道的特点,提出了"以堵为主,限量排放"防排水原则及衬砌结构体系,并介绍了在隧道工程中的具体应用。

关键词　隧道;防排水原则;以堵为主,限量排放;衬砌结构体系;理论;应用

Research and Application of Functional Mechanism of Underground Water and Tunnel Lining Structure

Tao Weiming

(Technology Center of CREEC)

Abstract　The sustainable development strategy gives rise to severe requirement of environmental protection, it has become a key consensus for large amount of tunnel builders to solve the contradictions between construction and environmental control. Analytical solution of seepage field theory on porous media is conducted to analyze the seepage properties of ground water. According to the features of mountain tunnel with high groundwater level, the theoretical basis of waterproof and drainage principle of "taking water-stopping precedence over restricted drainage " and tunnel lining structural system has been presented and practiced in actual engineering.

Key words　tunnel; waterproof and drainage principle; taking water-stopping precedence over restricted drainage; tunnel lining system; theory; application

1　引言

长期以来,为了避免或减弱地下水对隧道结构的作用,保证隧道主体结构安全,我国山岭隧道大多按照"以排为主"(实际上为"全排")的原则建造,而忽视了隧道建设对环境产生的负面影响。由于大量排水,造成部分隧道地表井泉干枯、工农业生产生活用水缺失、地表沉降、岩溶塌陷、水土流失、土壤沙化等系列环境问题[1],例如京广线大瑶山隧道、南岭隧道,京通线桃山隧道、襄渝线中梁山隧道等。21世纪,生态环境保护是实现可持续发展的主旋律,基本建设与环境保护的协调发展是广大建设者的责任,如何正确地处理隧道建设与环境保护的关系是广大工程技术人员需要认真思考和不断探索的重大课题。

众所周知,山岭隧道埋深和地下水位高度有别于地铁、过街地道、人防工程等市政地下工程。对于市政地下工程,由于埋深较小、水位不高,有条件通过衬砌结构加强对地下水采用"全堵"方案,来避免地下水流失对城市环境产生负面影响;而山岭隧道地下水位一般都较高,如果采用"全堵"方案,衬砌结构将承受较大的水压力,甚至难以实施。本文针对高水位山岭隧道的特点,推导了多介质地下水渗流场理

作者简介:陶伟明(1968—　),男,教授级高级工程师,中铁二院工程集团有限责任公司专业工程师。

论解析计算公式，提出了“以堵为主，限量排放”防排水原则及衬砌结构体系，介绍了在工程中的具体应用。

2 地下水渗流场的理论解析

2.1 基本假定

为使研究的问题得以简化，提出以下几点基本假设[2-4]：

(1)岩体节理裂隙间距远小于隧道直径，岩体与混凝土衬砌为均匀多孔介质，各方向渗透系数相同；

(2)地下水渗流服从达西定律，渗流速度与水力坡度成正比，即 $v=KJ$；

(3)地下水水位高度远大于隧道半径，渗流断面近似为圆形的变截面；

(4)流体不可压缩；

(5)地下水为稳定渗流，即地下水水位、流量、速度不随时间变化。

2.2 同种介质地下水渗流场理论解析

对于同一介质，假设半径 r 处水力坡度为 J_r，且 J_r 是随渗径 r 变化的函数，在半径 $r+\mathrm{d}r$ 处水力坡度为 $J_r+\frac{\partial J_r}{\partial r}\mathrm{d}r$，如图 1 所示。

根据等势面流量相等，则有：

$$2\pi rKJ_r = 2\pi(r+\mathrm{d}r)K\left(J_r+\frac{\partial J_r}{\partial r}\mathrm{d}r\right)$$

$$J_r \cdot \mathrm{d}r + r \cdot dJ_r + \mathrm{d}J_r \cdot \mathrm{d}r = 0$$

$$J_r + r\frac{\mathrm{d}J_r}{\mathrm{d}r} + \mathrm{d}J_r = 0$$

略去较小项 $\mathrm{d}J_r$，经整理得微分方程

$$\frac{\mathrm{d}J_r}{J_r} = -\frac{\mathrm{d}r}{r}$$

解微分方程得：$\ln J_r = -\ln r + C_1$

$$J_r = e^{-\ln r + C_1} = e^{-\ln r} \cdot e^{C_1} = \frac{1}{e^{\ln r}} \cdot e^{C_1} = \frac{1}{r} \cdot e^{C_1} \tag{1}$$

假设半径 r 处水力势为 P_r，半径 $r+\mathrm{d}r$ 水力势为 $P_r+\mathrm{d}P_r$，有 $J_r=\frac{\mathrm{d}P_r}{\mathrm{d}r}$

则：

$$\frac{\mathrm{d}P_r}{\mathrm{d}r} = \frac{1}{r} \cdot e^{C_1}$$

$$\mathrm{d}P_r = \frac{\mathrm{d}r}{r} \cdot e^{C_1}$$

$$P_r = \ln r \cdot e^{C_1} + C_2 \tag{2}$$

式中：r——计算点处的半径；

K——介质的渗透系数；

P_r——半径 r 处的水力势；

J_r——半径 r 处的水力坡度。

2.3 多种介质地下水渗流场理论解析

多种介质地下水渗流模型如图 2 所示。

由水力势边界条件及相邻介质等势面水力势相等，有：

$$\ln r_1 \cdot e^{C_{11}} + C_{12} = P_1 \tag{3}$$

$$\ln r_2 \cdot e^{C_{11}} + C_{12} = \ln r_2 \cdot e^{C_{21}} + C_{22} \tag{4}$$

$$\ln r_3 \cdot e^{C_{21}} + C_{22} = \ln r_3 \cdot e^{C_{31}} + C_{32} \tag{5}$$

$$\ln r_4 \cdot e^{C_{31}} + C_{32} = P_4 \tag{6}$$

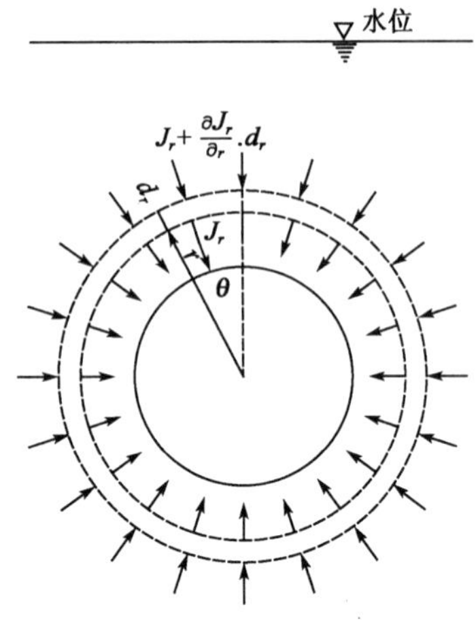

图1 地下水渗流水力坡度示意图

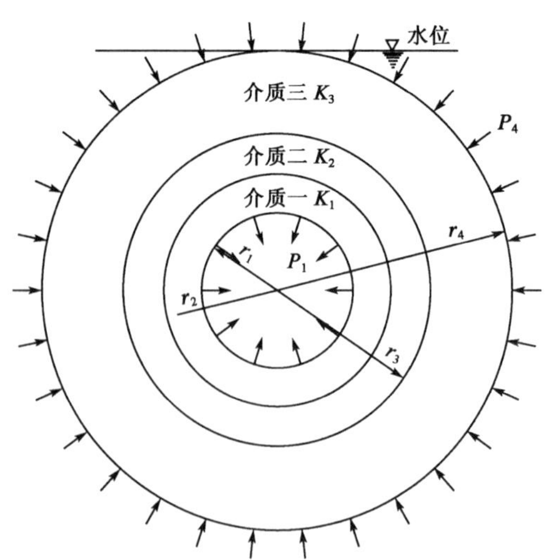

图2 多种介质地下水渗流模型

根据等势面的流量相等，有：

$$K_1 e^{C_{11}} = K_2 e^{C_{21}} = K_3 e^{C_{31}} = \frac{Q}{2\pi} \tag{7}$$

将式(7)分别代入式(3)～式(6)，得

$$\ln r_1 \cdot \frac{Q}{2\pi K_1} + C_{12} = P_1 \tag{8}$$

$$\ln r_2 \cdot \frac{Q}{2\pi K_1} + C_{12} = \ln r_2 \cdot \frac{Q}{2\pi K_2} + C_{22} \tag{9}$$

$$\ln r_3 \cdot \frac{Q}{2\pi K_2} + C_{22} = \ln r_3 \cdot \frac{Q}{2\pi K_3} + C_{32} \tag{10}$$

$$\ln r_4 \cdot \frac{Q}{2\pi K_3} + C_{32} = P_4 \tag{11}$$

由式(8)得，$C_{12} = P_1 - \ln r_1 \cdot \frac{Q}{2\pi K_1}$

由式(8)～式(9)得：

$$\ln r_1 \cdot \frac{Q}{2\pi K_1} - \ln r_2 \cdot \frac{Q}{2\pi K_1} = P_1 - \ln r_2 \cdot \frac{Q}{2\pi K_2} - C_{22}$$

$$C_{22} = P_1 - \ln r_2 \cdot \frac{Q}{2\pi K_2} - \ln r_1 \cdot \frac{Q}{2\pi K_1} + \ln r_2 \cdot \frac{Q}{2\pi K_1}$$

由式(11)得，$C_{32} = P_4 - \ln r_4 \cdot \frac{Q}{2\pi K_3}$，将其代入式(10)有：

$$C_{22} = \ln r_3 \cdot \frac{Q}{2\pi K_3} + P_4 - \ln r_4 \cdot \frac{Q}{2\pi K_3} - \ln r_3 \cdot \frac{Q}{2\pi K_2}$$

则

$$P_1 - \ln r_2 \cdot \frac{Q}{2\pi K_2} - \ln r_1 \cdot \frac{Q}{2\pi K_1} + \ln r_2 \cdot \frac{Q}{2\pi K_1} = \ln r_3 \cdot \frac{Q}{2\pi K_3} - \ln r_4 \cdot \frac{Q}{2\pi K_3} - \ln r_3 \cdot \frac{Q}{2\pi K_2} + P_4$$

$$\left(\frac{\ln r_2}{K_1} - \frac{\ln r_2}{K_2} - \frac{\ln r_1}{K_1} - \frac{\ln r_3}{K_3} + \frac{\ln r_4}{K_3} + \frac{\ln r_3}{K_2}\right) \cdot \frac{Q}{2\pi} = P_4 - P_1$$

$$Q = \frac{2\pi(P_4 - P_1)}{\frac{\ln r_2 - \ln r_1}{K_1} + \frac{\ln r_3 - \ln r_2}{K_2} + \frac{\ln r_4 - \ln r_3}{K_3}}$$

由式(7)有 $$e^{C_{i1}} = \frac{Q}{2\pi K_i}$$

由式(2)有
$$J_{ir}=\frac{1}{r}e^{C_{i1}}=\frac{Q}{2\pi K_i r}\qquad (r_{i+1}\leqslant r\leqslant r_i)\tag{12}$$

则各种介质范围水力势分别为：

$$\begin{aligned}P_{1r}&=\ln r\cdot e^{C_{11}}+C_{12}=\frac{\ln r}{K_1}\cdot\frac{Q}{2\pi}+P_1-\frac{\ln r_1}{K_1}\cdot\frac{Q}{2\pi}=\frac{\ln r-\ln r_1}{K_1}\cdot\frac{Q}{2\pi}+P_1\\&=\frac{\ln r-\ln r_1}{K_1}\cdot\frac{Q}{2\pi}+P_1\qquad (r_2\leqslant r\leqslant r_1)\end{aligned}\tag{13}$$

$$\begin{aligned}P_{2r}&=\ln r\cdot e^{C_{21}}+C_{22}\\&=\ln r\cdot\frac{Q}{2\pi K_2}+P_1-\ln r_2\cdot\frac{Q}{2\pi K_2}-\ln r_1\cdot\frac{Q}{2\pi K_1}+\ln r_2\cdot\frac{Q}{2\pi K_1}\\&=\left(\frac{\ln r-\ln r_2}{K_2}+\frac{\ln r_2-\ln r_1}{K_1}\right)\cdot\frac{Q}{2\pi}+P_1\qquad (r_3\leqslant r\leqslant r_2)\end{aligned}\tag{14}$$

$$\begin{aligned}P_{3r}&=\ln r\cdot e^{C_{31}}+C_{32}=\ln r\cdot\frac{Q}{2\pi K_3}+P_4-\ln r_4\cdot\frac{Q}{2\pi K_3}\\&=\frac{\ln r-\ln r_4}{K_3}\cdot\frac{Q}{2\pi}+P_4\qquad (r_4\leqslant r\leqslant r_3)\end{aligned}\tag{15}$$

式(12)～式(15)中：r_1、r_2、r_3——分别为介质一、介质二、介质三内缘半径；
r_4——介质三外缘半径；
r——计算点处的半径；
K_1、K_2、K_3——分别为介质一、介质二、介质三的渗透系数；
P_1——介质一内缘水力势；
P_4——介质三外缘水力势；
P_{1r}、P_{2r}、P_{3r}——分别为介质一、介质二、介质三区域内的水力势；
J_{ir}——某种介质区域内半径 r 处的水力坡度，角标 i 为介质编号；
Q——流量。

从式(12)～式(15)可知，通过调整各介质的范围和渗透系数可改变其水力势分布和流量。

3 地下水渗流特征在隧道工程中的应用

为了解地下水在衬砌结构体系的渗流特征，分别以混凝土衬砌、注浆圈和围岩代表上述公式中的三种介质，如图 3 所示，并且混凝土衬砌内缘的水压为零，即公式中 $P_1=0$。

令 $K_1\to\infty$(混凝土衬砌完全透水)，$K_2=K_3$，则 $Q_1=Q_0$，$P_2=0$，即：混凝土衬砌完全透水，且不对围岩注浆时，衬砌结构体系排放量 Q_1 等于洞室自然排放量 Q_0，且混凝土衬砌外缘的水压为零，这就是我们采用“全排”方案时，衬砌结构不考虑水荷载作用的道理[5]。

令 $K_1\to 0$(混凝土衬砌完全不透水)，不论 K_2 为何值，P_2 都等于 P_4，$Q_1=0$，即：混凝土衬砌完全不透水时，衬砌结构体系排放量 Q_1 等于零，且混凝土衬砌外缘的水压总等于全水压，这就是我们采用“全堵”方案时，衬砌结构承受的水压总为全水头的道理。

令 $K_1\to\infty$(混凝土衬砌完全透水)，$K_2<K_3$，则 $0<Q_1<Q_0$，$P_2=0$，即：混凝土衬砌完全透水，且通过注浆降低围岩渗透性时，衬砌结构体系排放量 Q_1 小于洞室自然排放量 Q_0，且混凝土衬砌外缘的水压为零，这就是本文“以堵为主，限量排放”防排水原则的理论基础。

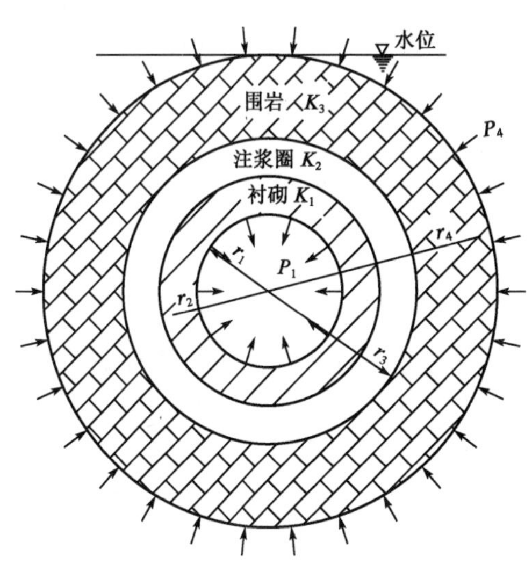

图 3 隧道衬砌结构体系渗流模型

值得注意的是,实际上混凝土衬砌的渗透性能较低,上述讨论中混凝土衬砌完全透水(即 $K_1 \to \infty$)系力图通过在混凝土衬砌外缘设置排水系统来满足这一假定。但实际上设置排水系统后是否就能保证地下水完全自然排出呢?甚至,有人对采用"全排"方案时,衬砌不考虑水荷载作用提出了质疑[6]。这就是本结构体系模筑衬砌考虑承受一定水压力的道理。

下面以水头作用高度 P_4=490m・H20,围岩渗透系数 K_3=0.0443m/d,衬砌渗透系数 $K_1=10^{-3}$ m/d(把衬砌视为透水体,地下水从衬砌内缘渗出),衬砌内径 r_1=5m,衬砌外径 r_2=6m 为例,对地下水在渗流过程中对衬砌结构体系各部分的作用及其相互关系进行分析,如图 4～图 9 所示。

由图 4 可得注浆加固圈的渗透性越差,其注浆范围越大,注浆加固圈外缘渗透水压也越大。

从图 5 可得,注浆加固圈的渗透性越差、注浆范围越大,衬砌外缘渗透水压越大。

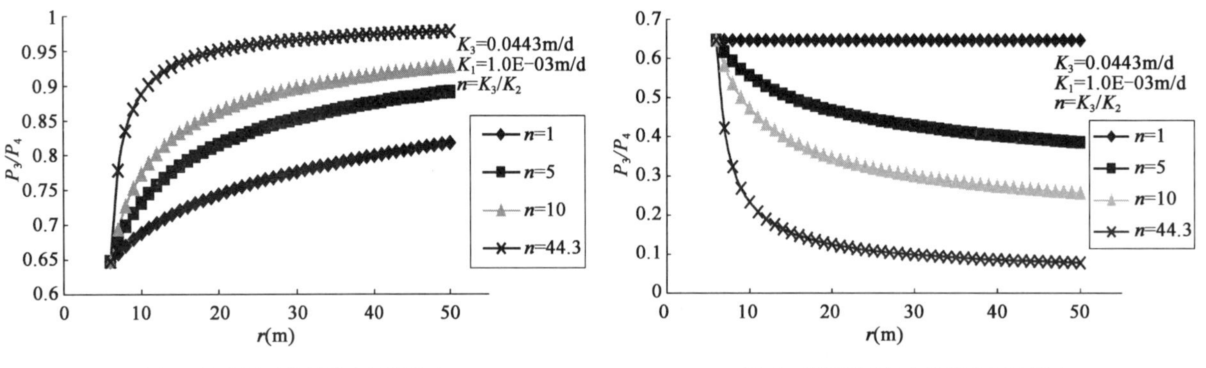

图 4　注浆圈对其外缘水压的影响

图 5　注浆圈对衬砌外缘水压的影响

由图 6 可得,注浆加固圈的渗透性越差、注浆范围越大,排水量越小。

由图 7 可得,注浆加固圈的渗水性越好、排水量越大,注浆圈外缘渗透水压越小。

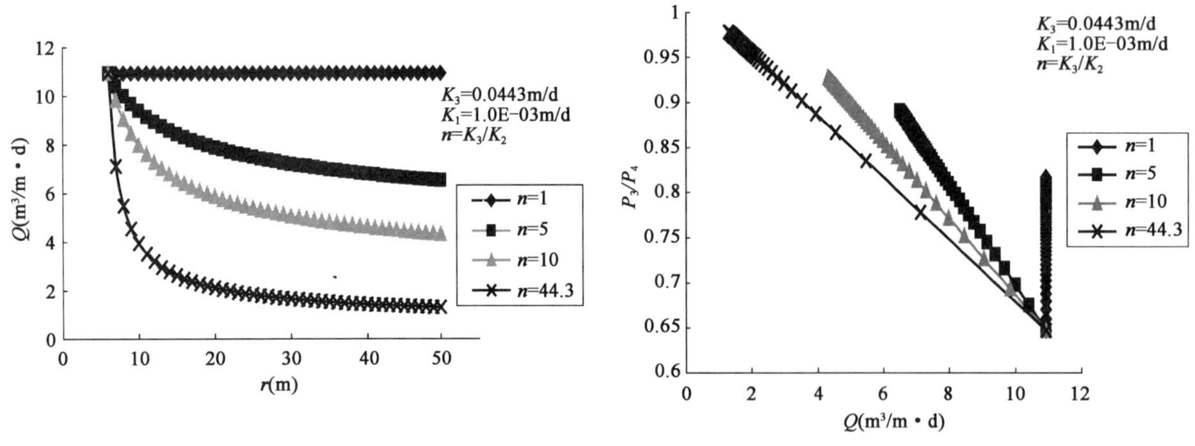

图 6　注浆圈对排水量的影响

图 7　排水量与注浆圈外缘水压的关系

由图 8 得衬砌外缘水压与排水量成正比。

以上讨论的问题均认为水是通过衬砌渗透排出的,衬砌外缘水压与排水量成正比(图 8、图 9),这就是地下水在渗流过程中渗透阻力引起水力势衰减的道理。但是,值得注意的是,本处讨论中的排水量系受注浆圈透水性能(渗透系数和注浆圈范围)控制(图 6)。如果注浆圈是绝对不透水,没有水流经衬砌,衬砌外缘水压当然为零;但是,只要注浆圈渗水,不论其流量大小,若衬砌完全不透水,则衬砌外缘的水力势仍然是全水头。

从上述计算分析可知,注浆圈对于减少系统排放量的作用较大,而对降低衬砌外缘水压的作用甚微。因此,采用注浆圈来降低衬砌外缘水压是不科学的,而且是不现实的。这就是衬砌外缘设置排水系统的道理。

本节所述地下水渗流特征与模型试验结论一致[7]。

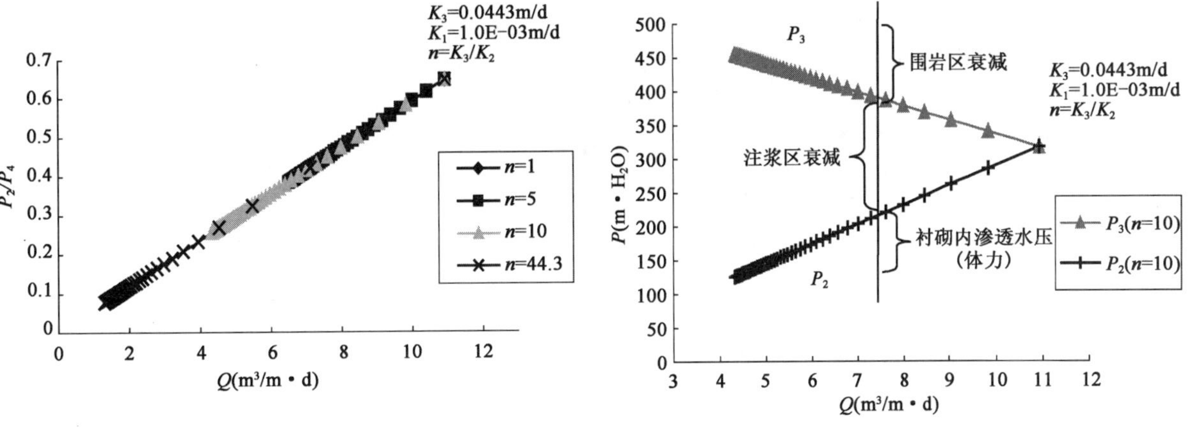

图 8 排水量与衬砌外缘水压的关系

图 9 排水量与渗透水压的关系

4 “以堵为主,限量排放”衬砌结构体系

“以堵为主,限量排放”衬砌结构体系由围岩注浆堵水圈、初期支护、排水网络系统和抗水压衬砌结构四部分组成,如图 10 所示,各部分的功能如下:

(1)围岩注浆堵水圈:通过向围岩注浆,形成围岩注浆堵水圈,改变注浆圈内岩体的渗透性能,以限制排水量,实现控制排放,并与初期支护共同保证施工期间洞室稳定及安全;

(2)初期支护:其与注浆堵水圈共同组成限流体系,并保证施工期间洞室稳定;

(3)排水网络系统:尽量排出经注浆堵水圈渗透的地下水,避免或减弱地下水对衬砌的作用;

(4)抗水压衬砌:主要承受因排水系统不畅而形成的水压。

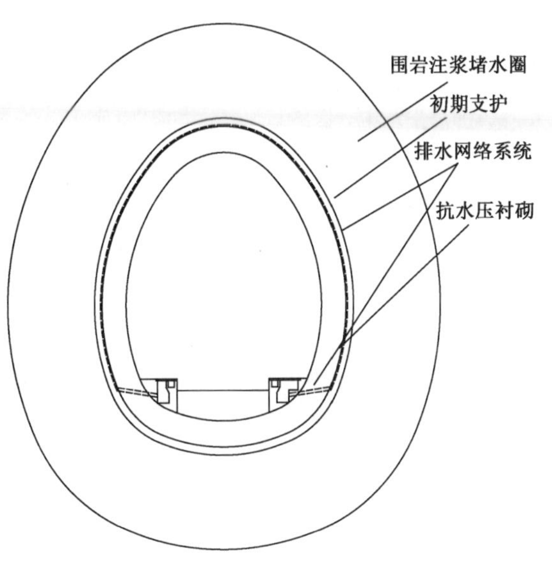

图 10 “以堵为主,限量排放”衬砌结构体系

5 工程实例

渝怀铁路圆梁山隧道通过毛坝向斜和桐麻岭背斜两大水文地质构造单元,全长 11070m。其中,毛坝向斜为一高水位富水构造,关于高水位富水区隧道修建技术问题一度引起广大工程技术人员的高度关注。毛坝向斜空间形态呈长舟形状,平面形态呈“S”状,南北长 65km,东西宽 2~3.5km,向斜翼部最大埋深 780m,核部最小埋深 550m,地下水水位高度 450m。隧道穿越毛坝向斜富水区长度达 2200m,通过泥盆系(D_3s)中厚层灰岩、泥岩,二叠系栖霞、梁山组($P_1 1+q$)中厚层灰岩与泥岩互层,二叠系茅口组(P_1m)厚层灰岩,二叠系吴家坪组(P_2w)中厚层灰岩、中下部含炭泥岩及煤层,毛坝向斜地质纵断面如图 11 所示。本段隧道正常涌水量 $5.5\times10^4 m^3/d$,最大涌水量 $8.3\times10^4 m^3/d$,特大暴雨之后,可达 $20\times10^4 m^3/d$。向斜西翼 Ddz-y-1 号孔分层抽水试验测试:$k_{T_1 d}=0.00127m/d$,$k_{p_2 w+c}=0.00123m/d$,$k_{p_1 q+m}=0.00903m/d$;向斜核部中西翼 Ddz-y-2 号孔分层抽水试验测试:$k_{T_1 d}=0.0247m/d$,$k_{p_2 w+c}=0.0394m/d$,$k_{p_1 q+m}=0.0443m/d$;向斜核部东翼 Ddz-y-3 号孔分层抽水试验测试:$k_{T_1 d}=0.0192m/d$,$k_{p_2 w+c}=0.0274m/d$,$k_{p_1 q+m}=0.0319m/d$。

大量排水将引起岩溶地下水水位大幅度下降,造成翼部暗河出口(如犀牛洞、茨竹坝龙洞等泉点)水量减小,甚至可能被袭夺疏干;水位下降,水力梯度大幅增加,溶蚀加强,随着时间的推移,毛坝向斜区隧道通过地带村民饮水水源的局部径流系统形成的小岩溶泉水点,将被袭夺疏干,从而加剧村民生产、生活用水的困难;长期疏干排水可能产生局部地面岩溶塌陷。

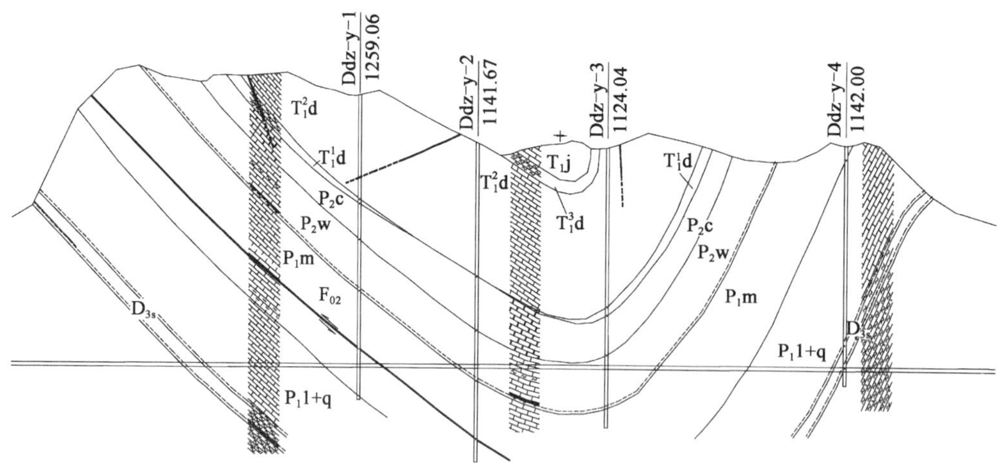

图 11 毛坝向斜地质纵断面

为防止或减少隧道修建对环境产生危害，毛坝向斜段按“以堵为主，限量排放”的防排水原则，结合目前注浆水平，制定了 $5m^3/m·d$ 的限量标准(为正常涌水量的 16.1%)，确定了注浆标准(注浆加固圈渗透系数为岩体综合渗透系数的 1/50)和注浆范围，模筑衬砌按承受 1MPa 水压力考虑，初期支护与模筑衬砌间设置排水系统，将模筑衬砌背后地下水引入侧沟。目前，本隧道已建成。

6 结语

“以堵为主，限量排放”防排水原则及衬砌结构体系在工程中的实施，无疑对解决山岭隧道建设和环境保护的矛盾，避免或减弱因隧道建设引起地下水流失带来的系列环境恶化问题具有重要意义。但是，在确定防排水原则和衬砌结构体系应用时，尚应重视以下问题。

(1)隧道工程建设与环境工程应作为一个系统考虑，加强隧道环境水文地质和环境评价工作，对水文地质环境变化趋势及其产生的生态环境影响作出科学评估，即对引起的地质灾害和环境恶化的可能性、程度、范围等作出客观评估。

(2)防排水原则应根据隧道的工程地质、水文地质条件和环境要求确定，既要重视隧道建设可能对环境产生的负面影响，又要避免把环境问题人为扩大的倾向。

(3)“以堵为主，限量排放”衬砌结构体系是一个系统工程，切勿忽视某一部分的功能和作用。

(4)限量标准应根据环境要求合理确定，限流措施应结合注浆水平和施工难易程度合理确定注浆标准、注浆方式和注浆范围。

参考文献

[1] 王石春，陈光宗. 隧道水文地质环境变化及其对生态环境的评估[J]. 世界隧道 1998(5).

[2] 陶伟明. 高水位富水隧道衬砌结构设计刍议[J]. 现代隧道技术，2004(增刊).

[3] 王建宇. 再谈隧道衬砌水压力[J]. 现代隧道技术，2003(3).

[4] 孔祥言. 高等渗流力学[M]. 合肥：中国科学技术大学出版社，1999.

[5] 中华人民共和国行业标准. TB 10003—2005 铁路隧道设计规范[S]. 北京：中国铁道出版社，2005.

[6] 王建宇. 隧道工程的技术进步[M]. 北京：中国铁道出版社，2004.

[7] 渝怀线圆梁山隧道课题组. 渝怀线圆梁山隧道关键技术试验研究—模型试验分项研究报告(初稿)[R].

复杂岩溶隧道风险防范问题探讨

杨昌宇

（中铁二院工程集团有限责任公司土建一院）

摘　要　结合渝怀等线复杂岩溶隧道中出现的风险事件，以及隧道风险评估工作，总结分析了目前复杂岩溶隧道风险防范的工作，提出了复杂岩溶隧道风险防范基本思路和设计、施工等个阶段风险防范的要求、对策，并提出在隧道完工后还应开展的风险防范工作的基本内容和要求。

关键词　岩溶隧道；风险；防范

Exploration in Risk Prevention of Complicated Karst Tunnels

Yang Changyu

(First Civil Construction Design and Research Institute of CREEC)

Abstract　Combined with the risky incidents occurred in complicated karst tunnels on Chongqing-Huaihua railway and evaluation of tunnel risks, the paper makes a summary and analysis on the current risk prevention for complicated karst tunnels and puts forward the basic approach for risk prevention as well as risk prevention requirement and countermeasures in design and each construction stage. The basic content and requirements for risk prevention after the completion of tunneling are also presented here.

Key words　karst tunnel; risk; prevention

1　引言

随着国民经济在“十五”及“十一五”期间的快速发展，我国铁路建设飞速发展，铁路隧道建设水平亦得到极大的提高。随着铁路路网规划不断实施，诸多岩溶隧道正在修建或即将修建，如：在建的云桂铁路隧道共计164座，总长399.5km，其中岩溶地段隧道40座150km占全线隧道的37.5%；沪昆铁路贵州云南段段隧道总长395.4km，其中岩溶地段隧道长215.5km，占全线隧道的54.6%；虽然岩溶地区隧道建设风险越来越受到重视，但是由于岩溶隧道的复杂性、不可预测性以及目前的认识水平，在规避岩溶隧道建设风险、提高隧道工程质量、确保长期运营安全等方面也还存在不足，需要总结和研讨。

2　复杂岩溶隧道的风险

据已建成的渝怀、宜万、黔桂改造工程等铁路的项目岩溶地区隧道修建情况，复岩溶隧道工程修建中发生的风险事件主要有：

（1）突水突泥灾害：施工中发生突水突泥灾害造成施工进度缓慢，严重时会造成人员伤亡、场地被毁、工期延误等，如渝怀线武隆隧道，实测最大涌水量达718.6×10^4m^3/d，造成施工场地4次被毁、梭矿、风机等设备冲入乌江，而宜万线马鹿箐隧道平导出现突水，大水封闭整个平导、正洞，造成11人遇难、场地冲毁等。

（2）地表塌陷、失水：隧道内岩溶水大量涌出或溶洞充填物流失，造成地表失水及地表塌陷，如渝怀线的歌乐山隧道施工期间，地表出现了6个陷坑，并造成水塘、泉点水位下降。

作者简介：杨昌宇（1970—　），男，教授级高级工程师，中铁二院工程集团有限责任公司土建一院副总工程师。

(3)溶洞洞害[1]:隧道中遭遇溶洞等,空溶洞洞壁失稳掉块、坍塌或隧道通过充填溶洞时,变形失稳、充填坍滑流失。这些可能加大施工难度,延缓施工进度、造成投资增加,尤其是大型溶洞、溶腔的处理。如渝怀线板桃隧道出口溶洞段长455m,溶洞形态复杂,处理时除设置了3~16m钢筋混凝土梁桥跨越,还采用回填、支顶、框架等措施。

(4)结构裂损、防排水失效:部分岩溶地段隧道开挖揭示小溶洞、溶蚀现象发育,岩溶水量不大甚至干燥无水,但在雨季时已完工的衬砌或支护受岩溶水影响出现开裂、变形,甚至建成通车后的隧道出现隧道渗漏水严重、洞内水淹没道床、隧道底板被岩溶水挤压破坏、衬砌开裂变形甚至破坏,危及行车安全甚至中断行车等,如株六复线开通运营四年后,由于岩溶水影响造成大竹林隧道洞身标1775附近混凝土衬砌剥离坍塌,边墙局部段开裂严重,有外挤现象,造成中断行车18小时40分钟。

3 复杂岩溶隧道风险防范的基本思路

岩溶隧道风险是多样的,通过开展隧道的风险评估工作,全面认识风险的类型和风险程度,是风险风范的基础。因此复杂岩溶隧道风险必须开展风险评估工作,并且贯穿于隧道隧道修建活动的全过程。

隧道工程环境因素决定了风险发生的基本条件;基于岩溶及岩溶水发育的复杂性,以及对岩溶认识在宏观上有一定的规律可循,在微观上差异性较大的特点,复杂岩溶隧道风险防范中,应贯彻“总体尽量避免、工点有效控制”的思路,即从项目的总体规划、线路选线上尽量避免岩溶发育复杂区,尤其是避免不可接受的极高风险地段,将不可见、难于控制的隧道岩溶风险转移为可见、可控的其他风险;对不可避免的隧道工点,则需建立风险控制机制和对策,让风险处于可控、可接受的范围。

隧道工程修建活动本身的各种因素影响着风险事件的发生和发生的后果。由于地下工程的不可预见性,岩溶隧道的风险防范还应坚持隧道修建全过程风险防范的思路。从工程规划、勘测设计、建设施工等各阶段认识评价风险事件,采取预案对策。

4 复杂岩溶隧道的风险评估

风险评估是隧道风险防范的基础,按《铁路隧道风险评估与管理暂行规定》,评估时首先对各种风险因素导致相应事故发生的概率等级及后果等级进行评定,再定义概率及后果的估值的乘积为风险指数,风险分级标准将风险指数分为“极高(I级)、高度(II级)、中度(III级)、低度(IV级)”四个等级。而风险等级的接受准则,见表1。

风险接受准则 表1

风险等级	接受准则	处理措施
低度	可忽略	此类风险较小,不需采取风险处理措施和监测
中度	可接受	此类风险次之,一般不需采取风险处理措施,但需予以监测
高度	不期望	此类风险较大,必须采取风险处理措施降低风险并加强监测,且满足降低风险的成本不高于风险发生后的损失
极高	不可接受	此类风险最大,必须高度重视并规避,否则要不惜代价将风险至少降低到不期望的程度

由于复杂岩溶隧道风险的发生主要是隧道的工程环境和修建活动本身的各种因素引起的,因此隧道风险评估应贯穿于隧道勘测设计、建设施工、竣工后的各阶段。

4.1 勘测设计阶段评估

由于岩溶的复杂性及微观上发育的不规律性,目前岩溶隧道的风险评估工作,以定性、半定量为主,通过工程类比进行,评估方法以专家调查法为主。根据已掌握的勘测、设计资料主要针对岩溶突水突泥风险、坍塌风险等进行评估。

岩溶隧道突水突泥及坍塌险事件发生主要是隧道遭遇了岩溶水和溶洞,而岩溶水对隧道工程的危害最大在有关研究资料或规定[2-3]中,对突水、突泥灾害后果等级作了以下分级:

A级(严重):特大突水(涌水量>$1\times10^5m^3/d$)、大型突水(涌水量$1\times10^4\sim1\times10^5m^3/d$)、突泥、高水压。发生突水时短时间淹没施工掌子面、破坏施工设施、危及作业人员安全,突水时间长达数小时至数十小时。

B级(较严重):中小型突水(涌水量$1\times10^3\sim1\times10^4m^3/d$)、突泥。可能致使施工停止,对作业人员安全有一定影响。

C级(一般):小型涌水(涌水量$1\times10^2\sim1\times10^3m^3/d$)、涌泥。

D级(轻微):涌水量<$1\times10^2m^3/d$。

以上对于岩溶水的后果评价是以定性、半定量为主,但是对于突水突泥事件发生的概率,仅能根据岩溶及岩溶水发育的宏观规律,结合隧道岩溶的发育程度、地下水径流条件、水位情况、水压和水量、暗河分布等进行定性的分析,一般认为岩溶地段地下水位较高的构造地段、可溶岩与非可溶岩接触的断层、可溶岩与非可溶岩接触带以及暗河发育地段,以及地质通过钻孔验证的物探异常区等发生突水突泥的可能性大,在设计阶段风险评估中,一般将其风险等级定为高度(II级)或极高风险(I级);而其他地段发生的可能性相对较小,风险等级基本定为中度(III级)。

对第三方风险(环境风险),一般根据地表岩溶发育状况、井泉眼及地表人文活动状况,隧道的埋深、地下水文地质情况等,分析其对隧道地表的井泉眼及地表人文活动影响,当认为有影响时,一般定性或定量分析发生后果,并认为是高度风险(II级)。

对岩溶及岩溶水对工程结构安全影响、溶洞洞害造成的风险等缺乏系统风险评价体系。这主要由于受勘察手段和对岩溶的认识水平局限,在勘测设计阶段无法查清隧道的岩溶的发育状态,尤其是洞害问题,相对而言基本属于微观上的问题,可在施工中解决。岩溶水的评估,目前在设计阶段也仅仅是定性的分析。

4.2 施工阶段评估

由于勘测设计阶段的风险评估工作的基础是勘察的地质资料,并没有考虑施工的各种因素,因此,施工阶段必须开展风险评估工作。

施工前,首先应根据施工文件及设计阶段的风险评估成果,结合施工队伍素质、施工技术、管理水平、施工设备等开展全隧道风险评估工作。其评估内容一方面是对设计阶段初始风险为高风险地段及采用的对策评估,另一方面结合自身施工条件,识别新的风险源及评价风险等级。

在施工过程中,根据超前地质预报的资料结果,以及环境条件的变化(地表地貌形态的改变、地表径流状况变化、气象条件变化等)还需要进行风险再评估。尤其是施工超前探测或揭示到岩溶溶洞或岩溶水发育地段,更需要进行认真的风险评估工作,必要时还需加深施工地质工作,以使评估全面合理,以防范岩溶风险。

复杂岩溶隧道进行工后评估,对隧道运营使用有其重要意义。由于岩溶隧道的复杂性,加之隧道工程施工本身对周边环境的影响,可能造成地下水径流条件的变化,以及隧道施工周期相对较长,对隧道中已实施的岩溶处理措施、排水系统进行必要的评估,分析其风险及等级,可以指导今后的运营维护,确保运营安全。

5 勘测设计阶段复杂岩溶隧道风险防范

在勘测资料的基础上,进行隧道风险评估,制定风险防范预案。复杂岩溶隧道风险评估有不可接受的极高风险时,需研究隧道位置优化方案,避免此类风险。而对其他风险防范,在合理确定线位基础上,需从工程措施设计、预案设置等方面进行防范。

5.1 合理确定隧道位置,避免或转移风险

为合理确定隧道位置,首先应加强地质勘察工作,充分查明区域地质构造、地下径流和水位条件,隧道区岩溶水系划分、地下水暗河系统分布等,分析评价岩溶及岩溶水发育程度,为线路选线隧道位置确定创造良好的条件。

(1)隧道平面位置

隧道位置的选择上应尽可能避免穿越岩溶发育、地下水富集的岩溶地区,这是规避防范复杂岩溶隧道高风险段的基本措施。当无法避免时,应充分考虑短距离穿越,缩短隧道穿越复杂岩溶地段的长度,以利于在工点控制中更有效的对风险的控制。如在云桂铁路平果地段线位选择时,针对危岩落石严重情况,线路采用远离既有线设置长 9450m 隧道的方案,但是经过钻探及区域地质资料分析,长隧道区域为岩溶强烈发育区带,隧道多位于岩溶水深部滞留带及水平循环带,尤其出口 3km 范围内地表村庄分布,出露多处泉点井群,隧道施工不可避免造成地下水流失,造成环境问题。由于本段新线线位受前后接入既有车站影响,无法调整高程,为此,调整线路平面位置,结合危岩落石的防治,尽量靠近既有线,采用设置 9 座短隧道,总长 2.5km 的短隧方案,借鉴既有线隧道情况,从而基本避免了复杂岩溶隧道的出现,规避了岩溶风险[5]。

(2)隧道纵面及坡度

在岩溶地区,隧道只要有一定的水头高度,都会对隧道的施工和运营形成极大隐患,尤其是有断层、节理密集带或岩溶管道与隧道相连,发生岩溶风险事件的可能性极高,因此,在可能的条件下,应利用线路坡度的设置,将隧道置于较高的高程上,以尽量降低风险或转移风险。如渝利线尖峰顶隧道,原方案为全长 3345m、单面下坡、最大埋深 280m 的高水压岩溶隧道,结合该隧道的工程环境状况,风险识别有第三方环境风险、工期风险(控制本项目工期)、以及突水突泥安全风险,初始风险评定等为高～极高。由于该隧道方案初始风险极高,为此研究了隧道该线方案。该线方案通过线路坡度抬高,隧道优化为尖峰顶 1 号(870m)和尖峰顶 2 号(1050m),隧道最大埋深降为 175m,而相邻两座桥的桥高增加,最大墩高均超过 100m。虽然比较段方案调整后增加投资约 3800 万元,但显著降低了隧道施工风险和环境风险,将不可见难于控制的隧道岩溶风险转为了可见可控的桥梁施工风险[6]。

岩溶地段,由于岩溶微观上发育的不规律性,隧道施工时突、涌水时有发生,当反坡施工时排水极其困难,有时长达数月停工,特别是预警、逃生措施不力时,还会造成灾难性事故。因此,复杂岩溶隧道内尽可能采用人字坡,这也是风险防范的重要手段之一。

5.2 制定防范措施预案,降低风险等级

5.2.1 复杂岩溶隧道的设计基本要求

(1)超前地质预报设计

由于地下工程的隐蔽性和岩溶在微观上发育的不规律性,现有的勘察技术很难全面细致的查明复杂岩溶隧道的微观工程环境,这种对自然认识和勘察技术上局限,往往可能造成隧道中高风险段落的遗漏、位置偏移、段落长度的变化,从而可能导致突水突泥等风险的发生,甚至造成更为严重的灾害。因此,为规避勘测设计风险,查明地质情况,验证和确认风险段落,提高对风险的全面认识,必须开展超前地质预报设计,也是复杂岩溶隧道风险防范的重要措施。

针对复杂岩溶隧道的超前地质预报设计,重点应是超前预报手段的针对性选择,技术要求;预报成果的互相验证,以及特殊地段(如高压水等)预报手段和安全的要求。

(2)辅助坑道设置

设计时应优先选择横洞或平导,以降低施工风险。有可能发生突水、突泥的隧道区段,不宜设置承当施工任务的斜井;当不可避免时,应采取防止突水突泥措施。在确定平导和横洞与正洞的高程关系时,应以排泄岩溶水需要作为控制的关键因素,而位置设置应重视地下水来源方向。

(3)衬砌结构

衬砌选择时应重视岩溶及岩溶水发育的不规律性的影响,从地形条件、岩溶发育程度、排水系统的有效性、运营后环境条件可能的变化等方面分析隧道工作环境可能存在的不利条件,评估衬砌结构的可靠性和安全性,并选择适宜的加强衬砌结构[4]。

(4)施工组织设计

施工组织设计时,各施工工区宜尽量实现顺坡施工,必要时,可通过辅助坑道设置实现其顺坡施工条件,并开展预警逃生设计;洞口排水系统应畅通,防止突水对洞口场地和下游居民造成危害,同时排水

系统能力应适应该洞口工区预测的最大涌水量；反坡施工段应进行抽排水能力的设置。

5.2.2 风险防范预案

针对复杂岩溶隧道风险评估的结果，对于初始高风险段落，由于需要在施工中进一步落实段落分布、岩溶水性质、水量水压、围岩性质等，设计中可根据工程类比和已有的勘测资料，开展预案设计，确定预案实施的条件等。如针对岩溶水的处理，开展排水系统预案设计，包括泄水洞、超前排水孔等；针对突水突泥地段，开展超前预注浆设计预案设计等。

6 建设施工中的风险防范

隧道建设施工工程中，涉及的因素多、环节多，因此，风险源多，为确保复杂岩溶隧道的安全生产，应从管理、预报、施工等方面做好风险防范工作。

(1)管理：由于复杂岩溶隧道安全生产是建设、施工、设计、监理等单位共同的责任，因此应建立风险防范控制管理体系，各负其责。但是在目前施工中，施工中的风险再评估工作制度化和规范化管理不足，对风险防范造成不利影响。

(2)预报：就是做好施工地质工作，尤其是超前地质预报。在宜万线岩溶隧道施工中针对预报方法提出"五结合原则"(地表和洞内结合、长距离和短距离结合、宏观控制和微观探测结合、构造探测和水探测结合，地质法物探法钻探法相结合的原则)以及"有疑必探、先探后挖、不探不挖"的工序管理原则。对隐伏岩溶应加强探测，采用地质雷达和风钻相结合的原则。目前在施工过程中，要求超前地质预报纳入施工工序，但是超前地质预报对施工工效的影响、超前预报的投资以及超前预报地质结果的评价、使用等没有较为完善的管理制度，影响超前预报工作的实施和作用，这对复杂岩溶隧道的风险防范较为不利，造成一些地段盲目施工、引起岩溶坍塌、涌泥等风险发生。

(3)施工：首先应建立安全生产制度并进行人员培训；建立施工预警逃生系统，并定期组织演练；同时做好抢险物质储备制定抢险预案。在揭示岩溶过程中，做好施工安全防护措施，处理方案实施中，拟定实施施工详细组织，控制施工工艺流程，保持机械设备良好状态等。对于反坡施工段，应配置足够的抽水设备；一个工区有多工作面施工时，应做好工作面的施工进度协调，并建立通畅的信息传递通道；预报或揭示较大规模溶洞，在风险评估中，应充分考虑工期问题，包括补充勘测和设计方案研究合理的工期需要，避免由于工期限制，造成勘察不清或方案遗漏，产生新的风险或后患。

7 竣工后的风险防范

由于岩溶的复杂性，加之施工本身对周边环境的影响，可能造成地下水径流条件的变化，以及隧道施工周期相对较长的特点，复杂岩溶隧道完工后，应结合施工工程揭示的岩溶情况和处理情况、地表环境可能的变化情况、施工中岩溶水的观测情况，对隧道中已实施的岩溶处理措施、排水系统进行安全评价，尤其是岩溶及岩溶水发育地段、岩溶处理采取了特殊处理措施地段。并根据评价结果，提出处理预案，对于岩溶及岩溶水发育复杂地段，设置长期观测点，必要的预警设施，并运营维护要求和建议。

8 结语

复杂岩溶隧道风险防范，由于涉及的风险因素多，其风险评估体系需不断的完善，尤其是施工过程中更需要从管理体系、制度建设上等方面加强，只有通过不断的认识，不断完善风险防范体系，才能更好地防范复杂岩溶隧道的风险，提高隧道工程质量、确保长期运营安全。

参考文献

[1] 铁道部第二勘测设计院. 铁路工程设计技术手册·隧道[M]. 北京：中国铁道出版社，1995.

[2] 铁道部经济规划研究院. 铁路隧道钻爆法施工工序及作业指南[M]. 北京：中国铁道出版社，2007.

[3] 苗德海. 浅谈岩溶隧道灾害及防治对策[C]//铁道部工程管理中心."铁路客运专线隧道施工安全

技术培训"讲义.2006.

[4] 杨昌宇.岩溶地区隧道设计的几点思考及建议[J].现代隧道技术.2011(1):90-93.

[5] 甘目飞,邸城,房士涛.云桂铁路岩溶地区隧道选线探讨[J].高速铁路技术(增刊).2011,(3):225-228.

[6] 谭永杰,王嵩.岩溶隧道选线与风险评估[J].高速铁路技术(增刊),2011(3):392-396.

浅论特大跨度浅埋隧道支护体系转换对稳定性的影响

卿伟宸[1]　朱　勇[1]　章慧健[2]　苗增润[3]
（1. 中铁二院工程集团有限责任公司土建一院；
2. 西南交通大学；
3. 中铁十三局集团第二工程有限公司）

摘　要　对特大跨度隧道，特别是在浅埋且围岩地质条件较差的情况下，为保证施工安全，往往设置若干临时支撑，待到施作二次衬砌前，拆除临时支撑工序成为影响围岩稳定与初支受力的重要环节。本文以位于贵昆线六盘水至沾益段增建二线上的乌蒙山2号出口四线车站隧道浅埋段为例，通过三维数值模拟和现场实测手段，对采用预应力锚索支护方法减小甚至消除拆撑带来的结构体系受力转换风险进行研究，所得成果可为今后类似工程提供参考。

关键词　特大跨度；浅埋隧道；锚索；拆撑分析；数值模拟

Analysis of Influence of Transforming Supports on Stability of Ultra Long-span Shallow Tunnel

Qing Weichen[1]　Zhu Yong[1]　Zhang Huijian[2]　Miao Zengrun[3]
(1. First Civil Engineering Design and Research Institute of CREEC;
2. Southwest Jiaotong University;
3. The 2nd Engineering Co., Ltd. China Railway 13th Bureau Group Corporation)

Abstract　To ensure the construction safety, the ultra long-span tunnel needs temporary supporting, especially in a shallow buried tunnel with weak surrounding rock. The removal of temporary supporting is one of the key procedures in influencing the stability of surrounding rock and the load-carrying capability of initial lining, when supporting the secondary lining. Based on the construction of No. 2 Wumengshan railway station tunnel with four tracks, through a three-dimensional modeling study and the site observation, this paper studies the applying of pre-stressed cable support to reduce or eliminate the risk of structure's force transformation process in course of dismantling temporary supporting. This research may provide reference for other similar projects.

Key words　ultra long-span; shallow tunnel; anchor cablet; analysis of dismantling temporary supports; numerical simulation

1　引言

我国是一个多山的国家，尤其是西南山区地形、地质条件极为复杂，桥隧比重大，在建及拟建的大部分铁路线路中，隧道比重占线路总长的50%以上，部分段落隧道比例达90%以上，由于地形、运能等限制，大量车站布置需伸入隧道内，由于已建成的基本为单线铁路，车站隧道大部分以双线车站为主，部分

作者简介：卿伟宸（1981—　），男，工程师。

注：本文已刊登于《高速铁路技术》3月增刊。

为三线车站。近年来随着路网建设向山区发展，西南地区以沪昆客专、云桂、成兰等为代表的高标准铁路前期设计工作正在开展，由于受曲线半径大、地形地质条件复杂、环保要求高等多种因素的制约，铁路沿线部分地段设站条件极为困难。由于铁路标准为双线，四线车站不可避免。

相对于单线或双线隧道而言，四线车站隧道其开挖跨度和高度要大得多，施工时不可能全断面或台阶法开挖成洞，必须将大断面化大为小，分层分块开挖、逐步形成隧道设计体形。因此必然造成施工分部多，临时横撑和竖撑多，结构受力转换更为复杂。我们知道，二衬浇筑之前必须先拆除隧道内的临时支撑，而临时支撑的拆除必然会打破结构系统原有的平衡，导致结构内的应力重新分布。特别是在软弱围岩地层中，对于特大跨度隧道拆撑后如何保证围岩稳定和结构安全，将是设计和施工的重点和难点。文献[1]对宝(鸡)—兰(州)二线新曲儿岔隧道的施工分析认为，在拆撑长度为0.5倍洞身宽度时，收敛值无变化，下沉值接近4mm，为总沉降量的3.2%；雷震宇、周顺华[2-3]通过对南京地铁鼓玄区间渡线段的三维拆撑计算，确定了最佳纵向一次性拆撑长度为9m；张建国、王明年、罗禄森、吉艳雷[4]对厦门翔安隧道采用现场监测和数值模拟两种方式，提出在纵向一次性拆撑长度为10m的情况下，初期支护的安全性受临时支护拆除的影响较小。结合以上分析，拆撑长度宜控制在10m以内是比较合适的，然而实际工程二次衬砌模板台车与防水板钢筋绑扎台车长度总共接近20m，再考虑一定施作空间，拆撑长度至少得保证25m才能满足施工要求，因此10m以内这个拆撑长度在工程施工中是不易满足的，至少在该工程中不能满足。因此本文提出以“外锚”代替“内撑”的措施，即在拆除临时支撑前，先施作预应力锚索，利用锚索提供的支点作用，减小甚至消除拆撑带来的支护体系受力转换风险，确保围岩稳定和初支安全。

2 拆撑理论分析

拆撑过程往往伴随着结构非线性力学行为的发生[3]，按拆撑顺序将每一步拆撑产生的荷载增量作用在结构上进行分析，于是可得到每一步拆撑后结构内力和位移的变化值，将各步的计算结果进行叠加，即可得到总的位移增量和内力增量。

无锚索拆撑力学模型如图1a)所示，临时支撑的拆除，必然引起支护系统内力重分布。利用力平衡原理可知，在拆撑位置处作用一个与所拆支撑轴力 N 大小相等、方向相反的力，便可计算拆除该临时支撑后引起的结构内力的变化量。

如图1b)所示，如果拆撑前在临时支撑位置处施作预应力锚索，并使预应力与所拆支撑轴力 N 大小相等、方向相同，则临时支撑拆除后，理论上引起的结构内力变化量为零，即拆除临时支撑不会改变原有支护体系的受力。对特大跨度隧道，由于其跨度大，拆撑后，引起的结构内力增量亦较大，拆撑带来的风险必然较大。因此，若采用这种方式拆撑，能减小甚至消除拆撑带来的支护体系转换风险。

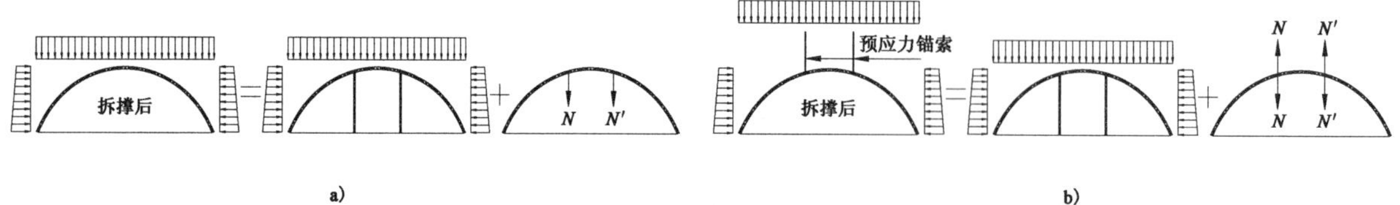

图1 拆撑的力学模型

a)无锚索拆撑模型；b)有锚索拆撑

3 工程实例分析

3.1 工程概况

乌蒙山2号隧道位于改建铁路贵阳至昆明线六盘水～沾益段增建第二线DK276＋090～DK288＋350段，由观音河右岸进洞，终于扒挪块车站，隧道全长12260m，最大埋深400余米。该隧道为双线隧道，隧道出口段扒挪块车站伸入隧道，DK287＋740～DK288＋350段形成四线车站隧道，长610m；其中DK287＋740～＋812段72m为双线隧道至四线隧道过渡段，DK287＋812～DK388＋350段538m为四线隧道段。其中 DK288+240～+350 出口浅埋段，最大开挖宽度达 28.42m，最大开挖面积为 354.30m^2，是目前世界最大跨度的单跨交通隧道。

乌蒙山 2 号隧道出口车站隧道通过地层主要为：DK287+740～+870 段岩性为灰岩、泥质灰岩夹泥灰岩；DK287+870～+925 岩性为泥灰岩夹灰岩、页岩；DK287+925～DK288+350 段为泥岩、页岩夹砂岩。岩质软硬不均，岩体较破碎。

3.2 计算模型建立及参数选取

本文针对出口浅埋段 110m 进行三维数值模拟，该段具体设计参数如下：拱部二衬及仰拱采用 C35 钢筋混凝土；大拱座边墙采用 C35 混凝土；初期支护采用 C25 喷射混凝土，拱部厚 40cm，边墙厚 27cm；锚杆采用 ϕ25mm 中空注浆锚杆，L=5.0m@80cm×80cm；拱部临时竖撑采用 I20b 型钢，间距 60cm；两侧下导采用 I20a 型钢，间距 80cm；临时支护采用 C25 喷射混凝土，厚 20cm。

地表坡度按 1∶1 建模，计算范围左右各取 100m(约合 4 倍开挖宽度)；仰拱下取为 60m。边界约束为前、后、左、右边界施加相应方向的水平约束，下边界竖向约束，上边界为自由面。初始应力仅考虑自重应力场的影响。地层采用服从 Mohr-Coulomb 屈服准则的弹塑性本构模型，喷混凝土采用壳单元模拟，钢架的作用按等效方法予以考虑，即将钢架弹性模量折算给喷混凝土，其计算方法为：

$$E = E_0 + \frac{S_g E_g}{S_c} \tag{1}$$

式中：E——折算后混凝土弹性模量；

E_0——原混凝土弹性模量；

S_g——钢架截面积；

E_g——钢材弹性模量；

S_c——混凝土截面积。

该浅埋段工法示意如图 2 所示，计算模型如图 3 所示，围岩参数按表 1 取值，锚杆物理力学参数见表 2，喷射混凝土支护及模筑混凝土计算选用的物理力学性能指标如表 3 所示。

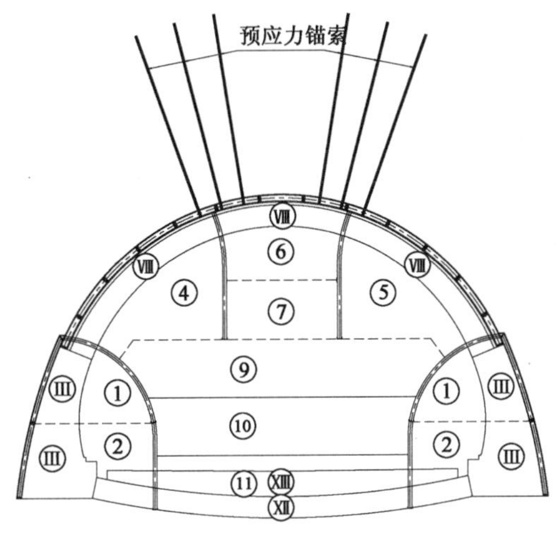

图 2 浅埋段工法工序示意

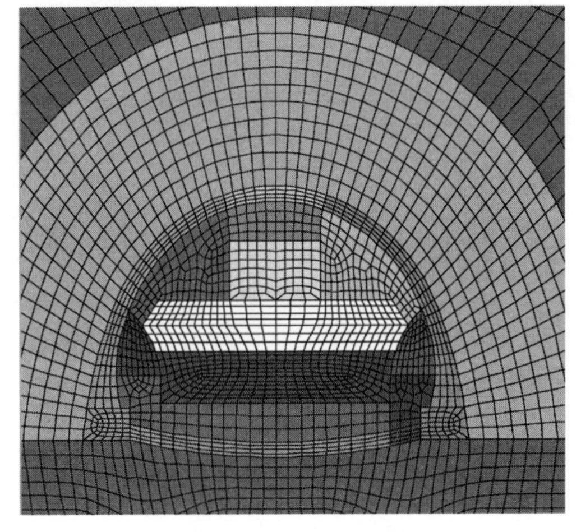

图 3 计算模型示意图及网格划分图例

围岩物理力学参数表 表 1

重度(kN/m^3)	变形模量(GPa)	泊松比	内摩擦角(°)	黏聚力(MPa)
20	0.5	0.4	25	0.1

锚杆物理力学参数 表 2

长度(m)	直径(mm)	弹性模量(GPa)	砂浆剪切刚度(MN/m^2)	砂浆黏结强度(MN/m)	极限抗拉强度(kN)
5	25	210	7	100	150

支护结构物理力学参数 表3

项目		强度等级	重度(kN/m³)	换算弹模(GPa)	泊松比	厚度(cm)
初支	拱部	C25	22	33.54	0.2	40
	边墙	C25	22	28.12	0.2	27
临时支护		C25	22	29.91	0.2	20
二次衬砌	拱部	C35	25	32.5	0.2	110
	边墙	C35	23	32.5	0.2	—

3.3 数值模拟计算结果与分析

施工工序如图2所示，拱部拆撑前，施作预应力锚索，在锚索张拉锁定后，即可拆除拱部竖撑。利用上述有限元模型，通过数值模拟计算，分析特大跨度四线隧道浅埋段拱部竖撑拆除前后引起的围岩位移和支护结构内力变化情况。

(1)位移计算结果与分析

拆撑前后围岩竖向位移云图如图4所示，拱顶下沉及水平收敛位移具体计算数据如表4所示。

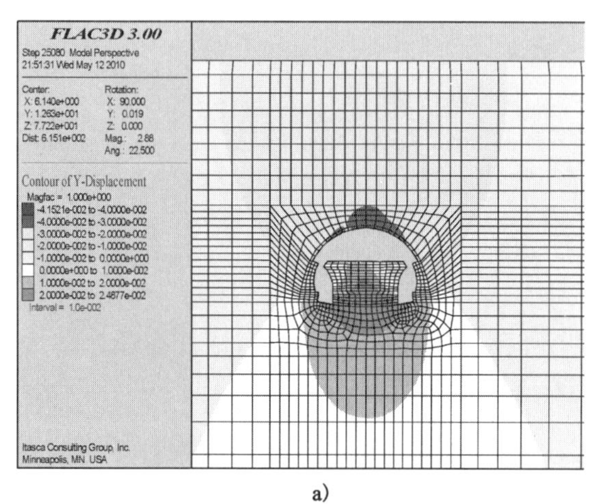

a)

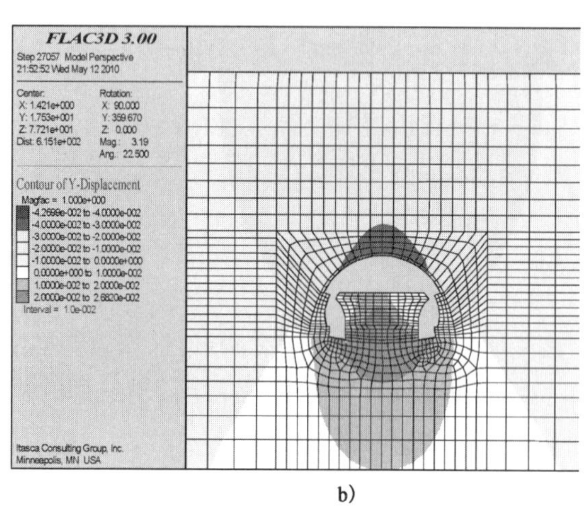

b)

图4 拆撑前后围岩竖向位移场

a)拆撑前;b)拆撑后

拆撑前后围岩位移计算结果 表4

量测项目	量测位置	量测值(mm)		变化比例(%)
		拆撑前	拆撑后	
拱顶沉降	1	40.56	41.51	2.34
	2	33.3	34.27	2.91
	2′	33.48	34.42	2.81
水平收敛	3-3′	16.73	16.97	1.43

从计算结果可以看出，在拱部竖撑拆除前后，拱顶下沉及水平收敛值变化相当小，其绝对值不超过1mm。

(2)内力计算结果与分析

拱部竖撑拆除前后，初支弯矩如图5所示，轴力如图6所示。拱顶、拱肩及拱脚处弯矩与轴力具体计算数据见表5。

从图5、图6及表5可以看出，拱部竖撑拆除前后，拱部初支结构受力形式基本一致，亦即内力重分布不明显，只是拆撑后拱部初支结构的内力略有增大，但变化不大。

表 5 拆撑前后内力计算结果

量测位置	量测值(弯矩:kN·m;轴力:kN)			
	拆撑前		拆撑后	
	弯矩	轴力	弯矩	轴力
拱顶	31	534	46	670
左侧拱肩	271	658	241	870
右侧拱肩	114	514	114	716
左拱脚	3.6	1745	2.5	1985
右拱脚	4.4	1151	3.1	1415

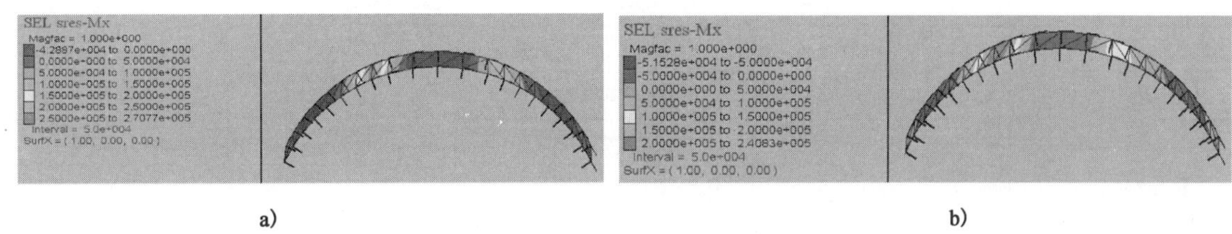

a)　　b)

图 5　拆撑前后拱部初支弯矩图

a)拆撑前;b)拆撑后

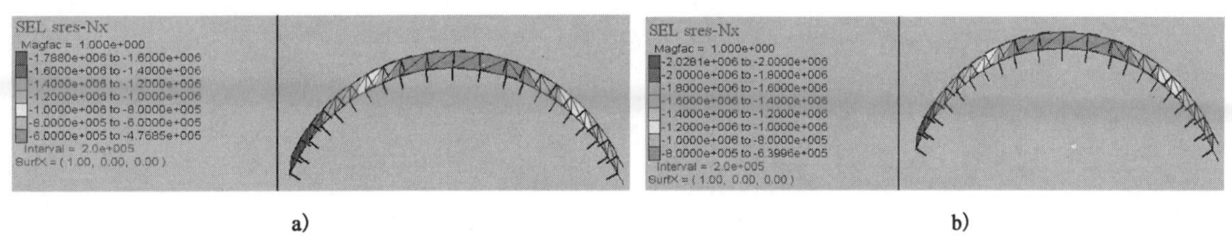

a)　　b)

图 6　拆撑前后拱部初支轴力图

a)拆撑前;b)拆撑后

(3)无锚索拆撑内力增量

在拱部临时竖撑未拆除且锚索未张拉锁定前,拱部临时竖撑轴力如图 7 所示,可见拱部左、右侧临时竖撑最大轴力分别为 404.5kN、390kN。如果拆撑前不施作预应力锚索,按图 1a)力学模型可以计算出临时竖撑拆除后的内力增量,如图 8 所示。由图可见,拱顶弯矩增量为 92.682kN·m,轴力增量为 772.13kN;最大弯矩附加值出现在竖撑支点处,为 239.48kN·m;最大轴力附加值出现在拱脚,为 944.85kN。很明显,无锚索拆撑,引起的拱顶、拱肩(支撑点位置)弯矩数倍于拆撑前,极大恶化支护体系的受力,给施工将造成巨大风险。

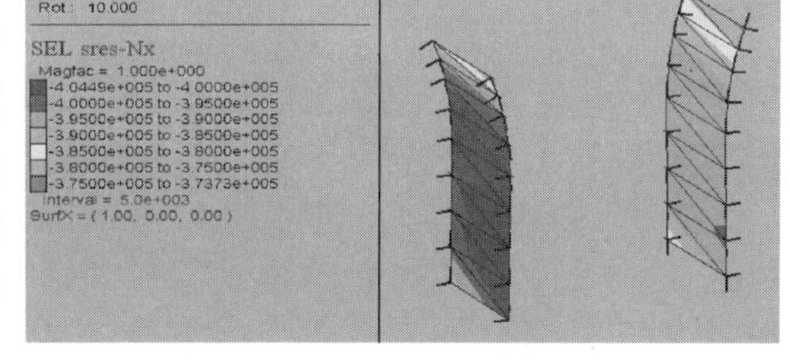

图 7　拆撑前拱部临时竖撑轴力图

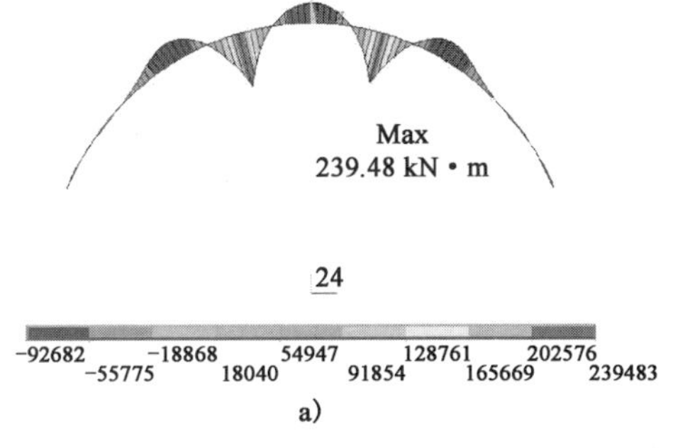

a)

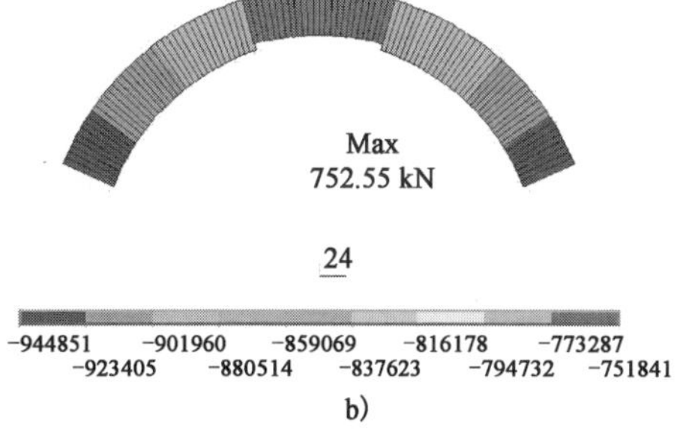

b)

图 8　无锚索拆撑后内力增量

a)附加弯矩;b)附加轴力

3.4 现场监测分析

隧道监控量测是整个工程设计、施工过程中的一个重要环节。拱顶下沉与周边位移量测是反映隧道结构安全性的最直接方式[5]，根据相关规范[6]对浅埋段进行拱顶沉降和水平收敛观测，监测断面间距10m，共选择11个断面；同时选择DK288+287断面，对锚索内力、钢架应变、喷混凝土应变、二次衬砌钢筋内力、混凝土应变等项目进行全过程监控量测。为了统一，下面仅对DK288+287监测断面进行分析，比较其在临时竖撑拆除前后拱顶沉降、水平收敛、拱部初支喷混凝土应力、钢架应力变化情况。

(1)位移监测与对比分析

拱顶沉降及水平收敛测点布置如图9所示，拆撑前后拱顶沉降及水平收敛监测数据如表6所示。

DK288+287断面拱部拱顶沉降及水平收敛量测结果 表6

量测项目	量测位置	量测值(mm)		变化比例(%)
		拆撑前累计值	拆撑后累计值	
拱顶沉降	1	39.47	41.25	4.32
	2	66.97	68.72	1.75
	2′	43.35	45.16	4.01
水平收敛	3-3′	23.75	25.26	6.36

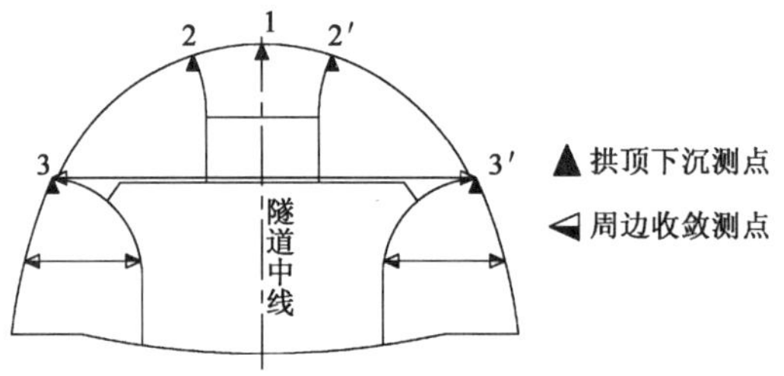

图9 拱顶沉降及水平收敛监测点布置

显然，由表6可知，在拱部临时竖撑拆除后，拱顶沉降和水平收敛数据变化很小。拆撑后，拱部沉降增量比拆撑前增长不超过5%，且绝对值不超过2mm；水平收敛比拆撑前增长6.36%，且绝对值为1.51mm。因此，从量测结果来看，结构是安全的，而现场施工也证明了拆撑后结构的安全性。

(2)应力应变监测结果与分析

DK288+287断面拱部喷混凝土应变计和钢架应变计布置如图10所示，拆撑前后对拱顶、拱肩位置初支喷混凝土和钢架应变的量测结果如表7所示。

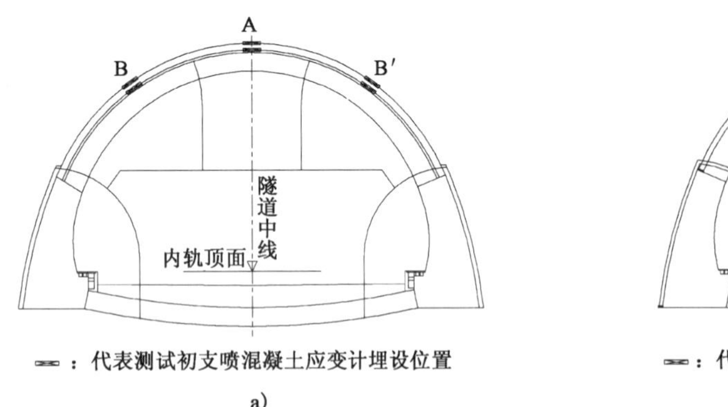

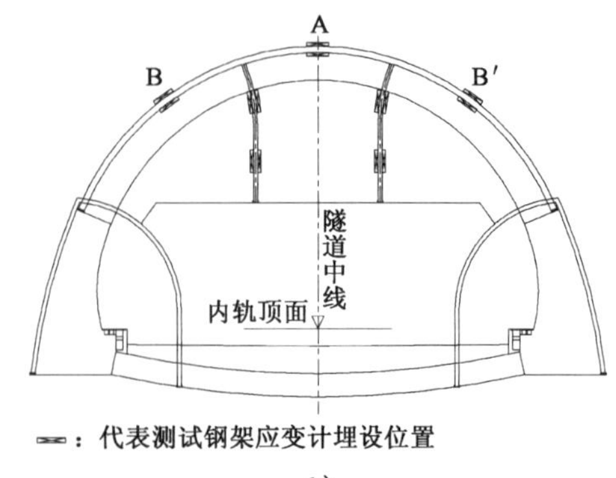

图10 拱部钢架计和喷混凝土应变计埋设位置示意

a)拱部喷混凝土应变计埋设位置；b)拱部钢架计埋设位置

由表7可知，拱部临时竖撑拆除后初期支护内力虽略有增加，但增幅很小，且整体受力趋势没有改变。因此，完全可以认为，拆撑前后，初支结构体系受力基本没有改变，结构是安全的。

DK288+287 断面拱部初支喷混凝土和钢架应变量测结果　　表 7

量测项目	量测位置	量测值(MPa)					
		拆撑前		拆撑后		增幅(%)	
		内侧	外侧	内侧	外侧	内侧	外侧
拱部喷混凝土应变	A	−4.283	−0.601	−4.371	−0.530	2.07	−11.81
	B	−0.923	−3.146	−0.882	−3.166	−4.4	0.64
	B′	−3.297	已损坏	−2.969	已损坏	−9.95	—
拱部钢架应变	A	26.03	−86.67	23.93	−84.94	−8.07	−2.00
	B	−82.16	−86.74	−84.63	−88.26	3.01	1.75
	B′	−126.10	−129.89	−123.97	−134.03	1.69	3.19

注:表中数值以压为正。

4 结语

本文结合乌蒙山二号隧道出口四线大跨浅埋段实际工程,运用数值模拟与现场实测手段,对“外锚”代替“内撑”的力学行为进行分析,得到以下结论:

(1)对于特大跨度隧道,采用无锚索拆撑,拆撑后内力重分布引起拱顶、拱肩(支撑点位置)弯矩数倍于拆撑前,极大恶化支护体系的受力,给施工安全造成巨大风险。

(2)采用“外锚”代替“内撑”,在拱部竖撑拆除后,围岩位移和初支结构内力变化均很小。拆撑后,不改变结构受力形式,内力重分布不明显,可以有效减小甚至消除拆撑带来的结构体系受力转换风险,保证施工安全。

(3)采用“外锚”代替“内撑”方式,在锚索施作后,可以大范围拆除临时支撑,从而大大增加作业空间,方便大型施工机械作业。

(4)对于特大跨度隧道,采用“外锚”代替“内撑”方式,有利于施工组织和各工作面的展开,从而加快施工进度。

参考文献

[1] 赵源林,姜玉松.既有铁路路基下软岩隧道的CRD法施工技术[J].安徽理工大学学报(自然科学版),2005,25(2):29-34.

[2] 雷震宇,周顺华.浅埋大跨度隧道临时支撑的拆除分析[J].工程力学,2006,23(9):120-124.

[3] 雷震宇,郭庆海,周顺华.大跨度浅埋暗挖隧道拆撑的数值模拟[J].地下空间与工程学报,2005,1(2):237-241.

[4] 张建国,王明年,罗禄森,等.浅埋大跨度隧道拆撑对初支安全性影响分析[J].岩土力学,2009,(02):497-501.

[5] 黄成光.公路隧道施工[M].北京:人民交通出版社,2002.

[6] 中华人民共和国行业标准.TB 10121—2007　铁路隧道监控量测技术规程[S].北京:中国铁道出版社.2007.

浅议高地温隧道设计应考虑的几个问题

郦亚军　李泽龙　何万阳

(中铁二院工程集团有限责任公司土建一院)

摘　要　本文分析了国内外高地温隧道的研究设计现状,较全面地介绍了高地温隧道在设计、施工及运营中需注意的几个问题,并提出了高地温隧道设计的几点建议,以供设计人员学习参考。

关键词　隧道设计;施工环境

On the High Temperature Tunnel Design Should Consider Several Issues

Li Yajun　Li Zelong　He Wanyang

(First Civil Construction Design and Research Institute of CREEC)

Abstract　This paper analyzes the current situation on domestic and international research and design of high temperature tunnel, a more comprehensive introduction to the high temperature tunnel design, construction and operation of several issues need to be noticed and made a high temperature tunnel design several suggestions for design to learn information.

Key words　high geo-temperature; tunnel design; construction environment

1　引言

随着隧道施工技术的不断进步,隧道建设逐渐向长大深埋方向发展。深埋长隧道由于其埋深大,穿越的不同地质单元多,因而除了具有一般浅埋隧道的工程地质问题外,还有一系列特殊的、或较浅埋隧道更为严重的地质灾害问题,如高地温问题、高压涌水问题、高地应力问题及岩爆等。其中高地温隧道已经成为长大隧道设计、施工及运营中一个十分突出又急需解决的新课题。

本文浅议了高地温隧道设计、施工及运营中需注意的关键技术问题,提出了关于高地温隧道设计的几点建议,供设计者参考。

2　国内外高温隧道调研分析

国内外矿务部门尤其是煤矿部门千米矿井的设计和施工中多次遇到高地温问题,且在高温矿井的热害产生机理及降温措施方面进行了较为深入的研究。但在国内外长大交通隧道的设计和施工中真正遇到高地温的案例较少,对地热造成的一系列问题也缺乏系统的研究。仅有的案例见表1。

调研资料分析:

(1)调研发现国内外交通隧道中真正遇到地热的案例较少,且由于修建历史原因大部分施工中遇到地热的隧道在事先设计时并没有做相应专题研究,只有日本安房隧道对地热进行了系统研究,但安房隧道长4350m,其独头通风降温长度约2000m,其工程规模和降温措施的难易程度均不能跟其余高温深埋长隧比较,所以深埋长隧的高地温隧道需在设计前做相应的专题研究。

(2)调研表明,相比岩温高温地下热水对隧道施工环境的影响更为严重,闷热潮湿的环境严重影响

作者简介:郦亚军(1978—　),男,工程师。

注:本文已刊登于《高速铁路技术》2011年3月增刊。

作业人员的身体健康和工作效率，所以在设计阶段需根据隧道热源形式和种类分别采取不同的降温措施。

国内外相关工程的地热情况及工程措施　　表1

国家	工程名称	长度(m)	埋深(m)	岩温和水温(℃)	处理措施
法国	贝勒多纳隧道	18130	2000	岩温35℃	通风降温及机械制冷
法—意	弗雷儒斯隧道	12865	1700	岩温30℃	晒水降温
瑞士	圣哥达隧道	14940	1706	岩温31℃	通风降温
法—意	勃朗峰隧道长	11600	2480	岩温35℃	通风、晒水降温
日本	安房隧道	4350	700	岩温75℃ 水温73℃	超前封堵热水； 加大通风； 采用机械化作业
瑞士	辛普伦隧道	19800	2140	岩温55.4℃	通风降温
中国	玉蒙线旧寨隧道	4460	150	水温42℃	封堵和接排热水； 通风降温
中国	黑白水电站引水隧洞	—	—	岩温44℃ 水温60℃	冷水稀释； 局部制冷； 加大通风

3　高地温隧道设计中应注意的问题

高地温隧道设计贯穿于隧道的施工、运营及维护整个过程，尤其是隧道施工过程中的洞内微环境保证问题和施工过程中新材料及新工艺问题。

3.1　高地温热害隧道施工环境保证问题

根据国内外高温矿井资料显示，工作人员长期在高温环境中作业，将产生一系列生理功能的改变：

(1)体温调节发生障碍，主要表现为体温和皮温升高；

(2)盐、水代谢出现紊乱，有机体的机能受到影响；

(3)神经系统、循环系统、消化系统和泌尿系统等均会因高温下机体大量失水，改变正常的功能，甚至生病。

在高温环境下，作业人员的中枢神经系统特别容易失调，造成精神恍惚、疲劳、浑身无力、昏昏沉沉，这种状况成为劳动生产率低下和劳动事故发生的主要原因。

所以针对高地热隧道设计，关键在于如何保证隧道开挖掌子面附近的作业温度，改善作业条件，进而保证作业人员的身心健康，提高作业效率。

从目前国内外相关地热工程及高温矿井的热害处理措施表明，对作业面进行降温的措施主要有通风降温和机械制冷降温等主要降温措施，以及晒水降温、隧道壁隔热、个体防护等辅助降温措施，但具体设计时需根据各自隧道的地热特点及隧道自身的辅助导坑规模，同时结合隧道所处的地区的气象环境及地表河流水的情况综合确定合理有效经济的降温措施。

3.2　高地温隧道热害处理材料与工艺问题

高地温隧道因存在地热问题，所以较之一般普通隧道其在施工工艺和施工材料方面将带来一系列新的问题，其主要问题有以下几个方面：

(1)高地温隧道钻爆法施工炸药选择问题

高地温隧道施工，在采用爆破法时，当围岩温度超过一定程度时，炸药就会出现流动，成分被热分解，容易引发自然爆炸，造成极为危险的状态。因此，从实用、安全角度出发，应研究采用耐热性的炸药和雷管。

(2)初期支护喷混凝土施工工艺和材料配合比问题

喷混凝土在湿热环境条件下施工工艺参数和物理力学指标与常温状态下不同，高地热及高温水(汽)作用可能导致喷射混凝土回弹量增大，喷射混凝土后期强度大幅下降。同时如果围岩表面温度过高，则可能出现喷混凝土与岩石面黏结力降低，甚至出现无黏结强度现象，进而导致无法实施常规混凝土喷射。所以设计和施工时应根据隧道所处的地热高低分别研究相应的施工工艺和喷射材料的配合比问题。

(3)锚杆、钢架防腐蚀问题

当高地温隧道有高温地下热水时，需严格化验地下热水的化学成分，因为一般地下热水均存在侵蚀性问题，尤其是在高温状态下将加速热水对初期支护中锚杆和钢架的侵蚀，恶化隧道结构受力体系，给隧道结构带来安全隐患。

(4)防水材料铺设工艺和防水效果保证问题

由于高地热及高温水(汽)作用，会给防水材料的铺设带来一定问题，同时如果岩温过高将导致无法铺设防水材料；此外，防水板材和混凝土施工缝止水材料会因高温将加速材料本身老化大幅缩短其使用寿命，严重影响材料功能的发挥，当防水材料失效后，会形成隧道壁高温热水泛流，严重影响隧道运营环境。所以需根据隧道所处的地热高低采用相应的耐高温防水板材。

(5)高温热水注浆材料问题

高地温隧道中极有可能产生规模较大的高温涌突水(突气)，安房隧道的经验表明，此种情况下已不能采用常规的注浆堵水材料，需根据热水(气)的化学成分、温度及流量，研究确定新的注浆材料和注浆工艺。

(6)衬砌混凝土材料及养护问题

在外部环境温度较高时，由于衬砌混凝土的水化热不能及时散出，会引起混凝土内部温度大幅升高，可能导致衬砌混凝土开裂，影响隧道衬砌结构的整体稳定性，甚至破坏衬砌结构。因此在高地温环境中需研究衬砌耐久性水泥种类和配比、衬砌厚度及衬砌养护方法等。

3.3 高地温隧道运营环境保证问题

高地温隧道建成后，因其围岩地热背景始终存在，同时隧道运营后隧道内部的接触网、照明灯具、电缆、车辆等都将产生一定的热量，尤其当洞内有地下热水时，高温高湿的运营环境将给洞内运营设备带来危害，同时也将增加隧道维修养护工作量。所以为确保隧道安全运营，需对地热段的衬砌结构和运营降温排湿通风进行特殊设计。

(1)地热段隔热衬砌设计

为降低衬砌背后围岩的导热速度，防止洞内温升过快，影响洞内机电设备工作，需对地热段衬砌采用隔热衬砌，具体隔热衬砌结构设计需根据衬砌背后围岩温度的高低采取相应的隔热结构形式。

(2)运营降温排湿通风

隔热衬砌的采用只能减缓洞内温度上升时间，在洞内气流静止情况下，洞内环境温度最终等于衬砌背后围岩温度，所以为保证隧道内的运营环境需根据围岩温度高低、隧道长度、辅助坑道规模、列车活塞风大小及自然通风条件等方面综合确定运营降温排湿通风的方案设计。

4 结语

近年来深埋长大隧道的设计和施工越来越多，伴随而来的隧道高地温问题也随之增多，高地温隧道的设计、施工及运营已成为急需解决的新问题。搞清高地温隧道的热源形式及其规律，采取合理的降温措施，改善洞内微环境的气候条件，进而保证洞内作业顺利进行和工作人员的身体健康，本文提出几点粗浅建议：

(1)在线路预可及可行性方案研究中，必须论证隧道是否存在高地温热害，热害程度需以实测钻孔验证，并根据热害轻重程度研究比较绕行和通过方案比选，如采用通过方案则设计中必须给出相应的高地温防治措施，同时明确热害防治工程项目及其预算费用。

(2)在高地温隧道的初步设计及施工图设计阶段,应根据细化的地温资料,同时结合隧道自身的辅助坑道配置模式,研究设计适合本隧道的通风降温方案或机械制冷降温方案,必要时根据隧道地温高低,对相应降温关键技术进行科研立项研究。

(3)在隧道施工阶段应加强洞内环境监测,完善监测方法和手段,为有效防治高地温隧道热害和将来地热隧道设计积累原始测试数据,为设计提供科学依据。同时在施工阶段应开展相应的新设备、新工艺、新材料及个体降温防护装备的研究。

(4)在隧道运营阶段,需对洞内环境进行监测,以评价高地温隧道对列车运营的安全影响,并对今后设计提供科学依据。

参考文献

[1] 日本安房隧道正洞贯通——通过高压含水火山喷出物和高温带[J]. 世界隧道. 1997(1):50-56.

[2] 黄润秋,王贤能. 深埋隧道工程主要灾害地质问题分析[J]. 水文地质工程地质,1998(4).

[3] 郭彪. 试论矿井热害与防治[J]. 赣南科技,1991(3).

特长铁路隧道防灾救援设计思路

范　磊

（中铁二院工程集团有限责任公司土建一院）

摘　要　本文结合特长铁路隧道防灾救援的设计原则，提出了特长铁路隧道中用于人员逃生和避难的土建设施、人员紧急疏散策略、通风、排烟方案及救援系统配置的设计思路，可为长大及特长铁路隧道的防灾救援设计提供参考。

关键词　特长铁路隧道；防灾救援；人员疏散

Design Ideas on Disaster Prevention and Relief in Super-long Railway Tunnels

Fan Lei

(First Civil Construction Design and Research Institute of CREEC)

Abstract　Based on the design fundamental of disaster prevention and relief in super-long railway tunnel, design idea on civil construction engineering establishment for personnel escape and refuge, personnel exigency evacuation strategy, ventilation and smoke exhaust scheme is put forward, which may provide the consult for the design of disaster prevention and relief in long and super-long railway tunnel.

Key words　super-long railway tunnel; disaster prevention and relief; personnel evacuation

1　引言

随着国民经济的长足进步和现代隧道工程技术的日臻成熟，我国铁路隧道工程事业取得了突飞猛进的发展。特别是近年来，西部经济欠发达地区为改变落后的交通状况，着手大力发展铁路交通，因受西部山区困难地形条件的限制及众多不良地质的影响，铁路工程大量采用深埋特长隧道。特长铁路隧道的日益增多，虽可缩短线路长度和改善铁路线路条件，但随之也带来了尤为引人关注的隧道运营阶段发生火灾而引发的安全问题。

纵观国内外的几次重大铁路隧道火灾事故，大都发生在较长的隧道中[1]。特别是特长铁路隧道内一旦发生火灾，因受地形条件限制，难以在隧道洞身设置有利的疏散出口将人员紧急转移到洞外，洞内高温热烟气极易造成群死群伤事故，巨大的经济损失和严重的社会影响为铁路隧道的可持续发展造成了威胁。因此，对特长铁路隧道开展防灾救援设计就显得尤为重要。本文针对特长铁路隧道防灾救援设计中应重点关注的问题，浅谈其设计思路，以起抛砖引玉的作用。

2　铁路隧道防灾救援设计原则

隧道火灾时的防灾救援应贯彻“以人为本、预防为主，防消结合，安全疏散”的设计原则，建立防止火灾隐患的检测、管理、行车的安全保障体系以及救援防范体系，完善隧道防灾救援系统，提供人员快速、安全、有效疏散的途径和避难场所，保证人员的生命安全。

作者简介：范磊(1977—　)，男，工程师。

注：本文已刊登于《高速铁路技术》2011 年 3 月增刊。

3 人员逃生、避难设施设计

3.1 紧急疏散出口及避难场所设置

当列车在隧道内失火，若失火处距两端洞口较近时，列车可优先驶出隧道，于洞外的露天条件下开展紧急救援和消防扑救。此种情况下，隧道洞口可兼作紧急出口。但大多数火灾往往发生在距隧道洞口较远的地方，为防止列车带火继续运行造成人员受到伤害，有必要在洞内某一固定场所或就地开展紧急救援，并将人员快速疏散至安全地带。当隧道设置横洞、斜井的条件较好，且其长度较短，便于人员徒步疏散到洞外时，在设计中应优先选择横洞、斜井作为人员疏散的紧急出口。

一般情况下，特长隧道中地形条件大多较为困难，横洞、斜井的设置条件难以满足人员安全疏散的要求，可能无法作为人员逃生的紧急出口。针对此种情况，若为双线隧道时，在设计中应优先采用分修方案，即采取双洞单线的隧道修建方案，充分利用双洞之间互为救援的优势，将其中的任一单孔隧道及横通道作为人员的临时避难场所或紧急出口；若为单线隧道时，应根据防灾救援的要求，设计中可考虑设置贯通平导作为人员逃生的疏散通道或避难场所，将平导与正洞之间的横通道作为人员逃离火区的紧急出口。

3.2 紧急救援站设计

当列车在隧道内失火，难以在保证人员生命安全的前提条件下驶出隧道时，可在隧道内设置紧急救援站，以便列车紧急停靠于救援站处，可充分发挥救援站处的优势配套设施开展人员疏散和消防灭火工作。特别是对设计目标时速不高于 140km/h 的单线特长隧道，隧道设计通用图中未考虑设置救援通道，在长度超过 20km 的特长隧道内设置定点或紧急救援站的重要性就显得尤为突出。

3.2.1 救援站间距设置

救援站在国外的长大隧道中率先采用，且隧道内救援站之间的最大间距差异较大[2]。如日本的青函海底隧道全长 53.85km，隧道内设置 2 处救援站，其最大间距为 23km；瑞士的圣哥达隧道全长 58km，洞内设置 2 座救援站，其最大间距约为 20km；而勒奇山隧道的救援站最大间距按不超过 15km 设置。

国内铁路隧道的防灾救援设计起步相对较晚，其救援站间距设置主要借鉴了国外隧道的设计经验。考虑到国内外列车运输组织的差异性，国内特长隧道救援站间距设置应按列车运行时速、失火后能继续安全运行的时间、隧道内火灾特性、人员疏散策略、通风及排烟方案、辅助坑道及通(排)风井的设置情况等多种因素进行确定。因普速列车运行速度较慢，失火后能安全运行的距离相对较短，建议隧道内紧急救援站的间距按不超过 15km 设置；而高速列车运行时速较快，失火后能安全运行的距离相对较长，且隧道内设置有贯通的救援通道，其总体安全性较低速隧道高，建议所设救援站的最大间距按不超过 20km 控制。

3.2.2 救援站长度的确定

隧道紧急救援站主要用于停靠着火的旅客列车，并为旅客的快速逃生提供必要的疏散通道；同时，在必要时可适当兼顾失火的货物列车的紧急救援。因此，救援站在纵向长度范围内必须满足能停靠得下一列旅客列车，即能保证一列旅客列车各节车厢的人员都能利用救援站的通道向安全地带疏散。因此，救援站的纵向长度主要以旅客列车的编组长度进行确定，并适当兼顾货物列车的紧急救援，一般适宜设置在 450～550m 之间。

3.2.3 疏散站台及疏散联络通道设置

隧道内发生火灾后，如果人员能在火灾达到危险状态之前全部疏散到安全区域，便可认为人员能安全逃生。火灾模式下人员疏散安全性判据的示意图如图 1 所示，其疏散安全性需满足[3]：

$$ASET > RSET \tag{1}$$

(1)必要安全疏散时间

必要安全疏散时间(RSET),即指从起火时刻起到人员疏散到安全区域的时间。经研究表明,人们在火灾中的疏散过程,可划分为三个时间段:察觉火灾迹象时间(t_{feel})、确认火灾发生时间(t_{sure})和逃离时间(t_{move})。

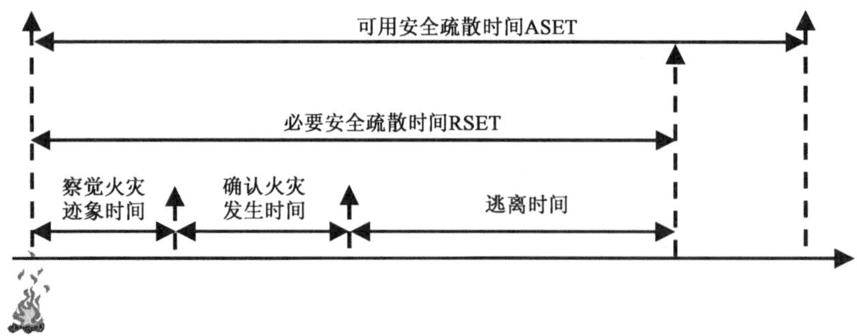

图1 火灾模式下人员疏散安全性判据示意图

则人员安全疏散时间为[3]:

$$RSET = t_{feel} + t_{sure} + t_{move} \tag{2}$$

(2)可用安全疏散时间

可用安全疏散时间(ASET)是指从起火时刻到火灾对人员安全构成危险状态的时间段,主要取决隧道结构及其材料、控火或灭火设备等方面,与火灾蔓延以及烟气流动密切相关。可用安全疏散时间一般可通过试验研究或建立火灾模型通过数值模拟获得。

救援站主要用于火灾列车的停靠,并紧急疏散人员。故从功能上讲,救援站内需要设置疏散站台,以供人员从列车上紧急转移到地面;同时,还需设置疏散联络通道,以供人员快速疏散到安全地带。其疏散站台的宽度与疏散联络通道的间距设置,应能满足人员安全疏散的要求,可根据式(1)、式(2)及数值模拟的方法进行计算确定。

3.3 随机停车区间横通道设置

当列车难以在安全时间内抵达救援站,需立即紧急停靠时,可采取就地疏散人员的策略,人员可通过横通道向另一孔安全的隧道或平导内疏散。目前,隧道内横通道的设置主要根据施工期间开辟作业面及现场施工组织需要确定的,一般按420m设置。当需考虑随机停车区间的防灾救援功能需要时,可适当缩小横通道的间距,其具体间距可参照式(1)、式(2)的要求计算确定。特长隧道内的横通道可兼顾施工与防灾救援的要求一并设置,在施工期间需作为运输通道时,仍可设置为正、反向横通道,其余无需作为施工运输通道的横通道均可按与隧道线路的夹角为90°设置,以减少开挖量和圬工量,节省工程投资。

3.4 衬砌混凝土防爆裂措施

对于特长铁路隧道的紧急或定点救援站,以及救援站以外的区间中遭受火灾概率可能较大的地段,在火灾高温热烟气作用下,衬砌混凝土极易发生爆裂,可能危害逃生人员的人身安全。在设计中应重点针对上述地段采取防爆裂措施,可对其衬砌内表面设置防火层,以防止衬砌混凝土遭受高温影响而发生爆裂,或通过在上述地段的衬砌混凝土中掺加熔点较低的有机纤维或复合纤维,以提高混凝土在高温环境下的抗爆裂性能,避免人员在疏散过程中遭受混凝土爆裂的伤害,从而确保人员疏散的安全性。

4 人员疏散策略

在特长铁路隧道防灾救援设计中,其中最为重要环节之一就是建立合理的人员疏散方案。在制订人员疏散方案及策略时,应本着"以人为本、应急有备、方便自救、安全疏散"的原则。

当失火列车驶出隧道确有困难时,应尽可能地向其最近的定点救援站处运行并紧急停靠。旅客下车后,应立即通过疏散站台及疏散联络通道向安全隧道内逃生。如果列车随机停车时,人员应通过最近的横通道向安全隧道或平导内疏散。若人员很难徒步转移至洞外时,可在安全的疏散联络通道或平导内暂时避难以等待外部救援。针对人员无法徒步逃生至洞外时，在设计中应考虑采取救援车辆的方式将人员尽快转移至洞外，以消除受困人员的恐惧心理。

5 通风、排烟方案

无论着火列车停靠在救援站内，还是停靠在救援站以外的区间，火灾救援通风设计都应根据人员的疏散模式，遵循为人员逃生创造有利的疏散环境，以方便人员自救为目的。当人员通过横通道向安全隧道或平导内疏散时，另一孔安全隧道或平导向失火隧道内压送新鲜风，使其保持正压；失火隧道内的高温热烟气可通过排风井或两端洞口抽排至洞外，以使失火隧道保持负压，同时，每座开启的横通道内的风速均应超过火灾的临界风速，始终保持新鲜风从安全隧道内流向失火隧道，避免烟气逆流至安全隧道内危害人员生命安全。

特长铁路隧道的通风、排烟方式，应充分利用隧道施工阶段的辅助坑道作为通风井或排风井，必要时可增设专用的通(排)风井，尽可能地采用半横向通风、排烟方式或横向通风、排烟方式，以改善人员的疏散环境，为人员快速、安全疏散和延长人员可用的安全疏散时间创造有利条件。

6 隧道防灾救援配套系统

6.1 防火门

为防止火灾烟气肆意蔓延，每座横通道(疏散联络通道)处都应设置防火门，当人员需通过横通道向安全隧道内疏散时，可采用具有防火门的自动、手动开启与关闭功能的防火门。横通道内一般采用单道防火门，以防止烟气的扩散；当横通道需作为紧急避难场所时，也可设置为两道防火门，可分别设置在横通道的两端，防火门之间的空间可作为人员暂时避难、待援之用。防火门在设置时应确保密闭，防止烟气进入。

6.2 防灾安全监控系统

隧道内防灾安全监控系统可设置隧道环境监测系统、火灾自动报警系统和视频监控系统，以便及时掌握火情，并指导人员疏散和消防扑救。

6.3 自动电话

应在隧道内或横通道内设置自动电话，自动电话应挂设在人员易觉察处，距地面高度不宜高于1.5m，发生火灾等紧急事故时，求救人员可通过自动电话向应急指挥中心呼救，以便获得外部救援。

6.4 疏散指示标志

为便于指导人员快速、有序地疏散、应在隧道救援站或随机停车区间内设置人员疏散的指示标志，其间距宜设置为25～50m，标志内容应标明该点距离两个方向最近的紧急出口或横通道口或隧道洞口的长度，以便人员选择合理的逃生方向和逃生路线。

6.5 隧道消防系统

为实施失火列车的有效扑救，设计中可考虑设置消防栓、高压细水雾消防系统等进行灭火。

6.6 电力系统

特长隧道防灾救援设计中应设置应急电力照明系统，应急照明系统包括备用照明、安全照明及疏散照明，并可将隧道照明控制纳入隧道机电设备监控系统之中。

6.7 通风系统

隧道内通风系统应根据人员疏散策略、通风及排烟方案的制订，确定通风设备的数量、规格及布设方案。

7 结语

特长铁路隧道防灾救援设计应以充分保证人员生命安全为前提，根据隧道的实际情况，合理配置用于人员安全疏散和临时避难的土建配套设施。以隧道的具体工程设置条件及列车运输组织情况为基础，研究制订隧道火灾紧急预案下的人员疏散策略，合理确定隧道或隧道各区段的通风、排烟方案，并科学布设防灾救援的相关配套系统，务求防灾救援措施有效、配套系统管理方便、技术经济合理。

参考文献

[1] 寇鼎涛.铁路隧道火灾特性及火灾原因分析[J].隧道建设 2005,25(1):72-75.

[2] 喻波，杨高尚，彭立敏，等.隧道火灾时人员安全疏散的模拟研究[J].中南公路工程 2006,31(1):158-162,166.

[3] 王立暖，马志富，杨贵生.铁路隧道防灾救援技术研究[J].铁道标准设计 2007(增刊1).

高速铁路超大断面黄土隧道修建技术研究

杨建民[1] 喻 渝[2] 赵辉雄[3] 方钱宝[3] 赵东平[3] 罗禄森[3]

(1. 中铁二院工程集团有限责任公司贵阳公司；
2. 中铁二院工程集团有限责任公司公司办；
3. 中铁二院工程集团有限责任公司土建二院)

摘 要 郑州至西安客运专线是世界上在大面积湿陷性黄土地区修建的第一条时速350km的高速铁路，针对该线超大断面黄土隧道建设过程中遇到的一系列技术难题。本文通过大规模现场试验和理论分析，系统研究：系统锚杆作用、格栅钢架适用性、预留变形量、二次衬砌设计、施工方法、地表沉降控制、隧道基底加固、饱和黄土隧道防排水、基底动力特性，共获得实测数据10万余组，取得的主要创新成果为：创立了大断面黄土隧道设计方法，开发了大断面黄土隧道施工技术，建立了满足高速列车动力特性的黄土隧道工后沉降控制技术；突破了在黄土地区修建超大断面隧道的技术瓶颈，成功建成总长50km的超大断面黄土隧道群、国内外最长的黄土隧道及首座位于地下水位线以下的高速铁路黄土隧道。

关键词 黄土隧道；支护参数；施工方法；沉降控制；基础处理；防排水

Study on Construction of Loess Tunnel with Oversized Section on High-speed Railway

Yang Jianmin[1] Yu Yu[2] Zhao Huixiong[3] Fang QianBao[3] Zhao Dongping[3] Luo Lusen[3]

(1. Guiyang Survey, Design & Research Institute of CREEC;
2. Administration Office of CREEC;
3. Second Civil Engineering Design and Research Institute of CREEC)

Abstract Zhengzhou-Xi'an passenger dedicated line is the first 350km/h high—speed railway built in large-sized collapsible loess areas in the world, which met with many thorny problems in construction. Through massive field tests, theory analysis and systematic researches on the following items including: function of system anchor bolt; applicability of grating steel frame; deformation allowance; design for secondary lining; construction method; surface subsidence control; tunnel base reinforcement; waterproofing and drainage for saturated loess tunnels; dynamic characteristics, etc. to acquire 100,000 data from actual measurement and with which innovation were developed. New design and construction methods for loess tunnels with oversized section were created. Technology for control of loess tunnel post-subsidence was exploited to satisfy the dynamic property of high speed trains. Technical bottleneck of building loess tunnels with oversized section was broken through to successfully complete 50km long loess tunnel groups with oversized section, the globally longest loess tunnel and the first high-speed loess tunnel located below the underground water stage.

Key words loess tunnel; support parameter; construction method; subsidence control; foundation treatment; waterproofing and drainage

作者简介：杨建民(1968—)，男，教授级高级工程师，中铁二院工程集团有限责任公司贵阳公司副总工程师。

1 引言

我国黄土面积达 64 万平方千米，在我国已建成的铁路网中，经过黄土地区的有陇海、大秦、宝中、神延、神朔等铁路，其设计时速均小于 120km，隧道开挖面积在 50～100m^2；已经建成的高速公路黄土隧道开挖面积一般为 100m^2。而郑州至西安客运专线是国内外第一条修建在大面积湿陷性黄土地区的高速铁路，全线有总延长 50km 的开挖面积达到 160～170m^2 的新老黄土隧道群。在黄土地区修建如此规模的隧道群，国内外尚没有建设的先例。以往国内科研实践，主要是针对普通铁路或高速公路的小断面隧道。中国黄土在国内外上最具典型性，国内外关于开挖面积大于 100m^2 的高速铁路超大断面黄土隧道的研究尚属空白。

2 工程概况

郑西高铁黄土隧道按黄土颗粒组成主要分为砂质黄土和黏质黄土，砂质黄土分为湿陷性和非湿陷性两种(长度各占 50%)；黏质黄土又分为有水和无水两种。该线黄土隧道具有以下主要特点、难点：

(1)开挖断面大：该线一般黄土隧道开挖面积 160～170m^2。阌乡隧道下穿高速公路开挖面积 175m^2，均为国内外开挖面积最大的黄土隧道，设计和施工均无类似工程可借鉴。

(2)黄土隧道群规模大：全长 50km，其中函谷关隧道 7851m。一次建成全长和单个隧道长度均为国内外第一。

(3)含水率大：张茅隧道(出口 3190m)、交口隧道(4012m)为位于水位线以下的饱和黄土隧道(地下水位线位于隧道拱顶以上 30m)。国内外下穿河、海隧道较多，但一般地质条件较好，亦无基础沉降问题。而在地下水位线以下的黄土地层修建铺设无碴轨道的高速铁路隧道在国内外属首次。运营期间高速列车动载易引起基础泥化、软化发生而导致沉降，影响高速列车的运营安全。

(4)下穿公路沉降控制难：共有 10 处隧道浅埋下穿连霍高速公路和 310 国道。

(5)隧底湿陷性土层厚：高速铁路要求零沉降，隧道基底湿陷性黄土厚度达 8～10m(遇水沉降)，洞内空间有限，振动大影响初期支护安全，无适合于隧道内的机械设备及工艺。为国内外首次在湿陷性黄土地层修建高速铁路隧道工程。

3 解决的主要技术难题

针对郑西高铁大断面黄土隧道建设中面临的诸多技术难题，黄土隧道课题组结合科研试验工点函谷关、张茅、贺家庄、阌乡等隧道开展了大量现场测试，并对全线 28 座黄土隧道施工全过程进行了调研分析，获得了 10 万余组试验数据，在此基础上结合理论分析对该线特有的黄土隧道修建成套技术进行了研究。郑西高铁大断面黄土隧道修建关键技术问题见表 1。

郑西高铁大断面黄土隧道修建关键技术问题　　表 1

序号	需要研究解决的问题	研 究 方 法	研 究 结 果
1	合理的支护参数	现场对比试验测试结合理论分析	确定了支护参数
2	深浅埋分界高度	全线现场调研及分析	深浅埋分界 40～60m
3	围岩压力	大量深浅埋试验测试结合理论分析	确定了深浅埋隧道计算方法
4	弹性抗力系数及压缩模量	现场多处载荷试验	按不同性质黄土
5	预留变形量	现场调研分析	按围岩级别确定
6	二次衬砌荷载分担比例	试验测试分析	按深浅埋确定
7	施工方法	试验测试结合理论分析	按不同工况确定
8	浅埋隧道地表沉降控制	试验测试结合理论分析	重点保证了阌乡隧道路面沉降控制在 5cm 内
9	湿陷性黄土隧道基础处理	现场试验及振动测试	确定了洞内挤密桩施工成套技术、开发了部级工法
10	饱和黄土隧道施工防排水	触探试验及初期支护沉降变形测试	确定了施工阶段防排水原则
11	饱和黄土隧道运营防排水	溶解性总固体含量测试	论证了排水系统的可靠性
12	饱和黄土隧道基底动力稳定性	现场激振试验	得出了满足长期运营安全的结论

4 合理支护参数

针对超大断面黄土隧道的设计没有工程实践参考,设计理论多借鉴一般非黄土隧道,未完全结合黄土自身的特点。对于大断面黄土隧道设计中的支护参数选取均需进行深入研究。

4.1 大断面黄土隧道锚杆作用及设计参数研究

研究方法采用现场对比试验方法,在函谷关隧道选取试验条件基本相同的2个深埋试验段进行有系统锚杆和无系统锚杆的对比试验。

4.1.1 拱顶及拱脚沉降对比分析

各施工阶段的拱顶沉降比例见表2。

各施工步拱顶沉降比例　表2

施　工　步	有锚杆试验段	无锚杆试验段	施　工　步	有锚杆试验段	无锚杆试验段
弧形导坑	27%～31%	35%～45%	仰拱封闭前	92%～93%	87%～97%
中台阶	20%～22%	15%～27%	仰拱封闭后	7%～8%	4%～13%
下台阶	16%～19%	6%～14%			

注:各施工步拱顶沉降比例是各施工步拱顶沉降占拱顶总沉降百分比。

①有系统锚杆试验段的拱顶沉降为143～147mm,拱脚沉降为80～93mm,封闭前拱顶沉降约占93%,封闭后拱顶沉降约占7%;②无系统锚杆试验段拱顶沉降为131～159mm,拱脚沉降为81～141mm,封闭前拱顶沉降约占94%,封闭后拱顶沉降约占6%;③有系统锚杆试验段与无系统锚杆试验段的沉降值基本相等;④前1～2d拱顶沉降与拱脚沉降值基本相同,说明钢架主要为整体沉降;⑤全断面封闭后一周左右沉降值基本稳定。

4.1.2 土压力对比分析

有系统锚杆试验段与无系统锚杆试验段测试断面的土压力分布分别如图1、图2所示。

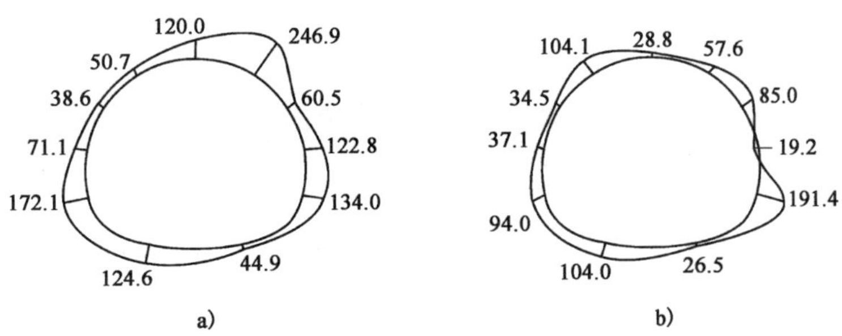

图1 有系统锚杆试验断面土压力分布(单位:kPa)
a)DK273+005断面;b)DK273+015断面

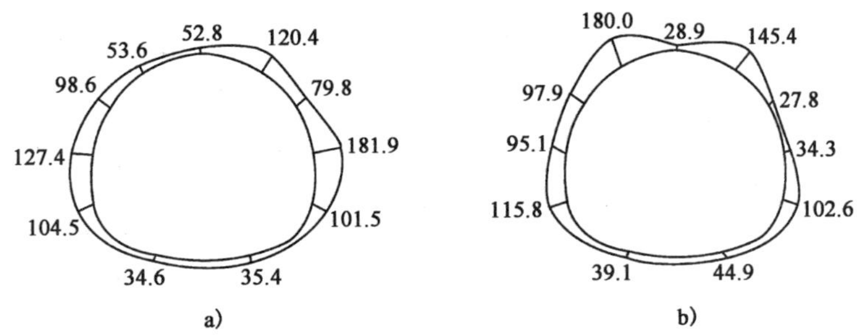

图2 无系统锚杆试验断面土压力分布(单位:kPa)
a)DK273+040断面;b)DK273+055断面

由试验结果得出:

(1)有、无系统锚杆情况下土压力都普遍偏小,一般只有几十千帕。

(2)土压力分布的规律性较差,但总体上看有系统锚杆与无系统锚杆对土压力大小影响不大。

4.1.3 锚杆轴力分布

锚杆最终的轴力分布如图3所示(图中负号表示锚杆受压,正号表示受拉)。

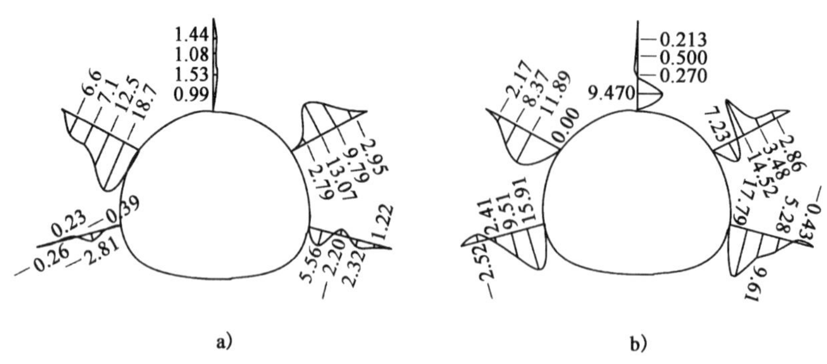

图3 锚杆轴力分布(单位:kN)

a)DK273+005断面;b)DK273+015断面

由试验结果可以得出:

①拱部锚杆均受压;②边墙部位锚杆大部分受拉;③最终的锚杆轴力普遍很小,拱部最大值小于－19kN,边墙最大值一般小于10kN,只有两个点最大,分别为15.9和17.8kN;④每根锚杆的最大轴力位于靠近隧道面的测点。

4.1.4 小结

(1)有系统锚杆试验段与无系统锚杆试验段的拱顶沉降值、拱脚沉降值及水平收敛值基本相等;两试验段的土压力和钢架应力相差不大;锚杆轴力较小,一般不超过12kN,且拱部受压,边墙受拉。

(2)系统锚杆作用不大的主要原因是由于锚杆的施工延长了各部的封闭时间,也延长了全断面的封闭时间。有系统锚杆试验段断面的封闭时间一般为480h,而无锚杆试验段断面的封闭时间一般为360h,而断面的及早封闭对控制变形非常有效。

(3)取消拱部系统锚杆后可减少施工工序,加快开挖面及早封闭和全断面初期支护及早闭合,能有利于控制支护沉降与变形,可保证隧道初期支护的结构安全。

4.2 型钢和格栅钢架的适用条件及设计参数研究

在贺家庄隧道选取试验条件基本相同的两个试验段进行型钢钢架与格栅钢架的对比试验,测试内容有:拱顶下沉、拱脚下沉、水平收敛、围岩压力、初支钢架应力等,由试验结果综合分析型钢钢架与格栅钢架适应性。

4.2.1 水平收敛对比分析

由试验结果可以得出:

①型钢钢架试验段拱脚处的水平收敛为31～38mm,封闭前约占83%,封闭后约占17%;②格栅钢架试验段拱脚水平收敛为27～48mm,封闭前约占90%,封闭后约占10%;③型钢试验段与格栅试验段的水平收敛基本相等;④断面封闭后一周左右水平收敛基本稳定。

4.2.2 土压力对比分析

型钢钢架试验段与格栅钢架试验段测试断面的土压力分布如图4、图5所示。

可以看出:①型钢钢架试验段土压力只有12～151kPa,分布规律性差,但总的来说拱腰及边墙部位的土压力较大;②栅钢架试验段土压力只有6～145kPa,分布规律性差,但总的来说拱腰及拱脚部位的土压力较大;③量测到的土压力普遍偏小的原因可能是由于压力盒背后土体较松散以及钢架整体沉降较大;④总体上看型钢钢架的土压力较格栅钢架的土压力大些。

4.2.3 型钢与格栅钢架应力对比分析

型钢与格栅钢架试验段测试断面的钢架应力分布见图6,负号表示受压。

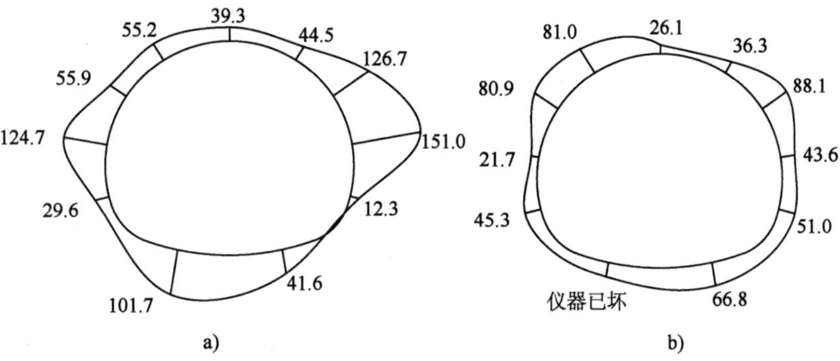

图 4　型钢试验断面土压力分布(单位:kPa)
a)DK241+962 断面土压力;b)DK241+980 断面土压力

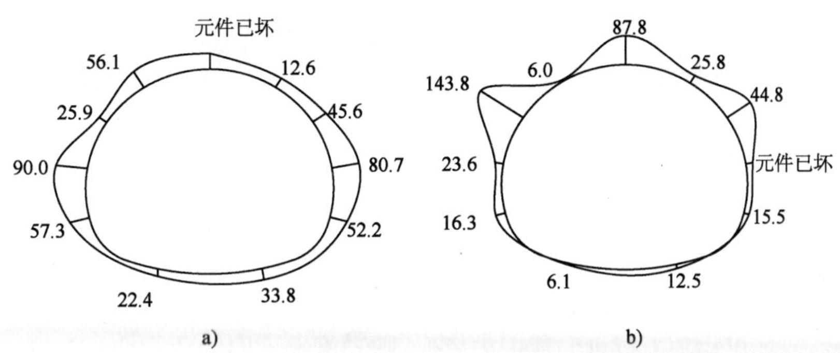

图 5　格栅试验断面土压力分布(单位:kPa)
a)DK242+063 断面土压力;b)DK242+073 断面土压力

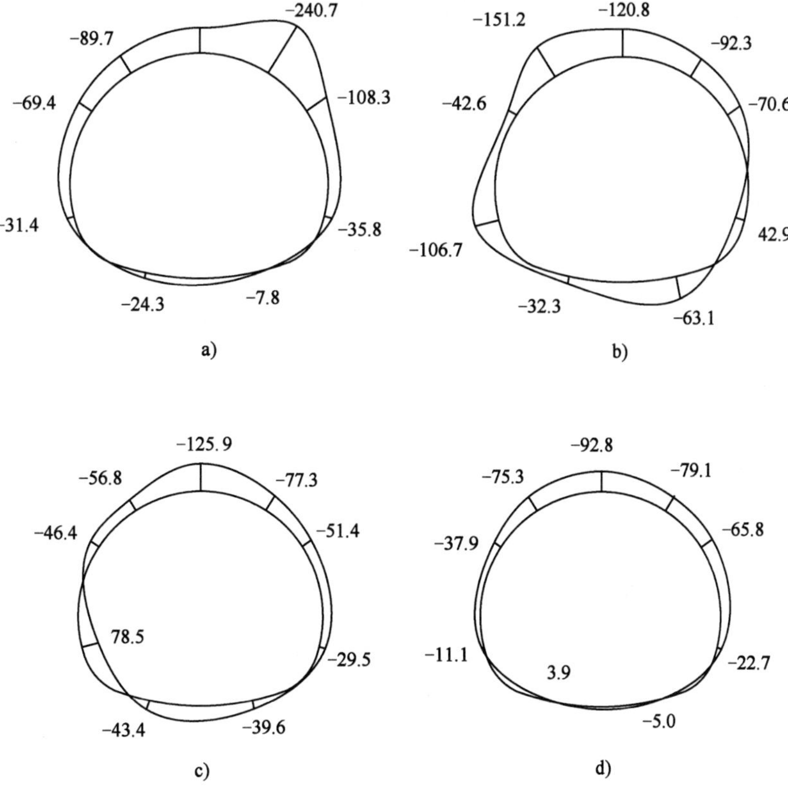

图 6　钢架内缘应力分布(单位:MPa)
a)DK241+962 断面应力(型钢);b)DK241+980 断面应力(型钢);
c)DK242+063 断面应力(格栅);d)DK242+073 断面应力(格栅)

可以看出:①拱部及边墙钢架内、外翼缘均受压;②型钢拱部应力平均约为132MPa,边墙平均约为63PMa,仰拱应力最小为−0.2～−63.1MPa;③格栅拱部应力平均为86MPa,拱腰平均为91.2MPa,拱脚平均为62.4MPa,边墙平均为32.2PMa,仰拱部位钢架应力最小为+2.3～−65.8MPa;④型钢应力从总体上大于格栅应力,且型钢应力分布很不均匀,而格栅应力相对比较均匀。

4.2.4　小结

(1)型钢比格栅试验段的拱顶沉降与拱脚沉降略大,水平收敛基本相等;型钢应力从总体上大于格栅应力,型钢应力分布很不均匀,格栅钢架应力相对比较均匀;土压力普遍很小,一般只有几十千帕,总体上看型钢钢架段土压力较格栅钢架土压力大些。

(2)测点埋设后掘进3.2m(即测点埋设后1天,开挖2个循环,安装4榀钢架)时,型钢钢架的拱顶沉降达总沉降的25%,水平收敛达总收敛的29%,最大应力达总应力的33%;格栅钢架的拱顶沉降达总沉降的27%,水平收敛达总收敛的34%,最大应力达总应力的34%。说明钢架的早期受力较小。

(3)型钢钢架及格栅钢架均能适用于Ⅳ级黏质老黄土隧道,但由于钢架的早期受力较小,而格栅后期承载能力及与围岩接触条件较好,围岩压力、钢架应力分布较均匀,及经济考虑,采用格栅钢架替代型钢钢架更具优越性。

4.3　预留变形量

根据现场实测资料进行统计分析,得出具有较高保证率的设计预留变形量值,指导设计、施工,控制超、欠挖,防止坍方。

4.3.1　Ⅳ级围岩预留变形量

Ⅳ级围岩条件下,如以拱顶下沉量测数据为依据,则当给定不同的预留变形量时,其对应的保证率关系如图7所示。

由图7可知,当设计预留变形量分别取75mm、100mm和250mm时,其保证率分别为93%、97%和100%。考虑现场量测数据的离散性,同时兼顾较高的保证率,Ⅳ级围岩老黄土区段,隧道设计预留变形量取值范围可取75～100mm。

4.3.2　Ⅴ级围岩预留变形量

Ⅴ级围岩条件下,以拱顶下沉量测数据为依据,则当给定不同的预留变形量时,其对应的保证率关系如图8所示。

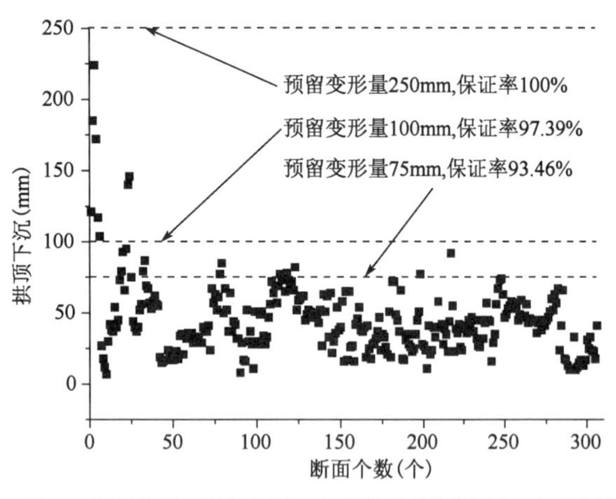

图7　依据拱顶下沉确定预留变形量时对应保证率(Ⅳ级围岩)

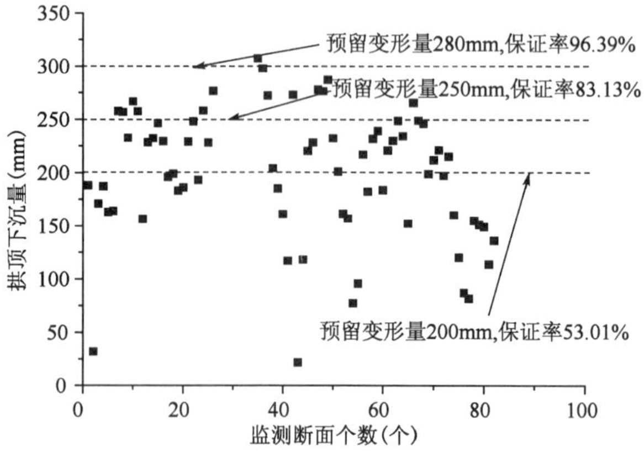

图8　依据拱顶下沉确定预留变形量时对应保证率(Ⅴ级围岩)

由图8可知,当设计预留变形量分别取200mm、250mm和280mm时,其保证率分别为53%、83%和96%。考虑现场量测数据的离散性,同时兼顾较高的保证率,建议采用Ⅴ级围岩新黄土区段,隧道设计预留变形量取值范围可取250～280mm。

4.3.3　小结

通过本课题的系统研究,得出了如下结论。

(1)预留变形量关键控制因素

隧道初期支护封闭后，隧道周边位移基本上不再发展。因此，隧道初期支护封闭时间是控制隧道预留变形量的一个重要因素。

(2)设计预留变形量

经过对现场量测数据的统计分析可知，在Ⅳ级围岩条件下，设计隧道预留变形量建议取值范围10～15cm；在Ⅴ级围岩条件下，设计隧道预留变形量建议取值范围25～28cm。

5 浅埋隧道地表沉降控制

阌乡隧道下穿连霍高速公路工程具有：地质条件差(砂质黄土)、隧道开挖断面大(175m²)、下穿距离长(270m)、隧道埋深浅(10m)、隧道上方高速公路重载、超载车辆多动载影响大等特点，同时要求隧道双向施工，路面不中断行车，施工安全风险大。

下穿高速公路方案：双层大管棚、双层初期支护、双侧壁导坑法施工。及时封闭双侧壁和整个初期支护。下穿高速公路段初期支护见图9。施工中左侧上导坑(1部室)距仰拱的距离控制在23～28m，仰拱距二衬的距离控制在22～32m。左中右上半断面完成一个循环的时间为13.5小时。

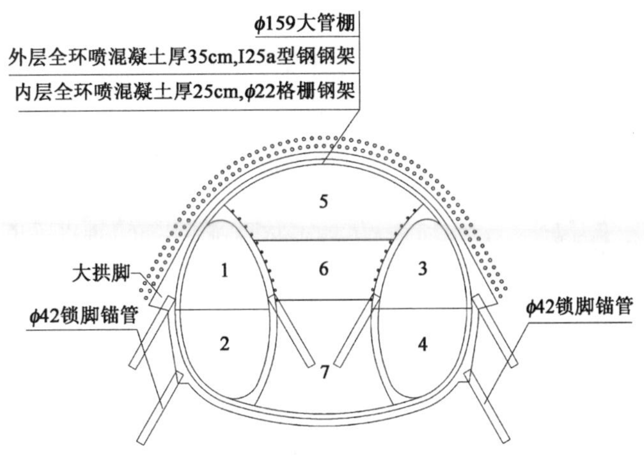

图9 下穿高速公路初期支护示意

按照上述方案已经顺利完成了阌乡隧道下穿段的施工，在隧道下穿连霍高速公路的施工过程中，公路路面未发生开裂及可见沉陷现象，洞内初期支护拱顶沉降6cm，公路路面最大沉降量4.5cm。保证了施工及运营安全。

6 湿陷性黄土隧道基础处理

结合隧道内空间有限、施工干扰大、振动控制严的特点，采用水泥土挤密桩消除隧道基础黄土湿陷性，由于挤密桩在成孔和成桩施工过程中均会产生较大的振动，影响初期支护的安全，通过调整施工参数来减小施工振动，保证施工安全。

大断面黄土隧道洞口段一般采用CRD法施工，分四部开挖。隧道内初期支护、临时支护、施工机械、挤密桩、振动监测点布置见图10。

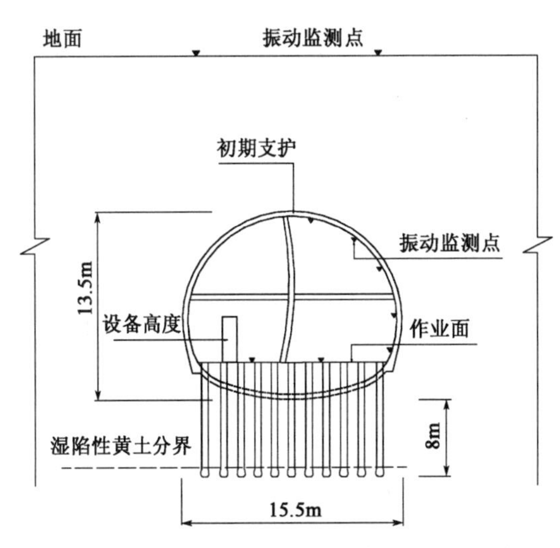

图10 隧道挤密桩施工横断面图

在凤凰岭隧道施工中，对挤密桩单机和多机作业的振动情况进行现场监测，现场监测的主要项目为最大垂直振速、水平振速、主频和对应的峰值加速度。隧道内地面靠近初支墙角1m范围内垂直最大振动速度范围为4.646～7.216cm/s。当振动速度在此范围内时，初期支护未出现开裂、过大变形，初期支护处于安全状态。

考虑适当的安全储备，挤密桩施工时隧道内地面靠近初支墙角 1m 范围内，振速控制在 3～4cm/s。

7 饱和黄土隧道防排水技术

提出了“快速封闭、集中引排、喷层早强、保护基底”的施工阶段防排水措施。通过对饱和黄土隧道排水中细颗粒含量、化学成分和水压力的测试，验证了饱和黄土隧道运营阶段防排水措施的可靠性。

针对郑西客专张茅隧道黄土段位于地下水位线以下，运营排水存在的问题：(1)隧道长期排水是否会带走土壤中的细颗粒而导致隧道结构和围岩之间产生空洞(溯源侵蚀)，影响隧道结构的受力状态；(2)隧道排水系统是否会因为土壤中细颗粒的流失而阻塞、失效，作用在隧道衬砌上的地下水压逐渐上升，引起结构的逐渐破坏。通过对隧道排水中细颗粒、水化学成分和隧底水压力进行试验测试，提出在饱和黄土隧道中采用以排为主的设计方案是可行的。围岩和隧道结构间不会形成空洞，排水系统不会堵塞。

7.1 细颗粒测试及分析

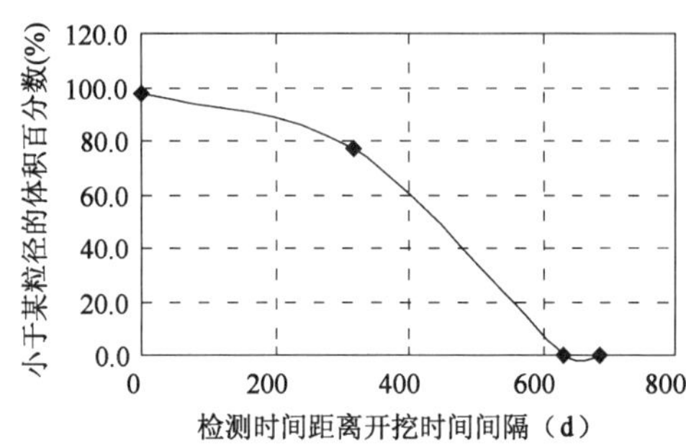

图 11 粒径小于 0.125mm 的细颗粒含量随时间变化图

根据国家饮用水细、微颗粒分析标准的规定，将水中细颗粒的粒径级分为十二级，即 0.0005～0.125mm。通过对隧道衬砌泄水孔中排水细颗粒含量变化的长期测试，分析排水中土体颗粒的流失情况。其中粒径小于 0.125mm 的细颗粒含量随时间变化如图 11 所示。

测试结论：随着时间的推移，水中细颗粒含量均呈逐渐减小趋势。约 600d 后，水中细颗粒的含量急剧减小并趋于零，呈稳定状态，表明隧道排水不能再带走衬砌背后土中的细颗粒。

7.2 化学成分测试分析

张茅隧道二次衬砌施作完成后的 2006～2008 年，对隧道排水进行了 11 次水化学分析。分析项目包括 pH 值、硫酸盐、氯化物、硝酸盐氮含量、亚硝酸盐氮含量、钙含量和溶解性总固体含量。通过隧道排水化学成分的测试，分析土体内可溶性物质的流失情况。其中，溶解性总固体含量随时间变化的趋势如图 12 所示。

测试结论：随着时间推移，隧道排水中可溶解性总固体的含量明显减小，并逐渐趋于稳定。这表明能被排水带走的、可溶性固体物质逐渐减少，并趋于稳定的变化规律。

7.3 隧底水压力监测及分析

为测试隧道竣工后基底水压力值，于 2007 年 8～9 月，在张茅隧道 DK225＋148～DK225＋151 和 DK225＋141～DK225＋145 埋设测量仪器。通过在隧底初期支护和土体之间埋设高精度孔隙水压计，对测试断面边墙脚排水孔处至仰拱底土体中的水压力进行测试。测试时间为 2007 年 9 月 3 日到 2008 年 8 月 20 日。水压力监测结果如图 13 所示。

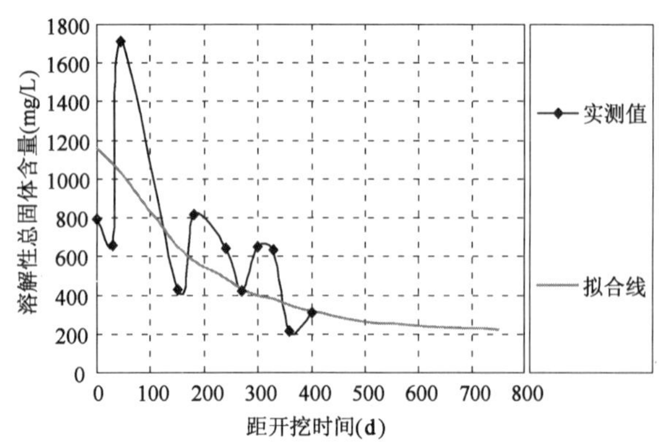

图 12 溶解性总固体含量随时间变化的趋势

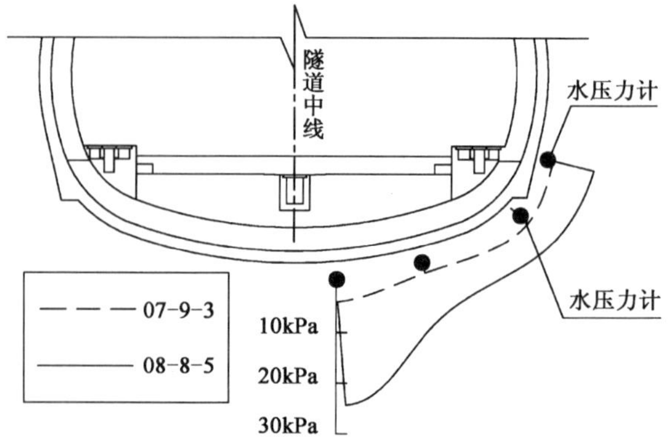

图 13 隧底实测水压力分布

从图13可见，尽管隧道底以上有30m左右高的地下水头，实测水压力最大值不超过25kPa。随着时间的推移，隧底水压力趋于稳定，并且最大值不超过25kPa(泄水孔至仰拱底的高度)，这说明排水系统可行、有效。

8 饱和黄土隧道基底动力稳定性

位于地下水位线以下的黄土隧道，基底在长期运营过程中是否会泥化、软化是必须回答的问题。通过现场激振试验激振230万次后，仰拱填充面的沉降稳定值≤0.5mm等综合分析，得出隧道工后沉降能满足客运专线无碴轨道运营要求的结论。

试验结果分析如下：

8.1 仰拱填充面累计沉降—激振次数(图14)

仰拱填充面累计沉降随激振次数的变化关系大致分为三个阶段。(1)初始稳定阶段：即当累计激振次数≤100万次时，仰拱填充面激振累计沉降(塑性沉降)基本保持常值，为≤0.15mm；(2)沉降发展阶段：即当100万次＜累计激振次数≤180万次时，仰拱填充面激振累计沉降累计快速增加至0.46mm；(3)稳定阶段：即当180万次＜累计激振次数≤230万次时，仰拱填充面激振累计沉降大致保持不变，趋于稳定，为≤0.5mm。

8.2 振动速度—深度变化关系

对仰拱填充面、填充混凝土以及仰拱底部土体中由于激振引发的振动速度进行了实测。其中填充面最大振动速度为1.6mm/s，仰拱下土体中的最大振动速度为1.03mm/s，隧底下3m深处振动速度衰减至0.2mm/s，该处振动速度随激振频率增加无明显变化，此深度可认为是激振影响的界限。振动速度随深度变化关系曲线如图15所示。

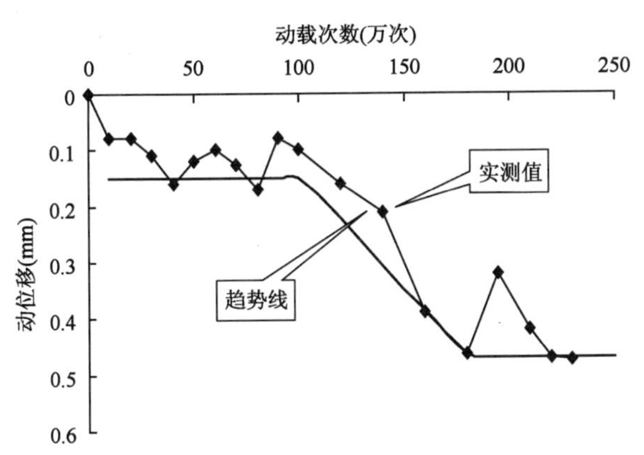

图14 仰拱填充面累计沉降—激振次数关系

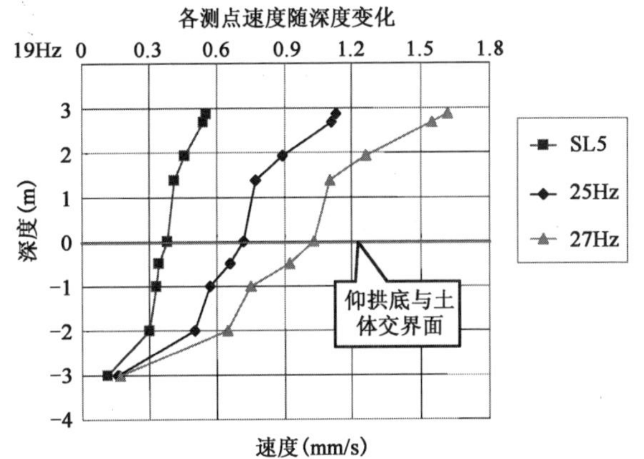

图15 振动速度—深度变化关系

8.3 小结

激振试验表明，仰拱底部黄土最大振动速度为1.03mm/s，仰拱下3m处黄土振动速度衰减至0.2mm/s，即高速列车振动对隧底土体影响深度约为3m；激振230万次以后仰拱填充面的沉降稳定值≤0.5mm。激振试验后，隧底土体的每10cm贯入击数都在40左右，说明该处黄土处于坚硬状态。可以判定，230万次激振试验后，隧底饱和黄土没有发生软化、泥化现象。

9 结语

郑西高铁超大断面黄土隧道在建设过程中遇到了诸多技术难题，中铁二院工程集团有限公司联合西南交通大学、北京交通大学、中铁3、12局等单位，密切结合施工现场，在长达6年的时段内，先后有上百人参加了本项目的现场试验和理论分析工作，课题组全体成员团结协作，密切配合，展开联合科技攻关，成功地解决了高速铁路超大断面黄土隧道修建中的一系列关键技术难题，对我国黄土隧道修建技术的提升和发展起到了重要作用。本文对部分主要科研成果进行了归纳整理,同时借此机会,对黄土隧道课题组全体成员的辛勤工作表示感谢!

参考文献

[1] 郑西高铁黄土隧道地基处理及防排水技术研究、黄土隧道合理支护参数及地表沉降控制技术研究成果[R]. 成都:中铁二院工程集团有限责任公司,2009.

[2] 杨建民. 饱和黄土地区高速铁路隧道施工关键问题处理与验证[J]. 高速铁路技术:2011(2):1-5.

[3] 谭忠盛,喻渝,王明年,等. 大断面深埋黄土隧道锚杆作用效果的试验研究[J]. 岩石力学与工程学报,2008(8):1618-1625.

[4] 喻渝,马建林,方钱宝,等. 郑西客专黄土隧道地基湿陷性消除技术试验研究[J]. 高速铁路技术:2010(创刊号):16-21.

[5] 杨建民. 大断面黄土隧道地表开裂特征分析及工程措施[J]. 高速铁路技术:2011(3):209-304.

[6] 方钱宝,马建林,喻渝,等. 大断面黄土隧道围岩弹性抗力系数、变形模量与压缩模量试验研究[J]. 岩石力学与工程学报,2009(2):3932-3937.

神土连拱公路隧道设计与施工关键技术

苟明中

（中铁二院工程集团有限责任公司地铁院）

摘　要　神土隧道位于广东省粤赣高速公路上，采用双向四车道连拱隧道形式。由于其处于全风化～弱风化变质砂岩或花岗闪长岩内，工程地质条件差，特别是上陵端洞口段，地形复杂、偏压严重，设计和施工难度均较大。文章主要介绍其洞口偏压段的处理、复合式连拱隧道衬砌结构、中墙及中导坑的设计、施工工法等几项设计及施工关键技术，供相类似工程参考。

关键词　连拱隧道；复合式中墙；偏压；设计；施工技术

Key Techniques for Design and Construction of Shentu Twin Bore Expressway Tunnel

Gou Mingzhong

(Metro Design & Research Institute of CREEC)

Abstract　Shentu Tunnel, a bidirectional 4-lane twin bore, 248m long in total, is located on the Guangdong-Jiangxi Expressway in Guangdong province, As the tunnel lies in full-weathering ～ weak weathering metamorphic sandstone or granodiorite stratum, the project faces an adverse geologic condition especially in the portal section of Shangling end, the terrain is complicated and side pressure is great, therefore, there is more difficulty in both design and construction. This article mainly presents the treatment of side-pressure section in the portal, design and construction method of lining structure, middle wall and middle heading of compound twin-bore tunnel, which is expected to offer reference to other similar works.

Key words　twin bore tunnel; compound partition; side pressure; design; construction technology

1　引言

1.1　隧道概况

粤赣高速公路位于广东省粤北山区河源市境内，属典型的山区高速公路，神土隧道位于该高速公路中段，隧道起讫桩号 K40＋090～K41＋238，全长 248m。路线要穿过一小山鼻，在充分研究两端路线的接线条件和隧道所处地域的地形及地质情况，经技术、经济比较后决定采用连拱隧道形式。隧道按双向四车道高速公路标准修建。隧道内路面宽度 8.5m，内轮廓宽度 11.1m，高度 6.82m，内轮廓在拱墙部位采用单心圆曲边墙形式。

1.2　地形地貌

隧址范围属丘陵区，地表植被发育茂盛，地面坡度 20°～40°。隧道进口（上陵端）路线与等高线约成 45°斜交进洞，偏压严重；隧道出口（埔前端）路线与等高线基本正交进洞，地势较陡。

作者简介：苟明中（1973—　），男，高级工程师。

1.3 工程及水文地质条件

地表覆盖为第四系坡残积黏土，下伏下古生界变质砂岩、印支期花岗闪长岩，二者在隧道中部呈不整合接触。隧道洞身在K41+160以前地段主要位于全风化～弱风化的变质砂岩层内，岩层多呈土状及碎石土状，岩体破碎，节理发育，强度较低，稳定性较差，且洞顶弱风化厚度较薄；K41+160以后地段洞身主要位于全风化花岗闪长岩内，全强风化层厚近60m，强度低，稳定性差。隧道洞身主要属于Ⅳ、Ⅴ级围岩。

地下水不发育，基岩中有少量裂隙水赋存，裂隙面多见水锈痕迹。洞身段地下水埋藏较深，主要受大气降水补给。隧道地质情况详见图1。

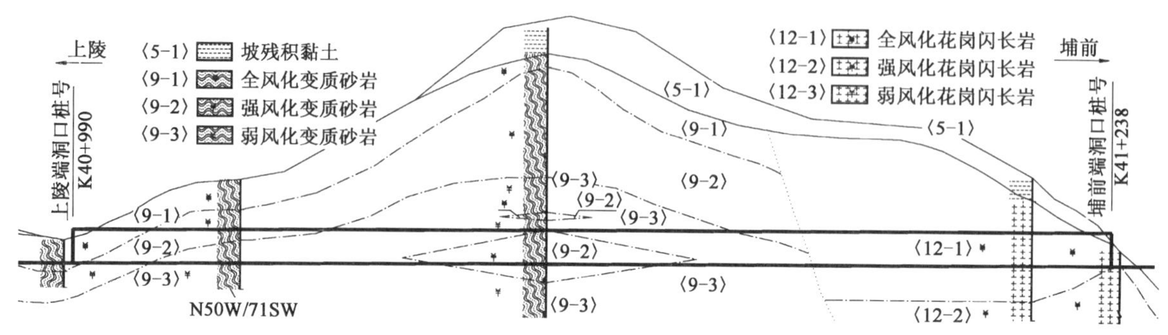

图1 隧道洞身纵断面图

2 隧道上陵端洞口的选择及处理措施

2.1 隧道洞口位置的选择

隧道洞门位置贯彻“早进洞，晚出洞”原则，避免大刷大挖。

隧道上陵端路线与等高线约成45°斜交进洞，地形偏压，植被发育，左侧位于冲沟中。地表覆土为坡残积黏土，厚2.0～6.0m；下伏基岩为变质砂岩的全风化层。根据洞口段的地形及地质情况，采用台阶式洞门，洞口桩号为K40+990，设置20m长明洞；为保证暗挖隧道的施工安全，设置30.0m长ϕ108大管棚辅助施工。

2.2 洞口偏压段处理措施

由于上陵端隧道暗挖进洞时，偏压严重，地面横坡约40°，部分段隧道拱部外露，为减少偏压，保证洞口的施工安全和顺利进洞，在隧道洞口段除设置大管棚外，还设置了反压护拱。护拱为30cm厚C20网喷混凝土加水泥土，并在护拱下设置5.0m长的钢花管注浆加固隧道拱部土体。偏压段的处理措施详见图2。具体设计措施及施工顺序为：

(1)施工洞口管棚导向墙及大管棚；

(2)在清除地表松散覆土后，施工注浆钢花管，钢管外露地面35～40cm，口部用麻巾封堵；

(3)先喷8cm厚混凝土，铺第一层钢筋网并与钢花管外露部分焊接，再喷17cm厚混凝土，铺第二层钢筋网，最后喷混凝土至设计厚度；

(4)通过钢花管向地层注浆；

(5)注浆完成后，在喷混凝土护拱上回填水泥土，水泥土回填厚度一般为4.0～6.0m，要求水泥土无侧限抗压强度不小于0.3MPa，水泥用量为：50～75kg/m^3，土与水泥应搅拌均匀，当厚度不同时，水泥土表面应平顺过渡，不能有错台；

(6)施工隧道及洞门等附属工程；

(7)隧道施工完成后，在护拱及水泥土表面回填0.5m厚的耕植土并种植草皮绿化。

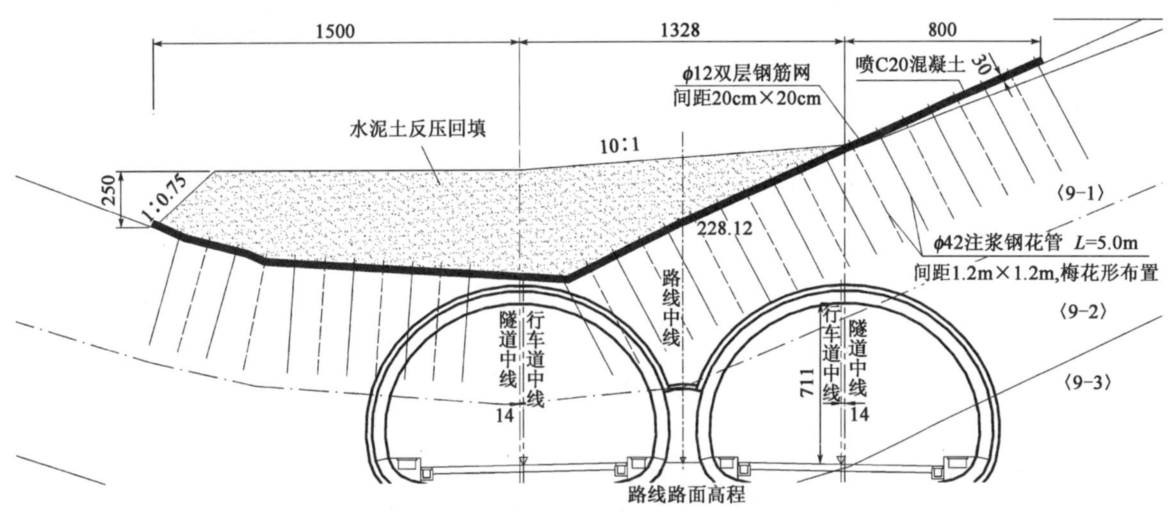

图2 隧道上陵端洞口反压护拱图

3 复合式中墙连拱隧道设计及处理措施

3.1 连拱隧道中墙形式的选择

连拱隧道结构设计的关键是中墙的形式，它直接影响着隧道围岩的稳定、支护的安全性、施工工法的选择、隧道防水效果的好坏、运营的舒适性及隧道的美观。

中墙的形式有整体式和复合式两种，复合式中墙是在广大工程技术人员在总结整体式中墙缺点的基础上的一个进步。复合式中墙与整体式中墙相比，主要的区别在于中墙和中墙处的防排水处理，它具有以下优点：

(1)避免了中墙顶与中导洞顶围岩之间空洞的存在，使主洞开挖时毛洞跨度相对较小，有利于洞周围围岩的稳定，从而减少了施工时的辅助措施，加快了施工进度，节省工程投资，并提高结构的可靠性，使施工及运营安全得到进一步保证。

(2)由于中墙分两次施作，有利于防水板的全断面铺设，从而使连拱隧道中间部分的防排水结构与独立的单洞隧道相同，其施工工艺相对简单，质量容易控制；左右线隧道的防排水系统相对独立，防排水可靠，且美观。

复合式中墙连拱隧道目前国内的工程实例极少。该隧道由于地质条件较差，工期紧张，经技术经济比较，决定采用复合式中墙结构形式，它可以较好地保证施工安全、施工工期、隧道的运营安全和减少养护费用。

3.2 衬砌结构

隧道衬砌按新奥法原理进行设计和施工，采用复合式衬砌结构，即以锚杆、钢筋网、喷射混凝土和钢架为初期支护，以模筑(钢筋)混凝土衬砌为二次衬砌组成，初期支护与二次衬砌拱墙间设防水隔离层。根据隧道埋深、工程及水文地质条件、隧道围岩级别和连拱隧道特点共设计了3种衬砌类型，均采用曲墙有仰拱形式。隧道的衬砌设计详见图3，隧道衬砌支护参数根据经工程类比并结合数值分析计算确定(表1)，表中Ⅴ级加强衬砌用于洞口和洞身偏压段，Ⅴ级复合式衬砌用于一般Ⅴ级围岩段，Ⅳ级复合式衬砌用于Ⅳ级围岩段。

3.3 中导坑及中墙的几点关键技术

通过在设计及施工过程中的摸索与总结，采用复合式中墙有以下几个关键技术需注意：

(1)中导坑的尺寸及位置

由于采用曲中墙，中导坑的开挖宽度较直中墙要大，中导坑开挖宽度越大，对中墙顶的围岩扰动就越严重，所以中导坑的宽度在满足施工要求的基础上应尽量地小。中墙开挖宽度在满足侧卸式装载机或立爪式装载机的工作空间的前提下、在中墙施工后应在先施工隧道侧留出1.0m左右宽度的工作空间。根据机械设备及中墙宽度，本隧道中导洞开挖宽度为5.5m，满足了施工的需要。

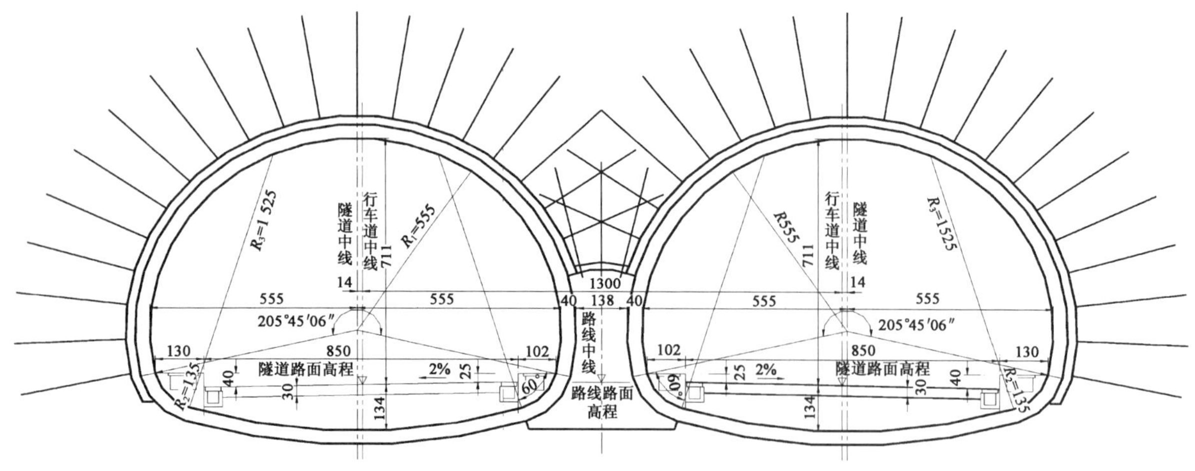

图3 连拱隧道衬砌断面图

各种衬砌形式支护参数表 表1

衬砌类型	初期支护									二次衬砌	
	C20喷射混凝土	ϕ8钢筋网		锚杆				钢架		混凝土	
	厚度(cm)	位置	间距(cm)	位置	规格	长度(m)	间距(cm)	位置	间距(cm)	规格	厚度(cm)
Ⅴ级围岩复合式衬砌	25	拱墙	15×15	拱墙	ϕ25中空注浆锚杆	3.5	75×80	全环	75	C25钢筋混凝土	50
Ⅴ级围岩加强衬砌	25	拱墙	15×15	拱墙	ϕ25中空注浆锚杆	3.5	50×80	全环	50	C25钢筋混凝土	55
Ⅳ级围岩复合式衬砌	22	拱墙	20×20	拱墙	ϕ25中空注浆锚杆	3.0	100×100	拱墙	100	C25钢筋混凝土	40

由于中墙在施工过程中，要承受偏压荷载，为满足偏压的要求，中墙中线相对于中导坑中线应向后开挖侧隧道偏移，以便中墙在承受偏压荷载时，中导坑拱部能给中墙顶提供阻力，防止中墙顶偏转。本隧道中墙中线相对于中导坑中线偏移了45cm，根据施工监测，中墙顶部基本没有发生水平位移，保证了中墙及中导坑的安全。

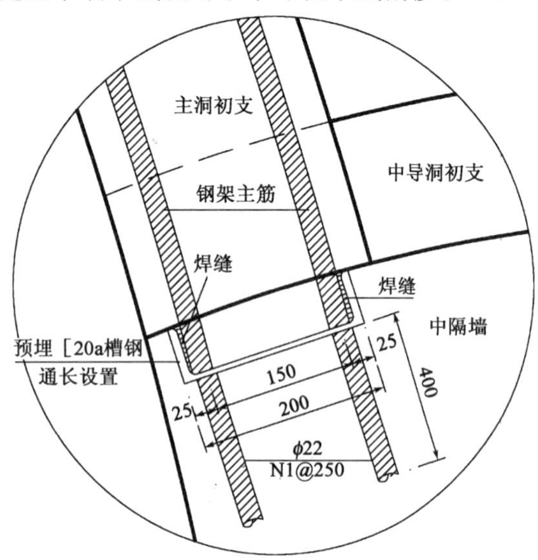

图4 中墙顶预埋槽钢示意图

(2)钢架连接

由于采用复合式中墙，主洞的钢架要与中墙顶连接，常规的连接是在中墙顶按主洞钢架的间距预埋与主洞钢架连接的钢板，当地质条件变化引起主洞钢架间距的变化时，往往造成钢架与预留钢板不在同一断面上，从而无法连接。本连拱隧道在中墙顶预埋贯通槽钢，槽钢通过锚筋锚于中墙内，钢架与槽钢两翼通过焊接连接，无论钢架间距如何变化，主洞钢架与中墙顶的预埋槽钢都有很好的连接，从而保证了正洞初期支护与中隔墙的牢固连接、施工安全和施工方便。中墙顶预埋槽钢连接细部详见图4。

(3)排水管的设置

在公路山岭隧道中，隧道的防排水设计遵循防排结合的方针，为此，在公路隧道的初期支护和二次衬砌间

防水板的外侧设有一定数量的纵、环向排水盲管。由于中墙是采用模筑(钢筋)混凝土,没有考虑预留变形量,纵、环向盲管直径一般为50～80mm,将侵占二次衬砌空间。该隧道在中墙施工时预留一定数量的排水半管槽,以方便盲管的敷设,防止排水盲管侵占二次衬砌空间。

排水半管槽的具体做法如下:根据中导坑施工中地下水的情况,决定排水半管槽预留间距,一般距离为5～10m一道;当地下水较多时,一处还应集中预留2～3个半管槽。半管槽利用直径ϕ100的PVC管的一半,在半管中填充满可塑黏土(手用力可揉搓),并用单面塑料透明胶布密封,以防止混凝土振捣中,砂浆填充半管。半管加工好后,根据预先设定的间距,正扣固定在中墙衬砌模板上,然后即可进行中墙衬砌的浇筑。在防水板施工前,需铺设透水软管的预留半管槽,清除半管槽中黏土,将排水盲管置于槽中,从而形成初期支护和防水板之间的排水系统;未使用的半管槽则不清楚黏土,防止隧道二次衬砌施工时由于半管槽的存在而破坏防水层。

(4)中墙顶的处理

为了使中墙顶与中墙顶部的围岩有较好的连接,使之形成一个有效的受力整体结构,保证后期两侧主线隧道施工及运营中的安全,中导坑拱部锚杆应埋入中墙顶并不小于30cm,在中墙混凝土施工前,在其顶部纵向预埋ϕ42注浆花管,在混凝土施工完成后,对中墙顶压注1.5～2.0MPa的水泥砂浆,以保证中墙顶与中导坑支护之间的密实性,从而使中墙与地层形成一个较有效的受力整体。

4 施工方法

采用复合式中墙的连拱隧道,总的施工方法基本一致,都是采用先施工中导坑及中墙,然后根据不同的围岩级别,在两边主洞采用不同的施工方法,主要的施工方法如下。

(1)Ⅴ级围岩段

Ⅴ级围岩段采用三导坑法施工,中导洞开挖及施工超前50m后,然后进行左侧(偏压隧道埋深较浅侧)导坑开挖及支护,再超前30m,最后进行右侧导坑的开挖及支护。在中导坑开挖贯通后即可进行中墙施工。在中墙拉开不小于30m的安全距离后,即可进行左侧主线隧道的施工;在左线隧道的二次衬砌超前30m后,即可进行右线隧道的施工。Ⅴ级围岩连拱隧道施工步骤如图5所示。

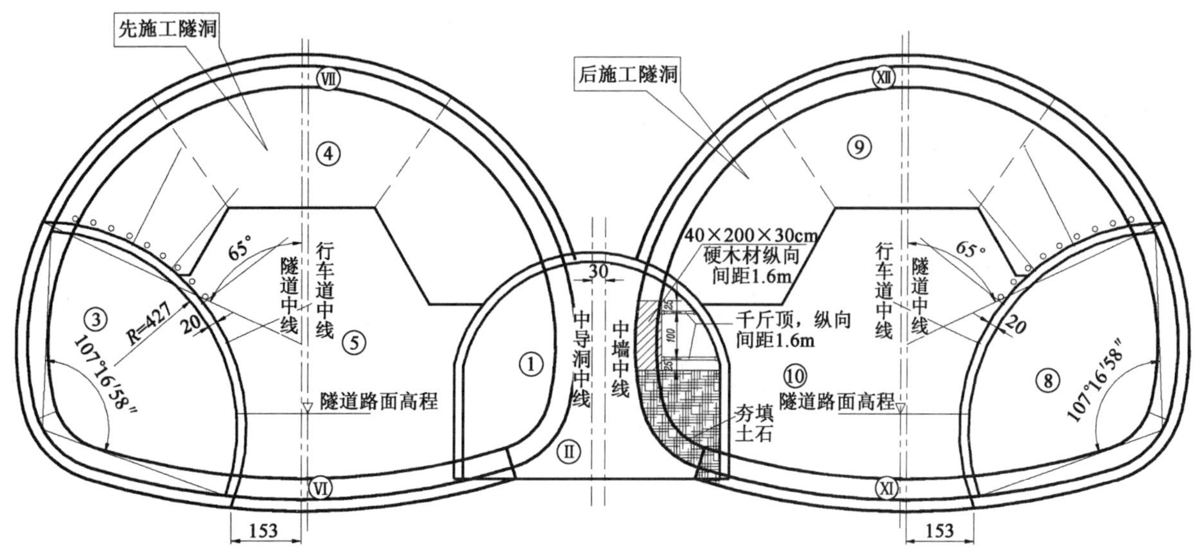

注:图中①、③、④、⑤… 表示开挖及初期支护顺序;Ⅱ Ⅵ Ⅶ表示二次衬砌顺序。

图5 Ⅴ级围岩连拱隧道施工步骤图

(2)Ⅳ级围岩段

由于地质条件相对较好,采用中导洞超前,先浇筑中墙混凝土。然后采用环形短台阶法开挖施工一侧隧道,在该侧隧道二次衬砌施工完成并拉开不小于30m的安全距离后后,再采用环形短台阶法施工另一侧隧道。

(3)隧道开挖施工采用光面、微震爆破等控制爆破技术,尽量减少对围岩的扰动;特别严格控制了后施工侧洞室的爆破震动速度,防止对已施工中墙和二次衬砌的破坏。

在图5中,后施工侧隧道设置了回填土和千斤顶;但在实际施工中,由于是先施工埋深浅侧(左侧)隧道,且中墙超前两侧隧道开挖的长度较多(大于100m),时间较长(2个月以上),并未设置千斤顶,而是在后施工侧(右侧)隧道内设置了两道15cm×15cm的硬质木撑,纵向间距60cm。根据监测信息及数据,中墙在后期两侧隧道施工中未发生可测位移和产生裂缝,说明中墙顶部地层给中墙顶提供了较大的阻力,助止了其偏移。

5 结语

神土隧道于2005年12月开通运营,总体效果良好,与其他分修隧道没什么区别。通过神土复合式中墙连拱隧道的设计及施工,在这种偏压严重的隧道洞口采用大管棚及反压回填护拱是一种比较安全可靠的技术措施;采用复合式中墙解决了连拱隧道中墙渗漏水的病害,对结构的受力、施工工艺方面都有很大的进步,给运营养护创造了较好的条件。

该工程为以后复合式连拱隧道的设计及施工提供了实例。

参考文献

[1] 铁道第二勘察设计院.粤赣高速公路神土隧道施工图[Z].成都:铁道第二勘察设计院,2003.

[2] 中华人民共和国行业标准.JTG D70—2004 公路隧道设计规范[S].北京:人民交通出版社,2004.

[3] 唐颖,陈晓钜.国际隧道研讨会暨公路建设技术交流大会论文集(上册)[R].北京:人民交通出版社,2002.

其　　他

山区铁路异物侵限监测技术应用研究

肖　琨[1]　李　海[1]　龙卫民[2]

(1. 中铁二院工程集团有限责任公司通号院；
2. 中铁二院工程集团有限责任公司技术中心)

摘　要　危岩落石是山区常见的一种不良地质现象，严重威胁着山区铁路建设及行车安全。本文通过对几种山区铁路路基边坡危岩落石异物侵限监测技术的介绍，分析其工作原理和技术特点，作为系统设计和建设的参考。

关键词　山区铁路；路基危岩落石；监测报警

Application of Monitoring Method on Foreign Body Intrusion in Mountainous Areas

Xiao Kun[1]　Li Hai[1]　Long Weimin[2]

(1. Telecommunication & Signal Design and Research Institute of CREEC;
2. Technology Cente of CREEC)

Abstract　Hanging rocks and falling stones is an adverse geological condition in mountainous areas, which poses threats to railway construction and traffic there. Through introduction of monitoring method on foreign body intrusion, such as by hanging rocks or falling stones from slopes beside subgrade, the paper gives an analysis on the performance principle and technical properties of the monitoring device, thus to provide reference for the design and installation of the system.

Key words　railway in mountainous area; hanging rock and falling stone over subgrade; monitoring and warning

1　引言

我国幅员辽阔，山区地形复杂，滑坡、崩塌、泥石流等地质灾害频繁发生，且多为突发性和灾难性灾害，特别是高陡边坡的崩塌、危岩落石，更是难以预测，严重威胁着山区铁路建设和运营安全。一旦灾害发生，将给人民生命及国家财产造成严重危害和巨大损失。

虽然技术人员在山区铁路设计中尽可能采取绕避重大不良地质地段和较集中危岩落石地段的方式，但由于山区山高坡陡地段覆盖范围广泛，且地质构造极为复杂，深路堑、高陡边坡(人工及自然边坡)、危岩落石等仍然无法完全避免。因此，如何进一步加强对铁路运营期间不良地质地段的长期监测，最大可能地避免或降低损失已成为必要，在山区铁路设置相应监测系统的重要性显得尤为突出。

本文通过介绍国内交通领域的几种异物监测技术，初步探讨了可应用于我国山区铁路防路基边坡危岩落石侵限的监测技术方案。

2　高速铁路异物侵限监测技术

我国高速铁路在公跨铁立交桥、公铁并行段、隧道洞口段设置了异物侵限监控系统。该系统采用双

作者简介：肖琨(1975—　)，男，高级工程师，中铁二院工程集团有限责任公司通号院副总工程师。

层电网传感器，并且和信号列控系统进行了联动控车。

当异物撞上防护网时，若一层电网损坏，系统则向调度中心报警；若双层电网同时损坏，报警同时与信号设备联动，相应区段中的列车紧急停车。

高速铁路异物侵限监控系统同时配合使用视频监控装置，调度或维护人员进一步通过视频方式了解现场，评估损害情况和采取有效的措施。

若将双电网监测技术用于危岩落石的监测，由于电网中的传感器导线固化在高强度脆性复合材料中，因此只能采用监测电网单元独立竖直方式，安装于边坡灾害及危岩落石可能冲击的铁路沿线(一般设置于铁路防护栏内侧)上。当灾害发生后，灾害体或落石侵入铁路限界，破坏电网，系统出发报警，联动列控系统控车。

该技术方案的优点是，在高速铁路领域已经有大量应用，技术逐步趋向成熟。缺点是，传感器电网与防护网为一体构造，与路基专业设置的防护网无法实现一体化安装，需单独设置，因此防护范围不全，易形成防护不到位情况。

3　光纤光栅技术

光纤光栅是利用紫外曝光技术在光纤芯中引起折射的周期性变化而形成的。反射光的波长对温度、应力和应变敏感。当环境温度、应力或应变发生变化时，光纤光栅反射光的峰值波长漂移，通过对波长漂移量的度量就可以实现对温度、应力和应变的感测。

光纤光栅检测装置主要由光纤光栅传感器、光纤光栅波长解调仪、计算机和连接光缆等组成。

3.1　在柔性被动防护网上的设置方案

由于锚拉绳为被动柔性防护系统的主要受力部件，因此可以将光纤光栅拉力传感器与锚拉绳串接。当巨石撞击防护网时，锚拉绳受到巨大冲击力，拉力传感器不仅可测量冲击力的大小，而且可以根据受到冲击前后的拉力状态来判断防护网是否受到破坏，如图 1 所示。

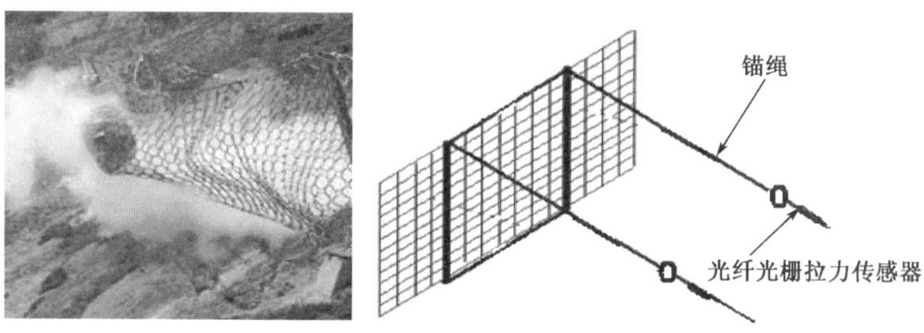

图 1　光纤光栅拉力传感器在柔性被动防护网上的布置示意图

3.2　在刚性防护栅栏上的设置方案

光纤光栅振动传感器在刚性防护栅栏上的布置示意图，如图 2 所示。光纤光栅振动传感器通过“固

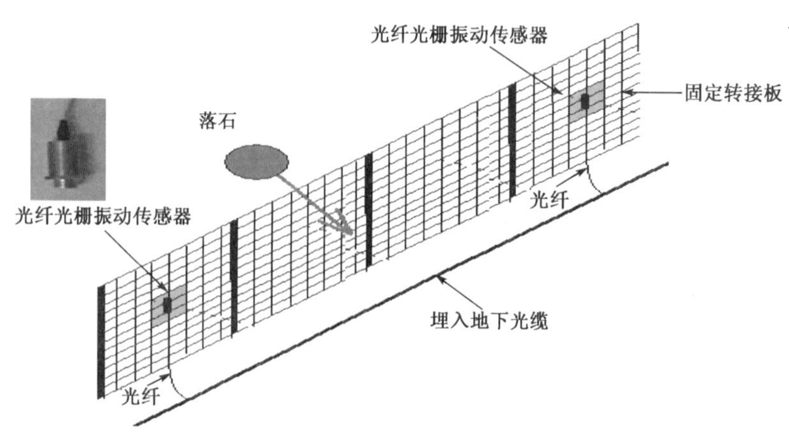

图 2　光纤光栅振动传感器在防护栅栏上的布置示意图

定转接板"固定在钢丝网的中间位置(这个位置振动幅度较大)。防护栅栏受到冲击的位置可由各个振动传感器感受冲击信号的时间先后来判定;受到损伤的程度由传感器感测的冲击幅度和冲击距离来计算。

目前,光纤光栅技术在长大桥梁的长期健康监测方面已有较多应用,但应用于危岩落石的监测还有待进一步的试验和验证。同时,该技术方案的成本也较高。

4 视频监控及图像分析技术

基于红外激光方式的视频监控及图像分析技术采用野外红外激光三维精密测量技术,通过对监测区域进行非接触式连续扫描,该技术方式能够在各种天气和气候条件下快速、准确地发现目标,同时具备对目标物的辨别能力。

视频监控系统由现场监测系统、传输系统、中心报警系统、现场行车报警系统、视频追踪系统等部分组成。

现场监测系统由红外激光夜视摄像机、智能图像分析单元、红外激光扫描成像装置、数据分析单元等设备组成。该系统通过对视频图像的智能分析和对比判别,实现监控区域内发生危岩落石的监测报警。

由于线路周边环境的复杂性,该系统存在误报率高的可能性。如小型动物、慢速通过或停止的机车以及杂草等都有可能造成误报。该种监测方式在铁路领域已有尝试性应用案例。

5 雷达监测技术

雷达监测技术是借助电磁波反射原理完成对进入监测区域的目标物体的速度、距离等有效信息的采集、分析和处理,实现对监测区域的实时监测。当有危岩落石等异物进入监控区域时,该监测技术通过对信息的进一步分析,确定侵限报警级别,实现报警。

该技术方案为非接触式测量。当车辆或其他物体经过扫描区域时,可能会造成误报。这种技术方案存在应用较少、处于初期试验阶段、设备价格较高、监测距离有限的缺点。

6 卫星定位监测技术

该技术方案利用北斗+GPS卫星导航定位系统提供的位置、速度、时间等信息来完成对高陡边坡及危岩落石体的三维位置变化信息监测。

卫星定位模块作为主要监测传感器,通过技术处理,监测的精度可达厘米级。

传感器布设于高陡边坡危岩落石监测点所处的危险坡体、危岩落石体、高路堤、深路堑、灾害发生可能冲击的铁路沿线防护栏立柱上(图3)。当高陡边坡发生变形时,系统通过定位模块测量的三维数据分析出监测点的水平和高程位移;当灾害发生冲击铁路沿线防护栏上道时,可通过防护栏上安装的传感器变形情况判断灾害的影响程度,并通过设置于铁路沿线的专用视频监控系统对现场信息加以确认(图4)。

图3 危险坡体安装图

图4 铁路沿线防护栏立柱安装传感器

该技术方案可实现对各监测点平面和高程观测数据同步,实时掌握监测点三维位置信息和变形动态,但卫星通道铺设较高,对柔性防护网区段的测试方案还有待进一步研究。

7 方案研究

根据我们目前对山区铁路危岩落石防护的初步研究,从技术成熟度、工程可实施性和投资等多方面综合分析,光纤光栅技术+视频监控具有比较大的优势。光纤光栅技术应用于危岩落石的监测报警,再通过视频监控系统进行确认和实现远程调度指挥。在工程中,光纤光栅技术与主动或被动防护网共同设置,在系统报警阈值、传感器布置方式等方面还有待进一步研究和通过实际工程验证不断优化。

山区铁路地形复杂,对于无法进行接触式安装的危岩落石危险地段,采用视频监控及图像分析技术实施较为方便,在技术成熟度和投资上具有相对的优势。但同时也应看到,视频分析系统投入使用后,为减少误报,需要一个长时间的“学习”和补充信息库的过程,这个过程需要专业技术人员和运维管理人员一起,共同反复进行试验、验证和测试,才能让系统达到一个可接受的误报率指标。因此,该方案最大的不足在于若系统“学习”过程不完善、不充分或运维管理人员的素质不能满足要求,则会造成实际使用中误报率高,最终流于形式,仅作为人工远程视频监控使用,无法真正起到智能分析、减小劳动强度的作用。

8 结语

新技术、新产品的涌现,对实现山区铁路危岩落石的监测提供了可能。集团公司在多个项目中对危岩落石监测也进行了科学研究和探索。我们看到,如果要从可靠性、可实施性、性价比等多方面考虑,现有的某一种监测技术还无法完全满足使用要求,需要结合工程实际情况,进行对比、综合分析以及多种技术组合,才能实现我们的技术目标。而技术方案的实施要经过一个论证、试验和验证的过程,这样才能保证系统监测的可靠性,实现保障行车安全的目标。

参 考 文 献

[1] 中华人民共和国行业标准. TB 10621—2009 高速铁路设计规范(试行)[S]. 北京:中国铁道出版社,2010.
[2] 刘建斌. 基于光纤光栅传感的铁路异物侵限监测系统研究[J]. 交通科技,2011(3).
[3] 赵树学. 客运专线、高速铁路异物侵限监测方案优化[J]. 铁路通信信号工程技术,2010,7(5).

山区铁路 GSM-R 通信系统覆盖技术研究

段永奇

（中铁二院工程集团有限责任公司通号院）

摘 要 随着我国铁路 GSM-R 系统建设的逐步推进，越来越多的 GSM-R 系统应用于山区铁路。解决山区铁路无线通信覆盖、保证 GSM-R 系统可靠性，是当前的研究重点之一。本文分析了铁路 GSM-R 系统覆盖需求、山区铁路电波传播特性和存在的问题，从关键性技术指标进行提出、把握，覆盖方案研究等方面对山区铁路 GSM-R 通信系统覆盖进行了探讨。

关键词 山区铁路；GSM-R；覆盖技术；研究

Study on Covering Technology of GSM-R Communication System on Railways in Mountainous Areas

Duan Yongqi

（Telecommunication & Signal Design and Research Institute of CREEC）

Abstract With gradual covering of GSM-R system across railway network, the system has come into wide use in mountainous areas to end the history of no wireless communication there. Now, how to ensure reliability of the system is a topic for study faced by designers. Based on analysis of the desired demand of covering railway with GSM-R system as well as problems concerning railway radio wave propagation in mountainous areas, the author explores ways to cover the system all over the mountainous areas by research of its key technical index and covering technologies.

Key words railway in mountainous area; covering technology of GSM-R communication system; study

1 引言

目前，我国铁路 GSM-R 通信系统建设正逐步推进，有序开展。新建普速、高速铁路，既有线改造，均采用 GSM-R 系统。GSM-R 系统为铁路，特别是高速铁路网络化、智能化、综合化的行车调度指挥提供通信保证，在 C3 区段，更担负着列车控制安全数据传输的责任，铁路 GSM-R 系统必须高度安全、可靠、快捷。同时，随着 GSM-R 系统建设的推进，越来越多的 GSM-R 系统应用于山区铁路。解决山区铁路无线通信覆盖、保证 GSM-R 系统可靠性，是当前的研究重点之一。

本文将从分析铁路 GSM-R 系统覆盖需求、山区铁路电波传播特性和存在的问题入手，对关键性技术指标提出、把握，对覆盖方案等方面进行研究，对山区铁路 GSM-R 通信系统覆盖进行探讨。

2 GSM-R 通信系统的相关特点及分析

2.1 GSM-R 通信系统对覆盖的需求

GSM-R 通信系统源于公网 GSM 通信系统，也应用和借鉴了很多 GSM 技术，但由于铁路的特定应用环境和高可靠性要求，GSM-R 通信系统对覆盖的要求与公网相比也大为不同。

作者简介：段永奇（1965— ），男，教授级高级工程师，中铁二院工程集团有限责任公司通号院副总工程师。

(1)GSM-R 通信系统主要提供列控信息传输、列车调度指挥通信等与行车安全密切相关的业务，系统要求安全、可靠、快捷，覆盖技术必须与之相适应。

(2)GSM-R 通信系统要求在沿线所有车站、区间(无论山区、平原)，实现无盲区、无缝覆盖。

(3)时速 300～350km/h 的客运专线、大秦煤炭集疏运通道和青藏铁路等线路，应具备冗余覆盖手段，满足有关列车控制信息可靠传输要求。

2.2 山区铁路电波传播特性分析

我国铁路 GSM-R 通信系统使用 900MHz 工作频段，以空间波方式进行传播。电波在传播过程中，除了从发射机通过直线传播到接收机的直射波和经地面反射的反射波外，还有传播路径中各种物体所引起的散播波，这些同一信源以不同路径到达同一接收点的现象称为多径传播现象，由于不同路径信号强度、时延、相位不同，会引起接收点电平发生快速起伏，被称为多径衰落。

当列车行驶在平原上时，主要存在反射波，而绕射、散射和其他反射都很弱，因而影响电波传播的因素较少；当列车行驶在山区、丘陵、多路堑区段时，由于铁路沿线障碍物分布较多，电波会发生复杂的反射、绕射、散射，车载台接收到的是这些电波的合成波，此时的电波衰耗很大，多径效应影响突出。

在列车通过隧道、路堑、高大障碍物阴影区时，电波衰耗尤为明显，往往会出现明显的弱场强区和无线覆盖盲区。

2.3 实现山区铁路通信覆盖的要求

山区铁路无线通信覆盖的目标是，要克服电波传播条件恶劣的影响，实现复杂地形条件下(包括桥隧相连区段)的可靠通信，保证通信质量和各种通信业务的有效传输。

由于山区铁路大多处于崇山峻岭中，桥隧相连、地形复杂，对无线电波传播极为不利，在隧道及深谷区段甚至出现连续无线覆盖盲区。因此，山区铁路解决通信覆盖的难度更大，采用的技术也与平原不一样。

铁路无线通信覆盖通常有两种方式，基站附近及地形开阔且电波传播不受阻挡的区间，可直接利用基站天线信号进行覆盖，如平原铁路和地形开阔区间可采取这种方式。山区铁路，基站天线信号无法直接覆盖的区间，需要研究采用基站天线覆盖以外的技术解决。

2.4 目前主要采用的覆盖技术

目前，GSM-R 系统主要采用光纤直放站结合漏泄同轴电缆方式解决覆盖问题。

光纤直放站技术是近年来无线通信覆盖的主流技术，国内外公网、专网、地铁等领域均广泛采用。由于该技术具有中继传输距离远、信号质量高、稳定性能好等优点，已经成为 GSM-R 系统主要的弱场强区解决手段。

光纤直放站系统构成，如图 1 所示。

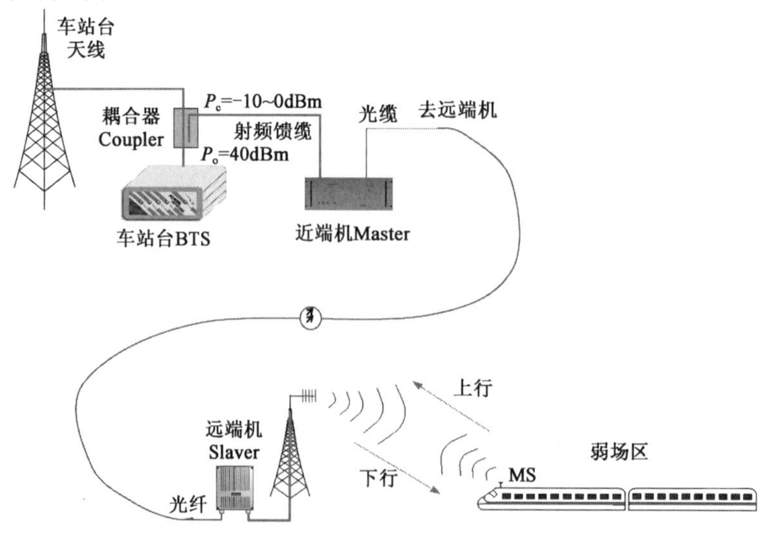

图 1 光纤直放站系统构成图

2.5 GSM-R 通信系统覆盖存在的主要问题

自青藏线开通后，近年来几乎所有铁路 GSM-R 工程都采用光纤直放站解决弱场强区覆盖问题，但存在的问题也不少，需要重点解决的主要有以下几个方面。

(1)光纤直放站技术源于公网 GSM 及 CDMA 延伸覆盖，现行标准、技术指标也参照公网制订、执行。不能满足铁路高可靠性的要求，也无法适应铁路恶劣的应用环境。

(2)铁路 GSM-R 采用链状组网，目前的光纤直放站技术不能满足多级连接，以及长距离传输的要求。

(3)时速 300～350km/h 的客运专线、重载列车等有列车控制信息传输区段，要求覆盖冗余，现有光纤直放站不能完全满足。

3 山区铁路 GSM-R 覆盖技术研究

开展山区铁路 GSM-R 覆盖技术研究，首先需要根据铁路特点和应用需求提出关键技术及指标，制订适合铁路的标准；其次，应针对冗余覆盖等特定需求开展组网方案、设备保证等研究。

3.1 关键技术及指标

从前文所述需求和存在的问题来看，解决山区铁路无线覆盖的关键技术及指标有如下几点。

(1)时延

光纤直放站传输时延是指直放站输出信号对输入信号的时间延迟。

GSM-R 系统规定终端和基站之间信号传播最大时延：233μs，因此对基站覆盖范围有一定的限制。空中电波覆盖范围要求小于 34.5km，光纤中传播覆盖范围要求小于 23km，对于铁路 GSM-R 网络来说，基站覆盖范围不需要这么大。但是，光纤直放站存在另一个重要的问题就是时延差限制，即多径时延限制。直放站信号实际上可以被认为是时延较大、强度较高的基站信号的多径成分，当基站信号切换到直放站信号或在同一小区的两个直放站之间切换时，会产生时延差。

根据对直放站多径时延差的要求，当 C/I 不大于 9dB 时，时延差不大于 15μs，如图 2 所示，其中 $Tb+Tc+Tmu+RU-Ta\leqslant 15\mu s$。

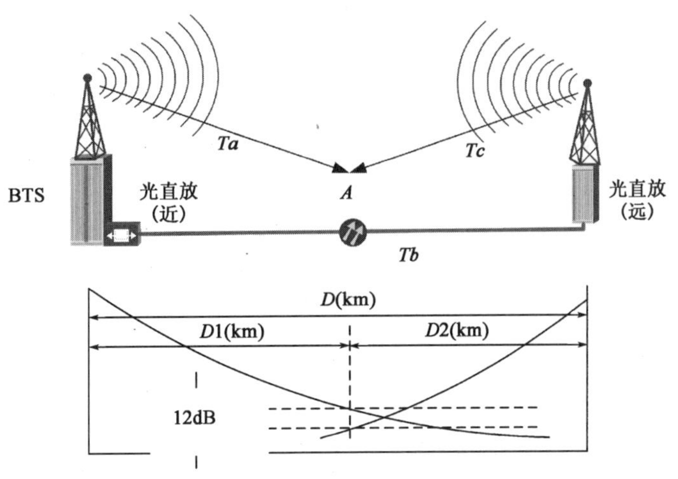

图 2 直放站多径时延差图

这一特性源于 GSM-R 系统采用的 GMSK 调制解调技术，制约了光纤直放站布设的灵活性。为满足该指标要求，采取如下措施。

①标准规定光纤直放站系统时延不应大于 1.0μs。

②工程设计中应进行时延差计算。

(2)上行噪声

直放站在放大上行信号的同时，也必然向基站发送上行噪声，当上行噪声电平足够大时，将降低基站接收机的灵敏度，对网络的影响是使上行覆盖范围变小。影响噪声电平的主要因素有：基站和直放站噪声系数；直放站上行增益；直放站并联个数；基站和直放站的输出功率等。

当基站覆盖区引入直放站后，基站和直放站的噪声系数均要增加一个噪声增量，用 dB 值表示。

基站噪声增量

$$\Delta NFbts = 10\lg[1 + 10Nrise/10] \tag{1}$$

直放站噪声增量

$$\Delta NFrep = 10\lg[1 + 10 - Nrise/10] \tag{2}$$

噪声增量因子

$$Nrise = NFrep - NFbts + Grep\text{-上行} - Lbts\text{-}rep \tag{3}$$

式中：NFrep——基站噪声系数；

NFbts——直放站噪声系数；

Grep-上行——直放站上行增益；

Lbts-rep——路径损耗。

当一个基站带 n 个直放站时，

基站噪声增量

$$\Delta NFbts = 10\lg[1 + n \times 10Nrise/10] \tag{4}$$

直放站噪声增量

$$\Delta NFrep = 10\lg[n + 10 - Nrise/10] \tag{5}$$

我院编制的有关标准规定了直放站噪声系数的指标为：

①单射频输出口的设备噪声系数不大于 4dB。

②双射频输出口的设备噪声系数不大于 7dB。

噪声系数是光纤直放站应用于山区铁路无线系统的重要指标，关系到直放站所能级联的个数。C3 等有冗余覆盖要求的区段，要求一个近端机带 12～16 个远端机，1 个近端机在带 16 个远端机的情况下，上行噪声电平到达基站不超过－114dBm，这一指标是较为苛刻的。目前，国内大多数厂家仅能做到一个近端机带 4 个远端机。

(3)互调产物

互调产物指标参照原信息产业部的标准 900/1800MHz TDMA 数字蜂窝移动通信网直放站技术要求和测试方法(YD/T 1337—2005)，工作频带内定为≤－60dBc(宽带)、≤－66dBc(选频)。在实际应用中，公网设备的指标一般可以下降到－38dBc，这是公网的应用环境和场合所决定的，GSM 和 GSM-R 应用环境和服务质量比较，见表 1。

GSM 和 GSM-R 应用环境和服务质量比较 表 1

内 容	公网 GSM	专网 GSM-R	说 明
小区类型	微蜂窝	宏蜂窝	公网基站覆盖范围小
服务质量 QOS	允许掉话	不允许掉话	公网的信号质量要求低
服务对象	静态用户	动态列车	专网信号质量要求高
直放站使用范围	大楼等封闭区域	山区等开放区域	专网信号干扰要求小

如上所述，公网直放站降低互调产物指标，主要是因为基站覆盖范围小，处理的都是大信号，干扰、散等小信号对 C/I 载干比的影响有限。而铁路基站覆盖的都是宏小区，边缘信号较弱，如果直放站三阶杂散控制不好，就会影响到相邻信道小区边缘信号。三阶互调是众多互调产物中最严重的，因此它也成为放大器非线性的一个度量指标。所以，保证直放站三阶互调指标达到－60dBc 是铁路 GSM-R 覆盖质量的基本保证。

(4)可靠性要求

铁路应用的最大特点就是对可靠性的要求。为了实现高可靠性，铁路光纤直放站应满足以下要求。

①直放站应考虑电源模块、光模块、功放模块等的冗余备份及主、备用自动切换；光纤主、备用自动切换等要求。

②可靠性指标定为产品平均无故障间隔时间 MTBF 和 MTBF 试验下限值 θ_1。MTBF 下限值 θ_1 应等于产品最低可接受的 MTBF 值。

③光纤直放站的 MTBF≥100000h；MTBF 下限值 θ_1 值不低于 600h。

3.2 列控区段冗余覆盖的实现

(1)组网方案

当列车控制采用 CTCS-3 级、GSM-R 采用交织覆盖时，为了保障 CTCS-3 的应用，光纤直放站系统任何设备、器件发生非连续故障时，不影响 GSM-R 系统应用。

信号覆盖组网的冗余采用交织冗余方式，远端机需要同时接入两路基站信号并同时放大输出，一路信号作为主连接，另一路信号作为从连接(起到备用功能)。当一个基站失效，另一个基站信号可以覆盖整个隧道。

图 3 为一个典型隧道的解决方案。

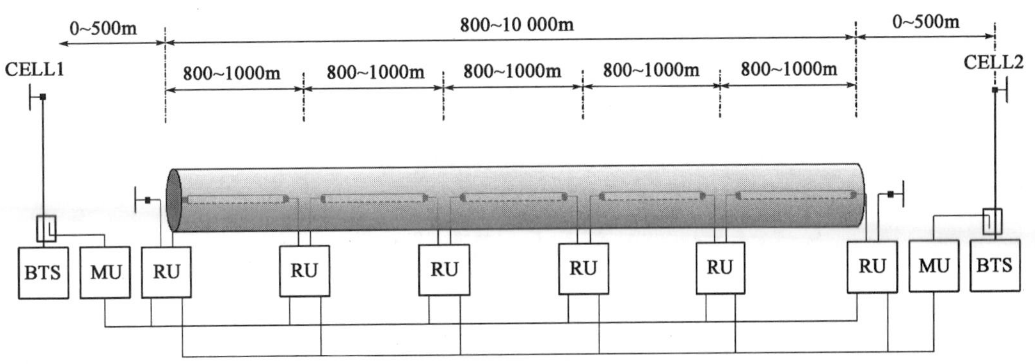

图 3 典型隧道解决方案图

(2)指标要求

有冗余覆盖要求的区段，要求一个近端机带 12～16 个远端机，1 个近端机在带 16 个远端机的情况下，上行噪声电平到达基站不超过－114dBm。

4 新技术的研究及发展趋势

无线通信技术从 2G 发展到 3G、4G，技术不断更新，GSM 直放站技术也从模拟直放站向数字直放站开始转变。

数字光纤直放站是采用软件无线电技术，将 GSM Um 口信号数字化，通过光纤传送到远端，利用远端射频单元再生、放大，实现基站信号拉远覆盖的无线网络覆盖设备。系统采用符合 CPRI 标准的传输接口，并采用了数字光端机技术。利用数字中频技术把 RF 射频信号进行数字化，在数字域对数字信号进行处理，极大地增强了设备对信号的处理和控制能力。

数字直放站具有如下优点：

(1)该系统具有在一个近端带多个远端情况下，噪声不叠加的能力。

(2)有自动时延校准功能。

数字光纤直放站克服了模拟直放站噪声、时延等方面存在的缺陷，使该系统更加适用于铁路、高速公路等狭长形区域覆盖。

GSM-R 数字直放站和传统模拟直放站相比具有很多优势，但是数字直放站也具有一定的局限性，突出的问题是，传输时延较大，无法和基站交叉覆盖，使用数字直放站只能牺牲基站的射频部分，将基站作为信源使用。另外，数字直放站是否适应铁路要求的高可靠性和高抗干扰能力还有待验证。

目前，数字直放站技术在公网应用较多。铁路方面的应用尚处于研究和标准制定阶段。另外，近年来推出的射频拉远技术其应用特点与数字直放站技术存在诸多类似之处,基于篇幅关系,在此就不展开讨论了。

参考文献

[1] GSM-R 中继传输系统技术规范编制研究[J].铁道工程学报,2009(8).

[2] 同异频无线列调系统在 200 公里/小时山区铁路的适用性分析[J].2007 年第四卷铁道通信信号工程技术,2007,4.

带回流线直供全并联供电在山区电气化铁路的应用

邓云川 高 宏 智 慧 李良威

（中铁二院工程集团有限责任公司电化院）

摘 要 本文从负荷特点入手，针对山区电气化铁路的特点，提出采用直供全并联供电方式解决200km/h及以上客货共线山区电气化铁路供电难题，并从载流能力、牵引网电能损耗、牵引网电压损失等三个方面对全并联供电应用到山区电气化铁路中的供电能力进行了分析，得出在山区大坡道线路上，采用直供全并联供电方式供电能力基本同AT供电方式的结论。

关键词 山区电气化铁路；全并联供电；载流能力；电能损耗；电压损失

Application of Direct Parallel-feeder Mode with Return Wire to Electrified Railway in Mountainous Areas

Deng Yunchuan Gao Hong Zhi Hui Li Liangwei

(Electrification Design & Research Institute of CREEC)

Abstract Based on the characteristics of electrified railways and its bearing properties in mountainous areas, this paper presents a solution of power supply for 200km/h and above electrified railways in mountainous areas with direct parallel-feeder mode. And an analysis is given to the parallel-feeder mode applied to the electrified railways in mountainous areas from three aspects including current carrying capacity, OCS's power loss and OCS's voltage loss At last, a conclusion is reached that the application of direct parallel-feeder mode can acquire the same feeding capacity as that of the AT feeding mode.

Key words electrified railway in mountainous area; parallel-feeder mode; current carrying capacity; OCS's power loss; OCS's voltage loss

1 引言

随着我国国民经济的持续稳步发展，以高速、重载为代表的电气化铁路得到了迅速发展，200km/h及以上高标准线路逐步由经济发达的沿海平原及丘陵地区向西部山区推广。

2 200km/h 及以上客货共线山区电气化铁路的负荷特点

过去山区铁路较平原地区铁路具有速度低、坡道大（而且往往为一面坡）、桥隧比例高、运量相对较小的特点。长期以来，山区电气化铁路的设计速度一般均不超过160km/h，但是，随着我国铁路技术的进步和发展，一批设计速度200km/h及以上的高标准客货共线山区电气化铁路开始建设。

200km/h及以上客货共线山区电气化铁路客车最高运行速度为200km/h及以上，货车最高运行速度120km/h，通过能力一般按客车最小追踪间隔4min，货物列车最小追踪间隔5min设计，由于坡度很大，往往客货列车均采用双机牵引。客货列车双机牵引，单列车功率很高（9600～22000kW）、电流很大（400～900A），在列车连续追踪运行的情况下，牵引负荷大大高于普速山区电气化铁路。

作者简介：邓云川（1974— ），男，高级工程师。

本文已刊登于《高速铁路技术》2011年6期。

3 200km/h及以上客货共线山区电气化铁路供电方式的选择

目前,单相工频(50Hz)25kV电气化铁路的牵引网供电方式主要有AT(自耦变压器)供电方式、带回流线的直接供电方式。200km/h客货共线山区电气化铁路隧道断面面积为87.13m^2,能够满足AT供电方式悬挂的需要,但对施工误差要求较高。对于速度在200km/h及以上的铁路,各国均采用带回流线的直接供电方式或自耦变压器供电方式。

从供电能力分析,技术上AT供电方式和带回流线直接供电方式均能满足200km/h及以上高速牵引。两者相比,AT供电方式功率输送能力更强,供电距离更远,更能适应大功率负荷的供电需要;AT供电方式可减少牵引变电所数量,节约电力系统投资,降低列车通过分相中性段短时失电产生的速度和功率损失,同时能有效降低钢轨电位和对沿线通信线路的干扰。带回流线的直接供电方式为解决大电流载流问题,需增设加强线,接触网结构的简单程度与AT供电方式相比,优势并不明显。目前,我国200km/h及以上铁路建设方兴未艾,平原及丘陵地区大量采用AT供电方式。

山区200km/h及以上客货共线电气化铁路通常桥隧比例很高(>50%)、交通不便,采用AT供电方式,牵引变电设施较多,设所条件非常困难(部分分区所及AT所不得不设置于隧道内),站前土建工程较大,运营维护难度也很大,且工程投资巨大。

结合200km/h客货共线山区电气化铁路坡度起伏很大的特点,特提出如下方案:采用带回流线的全并联直接供电方式,在供电臂末端上下行接触网并联的同时,供电臂中间增加并联点,将大坡道上坡重负荷分配到下坡轻负荷,从而降低牵引网电压损失和电能损耗,提高牵引网综合载流能力。采用该方案,在解决供电能力问题的同时,避免采用系统复杂的AT供电方式,经济有效地解决了山区200km/h及以上客货共线电气化铁路供电问题。AT供电方式和全并联供电方式等效网络示意,如图1所示。结合渝利线设计情况,对不同供电方式投资比较进行分析,具体如表1所示。

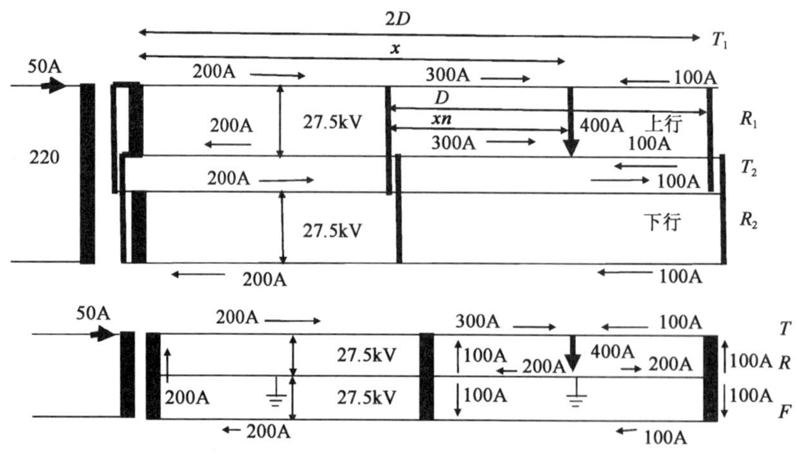

图1 AT供电方式和全并联供电方式等效网络示意图

渝利线不同供电方式投资比较表(单位:万元) 表1

供电方式	单位	带回流线直接供电			AT供电			带回流线全并联供电方式(设加强线)		
		单价	数量	小计	单价	数量	小计	单价	数量	小计
接触网	条千米	55	820	45100	60	820	49200	58	820	47560
牵引变电所	座	1800	9	16200	2200	7	15400	1800	7	12600
分区所(普通)	座	100	8	800	850	6	5100	100	6	600
AT所(普通)	座	—	—	—	450	7	3150	—	—	—
分区所(隧道内)	座	400	2	800	2000	2	4000	400	2	800

续上表

供电方式	单位	带回流线直接供电			AT供电			带回流线全并联供电方式(设加强线)		
		单价	数量	小计	单价	数量	小计	单价	数量	小计
AT所(隧道内)	座	—	—	—	1200	4	4800	—	—	—
并联所	座	—	—	—	—	—	—	200	7	1400
并联所(隧道内)	座	—	—	—	—	—	—	300	4	1200
合计		62900			81650			64160		

注:由于受牵引变电所设所条件限制,部分AT牵引变电所供电臂较短,可以不在供电臂中部设置AT所;上表仅考虑电气化本专业投资情况,隧道内洞室开挖、站前场坪、通所道路、通风给水、外部电源等相关工程投资未计入。

4 全并联供电的供电能力

根据参考文献[4],牵引网采用全并联方式运行,三点并联与两点并联相比,三点并联改善牵引网供电质量的效果并不明显。因此,下面的分析按照供电臂中部和末端两点并联考虑。

4.1 载流能力分析

采用全并联供电,由于中部设置上下行并联点,电流通过并联点可在上下行牵引网间均衡分配,改善上下行牵引网中电流的均衡关系。而牵引负荷受行车组织方式、方案以及线路坡度等影响,往往上下行负荷存在一定差异,全并联供电改善牵引网电流分配的程度很大程度取决于上下行牵引负荷的差异,差异越大,改善效果越好。针对山区电气化铁路坡度很大,且通常为一面坡的情况,进行如下分析。

(1)末端并联供电方式下的牵引网载流能力分析

末端并联带回流线的直接供电运行方式供电网络,如图2所示,按照并联供电广义分析,设供电臂下行为重车方向,供电臂追踪间隔数为n,追踪距离为L_Z,同时令最靠近变电所的第1列车位置为xL_Z,$x\in[0,1]$,后面任意第k列车位置为$xL_Z+(k-1)L_Z$,$k=1,\cdots,n$,则供电臂长度为$L=xL_Z+nL_Z$,第k列车电流的上行电流分量为:

$$i_s=\frac{xL_Z+(k-1)L_Z}{2L}I=\frac{xL_Z+(k-1)L_Z}{2(xL_Z+nL_Z)}I=\frac{x+(k-1)}{2(x+n)}I,k=1,\cdots,n \tag{1}$$

下行电流分量为:

$$\begin{aligned}i_x&=\frac{2L-[xL_Z+(k-1)L_Z]}{2L}I=\frac{2(xL_Z+nL_Z)-[xL_Z+(k-1)L_Z]}{2(xL_Z+nL_Z)}I\\&=\frac{x+2n-(k-1)}{2(x+n)}I,k=1,\cdots,n\end{aligned} \tag{2}$$

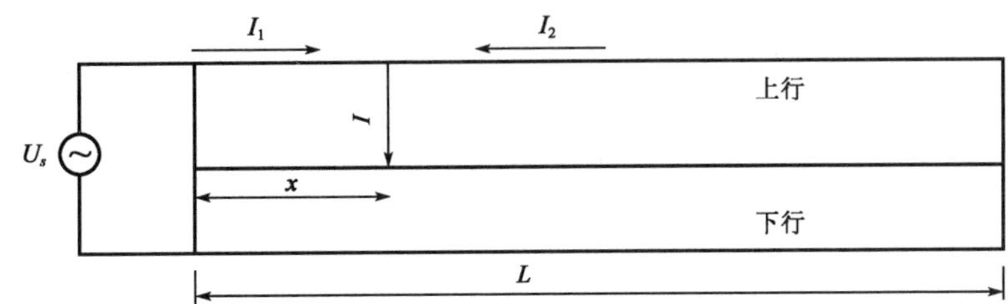

图2 末端并联带回流线的直接供电方式供电网络示意图

则总的上行电流分量可表示为:

$$i_u=\sum_{k=1}^{n}i_s=\left[\frac{nx}{2(n+x)}+\frac{n(n-1)}{4(n+x)}\right]I \tag{3}$$

同理,下行方向供电臂首端总电流为:

$$i_d=nI-i_u=\left[\frac{(3n+1)n}{4(n+x)}+\frac{nx}{2(n+x)}\right]I \tag{4}$$

上行电流平均值为：

$$I_{ux}=\int_0^1 i_u \mathrm{d}x=\int_0^1\left[\frac{nx}{2(n+x)}+\frac{(n-1)n}{4(n+x)}\right]I\mathrm{d}x \tag{5}$$

下行电流平均值为：

$$I_{ux}=\int_0^1 i_d \mathrm{d}x=\int_0^1\left[\frac{(3n+1)n}{4(n+x)}+\frac{nx}{2(n+x)}\right]I\mathrm{d}x \tag{6}$$

上行电流有效值为：

$$I_{ux}=\sqrt{\int_0^1 i_u^2 \mathrm{d}x}=\sqrt{\int_0^1\left[\frac{nx}{2(n+x)}+\frac{(n-1)n}{4(n+x)}\right]^2 I^2\mathrm{d}x} \tag{7}$$

下行电流有效值为：

$$I_{ux}=\sqrt{\int_0^1 i_d^2 \mathrm{d}x}=\sqrt{\int_0^1\left[\frac{(3n+1)n}{4(n+x)}+\frac{nx}{2(n+x)}\right]^2 I^2\mathrm{d}x} \tag{8}$$

按照上述分析，采用公式(5)、(6)、(7)、(8)，得出不同追踪列车数的电流分布，如表2所示。

不同追踪列车数的电流分布表1 表2

追踪间隔列车数	1	2	3	4	5
上行平均值所占比例	15.34%	19.59%	21.23%	22.11%	22.65%
上行有效值所占比例	16.86%	19.92%	21.35%	22.19%	22.69%
下行平均值所占比例	84.66%	80.41%	78.77%	77.89%	77.35%
下行有效值所占比例	84.95%	80.49%	78.80%	77.91%	77.36%

结论：采用末端并联在一面坡的情况下，平均电流能改善15%～22%。

(2)全并联(中间增加并联点)供电方式下的牵引网载流能力分析

全并联(中间增加并联点)带回流线的直接供电运行方式供电网络，如图3所示，由于增加了中间并联点，当负荷位于中间并联点之后时，前端接触网上电流为0.5倍负荷电流；当负荷位于中间并联点之前时，前端接触网上电流遵循末端并联电流分布规律。据此，按负荷图进行分析，得出分段计算函数，对分段函数进行积分计算，可得出平均电流和有效电流值，如表3所示。

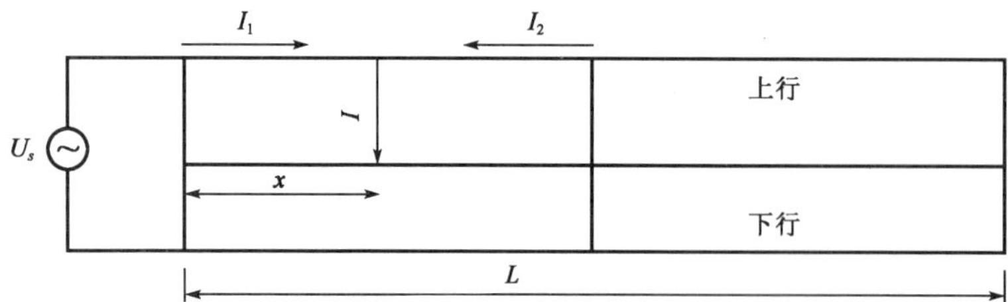

图3 全并联(中间增加并联点)带回流线的直接供电方式供电网络示意图

不同追踪列车数的电流分布表2 表3

追踪间隔列车数	1	2	3	4	5
上行平均值所占比例	37.5%	37.5%	37.5%	37.5%	37.5%
上行有效值所占比例	38.74%	36.66%	37.34%	37.37%	37.44%
下行平均值所占比例	62.5%	62.5%	62.5%	62.5%	62.5%
下行有效值所占比例	61.26%	63.34%	62.66%	62.63%	62.56%

结论：采用末端及供电臂中部并联在一面坡的情况下，平均电流能改善37.5%左右，较末端并联提高18%～14%，有效值能改善37%左右，较末端并联提高20%左右。

4.2 牵引网电能损耗分析

牵引负荷在运行中，牵引网电阻消耗电能，由于电能消耗与运行时间有关，故为了不失一般性，下面按照追踪间隔时间内的电流平方矩进行研究，并采用标幺值进行分析。

按照并联供电广义分析，设供电臂为一面坡，下行为重车方向，供电臂追踪间隔数为 n，追踪距离为 L_Z，一个车负荷电流为 I，同时令最靠近变电所的第 1 列车位置为 xL_Z，$x\in[0,1]$，后面任意第 k 列车位置为 $xL_Z+(k-1)L_Z$，$k=1,\cdots,n$，则供电臂长度为 $L=xL_Z+nL_Z$，追踪间隔时分为 L_Z/v（v 为运行速度），上行为轻车方向，没有负荷。对于任意时刻，牵引网中任意位置的电流始终可以表示为 x 的函数，不同位置电流平方与电流分布的长度的乘积定义为电流平方矩，电流平方矩也是变量 x 的函数，将电流平方矩除以 I^2L_Z 得到其标幺值，电流平方矩按追踪间隔时间进行积分，积分时间上总体分为两段：$0\sim xL_Z/v$ 和 $xL_Z/v\sim L_Z/v$，标幺化后为 $0\sim x$ 和 $x\sim1$，即可得到追踪间隔时间内的电流平方矩，该值与单位长度电阻（常数）的积即可表示为追踪间隔时间内牵引网的耗电量。

按照上述分析，对不同追踪间隔（1～5）进行分析计算，结果见表 4～表 8。

不同供电方式下的负荷耗电量对比表 1　　表 4

数　值	最大值	最小值	平均值	有效值	标准偏差
末端并联与分开供电比值	0.6666	0.6666	0.6666	0.6666	0
全并联与分开供电比值	0.5833	0.5833	0.5833	0.5833	0
末端并联与全并联比值	1.143	1.143	1.143	1.143	0

不同供电方式下的负荷耗电量对比表 2　　表 5

数　值	最大值	最小值	平均值	有效值	标准偏差
末端并联与分开供电比值	0.6701	0.6646	0.6663	0.6659	0.001567
全并联与分开供电比值	0.5825	0.4792	0.531	0.5301	0.03048
末端并联与全并联比值	1.391	1.151	1.259	1.254	0.0705

不同供电方式下的负荷耗电量对比表 3　　表 6

数　值	最大值	最小值	平均值	有效值	标准偏差
末端并联与分开供电比值	0.6389	0.6316	0.6346	0.6341	0.002355
全并联与分开供电比值	0.5556	0.5029	0.5188	0.5137	0.0149
末端并联与全并联比值	1.256	1.15	1.224	1.234	0.02995

不同供电方式下的负荷耗电量对比表 4　　表 7

数　值	最大值	最小值	平均值	有效值	标准偏差
末端并联与分开供电比值	0.6316	0.6288	0.63	0.6299	0.0008978
全并联与分开供电比值	0.5424	0.5379	0.5399	0.5397	0.00133
末端并联与全并联比值	1.169	1.164	1.167	1.167	0.001219

不同供电方式下的负荷耗电量对比表 5　　表 8

数　值	最大值	最小值	平均值	有效值	标准偏差
末端并联与分开供电比值	0.6255	0.4854	0.5516	0.5496	0.04133
全并联与分开供电比值	0.5355	0.4152	0.472	0.4704	0.03549
末端并联与全并联比值	1.169	1.168	1.169	1.169	0.0002998

结论：带回流线直接供电方式末端并联时，牵引网电能损耗比分开供电降低 33%～45%；全并联运行时，牵引网电能损耗比分开供电降低 42%～53%，牵引网能耗比末端并联供电降低 14%～25%。

4.3 牵引网电压损失分析

(1)分析方法

牵引负荷在运行中,牵引网末端电压水平是评估供电能力的重要指标之一,牵引负荷在供电系统中产生的电压损失,由牵引网电压损失、牵引变压器电压损失、电力系统电压损失三部分组成,对于同样的负荷,牵引变压器安装容量相同,在牵引变压器和电力系统中产生的电压损失是相同的。无论带回流线直接供电方式,分开、末端并联、全并联运行,还是AT供电方式,分开、末端并联、全并联运行,其改变的仅是牵引网上电压损失。为此,下面对不同供电方式、不同运行条件下,牵引网电压损失进行分析。

按照并联供电广义分析,设供电臂为一面坡,下行为重车方向,供电臂追踪间隔数为 n,追踪距离为 L_Z,一个车负荷电流为 I,同时令最靠近变电所的第1列车位置为 xL_Z,$x\in[0,1]$,后面任意第 k 列车位置为 $xL_Z+(k-1)L_Z$,$k=1,\cdots,n$,则供电臂长度为 $L=xL_Z+nL_Z$,上行为轻车方向,没有负荷。对于任意时刻,牵引网中任意位置的电流始终可以表示为 x 的函数,不同位置电流与电流分布的长度的乘积定义为电流矩,电流矩也是变量 x 的函数,将电流矩除以 IL_Z 得到其标幺值。为不失一般性,对于某一 x 值,分析了整个供电臂负荷按同样的速度运行 x 长度过程中牵引网的电流矩。电流矩与单位长度等效阻抗(常数)的积即可表示为牵引网电压损失。

按照上述分析,对不同追踪间隔进行分析计算比较,结果见表9~表13。

(2)带回流线直接供电方式不同运行方式下的牵引网电压损失比较

按照上述分析,在相同接触网悬挂组合和供电臂追踪排车情况下,对应不同供电方式、不同追踪间隔进行分析计算,结果见表9~表13。

方式一为带回流线直接供电方式分开供电;方式二为带回流线直接供电方式末端并联供电;方式三为带回流线直接供电方式全并联供电。

①供电臂有1个追踪间隔时不同供电方式下牵引网电压损失标幺值比较(图4)。

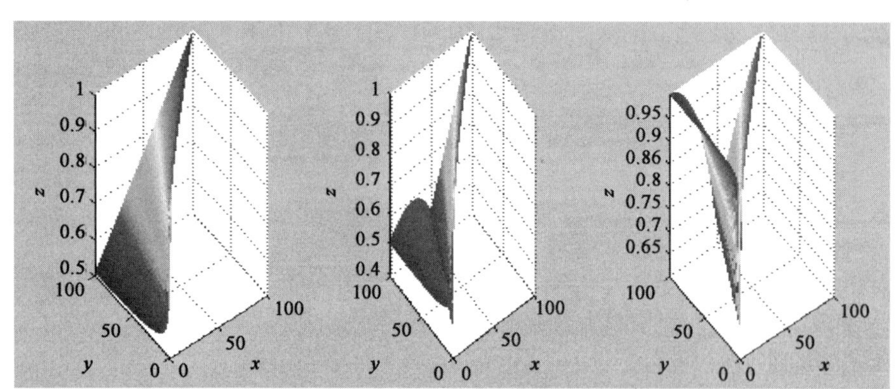

图4 不同运行方式下的牵引网末端电压水平对比图1

不同运行方式下的牵引网末端电压水平对比表1　　表9

数　值	最 大 值	最 小 值	平 均 值
末端并联/分开供电	1	0.5	0.6667
全并联/分开供电	1	0.5	0.5833
全并联/末端并联	1	0.6667	0.8749

②供电臂有2个追踪间隔时不同供电方式下牵引网电压损失标幺值比较(图5)。

不同运行方式下的牵引网末端电压水平对比表2　　表10

数　值	最 大 值	最 小 值	平 均 值
末端并联/分开供电	0.745	0.243	0.6326
全并联/分开供电	0.745	0.1667	0.5569
全并联/末端并联	1	0.6667	0.8803

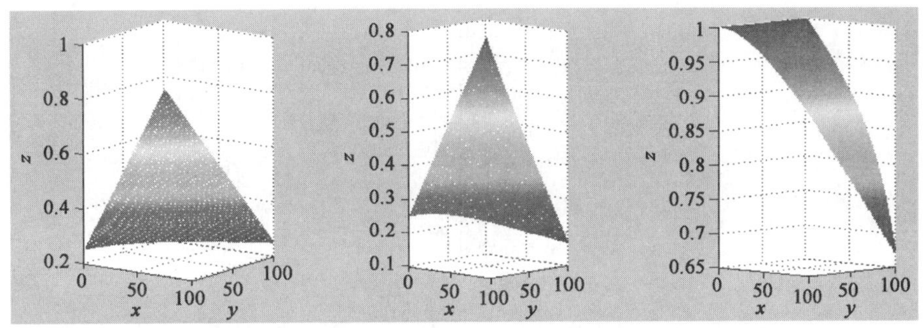

图 5　不同运行方式下的牵引网末端电压水平对比图 2

③供电臂有 3 个追踪间隔时不同供电方式下牵引网电压损失标幺值比较(图 6)。

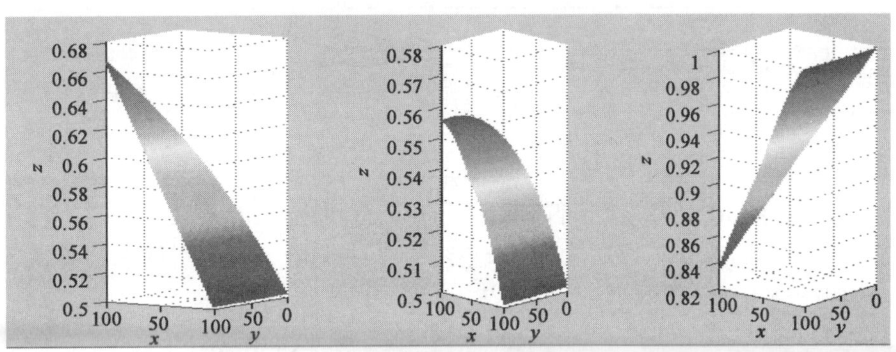

图 6　不同运行方式下的牵引网末端电压水平对比图 3

不同运行方式下的牵引网末端电压水平对比表 3　　表 11

数　　值	最 大 值	最 小 值	平 均 值
末端并联/分开供电	0.6667	0.5017	0.5876
全并联/分开供电	0.5572	0.5011	0.524
全并联/末端并联	1	0.8333	0.8917

④供电臂有 4 个追踪间隔时不同供电方式下牵引网电压损失标幺值比较(图 7)。

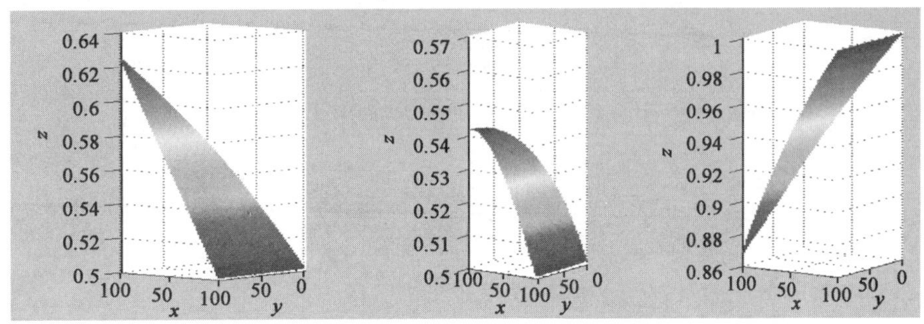

图 7　不同运行方式下的牵引网末端电压水平对比图 4

不同运行方式下的牵引网末端电压水平对比表 4　　表 12

数　　值	最 大 值	最 小 值	平 均 值
末端并联/分开供电	0.625	0.5012	0.565
全并联/分开供电	0.5423	0.5007	0.5288
全并联/末端并联	1	0.8667	0.936

⑤供电臂有 5 个追踪间隔时不同供电方式下牵引网电压损失标幺值比较(图 8)。

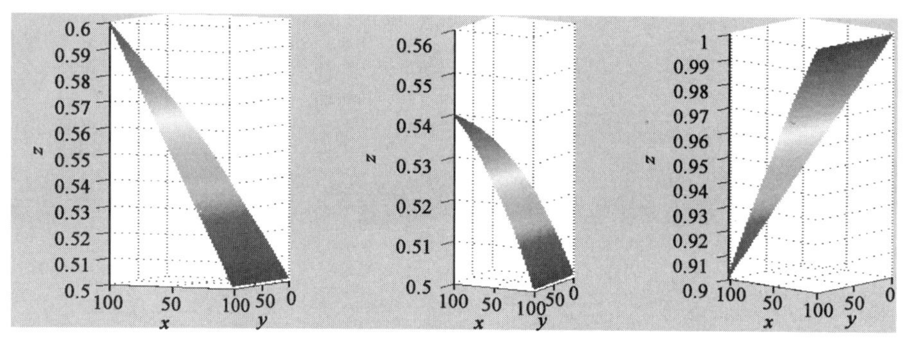

图8　不同运行方式下的牵引网末端电压水平对比图5

不同运行方式下的牵引网末端电压水平对比表5　　表13

数　值	最　大　值	最　小　值	平　均　值
末端并联/分开供电	0.6	0.5010	0.5516
全并联/分开供电	0.54	0.5006	0.5238
全并联/末端并联	1	0.9	0.9496

结论：带回流线直接供电方式与上下行牵引网分开运行相比，末端并联运行时，牵引网电压损失减少40%～50%，全并联运行时，牵引网电压损失较少约50%；与上下行牵引网末端并联运行相比，全并联运行时，牵引网电压损失减少约10%。

5　结语

通过上述分析可以得出，对于带回流线直接供电方式，上下行牵引网牵引负荷差异明显的情况下，采用全并联方式运行时，供电能力能得到大幅度的提高，从分析结果判断，基本同AT供电方式，如考虑进一步设置加强线，其供电能力还可进一步提高30%左右，基本同AT供电方式末端并联或全并联运行。相比较AT供电方式，带回流线直供全并联供电方式，接触网结构和变电设备复杂程度都大大降低，投资也大为节省。虽然本文以解决山区200km/h客货共线铁路供电技术难题为目标，但需要强调的是，全并联供电方式是对直供方式的优化，因此不局限于山区，也不局限于200km/h以上线路。对于上下行牵引网负荷差异明显的重载及大坡道等线路，采用该方式同样具有非常突出的技术经济优势。

参考文献

[1] 铁道部电气化工程局电气化勘测设计院.电气化铁道设计手册——牵引供电系统[M].北京：中国铁道出版社，1988.

[2] 中铁电气化局集团有限公司.电气化铁道接触网[M].北京：中国电力出版社，2003.

[3] 邓云川.关于山区电气化铁道牵引供电系统问题的讨论[J].电气化铁道.2005.

[4] 邓云川.应用均匀分布负荷进行供电计算[J].电气化铁道.2005(5):18-20.

[5] 铁道部重点科研项目《带加强线全并联供电在山区电气化铁路中应用的系统研究》课题组.供电能力分析报告[R].成都，2011.

海南东环铁路电气化系统防雷接地设计

田广辉　潘　英　王思文　李国振

（中铁二院工程集团有限责任公司电化院）

摘　要　变电所和接触网的防雷系统是铁路电气化系统安全运行的重要保障措施之一，针对海南东环铁路沿线特殊的海洋气候、雷电危害情况及地质情况，设计出了一套行之有效的防雷接地方案。本文将结合海南东环铁路雷电防护的设计和应用情况，分析总结电气化系统的防雷接地设计方案。

关键词　变电；接触网；防雷；接地；设计

Design of Lightning Protection for Electrified System on East Loop Railway in Hainan Province

Tian GuangHui　Pan Ying　Wang Siwen　Li Guozhen

(Electrification Design & Research Institute of CREEC)

Abstract　The lightning protection net of substation and overhead contact system offers an important measure to ensure the security of electrified railway traffic. Based on the marine climate effecting east loop railway as well as the local lightning and geological conditions, an effective measure to prevent lightning and grounding has been designed. Taking as a case study the design and application of lightning protection for east loop railway in Hainan Province, the paper summarizes ways for lightning protection and grounding for electrified railway system.

Key words　substation; overhead contact system; lightning protection; grounding; design

1　引言

海南岛地处我国热带地区，四周环海，水面和陆地受热不匀，故多雷电。根据气象资料记载，海南各地每年平均雷电日约120天，最多则达149天，雷击频率和强度均居全国之首。海南东环铁路自既有海口站引出，向东经海口市至文昌，过博鳌后沿东线高速公路行进，经万宁、神州、陵水、海棠湾、田独至新三亚站，正线全长308km。

牵引变电所和接触网防雷系统是铁路电气化系统安全运行的重要保障措施之一，其设计直接关系到电气设备和人身的安全、铁路系统运行状态，各种防雷接地材料的类型及导体连接方式的选择直接影响防雷接地系统的成本、安全和寿命。根据海南东环铁路沿线特殊的气候和地质情况，进行了充分的分析和研究，设计出了一套行之有效的防雷接地方案。

2　防雷接地设计方案

2.1　牵引变电防雷设计

(1)直击雷防护

各牵引变电所、分区所均设有独立避雷针以防止直击雷对全所设备、架构及建筑物的袭击。

作者简介：田广辉(1976—　)，男，高级工程师。

与其他铁路工程不同，本线在东寨港、冯家湾、博鳌、神州、高峰5座牵引变电所均采用了1只主动式提前预放电避雷针，预放电避雷针是在传统避雷针放电原理的基础上，引入了“促进电离”这一预入电型避雷针的基本特征，实现了比普通型避雷针更早的先导放电，从而扩大了保护半径，提高了安全系数。如按常规设计，东寨港等5座牵引变电所，每所需分别在围墙四角各设1只普通30m高避雷针，每所共设4只。由于牵引变电所220kV侧设备布置紧凑，“4针方案”需增加牵引变电所场坪面积300m^2。而主动式提前预放电避雷针保护范围更大，在本线设计中，将220kV侧墙角的2只普通避雷针用1只25m高主动式提前预放电避雷针代替，设于220kV进线架构的中间空地处，在提高防直接雷效果的同时，又节省了用地。牵引变电所防雷布置，如图1所示。

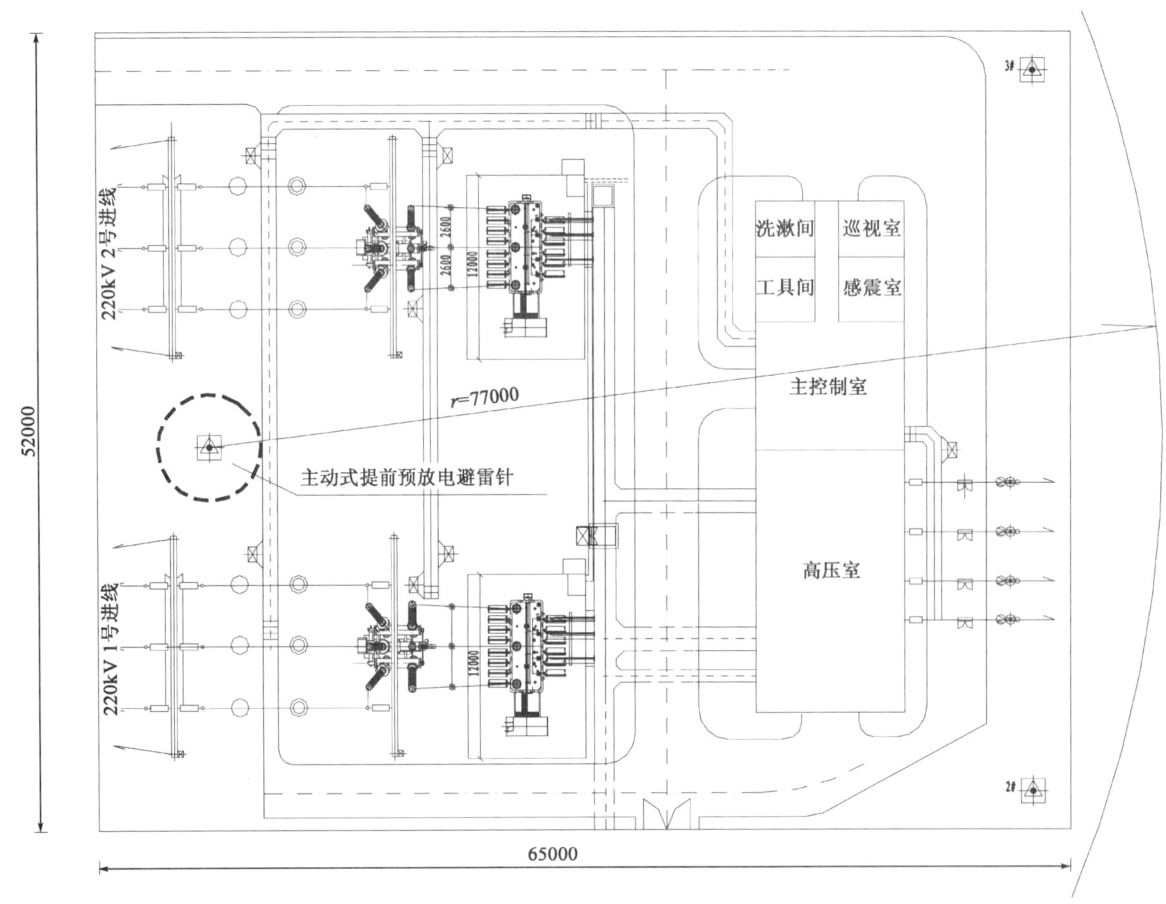

图1 牵引变电所防雷布置示意图

(2)雷电侵入波防护

①本线在牵引变电所220kV进线侧、牵引变压器低压侧、馈线负荷侧设有相应等级的氧化锌避雷器，以限制雷电波的幅值，并在各馈线负荷侧设置了抗雷圈。变电所主接线图，如图2所示。

本线避雷器及抗雷圈技术参数选择结果，如表1～表3所示。

27.5kV避雷器技术参数 表1

设备及技术性能	参数及要求	设备及技术性能	参数及要求
安装方式	户外	操作冲击电流下残压峰值	≤98kV
避雷器额定电压有效值	42kV	直流1mA参考电压	≥65kV
持续运行电压有效值	34kV	局部放电水平(在1.05倍持续运行电压下)	≤10pc
标称放电电流	5kA	爬电距离	≥1400mm
陡波冲击电流下残压峰值	≤138kV	最大允许水平拉力	294N
雷电冲击电流下残压峰值	≤120kV		

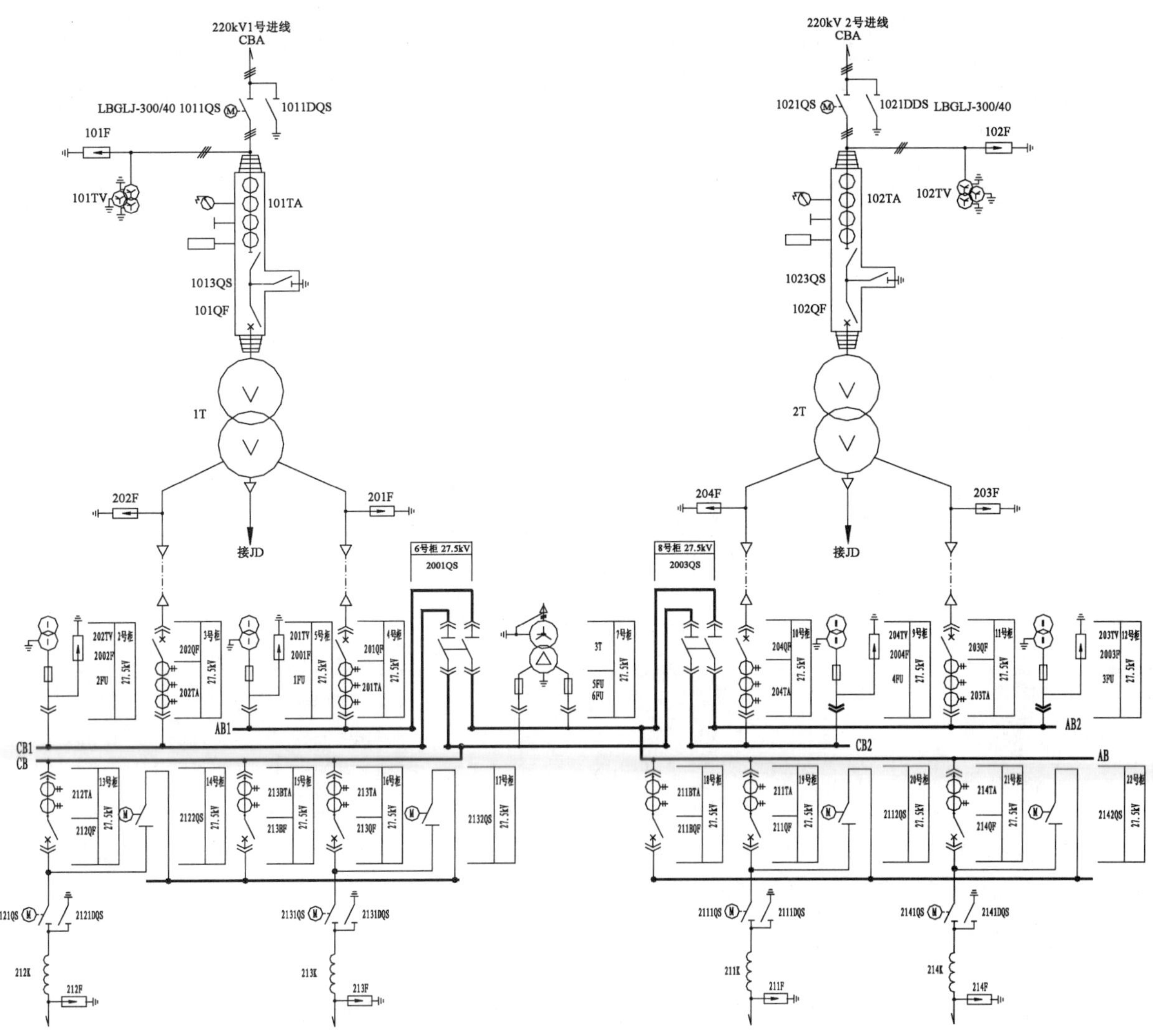

图 2　变电所主接线图

220kV 避雷器技术参数　　表 2

设备及技术性能	参数及要求	设备及技术性能	参数及要求
安装方式	户外	操作冲击电流下残压峰值	≤442kV
避雷器额定电压有效值	200kV	直流 1mA 参考电压	≤290kV
持续运行电压有效值	156kV	局部放电水平(在 1.05 倍持续运行电压下)	≤10pc
标称放电电流	10kA	爬电距离	≥7812mm
陡波冲击电流下残压峰值	≤582kV	最大允许水平拉力	980N
雷电冲击电流下残压峰值	≤520kV		

27.5kV 抗雷圈技术参数　　表 3

设备及技术性能	参数及要求	设备及技术性能	参数及要求
安装方式	户外	标称电感	1250μH
额定电压	27.5kV	额定短时耐受电流	25kA
最高电压	31.5kV	额定短时耐受时间	2s
额定电流	1250A	额定峰值耐受电流	63kA

注:抗雷圈采用户外空芯干式,铜质材料,抗雷圈绝缘等级为 F 级。

②牵引变电二次设备防雷。

a. 全线各所生产房屋采用钢筋混凝土结构，并按照建筑防雷规范进行防雷接地设计施工。

b. 在交流屏输入端安装防雷浪涌保护器，将雷电在入口处协防入地，作为二次设备的防雷总保护，同时减少室内雷电电磁场。

c. 各直流屏控制母线及合闸母线安装防雷浪涌保护器，作为直流系统防雷总保护。

d. 各综自屏、直流屏、通信屏的交、直流配电输入端安装防雷浪涌保护器，抑制室内电源线路上感应过电压。

e. 主控制室各屏/柜设接地母排，各屏/柜接地线就近接至接地母排后，连接接地网。

f. 所有控制电缆均采用屏蔽电缆、电源电缆、控制电缆、通信线的铠装层及屏蔽层应可靠接地。

(3)牵引变电接地系统。

①本线接地网设计原则。根据本线地质勘测资料，各所场坪的土壤条件差异很大，土壤电阻率最低为新三亚牵引变电所 59Ω・m，最高为高峰牵引变电所 2238Ω・m。具体情况见表 4。

全线变电所、分区所土壤电阻率和场坪面积表　　表 4

牵引变电所	海口	东寨港	冯家湾	博鳌	神州	高峰	新三亚
土壤电阻率(Ω・m)	135	592	804	389	1660	2238	59
场坪面积(m^2)	4550	3380	3380	3380	3380	3380	4550
分区所	新海口	文昌	琼海	山根	日月湾	海棠湾	—
土壤电阻率(Ω・m)	215	316	591	177	65	591	—
场坪面积(m^2)	420	420	420	420	420	420	—

a. 各所均设置以水平接地体为主、相隔适当距离加垂直接地体为辅的网格式接地装置。牵引变电所、分区所接地网埋深为 0.8m，均压带平均间距为 5～10m。

b. 接地体采用铜绞线作为水平接地网，用铜镀钢棒作为垂直接地极，接地体之间的连接采用熔焊焊接。

c. 牵引变电所接地网的接地电阻不大于 0.5Ω；分区所接地网的接地电阻应不大于 4Ω。

以常用复合接地网工频接地电阻计算公式 $R\approx 0.5\rho/\sqrt{S}$，可初步测算出不采取特殊措施时，各所接地网接地电阻值见表 5。

全线变电所、分区所接地电阻表　　表 5

牵引变电所	海口	东寨港	冯家湾	博鳌	神州	高峰	新三亚
工频接地电阻(Ω)	1.00	5.09	6.91	3.35	14.28	19.25	0.44
分区所	新海口	文昌	琼海	山根	日月湾	海棠湾	—
工频接地电阻(Ω)	5.25	7.71	14.42	4.32	1.59	14.42	—

②海南东环线牵引变电所接地降阻计算案例。以本线土壤电阻率最高的高峰牵引变电所 2238Ω・m 为例，进行接地降阻设计。

a. 降低接地电阻最最简单有效的方式是扩大接地网面积，根据接地网计算公式 $R\approx 0.5\frac{\rho}{\sqrt{S}}$，反推，当 R 取目标值 0.5Ω 时，接地网面积 S 为 5008644m^2。而目前高峰牵引变电所现有有效接地面积仅 3380m^2，与 5008644m^2 相差悬殊。所以，本所仅靠扩大接地网面积的方法降低接地电阻是无法实现的。

b. 另一传统降低接地电阻的方法是敷设降阻剂，它的原理是将所内部分土壤用降阻剂替换，并辅助打多口深井，即可将接地网等效于一个半球接地体，根据接地电阻计算公式 $R=\frac{\rho}{2\pi r}$，其中 r 为等效球体的半径，即为接地井深度；反推出，当 R 取目标值 0.5Ω 时，r 为 713m。根据本所的地质条件，如打多处深达 713m 的深井，成本相当高，且施工难度巨大，无法实现。

c. 从接地电阻计算公式 $R=\rho/2\pi r$ 可看出，r 取值越大，接地电阻值就越小。而采用打深井的方法成本很高，在海南东环线牵引变电所接地降阻设计中，选用了防腐电解极产品。该电解极内填装无毒化合物晶体，敷设于土壤中，作为释放电解质的载体，电解极表面设有呼吸孔，可以吸收土壤中的水分，使内部的晶体变为电解质溶液从呼吸孔中排出，逐渐向四周砂纸黏土的纵深方向和岩石表面渗透，使原来砂岩地质结构形成一个良好的电解质导电通道，大范围降低土壤电阻率。

电解地极布置，如图 3 所示。

本所接地网敷设平面布置，如图 4 所示。

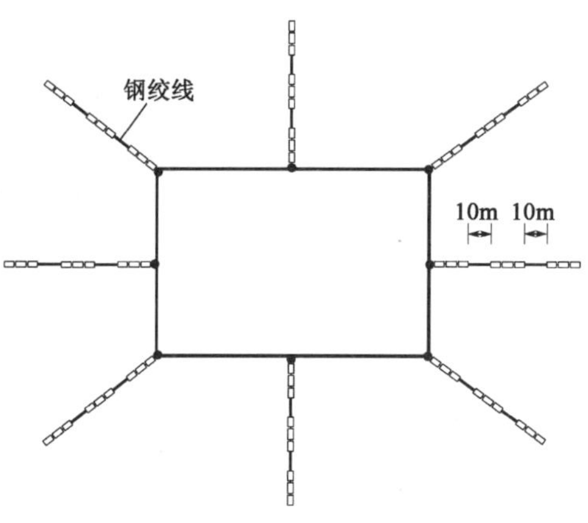

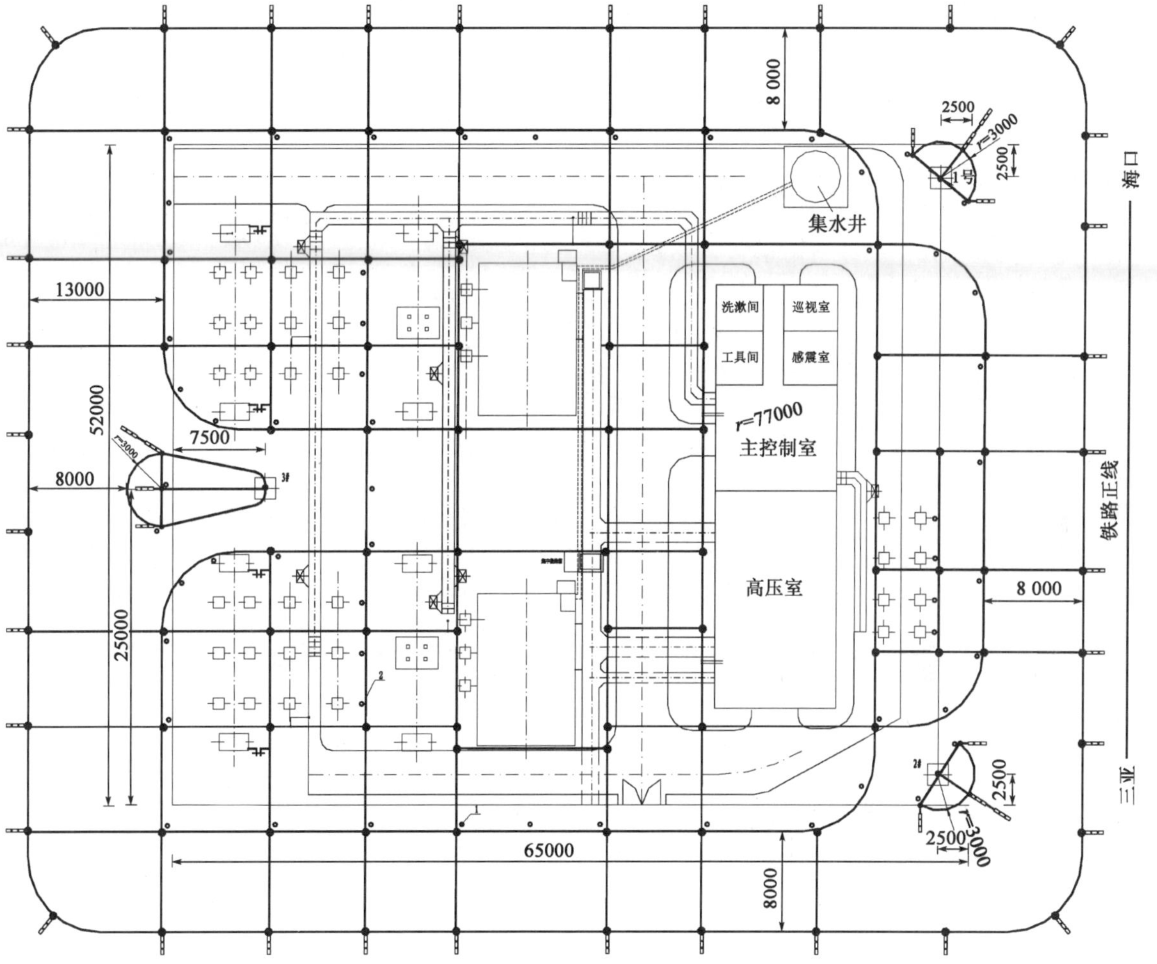

图 3　电解地极布置示意图

图 4　地网敷设平面布置图

目前，海南东环线已成功开通运行，本所各类电气设备运行正常，未发生因防雷接地引起的故障或事故。而且，由于本所接地网采用了防腐电解极产品，其土壤电阻率还将继续逐步降低。

(4)牵引变电回流系统

在各牵引变电所设集中回流接地箱，牵引变压器供电线回流及接地回流线互及回流母线均设于接地箱内。由接地箱引出回流电缆，接至供电线回流线。接地箱原理如图 5 所示。

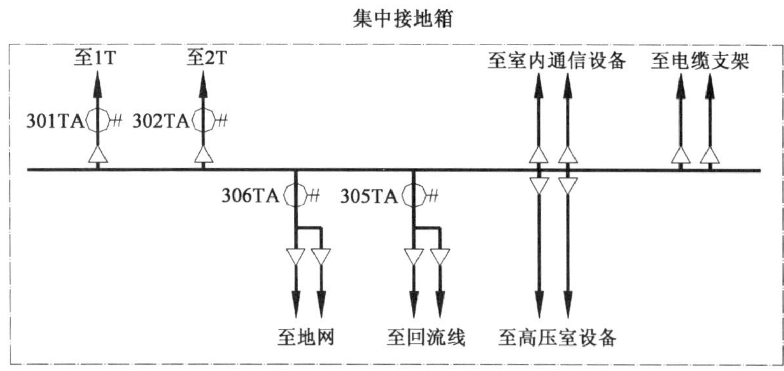

图5　接地箱原理图

2.2　接触网防雷

(1)防雷设计方案

本线在设计中结合采用带回流线的直接供电方式的特点,创造性地将回流线直接安装在支柱顶部兼避雷线进行接触网的防雷保护,取消了原设计安装在支柱顶部的避雷线(图6)。

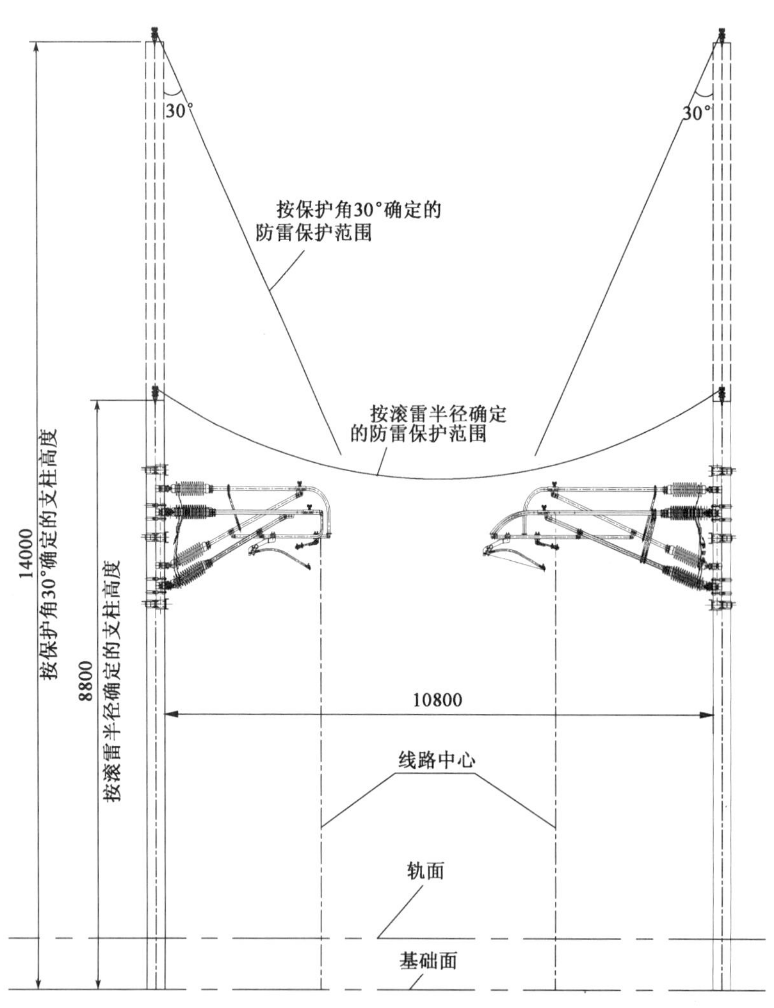

图6　防雷保护范围及支柱高度示意图

①回流线安装在柱顶兼避雷线后,保护范围和支柱高度的确定。

海南东环线设计导高为5500mm,结构高度为950～1250mm,支柱侧面限界一般为3.1m(锚柱采用3.2m),基础面至轨面的高差按300mm考虑(一般路基上直线有砟段为302mm,无砟段为239mm)。

根据以上数据，不考虑防雷增加高度时，支柱设计高度 $h=(300+5500+1250+90+500+100)\text{mm}=7740\text{mm}$。

按《铁路电力设计规范》(TB 10008—2006)的要求，避雷器的保护角宜为30°，考虑300mm的拉出值，避雷线满足保护角要求时需增加的支柱高度为 $\Delta h=(3.2+0.35/2+0.3)\text{m}\times\cot30°=6.37\text{m}$；考虑防雷时，支柱高度需达到14m(扣除绝缘子的安装高度)才能满足设计要求。

按《建筑物防雷设计规范》(GB 50057—2010)的要求，可以按滚球半径法确定避雷线的保护范围。对于两根平行架设的架空避雷线，滚球半径法就是以两根导线的中心为圆心，以确定的滚球半径分别画圆，然后再以两个圆的交点为圆心，以确定的滚球半径画圆，这个圆与以导线中心为圆心的圆交点间的圆弧就是确定的雷电防护范围。根据《建筑物防雷设计规范》(GB 50057—2010)和《铁路防雷、电磁兼容及接地技术暂行规定》(铁建设[2007]39号)规定，本线滚球半径选用45m，按照滚球半径法确定支柱高度仅需要大于8.8m即可满足雷电防护要求。

综上计算和分析，结合沿线的气象条件，认为按《建筑物防雷设计规范》(GB 50057—2010)进行雷电防护设计已能满足本线的雷电防护需求。因此，本线支柱高度按照8.8m并将回流线安装在支柱顶部兼避雷线进行雷电防护设计。

②具体实施方案。

根据前述的计算分析，全线接触网支柱均统一按照8.8m的高度进行设计。

区间回流线的安装一般都安装在支柱顶部，其中混凝土等径圆支柱通过肩架安装在支柱顶部，H型钢柱和硬横跨钢管支柱通过柱顶的预留孔直接安装在支柱顶部。

在支柱顶部的具体安装方式，如图7、图8所示。

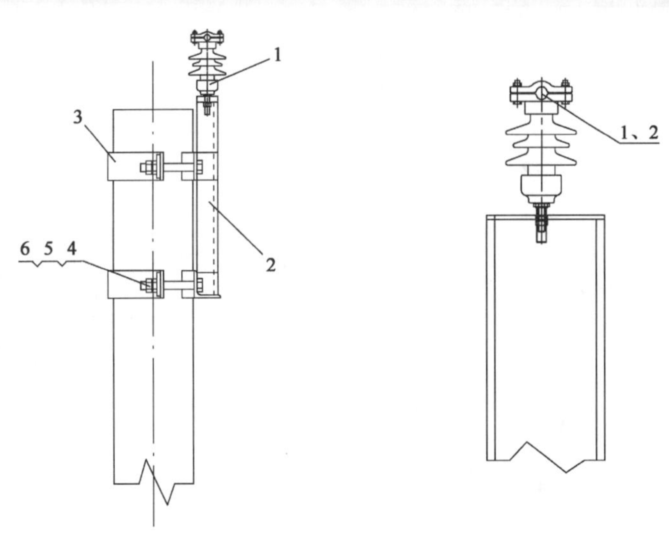

图7 一般位置回流线安装示意图

对于绝缘锚段关节中安装设备的支柱，为保证设备的安装，回流线采用通过肩架在田野侧安装的方式。

在区间高架跨线桥两侧，当跨线桥净空不满足柱顶安装条件时，回流线结合高架跨线桥的净空，采用降低高度通过肩架在田野侧安装的方式。

通过肩架在田野侧安装的具体方式，如图9、图10所示。

本线车站大部分站台范围内接触网基本上都是安装在雨棚下方，回流线在车站范围内不考虑兼顾避雷线作用，因此在车站内仅考虑回流线的正常安装通过，结合每个车站无柱雨棚的具体结构形式，回流线一般采用安装在雨棚两侧翼缘钢管上(如长流、秀英站)，安装在雨棚柱上(如海口东站、三亚站)，安装在站台间雨棚的连接横梁上(如和乐站、田独站)，安装在吊柱上(如博鳌站)等多种安装方式。

另外，在锚段关节式电分相处、绝缘锚段关节处、供电线上网处以及分区所、开闭所引入线处、长度2000m及以上的隧道口或连续的隧道群两端、电缆接头处等重点位置设置氧化锌避雷器。

图8 一般位置回流线现场安装图片

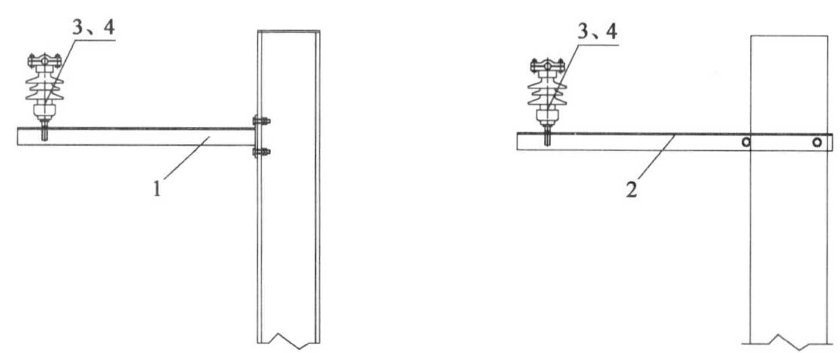

图9 安装有设备和跨线桥附近支柱回流线的安装示意图

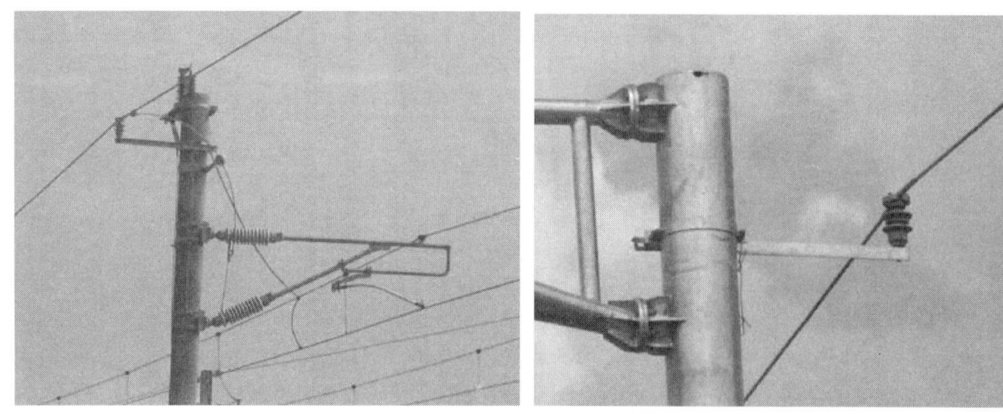

图10 安装有设备和跨线桥附近支柱回流线的安装图片

(2)绝缘设计方案

全线按重污区设计，爬电距离不小于1400mm。

隧道外悬式绝缘子、棒式绝缘子采用瓷质绝缘子，承力索及接触线上绝缘子采用合成绝缘子，隧道内绝缘子采用合成绝缘子，高路堑、跨线桥、隧道口附近(按50m控制)、公路附近(距公路10m)采用合成绝缘子。

在桥、隧道、明洞等出口处接触网承力索、AF线、供电线等，在桥梁下加装贯通的绝缘套管。其中，桥梁下两端出口承力索上的绝缘套管分别向外延长5m；隧道、明洞等出口处加装绝缘套管，长度应为出口的内外各5m。

(3)接地设计方案

海南东环铁路牵引变电所断路器跳闸统计表

表 6

序号	所 名	日 期	时 间	开关编号	供电区段	保护名称	信号显示	电流（一次值）A	电压（kV）	电阻（Ω）	电抗（Ω）	角度（°）	天气情况	具体接地点	跳闸原因
1	三亚变电所	2011 年 1 月 6 日	9 时 41 分 39 秒	216	动车走行 A 线	过流 I 段	正常	3033.95	11	1.74	3.14	61.20	晴	—	原因不明（三亚动车所误操作 3016GK）
2	东寨港变电所	2011 年 1 月 25 日	22 时 48 分 36 秒	211	海口东下行	距离 I 段	正常	2342	15.41	6.53	6.15	70.40	晴	海口东—美兰 351 号	原因不明（绝缘子闪络）
3	东寨港变电所	2011 年 2 月 2 日	23 时 03 分 07 秒	211	海口东下行	距离 I 段	正常	2069	16.97	8.13	7.67	70.60	大雾	海口东—美兰 157 号	绝缘子闪络
4	东寨港变电所	2011 年 2 月 2 日	23 时 17 分 12 秒	211	海口东下行	距离 I 段	正常	2364	15.22	6.67	6.01	70.10	大雾	海口东—美兰 355 号	绝缘子闪络
5	东寨港变电所	2011 年 2 月 2 日	23 时 23 分 52 秒	211	海口东下行	距离 I 段	正常	2356	15.2	6.4	6.05	70.90	大雾	海口东—美兰 353 号	绝缘子闪络
6	海口变电所	2011 年 2 月 3 日	4 时 06 分 04 秒	213	海口东下行	距离 I 段	正常	4103	5.64	1.36	1.25	66.50	大雾	海口—长流 59 号	绝缘子闪络
8	海口变电所	2011 年 2 月 3 日	5 时 02 分 52 秒	213	海口东下行	距离 I 段	正常	4071	5.78	1.41	1.29	66.00	大雾	海口—长流 61 号斜	绝缘子闪络
	海口变电所	2011 年 2 月 3 日	5 时 02 分 56 秒	213	海口东下行	距离 I 段	正常	4046	6.1	1.49	1.35	64.90	大雾	海口—长流 65 号	绝缘子闪络
		2011 年 2 月 3 日	5 时 11 分 27 秒	213	海口东下行	距离 I 段	正常	4070	5.78	1.41	1.29	66.50	大雾	海口—长流 61 号平	绝缘子闪络
7	东寨港变电所	2011 年 2 月 3 日	7 时 55 分 05 秒	211	海口东下行	距离 I 段	正常	2339	15.4	6.54	6.15	70.30	大雾	海口东—美兰 351 号	绝缘子闪络
9	海口变电所	2011 年 2 月 3 日	22 时 14 分 20 秒	213	海口东下行	距离 I 段	正常	4032	5.83	1.44	1.33	68.10	大雾	海口—长流 57 号	绝缘子闪络
10	海口变电所	2011 年 2 月 3 日	22 时 57 分 54 秒	213	海口东下行	距离 I 段	正常	4105	5.49	1.33	1.22	66.50	大雾	海口—长流 59 号	绝缘子闪络
11	海口变电所	2011 年 2 月 3 日	23 时 29 分 16 秒	213	海口东下行	距离 I 段	正常	2011	17.9	8.85	8.35	70.80	大雾	海口东—美兰 15 号	绝缘子闪络
12	海口变电所	2011 年 2 月 4 日	6 时 31 分 24 秒	213	海口东下行	距离 I 段	正常	2063	17.55	8.43	8.03	72.30	大雾	海口东—美兰 15 号	绝缘子闪络
13	神州变电所	2011 年 2 月 27 日	19 时 01 分 14 秒	102		比率差动	正常	IA：0.93A；IB：3.72A；IC：61.34A	—	—	—	—	—	—	2 号 PASS 本体机构箱中 C 相回路中 N411（220KV 侧差动电流采集回路）接线端子虚接
14	东寨港变电所	2011 年 3 月 12 日	1 时 44 分 21 秒	211	海口东下行	距离 I 段	正常	2271.00	14.4	6.3	5.94	70.80	雾	海口东—美兰 357 号	绝缘子闪络
15	三亚变电所	2011 年 4 月 1 日	10 时 37 分 12 秒	212	海棠湾上行	过流 I 段	正常	962.96	25.72	25.4	5.02	1.20	晴天	—	动车组重连试验

续上表

序号	所名	日期	时间	开关编号	供电区段	保护名称	信号显示	电流(一次值)A	电压(kV)	电阻(Ω)	电抗(Ω)	角度(°)	天气情况	具体接地点	跳闸原因
16	三亚变电所	2011年4月1日	10时37分48秒	212	海棠湾上行	过流Ⅰ段	正常	939.81	25.74	25.6	6.21	13.60	晴天	—	动车组重连试验
17	三亚变电所	2011年4月1日	10时38分24秒	212	海棠湾上行	过流Ⅰ段	正常	981.48	24.95	25.28	6.36	14.10	晴天	—	动车组重连试验
18	三亚变电所	2011年4月1日	10时38分54秒	212	海棠湾上行	过流Ⅰ段	正常	1072.53	25.11	22.12	7.27	18.10	晴天	—	动车组重连试验
19	三亚变电所	2011年4月1日	10时38分58秒	212	海棠湾上行	过流Ⅰ段	正常	944.44	25.11	26.02	7.39	15.80	晴天	—	动车组重连试验
20	英州变电所	2011年4月1日	10时51分00秒	214	海棠湾上行	过流Ⅰ段	正常	1072	24.480	22.57	8.130	21.10	晴天	—	动车组重连试验
21	英州变电所	2011年4月1日	13时39分00秒	213	海棠湾下行	过流Ⅰ段	正常	1061	26.800	25.160	1.00	2.30	晴天	—	动车组重连试验
22	神州变电所	2011年4月5日	5时58分00秒	211	和乐下行	距离Ⅰ段	正常	4004.63	0.63	0.16	0.04	15.80	晴天	—	动车组重连试验
23	三亚变电所	2011年4月23日	6时39分57秒	214	海棠湾上行	过流Ⅰ段	正常	470	27.09	56.67	0.55	0.50	晴天	—	动车组重连试验
24	三亚变电所	2011年5月8日	6时59分18秒	216	动车走行A线	过流Ⅰ段	正常	2859.57	10.9	2.22	3.08	54.30	晴天	—	三亚动车所误操作3016GK
25	东寨港变电所	2011年6月3日	9时19分07秒	212	海口东上行	距离Ⅰ段	正常	2375.00	13.1	5.47	5.14	70.10	晴天	海口东—美兰468号	绝缘子闪络
26	神州变电所	2011年8月8日	20时08分20秒	212	和乐上行	距离Ⅰ段	正常	1953.70	17.13	5.92	6.40	47.30	晴天	和乐—万宁 470号~472号三亚侧第二根吊弦	异物(孔明灯)
27	博鳌变电所	2011年8月11日	20时18分37秒	212	琼海上行	距离Ⅰ段	正常	2891.98	4.92	−0.11	1.68	93.70	晴天	琼海—博鳌318号	异物(孔明灯)
28	神州变电所	2011年8月14日	20时03分59秒	211	和乐下行	距离Ⅰ段	正常	2447.53	14.49	1.76	5.60	72.60	晴天	万宁站33号	异物(孔明灯)
29	神州变电所	2011年8月14日	22时58分10秒	212	和乐上行	距离Ⅰ段	正常	2344.14	14.87	2.89	5.60	62.70	晴天	万宁站128号	异物(孔明灯)
30	神州变电所	2011年8月14日	23时58分53秒	211	和乐下行	距离Ⅰ段	正常	2544.75	8.33	1.11	3.05	70.10	晴天	万宁—神州001号	异物(孔明灯)
31	神州变电所	2011年8月15日	0时02分17秒	211	和乐下行	距离Ⅰ段	正常	2549.38	8.82	0.13	3.43	87.90	晴天	万宁站151号	异物(孔明灯)

①工作接地。

a. 区间、车站回流线区段，采用双重绝缘并利用回流线兼作闪络保护地线接地。

b. 无回流线区段的成排支柱，尽可能采用架空地线集中接地。确有困难的区段，设单独的接地极接地。

c. 零散支柱单独设接地极接地，其接地电阻为：来往人员多的地点为≤10Ω，其余地点为≤30Ω。

d. 接触网接地与铁路综合接地系统相连，所设置的回流线(通过扼流圈)与综合接地系统相连接。

②安全接地。

a. 距接触网带电体 5m 以内的金属结构(桥栏杆、水鹤、信号机等)均应通过接地引线接至贯通地线实现安全接地。

b. 桥栏杆连通后，两端均需通过接地引线接至贯通地线实现安全接地。

c. 跨越电气化铁路的跨线建筑物应在接触网带电部分正上方桥面的两侧安装防护网栅或安全挡板，并在挡板上悬挂安全警示标志。

d. 跨线桥所设的防护网栅或安全挡板两端应通过接地引线接至贯通地线实现安全接地。

e. 开关、避雷器等设备的底座、架空地线下锚处、架空地线锚段中间每隔 500m 处应单独设接地极重复接地，并通过接地引线连接至贯通地线实现安全接地。

f. 隧道内吊柱、肩架等均应通过接地引线连接至贯通地线实现安全接地；没有贯通地线地段需要通过架空地线或单独埋设接地极实现安全接地。

③全线回流线除按常规进行接地外，每隔 500m 还需要引下接地至贯通地线，在综合地线上的接地点与相邻设备在综合地线上的接地点距离要大于 15m，否则需要单独设接地极，单独设置的接地极电阻要小于 10Ω。

④全线设贯通地线并预留接地端子，贯通地线连接至接地端子引入综合接地系统。

⑤接触网支柱基础均采用带接地端子的接地基础。

3 防雷设施的实际运行情况

海南地区雷击情况一般为北部多于南部，通过气象部门了解，2011 年 1 月 1 日至 9 月 19 日，海口地区雷击次数最多。经统计，该地区落雷次数为 73 次，其中，靠近海南东环铁路为 38 次，落雷最早时间和数量与历史最低纪录持平。在此期间，牵引变电所避雷器总计动作 73 次，接触网上避雷器总计动作 135 次。牵引变电所断路器跳闸情况，见表 6。

从表 6 可以看出，在实际统计时间内，海南东环线牵引变电所断路器跳闸绝大部分是由于绝缘子闪络、动车组重连试验或异物造成，无由于雷击而造成的牵引变电所断路器跳闸情况。因此，回流线支柱顶安装方式达到了兼顾避雷线的要求，目前避雷线、接地引下线、接地端子均使用正常，无灼烧痕迹。

4 防雷接地的总结及建议

沿海地区盐雾较大，污染较重地区绝缘子瓷片上由于雾水、附着盐分及其他杂质的影响，绝缘子容易发生闪络现象。建议沿海污染较重地区绝缘子爬电距离加大为 1600mm，或绝缘子全部采用合成绝缘子。

海南东环铁路防雷接地系统至今运行正常，避雷设备完好，达到了设计和运营的要求。因此，建议条件相近地区的铁路防雷接地系统设计可参照本线的设计。

参 考 文 献

[1] 陈金萍. 铁路接触网防雷技术的研究[J]. 山西建筑，2009(13).

[2] 于增. 接触网防雷技术研究[J]. 铁道工程学报，2002(1).

[3] 周传玲. 变电所防雷系统设计[J]. 中州煤炭，2005(3).

强化质量管理,保障山区电气化铁路运营安全

刘莉蓉

(中铁二院工程集团有限责任公司技术中心)

摘　要　设计过程是质量控制的源头,本文通过对电气化铁路工程设计过程出现的问题以及对现场引发铁路故障主要原因的分析,提出了电气化设计安全可靠性措施,强调了为保证线路运营安全,把好质量关、规范设计的重要性。

关键词　质量;电气化;安全

Ensuring Safe Operation of Electrified Railways in Mountainous Areas by Improving Administration

Liu Lirong

(Technology Center of CREEC)

Abstract　Design process is the basic cause for quality control. In this paper, through analysis of problems in design for electrified railways and major factors that lead the railway out-of order, the author introduces measures to ensure safe design of electrified railways and emphasizes the importance of quality control and standardized design for the security of railway operation.

Key words　quality; electrification; security

1　引言

在山区高速铁路的建设中,"安全第一"、"行车安全"一直是我国高速电气化铁路的发展前提。"千里之行,始于足下;质量之路,源于设计",设计过程是质量控制的源头。近年来,铁路施工和运营安全事故的发生,给工程技术人员敲响了警钟。本文结合我国铁路的工程勘测设计过程和现场供电故障情况,浅谈如何加强源头质量控制以及如何提高勘测设计质量。

2　强化质量意识,执行有效规范

山区高速铁路电气化设计必须坚决执行现行相关设计规范中的强制性规定,特别是涉及人身和设施安全方面的相关规定。但在设计中,有的地方没有及时按新规范或已变化的设计条件修改设计,个别设计文件上仍然采用作废了的规程,给工程带来安全隐患,这在设计中应特别注意。

根据《建筑抗震设计规范(附条文说明)》(GB 50011—2010):抗震设防的所有建筑应按现行国家标准《建筑工程抗震设防分类标准》(GB 50223—2008)确定其抗震设防类别及其抗震设防标准。而《建筑工程抗震设防分类标准》(GB 50223—2008)明确规定:"铁路建筑中,高速铁路、客运专线、客货共线 I、II 级干线和货运专线的铁路枢纽的行车调度、运转、通信、信号、供电、供水建筑及特大型站和最高聚集人数很多的大型站客运候车楼,抗震设防类别应划为重点设防类。"按照重点设防类设防标准"应按高于本地区抗震设防烈度一度的要求加强其抗震措施"的规定,电气化接触网设计中对位于山区高速铁路、客运专线、客货共线 I、II 级干线和货运专线铁路枢纽区域的支柱附加容量应按本地区设防烈度提高一

作者简介:刘莉蓉(1962—　),女,教授级高级工程师,中铁二院工程集团有限责任公司专业工程师。

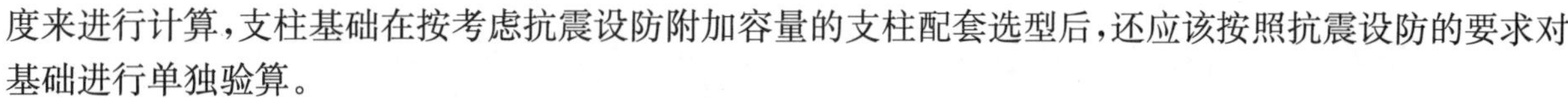

度来进行计算，支柱基础在按考虑抗震设防附加容量的支柱配套选型后，还应该按照抗震设防的要求对基础进行单独验算。

设计中，对于供电的安全距离应该严格执行，主要有以下两点：

(1)技规第156条规定，接触网带电部分至固定接地物的距离不小于300mm；在接触网支柱及距接触网带电部分5000mm范围内的金属结构物须接地。

(2)技规第158条规定，为保证人身安全，除专业人员执行有关规定外，其他人员(包括所携带的物品)与牵引供电设备带电部分的距离，不得小于2000mm。

3　吸取教训，树立安全风险防范对策理念

根据现场反馈信息，电气化铁路曾发生接触网设备烧损、支柱顶加强线支持绝缘子脱落、回流线绑扎不牢、接触网安全绝缘距离不够、避雷器爆炸、电缆头击穿等供电故障，造成了线路停电，影响了铁路行车。针对供电故障对行车安全构成的威胁，设计人员应从中吸取经验教训，把好质量关，更加规范地进行设计。

3.1　在设备安装方面提高电气化安全可靠性

(1)设计应严格执行规程规范和铁道部等相关要求，采用新技术、新工艺，确定设备加强固定措施，提高设计方案可靠性，并在编制文件和施工设计中对关键质量技术有规范的安装指导和详细的说明。

(2)供电电缆要采用符合牵引供电技术要求的电缆及其附件产品，明确采用电缆头的形式和安装空间，并在施工注意事项中督促施工单位严格执行电缆施工安装工艺和标准。

(3)避雷器高压引线经支撑绝缘子跳线上网，避免因避雷器炸裂后引线甩出，危及供电和行车安全。

(4)道岔上下行渡线承力索电连接线设计要考虑通过电流的影响，避免电力机车通过时电流较大，造成承力索分流不均，长时间放电烧断承力索。

(5)为了克服器件式电分相对弓网受流的硬点影响，高速铁路采用空气间隙绝缘、带中性段的锚段关节式电分相装置，设计中应严格执行铁道部有关电分相设置的规程规范，统一设计形式，尽量避免将分相设置在大坡道地段、动车组出站加速地段及区间限速的低速地段。

3.2　重视安全防护措施，提高电气化可靠性

(1)在货物装卸线和机动车辆通过容易损坏的支柱或拉线基础的场所时，增设相关防护设施。

(2)所有有人通行的跨线建筑物，在其跨越接触网部分均需设置防护挡板。防护挡板的高度和宽度必须满足人员无法接近接触网，或无法通过杆形或其他具有一定长度的物体接触到带电部分的要求。

(3)根据跨线建筑物高度列表逐一说明接触网通过跨线建筑物方案；在电气化铁路跨线建筑物下的接触网承力索及附加导线上采用接触网绝缘护套，有效防止外界因素对接触网运行的影响和干扰。

(4)对于在既有线或风景区范围内施工的项目，设计要结合地质情况采取安全防护措施，避免爆破作业影响行车安全或对环境造成严重影响。

(5)上挡墙、隧道内下锚等危险地应设置安全警示牌，并安装防护设施。

(6)对沿桥墩上下桥的电缆要采用安全防护措施。

(7)接触网交叉处及软横跨滑轮节点的承力索应有保护措施，如AF线、供电线与承力索交叉时，局部应设绝缘护套。

3.3　重视绝缘安全距离，提高电气化可靠性

设计中，要加强跨线桥、隧道口、平交道、路桥段、路隧段等处的接触网和附加导线带电部分与接地体距离的校验，保证绝缘安全。

特别是高速客运专线，由于其一般采用AT供电方式，线索众多，附加线在进出隧道口相互交叉时，易造成因绝缘距离不足引起的供电故障。设计中，应结合隧道口支柱上和隧道内吊柱上AF线、PW线的安装，在隧道内距洞口2m范围内设置AF线对向下锚；并根据隧道断面、净空等情况将PW线进行下锚转换。

4 加强接口配合,消除安全隐患

高速铁路电气化工程涉及铁路所有的专业,是一项集多学科多专业多工种的高投资、高科技的系统工程,牵引供电系统的宗旨是系统的协调、兼容、匹配。要实现系统的最优化,电气化专业与隧道、桥梁、路基、房建、轨道和通信等专业的密切配合就成为高速铁路发展的必经之路。设计时,应协调好自身工作,通过各专业间的互提资料、各级设计协调会、设计图会签、方案会审等方式搞好接口配合工作。

(1)与相关专业密切沟通,要严格铁路污染源的现场调查,对影响接触网零件防腐能力的特殊污秽区提出相应安全措施。如对于特殊地区(沿海、水泥厂、砖厂等)腐蚀情况要有充分认识,提出有针对性的设计方案,避免特殊地区严重污染源造成大面积绝缘子闪络,影响正常供电。

(2)高铁电气化设计要重视与测绘专业的配合。高铁采用的CPⅢ主要为轨道铺设和运营维护提供控制基准,其控制点一般按60m左右布设一对,按照高速测量规范:一般路基地段CPⅢ预埋件宜布置在接触网杆基础上。这样,接触网设计应与测绘专业进行沟通,避免接触网下锚装置与CPⅢ测量标志桩发生干扰,同时在施工文件技术交底中说明,施工时应有对CPⅢ桩的相应防护,严禁吊装作业时碰动立柱的措施。

(3)四电系统集成技术是将通信、信号、电气化、电力四个专业整合成一个平台进行管理,同时涵盖设计、施工、装备制造、联调联试和维护运营,是对高速铁路总体把握、指导和管理的集成技术。四电系统实施中,四电系统内部和外部都有很多接口子系统部分。如四电系统与土建工程的接口、四电系统间、四电系统与其他系统的接口等。为了进一步加强和推进配合标准化工作,保证施工质量,电气化专业应提前与土建等专业沟通,进行技术交底。

①要重视新建铁路和既有电气化铁路相互跨越时,跨线建筑物净空高度要求,即跨线桥的净空高度要注意考虑既有电气化接触网的安装高度及改建情况(要考虑相关的过渡工程和投资费用)。接触网通过跨线建筑物时,与房建、桥梁专业要沟通,避免接触网带电部分至固定接地物的距离不满足规范要求,造成工程变更。

②站内股道间立柱和接地要与站场专业协调,避免支柱基础与排水沟发生“冲突”。

③要和通信专业沟通:通信的漏缆、风雨计等要安装在接触网支柱,这样接触网要考虑漏缆、风雨计的安装高度、负荷以及需要预留的基础等。

④电气化接触网专业设计要与桥、隧、路基等专业配合基础预留,避免接触网支柱与桥栏杆、避车台、声屏障等发生相互干扰,以保证支柱顺利安装。如当接触网专业与桥专业进行支柱基础预留接口配合时,接触网专业要提供接触网基础的里程位置,接触网基础外形尺寸、预埋螺栓位置及长度,预埋螺栓埋深深度,预埋钢板尺寸以及弯矩、剪力、垂直荷载,锚栓预埋精度的误差控制要求及施工注意事项。而桥梁专业应按照接触网专业提供的图纸及技术要求进行出图,包括基础内钢筋配筋、强度检算。最后,接触网专业和桥梁专业在桥专业图纸上进行会签。

与隧道专业配合时,接触网专业应结合资料,全面考虑锚段的设置统一性,尽量减少在隧道内设置关节,以保证隧道施工的安全可靠性,降低隧道施工的成本投资。

⑤在电气化变电所设计中,各所考虑公路进所,由于道路的引入位置影响总平面布置,因此在施工图阶段应加强与土建的沟通,要求土建专业人员把道路位置标在图上,避免因为道路问题引起变电所布置的变更;同时,提出道路硬化等要求,避免造成人员、设备、车辆进出所困难,影响正常运营。

所有涉及专业间互提资料内容(包括业务院之间及与各子公司之间、电化与站前、站后专业之间等),应执行公司质量管理体系程序文件的相关规定和中铁二院技〔2011〕694号《关于加强站前、站后专业设计会签的通知》和中铁二院技〔2012〕425号《电气化接触网专业与站前相关专业接口配合技术管理暂行规定》。

5 结语

结合铁路建设的实际情况,为全面提升电气化安全设计水平,电化人在思想上要构筑电气化设计安全基础，提高电气化铁路运营可靠性。

参考文献

[1] 基布岭，等.电气化铁道接触网[M].北京：中国电力出版社，2004.
[2] 王祖峰.高速铁路牵引供电系统技术标准体系[J].中国铁路，2011，(1)：34-39.
[3] 李德胜.接触网系统对高速铁路行车安全的影响[J].中国铁路，2011，(2)：34-37.

宝成线马角坝牵引变电所综合补偿方案研究

吴 萍 袁 勇 李 剑
(中铁二院工程集团有限责任公司电化院)

摘　要　随着铁路运量的增长,实际运行中会出现牵引网电压低于电力机车最低允许电压的情况。因此,改善牵引网电压,在电气化铁路的设计中是一项重要课题。目前,改善供电臂电压水平的措施有:提高牵引变电所牵引侧母线电压、采用串联电容补偿装置、采用并联补偿装置、采用载流承力索或加强线等。本文分析了改善牵引网电压的几种方法及其工作原理,针对宝成线这种山区铁路的运量大、铁路沿线电力系统电源薄弱的特点,通过对宝成线马角坝牵引变电所的牵引供电方案的研究和供电理论计算,最终得出在马角坝牵引变电所的馈线侧同时安装串联补偿装置和动态无功补偿装置,提高了马角坝牵引变电所供电臂的电压水平,从而使牵引网末端其电压达到20kV。

关键词　宝成线;牵引变电所;方案;研究

Study on Integrated Remedy on Majiaoba Traction Substation on Baoji-Chengdu Railway

Wu Ping　Yuan Yong　Li Jian
(Electrification Design & Research Institute of CREEC)

Abstract　The growth of railway traffic may cause traction voltage lower than allowed minimum. Therefore, how to improve the traction voltage has become a major task in the design for electrified railways. The current measures to improve voltage of power-supply arm includes: increasing the bus voltage of traction substation, applying remedy device with series capacity or remedy device in parallel and applying current carrier cable or strengthened cable. This paper analyzes approaches to improve voltage of traction power net and its working principle. Based on the heavy traffic with insufficient power supply in the mountainous areas and through study on power supply scheme of Majiaoba traction substation on Baoji-Chengdu railway and calculation by power supply theory, a conclusion was reached that series remedy device and dynamic idle remedy device should be installed beside the feeder line of the substation to increase the end voltage of the traction net to 20kV.

Key words　Baoji-Chengdu railway; traction substation; scheme; study

1　引言

根据《铁道干线电力牵引交流电压》(GB 1402—1998)的规定,电力机车、电动车组受电弓上最低工作电压为20kV;电力机车、电动车组在供电系统非正常(检修或事故)情况下运行时,受电弓上的电压不得低于19kV[1-2]。随着科学技术的发展,改善牵引网电压的方法也不断更新。

作者简介:吴萍(1981—　),女,工程师。

2 电气化铁道改善牵引网电压的方法[3-5]

2.1 提高牵引变电所牵引母线电压

提高牵引变电所牵引母线电压的原理就是调低牵引变压器分接开关位置，来提高牵引变电所牵引母线空载电压。这种调压方法虽然简单方便，但只能进行无激磁调节，并且当电力系统电压波动较剧烈时，不能满足调压要求。这种方法适用于牵引变电所外部电源系统进线电压偏低，但比较稳定的情况。

2.2 采用串联电容补偿装置

(1)基本原理

在牵引变电所牵引馈线中设置串联电容器组进行补偿，是改善供电臂电压水平行之有效的方法。为了便于分析，设牵引变电所装设单相接线牵引变压器，则牵引供电系统的等效电路如图1所示。其中，$R+jX_L$ 为牵引网阻抗，X_T 为牵引变压器电抗，X_C 为串联补偿电容器组电抗，I 为牵引负荷电流，功率因数为 $\cos\phi$。

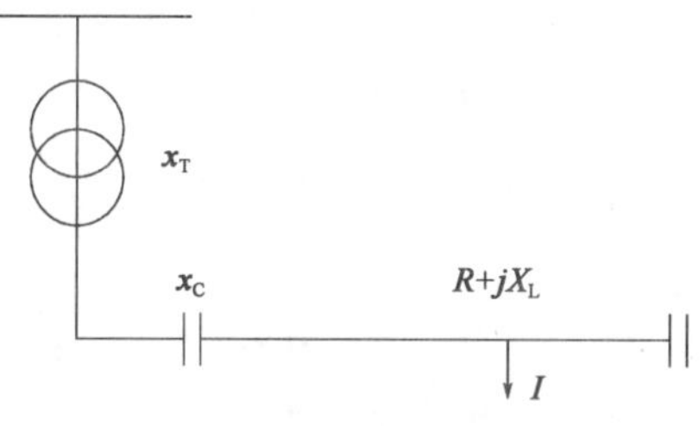

图1 牵引供电系统等效电路

补偿前，牵引供电系统的电压损失为

$$\Delta U = I[R\cos\phi + (X_T + X_L)\sin\phi] \tag{1}$$

补偿后，牵引供电系统的电压损失变为

$$\Delta U' = I[R\cos\phi + (X_T + X_L - X_C)\sin\phi] \tag{2}$$

因此，可得通过牵引负荷电流通过串联电容组时的电压损失为

$$\Delta U_C = \Delta U' - \Delta U = - IX_C\sin\phi \tag{3}$$

(2)串联电容补偿装置容量的计算

设需要电容器补偿的电压为 ΔU，I 为供电臂的最大负荷电流，I_{CE}为单体电容的额定电流，X_{CE}为单体电容的额定电抗。

则需要并联的电容器个数 $M=\mathrm{INT}\left(\frac{I}{I_{CE}}\right)+1$，需要串联的电容器个数 $N=\mathrm{INT}\left(\frac{\Delta U\times M}{X_{CE}\times I\times\sin\phi}\right)+1$。需要串联电容器的实际容量为 $Q=MNQ_C$（Q_C 为单体电容的额定容量，kvar）。

(3)串联电容补偿装置的校验

为避免串联电容补偿装置引起系统的谐振，装置的容抗应低于系统母线至串补装置间的总的归算电抗值；为避免牵引变电所首端（串联电容装置后）短路时的最大电流超过牵引变压器所能承受的最大短路电流能力，还需校核此时的短路电流是否超过牵引变压器的额定电流的8倍。

2.3 采用动态无功补偿装置

(1)基本原理

在同一电路中，电感电流与电容电流方向相反，互差180°。如果在电感线路中按比例安装电容元件，可使两者的电流相互抵消，使电流的矢量与电压矢量之间的夹角缩小，从而提高电能作功的能力，这就是无功补偿的原理。通过无功补偿装置提高功率因数，从而减少牵引网的电压损耗[6-10]。

(2)无功补偿装置容量的计算

设 I 为供电臂的最大负荷电流，$\cos\phi$ 为牵引负荷功率因数，一般取0.82，$\cos\phi_1$ 为补偿前电源侧功率因数，$\cos\phi_2$ 为补偿后电源侧功率因数。

$$p_1 = I\times 27.5\cos\phi \tag{4}$$

$$Q = p_1\times\left(\sqrt{\left(\frac{1}{\cos\phi_1}\right)^2-1}-\sqrt{\left(\frac{1}{\cos\phi_2}\right)^2-1}\right)\times 27.5 \tag{5}$$

电容器组计算安装容量 Q_C 为

$$Q_C = 0.88 \times \left(\frac{U_C}{27.5}\right)^2 Q \tag{6}$$

式中：U_C——电容器组的额定电压。

2.4 采用载流承力索或加强线

由于采用载流承力索或加强线降低了牵引网阻抗，因此当牵引负荷一定时，电压损失也就随之降低，一般可降低25%以上。

3 应用实例

3.1 马角坝牵引变电所既有情况

马角坝牵引变电所末端分相分别位于马鞍塘和小溪坝，供电臂长度分别为25.54km/22.87km(上行/下行)和26.63km/26.59km(上行/下行)。马角坝牵引变电所牵引变压器和系统的既有情况，见表1。

马角坝牵引变电所既有参数表　　表1

牵引变压器		系统短路容量	
接线形式	平衡变压器接线	小方式	大方式
运行容量(MVA)	2×31.5	309	511

3.2 马角坝牵引变电所采用串联补偿装置和动态补偿装置的方案研究

根据成都铁路局运输处的建议，按客、货列车8min追踪，其中，货车考虑SS3机车8min追踪及一个供电臂内有2对HXD3机车、其余为SS3机车8min追踪两种情况。

(1)SS3机车追踪运行的方案研究

按最严重情况，上下行均按SS3机车8min追踪。牵引变压器的过负荷倍数均取为2.0倍。系统短路容量按表1中的最小运行方式进行计算，牵引变电所功率因按0.85计算。

马角坝牵引变电所SS3机车追踪运行排车数见图2，马鞍塘方向上下行均可排3个车，小溪坝方向上行可排4个车、下行排3个车。

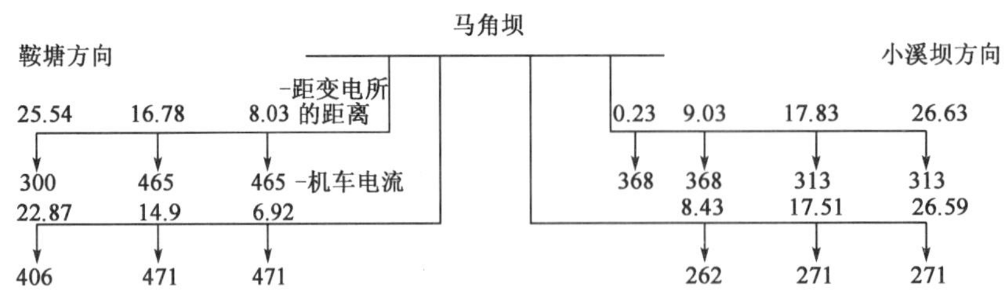

图2　SS3机车追踪运行排车数

经计算，马鞍塘方向的校核容量为22.43MVA，接触网末端电压为16.29kV/26.23kV(上/下行)，小溪坝方向的校核容量为21.2MVA，接触网末端电压为18.47kV/18.96kV(上/下行)。在变电所两相分别增设串联电容补偿装置和动态补偿装置后，串联补偿装置的补偿效果校验功率因数按0.82计算，动态无功补偿装置的容量按功率因数由0.82补至0.9计算，其计算结果见表2。

由表2可见，通过新增串联电容补偿装置及动态补偿装置后，马角坝牵引变电所的左右两臂的电压均能达到20kV。

SS3 机车追踪运行的计算结果　　表 2

<table>
<tr><td colspan="3">串联补偿装置</td><td colspan="3">动态补偿装置</td></tr>
<tr><td rowspan="2">安装容量(kvar)
(上行/下行)</td><td>马鞍塘方向</td><td>小溪坝方向</td><td rowspan="2">安装容量
(kvar)</td><td>马鞍塘方向</td><td>小溪坝方向</td></tr>
<tr><td>4080/4080</td><td>2760/1640</td><td>16137</td><td>15251</td></tr>
<tr><td>接触网末端最低电压
水平(kV)(上行/下行)</td><td>17.73/18.74</td><td>18.73/19.25</td><td>接触网末端最低电压
水平(kV)(上行/下行)</td><td>20.01/20.02</td><td>20.41/20.90</td></tr>
</table>

(2)HXD3 机车追踪运行的方案研究

按货车 8min 追踪运行，每个供电臂最多排 2 对 HXD3 机车，剩余机车按 SS3 机车考虑。

马角坝牵引变电所 HXD3 机车追踪运行排车数见图 3，马鞍塘方向和马角坝均可排 2 对 HXD3 机车，剩下的为 SS3 机车。

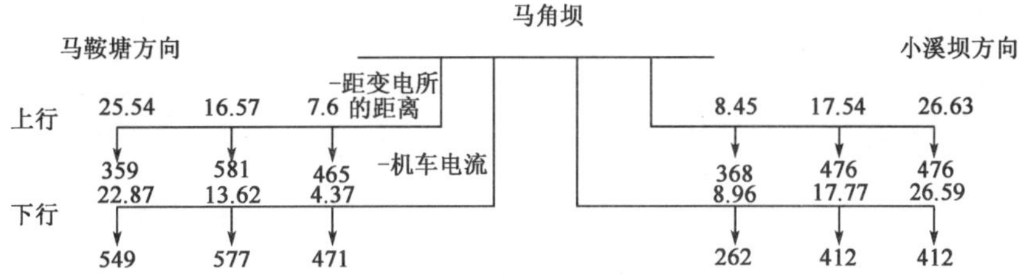

图 3　HXD3 机车追踪运行排车数

经计算，马鞍塘方向的校核容量为 25.15MVA，接触网末端电压为 18.05kV/18.08kV(上/下行)，小溪坝方向的校核容量为 24.08MVA，接触网末端电压为 18.38kV/18.62kV(上/下行)。在变电所两相分别增设串联电容补偿装置和动态补偿装置后，串联补偿装置的补偿效果校验功率因数按 0.82 计算，其计算结果见表 3。

HXD3 机车追踪运行的计算结果　　表 3

<table>
<tr><td colspan="3">串联补偿装置</td></tr>
<tr><td rowspan="2">安装容量(kvar)(上行/下行)</td><td>马鞍塘方向</td><td>小溪坝方向</td></tr>
<tr><td>4260/4800</td><td>2680/2200</td></tr>
<tr><td>接触网末端最低电压水平(kV)(上行/下行)</td><td>20.00/20.02</td><td>20.33/20.56</td></tr>
</table>

通过新增串联电容补偿装置，能将马角坝牵引变电所的左右两臂的电压补偿到到 20kV。

(3)综合补偿方案

通过以上两种情况的计算，马角坝牵引变电所的最终方案为，牵引变压器更换为安装容量 2×(25+25)MVA 的低阻抗三相 Vv 牵引变压器。两相设置动态无功补偿装置各 1 套，马角坝—马鞍塘、马角坝—小溪坝供电臂上下行设置串联电容补偿装置共 4 套。

4　结语

(1)本文采用的串联电容补偿装置，能有效改善供电臂的电压水平，具有补偿电压随负荷电流正比变化及可实现无惯性补偿的优点。

(2)本文采用的动态无功补偿装置，提高了功率因数，减少了电力系统的电力能耗，提高了牵引网的电压。

参 考 文 献

[1] 谭秀炳，刘向阳. 交流电气化铁道牵引供电系统[M]. 成都：西南交通大学出版社，2002：6-40.

[2] 铁道部人事司. 电力牵引供电系统技术及装备[M]. 成都：西南西通大学出版社，1998.

[3] 钱立新. 世界高速铁路技术[M]. 北京：中国铁道出版社，2003.

[4] 门汉文.意大利和西班牙高速铁路简介[J].电气化铁道,1998(1):42-45.

[5] 姜春林.高速电铁牵引供电自动化系统方案研究[J].电力自动化设备,2000,20 (5):1-6.

[6] 李颖红,编译.高速铁路干线牵引供电系统的用电特点[J].电气化铁道,1998(1):21-24.

[7] Jiro ITO.(日)高速列车供电系统选择[J].国外铁道车辆,1995(6):46-50.

[8] 桂林芳.对电力机车与牵引供电几个问题的探讨[J].机车电传动,1997(5):1-3,18.

[9] 赵俊莉,杨君,裴运庆,等.电气化铁道用有源电力滤波器方案研究[J].机车电传动,2000 (5):10-14.

[10] 李群湛,贺威俊,钱清泉.我国铁路电气化有关新技术发展的探讨[J].西南交通大学学报,1994,29(6):575-577.

[11] 温建民.宜万线牵引变电所无功补偿方案研究[J].铁道工程学报,2006(1):25-26.

南昆铁路牵引供电系统电压水平及补偿措施

李　剑　袁　勇　高　宏

（中铁二院工程集团有限责任公司电化院）

摘　要　南昆铁路自1997年11月30日开通运营以来，运量逐年增长，现已成为南宁局管内的黄金通道和全路效益最好的新开通电气化铁路之一。但其沿线110kV供电电网比较薄弱、牵引机车仍采用自然功率因数较低的交直型电力机车，造成南昆铁路既有牵引供电能力严重不足，设备能力超负荷运行，限制了运输能力。在电力系统短时间内无法根本加强和机车功率因数短时间内无法根本改善前，有必要分析影响牵引供电系统电压水平的因素并研究采取有针对性的补偿措施，提高牵引供电系统电压水平及既有牵引供电设施的供电能力，解决现场实际问题，满足运输市场的要求。本文结合2005年南昆铁路（南宁局管内）牵引供电能力增强工程以及2002年、2005年的牵引重载试验测试结果，对南昆铁路牵引供电系统电压水平的综合补偿措施进行了总结和分析，希望能对外电相对薄弱的山区铁路牵引供电设计提供借鉴。

关键词　南昆铁路；牵引供电系统；电压水平；补偿

Voltage Level and Remedy for Traction Power System on Nanning-Kunming Railway

Li Jian　Yuan Yong　Gao Hong

(Electrification Design & Research Institute of CREEC)

Abstract　Nanning-Kunming railway, an electrified line with increasing transportation since it opened to traffic in September 30, 1997, is now a hot travel line and one of the best profitable lines within Nanning Railway Bureau, However, the 110kv power supply net for the line reveals its weakness and the AC/DC electric locomotives with low natural power factor are still used for traction, which leads to the insufficient power supply and overloaded operation on this line, and at the same time restrain the conveyance capacity. Before the situation turning better by filling up power shortage and improving power factor, it is necessary to analyze the factors that impact voltage and seek remedy for the problem. Only by increasing traction power voltage and power supply capacity of the existing electric installations, can the current problems be settled and traffic demand be satisfied. Based on 2005 project to increase traction power supply for the line and the tests for heavy-duty traction in 2002 and 2005, the paper makes a summary and analysis on the integrated remedy for traction power voltage on Nanning-Kunming railway, which is expected to provide reference for design of power supply in mountainous areas.

Key words　Nanning-Kunming railway; traction power supply system; voltage level; remedy

1　引言

截止到2010年12月底，我国电气化铁路总里程已达42000km，遍布全国的电气化铁路在铁路运输

作者简介：李剑（1979—　），男，高级工程师。

中发挥了巨大的作用,充分显示了电气化铁路牵引力大、速度快、能耗低、效率高、污染小、对环境友好的优越性,并取得了显著的社会、经济效益,这些成绩的取得离不开电力部门的支持与合作。但也存在着某些外电极其薄弱的地方,尤其是山区,由于外电薄弱影响了铁路运输能力的发挥,同时也带来了一系列电能质量问题。我院设计的内昆、成昆、南昆等山区电气化铁路在开通后进行了一系列测试,根据测试结果分析及实际存在的问题,铁路、电力部门力所能及地采取了一些改善措施。本文结合南昆铁路百色至威舍段牵引供电能力增强工程以及牵引重载试验测试结果,对牵引供电系统电压水平的综合补偿措施进行了总结和分析,希望能对外电相对薄弱的山区铁路牵引供电设计提供帮助。

2 既有南昆铁路情况

2.1 牵引供电系统概况

南昆铁路是在崇山峻岭之间成功修建的又一条钢铁大动脉,所经地区地质极为复杂,地形极其险峻。沿线熔岩、断层、坍塌、滑坡、泥石流、膨胀土、强地震区遍布。它从海拔 78m 的南宁盆地,爬上超过 2000m 的云贵高原,高差达 2010m。

南昆铁路采用部分带回流线的直接供电方式;全线共设 18 座牵引变电所;各牵引变电所均采用三/二相不等容牵引变压器,安装容量由 2×12.5MVA 至 2×25MVA 不等;各牵引变电所 27.5kV 侧均分相装设有固定电容补偿装置。1998 年变更设计时,在部分牵引变电所内及区间增设了串联电容补偿装置。

2.2 机车概况

目前,南昆电气化铁路采用交直传动型电力机车,此类机车采用半控桥式整流装置,通过控制晶闸管的导通角来实现机车出力的调节,导致功率因数较低(0.75~0.8),并产生较丰富谐波。其原理如图 1 所示。

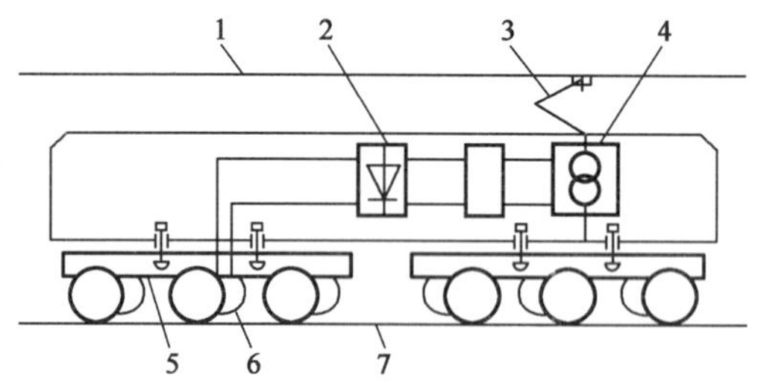

图 1 电力机车工作原理

1-接触网;2-硅半导体整流器组;3-受电弓;4-变压器;5-转向架;6-牵引电动机;7-钢轨

2.3 外部电源概况

南昆铁路外部电源除个别牵引变电所外,其余普遍较弱,尤以百色—威舍段为甚。以百色—威舍段的田林、平林(小平塘)2 座变电所的外部电源为例,田林牵引变电所为百色沙坡 220/110kV 变电站引出 2 回 110kV 电源供电,110kV 线路供电距离达到了 68km;平林牵引变电所为隆林 220/110kV 变电站引出 2 回 110kV 电源供电,110kV 线路供电距离为 58km。其外部电源示意图,如图 2 所示。

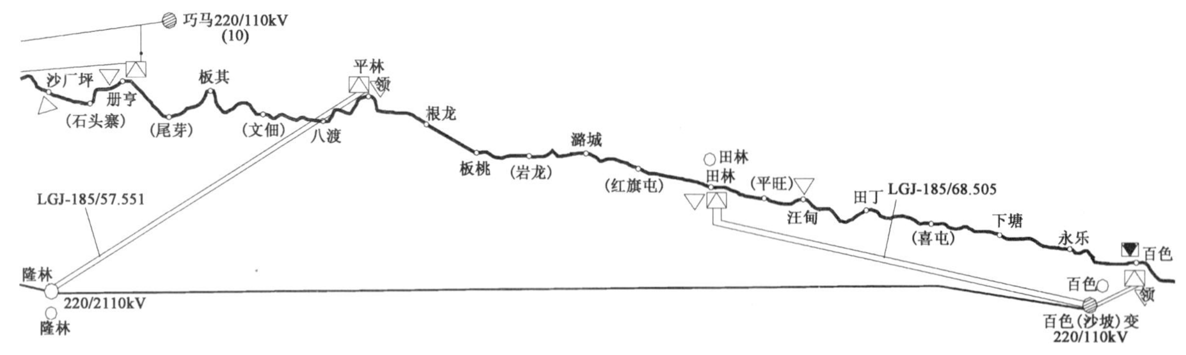

图 2 田林、平林牵引变电所外部电源供电方案示意图

百色—威舍段各牵引变电所的 110kV 最小短路容量,如表 1 所示。

可见,影响南昆铁路牵引供电系统电压水平的主要因素为:

(1)外部电源薄弱。

百色—威舍段牵引变电所 110kV 最小短路容量表　　表 1

站　名	百　色	田　林	小 平 塘	册　亨	龙　广
最小短路容量(MVA)	314.83	195.64	211.8	190.12	277.43

(2)机车自然功率因素偏低。

本文将以田林牵引变电所田林至一龙供电臂为例，结合南昆铁路 2002 年及 2005 年牵引重载试验测试结果，对综合补偿前后的牵引供电系统电压水平及功率因数进行对照分析。下图为田林—岩龙供电臂供电分段示意(图 3)。

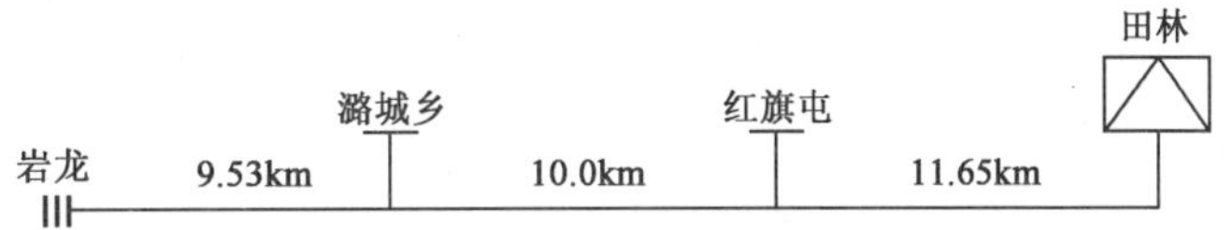

图 3　田林—岩龙供电臂供电分段示意图

2.4　牵引供电系统电压水平理论及重载测试

(1)计算条件

①根据南昆铁路现场实际运行情况，计算电压损失排车，如图 4 所示。

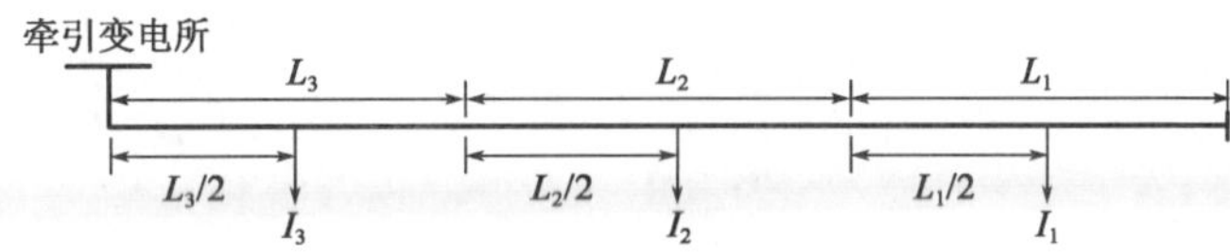

图 4　电压损失计算排车图

②机车功率因数：暂按 0.8 计，适当考虑实际运行情况。

③110kV 外电情况：根据现场实际运行情况按电力系统最小运行方式取值，田林牵引变电所按最小短路容量 195.64MVA 计算。

(2)田林牵引变电所理论计算结果，如表 2 所示。

田林牵引变电所技术指标表　　表 2

<table>
<tr><td colspan="3">牵引变电所</td><td colspan="4">田　林</td></tr>
<tr><td colspan="3">末端分相位置</td><td colspan="2">喜屯</td><td colspan="2">岩龙</td></tr>
<tr><td colspan="3">供电臂长度(km)</td><td colspan="2">32.25</td><td colspan="2">31.182</td></tr>
<tr><td colspan="2" rowspan="2">牵引变压器</td><td>接线型式</td><td colspan="4">三/二相不等容牵引变压器</td></tr>
<tr><td>安装容量(MVA)</td><td colspan="4">2×25</td></tr>
<tr><td colspan="3">载流承力索分布(km)</td><td colspan="2">23.748</td><td colspan="2">21.652</td></tr>
<tr><td rowspan="7">电压水平
计算结果
(kV)</td><td rowspan="3">串联电容
补偿装置</td><td>地点</td><td>汪甸</td><td>田林</td><td>田林</td><td>潞城乡</td></tr>
<tr><td>安装容量(kvar)</td><td>2280</td><td>6840</td><td>6300</td><td>1920</td></tr>
<tr><td>补偿电压(kV)</td><td colspan="2">7.16</td><td colspan="2">7.39</td></tr>
<tr><td colspan="2">系统压损(kV)</td><td colspan="2">7.988</td><td colspan="2">7.307</td></tr>
<tr><td colspan="2">牵引变压器压损(kV)</td><td colspan="2">5.21</td><td colspan="2">4.765</td></tr>
<tr><td colspan="2">牵引网压损(kV)</td><td colspan="2">8.963</td><td colspan="2">10.257</td></tr>
<tr><td colspan="2">接触网末端最低电压水平(kV)</td><td colspan="2">13.999</td><td colspan="2">14.061</td></tr>
</table>

由上述计算结果可知,对接触网末端最低电压水平的影响,主要为牵引网压损及系统、牵引变压器压损。

2.5 牵引重载试验测试验证

在 2002 年 6 月,由柳州局牵头,铁二院、西南交大、株洲电力机车研究所、深圳普鲁克电气技术公司参加,共同在南昆线柳州局管内进行了牵引重载试验。

(1)试验排车情况

牵引重载试验时,田林牵引变电所主要测试田林—岩龙供电臂。图 5 为试验时田林牵引变电所排车图。其中,20207、20205 次为双机牵引,20202 次为单机牵引。

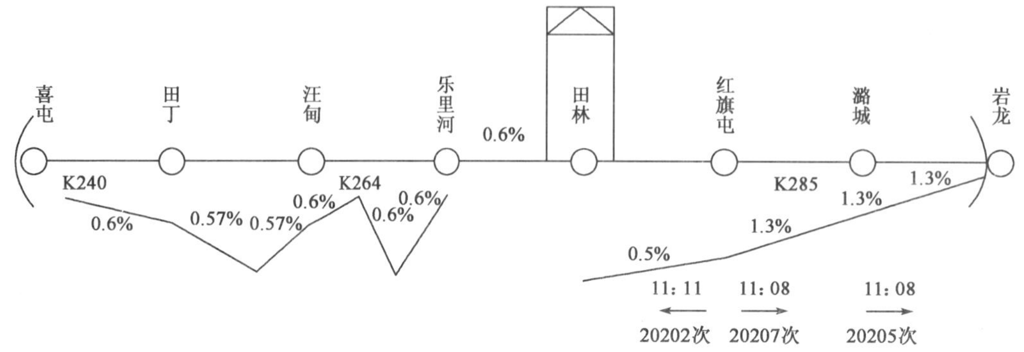

图 5 田林牵引变电所牵引重载试验排车图(测试时间:11:08—11:35)

(2)测试结果

图 6~图 9 是田林牵引变电所的实测曲线及数据(田林—岩龙供电臂)测试曲线。

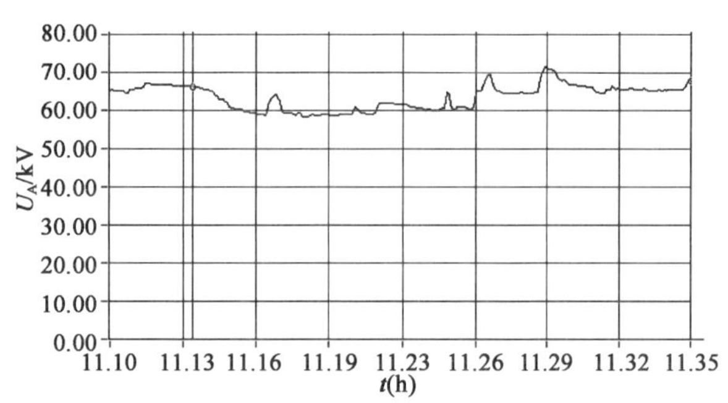

图 6 田林牵引变电所 110kV 母线 A 相电压电压趋势图(变比:1.732)

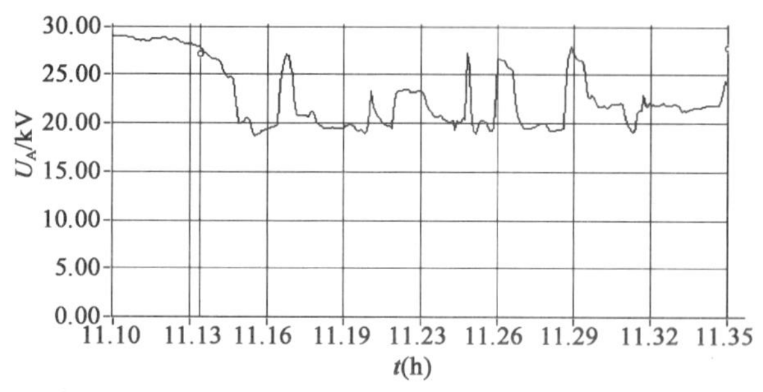

图 7 田林牵引变电所田林—岩龙供电臂馈线电流趋势图

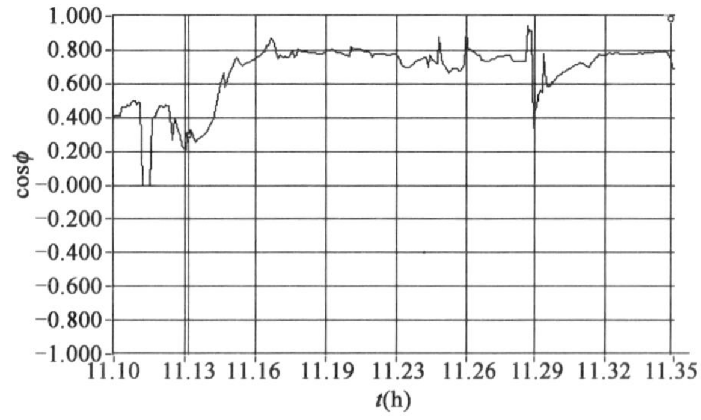

图 8 田林牵引变电所田林—岩龙供电臂馈线负荷功率因数趋势图

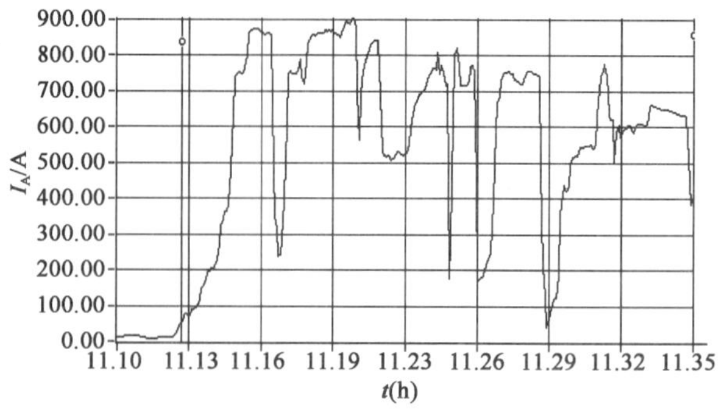

图 9 田林牵引变电所田林—岩龙供电臂 27.5kV 母线电压趋势图

田林牵引变电所测试数据,如表 3 所示。

供电臂末端区间机车测试数据如表 4 所示。

田林牵引变电所测试指标表　　表3

<table>
<tr><td rowspan="4">110kV 电源侧</td><td colspan="2">来　源</td><td>沙坡 220/110</td><td>短 路 容 量</td><td>195.64MVA</td></tr>
<tr><td colspan="5">110kV1＃进线供1＃牵引变压器</td></tr>
<tr><td rowspan="2">空载电压</td><td>时刻</td><td>U_A(kV)</td><td>U_B(kV)</td><td>U_C(kV)</td></tr>
<tr><td>9：35：10</td><td>120.97</td><td>120.74</td><td>121.80</td></tr>
<tr><td rowspan="6">27.5kV 侧</td><td colspan="2" rowspan="2">空载电压</td><td>U_A(kV)</td><td>U_B(kV)</td><td>—</td></tr>
<tr><td>29.46</td><td>29.4</td><td>—</td></tr>
<tr><td colspan="2" rowspan="2">最大负荷电流出现时</td><td>馈线电流(A)</td><td>母线电压(kV)</td><td>功率因数</td></tr>
<tr><td>909.58</td><td>18.9</td><td>0.535</td></tr>
<tr><td colspan="2" rowspan="2">最低母线电压出现时</td><td>母线电压(kV)</td><td>馈线电流(A)</td><td>功率因数</td></tr>
<tr><td>18：73</td><td>872</td><td>0.495</td></tr>
</table>

机车测试指标表　　表4

<table>
<tr><td colspan="2">车　次</td><td>20205 主</td><td>20205 补</td></tr>
<tr><td colspan="2">牵引质量(t)</td><td colspan="2">3907</td></tr>
<tr><td colspan="2">运行区间</td><td colspan="2">潞城乡—岩龙</td></tr>
<tr><td colspan="2">坡度</td><td>1.3%</td><td>1.3%</td></tr>
<tr><td rowspan="3">最低电压时</td><td>电压(kV)</td><td>16.76</td><td>16.995</td></tr>
<tr><td>电流(A)</td><td>0(机车主断路器跳闸)</td><td>0(机车主断路器跳闸)</td></tr>
<tr><td>功率因数</td><td>0(机车主断路器跳闸)</td><td>0(机车主断路器跳闸)</td></tr>
<tr><td rowspan="3">最大电流时</td><td>电流(A)</td><td>272.4</td><td>262.2</td></tr>
<tr><td>电压(kV)</td><td>22.587</td><td>22.82</td></tr>
<tr><td>功率因数</td><td>0.73</td><td>0.6</td></tr>
</table>

2.6　影响牵引供电系统电压水平因素分析

从以上理论计算及测试结果可见，影响牵引供电系统电压水平的因素主要有以下两个方面：

(1)110kV 系统

试验时，测得 110kV 侧三相空载最高电压达到 121kV，而在最大负荷情况下(牵引变电所馈线电流约 910A)，110kV 侧最低电压仅 93.62kV，折算至 27.5kV 牵引侧其系统电压损失达到 7.25kV，与理论计算结果基本一致。由此可见，110kV 进线电压波动大大超过了国家标准规定的限值，反映了系统短路容量小、短路阻抗大，致使牵引负荷在电力系统中造成的电压损失增大。

(2)功率因数

测试过程中，SS7 机车功率因数、牵引变电所功率因素均偏低，使牵引供电系统设备的供电能力不能充分利用，还会导致线路及变压器的无功损耗增加，电压损失增大。

以上两个原因均极大地加大了系统、牵引变压器、牵引网的压损，直接导致了供电臂末端牵引网电压水平偏低，引起实际运营列车多次发生运缓、坡停、跳闸等情况。

3　综合补偿措施

通过以上分析我们可以看出，在外部电源短时间内难以切实得到改善的情况下，只能改善功率因数，而机车类型决定了机车自然功率因数难以大幅度提高。因此，要提高牵引供电能力，必需且只能在牵引供电系统内进行分析研究并进行相应的治理。

3.1　综合补偿措施的选择

目前，电气化铁路一般采取如下补偿措施：

(1)更换承力索为载流承力索

更换承力索为载流承力索，以减小牵引网阻抗，降低牵引网压损。但由以上既有情况可以看出，供电臂载流承力索已经设置两个首端区间，剩余末端区间增设载流承力索效果不明显。

(2)固定并联电容补偿

采用并联电容补偿装置提高牵引变电所功率因数以降低系统及主变的无功损耗、降低电压损失。其特点是结构简单、投资少、可靠性高，但考虑到南昆铁路牵引负荷波动非常剧烈，并且电力部门无功计量为反送正计，安装不可调无功补偿装置难以达到改善功率因数的效果。

(3)动态并联电容补偿装置(SVC)

选择基于高压晶闸管阀的静止型动态无功补偿装置作为提高功率因数，降低无功电流、提升接触网电压主要技术手段，能达到有效实现提高功率因数和稳定接触网电压的双重目标。SVC 装置中感性无功功率随冲击负荷无功功率作为随机调整，此时电压水平能保持恒定不变。结合南昆铁路特点，此方案应作为重点研究的方案。

(4)串联电容补偿装置

串联电容补偿装置能在牵引网负荷不断变化条件下提高和稳定牵引网电压，随着牵引负荷大小的变化，串补装置能自动保持指定的电压，同时还可使电压对称，部分补偿无功功率，是一种简单、经济、实用的接触网电压补偿措施。但为避免对电力系统呈现容性而导致谐振放大以及牵引变电所短路电流受限，其补偿量不允许无限制；另外，由上述牵引供电系统既有情况可知，田林牵引变电所内以及田林—喜屯供电臂既有已经设有串联电容补偿装置，再增设串联电容补偿装置或增容改造既有串联电容补偿装置的工程均难以实施，也不可能完全达到电压水平补偿的目的。

(5)增压变压器

基于 27.5kV 侧母线电压进行投切的增压变压器，其原理就是产生一补偿电压，使负荷侧的电压为母线电压加补偿电压，其调压范围大，是一种适合电力牵引负荷特点的电压补偿措施。但若其调压开关动作次数太多，将极大地增加运营维护工作量，因此一般仅作为后备补偿措施。

(6)更换牵引变压器

更换牵引变压器为有载调压三相 Vv 牵引变压器，此方案投资较大，且有载调压开关动作次数太多也将极大地增加运营维护工作量。

根据以上分析，上述的任一种补偿措施均难以使牵引供电系统电压水平达到要求，因此需要采用系统化的综合补偿技术。根据南昆铁路现场实际情况及技术实施的难易程度，我们拟订了以下补偿方案。

①全供电臂设置载流承力索。

②保留田林牵引变电所内及供电臂中间设置的串联电容补偿装置(1998 年南昆铁路变更设计时已实施)。

③选择由固定滤波装置(FC)与晶闸管相控制电抗器(TCR)构成的静止无功补偿系统(SVC)，通过调节电抗器电流，实现无功自动调节，降低无功，改善功率因数，实时控制系统功率因数在 0.9 以上；保持牵引母线在较高电压水平，增加牵引系统的供电能力；部分吸收 3、5、7 次谐波电流，降低谐波电流对电力系统的不良影响。

④增设 2 台增压变压器作为后备电压补偿措施。

3.2 补偿后的效果验证

采用上述相同计算条件，其计算结果见表 5。

实施以上措施后，2005 年对田林牵引变电所再次进行了牵引重载试验测试。在重车通过时，A 相(田林—岩龙)电流达到最大值(1.0024kA)，牵引变电所功率因数为 0.9319，有功功率为 21.852MW，无功功率为 8.502Mvar，基波电压为 23.505kV。测试曲线如图 10～图 12 所示。

由以上测试结果可见，在田林牵引变电所供电范围内采用了多种临时应急补偿措施后，改善效果较为明显，牵引供电系统的水平得到了较大的提高。但在牵引负荷不断增长的现状下，这些措施的可靠性、使用时限都有待在实际运营中进一步验证。

田林牵引变电所计算技术指标表

表 5

牵引变电所			田 林			
末端分相位置			喜屯		岩龙	
供电臂长度(km)			32.25		31.182	
串联电容补偿装置	地点		汪甸	田林	田林	潞城乡
	安装容量(kvar)		2280	6840	6300	1920
	补偿电压(kV)		7.16		7.39	
载流承力索(km)	新增		8.5		9.53	
	牵引网压损减少(kV)		0.36		0.45	
新增可调功补	地点		田林			
	计算安装容量(kvar)		20357		14400	
	实际安装容量(kvar)		21600		14400	
	补偿后瞬时功率因数		0.9 以上		0.87 以上	
	此时	系统压损(kV)	5.492		4.767	
		主变压损(kV)	3.582		3.109	
接触网末端最低电压水平(kV)			18.383		18.707	
后备电压补偿措施	名称		增压变		增压变	
	结构容量(kVA)		6000		6000	

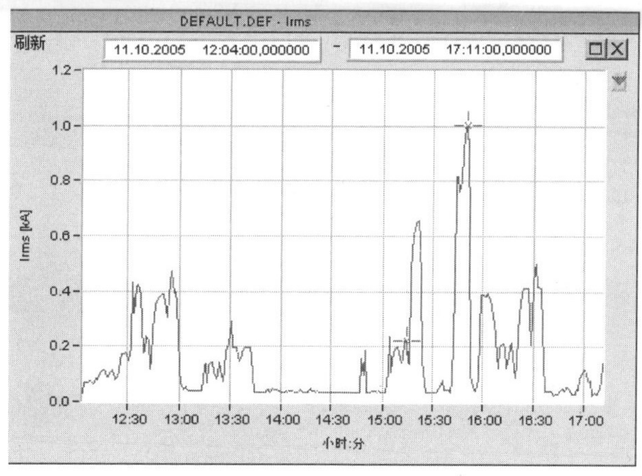

图 10 电流曲线图

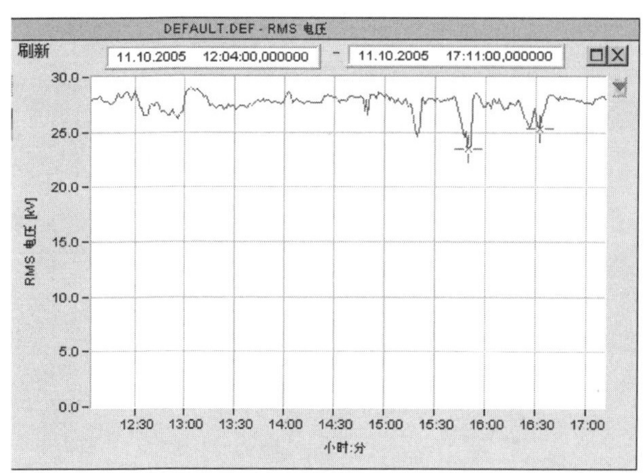

图 11 27.5kV 侧母线电压曲线图

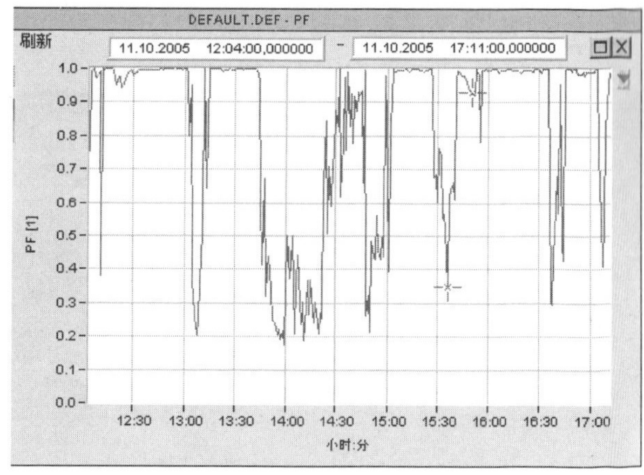

图 12 功率因数曲线图

4 结语

对于外部电源比较薄弱、牵引负荷较大、采用交直型机车牵引的山区铁路牵引供电系统电压水平问题，首先要掌握牵引供电网络运行状态，对电压水平开展实时监测，以掌握其动态；其次是详细分析电能质量的测试数据及电压水平的影响因素；再次是开展系统的合理设计和改造，结合运行负荷的特点并有针对性地采用合理、运行可靠的补偿措施；最后还需进行现场测试，以了解补偿后的效果，并总结经验，最终达到最佳补偿效果。

对牵引供电系统的外部电源进行加强，是改善电能质量、提高电压水平最有效、最根本的解决方法，但由于南昆铁路的外部电源无法在短期内得到有效改善，因此，对南昆铁路牵引供电系统电能质量及其影响因素进行分析，并在牵引供电系统内部采用有针对性的措施加以“治标”性的治理是非常有必要的。但我们也应该看到，上述牵引供电系统内部措施仅能“治标”，难以治本，南昆铁路分别在1997年、2002年、2005年、2010年分别做了多次电能质量测试，在1998年、2005年进行了两次改造，采用了动补、串补、增压变、载流承力索、有载调压变压器等几乎所有补偿措施，但随着南昆线运量的增长，在最近的2010年电能质量测试中，仍然表现出“部分区段机车网压偏低等情况”。现阶段，我院受南宁铁路局委托，又在进行新一轮的电压水平补偿方案的设计，即将开始第三次改造，原改造工程设置的一些补偿措施已经需要更换或增容，部分设备也表现出维护工作量较大的缺点。

可见，上述补偿方案都只能作为临时措施或补充手段，最终解决这些电能问题还是需要一个强大的外部电源系统的支持。特别在国民经济快速发展的背景下，铁路运量快速增长，牵引负荷大幅度提高的情况下，电气化铁路的电能质量问题，特别是电压水平问题已经对铁路运输产生了很大影响。因此，如何使外部电源建设更能适应电气化铁路的负荷特点和需要，应该成为今后电气化铁路沿线外部电源建设的重点研究内容。

参考文献

[1] 电气化铁道设计手册[M].中国铁道出版社，1988.
[2] 柳州铁路局，铁二院.南昆线南宁—威舍全程测试报告[R].西南交大电气学院，2002.